エネルギー解析の基礎

―物質からシステムまで―

著者：横山 良平

まえがき

　我々は普段の生活で直接的あるいは間接的に様々なエネルギーシステムに支えられ，便利で快適な生活を送ることができている．しかしながら，それを当然のことと思ってしまっており，自然災害や大事故などによってエネルギーシステムが使用できなくなり，生活における不便さ・不快さを実感するときを除いては，エネルギーシステムの重要性を認識することはほとんどない．また，家庭用のエネルギーシステムのように身近にエネルギーシステムがあっても，ケーシングで覆われており，たとえケーシングを除くことができたとしても，内部の構造は複雑であり，外見ではシステムの動きを見ることはできない．そのため，システムの内部で何がどのように動き，いかにエネルギー変換が行われているかを把握したり，要求された通りに機能を果たしているかどうかを把握することは困難である．機能を全くあるいは十分に果たさなくなると故障ではないかと気付くことはできるが，故障の原因を追及することはできない．このように，エネルギーシステムは必要不可欠であっても，普段の生活ではその存在を意識しなかったり，仮に意識してもブラックボックス的にしか見ることができず，遠い存在になっていると言えよう．

　一方，二酸化炭素に代表される温室効果ガスの大量排出に伴う地球温暖化や，世界的な社会情勢の変化に伴うエネルギー資源の価格高騰は，エネルギーシステムに直接的に重大な影響を及ぼす．そのため，環境への負荷やエネルギー資源の消費をできる限り抑制できるように，新しいエネルギーシステムを開発し，既存のエネルギーシステムの性能を改善し，要求に合わせてエネルギーシステムを適切に設計・運用することが，ますます重要になってきている．そのためには，エネルギーシステムの開発・改善・設計・運用に携わる研究者・技術者に，エネルギー変換のメカニズムを総合的に理解できる能力をもってもらうよう，彼らを養成する必要がある．例えば，運用に関連するエネルギー管理士という資格が設けられており，エネルギーの使用の合理化に関する法律，いわゆる省エネ法によって，大口のエネルギー使用工場ではエネルギー管理の中核的な役割を担うエネルギー管理者をエネルギー管理士免状の交付を受けている者のうちから選任することとされている．したがって，エネルギーシステムの開発・改善・設計・運用に将来携わる研究者・技術者を養成するためには，大学や高等専門学校ではそのための基礎教育が重要であることは言うまでもないであろう．

　さて，エネルギーシステムと一言で言っても，システムは多様であり，1つのエネルギーシステムは一般的に複数の機器から構成されている．また，システムを構成する各機器は複数の要素から構成されているかもしれない．したがって，エネルギーシステムにおけるエネルギー変換のメカニズムを理解するためには，まず機器やその要素におけるエネルギー変換のメカニズムを理解する必要がある．また，そのためには，エネルギー変換にどのようなエネルギーが関連していて，各エネルギーがどのような性質をもっているのかを理解する必要がある．さらに，各エネルギーは物質と深く関連しているため，物質の性質も理解する必要がある．

　熱に関連したエネルギー変換のメカニズムを理解するために必要となる基礎的な科目は熱力学である．熱力学は理工系において物理の共通科目として位置づけられていたり，理工系の中でも機械系や化学系において専門科目としてそれぞれの目的に適した熱力学が教えられていたりする．これらの科目の中では，エネルギー変換のメカニズムを理解するという目的には，機械系における熱力学が最も適合しているであろう．例えば，上述のエネルギー管理士の熱分野の資格で

は，熱力学が重要な試験科目の1つとして位置づけられており，機械系の熱力学の内容から出題されている．しかしながら，機械系の学科で熱力学を学び，それを難解な科目であると感じる人は多いのではないだろうか．著者も大学の機械工学科において熱力学を学んだが，その難解さを感じ，正直言って当時は整理して理解していたわけではなく，好きになれなかったことを記憶している．また，それ以降しばらくの間は再び熱力学を勉強することはなかった．

著者は，エネルギーシステム工学として，分散型エネルギーシステムの分析および最適化に関する教育・研究に長年携わり，分散型エネルギーシステムを合理的に設計・運用するためのシステム工学，特に最適化の考え方について研究してきた．その間，1994～1995年に1年間の米国滞在という機会を得て，その機会に研究の幅を広げるため，しばらくの間放置していた熱力学を再び勉強しようという考えに至り，米国で購入した分厚い熱力学の洋書を，深くとは言えないにしても，概ね通読した．そのときの熱力学に対する印象は学生時代のものとは全く変わっていた．分厚い書籍で，詳しく書いてあったためかもしれない．教育・研究者として少しは学生時代から成長していたことも1つの理由かもしれない．しかしながら，より大きな理由は，システム工学を専門分野の一部としていたためである．そのときには，学生時代に熱力学を難解な科目と感じ，好きになれなかった理由として，多様なことを学ばなければならない；材料力学や機械力学などの基本的に固体を扱う科目と異なり，イメージが湧きにくい；物理量の間には複雑な非線形関係がある；教科書に多様な物理量とそれらを関連付ける多様な数式が現れるため，どのように使い分けるかを理解しにくい；などが思い浮かんだ．また同時に，熱力学を素直に理解し，面白い科目であると感じた理由として，熱力学をシステム工学的視点，特にシステムを構成する要素の階層性の視点から整理すると理解しやすい；多様な物理量とそれらを関連付ける多様な数式が現れることはシステム工学にとってより興味深い；物理量の間には複雑な非線形関係があるということもシステム工学にとってより興味深い；などが思い浮かんだ．

このような背景の下で，著者は2006年よりエネルギーシステム工学の中でもエネルギーシステムの解析に関する講義を新しく行うことになり，基本方針として熱力学を基礎としながらもシステム工学的な考え方を導入して講義を行うことを考えてみた．しかしながら，そのための教科書として良書が見当たらなかったので，1冊の書籍に近い分量の資料を自作して，講義に使用することにした．

本書は，上記のように，エネルギーシステムの解析として熱力学を基礎としながらもシステム工学的な考え方を導入した講義に使用してきた資料を，書籍としてまとめ直したものである．一般的に熱力学の教科書に登場する機器に限定せず，様々な機器およびそれを構成する機器要素におけるエネルギー変換のメカニズムを理解できるように，できる限り統一的な視点で記述するように心がけた．本書では熱力学の本質的な部分の多くを省略しているので，もちろん本書を熱力学の教科書として使用できるわけではない．熱力学を学び，それを難解な科目であると感じている方が，本書を通じて，熱力学をシステム工学的な考え方に基づいて少しでも整理することができ，再び熱力学を学ぼうとする意欲を起こすことができれば，幸いである．また，特に機械系の学科で学ぶ科目のエネルギー変換工学では，様々なエネルギー変換とそれを行う機器のハードウェアに関する内容が中心になることが多く，必ずしも統一的な視点が見られない場合も多いように思われる．そのため，本書が熱力学とエネルギー変換工学の橋渡しの役割を果たすこともできれば，幸いである．

当初は，本書を大学の学部レベルのエネルギーシステムの解析のための教育を目的とした書籍に仕上げようとした．上述のように，熱力学に登場する物理量の間には複雑な非線形関係があるが，学部レベルの熱力学の教科書における例題や演習課題で解を導出するために，理想化して物理量の間に単純な関係が適用されることが多い．また，機器やシステムを対象とする場合にも，移動する物質の種類や量が変化しないなど理想化・単純化されていることが多い．しかしながら，現実の機器においては，物理量の間に非線形関係を適用する必要があったり，移動する物質の種類や量が変化したりすることを考慮する必要があり，必ずしも理想化・単純化することができない場合もある．このような場合に解を導出するためには，連立非線形代数方程式や混合微分代数方程式を解く必要があり，数値計算によらざるを得ない．著者はこのような課題を含む講義を大学院で行っていたため，本書でもこのような課題を含めることにした．

　本書は次のような内容から構成されている．第1章では，本書の内容を理解するために，共通的に必要となるいくつかの基本的事項について述べる．第2章では，エネルギー変換の過程を解析するために，すべての過程に共通して適用できる基礎法則について，エネルギー保存則としての熱力学の第1法則を中心に述べる．第3章では，第2章で述べたエネルギー保存則に現れている各種エネルギーについて説明し，その量を評価するための方法について述べる．また，そのために必要となる関連事項についても述べる．第4章では，エネルギー変換の可能性を表す熱力学の第2法則としてエントロピーバランスについて述べる．また，エネルギー保存則およびエントロピーバランスから導かれるエクセルギーバランスについて述べ，量だけではなく質も考慮してエネルギーを評価するためのエクセルギーについて説明する．第5章では，第3章で述べた各種のエネルギーをエクセルギーによって評価する方法について述べる．また，そのために必要となる関連事項についても述べる．第6章では，第5章までに述べてきたエネルギー変換の基礎法則およびエネルギーの評価方法を各種のエネルギーシステムに使用されているいくつかの機器要素に適用し，エネルギー変換の過程を定量的に評価するとともに，各機器要素のエネルギー変換の特徴について述べる．なお，第3章，第5章，および第6章では，物理量間の非線形関係を考慮するための数値計算を含めている．また，これらの章には，例題を豊富に含め，その課題に応じてアイコンで区別したように，数式による解析解の導出，それに基づく卓上計算機による計算，さらにパーソナルコンピュータによる数値解の導出を行い，内容の理解を助けるようにした．最後に第7章では，複数の機器要素から構成される機器あるいはシステムを対象に，ネットワーク構造および物理量間の非線形関係を考慮して，数値計算によってエネルギー変換の過程を定量的に評価する方法を，適用例を通じて示す．

　付録Aでは，第3章および第5章における各種エネルギー量の評価に関連する物質の状態について述べる．また，付録Bでは，各種エネルギー量の評価の基礎となる熱力学の一般関係式を示す．さらに，付録Cでは，物質の状態の特徴を考慮して，熱力学の一般関係式から各種エネルギー量を評価するための式を導出する．一方，付録D～付録Gは数値計算に関するものであり，それに関する説明を行うとともに，汎用共通および個別のCプログラムを含めている．まず，物質特性に関する数値計算用ソフトウェアの1つを利用するための説明およびCプログラムを付録Dに掲載している．次に，物理量間の非線形関係を考慮した数値計算においては，連立非線形代数方程式および混合微分代数方程式の解を導出するためのソルバーが必要になるが，それらを利用するための説明およびCプログラムをそれぞれ付録Eおよび付録Fに掲載してい

る．最後に，機器要素がネットワーク状に接続されている機器あるいはシステムを対象とする場合に，連立非線形代数方程式の解を導出するために，数値計算に加えてビルディングブロックによるモデル化を行うことが有効であり，そのための説明および C プログラムを付録 G に掲載し，付録 E に掲載した連立非線形代数方程式のソルバーの C プログラムとともに利用できるようにしている．

　本書の全体を通して，以上の内容に含まれている要点を簡潔にまとめると，次のように表現できるであろう．

- 対象として，物質から，機器要素，さらに機器／システムまでを取り扱っており，それらの特性の解析について述べている．
- 対象に含まれる物質の状態として，液体，理想気体，実在気体，理想混合気体，さらに実在混合気体までを取り扱っており，それらの特徴を区別しながら特性の解析について述べている．
- 量として評価されるエネルギーに基づく解析だけではなく，量および質の両面から評価されるエクセルギーに基づく解析についても述べている．
- 解析の方法として，数式による解析解の導出，それに基づく卓上計算機による計算，さらにパーソナルコンピュータによる数値解の導出までを取り扱っており，数値計算プログラムも掲載している．
- 必要に応じて，これらを適切に組み合わせて述べている．

これらは本書の特徴として挙げられる．このような視点で整理しながら，本書の内容を理解していただければ幸いである．

　最後に，本書の出版に際し大変お世話になった株式会社近代科学社 企画編集部の山根加那子氏に謝意を表する．

2024 年 12 月

横山 良平

目次

まえがき 3

第1章　基本的事項
1.1　エネルギーシステムの定義 14
1.2　エネルギーシステム工学の目的 15
1.3　システムの階層性 16
1.4　システムの範囲，詳細さ，および視点 18
　　1.4.1　範囲 18
　　1.4.2　詳細さ 19
　　1.4.3　視点 20
1.5　システムの解析および総合 21
1.6　システムの最適化 22
1.7　システムのモデリング 22
1.8　集中系および分布系 24
1.9　検査体積 25
1.10　状態量 25
1.11　記号および単位の表記 27

第2章　エネルギー変換の基礎法則I
2.1　基礎方程式 30
　　2.1.1　質量保存則 30
　　2.1.2　エネルギー保存則 32
2.2　変数 34

第3章　エネルギーの種類と評価
3.1　ポテンシャルエネルギー 38
3.2　運動エネルギー 39
3.3　比体積：状態方程式 40
　　3.3.1　液体 40
　　3.3.2　理想気体 41
　　3.3.3　実在気体 43
　　3.3.4　理想混合気体 48
　　3.3.5　実在混合気体 50
3.4　圧力エネルギー 52
3.5　内部エネルギー 53
　　3.5.1　液体 53
　　3.5.2　理想気体 55
　　3.5.3　実在気体 56
　　3.5.4　理想混合気体 58
　　3.5.5　実在混合気体 59

3.6	エンタルピー	60
	3.6.1 液体	61
	3.6.2 理想気体	63
	3.6.3 実在気体	64
	3.6.4 理想混合気体	67
	3.6.5 実在混合気体	67
	3.6.6 化学反応	69

第4章　エネルギー変換の基礎法則II

4.1	エントロピーバランス	74
4.2	エクセルギーの意味	76
4.3	エクセルギーバランス	77

第5章　エクセルギーによるエネルギーの評価

5.1	ポテンシャルエクセルギー	84
5.2	運動エクセルギー	85
5.3	エントロピー	85
	5.3.1 液体	85
	5.3.2 理想気体	87
	5.3.3 実在気体	89
	5.3.4 理想混合気体	91
	5.3.5 実在混合気体	92
	5.3.6 化学反応	94
5.4	物理エクセルギー	95
	5.4.1 液体	97
	5.4.2 理想気体	100
	5.4.3 実在気体	103
	5.4.4 混合気体	106
5.5	ギブスエネルギー	107
	5.5.1 液体	108
	5.5.2 理想気体	110
	5.5.3 実在気体	112
	5.5.4 理想混合気体	115
	5.5.5 実在混合気体	116
	5.5.6 化学反応	117
5.6	化学エクセルギー	120
	5.6.1 理想気体	121
	5.6.2 理想混合気体	122
	5.6.3 燃料	124
	5.6.4 液体	126
5.7	エクセルギー破壊	127

		5.7.1 例1：液体の混合 128
		5.7.2 例2：電力から熱への変換 130
	5.8	エクセルギー損失 132
	5.9	エクセルギー効率 132

第6章　機器要素における
エネルギー変換の評価

6.1	ポンプ 136
6.2	圧縮機 140
	6.2.1 実在混合気体の場合 141
	6.2.2 狭義の理想混合気体の場合 143
6.3	往復機関の圧縮過程 147
	6.3.1 実在混合気体の場合 148
	6.3.2 狭義の理想混合気体の場合 150
6.4	水車 155
6.5	タービン 158
	6.5.1 実在混合気体の場合 158
	6.5.2 狭義の理想混合気体の場合 160
6.6	往復機関の膨張過程 163
	6.6.1 実在混合気体の場合 164
	6.6.2 狭義の理想混合気体の場合 165
6.7	風車 169
6.8	燃焼器 175
6.9	熱交換器 179
	6.9.1 実在混合気体の場合 180
	6.9.2 狭義の理想混合気体の場合 183
	6.9.3 液体の場合 189
6.10	配管および弁 191
	6.10.1 実在混合気体の場合 192
	6.10.2 狭義の理想混合気体の場合 194
	6.10.3 液体の場合 195

第7章　機器／システムにおける
エネルギー変換の評価

7.1	機器／システムの解析 198
	7.1.1 エネルギー解析 198
	7.1.2 エクセルギー解析 199
7.2	機器／システムの形態とエネルギー解析の方法 199
	7.2.1 機器／システムの形態 200
	7.2.2 数値計算による解析方法 201
	7.2.3 数値計算における課題と対応 201
7.3	ガスタービンの解析 202

7.3.1	機器要素の構成および機能	203
7.3.2	モデル化	203
7.3.3	解析の条件	204
7.3.4	エネルギー解析の結果	205
7.3.5	エクセルギー解析の結果	205

付録A　物質の状態

A.1	液相および気相の状態図	208
A.2	ギブスの相律	210
A.3	相平衡の条件	212
A.4	相平衡における状態量	213

付録B　熱力学の一般関係式

B.1	ギブスの関係式	216
B.2	マックスウェルの関係式	217
B.3	熱力学の四角形	218

付録C　液体および気体の状態量

C.1	液体	222
C.1.1	比体積	222
C.1.2	比内部エネルギー	222
C.1.3	比エンタルピー	223
C.1.4	比エントロピー	224
C.1.5	比ギブスエネルギーおよび比ヘルムホルツエネルギー	225
C.2	理想気体	225
C.2.1	比体積	225
C.2.2	比内部エネルギー	226
C.2.3	比エンタルピー	226
C.2.4	比エントロピー	227
C.2.5	比ギブスエネルギーおよび比ヘルムホルツエネルギー	227
C.3	実在気体	228
C.3.1	比体積	228
C.3.2	比エンタルピー	228
C.3.3	比エントロピー	230
C.3.4	比内部エネルギー，比ギブスエネルギー，および比ヘルムホルツエネルギー	231

付録D　物質特性の数値計算

D.1	REFPROP の利用	234
D.1.1	物質の状態方程式のモデル	234
D.1.2	サブルーチン副プログラム	235
D.1.3	サブルーチン副プログラムの呼び出し	235

  D.1.4 プログラムの基本的な流れ 238
  D.1.5 利用上の注意事項 238
  D.1.6 プログラムのコンパイル，リンク，および実行 240
 D.2 数値計算プログラム 242
  D.2.1 汎用共通プログラム 242
  D.2.2 個別プログラム 244

付録E 連立非線形代数方程式の数値計算

 E.1 ニュートン–ラフソン法 280
 E.2 ニュートン–ラフソン法の改良 281
 E.3 二次計画法の利用による拡張 282
 E.4 数値計算プログラム 284
  E.4.1 汎用共通プログラム 284
  E.4.2 個別プログラム 296

付録F 混合微分代数方程式の数値計算

 F.1 連立常微分方程式のためのルンゲ–クッタ法 318
 F.2 混合微分代数方程式への適用のための拡張 319
 F.3 二次計画法の利用による拡張 321
 F.4 数値計算プログラム 322
  F.4.1 汎用共通プログラム 322
  F.4.2 個別プログラム 328

付録G システム解析の数値計算

 G.1 ビルディングブロックによるモデル化 334
 G.2 数値計算プログラム 336
  G.2.1 汎用共通プログラム 336
  G.2.2 個別プログラム 345

付録H その他

 H.1 主要記号 358
 H.2 プログラム構成 360

 あとがき 361
 参考文献 363
 索引 364

第 1 章

基本的事項

本書では，最終的な目的であるエネルギーシステムの解析を理解できるようにするために，エネルギー変換の基礎法則，各種エネルギーの評価，ならびに機器要素におけるエネルギー変換の評価について順次述べていく．本章では，各内容を理解するために共通的に必要となるいくつかの基本的事項について述べる．

まず，一般的なシステムの定義に基づいてエネルギーシステムの定義を述べるとともに，一般的なシステム工学の目的および必要性に基づいてエネルギーシステム工学の目的および必要性について述べる．

エネルギーシステムの解析を行うに際して，まずエネルギーシステムをいかに捉えるかが重要となる．そこで次に，エネルギーシステムの特徴に着目し，エネルギーシステムの捉え方として，システムの階層性，ならびにシステムの範囲，詳細さ，および視点に絞って説明する．また，この考え方に基づいて，エネルギーシステムを解析したり総合したりすることが重要であるが，その一般的な考え方について述べる．さらに，具体的にエネルギーシステムを解析するためには，モデリングを行う必要があり，モデリングの考え方，特に集中系／分布系および検査体積について説明する．

モデリングではエネルギー変換の基礎法則および各種エネルギーの関係式から成る方程式を作成するが，その変数として熱力学における基本的な物理量である状態量を考慮する．そこで最後に，状態量に関する基本的な関係について述べる．また，状態量を含めて本書で使用する記号および単位の表記について述べる．

1.1 エネルギーシステムの定義

まず，エネルギーシステムとはどのようなものであるか考えてみよう．

日本産業規格 JIS Z 8121 によれば，システムは「体系」として「多数の構成要素が有機的な秩序を保ち，同一目的に向かって行動するもの」と定義されている．言い換えれば，システムは次の性質を有する集合体として考えることができる．

・複数の要素から構成されている．
・構成要素にはそれぞれ機能があり，相互に関係がある．
・全体として所定の目的を達成するために，統一された機能を果たす．

本書では，システムとしてエネルギーシステムを考える．ただし，エネルギーシステムとしては，電力供給ネットワークのように主として電気工学に関連するシステムや，化学プラントのように主として化学工学に関連するシステムも考えられる．本書では，エネルギーシステムとして，産業・民生用として工場，地域，建物，および家庭などに電力，動力，および各種の熱エネルギーなどを供給する主として機械工学に関連するシステムを取り上げる．

このようなエネルギーシステムは，上述のシステムの性質と同様に，次のような性質を有している．

- 複数のエネルギー変換および貯蔵機器から構成されている．
- 構成要素のエネルギー変換および貯蔵機器にはそれぞれ機能があり，相互に物質やエネルギーの供給と消費の関係がある．
- 所定の目的として，利用可能なエネルギーを用いて要求されるエネルギーを製造する．

1.2 エネルギーシステム工学の目的

　次に，エネルギーシステムを対象とするシステム工学 (ここではエネルギーシステム工学) とはどのような学問であるか考えてみよう．

　日本産業規格 JIS Z 8121 によれば，システム工学は「体系工学」として「システムの目的を最もよく達成するために，対象となるシステムの構成要素，組織構造，情報の流れ，制御機構などを分析し，設計する技術」と定義されている．これに基づけば，エネルギーシステム工学は「エネルギーシステムの目的を最もよく達成するために，対象となるエネルギーシステムの構成要素としてのエネルギー変換および貯蔵機器，それらの接続関係などの構造，計測および制御に関する情報の流れ，計測に基づいて制御を行うための機構などを分析し，設計する技術」と定義することができる．ここで，「最もよく達成する」とは何らかの意味で最適化することを示している．例えば，エネルギー消費量の最小化や，環境に及ぼす影響の最小化などが考えられる．また，「分析し，設計する」とは，様々な代替案について特性を明らかにし，最適な特性を得るように案を決定することを示している．例えば，機器の構成を決定することや，機器の運用や制御の方策を決定することなどが考えられる．

　このように，エネルギーシステム工学は「エネルギーシステムを合理的に設計・運用・制御するための総合的な学問」と考えることができる．したがって，エネルギーシステム工学は，単独で専門分野を形成しているわけではなく，必然的に他の多くの専門分野の知識を総合的に活用することによって成立するものである．例えば，エネルギーシステムを解析するためには，機械工学における基礎工学としての熱力学，流体工学，および伝熱工学，ならびに数値解析などの知識を必要とするであろう．また，エネルギーシステムを最適化するためには，上記の知識に加えて，システム工学，制御工学，および数学などの知識を必要とするであろう．さらに，場合によっては，電気工学および化学工学の知識を必要とするかもしれない．

　それでは，エネルギーシステム工学がなぜ必要であろうか．それは，エネルギーシステムを構成する機器やその要素の効率を向上させるための要素設計に加えて，システム全体としての効率向上，エネルギー消費量の削減，環境負荷の低減，および総経費の削減などのより総合的な視点からエネルギーシステムを合理的に設計・運用・制御する必要性が高まってきたためである．いくら効率の高い機器や要素を開発したとしても，それらを組み合わせてエネルギーシステムを構成する場合に，組合せ方が悪ければ，システム全体の効率が必ずしも満足できるものになるとは限らないのである．逆に，効率の低い機器や要素を利用したとしても，組合せ方が良ければ，システム全体の効率が満足できるものになるかもしれないのである．

1.3 システムの階層性

　エネルギーシステムをシステム工学的に捉える場合に，いくつかの基本的な考え方がある．それらはシステム工学に共通するものであるが，本節および 1.4 節では具体的なエネルギーシステムを例に挙げながら述べてみよう．

　まず，システムをシステム工学的に捉える場合に重要となる概念として，システムの階層性が考えられる．システムの階層性の概念を図 1.1 に示す．1.1 節で述べたシステムの定義に含まれているように，システムは複数の要素から構成されている．ここで，一般的には，システムを構成している 1 つの要素をシステムと考えることもできる．すなわち，1 つの要素をシステムと考えて，その要素を詳細に見ると，その要素も複数の小さな要素から構成されていることが多い．この場合に，元のシステムを基準に考え，構成要素をサブシステムと呼ぶ．一方，元のシステムはより大きなシステムを構成している 1 つの要素として考えられるかもしれない．この場合に，元のシステムを基準に考え，より大きなシステムをスーパーシステムと呼ぶ．このように，1 つのシステムは，より下位レベルの複数のサブシステムから構成されており，その一方でより上位レベルのスーパーシステムを構成している．このような関係をシステムの階層性と呼ぶ．

　1.1 節で述べたように，エネルギーシステムは複数の機器から構成されている．また，エネルギーシステムを構成する各機器は複数の要素から構成されているかもしれない．すなわち，エネルギーシステムは図 1.2 に示すような階層性を有している．これはエネルギーシステムをシステム工学的に捉えるために基本的に重要となる考え方である．したがって，エネルギーシステムにおけるエネルギー変換のメカニズムを理解するためには，まず機器やその要素におけるエネルギー変換のメカニズムを理解する必要がある．エネルギーシステムとして具体的な例を挙げなが

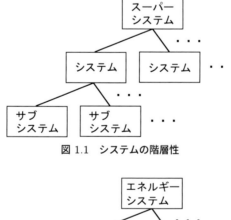

図 1.1　システムの階層性

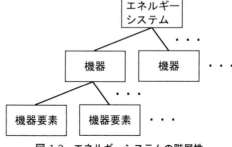

図 1.2　エネルギーシステムの階層性

図 1.3　コージェネレーションシステムにおけるエネルギー変換

ら，これを説明する．

　エネルギー需要が発生する地点に設置し，エネルギー供給を行う小規模分散型のエネルギーシステムとして，コージェネレーションシステムが普及している．これは，文字通り，1 つのエネルギーから 2 つのエネルギーを発生させるためのエネルギーシステムであり，通常は燃料から電力と熱エネルギーを発生する．熱エネルギーとして冷水と温水などのように 2 つ以上の熱エネルギーを発生させることも可能である．このコージェネレーションシステムをエネルギー変換を行う 1 つのシステムとして捉えると，図 1.3 のように表現することができる．しかしながら，これでは，コージェネレーションシステムの中でどのようなメカニズムでエネルギー変換が行われているかを理解することはできない．

　そこで，次にコージェネレーションシステムの中身について考えてみよう．図 1.4 に示すように，コージェネレーションの主機としてガスタービンを考え，それに伴って，ガスタービンから得られる動力によって発電するための発電機，ガスタービンの燃焼ガスによる排熱を利用して蒸気を発生させるための排熱回収ボイラ，蒸気を利用して冷水を発生させるための蒸気吸収冷凍機，蒸気の熱エネルギーを温水の熱エネルギーに変換する熱交換器を，システムを構成する機器として考える．このようにコージェネレーションシステムの中身について考えると，エネルギー変換は 1 つの機器で 1 回だけではなく，複数の機器によって複数回行われていることがわかる．しかしながら，これで十分であろうか．これでは，各機器の中でどのようなメカニズムでエネルギー変換が行われているかを理解することはできない．

　そこで，さらに各機器の中身について考えてみよう．一例として，コージェネレーションの主機としてのガスタービンについて考える．ガスタービンは，非常に複雑な形状を有しているが，図 1.5 に示すように基本的には圧縮機，燃焼器，およびタービンという機器要素から構成されている．圧縮機は空気を圧縮し，高圧の状態にするものであり，空気という物質の成分は変化しないが，空気の圧力が変化し，それに伴って空気の密度および温度も変化する．燃焼器は燃料を燃

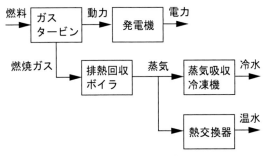

図 1.4　コージェネレーションシステムの構成機器におけるエネルギー変換

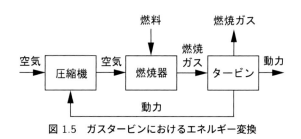

図 1.5　ガスタービンにおけるエネルギー変換

焼させ，その際に発生する熱エネルギーによって燃焼ガスを高温の状態にするものであり，物質としての燃料と空気が燃焼によって燃焼ガスになり，物質の成分が変化するとともに，物質の温度も変化する．最後に，タービンは高圧および高温の燃焼ガスによって駆動され，回転の運動エネルギーを得るためのものであり，その一部が圧縮機を駆動するための動力として使用され，残りが外部へ取り出される動力となる．このとき，燃焼ガスという物質の成分は変化しないが，燃焼ガスの圧力が変化し，それに伴って燃焼ガスの密度および温度も変化する．

このように，エネルギーシステムを構成する機器，さらに機器を構成する機器要素まで考慮すると，物質の成分，圧力，密度，および温度などの状態がどのように変化しているかを定性的には理解できるであろう．しかしながら，状態が定量的にどのように変化し，それに伴ってエネルギー変換が定量的にどのように行われているかを理解することはできない．本書では，これらの定量的評価を行うために必要となる一般的な基礎法則，ならびに定量的評価の具体的な例について，図1.2に示すエネルギーシステムの階層性を考慮しながら順次述べていく．

システムの階層性の概念を把握しておくことは重要である．なぜならば，同一のシステムを捉えるにしても，より上位レベルのスーパーシステムを構成している1つの要素である下位レベルのシステムとして捉える場合と，より下位レベルのサブシステムから構成される上位レベルのシステムとして捉える場合に，システムの解析や最適化に必要となるモデルに必然的に相違が生じるためである．なお，モデルについては1.7節で述べる．

1.4　システムの範囲，詳細さ，および視点

次に，システムをシステム工学的に捉える場合に，システムの範囲，詳細さ，および視点が重要となる．これらは1.3節で述べたシステムの階層性に深く関連している．ここでは，これらを図1.6に示す円筒座標系の各軸になぞらえて，システムの階層性とも関連付けながら，説明してみよう．

1.4.1　範囲

1.3節で述べたように，システムは階層性を有しているため，設計・運用・制御の対象としてシステムを考える場合に，まず，円筒座標系のr軸に対応するものとして，対象システムの範囲を明確にしておく必要がある．また，それによって対象システム以外を環境として明確にしておくことが重要である．これは次のような理由のためである．あるシステムはより上位レベルのスーパーシステムを構成しているため，スーパーシステムを対象システムとして考えていくと，

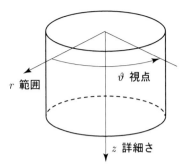

図 1.6 システムの範囲，詳細さ，および視点

対象システムが限りなく大きなものになる可能性がある．また，設計・運用・制御は複数の技術者の共同作業によって進められることが多いので，技術者によって対象システムの捉え方が異なれば，うまく共同作業が行えないという可能性も生じる．さらに，対象システムの範囲が異なれば，設計・運用・制御に必要となる解析および最適化のためのモデルも異なり得る．加えて，対象システムの範囲が異なれば，環境も異なり，モデルにおける環境および境界条件も当然異なることになる．

例えば，ガスタービンを再び例として取り上げると，設計・運用・制御の対象として，ガスタービンそのものを考えるのか，ガスタービンを構成している 1 つのサブシステム，例えば圧縮機のみを考えるのか，あるいはガスタービンを構成要素として含むスーパーシステム，例えばガスタービンを原動機とするコージェネレーションシステムなどのエネルギープラントを考えるのかを明確にすることが重要である．

1.4.2 詳細さ

次に，円筒座標系の z 軸に対応するものとして，対象システムの詳細さを明確にしておく必要がある．すなわち，上述のように対象システムの範囲を明確にしたとしても，1.3 節で述べたようにシステムの階層性を考慮すると，構成要素として 1 レベル下のサブシステムを考えるのか，2 レベル下のサブサブシステムを考えるのか，あるいはそれ以下のレベルのシステムを考えるのかを明確にする必要がある．これは，解析や最適化に必要となるモデルを対象システムの構成要素に基づいて作成するので，対象システムが同一であっても，構成要素が異なればモデルも当然異なるためである．

対象システムの詳細さは，解析や最適化の目的に応じて決定することが重要である．これは，上記のように対象システムの詳細さによってモデルが異なり，それが解析や最適化から得られる結果の有効性，ならびに解析や最適化に必要な計算の困難性に影響を及ぼすためである．例えば，対象システムの構成要素として比較的上位レベルのサブシステムを考えると，モデルが簡単になり，解析や最適化に必要な計算も容易になる．しかしながら，解析や最適化から得られる結果によって目的を達成できなくなる可能性がある．一方，対象システムの構成要素として比較的下位レベルのサブシステムを考えると，解析や最適化から得られる結果によって目的を達成できるかもしれないが，モデルが複雑で大規模になり，解析や最適化の解が得られなかったり，解を得るまでに長時間を要したりする可能性がある．また，結果の情報量が増し，結果のすべてを有

効に利用できなくなる可能性もある．したがって，対象システムの詳細さは，解析や最適化の目的，モデルの複雑さと規模，解の得やすさ，および結果の有効性のバランスを考慮しながら決定すべきである．

また，対象システムの詳細さは，対象システムの範囲を考慮して決定すべきである．対象システムの範囲を大きくすれば，構成要素として同じレベルのサブシステムが多く含まれることになり，モデルの規模が大きくなるため，解は得難くなるであろう．また，解析や最適化の目的および結果の有効性も異なるであろう．したがって，これらのバランスを総合的に考慮して，構成要素として考えるサブシステムのレベルを浅くする必要がある．逆に，対象システムの範囲を小さくすれば，構成要素として同じレベルのサブシステムが少なく含まれることになり，モデルの規模が小さくなるため，構成要素として考えるサブシステムのレベルを深くすることができる．

例えば，エネルギーシステムとしてガスタービンを取り上げ，その効率向上を目的とした設計を考えると，構成要素として圧縮機，燃焼器，およびタービンを考慮することは言うまでもないが，例えば圧縮機の翼やロータをも考慮する必要があるかもしれない．しかしながら，エネルギーシステムとしてガスタービンを含むエネルギープラントを取り上げ，その効率向上を目的とした設計を考えると，構成要素として翼やロータまで考慮する必要はないかもしれない．

1.4.3　視点

最後に，円筒座標系の ϑ 軸に対応するものとして，対象システムを評価するための視点を明確にしておく必要がある．1.2 節では，エネルギーシステム工学を「エネルギーシステムを合理的に設計・運用・制御するための総合的な学問」と述べたが，設計・運用・制御は何を基準にして合理的と評価することができるのであろうか．この疑問に答えるために，合理性を評価するための基準，言い換えれば合理性を測るための物差しを明確にしておく必要がある．この評価基準は，当然ではあるが設計・運用・制御の目的に依存して決定される．なお，評価基準は単一であってもよいし，複数考慮してもよい．複数考慮する場合には，それらのすべてを同時に良くするような設計・運用・制御が行えない場合が一般的である．すなわち，複数の評価指標間に競合関係が存在する場合が一般的である．このような場合には，複数の評価指標間のトレードオフ分析を行いながら，総合的に優れた設計・運用・制御を行うことが要求される．

例えば，エネルギーシステムとしてガスタービンを設計する場合には，効率や信頼性の最大化および製造コストの最小化などが評価指標となる．また，効率や信頼性の最大化と製造コストの最小化の間には競合関係が存在する．

以上述べてきたように，システムの範囲，詳細さ，および視点は決して絶対的に決定されるものではない．解析や最適化を行うために，上述した多くの要因をバランスよく考慮しながら，決定するものである．そのためには，システムの範囲，詳細さ，および視点を常に柔軟に変化させて，それらが適切であるかどうかを判断し，それを繰り返すことが重要である．システムの範囲，詳細さ，および視点を変化させることによって，これまでに気付かなかった思わぬ課題に気付くこともある．

1.5 システムの解析および総合

本書では，エネルギーシステムの解析のみを対象としているが，工学では解析に留まらず，総合（あるいはシンセシス）のために解析を行うことも多い．そこで，しばらくは対象の範囲を総合にも広げる．システムの解析および総合の概念を図 1.7 に示す．

図 1.7 (a) に示すように，解析は，与えられたシステムおよび入力から出力を求める過程である．例えば，エネルギーシステムとしてガスタービンを取り上げると，構成要素の特性がすべて与えられた場合に，与えられた入力を投入することによって得られる出力を求めることが，解析に相当する．解析においては，数学を利用する場合には，システムの構成要素に物理法則などを適用することによって得られるシステムのモデルを，代数あるいは微分方程式として定式化し，それを解くことによって出力が求められる．一般的には，出力を表す変数と方程式の数が一致しており，出力について唯一の解が求められる．

一方，図 1.7 (b) に示すように，総合は，要求された出力を満たすようにシステムおよび入力を求める過程である．例えば，エネルギーシステムとしてガスタービンを取り上げると，出力が与えられた場合に，構成要素の特性と投入する入力をすべて求めることが，総合に相当する．総合においても，解析の場合と同様に，数学を利用する場合には，システムの構成要素に物理法則などを適用することによって得られるシステムのモデルを，代数あるいは微分方程式として定式化し，それらを満たす必要がある．しかしながら，一般的には，システムおよび入力を表す変数の数が方程式の数よりも多く，方程式を満たす変数の値の組合せが複数あるいは無数に存在するため，解を唯一に決定することができない．

このような場合に，何らかの方法によって変数の値を決定し，システムおよび入力を求めなければ，要求された問題は解決しない．システムおよび入力を表す変数の数と方程式の数の差だけ何らかの方程式を追加できれば，システムおよび入力について唯一の解が求められる．そのために，簡易的には，追加する方程式に対応する適当な規則などを導入するという方法が採用される．しかしながら，導入した規則が合理的であるかどうかはわからないことが多く，その結果唯一に求められた解も合理的であるかどうかはわからない．

総合においては，要求された出力を満たすシステムとして，1 つの方式を考えることもあるが，複数の方式を考えることもある．後者の場合には，一般的に，方式ごとに適用する物理法則や規則が異なるため，方式ごとに方程式を定式化し，それらを別々に解き，得られた解を比較し，優れた解を選択する必要がある．しかしながら，各方式に導入された規則が合理的であるかどうかはわからないため，比較に意味があるかどうかもわからない．なお，要求された出力を満

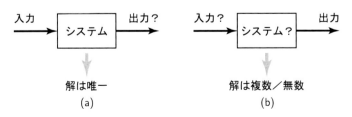

図 1.7　システムの解析および総合：(a) 解析，(b) 総合

たすシステムとして複数の方式を考えるには，より優れた創造力が必要である．しかしながら，そのためには幅広く豊富な知識や経験が重要な役割を果たすことも事実である．

このように，総合は解析を含んでおり，試行的に複数の規則を適用する場合には，その都度解析を行う必要がある．したがって，適度な時間で解析が行えるように，1.4 節で述べたシステムの範囲および詳細さを適切に決定する必要がある．

1.6　システムの最適化

システムの総合において，追加する方程式に対応する規則を導入する代わりに，最適化によって解を唯一に決定する方法が考えられる．これは，何らかの評価指標を導入し，方程式を満たしながら，評価指標を最小化あるいは最大化するように変数の値を決定する方法である．ここで，最適化のために用いる評価指標を目的関数と呼ぶ．数学的な困難さを伴うものの，合理的であるかどうかがわからない規則を導入することなく，目的関数の最小化あるいは最大化という合理的な考え方の下で変数の値を決定することができる．なお，1.4.3 項で述べたように，評価指標として複数の目的関数を考慮する場合には，目的関数間に競合関係が存在する場合が一般的である．このような場合には，多目的最適化によってパレート最適解と呼ばれる集合解を求め，その中からトレードオフ分析などによって解を唯一に決定すればよい．

1.5 節で述べたように，要求された出力を満たすシステムとして，複数の方式を考える場合には，最適化の方法として次の 2 通りが考えられる．第 1 に，すべての方式を表すスーパーシステムを構成し，各方式の方程式を包含するようにスーパーシステムの方程式を記述し，スーパーシステムについて最適化を行う．第 2 に，各方式について別々に方程式を記述し，それぞれについて最適化を行い，得られた目的関数の値を比較することによって最適な方式を選択する．

このように，総合の特別な場合としての最適化は解析を含んでおり，数学に基づく最適化手法を適用する場合には，何度も解析を反復する必要がある．したがって，適度な時間で最適化が行えるように，1.4 節で述べたシステムの範囲および詳細さを適切に決定する必要がある．

1.7　システムのモデリング

現実の現象の本質的な部分を数学的に解析するために，それを表す適切な変数および方程式を設定することをモデル化あるいはモデリングと呼び，それによって得られた変数および方程式の体系をモデルと呼ぶ．数学を利用してエネルギーシステムの解析を行うには，システム特性の本質的な部分を十分に表現するために適切なモデルを作成する必要がある．モデルの作成は，解析の目的に応じて，それぞれ 1.4.1 項および 1.4.2 項で述べたシステムの範囲および詳細さを明確化するとともに，それに従って構成要素の変数を定義し，それらの相互関係を方程式として定式化することによって行われる．

モデルには様々なものが考えられ，解析および最適化の目的に応じて，例えば次のような区別を考慮しながらモデルを作成する必要がある．

- 連続／離散系
- 線形／非線形系
- 集中／分布系
- 定常／非定常系
- 時不変／時変系
- 確定／確率系

　連続／離散系の区別は，システム特性を表す変数の性質に関するものである．連続系は連続変数のみでシステム特性を表すものある．一方，離散系は整数変数や離散変数を用いてシステム特性を表すものである．これは，規格，台数，および切り替えなどを変数として扱い，システム特性の不連続性を表すために必要となる．離散系の場合には，解析が組合せ的になるため，変数の数が少なければ簡単に解を求めることができるが，変数の数が多くなると組合せの爆発により解を求めることが困難になる．本書では連続系のみを扱う．

　線形／非線形系の区別は，システム特性を表す方程式の性質に関するものである．線形系は方程式のすべてが変数に関する線形関数によって表されるものである．一方，非線形系は方程式の一部あるいはすべてが変数に関する非線形関数によって表されるものである．非線形系の場合には，解析的に解を求められないことが多く，その場合には数値的に解を導出する方法が採用される．本書では物質特性のため非線形系を扱う必要がある．

　集中／分布系の区別は，システムの特性を表す変数および方程式の性質に関するものである．集中系（あるいは集中定数系）は変数が空間的に集中しているものであり，システム特性が代数方程式によって表される．一方，分布系（あるいは分布定数系）は変数が空間的に分布しているものであり，システム特性が変数の空間微分を含む微分方程式によって表される．空間が2次元以上の場合には，システム特性が変数の空間偏微分を含む偏微分方程式によって表される．分布系の場合には，微分方程式を解析的に解くことが困難であることが多く，その場合には数値的に解を導出する方法が採用される．本書では主として集中系を，機器特性のため一部で分布系を扱う．

　定常／非定常系の区別も，システムの特性を表す変数および方程式の性質に関するものである．定常系は変数の値の時間変化を考慮しないものであり，システム特性が代数方程式によって表される．一方，非定常系は変数の値の時間変化を考慮するものであり，システム特性が変数の時間微分を含む微分方程式によって表される．非定常系の場合にも，微分方程式を解析的に解くことが困難であることが多く，その場合には何らかの方法によって時間を離散化し，逐次微分方程式を代数方程式に変換し，数値的に解く方法が採用される．本書では主として定常系を，一部で非定常系を扱う．

　時不変／時変系の区別は，システムの特性を表す方程式の性質に関するものである．時不変系は方程式が時間的に変化しないものである．一方，時変系は方程式が時間的に変化するものであり，例えば方程式の構造が変化したり，方程式に含まれているパラメータの値が変化したりする場合が考えられる．本書では時不変系のみを扱う．

　確定／不確定系の区別は，システム特性に影響を及ぼすパラメータの性質に関するものである．確定系はパラメータの値がすべて定数として与えられるものである．一方，不確定系はパラ

メータの値の一部あるいはすべてが不確定のものであり，例えば確率変数として確率的に与えられたり，区間変数としてある区間内の値を取り得るように与えられたりする場合が考えられる．本書では確定系のみを扱う．

1.8 集中系および分布系

本節では，特に集中／分布系の扱いについて述べる．

1.3 節で述べたように，エネルギーシステムを 1 つの機能を有する機器要素まで分解すれば，それによって状態がどのように変化し，それに伴ってエネルギー変換がどのように行われているかを把握できることがわかった．しかしながら，解析を行うためにはそれで十分であろうか．各機器要素では，物質およびその状態に伴うエネルギーが流出入する．また，各機器要素は，それぞれ独特な形状を有しており，それによって物質の状態を変化させ，それに伴ってエネルギー変換の機能を果たす．したがって，1 つの機器要素であっても，その内部における物質の流れおよび状態は一様ではなく，変化する．例えば，ガスタービンの機器要素としての圧縮機，燃焼器，およびタービンはいずれも複雑な形状を有しており，機器要素内部における物質の状態は複雑に変化する．したがって，一般的にはこの機器要素内部における物質の状態の変化を解析する必要がある．

熱力学によって機器要素，機器，およびエネルギーシステムのエネルギー変換の過程を定量的に解析するのみであれば，機器要素の形状を考慮せずに，図 1.8 (a) に示すように機器要素内部を一様な物質の状態によって表現する集中系を採用するだけで十分かもしれない．特に，定常状態においては，機器要素内部における物質の状態を考慮する必要がないかもしれない．しかしながら，機器要素内部を一様な物質の状態によって表現するだけでは，2.1 節でも触れるように，機器要素内における物質の状態の変化を解析できず，機器要素の形状に依存して決定される入出力としての仕事，ならびに圧力および熱エネルギーの損失を評価することができない．このような場合には，仕事，圧力および熱エネルギー損失の値を経験に基づいて仮定するか，実験あるいは微分方程式によって機器要素内における物質の状態の変化，ならびに仕事，圧力および熱エネルギー損失の値を求める必要がある．しかしながら，これは熱力学の範疇を超え，流体工学や熱

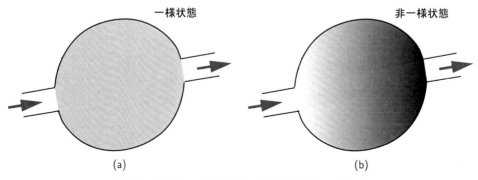

図 1.8　集中系および分布系：(a) 集中系，(b) 分布系

工学の範疇に入る．1.7 節で述べたように，微分方程式による場合には，図 1.8 (b) に示すように機器要素内部における物質の状態を非一様と仮定する分布系を採用し，特に解析的に解が導出できない場合には，数値計算によって物質の状態の変化を求める必要がある．そのために，何らかの方法で機器要素内部の空間を複数の要素に離散化することによって，物質の状態を要素の代表点における物質の状態によって表現し，微分方程式を代数方程式に変換することになる．すなわち，分布系を複数の集中系に変換することになる．

1.9　検査体積

エネルギーシステムの解析では，図 1.9 に示すように通常物質の流入および流出がある開いた系を考える．これは，エネルギーシステム全体としては物質が循環しているため，物質の流入および流出がない閉じた系であっても，システムを構成する機器要素においては物質の流入および流出があるため，機器要素としては開いた系を考える必要があるためである．

エネルギーシステムを構成する各機器要素では，それぞれの機能に対応するエネルギー変換が行われるため，システム全体のエネルギー解析を行う場合には，図 1.9 (a) に示すように，少なくとも各機器要素について集中系のモデルを採用し，物質の状態の変化を考慮する必要がある．また，1.7 節および 1.8 節で述べたように，1 つの機器要素内であっても，物質の状態の変化を考慮する場合には分布系のモデルを採用し，特に数値計算による場合には，図 1.9 (b) に示すように，機器要素を複数の領域に分割し，それぞれについて状態を考慮する必要がある場合も生じる．このように，物質の状態の変化を考慮するために分割された各領域を検査体積と呼ぶ．

1.10　状態量

エネルギーシステムを構成する各機器要素あるいは各検査体積における物質の状態を定量的に求められれば，エネルギーシステムの解析が行えたことになる．物質の状態は定量的に次のような物理量で表すことができる．物質の量は質量 m [kg] あるいは物質量 n [mol] によって表すこ

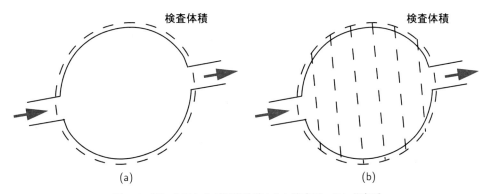

図 1.9　開いた系および検査体積：(a) 集中系，(b) 分布系

とができる．ここで，m および n の間に次式の関係が成立する．

$$m = Mn \tag{1.1}$$

ここで，M [kg/mol] は物質のモル質量である．また，物質の状態の量は状態量によって表すことができる．状態量には，圧力 p [Pa]，温度 T [K]，体積 V [m^3]，内部エネルギー U [J]，エンタルピー H [J]，エントロピー S [J/K]，およびギブスの自由エネルギー（本書ではギブスエネルギー）G [J] などが含まれる．ただし，これらの状態量はすべてが独立であるのではなく，A.1 節および A.2 節で述べるように，1 つの物質が液相あるいは気相の単相の状態で存在する場合には，2 つの状態量のみが独立で，その他の状態量は状態量間の関係式によって関連付けられる．例えば，次に述べる状態量の区別から考えると，圧力および温度を 2 つの独立な状態量として扱うのが適切であろう．

　状態量は示強性状態量と示量性状態量に区別される．示強性状態量は物質の量に依存しない状態量であり，圧力および温度がそれに該当する．また，示量性状態量は物質の量に比例する状態量であり，体積，内部エネルギー，エンタルピー，エントロピー，およびギブスエネルギーなどがそれに該当する．示量性状態量については，単位質量当りの量，単位物質量当りの量，および総量を区別する必要がある．本書では，単位質量当りの量を小文字によって，単位物質量当りの量を $\overline{(\ )}$ 付の小文字によって，および総量を大文字によってそれぞれ表現する．例えば，単位質量当りの内部エネルギーを u [J/kg]，単位物質量当りの内部エネルギーを $\bar{u}$ [J/mol] によって表現する．単位質量当りの内部エネルギーは比内部エネルギーと呼ばれ，単位物質量当りの内部エネルギーはモル内部エネルギーと呼ばれる．このように，単位質量当りの示量性状態量には比という語を付けて，単位物質量当りの示量性状態量にはモルという語を付けて表現する．このとき，u および $\bar{u}$ の間に次式の関係が成立する．

$$\bar{u} = Mu \tag{1.2}$$

また，内部エネルギーの総量を上記のように U によって表現すると，u，$\bar{u}$，および U の間には次の関係が成立する．

$$U = mu = n\bar{u} \tag{1.3}$$

　エネルギーシステムにおいては，各検査体積への物質の流入およびそれからの物質の流出を扱う必要がある．この物質の流出入に関しては，物質の量を表す質量あるいは物質量の代わりに，それぞれ単位時間当りの質量あるいは物質量，すなわち質量流量 $\dot{m}$ [kg/s] あるいは物質量流量 $\dot{n}$ [mol/s] を考える必要がある．また，示量性状態量の総量の代わりに，流量を考える必要があり，これを $(\dot{\ })$ 付の大文字によって表現する．例えば，内部エネルギー流量を $\dot{U}$ [W] によって表現する．このとき，$\dot{m}$ および $\dot{n}$，ならびに u，$\bar{u}$，および $\dot{U}$ の間には次の関係が成立する．

$$\dot{m} = M\dot{n} \tag{1.4}$$

$$\dot{U} = \dot{m}u = \dot{n}\bar{u} \tag{1.5}$$

　以上の質量あるいは物質量と状態量の関係は図 1.10 に示すように表現することができる．示強性状態量を独立な状態量として考えると，単位質量あるいは単位物質量当りの示量性状態量は

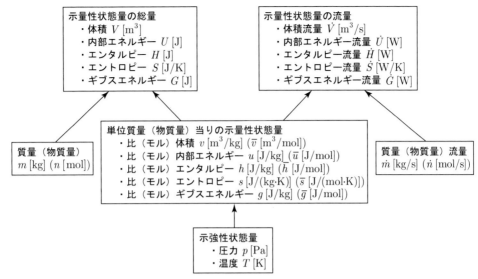

図 1.10　質量（物質量）と状態量の関係

それらの関数として表される．また，これらと質量あるいは物質量の積によって示量性状態量の総量が，これらと質量流量あるいは物質量流量の積によって示量性状態量の流量が表される．

1.11　記号および単位の表記

本書では，物理量および意味を表す記号，ならびに物理量の単位について，以下のように統一して表記している．

物理量を表す記号については，すべてイタリック体（斜体）で表している．一方，物質および添字などの意味を表す記号については，ローマン体（立体）で表している．

1.10 節では示量性状態量を中心に記号表記について述べた．示量性状態量以外についても，単位物質量当りの量には $\overline{(\ )}$ を，また単位時間当りの量には $(\dot{\ })$ を付しているが，大文字と小文字の区別は異なる場合もある．なお，運動エネルギーを表すための速度 $\mathcal{V}$ [m/s] については，体積 V と区別するために特殊な字体を使用している．また，ポテンシャルエネルギーを表すための重力加速度 g [m/s^2] についても，比ギブスエネルギー g [J/kg] と区別するために特殊な字体を使用している．

すべての物理量は単位を有している．そこで，1.10 節および本節で既に適用しているように，各節において初めて現れる物理量を表す記号については，その後に [ ] で囲んで SI 単位を示すことにする．ただし，無次元量の場合には [-] と表現する．したがって，物理量を表す記号に単位が添えられていない場合には，それが無次元量であることを意味するのではなく，各節において 2 回目以降に現れていることを意味している．なお，具体的に物理量の数値に単位を付す場合には，数値の大きさを考慮して，kmol, kPa, MPa, kJ, および MJ などのように，接頭語の k および M などを適宜用いている．なお，接頭語を付した単位の数値を使用する場合には，整合性が保たれているように注意する必要がある．基本的には，1 N = 1 kg·m/s^2, 1 Pa = 1 N/m^2

$= 1 \text{ kg}/(\text{m·s}^2)$, $1 \text{ J} = 1 \text{ N·m} = 1 \text{ kg·m}^2/\text{s}^2$, $1 \text{ W} = 1 \text{ J/s} = 1 \text{ kg·m}^2/\text{s}^3$ の関係に基づいて，整合性を判断することができる．

主要な物理量の記号および単位，ならびに添字については，H.1 節に掲載しているので，必要に応じて参照されたい．

第2章 エネルギー変換の基礎法則 I

エネルギーシステムにおけるエネルギー変換の総合的な過程を理解するためには，システムを構成する機器や機器要素におけるエネルギー変換の過程を理解する必要がある．そのためには，エネルギー変換の過程を解析するにあたり，エネルギー変換の基礎法則を適用する必要がある．ここでは，すべての過程に共通して適用できる基礎法則として，質量保存則および熱力学の第 1 法則としてのエネルギー保存則について述べる．

特に，エネルギー保存則においては，それがポテンシャルエネルギー，運動エネルギー，圧力エネルギー，および内部エネルギーから構成されることを示す．また，圧力エネルギーと内部エネルギーの和としてのエンタルピーによっても表されることを示す．

最後に，独立変数として示強性状態量の圧力および温度を採用することによって，第 3 章で説明する圧力エネルギーおよび内部エネルギー，あるいはエンタルピーと圧力および温度の関係式，ならびにその他の関係式や仮定を併用して，エネルギー保存則の方程式を解くことができ，関係するすべての状態量が決定され得るという見通しを示す．

2.1 基礎方程式

エネルギーシステムの解析においては，物理法則として基本的には次の 3 つの基礎法則が適用されるべきである．

- 質量保存則
- 運動量保存／変化則
- エネルギー保存則

これらの法則のうち，運動量保存／変化則は物質が有している運動量の変化と作用する力の関係を表し，考慮している次元の空間の各方向について適用されるものである．検査体積としての物質の流路が配管やダクトなどのように単純な形状であり，物質の流れが 1 次元的である場合には，検査体積内に作用する力を評価することができるかもしれない．しかしながら，実際のエネルギーシステムを構成する要素においては，物質の流路が複雑な形状であり，物質の流れが 2 次元的あるいは 3 次元的であるため，検査体積内に作用する力を容易に評価することはできない．このような場合に検査体積内に作用する力を評価するためには，実験や数値シミュレーションによらなければならない．したがって，運動量保存／変化則をエネルギーシステムの解析に直接適用することはできない．

エネルギーシステムの解析では，運動量保存／変化則を適用する代わりに，検査体積内に作用する力，例えば摩擦力などによる効率低下あるいは圧力損失を考えることが多い．例えば，第 6 章で述べる圧縮機やタービンにおける等エントロピー効率はその代表的なものである．

以下では，残りの質量保存則およびエネルギー保存則について述べる．

2.1.1 質量保存則

質量保存則は，物質の質量の保存を表すものであり，物質を構成する成分について次のように

表現できる．

(検査体積内における単位時間当りの物質の質量の変化量)
= (検査体積内へ流入する物質の質量流量)
  − (検査体積内から流出する物質の質量流量)
  + (検査体積内における単位時間当りの物質の発生量)
  − (検査体積内における単位時間当りの物質の消滅量)

図 2.1 に示す検査体積について定義された物理量を用いて，この非定常状態における質量保存則を定式化すると，次式のように表される．

$$\frac{dm_i^{\mathrm{cv}}}{dt} = \dot{m}_i^{\mathrm{in}} - \dot{m}_i^{\mathrm{out}} + f_i(m_1^{\mathrm{cv}}, m_2^{\mathrm{cv}}, \cdots, m_N^{\mathrm{cv}}) \quad (i=1,2,\cdots,N) \tag{2.1}$$

ここで，物質は N [-] 個の成分から構成されているものとし，第 i 番目の成分について，m_i^{cv} [kg] は検査体積内における質量，$\dot{m}_i^{\mathrm{in}}$ [kg/s] は検査体積内に流入する質量流量，および $\dot{m}_i^{\mathrm{out}}$ [kg/s] は検査体積内から流出する質量流量である．また，f_i [kg/s] は化学反応や燃焼による検査体積内における単位時間当りの発生量であり，他の物質も含めて検査体積内における質量の関数として表現できる．ただし，f_i が負の場合には，f_i は消滅量を表す．

式 (2.1) の質量保存則において，非定常状態の時間変化を表す項を除くことによって，定常状態における質量保存則は次式のように表される．

$$\dot{m}_i^{\mathrm{in}} - \dot{m}_i^{\mathrm{out}} + f_i(\dot{m}_1^{\mathrm{in}}, \dot{m}_2^{\mathrm{in}}, \cdots, \dot{m}_N^{\mathrm{in}}) = 0 \quad (i=1,2,\cdots,N) \tag{2.2}$$

ここで，f_i を検査体積内に流入する質量流量 $\dot{m}_j^{\mathrm{in}}$ $(i=1,2,\cdots,N)$ によって表している．これは，定常状態においては検査体積内の物質の各成分の質量を考慮できないためである．

特に，物質が 1 個の成分から構成されている場合を考えると，化学反応や燃焼が起こり得ないので，式 (2.1) および式 (2.2) はそれぞれ

$$\frac{dm^{\mathrm{cv}}}{dt} = \dot{m}^{\mathrm{in}} - \dot{m}^{\mathrm{out}} \tag{2.3}$$

$$\dot{m}^{\mathrm{in}} - \dot{m}^{\mathrm{out}} = 0 \tag{2.4}$$

となる．

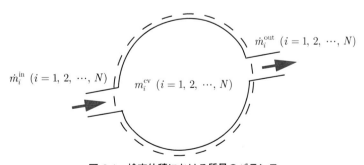

図 2.1　検査体積における質量のバランス

2.1.2　エネルギー保存則

エネルギー保存則は，熱力学の第1法則とも呼ばれ，エネルギー量の保存を表すものであり，すべての成分から構成される物質について次のように表現できる．

(検査体積内における単位時間当りのエネルギー量の変化量)
　＝(物質とともに検査体積内に単位時間当りに流入するエネルギー量)
　　－(物質とともに検査体積内から単位時間当りに流出するエネルギー量)
　　＋(検査体積境界から検査体積内に単位時間当りに流入する熱量)
　　－(検査体積内から単位時間当りに得られる仕事量)

図2.2に示す検査体積について定義された物理量を用いて，この非定常状態におけるエネルギー保存則をエネルギーの総量およびその流量によって定式化すると，次式のように表される．

$$\frac{d(\Phi^{\mathrm{cv}} + \Psi^{\mathrm{cv}} + U^{\mathrm{cv}})}{dt} = (\dot{\Phi}^{\mathrm{in}} + \dot{\Psi}^{\mathrm{in}} + \dot{U}^{\mathrm{in}}) - (\dot{\Phi}^{\mathrm{out}} + \dot{\Psi}^{\mathrm{out}} + \dot{U}^{\mathrm{out}}) + \dot{Q}^{\mathrm{in}} - \dot{W} \tag{2.5}$$

ここで，Φ [J] はポテンシャルエネルギー，Ψ [J] は運動エネルギー，および U [J] は内部エネルギー，また $\dot{\Phi}$ [W]，$\dot{\Psi}$ [W]，および $\dot{U}$ [W] はそれぞれ対応するエネルギー流量である．検査体積内の量に上付添字 cv を付し，流入および流出量にそれぞれ上付添字 in および out を付している．また，$\dot{Q}^{\mathrm{in}}$ [W] は流入する熱量，$\dot{W}$ [W] は得られる仕事量を表す．なお，式 (2.5) の $\dot{W}$ と図示した $\dot{W}^{\mathrm{out}}$ [W] は次に述べるように異なる．

仕事量は，軸仕事，体積膨張仕事，および電気仕事などのように検査体積外に取り出されるもの $\dot{W}^{\mathrm{out}}$ と検査体積の出入口における流れ仕事によるもの $\dot{W}^{\mathrm{flow}}$ [W] の和として，次式に示すように表現できる．

$$\dot{W} = \dot{W}^{\mathrm{out}} + \dot{W}^{\mathrm{flow}} \tag{2.6}$$

また，流れ仕事による仕事量 $\dot{W}^{\mathrm{flow}}$ の定義

$$\dot{W}^{\mathrm{flow}} = p^{\mathrm{out}} \dot{V}^{\mathrm{out}} - p^{\mathrm{in}} \dot{V}^{\mathrm{in}} \tag{2.7}$$

ならびに内部エネルギー流量 $\dot{U}$ とエンタルピー流量 $\dot{H}$ [W] の関係

$$\dot{H} = \dot{U} + p\dot{V} \tag{2.8}$$

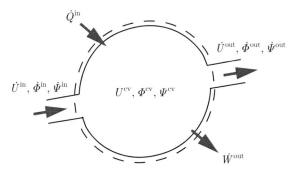

図 2.2　**検査体積におけるエネルギーのバランス**

を考慮する．ここで，p [Pa] は圧力，$\dot{V}$ [m³/s] は体積流量であり，これらの積は圧力エネルギー流量 $\dot{\Xi}$ [W] を表している．これらを考慮すると，式 (2.5) の非定常状態におけるエネルギー保存則は次式のようになる．

$$\frac{d(\Phi^{\mathrm{cv}} + \Psi^{\mathrm{cv}} + U^{\mathrm{cv}})}{dt} = (\dot{\Phi}^{\mathrm{in}} + \dot{\Psi}^{\mathrm{in}} + \dot{H}^{\mathrm{in}}) - (\dot{\Phi}^{\mathrm{out}} + \dot{\Psi}^{\mathrm{out}} + \dot{H}^{\mathrm{out}}) + \dot{Q}^{\mathrm{in}} - \dot{W}^{\mathrm{out}} \quad (2.9)$$

ここで，式 (2.5) 右辺の内部エネルギー流量 $\dot{U}^{\mathrm{in}}$ および $\dot{U}^{\mathrm{out}}$ はそれぞれエンタルピー流量 $\dot{H}^{\mathrm{in}}$ および $\dot{H}^{\mathrm{out}}$ に変わるが，左辺の内部エネルギーの総量 U^{cv} はそのままであることに注意されたい．

各エネルギーの総量あるいはその流量を，質量あるいは質量流量と単位質量当りのエネルギー量の積によって表すと，式 (2.5) および式 (2.9) はそれぞれ次式のようになる．

$$\frac{d\left\{\sum_{i=1}^{N} m_i^{\mathrm{cv}}(\varphi^{\mathrm{cv}} + \psi^{\mathrm{cv}} + u_i^{\mathrm{cv}})\right\}}{dt} = \sum_{i=1}^{N} \dot{m}_i^{\mathrm{in}}(\varphi^{\mathrm{in}} + \psi^{\mathrm{in}} + u_i^{\mathrm{in}}) \\ - \sum_{i=1}^{N} \dot{m}_i^{\mathrm{out}}(\varphi^{\mathrm{out}} + \psi^{\mathrm{out}} + u_i^{\mathrm{out}}) + \dot{Q}^{\mathrm{in}} - \dot{W} \quad (2.10)$$

$$\frac{d\left\{\sum_{i=1}^{N} m_i^{\mathrm{cv}}(\varphi^{\mathrm{cv}} + \psi^{\mathrm{cv}} + u_i^{\mathrm{cv}})\right\}}{dt} = \sum_{i=1}^{N} \dot{m}_i^{\mathrm{in}}(\varphi^{\mathrm{in}} + \psi^{\mathrm{in}} + h_i^{\mathrm{in}}) \\ - \sum_{i=1}^{N} \dot{m}_i^{\mathrm{out}}(\varphi^{\mathrm{out}} + \psi^{\mathrm{out}} + h_i^{\mathrm{out}}) + \dot{Q}^{\mathrm{in}} - \dot{W}^{\mathrm{out}} \quad (2.11)$$

ここで，φ [J/kg] および ψ [J/kg] はそれぞれすべての成分に共通の単位質量当りのポテンシャルエネルギーおよび運動エネルギー，u_i [J/kg] および h_i [J/kg] はそれぞれ第 i 番目の成分の比内部エネルギーおよび比エンタルピーを示す．なお，本書では，示量性状態量と同様に，単位質量当りのポテンシャルエネルギー，運動エネルギー，および圧力エネルギーを，それぞれ比ポテンシャルエネルギー，比運動エネルギー，および比圧力エネルギーと呼ぶことにする．

式 (2.11) のエネルギー保存則において，非定常状態の時間変化を表す項を除くことによって，定常状態におけるエネルギー保存則は次式のように表される．

$$\sum_{i=1}^{N} \dot{m}_i^{\mathrm{in}}(\varphi^{\mathrm{in}} + \psi^{\mathrm{in}} + h_i^{\mathrm{in}}) - \sum_{i=1}^{N} \dot{m}_i^{\mathrm{out}}(\varphi^{\mathrm{out}} + \psi^{\mathrm{out}} + h_i^{\mathrm{out}}) + \dot{Q}^{\mathrm{in}} - \dot{W}^{\mathrm{out}} = 0 \quad (2.12)$$

特に，物質が 1 個の成分から構成されている場合を考えると，式 (2.11) および式 (2.12) はそれぞれ

$$\frac{d\left\{m^{\mathrm{cv}}(\varphi^{\mathrm{cv}} + \psi^{\mathrm{cv}} + u^{\mathrm{cv}})\right\}}{dt} = \dot{m}^{\mathrm{in}}(\varphi^{\mathrm{in}} + \psi^{\mathrm{in}} + h^{\mathrm{in}}) \\ - \dot{m}^{\mathrm{out}}(\varphi^{\mathrm{out}} + \psi^{\mathrm{out}} + h^{\mathrm{out}}) + \dot{Q}^{\mathrm{in}} - \dot{W}^{\mathrm{out}} \quad (2.13)$$

$$\dot{m}^{\mathrm{in}}(\varphi^{\mathrm{in}} + \psi^{\mathrm{in}} + h^{\mathrm{in}}) - \dot{m}^{\mathrm{out}}(\varphi^{\mathrm{out}} + \psi^{\mathrm{out}} + h^{\mathrm{out}}) + \dot{Q}^{\mathrm{in}} - \dot{W}^{\mathrm{out}} = 0 \quad (2.14)$$

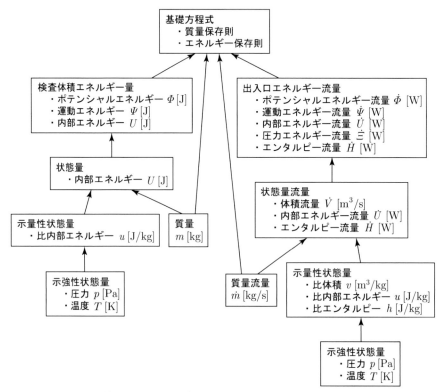

図 2.3 質量およびエネルギー保存則における質量および状態量の関係

となる.

ここでは,示量性状態量の総量および流量,ならびに質量,質量流量,および単位質量当りの示量性状態量を用いてエネルギー保存則を記述したが,同様に物質量,物質量流量,および単位物質量当りの示量性状態量を用いてエネルギー保存則を記述することも可能である.

以上より,基礎方程式としての質量およびエネルギー保存則における質量および状態量の関係は,図 1.10 に示す関係も考慮して,図 2.3 に示すように表現することができる.

2.2 変数

上述のように,エネルギーシステムの解析のための基礎方程式として,各検査体積において物質を構成する成分の数と同じ N [-] 個の質量保存則,物質の流れ方向の 1 つの運動量保存／変化則あるいはそれに代わる関係式,および 1 つのエネルギー保存則を考慮する必要がある.これらを検査体積について定式化し,方程式を連立させて解くことによって,変数の値が決定される.そのためには基礎方程式の数と変数の数が一致しなければならない.

エネルギーシステムの解析における基礎方程式を解くための熱力学に関する独立変数としては,物質を構成する成分の数と同じ N 個の質量流量および 2 つの状態量を考える必要がある.熱力学においてはいくつかの状態量が導入されているが,2 つの状態量の値が決定されると,状

態量間の関係式を適用することによって，その他の状態量の値がすべて決定される．ここでは，2つの状態量として示強性状態量である圧力 p [Pa] および温度 T [K] を選択し，エネルギーシステムの解析における独立変数として採用する．また，エネルギー保存則に現れているその他の状態量である比体積 v [m^3/kg]，比内部エネルギー u [J/kg]，および比エンタルピー h [J/kg] は，状態量間の関係式を適用することによって，従属変数として p および T から決定されるものと考える．さらに，第4章で現れる比エントロピー s [J/(kg·K)] および比ギブスエネルギー g [J/kg] も，状態量間の関係式を適用することによって，p および T から決定されるものと考える．

ここで，定常状態を考えると，基礎方程式の変数は，入口の N 個の質量流量，圧力，および温度，出口の N 個の質量流量，圧力，および温度，ならびに熱量および仕事量であり，変数の数の合計は $(2N+6)$ 個となる．一方，基礎方程式の個数は，上述のように $(N+2)$ である．したがって，基礎方程式を解き，すべての未知数を求めるためには，これらの個数の差の $(N+4)$ 個の変数の値を仮定する必要がある．通常は，まず境界条件として上流である入口の N 個の質量流量，圧力，および温度の値を仮定する．また，実際には困難であるが，熱量の値を経験や数値シミュレーションなどに基づいて仮定したり，断熱として熱量の値を零と仮定したりする必要がある．同様に，実際には困難であるが，仕事量の値を経験や数値シミュレーションなどに基づいて仮定したり，仕事をしない場合には仕事量の値を零と設定したりする必要がある．

なお，力学に関する変数として，ポテンシャルエネルギーおよび運動エネルギーを表すためにそれぞれ高度および速度を考慮する必要があるが，定常状態を考えると，上記の議論から，境界条件として出入口ともに高度および速度の値を仮定する必要がある．

第3章
エネルギーの種類と評価

第2章ではエネルギー変換の基礎法則の1つとして，エネルギー保存則について述べ，それがポテンシャルエネルギー，運動エネルギー，圧力エネルギー，内部エネルギー，および圧力エネルギーと内部エネルギーを加算したエンタルピーから構成されることを確認した．したがって，エネルギー保存則を適用するためには，これらのエネルギーを具体的に評価する必要がある．本章では，これらのエネルギーを評価する方法を示すことを主目的とする．

そのうち，圧力エネルギー，内部エネルギー，およびエンタルピーは，物質の相によって評価方法が異なるため，各相に対応して評価する必要がある．エネルギーシステムでは主として液体および気体を扱うため，本章ではこれらの相におけるエネルギーを評価する．また，気体については低圧の場合に近似的に成立する理想気体に加えて，一般的な実在気体も扱う．さらに，空気や燃焼ガスなどのように複数の成分が混在した混合気体を扱う必要もあり，理想混合気体および実在混合気体についてもエネルギーを評価できるようにする．なお，圧力エネルギーは圧力と比体積の積によって表されるため，比体積はエネルギーではないが，圧力エネルギーを評価する前に比体積を評価する方法を示す．

実在気体だけではなく，理想気体においても一般的には各エネルギーは状態量に関して非線形となり，非線形関数によって近似できる場合もあり得るが，特に実在気体の場合にはそれが困難になる．このような場合には，付録Dおよび付録Eに掲載したCプログラムによる数値計算によってエネルギーを評価する．

3.1 ポテンシャルエネルギー

まず，ポテンシャルエネルギーについて考える．ポテンシャルエネルギーは位置エネルギーとも呼ばれ，重力場においてある高度に置かれた物体がもつエネルギーであり，力学的エネルギーのうちの1つである．質量 m [kg] の物体がある点を基準にして重力場において高度 z [m] の位置にあるとき，ポテンシャルエネルギー Φ [J] は次式によって表される．

$$\Phi = mgz \tag{3.1}$$

ここで，g [m/s^2] は重力加速度である．

また，物体として流体を考え，単位時間に利用できる流体の質量流量を $\dot{m}$ [kg/s] とすると，単位時間に得られるポテンシャルエネルギー，すなわちポテンシャルエネルギー流量 $\dot{\Phi}$ [W] は次式によって表される．

$$\dot{\Phi} = \dot{m}gz \tag{3.2}$$

ここで，流体の密度を ρ [kg/m^3]，体積流量を $\dot{V}$ [m^3/s] とすると，$\dot{m} = \rho \dot{V}$ より

$$\dot{\Phi} = \rho \dot{V} gz \tag{3.3}$$

となる．

式 (2.10)〜式 (2.14) のエネルギー保存則に現れた単位質量当りのポテンシャルエネルギー，すなわち比ポテンシャルエネルギー φ [J/kg] は，$\Phi = m\varphi$ および $\dot{\Phi} = \dot{m}\varphi$ より

$$\varphi = gz \tag{3.4}$$

となる.

> **【例題 3.1】** 水力発電システムは水のポテンシャルエネルギーを利用して発電を行うエネルギーシステムである．水の密度を 997.0 kg/m^3，水の体積流量を 60.0 m^3/s，落差を 500.0 m として，単位時間に得られるポテンシャルエネルギーを求めよ．また，水の総体積を 200.0×10^6 m^3 とし，同じ条件下で，すべての水を利用する場合に得られるポテンシャルエネルギーを求めよ．ただし，重力加速度を 9.807 m/s^2 とする．
>
> 〔解答〕 式 (3.3) より，単位時間に得られるポテンシャルエネルギーは
> $$\dot{\Phi} = \rho \dot{V} g z = 997.0 \times 60.0 \times 9.807 \times 500.0 = 293.3 \times 10^6 \text{ W} = 293.3 \text{ MW}$$
> また，式 (3.1) より，すべての水を利用する場合に得られるポテンシャルエネルギーは
> $$\Phi = m g z = \rho V g z = 997.0 \times 200.0 \times 10^6 \times 9.807 \times 500.0 = 977.8 \times 10^{12} \text{ J} = 977.8 \text{ TJ}$$

3.2 運動エネルギー

次に，運動エネルギーについて考える．運動エネルギーは運動している物体がもつエネルギーであり，力学的エネルギーのうちの1つである．質量を m [kg]，速度を $\mathcal{V}$ [m/s] とすると，運動エネルギー Ψ [J] は次式によって表される．

$$\Psi = \frac{1}{2} m \mathcal{V}^2 \tag{3.5}$$

ここで，質量 m の物体がある軸の周りに半径 r [m]，角速度 ω [rad/s] で回転している場合を考えると，$\mathcal{V} = r\omega$ であるので，慣性モーメント $I = mr^2$ [kg·m^2] を用いて，運動エネルギーは次式によって表される．

$$\Psi = \frac{1}{2} I \omega^2 \tag{3.6}$$

また，物体として流体を考え，単位時間に利用できる流体の質量流量を $\dot{m}$ [kg/s] とすると，単位時間に得られる運動エネルギー，すなわち運動エネルギー流量 $\dot{\Psi}$ [W] は次式によって表される．

$$\dot{\Psi} = \frac{1}{2} \dot{m} \mathcal{V}^2 \tag{3.7}$$

ここで，流体の密度を ρ [kg/m^3]，体積流量を $\dot{V}$ [m^3/s] とすると，$\dot{m} = \rho \dot{V}$ より

$$\dot{\Psi} = \frac{1}{2} \rho \dot{V} \mathcal{V}^2 \tag{3.8}$$

となる．特に，流体が断面積 A [m^2] の管の中を流れている場合を考えると，$\dot{V} = A\mathcal{V}$ であるので，

$$\dot{\Psi} = \frac{1}{2} \rho A \mathcal{V}^3 \tag{3.9}$$

となり，$\dot{\Psi}$ は $\mathcal{V}$ の3乗に比例する．

式 (2.10)～式 (2.14) のエネルギー保存則に現れた単位質量当りの運動エネルギー，すなわち

比運動エネルギー ψ [J/kg] は，$\Psi = m\psi$ および $\dot{\Psi} = \dot{m}\psi$ より

$$\psi = \frac{1}{2}\mathcal{V}^2 \tag{3.10}$$

となる．

> 【例題 3.2】 風力発電システムは風による空気の運動エネルギーを利用して発電を行うエネルギーシステムである．空気の密度を 1.168 kg/m^3，風速を 5.0 および 10.0 m/s として，単位面積当りの風による空気の運動エネルギーを求めよ．
>
> 〔解答〕 式 (3.9) より，単位面積当りの風による空気の運動エネルギーは，風速が 5.0 m/s の場合には
>
> $$\frac{\dot{\Psi}}{A} = \frac{1}{2}\rho \mathcal{V}^3 = \frac{1}{2} \times 1.168 \times 5.0^3 = 73.0 \, \text{W/m}^2$$
>
> 風速が 10.0 m/s の場合にも，同様にして
>
> $$\frac{\dot{\Psi}}{A} = \frac{1}{2}\rho \mathcal{V}^3 = \frac{1}{2} \times 1.168 \times 10.0^3 = 584.0 \, \text{W/m}^2$$
>
> このように，風速が $1/2$ に減少することによって，運動エネルギーは $1/8$ に減少することに注意されたい．

3.3 比体積：状態方程式

次に，圧力と比体積の積によって表される単位質量当りの圧力エネルギー，すなわち比圧力エネルギーについて考えるために，状態量の 1 つとして比体積を評価する必要がある．1.10 節および 2.2 節で述べたように，比体積は一般的には 2 つの独立な示強性状態量である圧力および温度の関数となるが，この関数は物質やその相によって異なる．本節では，液体，理想気体，および実在気体について，比体積を圧力および温度の関数として表す．また，理想混合気体および実在混合気体についても考える．なお，本節の内容を理解するためには，事前に A.1 節で述べた物質の状態について理解しておく必要があるので，必要に応じて参照されたい．

3.3.1 液体

一例として，物質として水を対象とし，その液体の比体積を評価する．付録 D で述べた REFPROP を適用した D.2 節のプログラム D-4 によって，常圧から臨界圧力までのいくつかの圧力 p [Pa] において，常温から飽和状態までの範囲の温度 T [K] における比体積 v [m^3/kg] を評価し，その結果を図 3.1 に示す．これによれば，各 p に対応する曲線の右端は飽和温度によって異なるが，曲線はより高い p に対応する曲線にほとんど重なっている．よって，v の p による依存性は小さいことがわかる．一方，v の T による依存性は無視できないことがわかる．そこで，T による依存性のみを考慮し，v を次式のように表すことができる．

$$v = v(T) \tag{3.11}$$

ここで，一例として各 T に対応する p として飽和状態の値を採用し，次式のように v を液体の

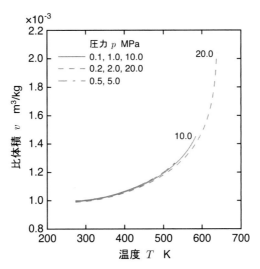

図 3.1 水（液体）の比体積の圧力および温度依存性

飽和状態の比体積 v_f [m³/kg] の T における値として表すことができる．

$$v = v_\mathrm{f}(T) \tag{3.12}$$

ただし，特に p が低く，T の範囲が狭い場合には，v の T による依存性も小さいことがわかる．そのような場合には，次式のように v を一定値 v_c [m³/kg] と仮定しても差し支えない．

$$v = v_\mathrm{c} \tag{3.13}$$

【例題 3.3】 温度 95 および 25 °C における水の比体積の差を求めよ．

〔解答〕 水の比体積が圧力に依存せず，飽和状態における値として評価する．REFPROP を適用した D.2 節の数値計算プログラム D-2 によって，温度 95 および 25 °C の飽和状態における水の比体積はそれぞれ

$$v_1 = v_\mathrm{f1} = 1.040 \times 10^{-3} \text{ m}^3/\text{kg}, \quad v_2 = v_\mathrm{f2} = 1.003 \times 10^{-3} \text{ m}^3/\text{kg}$$

したがって，水の比体積の差は

$$\Delta v = v_1 - v_2 = 1.040 \times 10^{-3} - 1.003 \times 10^{-3} = 0.037 \times 10^{-3} \text{ m}^3/\text{kg}$$

温度の差 75 °C によって比体積の差は，温度 25 °C における比体積の値を基準として 3.69 % となる．

3.3.2 理想気体

気体の比体積は圧力や温度によって大きく変化する．この関係を表現するものが気体の状態方程式である．特に，圧力が低い場合に成立する次式の状態方程式に従う気体を理想気体と呼ぶ．

$$pv = RT \tag{3.14}$$

ここで，R [J/(kg·K)] は気体定数であり，物質に依存する．あるいは，比体積 v の代わりにモル

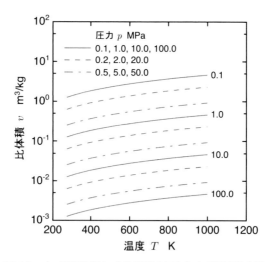

図 3.2 水（理想気体）の比体積の圧力および温度依存性

体積 $\bar{v}$ [m^3/mol]，R の代わりにすべての物質に共通の一般気体定数 $\bar{R}$ [J/(mol·K)] を用いると，理想気体の状態方程式は次式のように表される．

$$p\bar{v} = \bar{R}T \tag{3.15}$$

式 (3.14) および式 (3.15) より，次式のように比体積 v は圧力 p に反比例し，温度 T に比例する．

$$v = \frac{RT}{p} = \frac{\bar{R}T}{Mp} \tag{3.16}$$

ここで，M [kg/mol] は物質のモル質量である．

一例として，物質として水を対象とし，その理想気体の比体積を評価する．REFPROP を適用した D.2 節の数値計算プログラム D-3 によって，常圧から臨界圧力を超えるまでのいくつかの圧力 p において，常温から臨界温度を超えるまでの温度 T の範囲における比体積 v を評価し，その結果を図 3.2 に示す．なお，v は p によって数値の桁が変化するため，対数軸によって示していることに注意されたい．

【例題 3.4】 水蒸気を理想気体と仮定し，温度 500 および 400 °C における水蒸気の比体積を求めよ．ただし，圧力が 0.1，1.0，および 10.0 MPa の各場合について求めよ．

〔解答〕 式 (3.16) より，圧力が 0.1 MPa の場合，温度 500 および 400 °C における理想気体としての水蒸気の比体積はそれぞれ

$$v_1 = \frac{\bar{R}T_1}{Mp} = \frac{8.314 \times 773.15}{18.015 \times 0.1 \times 10^3} = 3.568 \text{ m}^3/\text{kg}$$

$$v_2 = \frac{\bar{R}T_2}{Mp} = \frac{8.314 \times 673.15}{18.015 \times 0.1 \times 10^3} = 3.107 \text{ m}^3/\text{kg}$$

圧力が 1.0 MPa の場合には，同様にして

$$v_1 = 0.3568 \text{ m}^3/\text{kg}, \ v_2 = 0.3107 \text{ m}^3/\text{kg}$$

圧力が 10.0 MPa の場合にも，同様にして
$$v_1 = 0.03568 \text{ m}^3/\text{kg}, \quad v_2 = 0.03107 \text{ m}^3/\text{kg}$$

なお，ここでは式 (3.16) を利用したが，REFPROP を適用した D.2 節の数値計算プログラム D-1 によっても同様の結果が得られる．

【例題 3.5】 空気を理想気体と仮定し，圧力および温度が変化した場合における単位面積当りの風による空気の運動エネルギーの変化を調べよ．

〔解答〕 比体積 v と密度 ρ の関係および式 (3.16) より
$$\rho = \frac{p}{RT}$$
式 (3.9) および上式より，単位面積当りの風による空気の運動エネルギーは
$$\frac{\dot{\Psi}}{A} = \frac{1}{2}\rho \mathcal{V}^3 = \frac{p}{2RT}\mathcal{V}^3$$
したがって，運動エネルギーは圧力 p に比例し，温度 T に反比例する．

この結果，運動エネルギーは，高圧および低温下において増大し，低圧および高温下において減少することがわかる．

3.3.3 実在気体

実在気体においては，比体積の圧力および温度に関する関数は複雑となる．しかしながら，C.3.1 項で述べたように，臨界点が物質の状態を特徴的に表すものと考えられ，物質が異なっても，同一の換算圧力および換算温度であれば，ほぼ同じ圧縮係数をもち，比体積が理想気体の値からほぼ同じ程度に逸脱するという対応状態原理と呼ばれる特性が知られている．この対応状態原理を適用するために，実在気体の状態方程式は次式のように表される．

$$pv = Z(p_\mathrm{r}, T_\mathrm{r})RT \tag{3.17}$$

ここで，Z [-] は圧縮係数として理想気体の比体積に対する実在気体の比体積の比を表し，次式による換算圧力 p_r [-] および換算温度 T_r [-] の関数として表される．

$$\left.\begin{array}{l} p_\mathrm{r} = \dfrac{p}{p_\mathrm{cr}} \\ T_\mathrm{r} = \dfrac{T}{T_\mathrm{cr}} \end{array}\right\} \tag{3.18}$$

ここで，p_cr [Pa] および T_cr [K] はそれぞれ物質の臨界圧力および臨界温度である．

Nelson と Obert は 25 種類以上の物質における実験結果に基づいて，実在気体について圧力，温度，および比体積の関係を線図によって示した [1]．この図は，横軸としての換算圧力 p_r，縦軸としての圧縮係数 Z，パラメータとしての換算温度 T_r によって表されている．したがって，$Z(p_\mathrm{r}, T_\mathrm{r})$ があらゆる物質に共通とすると，p_cr および T_cr によって $Z(p_\mathrm{r}, T_\mathrm{r})$ が評価できるため，実在気体の比体積を容易に算出することができる．しかしながら，$Z(p_\mathrm{r}, T_\mathrm{r})$ は p_r および T_r の関数として陽に表現されていない．

一方で，実在気体における圧力 p，温度 T，およびモル体積 $\bar{v}$ の間の関係を，近似的に表現す

るための状態方程式が多数提案されている．一例として，以下に 4 つの状態方程式を示す．

(a) van der Waals の状態方程式

この状態方程式は極めて単純な関数関係によって，すべての物質の実在気体の状態方程式として提案された．その関数関係は次式によって表される．

$$\left(p + \frac{a}{\bar{v}^2}\right)(\bar{v} - b) = \bar{R}T \tag{3.19}$$

ここで，a [Pa·m^6/mol^2] および b [m^3/mol] は次式で与えられる定数である．

$$\left. \begin{aligned} a &= \frac{27\bar{R}^2 T_{\text{cr}}^2}{64 p_{\text{cr}}} \\ b &= \frac{\bar{R} T_{\text{cr}}}{8 p_{\text{cr}}} \end{aligned} \right\} \tag{3.20}$$

(b) Peng-Robinson の状態方程式

この状態方程式は van der Waars の状態方程式の改良が重ねられた後に提案された状態方程式であり，その関数関係は次式によって表される．

$$\left\{ p + \frac{a'\alpha}{\bar{v}(\bar{v} + b') + b'(\bar{v} - b')} \right\}(\bar{v} - b') = \bar{R}T \tag{3.21}$$

ここで，a' [Pa·m^6/mol^2]，b' [m^3/mol]，および α [-] は次式で与えられる定数である．

$$\left. \begin{aligned} a' &= 0.45724 \frac{\bar{R}^2 T_{\text{cr}}^2}{p_{\text{cr}}} \\ b' &= 0.07780 \frac{\bar{R} T_{\text{cr}}}{p_{\text{cr}}} \\ \alpha &= \{1 + \beta(1 - T_{\text{r}}^{0.5})\}^2 \end{aligned} \right\} \tag{3.22}$$

また，β [-] および γ [-] は次式によって定義される定数である．なお，p_{fg} [Pa] は温度の関数としての飽和蒸気圧である．

$$\left. \begin{aligned} \beta &= 0.37464 + 1.54226\gamma - 0.26992\gamma^2 \\ \gamma &= -\log_{10}\frac{p_{\text{fg}}(0.7 T_{\text{cr}})}{p_{\text{cr}}} - 1 \end{aligned} \right\} \tag{3.23}$$

(c) Beattie-Bridgeman の状態方程式

物質ごとにパラメータの値を調節する状態方程式も提案されており，この状態方程式は 5 個のパラメータによって表現されている．

$$p = \frac{\bar{R}T}{\bar{v}^2}\left(1 - \frac{c_3}{\bar{v}T^3}\right)\left\{\bar{v} + c_5\left(1 - \frac{c_2}{\bar{v}}\right)\right\} - \frac{c_4}{\bar{v}}\left(1 - \frac{c_1}{\bar{v}}\right) \tag{3.24}$$

ここで，$c_1 \sim c_5$ は物質に固有の定数であり，詳細については省略する．

(d) Benedict-Webb-Rubin の状態方程式

この状態方程式は REFPROP で採用されている複数の状態方程式の 1 つの基礎になったもの

であり，8個のパラメータによって表現されている．

$$p = \frac{\bar{R}T}{\bar{v}} + \left(c_5\bar{R}T - c_4 - \frac{c_6}{T^2}\right)\frac{1}{\bar{v}^2} + \frac{c_2\bar{R}T - c_1}{\bar{v}^3} + \frac{c_1 c_7}{\bar{v}^6} + \frac{c_3}{\bar{v}^3 T^2}\left(1 + \frac{c_8}{\bar{v}^2}\right)e^{-\frac{c_8}{\bar{v}^2}} \quad (3.25)$$

ここで，$c_1 \sim c_8$ は物質に固有の定数であり，詳細については省略する．

これらの状態方程式を適用して $\bar{v}$ を求めるためには，非線形代数方程式を解く必要がある．しかしながら，非線形代数方程式を解析的に解くことは困難であるため，付録Eで述べたような数値計算によらざるを得ない．

図3.3は，一例として，物質として水を対象とし，E.4節の数値計算プログラムE-1によって，van der Waars および Peng-Robinson の状態方程式を適用して導出した圧縮係数 Z の換算圧力 p_r および換算温度 T_r による依存性を示したものである．なお，高圧下における Z の値も含めるために，p_r を対数軸によって示していることに注意されたい．(a) と (b) を比較すると，各 T_r における Z が最小となるときの p_r および Z の値に差があったり，p_r が増大するにつれて Z の値の差が増大したりするなど，全体的に差が生じている．このように，これらの状態方程式によっては，必ずしもすべての物質について圧力および温度の広範囲にわたって実在気体の比体積を精度高く評価できるとは限らない．

付録Dで述べたREFPROPでは，実在気体であっても物質ごとに比体積を精度高く求めることができる．図3.4は，一例として，物質として水，窒素，酸素，および二酸化炭素を対象とし，D.2節の数値計算プログラムD-5によって，比体積 v を圧力 p および温度 T の関数として求め，圧縮係数 Z の換算圧力 p_r および換算温度 T_r による依存性を示したものである．臨界圧力よりも低い圧力においては，飽和状態が存在するため，Z が不連続に変化しており，Z が零に近い部分が液体，Z が1に近い部分が気体を表している．Nelson-Obert 線図では液体の部分は図示されていないが，REFPROPでは液体の部分も求められるため，図示している．Z が1に近ければ理想気体によって高精度に近似できるが，そうでない場合には理想気体によっては表せなくな

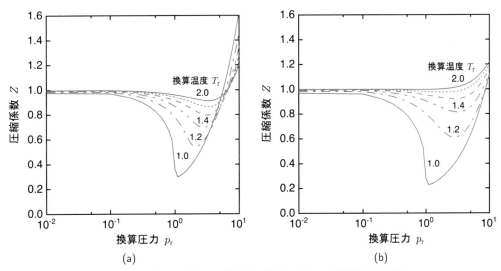

図 3.3 水（実在気体）の圧縮係数の換算圧力および換算温度依存性：
(a) van der Waars，(b) Peng-Robinson

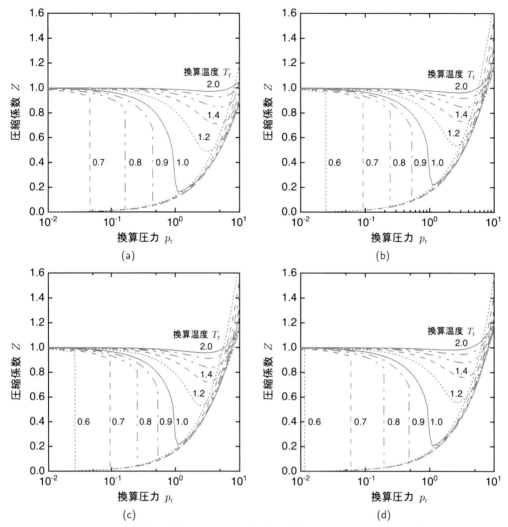

図 3.4 実在気体（液体を含む）の圧縮係数の換算圧力および換算温度依存性：
(a) 水，(b) 窒素，(c) 酸素，(d) 二酸化炭素

ることがわかる．また，臨界点である $p_r = 1$ の付近では，Z が大幅に減少し，理想気体からのずれが極めて大きくなることがわかる．さらに，$p_r < 1$ でも温度が飽和蒸気線の温度に近づくにつれて，理想気体からのずれが大きくなることがわかる．加えて，$p_r > 1$ の場合に p_r が極めて高くなると，Z が 1 を超えて増大することもわかる．図 3.3(a) および (b) を図 3.4(a) と比較すると，van der Waars の状態方程式に対して Peng-Robinson の状態方程式では改良が行われていることがわかる．例えば，各 T_r における Z が最小となるときの Z の値はやや大きいが，p_r の値は REFPROP による値に近い．また，p_r が増大した場合の Z の値も REFPROP による値に近い．

最後に，一例として，物質として水を対象とし，その実在気体の比体積を評価する．REFPROP を適用した D.2 節の数値計算プログラム D-4 によって，常圧から臨界圧力を超えるまでのいくつかの圧力 p において，飽和温度あるいは臨界温度から臨界温度を超えるまでの温度

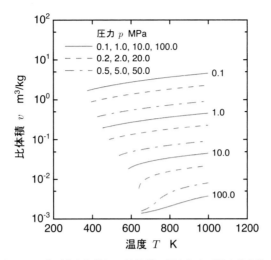

図 3.5 水（実在気体）の比体積の圧力および温度依存性

T の範囲における比体積 v を評価し，その結果を図 3.5 に示す．なお，理想気体と同様に実在気体においても v は p によって数値の桁が変化するため，対数軸によって示していることに注意されたい．そのため，実在気体の v は理想気体の値と大きく異ならないように見える．しかしながら，圧力が高くなるにつれて，また特に臨界温度付近において，v が T に比例し p に反比例するという理想気体の関係からの隔たりが大きくなることがわかる．

【例題 3.6】 水蒸気を実在気体と仮定し，温度 500 および 400 °C における水蒸気の比体積を求めよ．ただし，圧力が 0.1，1.0，および 10.0 MPa の各場合について求めよ．また，例題 3.4 における理想気体の場合と比較せよ．

〔解答〕 REFPROP を適用した D.2 節の数値計算プログラム D-2 によって，圧力が 0.1 MPa の場合，温度 500 および 400 °C における実在気体としての水蒸気の比体積はそれぞれ

$$v_1 = 3.566 \text{ m}^3/\text{kg}, \quad v_2 = 3.103 \text{ m}^3/\text{kg}$$

圧力が 1.0 MPa の場合には，同様にして

$$v_1 = 0.3541 \text{ m}^3/\text{kg}, \quad v_2 = 0.3066 \text{ m}^3/\text{kg}$$

圧力が 10.0 MPa の場合にも，同様にして

$$v_1 = 0.03281 \text{ m}^3/\text{kg}, \quad v_2 = 0.02644 \text{ m}^3/\text{kg}$$

したがって，圧力が低い場合には，実在気体としての比体積は理想気体としての値に近いことがわかる．一方，圧力が高い場合には，実在気体としての比体積は理想気体としての値から遠ざかることがわかる．

> **【例題 3.7】** CO_2 ヒートポンプ給湯機に冷媒として採用されている二酸化炭素は，圧縮機によって超臨界圧力および超臨界温度の状態になる．二酸化炭素を実在気体と考え，圧力が 10.0 MPa，温度が 100 °C のときの圧縮係数を求めよ．
>
> 〔解答〕 式 (3.16) より，理想気体としての二酸化炭素の比体積は
> $$v^* = \frac{\bar{R}T}{Mp} = \frac{8.314 \times 373.15}{44.010 \times 10.0 \times 10^3} = 7.049 \times 10^{-3} \text{ m}^3/\text{kg}$$
> REFPROP を適用した D.2 節の数値計算プログラム D-2 によって，実在気体としての二酸化炭素の比体積は
> $$v = 5.303 \times 10^{-3} \text{ m}^3/\text{kg}$$
> したがって，圧縮係数は
> $$Z = \frac{v}{v^*} = \frac{5.303 \times 10^{-3}}{7.049 \times 10^{-3}} = 0.7523$$

3.3.4 理想混合気体

理想混合気体の場合には，Dalton の法則あるいは Amagat の法則を適用する．

Dalton の法則は，混合気体の圧力が分圧と呼ばれる混合気体を構成する各成分の圧力の和によって表されると仮定するものである．すなわち，混合気体が N [-] 個の成分から構成されるものとすると，混合気体の圧力 p と第 i 番目の成分の分圧 p_i の関係は次式によって表される．

$$p = \sum_{i=1}^{N} p_i \tag{3.26}$$

理想気体の場合には，p_i が各物質量に比例するものと仮定し，式 (3.26) を満たすために次式のように表される．

$$p_i = y_i p \quad (i = 1, 2, \cdots, N) \tag{3.27}$$

ここで，y_i [-] は各成分のモル分率であり，次式によって定義される．

$$y_i = \frac{n_i}{\sum_{j=1}^{N} n_j} \quad (i = 1, 2, \cdots, N) \tag{3.28}$$

ここで，n_i [mol] は各成分の物質量である．また，各成分の体積が混合気体の体積に等しいと仮定する．このとき，体積，モル体積，および物質量の間の関係を用いると，各成分のモル体積 $\bar{v}_i$ と混合気体のモル体積 $\bar{v}$ の関係は次式によって表される．

$$y_i \bar{v}_i = \bar{v} \quad (i = 1, 2, \cdots, N) \tag{3.29}$$

このとき，$\bar{v}$ は混合気体における理想気体の状態方程式

$$p\bar{v} = \bar{R}T \tag{3.30}$$

から次式のように求められる．

$$\bar{v} = \frac{\bar{R}T}{p} \tag{3.31}$$

よって，式 (3.29) より，$\bar{v}_i$ は次式のように求められる．
$$\bar{v}_i = \frac{\bar{v}}{y_i} \quad (i=1,2,\cdots,N) \tag{3.32}$$

式 (3.27)，式 (3.30)，および式 (3.32) によれば，各成分についても，次式の理想気体の状態方程式が成立することがわかる．
$$p_i \bar{v}_i = \bar{R}T \quad (i=1,2,\cdots,N) \tag{3.33}$$

一方，Amagat の法則は，混合気体の体積が分体積と呼ばれる各成分の体積の和によって表されると仮定するものである．すなわち，体積，モル体積，および物質量の間の関係を用いると，混合気体のモル体積 $\bar{v}$ と第 i 番目の成分のモル体積 $\bar{v}_i$ の関係は次式によって表される．
$$\bar{v} = \sum_{i=1}^{N} y_i \bar{v}_i \tag{3.34}$$

理想気体の場合には，各成分の体積がそれぞれの物質量に比例するものと仮定し，体積，モル体積，および物質量の間の関係を用いて，式 (3.34) を満たすために次式のように表される．
$$\bar{v}_i = \bar{v} \quad (i=1,2,\cdots,N) \tag{3.35}$$

また，次式のように，各成分の圧力 p_i が混合気体の圧力 p に等しいと仮定する．
$$p_i = p \quad (i=1,2,\cdots,N) \tag{3.36}$$

このとき，$\bar{v}$ および $\bar{v}_i$ はそれぞれ式 (3.31) および式 (3.35) によって求められる．式 (3.30)，式 (3.35)，および式 (3.36) によれば，各成分についても，式 (3.33) の理想気体の状態方程式が成立することがわかる．

【例題 3.8】 2 kmol の窒素と 6 kmol の二酸化炭素から成る混合気体を，圧力が 10 MPa，温度が 350 K の状態で保つものとする．混合気体を理想混合気体と仮定し，Dalton および Amagat の法則によって各成分の状態量を求めよ．

〔解答〕 式 (3.28) より，窒素および二酸化炭素のモル分率はそれぞれ
$$y_1 = \frac{n_1}{\sum_{j=1}^{2} n_j} = \frac{2.0}{2.0+6.0} = 0.25, \quad y_2 = \frac{n_2}{\sum_{j=1}^{2} n_j} = \frac{6.0}{2.0+6.0} = 0.75$$

式 (3.31) より，混合気体のモル体積は
$$\bar{v} = \frac{\bar{R}T}{p} = \frac{8.314 \times 350.0}{10.0 \times 10^3} = 0.2910 \text{ m}^3/\text{kmol}$$

Dalton の法則に従う場合，式 (3.27) より，窒素および二酸化炭素の圧力はそれぞれ
$$p_1 = y_1 p = 0.25 \times 10.0 = 2.5 \text{ MPa}, \quad p_2 = y_2 p = 0.75 \times 10.0 = 7.5 \text{ MPa}$$

また，式 (3.32) より，窒素および二酸化炭素のモル体積はそれぞれ
$$\bar{v}_1 = \frac{\bar{v}}{y_1} = \frac{0.2910}{0.25} = 1.1640 \text{ m}^3/\text{kmol}, \quad \bar{v}_2 = \frac{\bar{v}}{y_2} = \frac{0.2910}{0.75} = 0.3880 \text{ m}^3/\text{kmol}$$

一方，Amagat の法則に従う場合，式 (3.36) より，窒素および二酸化炭素の圧力は
$$p_1 = p_2 = p = 10.0 \text{ MPa}$$
また，式 (3.35) より，窒素および二酸化炭素のモル体積は
$$\bar{v}_1 = \bar{v}_2 = \bar{v} = 0.2910 \text{ m}^3/\text{kmol}$$
なお，ここでは本項の結果を利用したが，REFPROP を適用した D.2 節の数値計算プログラム D-1 によっても同様の結果が得られる．

3.3.5 実在混合気体

実在混合気体の場合には，いくつかの簡易なモデルが考えられている [2]．

まず，Dalton の法則あるいは Amagat の法則を適用するとともに，混合気体を構成する各成分について実在気体の状態方程式を用いるというモデルがある．Dalton の法則を適用する場合には，式 (3.26) に示すように混合気体の圧力 p が各成分の分圧 p_i の和によって表されるものとする．また，各成分の体積が混合気体の体積に等しいと仮定し，式 (3.29) に示すように各成分のモル体積 $\bar{v}_i$ と混合気体のモル体積 $\bar{v}$ を関係付ける．さらに，各成分について次式のように実在気体の状態方程式を考慮する．

$$p_i \bar{v}_i = Z_i \bar{R} T \quad (i = 1, 2, \cdots, N) \tag{3.37}$$

ここで，Z_i は各成分の圧縮係数である．必要な状態量は，式 (3.26)，式 (3.29)，および式 (3.37) から成る連立非線形代数方程式を解くことによって求められる．一方，Amagat の法則を適用する場合には，混合気体の体積が各成分の分体積の和によって表されるものとし，式 (3.34) に示すように $\bar{v}$ を $\bar{v}_i$ に関係付ける．また，式 (3.36) に示すように p_i が p に等しいと仮定する．さらに，各気体について式 (3.37) の実在気体の状態方程式を考慮する．必要な状態量は，式 (3.34)，式 (3.36)，および式 (3.37) から成る連立非線形代数方程式を解くことによって求められる．なお，これらのモデルは，上記のような手順で算出した Z_i から混合気体の圧縮係数 Z を

$$Z = \sum_{i=1}^{N} y_i Z_i \tag{3.38}$$

によって評価し，混合気体において実在気体の状態方程式

$$p\bar{v} = Z\bar{R}T \tag{3.39}$$

を適用することを意味している．これらの連立非線形代数方程式を解析的に解くことは困難であるため，付録 E で述べたような数値計算によらざるを得ない．

また，別の方法として，混合気体を擬似純物質として扱うモデルがある．これは Kay の規則と呼ばれている．まず，擬似純物質としての臨界圧力 p_{cr} および臨界温度 T_{cr} をそれぞれ次式によって評価する．

$$\left.\begin{array}{l} p_{\mathrm{cr}} = \displaystyle\sum_{i=1}^{N} y_i p_{\mathrm{cr}i} \\ T_{\mathrm{cr}} = \displaystyle\sum_{i=1}^{N} y_i T_{\mathrm{cr}i} \end{array}\right\} \quad (3.40)$$

ここで，$p_{\mathrm{cr}i}$ および $T_{\mathrm{cr}i}$ はそれぞれ各成分の臨界圧力および臨界温度である．次に，これらとともに混合気体の圧力 p および温度 T を用いて，式 (3.18) によってそれぞれ擬似純物質の換算圧力 p_{r} および換算温度 T_{r} を求め，p および T を擬似純物質の圧縮係数 Z に関連付ける．最後に，混合気体において式 (3.39) の実在気体の状態方程式を適用する．なお，p あるいは T の代わりにモル体積 $\bar{v}$ が与えられており，これらの関係式を順次適用できない場合には，適宜部分的に連立して解く必要がある．また，この方法では擬似純物質の Z の関数が既知である必要がある．

さらに，別の方法として，混合気体について圧力，温度，およびモル体積の間の関係を近似的に表現するための状態方程式を用いるモデルがある．例えば，式 (3.19) の van der Waals の状態方程式を適用する場合には，式 (3.20) と同様に，各成分について定数 a_i および b_i の値を

$$\left.\begin{array}{l} a_i = \dfrac{27\bar{R}^2 T_{\mathrm{cr}i}^2}{64 p_{\mathrm{cr}i}} \\ b_i = \dfrac{\bar{R} T_{\mathrm{cr}i}}{8 p_{\mathrm{cr}i}} \end{array}\right\} \quad (i=1,2,\cdots,N) \quad (3.41)$$

によって求め，式 (3.19) における定数 a および b の値をそれぞれ

$$\left.\begin{array}{l} a = \left(\displaystyle\sum_{i=1}^{N} y_i \sqrt{a_i}\right)^2 \\ b = \displaystyle\sum_{i=1}^{N} y_i b_i \end{array}\right\} \quad (3.42)$$

によって評価する．

一方，REFPROP においては，混合モデルが導入されており，実在混合気体に対してより精度高く状態量を求めることができる．

【例題 3.9】 例題 3.8 において，理想混合気体を実在混合気体に変更し，同じ条件下において，Dalton の法則あるいは Amagat の法則を適用するモデル，および REFPROP の混合モデルによってモル体積を算出し，比較せよ．ただし，圧力を 0.1，1.0，10.0，および 15.0 MPa とする．

〔解答〕 Dalton の法則あるいは Amagat の法則を用いる場合の各成分の実在気体の状態方程式に REFPROP のモデルを採用し，連立非線形代数方程式の数値計算に E.4 節の数値計算プログラム E-2 を使用する．また，REFPROP の混合モデルを適用する場合には，D.2 節の数値計算プログラム D-2 を使用する．さらに，例題 3.8 の理想混合気体による結果とも比較する．

下表に 4 つの圧力における混合気体のモル体積の値を示す．圧力の増大に伴って，実在気体の値が理想気体の値から遠ざかることがわかる．Dalton の法則と Amagat の法則を比較すると，前者ではモル体積が REFPROP による値より過大に評価され，後者ではモル体積が過小に評価されている．また，圧力の増大に伴って，両者によるモル体積と REFPROP による値の差が増大する傾向がある

が，部分的に差が減少する場合もある．さらに，圧力が低い場合には Amagat の法則によるモル体積が REFPROP による値に近いが，圧力が高くなると Dalton の法則による値の方が REFPROP による値に近くなる．

単位：$\mathrm{m^3/kmol}$

圧力 MPa		0.1	1.0	10.0	15.0
実在気体	Dalton の法則	29.05	2.863	0.2421	0.1454
	Amagat の法則	29.04	2.847	0.2190	0.1245
	REFPROP	29.04	2.853	0.2359	0.1438
理想気体		29.10	2.910	0.2910	0.1940

3.4 圧力エネルギー

3.3 節で比体積の評価を行ったので，圧力エネルギーについて考える．圧力エネルギーは圧力の作用によって流体が移動しているときになす仕事を表しており，力学的エネルギーの1つである．流体の質量流量を $\dot{m}$ [kg/s]，圧力を p [Pa]，比体積を v [m³/kg] とすると，単位時間当りの圧力エネルギー，すなわち圧力エネルギー流量 $\dot{\Xi}$ [W] は次式によって表される．

$$\dot{\Xi} = \dot{m}pv \tag{3.43}$$

ここで，流体の体積流量を $\dot{V}$ [m³/s] とすると，$\dot{m} = \dot{V}/v$ より

$$\dot{\Xi} = p\dot{V} \tag{3.44}$$

となる．また，特に，流体が断面積 A [m²] の管の中を速度 $\mathcal{V}$ [m/s] で流れている場合を考えると，$\dot{V} = A\mathcal{V}$ であるので，

$$\dot{\Xi} = pA\mathcal{V} \tag{3.45}$$

となる．
単位質量当りの圧力エネルギー，すなわち比圧力エネルギー ξ [J/kg] は，$\dot{\Xi} = \dot{m}\xi$ より

$$\xi = pv \tag{3.46}$$

となる．

【例題 3.10】 水が内径 0.2 m の円管の中を圧力 200.0 kPa, 速度 3.0 m/s で流れている．このとき，単位時間に得られる水の圧力エネルギーを求めよ．ただし，圧力 100.0 kPa を基準として，圧力エネルギーを評価せよ．また，単位時間に得られる水の運動エネルギーを求め，圧力エネルギーと比較せよ．ただし，水の密度を 997.0 kg/m³ とする．

〔解答〕 円管の断面積は

$$A = \frac{\pi}{4} \times 0.2^2 = 0.03142 \text{ m}^2$$

式 (3.45) より，圧力エネルギーは

$$\dot{\Xi} = (p - p_0)A\mathcal{V} = (200.0 - 100.0) \times 0.03142 \times 3.0 = 9.426 \text{ kW}$$

一方,式 (3.9) より,運動エネルギーは
$$\dot{\Psi} = \frac{1}{2}\rho A\mathcal{V}^3 = \frac{1}{2} \times 997.0 \times 0.03142 \times 3.0^3 = 422.9 \text{ W} = 0.4229 \text{ kW}$$

したがって,運動エネルギーは圧力エネルギーと比較して小さいことがわかる.

3.5 内部エネルギー

次に,内部エネルギーについて考える.内部エネルギーは,物体を構成している原子および分子の運動および形態に関連するエネルギーである.内部エネルギー U [J],内部エネルギー流量 $\dot{U}$ [W],比内部エネルギー u [J/kg],およびモル内部エネルギー $\bar{u}$ [J/mol] の間には,1.10 節で述べたように,式 (1.2),式 (1.3),および式 (1.5) の関係があり,ここでは主として比内部エネルギー u について考える.1.10 節および 2.2 節で述べたように,比内部エネルギーも一般的には 2 つの独立な示強性状態量である圧力および温度の関数となるが,この関数も物質やその相によって異なる.C.1.2 項,C.2.2 項,および C.3.4 項には,それぞれ液体,理想気体,および実在気体について,設定した比体積に基づいて比内部エネルギーを導出しているので,必要に応じて参照されたい.本節では,液体,理想気体,および実在気体における比内部エネルギーについて,より具体的に考える.また,理想混合気体および実在混合気体についても考える.

なお,比内部エネルギーを評価する際の基準状態が必要になる.例えば,従来より用いられてきた標準状態として,圧力 $p_{\text{ref}} = 101.3$ kPa (1 atm),温度 $T_{\text{ref}} = 298.15$ K (25 °C) において,液体を含む実在気体における比エンタルピーの値を零とすることによって,比内部エネルギーの基準値も決定される.しかしながら,International Union of Pure and Applied Chemistry (IUPAC) では,標準状態の圧力として $p_{\text{ref}} = 100.0$ kPa (0.9872 atm) の使用が推奨されており,本書でもこれに従っている.

3.5.1 液体

3.3.1 項で述べたように,式 (3.11) によって液体の比体積 v [m^3/kg] が温度 T [K] のみの関数として表されるものと仮定すると,C.1.2 項で述べたように,比内部エネルギー u も T のみの関数として表されるという性質をもっている.一例として,物質として水を対象とし,REFPROP を適用した D.2 節の数値計算プログラム D-4 によって,常圧から臨界圧力までのいくつかの圧力 p [Pa] において,常温から飽和状態までの範囲の T における u を評価し,その結果を図 3.6(a) に示す.併せて,定容比熱 c_v [J/(kg·K)] も評価し,その結果を図 3.6(b) に示す.

図 (a) によれば,各圧力 p に対応する曲線の右端は飽和温度によって異なるが,曲線はより高い p に対応する曲線にほとんど重なっている.よって,比内部エネルギー u の p による依存性は小さく,次式のように温度 T のみの関数として表しても差し支えないことがわかる.

$$u = u(T) \tag{3.47}$$

ここで,一例として各 T に対応する p として飽和状態の値を採用し,次式のように u を液体の

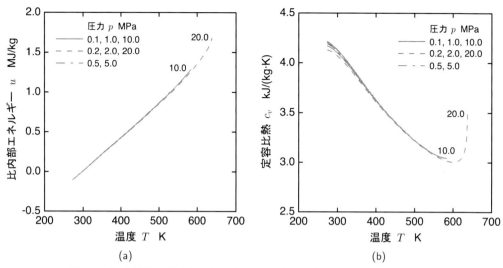

図 3.6 水（液体）の比内部エネルギーおよび定容比熱の圧力および温度依存性：
(a) 比内部エネルギー，(b) 定容比熱

飽和状態の比内部エネルギー u_f [J/kg] の T における値として表すことができる．

$$u = u_\mathrm{f}(T) \tag{3.48}$$

C.1.2 項で述べたように，定容比熱 c_v も T のみの関数として表されるため，図 (b) によれば c_v の圧力 p による依存性は小さいことがわかる．なお，u と定容比熱 c_v の関係は，式 (C.5) の括弧内第 2 項が存在するため，簡単には表現できないことに注意する必要がある．

一方，3.3.1 項で述べたように，式 (3.13) によって液体の比体積 v を一定値 v_c [m^3/kg] と仮定すると，C.1.2 項で述べたように，比内部エネルギー u および定容比熱 c_v が温度 T のみの関数として表されるだけではなく，両者の間には次式の関係が成立する．

$$\left. \begin{array}{l} c_v(T) = u'(T) \\ u(T) = \displaystyle\int_{T_\mathrm{ref}}^{T} c_v(T) dT + u(T_\mathrm{ref}) \end{array} \right\} \tag{3.49}$$

ここで，T_ref [K] は温度の基準値である．これより，$u(T)$ の導関数が $c_v(T)$ であり，$c_v(T)$ は $u(T)$ の T に関する勾配を表す．T の範囲が狭い場合には，c_v の T による依存性も小さく，一定と仮定することができる．このような場合には，u と c_v の間に次式の関係が成立する．

$$u(T) = c_v(T - T_\mathrm{ref}) + u(T_\mathrm{ref}) \tag{3.50}$$

【例題 3.11】 温度 95 および 25 °C における水の比内部エネルギーおよび定容比熱の差を求めよ．

〔解答〕 水の比内部エネルギーおよび定容比熱が圧力に依存せず，飽和状態における値として評価する．REFPROP を適用した D.2 節の数値計算プログラム D-2 によって，温度 95 および 25 °C の飽和状態における水の比内部エネルギーおよび定容比熱はそれぞれ

$$u_1 = u_{f1} = 293.08 \text{ kJ/kg}, \ u_2 = u_{f2} = -0.10 \text{ kJ/kg}$$
$$c_{v1} = c_{vf1} = 3.794 \text{ kJ/(kg·K)}, \ c_{v2} = c_{vf2} = 4.138 \text{ kJ/(kg·K)}$$

したがって,水の比内部エネルギーおよび定容比熱の差はそれぞれ

$$\Delta u = u_1 - u_2 = 293.08 - (-0.10) = 293.18 \text{ kJ/kg}$$
$$\Delta c_v = c_{v1} - c_{v2} = 3.794 - 4.138 = -0.344 \text{ kJ/(kg·K)}$$

温度の差 75 °C によって定容比熱の差は,温度 25 °C における定容比熱の値を基準として -8.31 % となる.

3.5.2 理想気体

3.3.2 項で述べた式 (3.14) の理想気体の状態方程式によって,C.2.2 項で述べたように,理想気体の比内部エネルギー u は式 (3.47) のように温度 T のみの関数として表されるという性質をもっている.また,C.2.2 項で述べたように,定容比熱 c_v も T のみの関数として表される.その結果,u と c_v の間には式 (3.49) の関係が成立する.なお,狭義の理想気体として c_v を一定と仮定する場合には,u は T の一次関数によって表され,u と c_v の間には式 (3.50) の関係が成立することになる.

一例として,物質として水を対象とし,REFPROP を適用した D.2 節の数値計算プログラム D-3 によって,常温から臨界温度を超えるまでの範囲の温度 T における比内部エネルギー u を評価し,その結果を図 3.7(a) に示す.併せて,定容比熱 c_v も評価し,その結果を図 3.7(b) に示す.提示した温度範囲では,c_v は T によって変化しており,その結果 u は T に関する非線形関数になっていることがわかる.

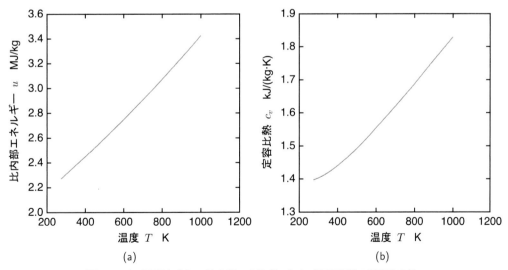

図 3.7 水(理想気体)の比内部エネルギーおよび定容比熱の温度依存性:
(a) 比内部エネルギー,(b) 定容比熱

> **【例題 3.12】** 水蒸気を理想気体と仮定し，温度 500 および 400 °C における水蒸気の比内部エネルギーおよび定容比熱の差を求めよ．
>
> 〔解答〕 REFPROP を適用した D.2 節の数値計算プログラム D-1 によって，温度 500 および 400 °C における理想気体としての水蒸気の比内部エネルギーおよび定容比熱はそれぞれ
>
> $$u_1 = 3028.1 \text{ kJ/kg}, \ u_2 = 2864.5 \text{ kJ/kg}$$
> $$c_{v1} = 1.669 \text{ kJ/(kg·K)}, \ c_{v2} = 1.602 \text{ kJ/(kg·K)}$$
>
> したがって，比内部エネルギーおよび定容比熱の差はそれぞれ
>
> $$\Delta u = u_1 - u_2 = 3028.1 - 2864.5 = 163.6 \text{ kJ/kg}$$
> $$\Delta c_v = c_{v1} - c_{v2} = 1.669 - 1.602 = 0.067 \text{ kJ/(kg·K)}$$

3.5.3 実在気体

実在気体の比内部エネルギー u は圧力 p および温度 T に依存する．C.3.4 項で導出したように，実在気体のモル内部エネルギー $\bar{u}$ の理想気体のモル内部エネルギー $\bar{u}^*$ からの隔たりを表す剰余内部エネルギー係数 Z_u [-] は，次式のように表される．

$$Z_u = \frac{\bar{u}^* - \bar{u}}{\bar{R}T_{\text{cr}}} = T_r^2 \int_0^{p_r} \left(\frac{\partial Z}{\partial T_r}\right)_{p_r} d(\ln p_r) - T_r(1-Z) \tag{3.51}$$

ここで，$\bar{R}$ [J/(mol·K)] は一般気体定数，T_{cr} [K] は臨界温度，Z [-] は圧縮係数，p_r [-] は換算圧力，T_r [-] は換算温度である．これより，$\bar{u}$ は，$\bar{u}^*$ および Z_u を用いて，次式によって求められる．

$$\bar{u} = \bar{u}^* - \bar{R}T_{\text{cr}}Z_u \tag{3.52}$$

REFPROP では，実在気体であっても物質ごとに比内部エネルギーを精度高く求めることができる．図 3.8 は，一例として，物質として水，窒素，酸素，および二酸化炭素を対象とし，D.2 節の数値計算プログラム D-5 によって，比内部エネルギー u を圧力 p および温度 T の関数として求め，剰余内部エネルギー係数 Z_u の換算圧力 p_r および換算温度 T_r による依存性を示したものである．図 3.4 に示す圧縮係数 Z に対応して，臨界圧力よりも低い圧力においては，飽和状態が存在するため，Z_u が不連続に変化しており，Z_u が零に近い部分が気体，Z_u が大きい部分が液体を表している．Z がすべての物質に共通であれば，式 (3.51) によって Z を用いて Z_u が求められるため，Z_u もすべての物質に共通となる．しかしながら，図 3.4 に示すように，Z は物質に依存するため，Z_u も物質に依存する．

一例として，物質として水を対象とし，その実在気体の比内部エネルギーを評価する．REFPROP を適用した D.2 節の数値計算プログラム D-4 によって，常圧から臨界圧力を超えるまでのいくつかの圧力 p において，飽和温度あるいは臨界温度から臨界温度を超えるまでの温度 T の範囲における比内部エネルギー u を評価し，その結果を図 3.9 に示す．理想気体とは異なり，実在気体の u は p に大きく依存する．p が低い場合には，u は図 3.7(a) に示す理想気体の値に近く，u の T に関する非線形性は弱い．しかしながら，p が高まり，臨界圧力付近において u の T に関する非線形性が強まることがわかる．

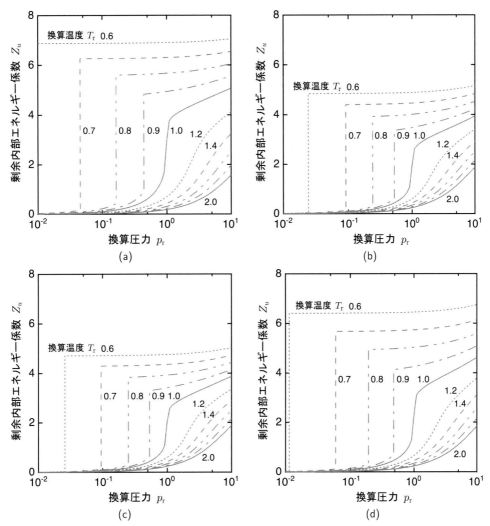

図 3.8 実在気体（液体を含む）の剰余内部エネルギー係数の換算圧力および換算温度依存性：
(a) 水，(b) 窒素，(c) 酸素，(d) 二酸化炭素

【例題 3.13】 水蒸気を実在気体と仮定し，温度 500 および 400 °C における水蒸気の比内部エネルギーの差を求めよ．ただし，圧力が 0.1, 1.0, および 10.0 MPa の各場合について求め，例題 3.12 の値と比較せよ．

〔解答〕 REFPROP を適用した D.2 節の数値計算プログラム D-2 によって，圧力が 0.1 MPa の場合，温度 500 および 400 °C における実在気体としての水蒸気の比内部エネルギーはそれぞれ

$$u_1 = 3027.3 \text{ kJ/kg}, \quad u_2 = 2863.4 \text{ kJ/kg}$$

よって，比内部エネルギーの差は

$$\Delta u = u_1 - u_2 = 3027.3 - 2863.4 = 163.9 \text{ kJ/kg}$$

圧力が 1.0 MPa の場合には，同様にして

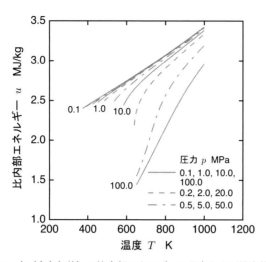

図 3.9 水（実在気体）の比内部エネルギーの圧力および温度依存性

$$u_1 = 3020.1 \text{ kJ/kg}, \quad u_2 = 2852.9 \text{ kJ/kg}$$
$$\Delta u = u_1 - u_2 = 3020.1 - 2852.9 = 167.2 \text{ kJ/kg}$$

圧力が 10.0 MPa の場合にも，同様にして

$$u_1 = 2942.1 \text{ kJ/kg}, \quad u_2 = 2728.2 \text{ kJ/kg}$$
$$\Delta u = u_1 - u_2 = 2942.1 - 2728.2 = 213.9 \text{ kJ/kg}$$

したがって，圧力が低い場合には，実在気体の比内部エネルギー差は理想気体の値に近いことがわかる．一方，圧力が高い場合には，実在気体の比内部エネルギー差は理想気体の値から遠ざかることがわかる．これは，図 3.9 において圧力の上昇に伴う曲線の勾配の増大に対応している．

3.5.4　理想混合気体

理想混合気体の場合には，各成分の状態量が他の成分の状態量によって影響を受けないものと仮定し，各成分が同一温度および同一体積の下で存在するような状態量の値を取るという仮定が行われる．これは Gibbs-Dalton の法則と呼ばれ，3.3.4 項で述べた Dalton の法則を拡張したものである．

このとき，混合気体の N [-] 個の各成分の比内部エネルギー u_i は，単一成分の理想気体と同様に式 (3.47) に従って，次式のように温度 T のみの関数として表される．

$$u_i = u_i(T) \quad (i = 1, 2, \cdots, N) \tag{3.53}$$

また，混合気体の内部エネルギー U は，次式に示すように各成分の質量 m_i [kg] を重みとする u_i の重ね合わせによって表される．

$$U = \sum_{i=1}^{N} m_i u_i \tag{3.54}$$

> **【例題 3.14】** 2 kmol の窒素と 6 kmol の二酸化炭素から成る混合気体を，圧力が 10.0 MPa，温度が 350 K の状態で保つものとする．混合気体を理想混合気体と仮定し，モル内部エネルギーを求めよ．
>
> **〔解答〕** REFPROP を適用した D.2 節の数値計算プログラム D-1 によって，温度 350 K における理想気体としての窒素および二酸化炭素のモル内部エネルギーはそれぞれ
>
> $$\bar{u}_1 = -1392.7 \text{ kJ/kmol}, \quad \bar{u}_2 = -884.1 \text{ kJ/kmol}$$
>
> したがって，理想混合気体としての窒素および二酸化炭素の混合気体のモル内部エネルギーは
>
> $$\bar{u} = \sum_{i=1}^{2} y_i \bar{u}_i = 0.25 \times (-1392.7) + 0.75 \times (-884.1) = -1011.3 \text{ kJ/kmol}$$

3.5.5 実在混合気体

実在混合気体の場合には，いくつかの簡易なモデルが考えられている [2]．

まず，換算圧力および換算温度を利用するモデルがある．3.3.5 項で述べたように，Dalton の法則あるいは Amagat の法則を適用し，該当する連立非線形代数方程式を解くことによって，各成分の圧力 p_i を決定し，次式のように換算圧力 $p_{\mathrm{r}i}$ および換算温度 $T_{\mathrm{r}i}$ を求める．

$$\left. \begin{array}{l} p_{\mathrm{r}i} = \dfrac{p_i}{p_{\mathrm{cr}i}} \\ T_{\mathrm{r}i} = \dfrac{T}{T_{\mathrm{cr}i}} \end{array} \right\} \quad (i = 1, 2, \cdots, N) \tag{3.55}$$

ここで，$p_{\mathrm{cr}i}$ [Pa] および $T_{\mathrm{cr}i}$ はそれぞれ各成分の臨界圧力および臨界温度である．次に，これらを用いて，各成分について次式のように剰余内部エネルギー係数 Z_{ui} を求める．

$$Z_{ui} = \frac{\bar{u}_i^* - \bar{u}_i}{\bar{R}T_{\mathrm{cr}i}} = T_{\mathrm{r}i}^2 \int_0^{p_{\mathrm{r}i}} \left(\frac{\partial Z_i}{\partial T_{\mathrm{r}i}} \right)_{p_{\mathrm{r}i}} d(\ln p_{\mathrm{r}i}) - T_{\mathrm{r}i}(1 - Z_i) \quad (i = 1, 2, \cdots, N) \tag{3.56}$$

また，各成分について 3.5.4 項で述べた方法によって理想気体のモル内部エネルギー $\bar{u}_i^*$ を求める．これらから，各成分について次式のように実在気体のモル内部エネルギー $\bar{u}_i$ を求める．

$$\bar{u}_i = \bar{u}_i^* - \bar{R}T_{\mathrm{cr}i}Z_{ui} \quad (i = 1, 2, \cdots, N) \tag{3.57}$$

最後に，混合気体の内部エネルギー U を，次式に示すように各成分の物質量 n_i [mol] を重みとする $\bar{u}_i$ の重ね合わせによって求める．

$$U = \sum_{i=1}^{N} n_i \bar{u}_i \tag{3.58}$$

なお，これらの関係式を順次適用できない場合には，適宜部分的に連立して解く必要がある．

別の方法として，3.3.5 項で述べたように，Kay の規則による擬似純物質を利用するモデルがある．擬似純物質としての臨界圧力 p_{cr} および臨界温度 T_{cr} を式 (3.40) によって評価するとともに，混合気体の圧力 p および温度 T を用いて，式 (3.18) によってそれぞれ擬似純物質の換算圧力 p_{r} および換算温度 T_{r} を求め，式 (3.51) によって p および T を擬似純物質の剰余内部エネ

ギー係数 Z_u に関連付ける．また，混合気体について 3.5.4 項で述べた方法によって理想気体のモル内部エネルギー $\bar{u}^*$ を求める．最後に，これらから，混合気体について式 (3.52) によって実在気体のモル内部エネルギー $\bar{u}$ を求める．なお，これらの関係式を順次適用できない場合には，適宜部分的に連立して解く必要がある．また，この方法では擬似純物質の Z_u の関数が既知である必要がある．

一方，REFPROP においては，混合モデルが導入されており，実在混合気体に対してより精度高くモル内部エネルギーを求めることができる．

【例題 3.15】 例題 3.14 において，理想混合気体を実在混合気体に変更し，同じ条件下において，Dalton の法則あるいは Amagat の法則を適用するモデル，および REFPROP の混合モデルによってモル内部エネルギーを算出し，比較せよ．ただし，圧力を 0.1，1.0，10.0，および 15.0 MPa とする．

〔解答〕 Dalton の法則あるいは Amagat の法則を用いる場合の各成分の剰余内部エネルギー係数の評価に REFPROP のモデルを採用し，連立非線形代数方程式の数値計算に E.4 節の数値計算プログラム E-2 を使用する．また，REFPROP の混合モデルを適用する場合には，D.2 節の数値計算プログラム D-2 を使用する．さらに，例題 3.14 の理想混合気体による結果とも比較する．

下表に 4 つの圧力における混合気体のモル内部エネルギーの値を示す．圧力の増大に伴って，実在気体の値が圧力に依存しない理想気体の値から大きく遠ざかることがわかる．Dalton の法則と Amagat の法則を比較すると，前者ではモル内部エネルギーが REFPROP による値より過大に評価され，後者ではモル内部エネルギーが過小に評価されている．また，圧力の増大に伴って，両者によるモル内部エネルギーと REFPROP による値の差が増大している．さらに，圧力が低い場合には Amagat の法則によるモル内部エネルギーが REFPROP による値に近いが，圧力が高くなると Dalton の法則による値の方が REFPROP による値に近くなる．

単位：kJ/kmol

圧力 MPa		0.1	1.0	10.0	15.0
実在気体	Dalton の法則	−1023.0	−1130.7	−2365.5	−3186.0
	Amagat の法則	−1027.8	−1180.0	−3255.5	−4995.2
	REFPROP	−1027.0	−1171.1	−2809.7	−3836.4
理想気体		−1011.2	−1011.2	−1011.2	−1011.2

3.6 エンタルピー

最後に，エンタルピーについて考える．式 (2.8) によって定義したように，エンタルピーは内部エネルギーと圧力エネルギーの和である．エンタルピー H [J]，エンタルピー流量 $\dot{H}$ [W]，比エンタルピー h [J/kg]，およびモルエンタルピー $\bar{h}$ [J/mol] の間にも，1.10 節で述べたように，式 (1.2)，式 (1.3)，および式 (1.5) と同様の関係があり，ここでは主として比エンタルピー h について考える．1.10 節および 2.2 節で述べたように，比エンタルピーも，その定義によって，一般的には 2 つの独立な示強性状態量である圧力および温度の関数となるが，この関数も物質やそ

の相によって異なる．C.1.3 項，C.2.3 項，および C.3.2 項には，それぞれ液体，理想気体，および実在気体について，設定した比体積に基づいて比エンタルピーを導出しているので，必要に応じて参照されたい．本節では，液体，理想気体，および実在気体における比エンタルピーについて，より具体的に考える．また，理想混合気体および実在混合気体についても考える．

なお，内部エネルギーと同様に，比エンタルピーを評価する際の基準状態が必要になるが，3.5 節で述べたように，本書では標準状態として圧力 $p_{\mathrm{ref}} = 100.0$ kPa (0.9872 atm)，温度 $T_{\mathrm{ref}} = 298.15$ K (25 °C) を用い，液体を含む実在気体における比エンタルピーの値を零とすることによって，比エンタルピーの基準値を決定する．

3.6.1 液体

3.3.1 項で述べたように，式 (3.11) によって液体の比体積 v [m^3/kg] が温度 T [K] のみの関数として表されるとすると，C.1.2 項で述べたように，比内部エネルギー u [J/kg] も T のみの関数として表されるため，比エンタルピー h は次式のように圧力 p [Pa] および T の関数として表される．

$$h = u(T) + pv(T) \tag{3.59}$$

ここで，一例として各 T に対する p として飽和状態の値を採用し，次式のように v および u をそれぞれ液体の飽和状態の比体積 v_{f} [m^3/kg] および比内部エネルギー u_{f} [J/kg] の T における値によって表すことができる．

$$h = u_{\mathrm{f}}(T) + pv_{\mathrm{f}}(T) \tag{3.60}$$

このとき，液体の飽和状態の比エンタルピー h_{f} [J/kg] の T における値は，次式のように表される．

$$h_{\mathrm{f}}(T) = u_{\mathrm{f}}(T) + p_{\mathrm{fg}}(T) v_{\mathrm{f}}(T) \tag{3.61}$$

ここで，p_{fg} [Pa] は T の関数としての飽和蒸気圧である．したがって，式 (3.60) および式 (3.61) より，h を次式のように表すこともできる．

$$h = h_{\mathrm{f}}(T) + (p - p_{\mathrm{fg}}(T)) v_{\mathrm{f}}(T) \tag{3.62}$$

一例として，物質として水を対象とし，REFPROP を適用した D.2 節の数値計算プログラム D-4 によって，常圧から臨界圧力までのいくつかの圧力 p において，常温から飽和状態までの範囲の温度 T における比エンタルピー h を評価し，その結果を図 3.10(a) に示す．併せて，定圧比熱 c_p [J/(kg·K)] も評価し，その結果を図 3.10(b) に示す．図 (a) によれば，各 p に対応する曲線の右端は飽和温度によって異なるが，曲線はより高い p に対応する曲線にほとんど重なっている．よって，h は p の関数でもあるが，式 (3.59) の右辺第 2 項の値が第 1 項と比較して小さく，p による依存性は小さいことがわかる．図 (b) によれば c_p の p による依存性も小さいことがわかる．c_p は，特に高圧・高温下において増大が著しくなり，h も急増することがわかる．なお，h と c_p の間には，式 (C.12) の関係があり，h の T に関する勾配が c_p となることがわかる．

一方，3.3.1 項で述べたように，式 (3.13) によって液体の比体積 v を一定値 v_{c} [m^3/kg] と仮定すると，C.1.3 項で述べたように，比エンタルピー h は次式のように表される．

$$h = u(T) + pv_{\mathrm{c}} \tag{3.63}$$

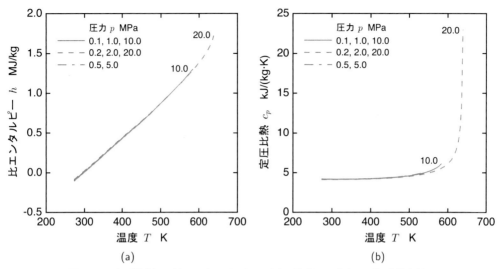

図 3.10 水（液体）の比エンタルピーおよび定圧比熱の圧力および温度依存性：
(a) 比エンタルピー，(b) 定圧比熱

また，h，比内部エネルギー u，定圧比熱 c_p，および定容比熱 c_v [J/(kg·K)] の間に次式が成立する．

$$\left.\begin{array}{l} c_p = c_v = u'(T) \\ h(p,T) = \displaystyle\int_{T_{\text{ref}}}^{T} c_p(T)dT + u(T_{\text{ref}}) + pv_{\text{c}} = \int_{T_{\text{ref}}}^{T} c_v(T)dT + u(T_{\text{ref}}) + pv_{\text{c}} \end{array}\right\} \quad (3.64)$$

ここで，T_{ref} [K] は温度の基準値である．この場合にも，h の温度 T に関する偏導関数が c_p であり，c_p は h の T に関する勾配を表すことがわかる．T の範囲が狭い場合には，c_p の T による依存性も小さく，一定と仮定することができる．このような場合には，h，u，c_p，および c_v の間に次式の関係が成立する．

$$h(p,T) = c_p(T - T_{\text{ref}}) + u(T_{\text{ref}}) + pv_{\text{c}} = c_v(T - T_{\text{ref}}) + u(T_{\text{ref}}) + pv_{\text{c}} \quad (3.65)$$

【例題 3.16】 温度 95 および 25 °C における水の比エンタルピーの差を求めよ．ただし，圧力が 0.1，1.0，および 10.0 MPa の各場合について求めよ．

〔解答〕 例題 3.3 および例題 3.11 の結果より，圧力が 0.1 MPa の場合，温度 95 および 25 °C における水の比エンタルピーはそれぞれ

$$h_1 = u_{\text{f1}} + pv_{\text{f1}} = 293.08 + 0.1 \times 10^3 \times 1.040 \times 10^{-3} = 293.18 \text{ kJ/kg}$$
$$h_2 = u_{\text{f2}} + pv_{\text{f2}} = -0.10 + 0.1 \times 10^3 \times 1.003 \times 10^{-3} = 0.0 \text{ kJ/kg}$$

よって，比エンタルピーの差は

$$\Delta h = h_1 - h_2 = 293.18 - 0.0 = 293.18 \text{ kJ/kg}$$

圧力が 1.0 MPa の場合には，同様にして

$$h_1 = u_{\text{f1}} + pv_{\text{f1}} = 293.08 + 1.0 \times 10^3 \times 1.040 \times 10^{-3} = 294.12 \text{ kJ/kg}$$
$$h_2 = u_{\text{f2}} + pv_{\text{f2}} = -0.10 + 1.0 \times 10^3 \times 1.003 \times 10^{-3} = 0.90 \text{ kJ/kg}$$
$$\Delta h = h_1 - h_2 = 294.12 - 0.90 = 293.22 \text{ kJ/kg}$$

圧力が 10.0 MPa の場合にも，同様にして

$$h_1 = u_{\text{f1}} + pv_{\text{f1}} = 293.08 + 10.0 \times 10^3 \times 1.040 \times 10^{-3} = 303.48 \text{ kJ/kg}$$
$$h_2 = u_{\text{f2}} + pv_{\text{f2}} = -0.10 + 10.0 \times 10^3 \times 1.003 \times 10^{-3} = 9.93 \text{ kJ/kg}$$
$$\Delta h = h_1 - h_2 = 303.48 - 9.93 = 293.55 \text{ kJ/kg}$$

したがって，液体の比エンタルピーの差は圧力に依存するが，比体積が小さく，またその温度依存性も小さいため，比エンタルピーの差の圧力依存性も小さいことがわかる．

なお，ここでは例題 3.3 および例題 3.11 の結果を利用したが，REFPROP を適用した D.2 節の数値計算プログラム D-2 によっても同様の結果が得られる．

3.6.2 理想気体

3.3.2 項で述べた式 (3.14) の理想気体の状態方程式によって，C.2.3 項で述べたように，理想気体の比エンタルピー h は，次式のように温度 T のみの関数として，比内部エネルギー u および気体定数 R [J/(kg·K)] と温度 T の積の和によって表される．

$$h = u(T) + RT \tag{3.66}$$

また，C.2.3 項で述べたように，定圧比熱 c_p も次式のように温度 T のみの関数として，定容比熱 c_v および R の和によって表される．

$$c_p(T) = c_v(T) + R \tag{3.67}$$

ただし，c_p および c_v は温度の関数であっても，それらの差は R に等しく，一定であることに注意する必要がある．その結果，C.2.3 項で述べたように，h, u, c_p, および c_v の間には次式の関係が成立する．

$$h(T) = \int_{T_{\text{ref}}}^{T} c_p(T)dT + h(T_{\text{ref}}) = \int_{T_{\text{ref}}}^{T} c_v(T)dT + u(T_{\text{ref}}) + RT \tag{3.68}$$

なお，狭義の理想気体として c_p を一定と仮定する場合には，h は T の一次関数によって表され，式 (3.68) は次のようになる．

$$h(T) = c_p(T - T_{\text{ref}}) + h(T_{\text{ref}}) = c_v(T - T_{\text{ref}}) + u(T_{\text{ref}}) + RT \tag{3.69}$$

一例として，物質として水を対象とし，REFPROP を適用した D.2 節の数値計算プログラム D-3 によって，常温から臨界温度を超えるまでの範囲の温度 T における比エンタルピー h を評価し，その結果を図 3.11(a) に実線で示す．比較のために，図 3.7(a) に示した比内部エネルギー u を破線で示す．したがって，実線と破線の差が RT を示している．併せて，定圧比熱 c_p も評価し，その結果を図 3.11(b) に実線で示す．同様に比較のために，図 3.7(b) に示した定容比熱 c_v を破線で示す．したがって，実線と破線の差が R を示している．提示した温度範囲では，c_p は T によって変化しており，その結果 h は T に関する非線形関数になっていることがわかる．

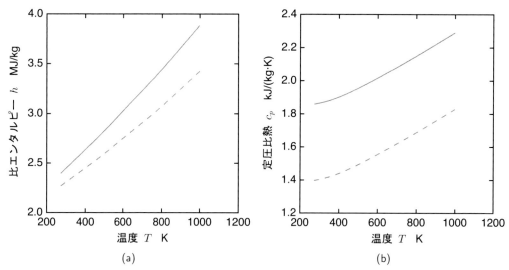

図 3.11 水（理想気体）の比エンタルピーおよび定圧比熱の温度依存性：
(a) 比エンタルピー，(b) 定圧比熱

【例題 3.17】 水蒸気を理想気体と仮定し，温度 500 および 400 °C における水蒸気の比エンタルピーおよび定圧比熱の差を求めよ．

〔解答〕 例題 3.12 の結果，ならびに式 (3.66) および式 (3.67) より，温度 500 および 400 °C における理想気体としての水蒸気の比エンタルピーおよび定圧比熱はそれぞれ

$$h_1 = u_1 + \frac{\bar{R}T_1}{M} = 3028.1 + \frac{8.314 \times 773.15}{18.015} = 3384.9 \text{ kJ/kg}$$

$$h_2 = u_2 + \frac{\bar{R}T_1}{M} = 2864.5 + \frac{8.314 \times 673.15}{18.015} = 3175.2 \text{ kJ/kg}$$

$$c_{p1} = c_{v1} + \frac{\bar{R}}{M} = 1.669 + \frac{8.314}{18.015} = 2.131 \text{ kJ/(kg·K)}$$

$$c_{p2} = c_{v2} + \frac{\bar{R}}{M} = 1.602 + \frac{8.314}{18.015} = 2.064 \text{ kJ/(kg·K)}$$

したがって，比エンタルピーおよび定圧比熱の差は

$$\Delta h = h_1 - h_2 = 3384.9 - 3175.2 = 209.7 \text{ kJ/kg}$$

$$\Delta c_p = c_{p1} - c_{p2} = 2.131 - 2.064 = 0.067 \text{ kJ/(kg·K)}$$

なお，ここでは例題 3.12 の結果を利用したが，REFPROP を適用した D.2 節の数値計算プログラム D-1 によっても同様の結果が得られる．

3.6.3 実在気体

実在気体の比エンタルピー h は圧力 p および温度 T に依存する．C.3.2 項で導出したように，実在気体のモルエンタルピー $\bar{h}$ の理想気体のモルエンタルピー $\bar{h}^*$ からの隔たりを表す剰余エンタルピー係数 Z_h [-] は，次式のように表される．

$$Z_h = \frac{\bar{h}^* - \bar{h}}{\bar{R}T_{\text{cr}}} = T_{\text{r}}^2 \int_0^{p_{\text{r}}} \left(\frac{\partial Z}{\partial T_{\text{r}}}\right)_{p_{\text{r}}} d(\ln p_{\text{r}}) \quad (3.70)$$

ここで，$\bar{R}$ [J/(mol·K)] は一般気体定数，T_{cr} [K] は臨界温度，Z [-] は圧縮係数，p_r [-] は換算圧力，T_r [-] は換算圧力である．これより，$\bar{h}$ は，$\bar{h}^*$ および Z_h を用いて，次式によって求められる．

$$\bar{h} = \bar{h}^* - \bar{R}T_{cr}Z_h \tag{3.71}$$

REFPROP では，実在気体であっても物質ごとに比エンタルピーを精度高く求めることができる．図 3.12 は，一例として，物質として水，窒素，酸素，および二酸化炭素を対象とし，D.2 節の数値計算プログラム D-5 によって，比エンタルピー h を圧力 p および温度 T の関数として求め，剰余エンタルピー係数 Z_h の換算圧力 p_r および換算温度 T_r による依存性を示したものである．図 3.4 に示す圧縮係数 Z に対応して，臨界圧力よりも低い圧力においては，飽和状態が存在するため，剰余内部エネルギー係数 Z_u [-] と同様に，Z_h が不連続に変化しており，Z_h が零に近い部分が気体，Z_h が大きい部分が液体を表している．Z がすべての物質に共通であれば，式

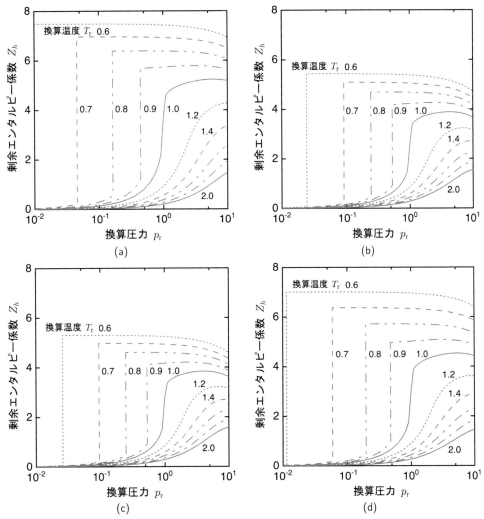

図 3.12 実在気体（液体を含む）の剰余エンタルピー係数の換算圧力および換算温度依存性：
(a) 水，(b) 窒素，(c) 酸素，(d) 二酸化炭素

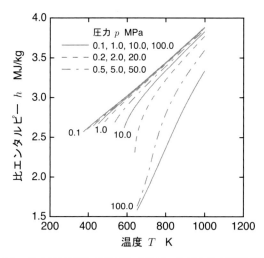

図 3.13 水（実在気体）の比エンタルピーの圧力および温度依存性

(3.70) によって Z を用いて Z_h が求められるため，Z_h もすべての物質に共通となる．しかしながら，図 3.4 に示すように，Z は物質に依存するため，Z_h も物質に依存する．

一例として，物質として水を対象とし，その実在気体の比エンタルピーを評価する．REFPROP を適用した D.2 節の数値計算プログラム D-4 によって，常圧から臨界圧力を超えるまでのいくつかの圧力 p において，飽和温度あるいは臨界温度から臨界温度を超えるまでの温度 T の範囲における比エンタルピー h を評価し，その結果を図 3.13 に示す．比内部エネルギー u と同様に，理想気体とは異なり，実在気体の h も p に大きく依存する．p が低い場合には，h は図 3.11(a) に示す理想気体の値に近く，h の T に関する非線形性は弱い．しかしながら，p が高まり，臨界圧力付近において h の T に関する非線形性が強まることがわかる．u と比較して，h は圧力エネルギーを加算しているため値は異なるが，圧力エネルギーの影響は大きくはなく，圧力および温度による依存性は定性的に大きくは変わらない．

【例題 3.18】 水蒸気を実在気体と仮定し，温度 500 および 400 °C における水蒸気の比エンタルピーの差を求めよ．ただし，圧力が 0.1，1.0，および 10.0 MPa の各場合について求め，例題 3.17 の値と比較せよ．

〔解答〕 例題 3.6 および例題 3.13 の結果より，圧力が 0.1 MPa の場合，温度 500 および 400 °C における実在気体としての水蒸気の比エンタルピーはそれぞれ

$$h_1 = u_1 + pv_1 = 3027.3 + 0.1 \times 10^3 \times 3.566 = 3383.9 \text{ kJ/kg}$$
$$h_2 = u_2 + pv_2 = 2863.4 + 0.1 \times 10^3 \times 3.103 = 3173.7 \text{ kJ/kg}$$

よって，比エンタルピーの差は

$$\Delta h = h_1 - h_2 = 3383.9 - 3173.7 = 210.2 \text{ kJ/kg}$$

圧力が 1.0 MPa の場合には，同様にして

$$h_1 = 3374.2 \text{ kJ/kg}, \quad h_2 = 3159.5 \text{ kJ/kg}$$
$$\Delta h = h_1 - h_2 = 3374.2 - 3159.5 = 214.7 \text{ kJ/kg}$$

圧力が 10.0 MPa の場合にも，同様にして
$$h_1 = 3270.2 \text{ kJ/kg}, \quad h_2 = 2992.6 \text{ kJ/kg}$$
$$\Delta h = h_1 - h_2 = 3270.2 - 2992.6 = 277.6 \text{ kJ/kg}$$

したがって，圧力が低い場合には，実在気体の比エンタルピー差は理想気体の値に近いことがわかる．一方，圧力が高い場合には，実在気体の比エンタルピー差は理想気体の値から遠ざかることがわかる．これは，図 3.13 において圧力の上昇に伴う曲線の勾配の増大に対応している．

なお，ここでは例題 3.6 および例題 3.13 の結果を利用したが，REFPROP を適用した D.2 節の数値計算プログラム D-2 によっても同様の結果が得られる．

3.6.4 理想混合気体

理想混合気体の場合には，比内部エネルギーを評価した場合と同様に，比エンタルピーの評価においても Gibbs-Dalton の法則を仮定する．

このとき，混合気体の N [-] 個の各成分の比エンタルピー h_i は，単一成分の理想気体と同様に式 (3.66) に従って，次式のように温度 T のみの関数として表される．

$$h_i = u_i(T) + R_i T \quad (i = 1, 2, \cdots, N) \tag{3.72}$$

ここで，u_i および R_i は，それぞれ各成分の比内部エネルギーおよび気体定数である．また，混合気体のエンタルピー H は，次式に示すように各成分の質量 m_i [kg] を重みとする h_i の重ね合わせによって表される．

$$H = \sum_{i=1}^{N} m_i h_i \tag{3.73}$$

【例題 3.19】 2 kmol の窒素と 6 kmol の二酸化炭素から成る混合気体を，圧力が 10.0 MPa，温度が 350 K の状態で保つものとする．混合気体を理想混合気体と仮定し，モルエンタルピーを求めよ．

〔解答〕 例題 3.14 の結果より，温度 350 K における理想気体としての窒素および二酸化炭素のモルエンタルピーはそれぞれ

$$\bar{h}_1 = \bar{u}_1 + \bar{R}T = -1392.7 + 8.314 \times 350.0 = 1517.2 \text{ kJ/kmol}$$
$$\bar{h}_2 = \bar{u}_2 + \bar{R}T = -884.1 + 8.314 \times 350.0 = 2025.8 \text{ kJ/kmol}$$

したがって，理想混合気体としての窒素および二酸化炭素の混合気体のモルエンタルピーは

$$\bar{h} = \sum_{i=1}^{2} y_i \bar{h}_i = 0.25 \times 1517.2 + 0.75 \times 2025.8 = 1898.6 \text{ kJ/kmol}$$

なお，ここでは例題 3.14 の結果を利用したが，REFPROP を適用した D.2 節の数値計算プログラム D-1 によっても同様の結果が得られる．

3.6.5 実在混合気体

実在混合気体の場合には，比内部エネルギーを評価した場合と同様に，比エンタルピーの評価においてもいくつかの簡易なモデルが考えられている [2]．

まず，換算圧力および換算温度を利用するモデルがある．3.3.5 項で述べたように，Dalton の法則あるいは Amagat の法則を適用し，該当する連立非線形代数方程式を解くことによって，各成分の圧力 p_i を決定し，式 (3.55) の換算圧力 $p_{\mathrm{r}i}$ および換算温度 $T_{\mathrm{r}i}$ を求める．次に，これらを用いて，各成分について次式のように剰余エンタルピー係数 Z_{hi} を求める．

$$Z_{hi} = \frac{\bar{h}_i^* - \bar{h}_i}{\bar{R}T_{\mathrm{cr}i}} = T_{\mathrm{r}i}^2 \int_0^{p_{\mathrm{r}i}} \left(\frac{\partial Z_i}{\partial T_{\mathrm{r}i}}\right)_{p_{\mathrm{r}i}} d(\ln p_{\mathrm{r}i}) \quad (i = 1, 2, \cdots, N) \tag{3.74}$$

また，各成分について 3.6.4 項で述べた方法によって理想気体のモルエンタルピー $\bar{h}_i^*$ を求める．これらから，各成分について次式のように実在気体のモルエンタルピー $\bar{h}_i$ を求める．

$$\bar{h}_i = \bar{h}_i^* - \bar{R}T_{\mathrm{cr}i}Z_{hi} \quad (i = 1, 2, \cdots, N) \tag{3.75}$$

最後に，混合気体のエンタルピー H を，次式に示すように各成分の物質量 n_i [mol] を重みとする $\bar{h}_i$ の重ね合わせによって求める．

$$H = \sum_{i=1}^{N} n_i \bar{h}_i \tag{3.76}$$

なお，これらの関係式を順次適用できない場合には，適宜部分的に連立して解く必要がある．

別の方法として，3.3.5 項で述べたように，Kay の規則による擬似純物質を利用するモデルがある．擬似純物質としての臨界圧力 p_{cr} [Pa] および臨界温度 T_{cr} を式 (3.40) によって評価するとともに，混合気体の圧力 p および温度 T を用いて，式 (3.18) によってそれぞれ擬似純物質の換算圧力 p_{r} および換算温度 T_{r} を求め，式 (3.70) によって p および T を擬似純物質の剰余エンタルピー係数 Z_h に関連付ける．また，混合気体について 3.6.4 項で述べた方法によって理想気体のモルエンタルピー $\bar{h}^*$ を求める．最後に，これらから，混合気体について式 (3.71) によって実在気体のモルエンタルピー $\bar{h}$ を求める．なお，これらの関係式を順次適用できない場合には，適宜部分的に連立して解く必要がある．また，この方法では擬似純物質の Z_h の関数が既知である必要がある．

一方，REFPROP においては，混合モデルが導入されており，実在混合気体に対してより精度高くモルエンタルピーを求めることができる．

【例題 3.20】 例題 3.19 において，理想混合気体を実在混合気体に変更し，同じ条件下において，Dalton の法則あるいは Amagat の法則を適用するモデル，および REFPROP の混合モデルによってモルエンタルピーを算出し，比較せよ．ただし，圧力を 0.1, 1.0, 10.0, および 15.0 MPa とする．

〔解答〕 Dalton の法則あるいは Amagat の法則を用いる場合の各成分の剰余エンタルピー係数の評価に REFPROP のモデルを採用し，連立非線形代数方程式の数値計算に E.4 節の数値計算プログラム E-2 を使用する．また，REFPROP の混合モデルを適用する場合には，D.2 節の数値計算プログラム D-2 を使用する．さらに，例題 3.19 の理想混合気体による結果とも比較する．

下表に 4 つの圧力における混合気体のモルエンタルピーの値を示す．圧力の増大に伴って，実在気体の値が圧力に依存しない理想気体の値から大きく遠ざかることがわかる．Dalton の法則と Amagat の法則を比較すると，前者ではモルエンタルピーが REFPROP による値より過大に評価され，後者ではモルエンタルピーが過小に評価されている．また，圧力の増大に伴って，両者によるモルエンタ

ルピーと REFPROP による値の差が増大している．さらに，圧力が低い場合には Amagat の法則によるモルエンタルピーが REFPROP による値に近いが，圧力が高くなると Dalton の法則による値の方が REFPROP による値に近くなる．これらの特性は，例題 3.15 で述べたモル内部エネルギーの特性と同様である．これは，モル内部エネルギーにおけるモデル間の差に比較して，例題 3.9 で述べたモル体積におけるモデル間の差が小さく，それによるモルエンタルピーへの影響が小さいためと考えられる．

なお，ここでは REFPROP を適用した数値計算プログラムを利用したが，例題 3.9 および例題 3.15 の表に示す結果を利用することによっても同様の結果が得られる．

単位：kJ/kmol

圧力 MPa		0.1	1.0	10.0	15.0
実在気体	Dalton の法則	1882.3	1732.0	55.9	-1004.4
	Amagat の法則	1876.1	1666.8	-1065.8	-3128.3
	REFPROP	1877.2	1681.4	-450.6	-1679.3
理想気体		1898.8	1898.8	1898.8	1898.8

3.6.6 化学反応

エネルギー変換過程の 1 つとして，混合気体の化学反応やその特別な場合である燃焼を考慮しなければならない場合がある．化学反応や燃焼を伴う系では，その前後で各成分の質量流量および物質量流量が変化する．また，化学反応や燃焼に伴って，発熱あるいは吸熱が生じる．したがって，化学反応物質および燃料がそれぞれ化学反応および燃焼の前にエネルギーを有しており，化学エネルギーと呼んでもよいかもしれない．しかしながら，このエネルギーは式 (2.5) および式 (2.9)～式 (2.12) のエネルギー保存則に陽には現れていない．その理由は，化学エネルギーもエンタルピーによって評価できるためである．ここでは，化学反応におけるエンタルピーの評価について述べる．

3.5 節および本節においては，それぞれ内部エネルギーおよびエンタルピーを評価するために，実在気体の比エンタルピーあるいはモルエンタルピーの基準値として標準状態における値を零としてきた．これは，多くのエネルギー変換の機器やシステムにおいては，化学反応を伴わず，エネルギー変換の前後で物質の構成や量が変化することがなく，エネルギー変換の前後におけるエンタルピーの差のみが重要となり，基準状態としていかなる状態を選択しても，また比エンタルピーあるいはモルエンタルピーの基準値としていかなる値を選択しても，差し支えないためである．しかしながら，化学反応を伴う場合，反応前後の物質が異なるため，各物質についてすべての化学反応に共通に適用できる基準状態における比エンタルピーあるいはモルエンタルピーを導入する必要がある．そのために，基準状態として圧力 $p_{\mathrm{ref}} = 100.0$ kPa (0.9872 atm) および温度 $T_{\mathrm{ref}} = 298.15$ K (25 °C) の標準状態を選び，化学組成によって決まる物質のエンタルピーを定義する．これを標準生成エンタルピーと呼び，$\bar{h}_{\mathrm{f}}^{\circ}$ [J/mol] によって表す．また，標準生成エンタルピーの基準値を確保するために，酸素，窒素，水素，および炭素などのすべての安定元素について標準生成エンタルピーを零とする．表 3.1 は様々な物質の標準生成エンタルピーを示したものである [3, 4]．これより，化学反応にも適用できる圧力 p および温度 T におけるモルエンタルピーは，次式のように標準生成エンタルピーと標準状態を基準にしたモルエンタル

表 3.1 物質の標準生成エンタルピー，標準エントロピー，および標準生成ギブスエネルギー

名称	化学記号	標準生成エンタルピー $\bar{h}_\mathrm{f}^\circ$ MJ/kmol	標準エントロピー $\bar{s}^\circ$ kJ/(kmol·K)	標準生成ギブスエネルギー 整合前 $\bar{g}_\mathrm{f}^\circ$ MJ/kmol	整合後 $\bar{g}_\mathrm{f}^{\circ\prime}$ MJ/kmol
水素（気体）	H_2 (g)	0.0	130.680	0.0	−38.962
ヘリウム（気体）	He (g)	0.0	126.152	0.0	−37.612
窒素（気体）	N_2 (g)	0.0	191.609	0.0	−57.128
酸素（気体）	O_2 (g)	0.0	205.147	0.0	−61.165
アルゴン（気体）	Ar (g)	0.0	154.845	0.0	−46.167
一酸化炭素（気体）	CO (g)	−110.527	197.653	−137.167	−169.457
二酸化炭素（気体）	CO_2 (g)	−393.522	213.795	−394.389	−457.265
水（気体）	H_2O (g)	−241.826	188.834	−228.582	−298.127
水（液体）	H_2O (l)	−285.830	69.950	−237.141	−306.686
アンモニア（気体）	NH_3 (g)	−45.898	192.774	−16.367	−103.374
メタン（気体）	CH_4 (g)	−74.873	186.251	−50.768	−130.404
エタン（気体）	C_2H_6 (g)	−84.68	229.60	−32.82	−153.14
プロパン（気体）	C_3H_8 (g)	−103.85	269.91	−23.49	−184.32
ブタン（気体）	C_4H_{10} (g)	−126.15	310.23	−17.03	−218.65
メタノール（気体）	CH_3OH (g)	−200.66	239.81	−161.96	−272.16
メタノール（液体）	CH_3OH (l)	−238.66	126.80	−166.27	−276.47
エタノール（気体）	C_2H_5OH (g)	−235.10	282.70	−168.49	−319.39
エタノール（液体）	C_2H_5OH (l)	−277.69	160.70	−174.78	−325.60

ピー差の和として表される．

$$\bar{h}'(p,T) = \bar{h}_\mathrm{f}^\circ + (\bar{h}(p,T) - \bar{h}(p_\mathrm{ref}, T_\mathrm{ref})) \tag{3.77}$$

なお，表 3.1 中の $\bar{s}^\circ$ [J/(mol·K)] は標準エントロピーであり，5.3.6 項で説明する．また，$\bar{g}_\mathrm{f}^\circ$ [J/mol] は標準生成ギブスエネルギーであり，$\bar{g}_\mathrm{f}^{\circ\prime}$ [J/mol] とともに 5.5.6 項で説明する．

それでは，化学反応によってエンタルピーはどのように変化するであろうか．化学反応によって反応物質が生成物質に変化するとともに，発熱あるいは吸熱が生じる．この発熱あるいは吸熱は，反応物質のエンタルピー $\bar{H}^\mathrm{R}$ [J/mol] と生成物質のエンタルピー $\bar{H}^\mathrm{P}$ [J/mol] の差によるものである．ある圧力 p および温度 T において，主な反応物質の単位物質量当りの生成物質と反応物質のエンタルピー差 $\Delta\bar{H}$ [J/mol] を反応エンタルピーと呼び，次式によって表す．

$$\Delta\bar{H}(p,T) = \bar{H}^\mathrm{P}(p,T) - \bar{H}^\mathrm{R}(p,T) \tag{3.78}$$

各物質のモルエンタルピーおよび量論係数を用いると，上式は

$$\Delta\bar{H}(p,T) = \sum_{i \in \mathrm{P}} \nu_i \bar{h}_i(p,T) - \sum_{i \in \mathrm{R}} \nu_i \bar{h}_i(p,T) \tag{3.79}$$

となる．ここで，ν_i [-] は反応物質および生成物質を構成する各成分の量論係数，R および P はそれぞれ反応物質および生成物質を表す添字の集合であり，主な反応物質について $\nu_1 = 1$ とする．なお，各物質のモルエンタルピー $\bar{h}_i$ には式 (3.77) による左辺の値を適用する必要がある．

式 (3.78) のエンタルピーのバランスの意味を考えればわかるように，$\Delta\bar{H} < 0$ の場合には $\bar{H}^\mathrm{P} < \bar{H}^\mathrm{R}$ となり $\bar{H}^\mathrm{R} - \bar{H}^\mathrm{P}$ の発熱が，また $\Delta\bar{H} > 0$ の場合には $\bar{H}^\mathrm{P} > \bar{H}^\mathrm{R}$ となり $\bar{H}^\mathrm{P} - \bar{H}^\mathrm{R}$

表 3.2 物質の高位および低位発熱量

名称	化学記号	高位発熱量 MJ/kg	低位発熱量 MJ/kg	発熱量差 MJ/kg
水素（気体）	H_2 (g)	141.789	119.956	21.833
一酸化炭素（気体）	CO (g)	10.103	10.103	0.0
アンモニア（気体）	NH_3 (g)	22.478	18.601	3.877
メタン（気体）	CH_4 (g)	55.513	50.026	5.487
エタン（気体）	C_2H_6 (g)	51.904	47.512	4.392
プロパン（気体）	C_3H_8 (g)	50.326	46.334	3.992
ブタン（気体）	C_4H_{10} (g)	49.506	45.720	3.786
メタノール（液体）	CH_3OH (l)	23.846	21.099	2.747
エタノール（液体）	C_2H_5OH (l)	30.015	27.149	2.866

の吸熱が生じる．

化学反応の特別な場合として燃焼を考える場合には，主な反応物質が燃料であるため，反応エンタルピーを燃料の燃焼エンタルピーと呼び，燃焼エンタルピーの絶対値を発熱量と呼ぶ．表 3.2 は，REFPROP を適用した D.2 節の数値計算プログラム D-6 によって算出した，標準状態における様々な物質の発熱量を示したものである [5]．ただし，高位発熱量は，生成物質中に水が液体の形で存在する場合の発熱量である．一方，低位発熱量は，生成物質中に水が気体の形で存在する場合の発熱量である．両発熱量の差は水の蒸発／凝縮潜熱を表しており，水の単位質量当りに換算すると，両発熱量の差はすべて一致する．

【例題 3.21】 メタンの化学エネルギーとしての反応エンタルピーを，標準状態において求めよ．また，反応エンタルピーの絶対値を表 3.2 のメタンの発熱量と比較せよ．ただし，生成物質としての水が気体および液体の形で存在する場合について検討せよ．

〔解答〕 生成物質としての水が気体の形で存在する場合，メタンの化学反応式は

$$CH_4 + 2O_2 \rightarrow CO_2 + 2H_2O \text{ (g)}$$

表 3.1 より，メタン，酸素，二酸化炭素，および水の標準生成エンタルピーはそれぞれ

$$\bar{h}_{f1}^\circ = -74.873 \text{ MJ/kmol}, \quad \bar{h}_{f2}^\circ = 0.0 \text{ MJ/kmol}$$
$$\bar{h}_{f3}^\circ = -393.522 \text{ MJ/kmol}, \quad \bar{h}_{f4}^\circ = -241.826 \text{ MJ/kmol}$$

式 (3.77) より，標準状態におけるメタン，酸素，二酸化炭素，および水のモルエンタルピーはそれぞれ

$$\bar{h}_1' = \bar{h}_{f1}^\circ = -74.873 \text{ MJ/kmol}, \quad \bar{h}_2' = \bar{h}_{f2}^\circ = 0.0 \text{ MJ/kmol}$$
$$\bar{h}_3' = \bar{h}_{f3}^\circ = -393.522 \text{ MJ/kmol}, \quad \bar{h}_4' = \bar{h}_{f4}^\circ = -241.826 \text{ MJ/kmol}$$

よって，式 (3.79) より，標準状態におけるメタンの反応エンタルピーは

$$\Delta \bar{H} = \sum_{i=3}^{4} \nu_i \bar{h}_i' - \sum_{i=1}^{2} \nu_i \bar{h}_i'$$
$$= 1 \times (-393.522) + 2 \times (-241.826) - 1 \times (-74.873) - 2 \times 0.0 = -802.301 \text{ MJ/kmol}$$
$$\Delta H = \frac{\Delta \bar{H}}{M} = \frac{-802.301}{16.043} = -50.009 \text{ MJ/kg}$$

一方，生成物質としての水が液体の形で存在する場合，表 3.1 より，水の標準生成エンタルピーおよび標準状態におけるモルエンタルピーを

$$\bar{h}'_4 = \bar{h}^{\circ}_{f4} = -285.830 \text{ MJ/kmol}$$

に変更すると，標準状態におけるメタンの反応エンタルピーは，同様にして

$$\Delta \bar{H} = \sum_{i=3}^{4} \nu_i \bar{h}'_i - \sum_{i=1}^{2} \nu_i \bar{h}'_i$$
$$= 1 \times (-393.522) + 2 \times (-285.830) - 1 \times (-74.873) - 2 \times 0.0 = -890.309 \text{ MJ/kmol}$$
$$\Delta H = \frac{\Delta \bar{H}}{M} = \frac{-890.309}{16.043} = -55.495 \text{ MJ/kg}$$

したがって，生成物質としての水が気体および液体の形で存在する場合における反応エンタルピーの絶対値は，それぞれ表 3.2 のメタンの低位および高位発熱量にほぼ一致することがわかる．

第4章

エネルギー変換の基礎法則 II

第 2 章では熱力学の第 1 法則としてのエネルギー保存則について述べた．しかしながら，これはエネルギー変換の前後においてエネルギー量が等しいことを示すものであり，実際にそのようなエネルギー変換が可能であるかどうかを示しているわけではない．また，第 3 章で述べた各種のエネルギーは量的に同じ価値をもつものとして，エネルギー保存則を構成しており，質的に同じ価値をもつかどうかわからない．

本章では，これらの疑問に答えるために，まず熱力学の第 2 法則としてエントロピーバランスについて述べる．通常は，熱力学の第 2 法則は不等式によって表され，不等号の向きによってエネルギー変換の可能性が示されることになる．しかしながら，本書ではエネルギー変換に伴うエントロピー発生量を導入することによって等式としてのエントロピーバランスを考える．

次に，エネルギー保存則およびエントロピーバランスからエクセルギーバランスを導出し，それがポテンシャルエクセルギー，運動エクセルギー，物理エクセルギー，および化学エクセルギーから構成されていることを示す．また，流出入する仕事および熱とエクセルギーとの関係，ならびにエクセルギーの減少量としてのエクセルギー破壊量とエントロピー発生量との関係について述べ，エクセルギーによって量だけではなく質も考慮してエネルギーを評価できることを示す．

4.1　エントロピーバランス

エネルギー変換の可能性を表す熱力学の第 2 法則は，エントロピーと呼ばれる状態量によって次のように表現できる．

(検査体積内における単位時間当りのエントロピーの変化量)
　≧ (物質とともに検査体積内に単位時間当りに流入するエントロピー)
　　− (物質とともに検査体積内から単位時間当りに流出するエントロピー)
　　+ (検査体積境界から検査体積内に単位時間当りに流入するエントロピー)

左辺は検査体積内の物質の状態の変化に伴うエントロピーの変化量を表している．また，右辺の第 1 および 2 項は，それぞれ検査体積への物質の流入および検査体積からの物質の流出によるエントロピーの変化量への寄与を表している．さらに，右辺第 3 項は検査体積境界から検査体積内に流入する熱量によるエントロピーの変化量への寄与を表している．両辺が不等号で関連付けられているが，等号が成立する場合は可逆変化を，また不等号が成立する場合は不可逆変化を表している．不等号の向きはエネルギー変換の可能性を表しており，不等号が成立する向きにしかエネルギー変換が行えないことになる．

この不等式による表現は，次のように等式による表現に置き換えることができる．

(検査体積内における単位時間当りのエントロピーの変化量)
　= (物質とともに検査体積内に単位時間当りに流入するエントロピー)
　　− (物質とともに検査体積内から単位時間当りに流出するエントロピー)

$$+ (検査体積境界から検査体積内に単位時間当りに流入するエントロピー)$$
$$+ (検査体積内で単位時間当りに発生するエントロピー)$$

これをエントロピーバランスと呼ぶ．ここで，上述の不等式を等式に変換するために，右辺第4項として検査体積内における非負のエントロピー発生量が追加されている．また，上述の不等式の等号が成立する可逆変化の場合にはエントロピー発生量が零であり，上述の不等式の不等号が成立する不可逆変化の場合には，エントロピー発生量が正である．このように，エントロピー発生量は不可逆変化の程度を表している．

例えば，圧縮機およびタービンにおいては，断熱変化であり，かつ摩擦がない可逆変化として，検査体積内に流出入するエントロピーが変化しないという等エントロピー変化を考える．また，現実的な断熱変化では，理想的な断熱可逆変化と比較して，摩擦による不可逆変化によって圧縮機を駆動するための仕事が増大したり，タービンから取り出される仕事が減少したりするため，その際の仕事の変化を等エントロピー効率によって表現するが，エントロピー発生量によって不可逆変化の程度を評価することもできる．

このように，エントロピーをエネルギーシステムの解析に直接利用する場合もある．また，エネルギーシステムの解析の結果を用いて，各検査体積に流出入する各物質の流れについてエントロピーを評価するとともに，各検査体積に流入する熱量を評価し，エントロピーバランスによって，検査体積内の不可逆変化によるエントロピー発生量を評価することができる．

図4.1に示す検査体積について定義された物理量を用いて，非定常状態におけるエントロピーバランスをエントロピーの総量およびその流量によって定式化すると，次式のように表される．

$$\frac{dS^{\mathrm{cv}}}{dt} = \dot{S}^{\mathrm{in}} - \dot{S}^{\mathrm{out}} + \frac{\dot{Q}^{\mathrm{in}}}{T} + \dot{S}^{\mathrm{gen}} \tag{4.1}$$

ここで，S [J/K] はエントロピー，また $\dot{S}$ [W/K] はエントロピー流量である．検査体積内の量に上付添字 cv を付し，流入および流出量にそれぞれ上付添字 in および out を付している．また，$\dot{S}^{\mathrm{gen}}$ [W/K] は検査体積内の不可逆変化に伴うエントロピー発生量を表す．さらに，$\dot{Q}^{\mathrm{in}}$ [W] は流入する熱量，T [K] は検査体積において熱量が流入する境界の温度である．

エントロピーの総量あるいはその流量を，質量あるいは質量流量と単位質量当りのエントロピーの積によって表すと，式 (4.1) は次式のようになる．

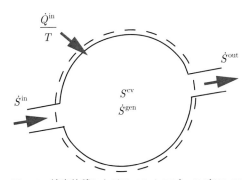

図 4.1　検査体積におけるエントロピーのバランス

$$\frac{d\left(\sum_{i=1}^{N} m_i^{\mathrm{cv}} s_i^{\mathrm{cv}}\right)}{dt} = \sum_{i=1}^{N} \dot{m}_i^{\mathrm{in}} s_i^{\mathrm{in}} - \sum_{i=1}^{N} \dot{m}_i^{\mathrm{out}} s_i^{\mathrm{out}} + \frac{\dot{Q}^{\mathrm{in}}}{T} + \dot{S}^{\mathrm{gen}} \qquad (4.2)$$

ここで，第 2 章と同様に，物質は N [-] 個の成分から構成されているものとし，第 i 番目の成分の比エントロピーを s_i [J/(kg·K)] としている．

式 (4.2) のエントロピーバランスにおいて，非定常状態の時間変化を表す項を除くことによって，定常状態におけるエントロピーバランスは次式のように表される．

$$\sum_{i=1}^{N} \dot{m}_i^{\mathrm{in}} s_i^{\mathrm{in}} - \sum_{i=1}^{N} \dot{m}_i^{\mathrm{out}} s_i^{\mathrm{out}} + \frac{\dot{Q}^{\mathrm{in}}}{T} + \dot{S}^{\mathrm{gen}} = 0 \qquad (4.3)$$

この式は，上述のように，断熱可逆変化の場合には，検査体積内への熱の流入によるエントロピー増大量および検査体積内におけるエントロピー発生量が零であり，その結果，エントロピー流入量とエントロピー流出量が等しいことを示している．また，断熱変化であっても，不可逆変化の場合には，検査体積内においてエントロピー発生があり，その分エントロピー流出量がエントロピー流入量より増大することを示している．

特に，物質が 1 個の成分から構成されている場合を考えると，式 (4.2) および式 (4.3) はそれぞれ

$$\frac{d(m^{\mathrm{cv}} s^{\mathrm{cv}})}{dt} = \dot{m}^{\mathrm{in}} s^{\mathrm{in}} - \dot{m}^{\mathrm{out}} s^{\mathrm{out}} + \frac{\dot{Q}^{\mathrm{in}}}{T} + \dot{S}^{\mathrm{gen}} \qquad (4.4)$$

$$\dot{m}^{\mathrm{in}} s^{\mathrm{in}} - \dot{m}^{\mathrm{out}} s^{\mathrm{out}} + \frac{\dot{Q}^{\mathrm{in}}}{T} + \dot{S}^{\mathrm{gen}} = 0 \qquad (4.5)$$

となる．

ここでは，示量性状態量の総量および流量，ならびに質量，質量流量，および単位質量当りの示量性状態量を用いてエントロピーバランスを記述したが，同様に物質量，物質量流量，および単位物質量当りの示量性状態量を用いてエントロピーバランスを記述することも可能である．

以上より，基礎方程式としてのエントロピーバランスにおける質量および状態量の関係は，図 2.3 と同様にして，図 4.2 に示すように表現することができる．

4.2 エクセルギーの意味

式 (2.5) および式 (2.9)〜式 (2.14) のエネルギー保存則は，エネルギー量の保存を表すものである．そこでは，仕事量と熱量の間で，質の区別が行われていない．また，熱量は，圧力および温度に関係なく評価されており，圧力および温度に依存する質の区別が行われていない．確かに，基本的に仕事は同じエネルギー量の熱に変換することができる．しかしながら，熱は同じエネルギー量の仕事に変換することはできない．また，熱を変換することによって得られる仕事は，熱の圧力および温度に依存し，基本的には圧力および温度の低下に伴って減少する．

エクセルギーあるいは有効エネルギーは，仕事と熱の間の質の区別，ならびに熱の圧力および温度に依存する質の区別を行うことによって，エネルギー量を評価するための量である．エクセ

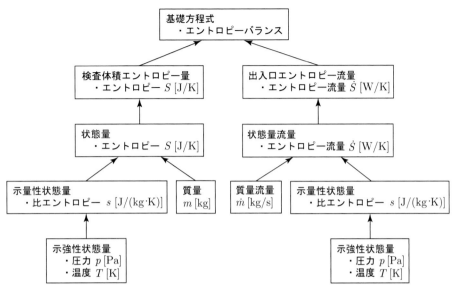

図 4.2 エントロピーバランスにおける質量および状態量の関係

ルギーは，各エネルギーを仕事に換算した場合のエネルギー量，すなわち各エネルギーから取り出し得る最大の仕事量として定義される．したがって，仕事のエクセルギーは，それによる仕事量そのものとして評価される．一方，熱のエクセルギーは，圧力および温度に依存し，基本的には圧力および温度の上昇に伴って増大する．したがって，同じエネルギー量であっても，熱は仕事と比較して，エクセルギー量が小さいことになる．さらに，化学物質や燃料のエクセルギーは，それらにそれぞれ化学反応や燃焼を生じさせ，それによって仕事や熱を取り出す場合を考えることによって，取り出し得る最大の仕事量に基づいて評価することができる．

このように，エクセルギーによってすべてのエネルギーの量と質を同時に考慮することができるため，異質のエネルギーを取り出すエネルギーシステムの効率などの性能の評価にもエクセルギーを適用することができる．

4.3 エクセルギーバランス

エントロピーバランスを表す式 (4.1) の両辺に基準温度 T_0 [K] を乗じ，それによって得られる式とエネルギー保存則を表す式 (2.9) の差を取る．また，それによって得られる式と，基準圧力 p_0 [Pa] と検査体積の体積 V^{cv} [m³] の時間変化 dV^{cv}/dt の積の和を取る．その結果，次式が得られる．

$$\frac{d\Phi^{\mathrm{cv}}}{dt} + \frac{d\Psi^{\mathrm{cv}}}{dt} + \frac{dU^{\mathrm{cv}}}{dt} + p_0 \frac{dV^{\mathrm{cv}}}{dt} - T_0 \frac{dS^{\mathrm{cv}}}{dt}$$
$$= (\dot{\Phi}^{\mathrm{in}} - \dot{\Phi}^{\mathrm{out}}) + (\dot{\Psi}^{\mathrm{in}} - \dot{\Psi}^{\mathrm{out}}) + \{(\dot{H}^{\mathrm{in}} - T_0 \dot{S}^{\mathrm{in}}) - (\dot{H}^{\mathrm{out}} - T_0 \dot{S}^{\mathrm{out}})\}$$
$$+ \left(1 - \frac{T_0}{T}\right)\dot{Q}^{\mathrm{in}} - \dot{W}^{\mathrm{out}} + p_0 \frac{dV^{\mathrm{cv}}}{dt} - T_0 \dot{S}^{\mathrm{gen}} \tag{4.6}$$

これは，以下に述べるように，非定常状態におけるエクセルギーバランスを表している．

まず,式 (4.6) の左辺について考える.第 1 項の被微分量はポテンシャルエネルギーである.ポテンシャルエネルギーは,損失のない限り,すべて仕事に変換することができるため,取り出し得る最大の仕事量を表す.したがって,ポテンシャルエネルギーもエクセルギーと等価であり,ポテンシャルエクセルギーと呼ばれ,ここでは E^{PT} [J] によって表す.すなわち,

$$E^{\mathrm{PT}} = \Phi \tag{4.7}$$

第 2 項の被微分量は運動エネルギーである.運動エネルギーも,損失のない限り,すべて仕事に変換することができるため,取り出し得る最大の仕事量を表す.したがって,運動エネルギーはエクセルギーと等価であり,運動エクセルギーと呼ばれ,E^{KN} [J] によって表す.すなわち,

$$E^{\mathrm{KN}} = \Psi \tag{4.8}$$

第 3 項~第 5 項の被微分量 $U^{\mathrm{cv}} + p_0 V^{\mathrm{cv}} - T_0 S^{\mathrm{cv}}$ の時間変化を考える.変化前後の値にそれぞれ下付添字 1 および 2 を付けると,被微分量の変化は次式のように表される.

$$\begin{aligned}
(U_2^{\mathrm{cv}} &- U_1^{\mathrm{cv}}) + p_0(V_2^{\mathrm{cv}} - V_1^{\mathrm{cv}}) - T_0(S_2^{\mathrm{cv}} - S_1^{\mathrm{cv}}) \\
&= \{(U_2^{\mathrm{cv}} - U_{20}^{\mathrm{cv}}) + p_0(V_2^{\mathrm{cv}} - V_{20}^{\mathrm{cv}}) - T_0(S_2^{\mathrm{cv}} - S_{20}^{\mathrm{cv}})\} + (U_{20}^{\mathrm{cv}} + p_0 V_{20}^{\mathrm{cv}} - T_0 S_{20}^{\mathrm{cv}}) \\
&\quad - \{(U_1^{\mathrm{cv}} - U_{10}^{\mathrm{cv}}) + p_0(V_1^{\mathrm{cv}} - V_{10}^{\mathrm{cv}}) - T_0(S_1^{\mathrm{cv}} - S_{10}^{\mathrm{cv}})\} - (U_{10}^{\mathrm{cv}} + p_0 V_{10}^{\mathrm{cv}} - T_0 S_{10}^{\mathrm{cv}})
\end{aligned} \tag{4.9}$$

ここで,右辺の第 1 項および第 2 項は変化後の状態に対応する値,右辺の第 3 項および第 4 項は変化前の状態に対応する値である.また,添字 0 は基準圧力 p_0 および基準温度 T_0 における値を示す.例えば,p_0 および T_0 として,通常は標準状態における値 $p_0 = p_{\mathrm{ref}} = 100.0$ kPa (0.9872 atm) および $T_0 = T_{\mathrm{ref}} = 298.15$ K (25 °C) が採用される.このように第 1 項および第 2 項,ならびに第 3 項および第 4 項に分離した理由は次の通りである.

まず,第 1 項および第 3 項はそれぞれ変化後および変化前における物理エクセルギーを示しており,ここでは E^{PH} [J] によって表す.このように,ある体積内の物理エクセルギーは,次式のように定義される.

$$E^{\mathrm{PH}} = (U^{\mathrm{cv}} - U_0^{\mathrm{cv}}) + p_0(V^{\mathrm{cv}} - V_0^{\mathrm{cv}}) - T_0(S^{\mathrm{cv}} - S_0^{\mathrm{cv}}) \tag{4.10}$$

これは,圧力 p [Pa] および温度 T [K] の物質が,力学的および熱的変化を通じて,基準圧力 p_0 および基準温度 T_0 の物質に変化するまでに取り出し得る最大の仕事量を表している.

それでは,第 2 項および第 4 項は何を示すのであろうか.各項の $U_0^{\mathrm{cv}} + p_0 V_0^{\mathrm{cv}}$ はエンタルピー H_0^{cv} [J] となる.また,$H_0^{\mathrm{cv}} - T_0 S_0^{\mathrm{cv}}$ は 5.5 節で説明するギブスエネルギー G_0^{cv} [J] となる.したがって,第 2 項および第 4 項は変化後と変化前のギブスエネルギーの差 $G_{20}^{\mathrm{cv}} - G_{10}^{\mathrm{cv}}$ を表している.ギブスエネルギー G_{10}^{cv} および G_{20}^{cv} は直接エクセルギーを表すものではないが,ギブスエネルギーの差 $G_{20}^{\mathrm{cv}} - G_{10}^{\mathrm{cv}}$ は,5.6 節で述べるように,基準圧力 p_0 および基準温度 T_0 において化学反応による物質の変化前後の化学エクセルギーの差を示している.すなわち,化学エクセルギーを E^{CH} [J] によって表すと,

$$E_2^{\mathrm{CH}} - E_1^{\mathrm{CH}} = G_{20} - G_{10} \tag{4.11}$$

が成立する.

以上より,式 (4.6) の左辺は,検査体積内におけるポテンシャルエクセルギー,運動エクセルギー,物理エクセルギー,および化学エクセルギーの和の時間変化を示していることになる.す

なわち，エクセルギーの和 E [J] を

$$E = E^{\mathrm{PT}} + E^{\mathrm{KN}} + E^{\mathrm{PH}} + E^{\mathrm{CH}} \tag{4.12}$$

とすると，その検査体積における値 E^{cv} [J] の時間変化は

$$\frac{dE^{\mathrm{cv}}}{dt} = \frac{d\varPhi^{\mathrm{cv}}}{dt} + \frac{d\varPsi^{\mathrm{cv}}}{dt} + \frac{dU^{\mathrm{cv}}}{dt} + p_0\frac{dV^{\mathrm{cv}}}{dt} - T_0\frac{dS^{\mathrm{cv}}}{dt} \tag{4.13}$$

となる．

次に，式 (4.6) の右辺について考える．第 1 項は単位時間当りに検査体積内に流入するポテンシャルエネルギーと検査体積内から流出するポテンシャルエネルギーの差であり，ポテンシャルエクセルギーの差でもある．すなわち，ポテンシャルエクセルギー流量 $\dot{E}^{\mathrm{PT}}$ [W] は次式のように表される．

$$\dot{E}^{\mathrm{PT}} = \dot{\varPhi} \tag{4.14}$$

第 2 項は単位時間当りに検査体積内に流入する運動エネルギーと検査体積内から流出する運動エネルギーの差であり，運動エクセルギーの差でもある．すなわち，運動エクセルギー流量 $\dot{E}^{\mathrm{KN}}$ [W] は次式のように表される．

$$\dot{E}^{\mathrm{KN}} = \dot{\varPsi} \tag{4.15}$$

第 3 項の $(\dot{H}^{\mathrm{in}} - T_0\dot{S}^{\mathrm{in}}) - (\dot{H}^{\mathrm{out}} - T_0\dot{S}^{\mathrm{out}})$ を考える．この項は次式のように変形できる．

$$\begin{aligned}
&(\dot{H}^{\mathrm{in}} - T_0\dot{S}^{\mathrm{in}}) - (\dot{H}^{\mathrm{out}} - T_0\dot{S}^{\mathrm{out}}) \\
&= \{(\dot{H}^{\mathrm{in}} - \dot{H}_0^{\mathrm{in}}) - T_0(\dot{S}^{\mathrm{in}} - \dot{S}_0^{\mathrm{in}})\} + (\dot{H}_0^{\mathrm{in}} - T_0\dot{S}_0^{\mathrm{in}}) \\
&\quad - \{(\dot{H}^{\mathrm{out}} - \dot{H}_0^{\mathrm{out}}) - T_0(\dot{S}^{\mathrm{out}} - \dot{S}_0^{\mathrm{out}})\} - (\dot{H}_0^{\mathrm{out}} - T_0\dot{S}_0^{\mathrm{out}})
\end{aligned} \tag{4.16}$$

ここで，右辺の第 1 項および第 2 項は検査体積内への流入に対応する値，右辺の第 3 項および第 4 項は検査体積内からの流出に対応する値である．このように第 1 項および第 2 項，ならびに第 3 項および第 4 項に分離した理由は次の通りである．

まず，第 1 項および第 3 項はそれぞれ検査体積への流入および検査体積内からの流出における物理エクセルギー流量を示している．このように，流れに伴う物理エクセルギー流量 $\dot{E}^{\mathrm{PH}}$ [W] は，次式のように定義される．

$$\dot{E}^{\mathrm{PH}} = (\dot{H} - \dot{H}_0) - T_0(\dot{S} - \dot{S}_0) \tag{4.17}$$

これは，圧力 p および温度 T の物質が，力学的および熱的変化を通じて，基準圧力 p_0 および基準温度 T_0 の物質に変化するまでに取り出し得る最大の仕事量を表している．

それでは，第 2 項および第 4 項は何を示すのであろうか．各項の $\dot{H}_0 - T_0\dot{S}_0$ は 5.5 節で説明するギブスエネルギー流量 $\dot{G}_0$ [W] となる．したがって，第 2 項および第 4 項は検査体積内に流入するギブスエネルギー流量と検査体積内から流出するギブスエネルギー流量の差 $\dot{G}_0^{\mathrm{in}} - \dot{G}_0^{\mathrm{out}}$ を表している．ギブスエネルギー流量 $\dot{G}_0^{\mathrm{in}}$ および $\dot{G}_0^{\mathrm{out}}$ は直接エクセルギー流量を表すものではないが，ギブスエネルギー流量の差 $\dot{G}_0^{\mathrm{in}} - \dot{G}_0^{\mathrm{out}}$ は，5.6 節で述べるように，基準圧力 p_0 および基準温度 T_0 において化学反応による物質の変化前後の化学エクセルギー流量の差を示している．すなわち，化学エクセルギー流量を $\dot{E}^{\mathrm{CH}}$ [W] によって表すと，

$$\dot{E}^{\mathrm{CHin}} - \dot{E}^{\mathrm{CHout}} = \dot{G}_0^{\mathrm{in}} - \dot{G}_0^{\mathrm{out}} \tag{4.18}$$

が成立する．

以上より，式 (4.6) の右辺の第 1 項～第 3 項は，検査体積内へ流出入するポテンシャルエクセルギー流量，運動エクセルギー流量，物理エクセルギー流量，および化学エクセルギー流量の和の差を示していることになる．すなわち，エクセルギー流量の和 $\dot{E}$ [W] を

$$\dot{E} = \dot{E}^{\mathrm{PT}} + \dot{E}^{\mathrm{KN}} + \dot{E}^{\mathrm{PH}} + \dot{E}^{\mathrm{CH}} \tag{4.19}$$

とすると，検査体積へ流出入するエクセルギー流量 $\dot{E}^{\mathrm{in}}$ [W] および $\dot{E}^{\mathrm{out}}$ [W] の差は

$$\dot{E}^{\mathrm{in}} - \dot{E}^{\mathrm{out}} = (\dot{\Phi}^{\mathrm{in}} - \dot{\Phi}^{\mathrm{out}}) + (\dot{\Psi}^{\mathrm{in}} - \dot{\Psi}^{\mathrm{out}}) + \{(\dot{H}^{\mathrm{in}} - T_0 \dot{S}^{\mathrm{in}}) - (\dot{H}^{\mathrm{out}} - T_0 \dot{S}^{\mathrm{out}})\} \tag{4.20}$$

となる．

最後に，式 (4.6) の右辺の残りの第 4 項～第 7 項について考える．第 4 項は，検査体積内へ流入する熱が，いかに検査体積内のエクセルギーの時間変化に影響を及ぼすかを示している．熱流量 $\dot{Q}^{\mathrm{in}}$ [W] の係数が 1 ではなく，$(1 - T_0/T)$ となっている．これは，熱がエクセルギーとして評価される場合に，この係数によって小さく評価されることを意味している．特に，温度 T が低くなり，基準温度 T_0 に近づくにつれて，係数が小さくなり，流入する熱がエクセルギーの時間変化に及ぼす影響が零に近づくことがわかる．なお，式 (2.9) のエネルギー保存則では，流入する熱は，温度に関係なく，仕事と等価に評価されていることに注意されたい．

第 5 項は，検査体積から外部に取り出される仕事が，いかに検査体積内のエクセルギーの時間変化に影響を及ぼすかを示している．外部に取り出される仕事 $\dot{W}^{\mathrm{out}}$ [W] の係数は 1 であり，外部に取り出される仕事とエクセルギーが等価であることを意味している．

第 6 項は，外部に取り出される仕事が検査体積の体積変化による仕事である場合に，いかに検査体積内のエクセルギーの時間変化に影響を及ぼすかを示している．この項の分だけ検査体積内のエクセルギーの時間変化に及ぼす影響が小さくなることがわかる．

第 7 項は，不可逆変化に伴うエントロピーの発生が，いかに検査体積内のエクセルギーの時間変化に影響を及ぼすかを示している．エントロピーが発生する場合には，エクセルギーが減少することがわかる．これをエクセルギー破壊と呼ぶ．また，エクセルギー破壊量はエントロピー発生量 $\dot{S}^{\mathrm{gen}}$ [W/K] に比例し，比例定数が基準温度 T_0 であることがわかる．

それぞれ式 (4.12) および式 (4.19) によって定義されるエクセルギーおよびエクセルギー流量，ならびに図 4.3 に示す検査体積について定義された物理量を用いて，式 (4.6) の非定常状態におけるエクセルギーバランスを定式化すると，次式のように表される．

$$\frac{dE^{\mathrm{cv}}}{dt} = \dot{E}^{\mathrm{in}} - \dot{E}^{\mathrm{out}} + \left(1 - \frac{T_0}{T}\right) \dot{Q}^{\mathrm{in}} - \dot{W}^{\mathrm{out}} + p_0 \frac{dV^{\mathrm{cv}}}{dt} - T_0 \dot{S}^{\mathrm{gen}} \tag{4.21}$$

また，式 (4.21) のエクセルギーバランスにおいて，非定常状態の時間変化を表す項を除くことによって，定常状態におけるエクセルギーバランスは次式のように表される．

$$\dot{E}^{\mathrm{in}} - \dot{E}^{\mathrm{out}} + \left(1 - \frac{T_0}{T}\right) \dot{Q}^{\mathrm{in}} - \dot{W}^{\mathrm{out}} - T_0 \dot{S}^{\mathrm{gen}} = 0 \tag{4.22}$$

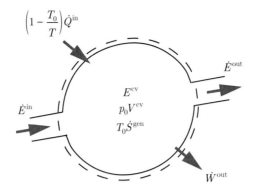

図 4.3 検査体積におけるエクセルギーのバランス

第5章 エクセルギーによるエネルギーの評価

第4章ではエネルギー変換の基礎法則の1つとして，エントロピーバランスについて述べ，それとエネルギー保存則によってエクセルギーバランスを導出し，それがポテンシャルエクセルギー，運動エクセルギー，物理エクセルギー，および化学エクセルギーから構成されることを示した．したがって，エクセルギーバランスを適用するためには，これらのエクセルギーを具体的に評価する必要がある．本章では，これらのエクセルギーを評価する方法を示すことを主目的とする．

物理エクセルギーには，体積，内部エネルギー，およびエンタルピーに加えて，エントロピーが含まれているため，まずエントロピーについて，次に物理エクセルギーについて，評価する方法を示す．エントロピーおよび物理エクセルギーも，圧力エネルギー，内部エネルギー，およびエンタルピーと同様に，物質の相によって評価方法が異なるため，各相に対応して評価する必要がある．ここでも，液体および気体を扱い，気体については理想気体および実在気体を扱う．また，理想混合気体および実在混合気体についても評価できるようにする．さらに，状態量に関する非線形関数を考慮する必要がある場合には，付録Dおよび付録Eに掲載したCプログラムによる数値計算を用いる．

一方，化学エクセルギーはギブスエネルギーに関連するため，まずギブスエネルギーについて，次に化学エクセルギーについて，評価する方法を示す．ギブスエネルギーも，物質の相によって評価方法が異なるため，各相に対応して評価する．まず，化学反応に関連する環境に存在する気体を理想気体として扱うことによって化学エクセルギーを評価し，次にそれらから混合気体，燃料，および液体としての水の化学エクセルギーを評価する．

最後に，機器要素および機器／システムの解析において重要な評価項目となるエクセルギー破壊，エクセルギー損失，およびエクセルギー効率について，簡単な例を挙げながら説明する．

5.1　ポテンシャルエクセルギー

4.3節で述べたように，ポテンシャルエネルギーは力学的エネルギーとして，損失のない限りすべて仕事に変換することができるため，ポテンシャルエクセルギーはポテンシャルエネルギーと等価となる．よって，式(3.1)，式(3.2)，および式(3.4)に相当するポテンシャルエクセルギー E^{PT} [J]，ポテンシャルエクセルギー流量 $\dot{E}^{\mathrm{PT}}$ [W]，および比ポテンシャルエクセルギー e^{PT} [J/kg] は，それぞれ次式によって表される．

$$E^{\mathrm{PT}} = mgz \tag{5.1}$$

$$\dot{E}^{\mathrm{PT}} = \dot{m}gz \tag{5.2}$$

$$e^{\mathrm{PT}} = gz \tag{5.3}$$

なお，本書では，示量性状態量と同様に，ポテンシャルエクセルギーに限らず単位質量当りのエクセルギーを比エクセルギーと呼ぶことにする．また，単位物質量当りのエクセルギーをモルエクセルギーと呼ぶことにする．

5.2 運動エクセルギー

4.3 節で述べたように，運動エネルギーも力学的エネルギーとして，損失のない限りすべて仕事に変換することができるため，運動エクセルギーも運動エネルギーと等価となる．よって，式 (3.5)，式 (3.7)，および式 (3.10) に相当する運動エクセルギー E^{KN} [J]，運動エクセルギー流量 $\dot{E}^{\mathrm{KN}}$ [W]，および比運動エクセルギー e^{KN} [J/kg] は，それぞれ次式によって表される．

$$E^{\mathrm{KN}} = \frac{1}{2} m \mathcal{V}^2 \tag{5.4}$$

$$\dot{E}^{\mathrm{KN}} = \frac{1}{2} \dot{m} \mathcal{V}^2 \tag{5.5}$$

$$e^{\mathrm{KN}} = \frac{1}{2} \mathcal{V}^2 \tag{5.6}$$

5.3 エントロピー

次に，物理エクセルギーを構成する基準温度とエントロピーの積によって表される項について考えるために，状態量の 1 つとして比エントロピーを評価する必要がある．エントロピー S [J/K]，エントロピー流量 $\dot{S}$ [W/K]，比エントロピー s [J/(kg·K)]，およびモルエントロピー $\bar{s}$ [J/(mol·K)] の間にも，1.10 節で述べたように，式 (1.2)，式 (1.3)，および式 (1.5) と同様の関係があり，ここでは主として比エントロピー s について考える．1.10 節および 2.2 節で述べたように，比エントロピーも，その定義によって，一般的には 2 つの独立な示強性状態量である圧力および温度の関数となるが，この関数も物質やその相によって異なる．C.1.4 項，C.2.4 項，および C.3.3 項には，それぞれ液体，理想気体，および実在気体について，設定した比体積に基づいて比エントロピーを導出しているので，必要に応じて参照されたい．本節では，液体，理想気体，および実在気体における比エントロピーについて，より具体的に考える．また，理想混合気体および実在混合気体についても考える．

なお，比内部エネルギーおよび比エンタルピーと同様に比エントロピーを評価する際の基準状態が必要になるが，本書では標準状態として圧力 $p_{\mathrm{ref}} = 100.0$ kPa (0.9872 atm)，温度 $T_{\mathrm{ref}} =$ 298.15 K (25 °C) を用い，液体を含む実在気体における比エントロピーの値を零とすることによって，比エントロピーの基準値を決定する．

5.3.1 液体

3.3.1 項で述べたように，式 (3.11) によって液体の比体積 v [m³/kg] が温度 T [K] のみの関数として表されるとすると，C.1.4 項で述べたように，比エントロピー s は次式によって定圧比熱 c_p [J/(kg·K)] に関係付けられる．

$$s(p, T) = \int_{T_{\mathrm{ref}}}^{T} \frac{c_p(p, T)}{T} dT + s(p, T_{\mathrm{ref}}) \tag{5.7}$$

ここで，T_{ref} [K] は温度の基準値である．c_p は圧力 p [Pa] および T の関数であるため，s も p お

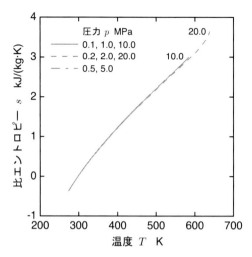

図 5.1 水（液体）の比エントロピーの圧力および温度依存性

およびTの関数となる．

一例として，物質として水を対象とし，REFPROPを適用したD.2節の数値計算プログラムD-4によって，常圧から臨界圧力までのいくつかの圧力pにおいて，常温から飽和状態までの範囲の温度Tにおける比エントロピーsを評価し，その結果を図5.1に示す．これによれば，各pに対応する曲線の右端は飽和温度によって異なるが，曲線はより高いpに対応する曲線にほとんど重なっている．よって，sのpによる依存性は小さいことがわかる．図3.10(b)によれば，pおよびTが高い場合には定圧比熱c_pのpによる依存性は必ずしも小さいとは言えないが，sはc_pをTで除した後にTに関して積分することによって求められることを考えると，pおよびTが高い場合でもsのpによる依存性が小さくなることが理解できる．そこで，Tによる依存性のみを考慮し，sを次式のように表すことができる．

$$s = s(T) \tag{5.8}$$

ここで，一例として各Tに対応するpとして飽和状態の値を採用し，次式のようにsを液体の飽和状態の比エントロピーs_f [J/(kg·K)]のTにおける値として表すことができる．

$$s = s_\mathrm{f}(T) \tag{5.9}$$

一方，3.3.1項で述べたように，式(3.13)によって液体の比体積vを一定値v_c [m^3/kg]と仮定すると，C.1.4項で述べたように，比エントロピーsは次式によって温度Tのみの関数となる定圧比熱c_pあるいは定容比熱c_v [J/(kg·K)]に関係付けられ，sもTのみの関数となる．

$$s(T) = \int_{T_\mathrm{ref}}^{T} \frac{c_p(T)}{T} dT + s(T_\mathrm{ref}) = \int_{T_\mathrm{ref}}^{T} \frac{c_v(T)}{T} dT + s(T_\mathrm{ref}) \tag{5.10}$$

Tの範囲が狭い場合には，c_pおよびc_vのTによる依存性も小さく，一定と仮定することができる．このような場合には，sとc_pあるいはc_vの間に次式の関係が成立する．

$$s(T) = c_p \ln\frac{T}{T_\mathrm{ref}} + s(T_\mathrm{ref}) = c_v \ln\frac{T}{T_\mathrm{ref}} + s(T_\mathrm{ref}) \tag{5.11}$$

このように，c_p および c_v が一定であっても，s は T に関する非線形関数の 1 つとしての対数関数によって表されることに注意されたい．

【例題 5.1】 温度 95 および 25 °C における水の比エントロピーの差を求めよ．また，平均温度 60 °C における水の定圧比熱を求めるとともに，定圧比熱を一定と仮定して水の比エントロピーの差を求め，比較せよ．

〔**解答**〕 水の比エントロピーが圧力に依存せず，飽和状態における値として評価する．REFPROP を適用した D.2 節の数値計算プログラム D-2 によって，温度 95 および 25 °C の飽和状態における水の比エントロピーはそれぞれ

$$s_1 = 0.8832 \text{ kJ/(kg·K)}, \quad s_2 = 0.0 \text{ kJ/(kg·K)}$$

よって，水の比エントロピーの差は

$$\Delta s = s_1 - s_2 = 0.8832 - 0.0 = 0.8832 \text{ kJ/(kg·K)}$$

一方，数値計算プログラム D-2 によって，平均温度 60 °C の飽和状態における水の定圧比熱は

$$c_p = 4.185 \text{ kJ/(kg·K)}$$

よって，式 (5.11) より，水の比エントロピーの差は

$$\Delta s = c_p \ln \frac{T_1}{T_2} = 4.185 \times \ln \frac{368.15}{298.15} = 0.8826 \text{ kJ/(kg·K)}$$

図 3.10(b) に示すように，温度の範囲を限定すると水の定圧比熱の温度依存性は小さいため，2 つの方法によって求めた水の比エントロピーの差はほぼ一致することがわかる．

5.3.2 理想気体

3.3.2 項で述べた式 (3.14) の理想気体の状態方程式によって，C.2.4 項で述べたように，理想気体の比エントロピー s は，次式のように温度 T のみの関数となる定圧比熱 c_p あるいは定容比熱 c_v，および圧力 p に関係付けられる．

$$
\begin{aligned}
s(p, T) &= \int_{T_{\text{ref}}}^{T} \frac{c_p(T)}{T} dT - R \ln \frac{p}{p_{\text{ref}}} + s(p_{\text{ref}}, T_{\text{ref}}) \\
&= \int_{T_{\text{ref}}}^{T} \frac{c_v(T)}{T} dT + R \ln \frac{T}{T_{\text{ref}}} - R \ln \frac{p}{p_{\text{ref}}} + s(p_{\text{ref}}, T_{\text{ref}})
\end{aligned}
\quad (5.12)
$$

ここで，R [J/(kg·K)] は気体定数，p_{ref} [Pa] は圧力の基準値である．上式は T のみの関数および p のみの関数の和によって表されていることに注意されたい．なお，狭義の理想気体として c_p および c_v を一定と仮定する場合には，式 (5.12) は次のようになる．

$$
\begin{aligned}
s(p, T) &= c_p \ln \frac{T}{T_{\text{ref}}} - R \ln \frac{p}{p_{\text{ref}}} + s(p_{\text{ref}}, T_{\text{ref}}) \\
&= (c_v + R) \ln \frac{T}{T_{\text{ref}}} - R \ln \frac{p}{p_{\text{ref}}} + s(p_{\text{ref}}, T_{\text{ref}})
\end{aligned}
\quad (5.13)
$$

このように，c_p および c_v が一定の場合には，s は p および T に関する対数関数によって表されることに注意されたい．

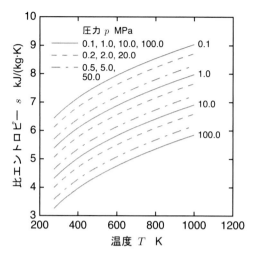

図 5.2 水（理想気体）の比エントロピーの圧力および温度依存性

　一例として，物質として水を対象とし，REFPROP を適用した D.2 節の数値計算プログラム D-3 によって，常圧から臨界圧力を超えるまでのいくつかの圧力 p において，常温から臨界温度を超えるまでの範囲の温度 T における比エントロピー s を評価し，その結果を図 5.2 に示す．これによれば，p を一定の倍数ずつ増大させているため，それに伴って s は一定量ずつ減少している．一方，T の上昇に伴って，s は T に関する対数関数のように増大するが，図 3.11(b) に示すように定圧比熱 c_p は一定ではなく増大するために，s は対数関数以上に増大する．

【例題 5.2】 水蒸気を理想気体と仮定し，温度 500 および 400 °C における水蒸気の比エントロピーの差を求めよ．ただし，圧力が 0.1, 1.0, および 10.0 MPa の各場合について求めよ．また，平均温度 450 °C における水蒸気の定圧比熱を求めるとともに，定圧比熱を一定と仮定して水蒸気の比エントロピーの差を求め，比較せよ．

〔解答〕 REFPROP を適用した D.2 節の数値計算プログラム D-1 によって，圧力が 0.1 MPa の場合，温度 500 および 400 °C における理想気体としての水蒸気の比エントロピーはそれぞれ

$$s_{01} = 8.470 \text{ kJ/(kg} \cdot \text{K)}, \quad s_{02} = 8.180 \text{ kJ/(kg} \cdot \text{K)}$$

よって，比エントロピーの差は

$$\Delta s = s_{01} - s_{02} = 8.470 - 8.180 = 0.290 \text{ kJ/(kg} \cdot \text{K)}$$

圧力が 1.0 MPa の場合には，圧力が 0.1 MPa の場合の比エントロピーおよび圧力差を考慮して，

$$s_1 = s_{01} - \frac{\bar{R}}{M} \ln \frac{p}{p_\text{ref}} = 8.470 - \frac{8.314}{18.015} \times \ln \frac{1.0 \times 10^3}{0.1 \times 10^3} = 7.407 \text{ kJ/(kg} \cdot \text{K)}$$

$$s_2 = s_{02} - \frac{\bar{R}}{M} \ln \frac{p}{p_\text{ref}} = 8.180 - \frac{8.314}{18.015} \times \ln \frac{1.0 \times 10^3}{0.1 \times 10^3} = 7.117 \text{ kJ/(kg} \cdot \text{K)}$$

$$\Delta s = s_1 - s_2 = 7.407 - 7.117 = 0.290 \text{ kJ/(kg} \cdot \text{K)}$$

圧力が 10.0 MPa の場合にも，同様にして

$$s_1 = s_{01} - \frac{\bar{R}}{M}\ln\frac{p}{p_\text{ref}} = 8.470 - \frac{8.314}{18.015}\times\ln\frac{10.0\times 10^3}{0.1\times 10^3} = 6.345 \text{ kJ}/(\text{kg}\cdot\text{K})$$

$$s_2 = s_{02} - \frac{\bar{R}}{M}\ln\frac{p}{p_\text{ref}} = 8.180 - \frac{8.314}{18.015}\times\ln\frac{10.0\times 10^3}{0.1\times 10^3} = 6.055 \text{ kJ}/(\text{kg}\cdot\text{K})$$

$$\Delta s = s_1 - s_2 = 6.345 - 6.055 = 0.290 \text{ kJ}/(\text{kg}\cdot\text{K})$$

したがって，比エントロピーは温度だけではなく圧力の関数でもあるが，圧力が一定の場合には比エントロピーの差は圧力に依存しないことがわかる．

一方，数値計算プログラム D-1 によって，平均温度 450 °C における水蒸気の定圧比熱は

$$c_p = 2.097 \text{ kJ}/(\text{kg}\cdot\text{K})$$

式 (5.13) より，水蒸気の比エントロピーの差は圧力に依存せず

$$\Delta s = c_p \ln\frac{T_1}{T_2} = 2.097\times\ln\frac{773.15}{673.15} = 0.290 \text{ kJ}/(\text{kg}\cdot\text{K})$$

図 3.11(b) に示すように，水蒸気の定圧比熱は温度に依存するが，温度の範囲を限定すると水の定圧比熱の温度依存性は小さいため，2 つの方法によって求めた水蒸気の比エントロピーの差はほぼ一致することがわかる．

5.3.3 実在気体

実在気体の比エントロピー s も圧力 p および温度 T に依存する．C.3.3 項で導出したように，実在気体のモルエントロピー $\bar{s}$ の理想気体のモルエントロピー $\bar{s}^*$ からの隔たりを表す剰余エントロピー係数 Z_s [-] は，次式のように表される．

$$Z_s = \frac{\bar{s}^* - \bar{s}}{\bar{R}} = \int_0^{p_\text{r}}\left\{Z - 1 + T_\text{r}\left(\frac{\partial Z}{\partial T_\text{r}}\right)_{p_\text{r}}\right\}d(\ln p_\text{r}) \tag{5.14}$$

ここで，$\bar{R}$ [J/(mol·K)] は一般気体定数，Z [-] は圧縮係数，p_r [-] は換算圧力，T_r [-] は換算温度である．これより，$\bar{s}$ は，$\bar{s}^*$ および Z_s を用いて，次式によって求められる．

$$\bar{s} = \bar{s}^* - \bar{R}Z_s \tag{5.15}$$

REFPROP では，実在気体であっても物質ごとに比エントロピーを精度高く求めることができる．図 5.3 は，一例として，物質として水，窒素，酸素，および二酸化炭素を対象とし，D.2 節の数値計算プログラム D-5 によって，比エントロピー s を圧力 p および温度 T の関数として求め，剰余エントロピー係数 Z_s の換算圧力 p_r および換算温度 T_r による依存性を示したものである．図 3.4 に示す圧縮係数 Z に対応して，臨界圧力よりも低い圧力においては，飽和状態が存在するため，剰余内部エネルギー係数 Z_u [-] および剰余エンタルピー係数 Z_h [-] と同様に，Z_s が不連続に変化しており，Z_s が零に近い部分が気体，Z_s が大きい部分が液体を表している．Z がすべての物質に共通であれば，式 (5.14) によって Z を用いて Z_s が求められるため，Z_s もすべての物質に共通となる．しかしながら，図 3.4 に示すように，Z は物質に依存するため，Z_s も物質に依存する．

一例として，物質として水を対象とし，その実在気体の比エントロピーを評価する．REFPROP を適用した D.2 節の数値計算プログラム D-4 によって，常圧から臨界圧力を超えるまでのいくつかの圧力 p において，飽和温度あるいは臨界温度から臨界温度を超えるまでの温度

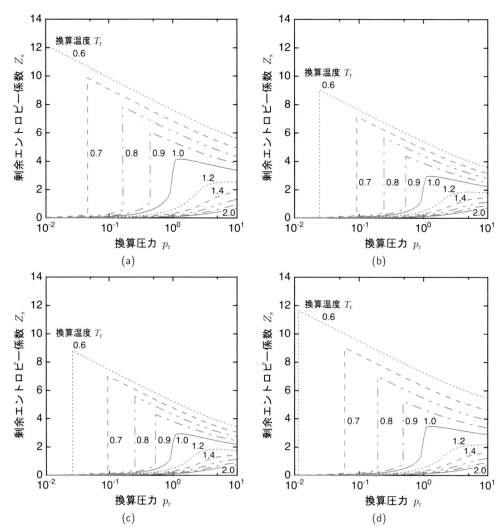

図 5.3　実在気体（液体を含む）の剰余エントロピー係数の換算圧力および換算温度依存性：
(a) 水，(b) 窒素，(c) 酸素，(d) 二酸化炭素

T の範囲における比エントロピー s を評価し，その結果を図 5.4 に示す．理想気体とは異なり，実在気体の s は p に大きく依存する．p が低い場合には，s は図 5.2 に示す理想気体の値に近く，p の上昇に伴って s はほぼ一定量ずつ減少している．しかしながら，p が高い場合には，特に臨界圧力付近では，s の変化の傾向が大きく異なる．

【例題 5.3】　水蒸気を実在気体と仮定し，温度 500 および 400 °C における水蒸気の比エントロピーの差を求めよ．ただし，圧力が 0.1，1.0，および 10.0 MPa の各場合について求め，例題 5.2 の値と比較せよ．

〔解答〕　REFPROP を適用した D.2 節の数値計算プログラム D-2 によって，圧力が 0.1 MPa の場合，温度 500 および 400 °C における実在気体としての水蒸気の比エントロピーはそれぞれ

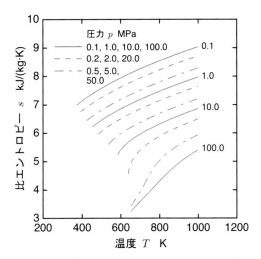

図 5.4 水（実在気体）の比エントロピーの圧力および温度依存性

$$s_1 = 8.469 \text{ kJ/(kg·K)}, \quad s_2 = 8.178 \text{ kJ/(kg·K)}$$

よって，比エントロピーの差は

$$\Delta s = s_1 - s_2 = 8.469 - 8.178 = 0.291 \text{ kJ/(kg·K)}$$

圧力が 1.0 MPa の場合には，同様にして

$$s_1 = 7.397 \text{ kJ/(kg·K)}, \quad s_2 = 7.100 \text{ kJ/(kg·K)}$$
$$\Delta s = s_1 - s_2 = 7.397 - 7.100 = 0.297 \text{ kJ/(kg·K)}$$

圧力が 10.0 MPa の場合にも，同様にして

$$s_1 = 6.232 \text{ kJ/(kg·K)}, \quad s_2 = 5.847 \text{ kJ/(kg·K)}$$
$$\Delta s = s_1 - s_2 = 6.232 - 5.847 = 0.385 \text{ kJ/(kg·K)}$$

したがって，圧力が低い場合には，実在気体としての比エントロピー差は理想気体としての値に近いことがわかる．一方，圧力が高い場合には，実在気体としての比エントロピー差は理想気体としての値から遠ざかることがわかる．これは，図 5.4 において圧力の上昇に伴う曲線の勾配の増大に対応している．

5.3.4 理想混合気体

理想混合気体の場合には，比内部エネルギーおよび比エンタルピーを評価した場合と同様に，比エントロピーの評価においても Gibbs-Dalton の法則を仮定する．

このとき，混合気体の N [-] 個の各成分の比エントロピー s_i は，式 (5.12) の比エントロピーの関係式，ならびに各成分の圧力がそれぞれのモル分率に比例するという式 (3.27) の Dalton の法則によって，比内部エネルギーおよび比エンタルピーとは異なり，次式のように圧力 p および温度 T の関数として表される．

$$s_i = \int_{T_\text{ref}}^{T} \frac{c_{pi}(T)}{T} dT - R_i \ln \frac{y_i p}{p_\text{ref}} + s_i(p_\text{ref}, T_\text{ref}) \quad (i = 1, 2, \cdots, N) \tag{5.16}$$

ここで，y_i [-]，R_i，および c_{pi} は，それぞれ各成分のモル分率，気体定数，および定圧比熱であ

る．また，混合気体のエントロピー S は，次式に示すように各成分の質量 m_i [kg] を重みとする s_i の重ね合わせによって表される．

$$S = \sum_{i=1}^{N} m_i s_i \tag{5.17}$$

【例題 5.4】 2 kmol の窒素と 6 kmol の二酸化炭素から成る混合気体を，圧力が 10.0 MPa，温度が 350 K の状態で保つものとする．混合気体を理想混合気体と仮定し，モルエントロピーを求めよ．

〔解答〕 例題 3.8 より，窒素および二酸化炭素のモル分率はそれぞれ

$$y_1 = 0.25, \ y_2 = 0.75$$

よって，式 (3.27) より，窒素および二酸化炭素の分圧はそれぞれ

$$p_1 = y_1 p = 0.25 \times 10.0 = 2.5 \text{ MPa}, \ p_2 = y_2 p = 0.75 \times 10.0 = 7.5 \text{ MPa}$$

REFPROP を適用した D.2 節の数値計算プログラム D-1 によって，窒素および二酸化炭素のモルエントロピーはそれぞれ

$$\bar{s}_1 = -22.07 \text{ kJ/(kmol·K)}, \ \bar{s}_2 = -29.67 \text{ kJ/(kmol·K)}$$

したがって，理想混合気体としての窒素および二酸化炭素の混合気体のモルエントロピーは

$$\bar{s} = \sum_{i=1}^{2} y_i \bar{s}_i = 0.25 \times (-22.07) + 0.75 \times (-29.67) = -27.77 \text{ kJ/(kmol·K)}$$

5.3.5 実在混合気体

実在混合気体の場合には，比内部エネルギーおよび比エンタルピーを評価した場合と同様に，比エントロピーの評価においてもいくつかの簡易なモデルが考えられている [2]．

まず，換算圧力および換算温度を利用するモデルがある．3.3.5 項で述べたように，Dalton の法則あるいは Amagat の法則を適用し，該当する連立非線形代数方程式を解くことによって，各成分の圧力 p_i を決定し，式 (3.55) の換算圧力 p_{ri} および換算温度 T_{ri} を求める．次に，これらを用いて，各成分について次式のように剰余エントロピー係数 Z_{si} を求める．

$$Z_{si} = \frac{\bar{s}_i^* - \bar{s}_i}{\bar{R}} = \int_0^{p_{ri}} \left\{ Z_i - 1 + T_{ri}\left(\frac{\partial Z_i}{\partial T_{ri}}\right)_{p_{ri}} \right\} d(\ln p_{ri}) \quad (i = 1, 2, \cdots, N) \tag{5.18}$$

また，各成分について 5.3.4 項で述べた方法によって理想気体のモルエントロピー $\bar{s}_i^*$ を求める．これらから，各成分について次式のように実在気体のモルエントロピー $\bar{s}_i$ を求める．

$$\bar{s}_i = \bar{s}_i^* - \bar{R} Z_{si} \quad (i = 1, 2, \cdots, N) \tag{5.19}$$

最後に，混合気体のエントロピー S を，次式に示すように各成分の物質量 n_i [mol] を重みとする $\bar{s}_i$ の重ね合わせによって求める．

$$S = \sum_{i=1}^{N} n_i \bar{s}_i \tag{5.20}$$

なお，これらの関係式を順次適用できない場合には，適宜部分的に連立して解く必要がある．

別の方法として，3.3.5 項で述べたように，Kay の規則による擬似純物質を利用するモデルがある．擬似純物質としての臨界圧力 p_{cr} [Pa] および臨界温度 T_{cr} [K] を式 (3.40) によって評価するとともに，混合気体の圧力 p および温度 T を用いて，式 (3.18) によってそれぞれ擬似純物質の換算圧力 p_r および換算温度 T_r を求め，式 (5.14) によって p および T を擬似純物質の剰余エントロピー係数 Z_s に関連付ける．また，混合気体について 5.3.4 項で述べた方法によって理想気体のモルエントロピー $\bar{s}^*$ を求める．最後に，これらから，混合気体について式 (5.15) によって実在気体のモルエントロピー $\bar{s}$ を求める．なお，これらの関係式を順次適用できない場合には，適宜部分的に連立して解く必要がある．また，この方法では擬似純物質の Z_s の関数が既知である必要がある．

一方，REFPROP においては，混合モデルが導入されており，実在混合気体に対してより精度高くモルエントロピーを求めることができる．

【例題 5.5】 例題 5.4 において，理想混合気体を実在混合気体に変更し，同じ条件下において，Dalton の法則あるいは Amagat の法則を適用するモデル，および REFPROP の混合モデルによってモルエントロピーを算出し，比較せよ．ただし，圧力を 0.1，1.0，10.0，および 15.0 MPa とする．

〔解答〕 Dalton の法則あるいは Amagat の法則を用いる場合の各成分の剰余エントロピー係数の評価に REFPROP のモデルを採用し，連立非線形代数方程式の数値計算に E.4 節の数値計算プログラム E-2 を使用する．また，REFPROP の混合モデルを適用する場合には，D.2 節の数値計算プログラム D-2 を使用する．さらに，例題 5.4 の理想混合気体による結果とも比較する．

下表に 4 つの圧力における混合気体のモルエントロピーの値を示す．圧力の増大に伴って，実在気体の値が理想気体の値から遠ざかる．しかしながら，その差は，理想気体であってもモルエントロピーは圧力にも依存するため，それぞれ例題 3.15 および例題 3.20 の表に示すモル内部エネルギーおよびモルエンタルピーの差に比較して小さいことがわかる．Dalton の法則と Amagat の法則を比較すると，前者ではモルエントロピーが REFPROP による値より過大に評価され，後者ではモルエントロピーが過小に評価されている．また，圧力の増大に伴って，両者によるモルエントロピーと REFPROP による値の差が増大している．さらに，すべての圧力において，Dalton の法則によるモルエントロピーが Amagat の法則による値より REFPROP による値に近くなっている．この特性は，例題 3.9 で述べたモル体積，モル内部エネルギー，およびモルエンタルピーにおける特性と異なっている．これは，モルエントロピーにおける各成分の圧力の評価が，Dalton の法則および Amagat の法則の間で異なっているためと考えられる．

単位：kJ/(kmol·K)

圧力 MPa		0.1	1.0	10.0	15.0
実在気体	Dalton の法則	10.49	−8.97	−31.66	−37.36
	Amagat の法則	5.80	−13.78	−39.00	−47.23
	REFPROP	10.48	−9.08	−32.86	−38.99
理想気体		10.52	−8.62	−27.77	−31.14

5.3.6 化学反応

3.6.6 項においては，化学反応に関係する各物質のエンタルピー，および化学反応に伴うエンタルピー変化の評価について考えた．それに対応して，ここでは化学反応に関係する各物質のエントロピー，および化学反応に伴うエントロピー変化の評価について考える．

本節においては，エントロピーを評価するために，比エントロピーあるいはモルエントロピーの基準値として標準状態における値を零としてきた．これは，エンタルピーと同様に，化学反応を伴わないエネルギー変換においては，その前後におけるエントロピーの差のみが重要となり，基準状態としていかなる状態を選択しても，また比エントロピーあるいはモルエントロピーの基準値としていかなる値を選択しても，差し支えないためである．しかしながら，化学反応を伴う場合，反応物質と生成物質が異なるため，各物質についてすべての化学反応に共通に適用できる基準状態における比エントロピーあるいはモルエントロピーを導入する必要がある．そのために，基準状態として圧力 $p_\mathrm{ref} = 100.0$ kPa (0.9872 atm) および温度 $T_\mathrm{ref} = 298.15$ K (25 °C) の標準状態を選び，化学組成によって決まる物質のエントロピーを定義する．これを標準エントロピーと呼び，$\bar{s}^\circ$ [J/(mol·K)] によって表す．この値は，温度 $T = 0$ K において標準エントロピーが $\bar{s}^\circ = 0$ J/(mol·K) となるように決定されている．これは熱力学の第 3 法則と呼ばれる．3.6.6 項では表 3.1 によって様々な物質の標準生成エンタルピーを示したが，同表に標準エントロピーも示す．これより，化学反応にも適用できる圧力 p および温度 T におけるモルエントロピーは，次式のように標準エントロピーと標準状態を基準にしたモルエントロピー差の和として表される．

$$\bar{s}'(p, T) = \bar{s}^\circ + (\bar{s}(p, T) - \bar{s}(p_\mathrm{ref}, T_\mathrm{ref})) \tag{5.21}$$

それでは，化学反応によってエントロピーはどのように変化するであろうか．反応エンタルピーと同様に，主な反応物質の単位物質量当りの反応物質のエントロピー $\bar{S}^\mathrm{R}$ [J/(mol·K)] と生成物質のエントロピー $\bar{S}^\mathrm{P}$ [J/(mol·K)] の差として反応におけるエントロピー変化 $\Delta\bar{S}$ [J/(mol·K)] を次式によって表す．

$$\Delta\bar{S}(p, T) = \bar{S}^\mathrm{P}(p, T) - \bar{S}^\mathrm{R}(p, T) \tag{5.22}$$

各物質のモルエントロピーおよび量論係数を用いると，上式は

$$\Delta\bar{S}(p, T) = \sum_{i \in \mathrm{P}} \nu_i \bar{s}_i(p, T) - \sum_{i \in \mathrm{R}} \nu_i \bar{s}_i(p, T) \tag{5.23}$$

となる．ここで，ν_i [-] は反応物質および生成物質を構成する各成分の量論係数，R および P はそれぞれ反応物質および生成物質を表す添字の集合であり，主な反応物質について $\nu_1 = 1$ とする．なお，各物質のモルエントロピー $\bar{s}_i$ には式 (5.21) による左辺の値を適用する必要がある．

3.6.6 項で述べた反応エンタルピーは発熱量あるいは吸熱量を表すため，式 (3.78) および式 (3.79) はエネルギー保存則を表している．しかしながら，式 (5.22) および式 (5.23) では反応におけるエントロピー変化 $\Delta\bar{S}$ を定義したに過ぎない．そこで，化学反応におけるエントロピーバランスについて考え，$\Delta\bar{S}$ との関連を示す．化学反応におけるエントロピーバランスは，式 (4.3) より，発熱量あるいは吸熱量によるエントロピーも考慮し，次式のように表される．

$$\bar{S}^\mathrm{R}(p, T) - \bar{S}^\mathrm{P}(p, T) + \frac{\Delta\bar{H}(p, T)}{T} + \bar{S}^\mathrm{gen} = 0 \tag{5.24}$$

ここで，$\bar{S}^{\text{gen}}$ [J/(mol·K)] はエントロピー発生量である．よって，式 (5.22) および式 (5.24) より次式が成立する．

$$\bar{S}^{\text{gen}} = -\frac{\Delta \bar{H}(p, T)}{T} + \Delta \bar{S}(p, T) \tag{5.25}$$

したがって，熱力学の第 2 法則を表すエントロピーバランスにおいて $\bar{S}^{\text{gen}} \geq 0$ が成立するためには

$$-\frac{\Delta \bar{H}(p, T)}{T} + \Delta \bar{S}(p, T) \geq 0 \tag{5.26}$$

が成立する必要がある．すなわち，$\Delta \bar{H} < 0$ となる発熱反応の場合には，$\Delta \bar{S} \geq 0$ であるか，$\Delta \bar{S} < 0$ かつ $T \leq \Delta \bar{H}/\Delta \bar{S}$ である必要がある．また，$\Delta \bar{H} > 0$ となる吸熱反応の場合には，$\Delta \bar{S} > 0$ かつ $T \geq \Delta \bar{H}/\Delta \bar{S}$ である必要がある．

【例題 5.6】 メタンの燃焼におけるエントロピー変化を，標準状態において求めよ．ただし，生成物質の水が気体の形で存在するものとする．

〔解答〕 生成物質の水が気体の形で存在する場合，メタンの化学反応式は

$$\text{CH}_4 + 2\text{O}_2 \rightarrow \text{CO}_2 + 2\text{H}_2\text{O (g)}$$

表 3.1 より，メタン，酸素，二酸化炭素，および水の標準エントロピーはそれぞれ

$$\bar{s}_1^\circ = 186.251 \text{ kJ/(kmol·K)}, \quad \bar{s}_2^\circ = 205.147 \text{ kJ/(kmol·K)}$$
$$\bar{s}_3^\circ = 213.795 \text{ kJ/(kmol·K)}, \quad \bar{s}_4^\circ = 188.834 \text{ kJ/(kmol·K)}$$

式 (5.21) より，標準状態におけるメタン，酸素，二酸化炭素，および水のモルエントロピーはそれぞれ

$$\bar{s}_1 = \bar{s}_1^\circ = 186.251 \text{ kJ/(kmol·K)}, \quad \bar{s}_2 = \bar{s}_2^\circ = 205.147 \text{ kJ/(kmol·K)}$$
$$\bar{s}_3 = \bar{s}_3^\circ = 213.795 \text{ kJ/(kmol·K)}, \quad \bar{s}_4 = \bar{s}_4^\circ = 188.834 \text{ kJ/(kmol·K)}$$

よって，式 (5.23) より，標準状態におけるメタンの燃焼におけるエントロピー変化は

$$\Delta \bar{S} = \sum_{i=3}^{4} \nu_i \bar{s}_i' - \sum_{i=1}^{2} \nu_i \bar{s}_i'$$
$$= 1 \times 213.795 + 2 \times 188.834 - 1 \times 186.251 - 2 \times 205.147 = -5.082 \text{ kJ/(kmol·K)}$$

これより，$\Delta \bar{S} < 0$ となることがわかる．また，燃焼が進むために必要な温度は，例題 3.21 の結果として反応エンタルピーの値も用いて次のように求められ，温度条件が満たされることがわかる．

$$T \leq \frac{\Delta \bar{H}}{\Delta \bar{S}} = \frac{-802.301 \times 10^3}{-5.082} = 157.871 \times 10^3 \text{ K}$$

5.4 物理エクセルギー

4.3 節においては，検査体積内の物質およびそれに流出入する物質について，それぞれ式 (4.10) および式 (4.17) によって物理エクセルギーを定義した．これは，力学的および熱的エクセルギーであり，制限付き死状態と呼ばれる基準圧力 p_0 [Pa] および基準温度 T_0 [K] の状態を基準にして，現状態の圧力 p [Pa] および温度 T [K] における物質が，最大でどの程度仕事を行うことができるかを示す値である．

改めて物理エクセルギーの定義を示す．体積内の物理エクセルギー E^{PH} [J]，物理エクセルギー変化率 $\dot{E}^{\mathrm{PH}}$ [W]，および比物理エクセルギー e^{PH} [J/kg] は，それぞれ次式によって表される．

$$\left.\begin{array}{l} E^{\mathrm{PH}} = (U - U_0) + p_0(V - V_0) - T_0(S - S_0) \\ \dot{E}^{\mathrm{PH}} = (\dot{U} - \dot{U}_0) + p_0(\dot{V} - \dot{V}_0) - T_0(\dot{S} - \dot{S}_0) \\ e^{\mathrm{PH}} = (u - u_0) + p_0(v - v_0) - T_0(s - s_0) \end{array}\right\} \quad (5.27)$$

ここで，下付添字 0 を付した状態量は基準圧力 p_0 および基準温度 T_0 における値，またその他の状態量は圧力 p および温度 T における値を示す．

一方，流れに伴う物理エクセルギー E^{PH}，物理エクセルギー流量 $\dot{E}^{\mathrm{PH}}$，および比物理エクセルギー e^{PH} は，それぞれ次式によって表される．

$$\left.\begin{array}{l} E^{\mathrm{PH}} = (H - H_0) - T_0(S - S_0) \\ \dot{E}^{\mathrm{PH}} = (\dot{H} - \dot{H}_0) - T_0(\dot{S} - \dot{S}_0) \\ e^{\mathrm{PH}} = (h - h_0) - T_0(s - s_0) \end{array}\right\} \quad (5.28)$$

次に，式 (5.27) の体積内の物理エクセルギーと式 (5.28) の流れに伴う物理エクセルギーの差について考える．例えば，それぞれ第 3 式の比物理エクセルギーの差について考える．比内部エネルギー u [J/kg] と比エンタルピー h [J/kg] の関係式を用いて式 (5.27) の第 3 式を変形すると，次式が得られる．

$$e^{\mathrm{PH}} = (h - h_0) - T_0(s - s_0) - (p - p_0)v \quad (5.29)$$

式 (5.28) の第 3 式と式 (5.29) を比較すると，流れに伴う比物理エクセルギーは体積内の比物理エクセルギーと比較して $(p - p_0)v$ だけ大きい．この差は，流れ仕事に関連したエクセルギーを表している．したがって，流れに伴う比物理エクセルギーは，$p > p_0$ の場合には体積内の比物理エクセルギーより必ず大きくなり，$p < p_0$ の場合には体積内の比物理エクセルギーより必ず小さくなる．また，$p = p_0$ の場合には両者は等しくなる．

以下では，液体，理想気体，および実在気体について，体積内および流れに伴う物理エクセルギーが圧力および温度にいかに依存するかについて具体的に考える．また，比体積および定容比熱が一定の液体，ならびに定圧比熱および定容比熱が一定の狭義の理想気体について，物理エクセルギーの圧力および温度依存性を解析的に検討する．最後に，燃焼ガスのように水を多く含む混合気体を対象に物理エクセルギーの基準値を評価する際に注意すべき点について述べる．

【例題 5.7】 式 (5.29) を導出せよ．

〔解答〕 比エンタルピーと比内部エネルギーの関係より，次式が成立する．

$$u = h - pv, \quad u_0 = h_0 - p_0 v_0$$

これらを式 (5.27) の第 3 式に代入すると，体積内の比物理エクセルギーは

$$\begin{aligned} e^{\mathrm{PH}} &= (u - u_0) + p_0(v - v_0) - T_0(s - s_0) \\ &= \{(h - pv) - (h_0 - p_0 v_0)\} + p_0(v - v_0) - T_0(s - s_0) \\ &= (h - h_0) - T_0(s - s_0) - (p - p_0)v \end{aligned}$$

5.4.1 液体

液体については，それぞれ 3.3.1 項，3.5.1 項，3.6.1 項，および 5.3.1 項において，REFPROP によって比体積 v [m³/kg]，比内部エネルギー u，比エンタルピー h，および比エントロピー s [J/(kg·K)] を評価したが，その結果を用いて比物理エクセルギー e^{PH} も評価することができる．一例として，物質として水を対象とし，その液体の比物理エクセルギーを評価する．REFPROP を適用した D.2 節の数値計算プログラム D-4 によって，常圧から臨界圧力までのいくつかの圧力 p において，常温から飽和状態までの範囲の温度 T における体積内および流れに伴う比物理エクセルギー e^{PH} を評価し，その結果をそれぞれ図 5.5(a) および (b) に示す．各 p に対応する曲線の右端は飽和温度によって異なるが，曲線はより高い p に対応する曲線にほとんど重なっている．よって，v，u，h，および s の p による依存性が小さいことを反映して，e^{PH} の p による依存性も小さいことがわかる．また，T の上昇に伴って u および h は T に関する勾配が増大し，逆に s は T に関する勾配が減少するため，e^{PH} は T に関する勾配がより大きく増大している．

それぞれ図 3.6(a) および図 3.10(a) に示す比内部エネルギー u および比エンタルピー h と比較すると，比物理エクセルギー e^{PH} の値は，温度差が大きい場合であっても約 1/3 程度であり，低温で温度差が小さい場合には，非常に小さくなることがわかる．

このような基本的な性質をより明らかにするために，比体積 v および定容比熱 c_v [J/(kg·K)] がともに一定値を取る場合に，比物理エクセルギー e^{PH} を解析的に圧力 p および温度 T の関数として表す．

まず，体積内の物理エクセルギーについて考える．式 (5.27) の第 3 式の体積内の比物理エクセルギー e^{PH} は次式のように表される．

$$e^{\mathrm{PH}} = c_v T_0 \left(\frac{T}{T_0} - 1 - \ln \frac{T}{T_0} \right) \tag{5.30}$$

図 5.6(a) は，圧力 p および温度 T をそれぞれ基準圧力 p_0 および基準温度 T_0 で除した無次元圧

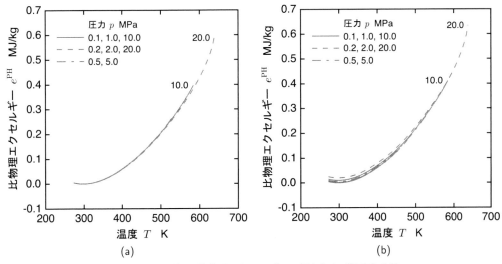

図 5.5 水（液体）の比物理エクセルギーの圧力および温度依存性：
(a) 体積内のエクセルギー，(b) 流れに伴うエクセルギー

力 p/p_0 および無次元温度 T/T_0 に対して，無次元化した比物理エクセルギー $e^{\mathrm{PH}}/(c_v T_0)$ の曲面の等高線を示したものである．式 (5.30) によれば，e^{PH} は p には依存せず，T のみの関数として表されていることがわかる．また，e^{PH} はすべての T に対して非負であり，T が T_0 に等しい場合に限って零となることもわかる．

次に，流れに伴う物理エクセルギーについて考える．式 (5.28) の第 3 式の流れに伴う比物理エクセルギー e^{PH} は次式のようになる．

$$e^{\mathrm{PH}} = c_v T_0 \left\{ \frac{T}{T_0} - 1 - \ln\frac{T}{T_0} + \frac{p_0 v}{c_v T_0}\left(\frac{p}{p_0} - 1\right) \right\} \tag{5.31}$$

図 5.6(b) は，同様に無次元圧力 p/p_0 および無次元温度 T/T_0 に対して，無次元化した比物理エクセルギー $e^{\mathrm{PH}}/(c_v T_0)$ の曲面の等高線を示したものである．ここで，式 (5.31) には，4 つのパラメータが含まれているため，基準圧力 $p_0 = 100.0$ kPa，基準温度 $T_0 = 298.15$ K とし，液体として水を想定して比体積 $v = 1.003 \times 10^{-3}$ m^3/kg，定容比熱 $c_v = 4.181$ kJ/(kg·K) としている．式 (5.31) によれば，e^{PH} は圧力 p および温度 T の関数として表されていることがわかる．また，p および T に関する関数は相互に独立していることもわかる．この e^{PH} はすべての p および T に対して非負であるとは限らない．体積内および流れに伴う e^{PH} の大小関係，ならびに体積内の e^{PH} が非負であることによって，$p \geq p_0$ の場合には，流れに伴う e^{PH} は必ず非負であり，p および T がそれぞれの基準値に等しい場合に限って零となる．また，$p < p_0$ の場合には，流れに伴う e^{PH} は負となる可能性がある．ただし，上記のパラメータの値によれば，$p_0 v/(c_v T_0) = 80.46 \times 10^{-6}$ と小さく，p がかなり高くならない限り p の影響は小さい．そのため，p が低い場合には，図 5.6(b) は図 5.6(a) にほぼ一致しており，e^{PH} はほとんどの範囲で正になっている．また，上記のように $p < p_0$ において，T_0 に近い T のみで e^{PH} が負となっている．

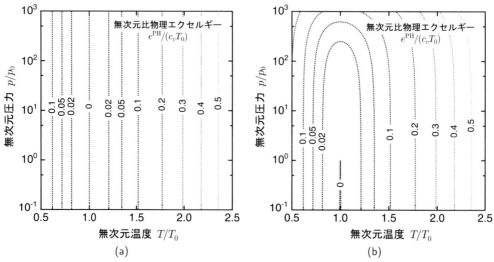

図 5.6 液体の比物理エクセルギーの圧力および温度依存性：
(a) 体積内のエクセルギー，(b) 流れに伴うエクセルギー

【例題 5.8】 式 (5.30) および式 (5.31) を導出せよ．

〔解答〕 比内部エネルギー u，比体積 v，および比エントロピー s は，それぞれ式 (3.50)，式 (3.13)，および式 (5.11) によって表されるため，それぞれ次式が成立する．

$$u - u_0 = c_v(T - T_0), \quad v - v_0 = 0, \quad s - s_0 = c_v \ln \frac{T}{T_0}$$

これらを式 (5.27) の第 3 式に代入すると，体積内の比物理エクセルギーは

$$e^{\mathrm{PH}} = (u - u_0) + p_0(v - v_0) - T_0(s - s_0)$$
$$= c_v(T - T_0) - c_v T_0 \ln \frac{T}{T_0} = c_v T_0 \left(\frac{T}{T_0} - 1 - \ln \frac{T}{T_0} \right)$$

一方，この結果および式 (5.29) より，流れに伴う比物理エクセルギーは

$$e^{\mathrm{PH}} = (u - u_0) + p_0(v - v_0) - T_0(s - s_0) + (p - p_0)v$$
$$= c_v T_0 \left(\frac{T}{T_0} - 1 - \ln \frac{T}{T_0} \right) + (p - p_0)v = c_v T_0 \left\{ \frac{T}{T_0} - 1 - \ln \frac{T}{T_0} + \frac{p_0 v}{c_v T_0} \left(\frac{p}{p_0} - 1 \right) \right\}$$

【例題 5.9】 温度 95 および 25 °C における水の比物理エクセルギーの差を求めよ．ただし，圧力が 0.1, 1.0, および 10.0 MPa の各場合について求めよ．また，それぞれ例題 3.11 および例題 3.16 において得られた温度 95 および 25 °C における水の比内部エネルギーの差および比エンタルピーの差と比較せよ．

〔解答〕 例題 3.11，例題 3.3，および例題 5.1 の結果より，温度 95 および 25 °C における水の比内部エネルギー，比体積，および比エントロピーはそれぞれ

$$u_1 = 293.08 \text{ kJ/kg}, \quad u_2 = -0.10 \text{ kJ/kg}$$
$$v_1 = 1.040 \times 10^{-3} \text{ m}^3/\text{kg}, \quad v_2 = 1.003 \times 10^{-3} \text{ m}^3/\text{kg}$$
$$s_1 = 0.8832 \text{ kJ/(kg·K)}, \quad s_2 = 0.0 \text{ kJ/(kg·K)}$$

これらは，圧力に依存しない値として得られている．よって，温度 95 および 25 °C における体積内の水の比物理エクセルギーの差は

$$\Delta e^{\mathrm{PH}} = (u_1 - u_2) + p_0(v_1 - v_2) - T_0(s_1 - s_2)$$
$$= \{293.18 - (-0.10)\} + 0.1 \times 10^3 \times (1.040 - 1.003) \times 10^{-3}$$
$$- 298.15 \times (0.8832 - 0.0) = 29.96 \text{ kJ/kg}$$

一方，例題 3.16 の結果より，温度 95 および 25 °C における水の比エンタルピーは，圧力が 0.1, 1.0, および 10.0 MPa の場合についてそれぞれ

$$h_1 = 293.18 \text{ kJ/kg}, \quad h_2 = 0.0 \text{ kJ/kg}$$
$$h_1 = 294.12 \text{ kJ/kg}, \quad h_2 = 0.90 \text{ kJ/kg}$$
$$h_1 = 303.48 \text{ kJ/kg}, \quad h_2 = 9.93 \text{ kJ/kg}$$

よって，温度 95 および 25 °C における流れに伴う水の比物理エクセルギーの差は，圧力が 0.1, 1.0, および 10.0 MPa の場合についてそれぞれ

$$\Delta e^{\mathrm{PH}} = (h_1 - h_2) - T_0(s_1 - s_2) = (293.18 - 0.0) - 298.15 \times (0.8832 - 0.0) = 29.85 \text{ kJ/kg}$$
$$\Delta e^{\mathrm{PH}} = (294.12 - 0.90) - 298.15 \times (0.8832 - 0.0) = 29.89 \text{ kJ/kg}$$
$$\Delta e^{\mathrm{PH}} = (303.48 - 9.93) - 298.15 \times (0.8832 - 0.0) = 30.22 \text{ kJ/kg}$$

体積内の比物理エクセルギーの差は圧力に依存しないことがわかる．また，流れに伴う比物理エクセルギーの差は圧力に依存するが，圧力の影響が小さく，体積内の比物理エクセルギーの差に近いことがわかる．流れに伴う比物理エクセルギーの差は，図 5.5(b) における曲線上に温度 95 および 25 °C の 2 点を取り，それらを結ぶ割線の勾配に対応してわずかに変化している．その結果，流れに伴う比物理エクセルギーの差は，体積内の比物理エクセルギーの差よりわずかに小さくなったり，わずかに大きくなったりしている．

体積内の比物理エクセルギーの差は比内部エネルギーの差の 0.102 倍，また流れに伴う比物理エクセルギーの差は比エンタルピーの差と比較して 0.102〜0.103 倍と非常に小さいことがわかる．

なお，ここでは例題 3.3，例題 3.11，例題 3.16，および例題 5.1 の結果を利用したが，REFPROP を適用した D.2 節の数値計算プログラム D-2 によっても同様の結果が得られる．

5.4.2 理想気体

理想気体については，それぞれ 3.3.2 項，3.5.2 項，3.6.2 項，および 5.3.2 項において，REFPROP によって比体積 v，比内部エネルギー u，比エンタルピー h，および比エントロピー s を評価したが，その結果を用いて比物理エクセルギー e^{PH} も評価することができる．一例として，物質として水を対象とし，その理想気体の比物理エクセルギーを評価する．REFPROP を適用した D.2 節の数値計算プログラム D-3 によって，常圧から臨界圧力を超えるまでのいくつかの圧力 p において，常温から臨界温度を超えるまでの温度 T の範囲における体積内および流れに伴う比物理エクセルギー e^{PH} を評価し，その結果をそれぞれ図 5.7(a) および (b) に示す．u および h は p による依存性がないが，v および s が p に依存するため，e^{PH} は T だけではなく p にも依存する．p の変化に伴う v および s の T に関する変化は類似しているため，e^{PH} の T に関する変化も概ね類似しているが，体積内の e^{PH} において一部異なっており，p が低い場合に e^{PH} の T に関する勾配が増大している．これについては，後述する解析的な検討を通して説明する．

それぞれ図 3.7(a) および図 3.11(a) に示す比内部エネルギーおよび比エンタルピーと比較する

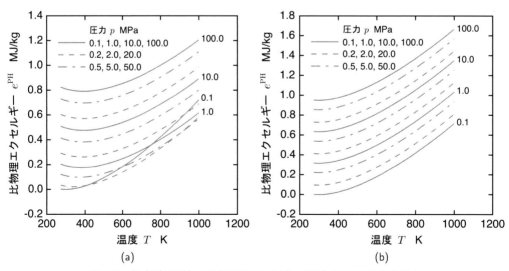

図 5.7 水（理想気体）の比物理エクセルギーの圧力および温度依存性：
(a) 体積内のエクセルギー，(b) 流れに伴うエクセルギー

と，比物理エクセルギー e^{PH} の値は，温度差が大きい場合であっても約 $1/3 \sim 1/2$ 程度であり，低温で温度差が小さい場合には，小さくなることがわかる．

上述のような基本的な性質をより明らかにするために，定圧比熱 c_p [J/(kg·K)] および定容比熱 c_v がともに一定値を取る狭義の理想気体の場合に，比物理エクセルギー e^{PH} を解析的に圧力 p および温度 T の関数として表す．

まず，体積内の物理エクセルギーについて考える．式 (5.27) の第 3 式の体積内の比物理エクセルギー e^{PH} は次式のように表される．

$$e^{\mathrm{PH}} = c_p T_0 \left[\frac{T}{T_0} - 1 - \ln\frac{T}{T_0} + \frac{k-1}{k}\left\{\ln\frac{p}{p_0} + \frac{T}{T_0}\left(\frac{p_0}{p} - 1\right)\right\} \right] \tag{5.32}$$

ここで，$k = c_p/c_v$ [-] は比熱比であり，式 (3.67) による $R = c_p - c_v = c_p(k-1)/k$ の関係を用いている．図 5.8(a) は，無次元圧力 p/p_0 および無次元温度 T/T_0 に対して，無次元化した比物理エクセルギー $e^{\mathrm{PH}}/(c_p T_0)$ の曲面の等高線を示したものである．ここで，式 (5.32) には，パラメータとして k が含まれているため，気体として空気を想定して標準的な値として $k = 1.402$ としている．式 (5.32) によれば，e^{PH} は圧力 p および温度 T の関数として表されており，液体の場合とは異なり，T だけではなく p にも大きく依存する．また，p と T の両者から成る項が含まれており，p および T の複雑な関数となっている．しかしながら，e^{PH} はすべての p および T において非負であり，p および T がそれぞれの基準値 p_0 および T_0 に等しい場合に限って零となる．また，図 5.7(a) において p が低い場合に e^{PH} の T に関する勾配が増大していたが，図 5.8(a) の等高線が密になっていることから理解できるであろう．

次に，流れに伴う物理エクセルギーについて考える．式 (5.28) の第 3 式の流れに伴う比物理エクセルギー e^{PH} は次式のように表される．

$$e^{\mathrm{PH}} = c_p T_0 \left(\frac{T}{T_0} - 1 - \ln\frac{T}{T_0} + \frac{k-1}{k}\ln\frac{p}{p_0} \right) \tag{5.33}$$

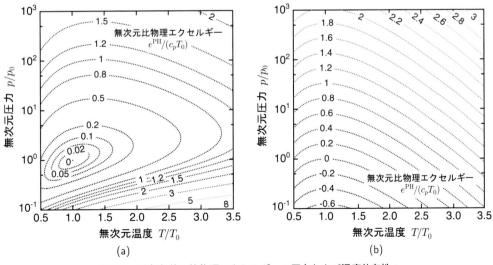

図 5.8 理想気体の比物理エクセルギーの圧力および温度依存性：
(a) 体積内のエクセルギー，(b) 流れに伴うエクセルギー

図 5.8(b) は，無次元圧力 p/p_0 および無次元温度 T/T_0 に対して，無次元化した比物理エクセルギー $e^{\mathrm{PH}}/(c_p T_0)$ の曲面の等高線を示したものである．ここでも，$k = 1.402$ としている．式 (5.33) によれば，e^{PH} は圧力 p および温度 T の関数として表されており，液体とは異なり，T だけではなく p にも大きく依存するが，p および T に関する関数は相互に独立している．そのため，p が変化しても，e^{PH} は T に関して同様に変化していることがわかる．また，p が高い場合には，e^{PH} の T に関する変化が図 5.8(a) および (b) で類似しているため，図 5.7(a) および (b) でも類似していることが理解できるであろう．液体の場合と同様に，この e^{PH} はすべての p および T に対して非負であるとは限らない．$p \geq p_0$ の場合には，流れに伴う e^{PH} は必ず非負であり，p および T がそれぞれの基準値に等しい場合に限って零となる．また，$p < p_0$ の場合には，流れに伴う e^{PH} は負となる可能性がある．液体の場合とは異なり，e^{PH} に対する p の影響が大きく，p の低下に伴って e^{PH} が負となる T の範囲が広がることがわかる．

【例題 5.10】 式 (5.32) および式 (5.33) を導出せよ．

〔解答〕 比内部エネルギー u，比体積 v，および比エントロピー s は，それぞれ式 (3.50)，式 (3.16)，および式 (5.13) によって表されるため，それぞれ次式が成立する．

$$u - u_0 = c_v(T - T_0), \quad v - v_0 = R\left(\frac{T}{p} - \frac{T_0}{p_0}\right), \quad s - s_0 = c_p \ln\frac{T}{T_0} - R\ln\frac{p}{p_0}$$

これらを式 (5.27) の第 3 式に代入し，$c_p = c_v + R$ および $R = c_p(k-1)/k$ を適用すると，体積内の比物理エクセルギーは

$$\begin{aligned}
e^{\mathrm{PH}} &= (u - u_0) + p_0(v - v_0) - T_0(s - s_0) \\
&= c_v(T - T_0) + p_0 R\left(\frac{T}{p} - \frac{T_0}{p_0}\right) - T_0\left(c_p \ln\frac{T}{T_0} - R\ln\frac{p}{p_0}\right) \\
&= c_p T_0 \left[\frac{T}{T_0} - 1 - \ln\frac{T}{T_0} + \frac{k-1}{k}\left\{\ln\frac{p}{p_0} + \frac{T}{T_0}\left(\frac{p_0}{p} - 1\right)\right\}\right]
\end{aligned}$$

一方，この結果および式 (5.29) より，$v = RT/p$ および $R = c_p(k-1)/k$ を適用すると，流れに伴う比物理エクセルギーは

$$\begin{aligned}
e^{\mathrm{PH}} &= (u - u_0) + p_0(v - v_0) - T_0(s - s_0) + (p - p_0)v \\
&= c_p T_0 \left[\frac{T}{T_0} - 1 - \ln\frac{T}{T_0} + \frac{k-1}{k}\left\{\ln\frac{p}{p_0} + \frac{T}{T_0}\left(\frac{p_0}{p} - 1\right)\right\}\right] + (p - p_0)\frac{c_p(k-1)}{k}\frac{T}{p} \\
&= c_p T_0 \left(\frac{T}{T_0} - 1 - \ln\frac{T}{T_0} + \frac{k-1}{k}\ln\frac{p}{p_0}\right)
\end{aligned}$$

【例題 5.11】 水蒸気を理想気体と仮定し，温度 500 および 400 °C における水蒸気の比物理エクセルギーの差を求めよ．ただし，圧力が 0.1，1.0，および 10.0 MPa の各場合について求めよ．また，それぞれ例題 3.12 および例題 3.17 において得られた温度 500 および 400 °C における水蒸気の比内部エネルギーの差および比エンタルピーの差と比較せよ．

〔解答〕 例題 3.12 の結果より，温度 500 および 400 °C における理想気体としての水蒸気の比内部エネルギーはそれぞれ

$$u_1 = 3028.1 \text{ kJ/kg}, \ u_2 = 2864.5 \text{ kJ/kg}$$

また，それぞれ例題 3.4 および例題 5.2 の結果より，温度 500 および 400 °C における理想気体としての水蒸気の比体積および比エントロピーは，圧力が 0.1, 1.0, および 10.0 MPa の場合についてそれぞれ

$$v_1 = 3.568 \text{ m}^3/\text{kg}, \ v_2 = 3.107 \text{ m}^3/\text{kg}$$
$$v_1 = 0.3568 \text{ m}^3/\text{kg}, \ v_2 = 0.3107 \text{ m}^3/\text{kg}$$
$$v_1 = 0.03568 \text{ m}^3/\text{kg}, \ v_2 = 0.03107 \text{ m}^3/\text{kg}$$

$$s_1 = 8.470 \text{ kJ/(kg·K)}, \ s_2 = 8.180 \text{ kJ/(kg·K)}$$
$$s_1 = 7.407 \text{ kJ/(kg·K)}, \ s_2 = 7.117 \text{ kJ/(kg·K)}$$
$$s_1 = 6.345 \text{ kJ/(kg·K)}, \ s_2 = 6.055 \text{ kJ/(kg·K)}$$

よって，温度 500 および 400 °C における体積内の水蒸気の比物理エクセルギーの差は，圧力が 0.1, 1.0, および 10.0 MPa の場合についてそれぞれ

$$\begin{aligned}
\Delta e^{\text{PH}} &= (u_1 - u_2) + p_0(v_1 - v_2) - T_0(s_1 - s_2) \\
&= (3028.1 - 2864.5) + 0.1 \times 10^3 \times (3.568 - 3.107) - 298.15 \times (8.470 - 8.180) \\
&= 123.24 \text{ kJ/kg} \\
\Delta e^{\text{PH}} &= (3028.1 - 2864.5) + 0.1 \times 10^3 \times (0.3568 - 0.3107) - 298.15 \times (7.407 - 7.117) \\
&= 81.75 \text{ kJ/kg} \\
\Delta e^{\text{PH}} &= (3028.1 - 2864.5) + 0.1 \times 10^3 \times (0.03568 - 0.03107) - 298.15 \times (6.345 - 6.055) \\
&= 77.60 \text{ kJ/kg}
\end{aligned}$$

一方，例題 3.17 の結果より，温度 500 および 400 °C における理想気体としての水蒸気の比エンタルピーはそれぞれ

$$h_1 = 3384.9 \text{ kJ/kg}, \ h_2 = 3175.2 \text{ kJ/kg}$$

よって，温度 500 および 400 °C における流れに伴う水蒸気の比物理エクセルギーの差は，圧力が 0.1, 1.0, および 10.0 MPa の場合についてそれぞれ

$$\begin{aligned}
\Delta e^{\text{PH}} &= (h_1 - h_2) - T_0(s_1 - s_2) \\
&= (3384.9 - 3175.2) - 298.15 \times (8.470 - 8.180) = 123.24 \text{ kJ/kg} \\
\Delta e^{\text{PH}} &= (3384.9 - 3175.2) - 298.15 \times (7.407 - 7.117) = 123.24 \text{ kJ/kg} \\
\Delta e^{\text{PH}} &= (3384.9 - 3175.2) - 298.15 \times (6.345 - 6.055) = 123.24 \text{ kJ/kg}
\end{aligned}$$

比エントロピーの差は圧力に依存しないため，流れに伴う比物理エクセルギーの差は圧力に依存しないが，比体積の差は圧力に依存するため，体積内の比物理エクセルギーの差は圧力に依存することがわかる．比物理エクセルギーの差は，図 5.7 における曲線上に温度 500 および 400 °C の 2 点を取り，それらを結ぶ割線の勾配に対応して変化している．その結果，流れに伴う比物理エクセルギーの差は体積内の値と比較して基本的に大きくなるが，圧力が 0.1 MPa の場合に両者は一致している．

体積内の比物理エクセルギーの差は比内部エネルギーの差の 0.753〜0.474 倍，また流れに伴う比物理エクセルギーの差は比エンタルピーの差の 0.588 倍と小さいことがわかる．

なお，ここでは例題 3.4，例題 3.12，例題 3.17，および例題 5.2 の結果を利用したが，REFPROP を適用した D.2 節の数値計算プログラム D-1 によっても同様の結果が得られる．

5.4.3 実在気体

実在気体については，それぞれ 3.3.3 項，3.5.3 項，3.6.3 項，および 5.3.3 項において，

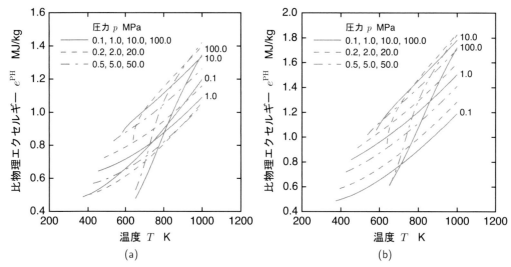

図 5.9 水（実在気体）の比物理エクセルギーの圧力および温度依存性：
(a) 体積内のエクセルギー，(b) 流れに伴うエクセルギー

REFPROP によって比体積 v，比内部エネルギー u，比エンタルピー h，および比エントロピー s を評価したが，その結果を用いて比物理エクセルギー e^{PH} も評価することができる．一例として，物質として水を対象とし，その実在気体の比物理エクセルギーを評価する．REFPROP を適用した D.2 節の数値計算プログラム D-4 によって，常圧から臨界圧力を超えるまでのいくつかの圧力 p において，飽和温度あるいは臨界温度から臨界温度を超えるまでの温度 T の範囲における体積内および流れに伴う比物理エクセルギー e^{PH} を評価し，その結果をそれぞれ図 5.9(a) および (b) に示す．v および s だけではなく u および h も p に依存するため，e^{PH} は T だけではなく p によって大きく変化する．特に，p が高くなると，u および h が減少するが，T が低い場合にそれが顕著になる．この u および h の変化が e^{PH} の変化に影響を及ぼしていると考えられる．また，p が低い場合に体積内の e^{PH} の T に関する勾配が増大しているが，これは理想気体で現れた変化の理由と同様の理由によるものと考えられる．

【例題 5.12】 水蒸気を実在気体と仮定し，温度 500 および 400 °C における水蒸気の比物理エクセルギーの差を求めよ．ただし，圧力が 0.1，1.0，および 10.0 MPa の各場合について求めよ．また，それぞれ例題 3.13 および例題 3.18 において得られた温度 500 および 400 °C における水蒸気の比内部エネルギーの差および比エンタルピーの差と比較せよ．

〔解答〕 例題 3.13，例題 3.6，および例題 5.3 の結果より，温度 500 および 400 °C における実在気体としての水蒸気の比内部エネルギー，比体積，および比エントロピーは，圧力が 0.1，1.0，および 10.0 MPa の場合についてそれぞれ

$$u_1 = 3027.3 \text{ kJ/kg}, \quad u_2 = 2863.4 \text{ kJ/kg}$$
$$u_1 = 3020.1 \text{ kJ/kg}, \quad u_2 = 2852.9 \text{ kJ/kg}$$
$$u_1 = 2942.1 \text{ kJ/kg}, \quad u_2 = 2728.2 \text{ kJ/kg}$$

$$v_1 = 3.566 \text{ m}^3/\text{kg}, \ v_2 = 3.103 \text{ m}^3/\text{kg}$$
$$v_1 = 0.3541 \text{ m}^3/\text{kg}, \ v_2 = 0.3066 \text{ m}^3/\text{kg}$$
$$v_1 = 0.03281 \text{ m}^3/\text{kg}, \ v_2 = 0.02644 \text{ m}^3/\text{kg}$$

$$s_1 = 8.469 \text{ kJ}/(\text{kg}\cdot\text{K}), \ s_2 = 8.178 \text{ kJ}/(\text{kg}\cdot\text{K})$$
$$s_1 = 7.397 \text{ kJ}/(\text{kg}\cdot\text{K}), \ s_2 = 7.100 \text{ kJ}/(\text{kg}\cdot\text{K})$$
$$s_1 = 6.232 \text{ kJ}/(\text{kg}\cdot\text{K}), \ s_2 = 5.847 \text{ kJ}/(\text{kg}\cdot\text{K})$$

よって，温度 500 および 400 °C における体積内の水蒸気の比物理エクセルギーの差は，圧力が 0.1, 1.0, および 10.0 MPa の場合についてそれぞれ

$$\Delta e^{\text{PH}} = (u_1 - u_2) + p_0(v_1 - v_2) - T_0(s_1 - s_2)$$
$$= (3027.3 - 2863.4) + 0.1 \times 10^3 \times (3.566 - 3.103) - 298.15 \times (8.469 - 8.178)$$
$$= 123.44 \text{ kJ/kg}$$
$$\Delta e^{\text{PH}} = (3020.1 - 2852.9) + 0.1 \times 10^3 \times (0.3541 - 0.3066) - 298.15 \times (7.397 - 7.100)$$
$$= 83.40 \text{ kJ/kg}$$
$$\Delta e^{\text{PH}} = (2942.1 - 2728.2) + 0.1 \times 10^3 \times (0.03281 - 0.02644) - 298.15 \times (6.232 - 5.847)$$
$$= 99.75 \text{ kJ/kg}$$

一方，例題 3.18 の結果より，温度 500 および 400 °C における実在気体としての水蒸気の比エンタルピーは，圧力が 0.1, 1.0, および 10.0 MPa の場合についてそれぞれ

$$h_1 = 3383.9 \text{ kJ/kg}, \ h_2 = 3173.7 \text{ kJ/kg}$$
$$h_1 = 3374.2 \text{ kJ/kg}, \ h_2 = 3159.5 \text{ kJ/kg}$$
$$h_1 = 3270.2 \text{ kJ/kg}, \ h_2 = 2992.6 \text{ kJ/kg}$$

よって，温度 500 および 400 °C における流れに伴う水蒸気の比物理エクセルギーの差は，圧力が 0.1, 1.0, および 10.0 MPa の場合についてそれぞれ

$$\Delta e^{\text{PH}} = (h_1 - h_2) - T_0(s_1 - s_2)$$
$$= (3383.9 - 3173.7) - 298.15 \times (8.469 - 8.178) = 123.44 \text{ kJ/kg}$$
$$\Delta e^{\text{PH}} = (3374.2 - 3159.5) - 298.15 \times (7.397 - 7.100) = 126.15 \text{ kJ/kg}$$
$$\Delta e^{\text{PH}} = (3270.2 - 2992.6) - 298.15 \times (6.232 - 5.847) = 162.81 \text{ kJ/kg}$$

比物理エクセルギーの差は，図 5.9 における曲線上に温度 500 および 400 °C の 2 点を取り，それらを結ぶ割線の勾配に対応して複雑に変化している．体積内および流れに伴う比物理エクセルギーの差は基本的には圧力の上昇に伴って増大する傾向があるが，体積内の物理エクセルギーの差は理想気体と同様に圧力が 0.1 MPa の場合に大きくなっている．また，流れに伴う比物理エクセルギーの差は体積内の値と比較して基本的に大きくなるが，圧力が 0.1 MPa の場合に両者は一致している．

体積内の比物理エクセルギーの差は比内部エネルギーの差の 0.753〜0.466 倍，また流れに伴う比物理エクセルギーの差は比エンタルピーの差と比較してほぼ一定値の 0.587 倍と小さいことがわかる．

なお，ここでは例題 3.6, 例題 3.13, 例題 3.18, および例題 5.3 の結果を利用したが，REFPROP を適用した D.2 節の数値計算プログラム D-2 によっても同様の結果が得られる．

5.4.4 混合気体

　混合気体においても，理想混合気体および実在混合気体にかかわらず，状態量の評価が行えれば，定義に従って物理エクセルギーを評価することができる．しかしながら，燃焼ガスのように，混合気体に水が多く含まれる場合に，特に基準状態における物理エクセルギーの基準値を評価する際に，以下に述べる点に注意を要する．

　水の飽和蒸気圧は温度に依存し，基準状態の温度では高くない．その結果，混合気体に水が多く含まれる場合に，飽和蒸気圧以上に水の圧力が高まらず，水の一部は凝縮し，液体の水に変わる．そのため，混合気体の各成分の分圧も変わり，混合気体としての物理エクセルギーが変化する．また，それに液体に変わる水の物理エクセルギーを加算する必要がある．以下では，理想混合気体における基準状態の状態量の評価について具体的に述べる．

　水の飽和蒸気圧 p_fg [Pa] を温度 T の関数として $p_\mathrm{fg}(T)$ によって表す．このとき，燃焼ガスの N [-] 個の成分における水の指標を l とし，水のモル分率を y_l [-] とすると，気体の状態を保つ水および液体に変わる水のモル分率，それぞれ y_l'' および y_l' [-] は次式のように表される．

$$\left.\begin{array}{l} y_l'' = p_\mathrm{fg}(T_0)/p_0 \\ y_l' = y_l - y_l'' \end{array}\right\} \tag{5.34}$$

その結果，液体に変わる水を除外すると，燃焼ガスの各成分のモル分率は，y_i から次式に示すように変化する．

$$y_i'' = \frac{1 - y_l''}{\sum_{j=1, j \neq l}^{N} y_j} y_i \quad (i = 1, 2, \cdots, N; i \neq l) \tag{5.35}$$

これに対応して，燃焼ガスにおける各成分の分圧は $y_i p_0$ [Pa] から $y_i'' p_0$ [Pa] に変化する．したがって，混合気体の状態量はこの変化後の分圧を適用して評価する必要がある．また，全体の状態量は混合気体および液体の水の値を考慮して評価する必要がある．

　理想混合気体および実在混合気体にかかわらず，状態量の評価に REFPROP を利用する場合にも注意を要する．燃焼ガスを実在混合気体として扱う場合に，複数成分の相平衡状態における評価が可能になるようなサブルーチン副プログラムを利用すれば，その中で飽和蒸気圧による水の凝縮が考慮される．しかしながら，燃焼ガスを理想混合気体として扱う場合，あるいは実在混合気体として扱う場合であっても，複数成分の相平衡状態の評価が可能になるようなサブルーチン副プログラムを利用しなければ，飽和蒸気圧による水の凝縮が考慮されない．そのため，上述の手順を組み込んで，状態量を評価する必要がある．

【例題 5.13】　メタンの燃焼における生成物質としての燃焼ガスの物理エクセルギーを求めよ．ただし，燃焼ガスの成分として窒素，酸素，アルゴン，二酸化炭素，および水を考慮し，モル分率をそれぞれ 0.7170，0.0641，0.0084，0.0645，および 0.1460 とする．また，燃焼ガスの圧力を 100 kPa，温度を 1760.3 K とする．

〔解答〕　REFPROP を適用した D.2 節の数値計算プログラム D-2 によって，燃焼ガスを実在混合気体として扱い，複数成分の相平衡状態の評価が可能になるようなサブルーチン副プログラムを利用する場合（ケース A），REFPROP を適用した D.2 節の数値計算プログラム D-1 によって，燃焼ガス

を理想混合気体として扱う場合（ケースB），およびケースBにおいて本項で述べた手順を組み込む場合（ケースC）の3つのケースについて燃焼ガスの物理エクセルギーを評価し，比較する．これらのケースの相違を示すために，比物理エクセルギーを次式のように与条件の状態と基準状態の2つの項に分け，各項およびそれらの差の比物理エクセルギーを評価する．

$$e^{\mathrm{PH}} = (h - h_0) - T_0(s - s_0) = (h - T_0 s) - (h_0 - T_0 s_0)$$

ケースCにおいては，数値計算プログラムD-2によって，基準温度 $T_0 = 298.15\,\mathrm{K}$ における水の飽和蒸気圧は $p_{\mathrm{fg}} = 3.170\,\mathrm{kPa}$ と算出され，式 (5.34) より，気体の状態を保つ水および液体に変わる水のモル分率はそれぞれ

$$y_5'' = p_{\mathrm{fg}}/p_0 = 3.170/100.0 = 0.0317$$
$$y_5' = y_5 - y_5'' = 0.1460 - 0.0317 = 0.1143$$

よって，分圧を評価するための混合気体の窒素のモル分率は

$$y_1'' = \frac{1 - y_5''}{\sum_{j=1}^{4} y_j} y_1 = \frac{1 - 0.0317}{0.7170 + 0.0641 + 0.0084 + 0.0645} \times 0.7170 = 0.8130$$

酸素，アルゴン，二酸化炭素のモル分率も，同様にして

$$y_2'' = 0.0727, \quad y_3'' = 0.0095, \quad y_4'' = 0.0731$$

なお，混合気体の状態量の評価には数値計算プログラムD-1を使用するが，液体としての水の状態量の評価には数値計算プログラムD-2を使用する．

3つのケースにおける比物理エクセルギーの各項の値およびそれらの差を下表に示す．圧力が基準状態の値であるため，実在混合気体の状態量は理想混合気体の値に近く，第1項におけるケースAおよびケースBあるいはCの差はわずかである．しかしながら，第2項におけるケースAおよびケースBの差は，水の凝縮の考慮の有無によって有意な値となっている．しかしながら，ケースCにおいては本項で述べた手順を組み込んでおり，第2項におけるケースAおよびCの差はわずかとなっている．また，ケースBでは水をすべて気体としているが，ケースCでは水の一部を液体としているため，第2項については前者の方が過大に評価され，物理エクセルギーについては前者の方が過小に評価されている．物理エクセルギーは機器要素および機器／システムのエクセルギー破壊量およびエクセルギー効率に影響を及ぼすので，評価には注意を要する．

単位：kJ/kg

ケース	第1項	第2項	差
A	1164.09	−46.52	1210.61
B	1163.99	−36.19	1200.18
C	1163.99	−46.59	1210.58

5.5 ギブスエネルギー

次に，化学エクセルギーについて考えるために，状態量の1つとして比ギブスエネルギーを評価する必要がある．ギブスエネルギー G [J]，ギブスエネルギー流量 $\dot{G}$ [W]，比ギブスエネルギー g [J/kg]，およびモルギブスエネルギー $\bar{g}$ [J/mol] の間にも，1.10節で述べたように，式

(1.2)，式 (1.3)，および式 (1.5) と同様の関係があり，ここでは主として比ギブスエネルギー g について考える．1.10 節および 2.2 節で述べたように，比ギブスエネルギーも，その定義によって，一般的には 2 つの独立な示強性状態量である圧力および温度の関数となるが，この関数も物質やその相によって異なる．C.1.5 項，C.2.5 項，および C.3.4 項には，それぞれ液体，理想気体，および実在気体について，比ギブスエネルギーをその定義に従って導出しているので，必要に応じて参照されたい．本節では，液体，理想気体，および実在気体における比ギブスエネルギーについて，より具体的に考える．また，理想混合気体および実在混合気体についても考える．

なお，ギブスエネルギーを化学エクセルギーに適用する際には，基準圧力および基準温度のみにおける評価を行えばよいが，ここでは比体積，内部エネルギー，エンタルピー，およびエントロピーと同様に，任意の圧力および温度における評価を行えるようにする．

5.5.1　液体

3.3.1 項で述べたように，式 (3.11) によって液体の比体積 v [m^3/kg] が温度 T [K] のみの関数として表されるとすると，それぞれ 3.6.1 項および 5.3.1 項で得られた比エンタルピー h [J/kg] および比エントロピー s [J/(kg·K)] より，比ギブスエネルギー g は次式のように圧力 p [Pa] および T の関数として表される．

$$g = u(T) + pv(T) - Ts(T) \tag{5.36}$$

ここで，u [J/kg] は比内部エネルギーである．一例として各 T に対する p として飽和状態の値を採用し，次式のように v，u，および s をそれぞれ液体の飽和状態の比体積 v_f [m^3/kg]，比内部エネルギー u_f [J/kg]，および比エントロピー s_f [J/(kg·K)] の T における値によって表すことができる．

$$g = u_\mathrm{f}(T) + pv_\mathrm{f}(T) - Ts_\mathrm{f}(T) \tag{5.37}$$

また，式 (3.61) および式 (5.37) より，g を次式のように表すこともできる．

$$g = h_\mathrm{f}(T) + (p - p_\mathrm{fg}(T))v_\mathrm{f}(T) - Ts_\mathrm{f}(T) \tag{5.38}$$

ここで，h_f [J/kg] は液体の飽和状態における比エンタルピー，p_fg [Pa] は飽和蒸気圧である．

一例として，物質として水を対象とし，REFPROP を適用した D.2 節の数値計算プログラム D-4 によって，常圧から臨界圧力までのいくつかの圧力 p において，常温から飽和状態までの範囲の温度 T における比ギブスエネルギー g を評価し，その結果を図 5.10 に示す．各 p に対応する曲線の右端は飽和温度によって異なるが，曲線はより高い p に対応する曲線にほとんど重なっている．よって，比エンタルピー h および比エントロピー s の p による依存性が小さいため，g の p による依存性も小さいことがわかる．

一方，3.3.1 項で述べたように，式 (3.13) によって液体の比体積 v を一定値 v_c [m^3/kg] と仮定すると，3.6.1 項および 5.3.1 項の結果より，比ギブスエネルギー g は次式のように表される．

$$\begin{aligned}g(p,T) &= \int_{T_\mathrm{ref}}^{T} c_p(T)dT + u(T_\mathrm{ref}) + pv_\mathrm{c} - T\left(\int_{T_\mathrm{ref}}^{T} \frac{c_p(T)}{T}dT + s(T_\mathrm{ref})\right) \\ &= \int_{T_\mathrm{ref}}^{T} c_v(T)dT + u(T_\mathrm{ref}) + pv_\mathrm{c} - T\left(\int_{T_\mathrm{ref}}^{T} \frac{c_v(T)}{T}dT + s(T_\mathrm{ref})\right)\end{aligned} \tag{5.39}$$

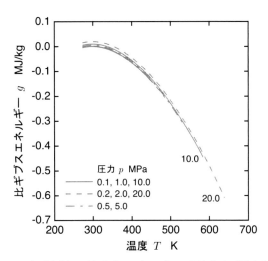

図 5.10 水（液体）の比ギブスエネルギーの圧力および温度依存性

ここで，c_p [J/(kg·K)] は定圧比熱，c_v [J/(kg·K)] は定容比熱，T_{ref} [K] は温度の基準値である．T の範囲が狭い場合には，c_p および c_v の T による依存性も小さく，一定と仮定することができ，g と c_p あるいは c_v の間に次式の関係が成立する．

$$\begin{aligned}g(p,T) &= c_p(T - T_{\text{ref}}) + u(T_{\text{ref}}) + pv_c - T\left(c_p \ln \frac{T}{T_{\text{ref}}} + s(T_{\text{ref}})\right) \\ &= c_v(T - T_{\text{ref}}) + u(T_{\text{ref}}) + pv_c - T\left(c_v \ln \frac{T}{T_{\text{ref}}} + s(T_{\text{ref}})\right) \end{aligned} \tag{5.40}$$

【例題 5.14】 温度 95 および 25 °C における水の比ギブスエネルギーの差を求めよ．ただし，圧力が 0.1，1.0，および 10.0 MPa の各場合について求めよ．

〔解答〕 例題 5.1 の結果より，温度 95 および 25 °C における水の比エントロピーはそれぞれ

$$s_1 = 0.8832 \text{ kJ/(kg·K)}, \quad s_2 = 0.0 \text{ kJ/(kg·K)}$$

また，例題 3.16 の結果より，圧力が 0.1 MPa の場合，温度 95 および 25 °C における水の比エンタルピーはそれぞれ

$$h_1 = 293.18 \text{ kJ/kg}, \quad h_2 = 0.0 \text{ kJ/kg}$$

よって，圧力が 0.1 MPa の場合，温度 95 および 25 °C における水の比ギブスエネルギーはそれぞれ

$$g_1 = h_1 - T_1 s_1 = 293.18 - 368.15 \times 0.8832 = -31.97 \text{ kJ/kg}$$
$$g_2 = h_2 - T_2 s_2 = 0.0 - 298.15 \times 0.0 = 0.0 \text{ kJ/kg}$$

したがって，比ギブスエネルギーの差は

$$\Delta g = g_1 - g_2 = -31.97 - 0.0 = -31.97 \text{ kJ/kg}$$

圧力が 1.0 MPa の場合には，同様にして

$$h_1 = 294.12 \text{ kJ/kg}, \ h_2 = 0.90 \text{ kJ/kg}$$
$$g_1 = h_1 - T_1 s_1 = 294.12 - 368.15 \times 0.8832 = -31.03 \text{ kJ/kg}$$
$$g_2 = h_2 - T_2 s_2 = 0.90 - 298.15 \times 0.0 = 0.90 \text{ kJ/kg}$$
$$\Delta g = g_1 - g_2 = -31.03 - 0.90 = -31.93 \text{ kJ/kg}$$

圧力が 10.0 MPa の場合にも，同様にして

$$h_1 = 303.48 \text{ kJ/kg}, \ h_2 = 9.93 \text{ kJ/kg}$$
$$g_1 = h_1 - T_1 s_1 = 303.48 - 368.15 \times 0.8832 = -21.67 \text{ kJ/kg}$$
$$g_2 = h_2 - T_2 s_2 = 9.93 - 298.15 \times 0.0 = 9.93 \text{ kJ/kg}$$
$$\Delta g = g_1 - g_2 = -21.67 - 9.93 = -31.60 \text{ kJ/kg}$$

したがって，比エンタルピーの差の圧力依存性が小さいため，比ギブスエネルギーの差の圧力依存性も小さいことがわかる．

なお，ここでは例題 3.16 および例題 5.1 の結果を利用したが，REFPROP を適用した D.2 節の数値計算プログラム D-2 によっても同様の結果が得られる．

5.5.2 理想気体

3.3.2 項で述べた式 (3.14) の理想気体の状態方程式によって，それぞれ 3.6.2 項および 5.3.2 項で得られた比エンタルピー h および比エントロピー s より，比ギブスエネルギー g は次式のように圧力 p および T の関数として表される．

$$\begin{aligned} g(p,T) &= \int_{T_{\text{ref}}}^{T} c_p(T) dT + h(T_{\text{ref}}) - T\left(\int_{T_{\text{ref}}}^{T} \frac{c_p(T)}{T} dT - R \ln \frac{p}{p_{\text{ref}}} + s(p_{\text{ref}}, T_{\text{ref}})\right) \\ &= \int_{T_{\text{ref}}}^{T} c_v(T) dT + u(T_{\text{ref}}) + RT \\ &\quad - T\left(\int_{T_{\text{ref}}}^{T} \frac{c_v(T)}{T} dT + R \ln \frac{T}{T_{\text{ref}}} - R \ln \frac{p}{p_{\text{ref}}} + s(p_{\text{ref}}, T_{\text{ref}})\right) \end{aligned} \tag{5.41}$$

ここで，R [J/(kg·K)] は気体定数，p_{ref} [Pa] は p の基準値である．なお，狭義の理想気体として c_p および c_v を一定と仮定する場合には，式 (5.41) は次のようになる．

$$\begin{aligned} g(p,T) &= c_p(T - T_{\text{ref}}) + h(T_{\text{ref}}) - T\left(c_p \ln \frac{T}{T_{\text{ref}}} - R \ln \frac{p}{p_{\text{ref}}} + s(p_{\text{ref}}, T_{\text{ref}})\right) \\ &= c_v(T - T_{\text{ref}}) + u(T_{\text{ref}}) + RT - T\left\{(c_v + R) \ln \frac{T}{T_{\text{ref}}} - R \ln \frac{p}{p_{\text{ref}}} + s(p_{\text{ref}}, T_{\text{ref}})\right\} \end{aligned} \tag{5.42}$$

一例として，物質として水を対象とし，REFPROP を適用した D.2 節の数値計算プログラム D-3 によって，常圧から臨界圧力を超えるまでのいくつかの圧力 p において，常温から臨界温度を超えるまでの範囲の温度 T における比ギブスエネルギー g を評価し，その結果を図 5.11 に示す．図 3.11(a) に示す比エンタルピー h の T による依存性，ならびに図 5.2 に示す比エントロピー s の p および T による依存性より，図 5.11 における g の p および T による依存性を理解することができるであろう．g には T と s の積が負の値として含まれるため，T の上昇に伴って g に対する p の影響が大きくなるとともに，s とは p による大小関係が逆転する．

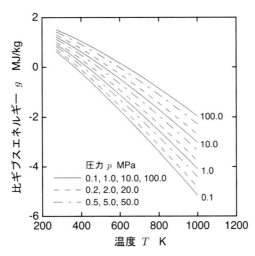

図 5.11 水（理想気体）の比ギブスエネルギーの圧力および温度依存性

【例題 5.15】 水蒸気を理想気体と仮定し，温度 500 および 400 °C における水蒸気の比ギブスエネルギーの差を求めよ．ただし，圧力が 0.1, 1.0, および 10.0 MPa の各場合について求めよ．

〔解答〕 例題 3.17 の結果より，温度 500 および 400 °C における理想気体としての水蒸気の比エンタルピーはそれぞれ

$$h_1 = 3384.9 \text{ kJ/kg}, \ h_2 = 3175.2 \text{ kJ/kg}$$

また，例題 5.2 の結果より，圧力が 0.1 MPa の場合，温度 500 および 400 °C における理想気体としての水蒸気の比エントロピーはそれぞれ，

$$s_1 = 8.470 \text{ kJ/(kg·K)}, \ s_2 = 8.180 \text{ kJ/(kg·K)}$$

よって，圧力が 0.1 MPa の場合，温度 500 および 400 °C における理想気体としての水蒸気の比ギブスエネルギーはそれぞれ

$$g_1 = h_1 - T_1 s_1 = 3384.9 - 773.15 \times 8.470 = -3163.7 \text{ kJ/kg}$$
$$g_2 = h_2 - T_2 s_2 = 3175.2 - 673.15 \times 8.180 = -2331.2 \text{ kJ/kg}$$

したがって，比ギブスエネルギーの差は

$$\Delta g = g_1 - g_2 = -3163.7 - (-2331.2) = -832.5 \text{ kJ/kg}$$

圧力が 1.0 MPa の場合には，同様にして

$$s_1 = 7.407 \text{ kJ/(kg·K)}, \ s_2 = 7.117 \text{ kJ/(kg·K)}$$
$$g_1 = h_1 - T_1 s_1 = 3384.9 - 773.15 \times 7.407 = -2341.8 \text{ kJ/kg}$$
$$g_2 = h_2 - T_2 s_2 = 3175.2 - 673.15 \times 7.117 = -1615.6 \text{ kJ/kg}$$
$$\Delta g = g_1 - g_2 = -2341.8 - (-1615.6) = -726.2 \text{ kJ/kg}$$

圧力が 10.0 MPa の場合にも，同様にして

$$s_1 = 6.345 \text{ kJ/(kg·K)}, \quad s_2 = 6.055 \text{ kJ/(kg·K)}$$
$$g_1 = h_1 - T_1 s_1 = 3384.9 - 773.15 \times 6.345 = -1520.7 \text{ kJ/kg}$$
$$g_2 = h_2 - T_2 s_2 = 3175.2 - 673.15 \times 6.055 = -900.7 \text{ kJ/kg}$$
$$\Delta g = g_1 - g_2 = -1520.7 - (-900.7) = -620.0 \text{ kJ/kg}$$

なお，ここでは例題 3.17 および例題 5.2 の結果を利用したが，REFPROP を適用した D.2 節の数値計算プログラム D-1 によっても同様の結果が得られる．

5.5.3 実在気体

実在気体の比ギブスエネルギー g も圧力 p および温度 T に依存する．C.3.4 項で導出したように，実在気体のモルギブスエネルギー $\bar{g}$ の理想気体のモルギブスエネルギー $\bar{g}^*$ からの隔たりを表す剰余ギブスエネルギー係数 Z_g [-] は，次式のように表される．

$$Z_g = \frac{\bar{g}^* - \bar{g}}{\bar{R} T_{\text{cr}}} = T_r \int_0^{p_r} (1 - Z) d(\ln p_r) \tag{5.43}$$

ここで，$\bar{R}$ は一般気体定数，T_{cr} [K] は臨界温度，Z [-] は圧縮係数，p_r [-] は換算圧力，T_r [-] は換算温度である．これより，$\bar{g}$ は，$\bar{g}^*$ および Z_g を用いて，次式によって求められる．

$$\bar{g} = \bar{g}^* - \bar{R} T_{\text{cr}} Z_g \tag{5.44}$$

REFPROP では，実在気体であっても物質ごとに比ギブスエネルギーを精度高く求めることができる．図 5.12 は，一例として，物質として水，窒素，酸素，および二酸化炭素を対象とし，D.2 節の数値計算プログラム D-5 によって，比ギブスエネルギー g を圧力 p および温度 T の関数として求め，剰余ギブスエネルギー係数 Z_g の換算圧力 p_r および換算温度 T_r による依存性を示したものである．圧縮係数 Z がすべての物質に共通であれば，式 (5.43) によって Z を用いて Z_g が求められるため，Z_g もすべての物質に共通となる．しかしながら，図 3.4 に示すように，Z は物質に依存するため，Z_g も物質に依存する．

これまでに，3.3.3 項，3.5.3 項，3.6.3 項，および 5.3.3 項において，それぞれ実在気体の比体積，比内部エネルギー，比エンタルピー，および比エントロピーについて述べてきた．その中で，それぞれ圧縮係数，剰余内部エネルギー係数，剰余エンタルピー係数，および剰余エントロピー係数によって，実在気体の理想気体からの隔たりを示してきたが，いずれも液体も含まれており，換算圧力の増大によって気体から液体への不連続な変化が見られた．一方，図 5.12 の剰余ギブスエネルギー係数においては，これにも液体も含まれているが，不連続な変化が見られない．それでは，なぜ不連続な変化が生じないのであろうか．これは，A.3 節にも述べているが，液相と気相の間の化学的な平衡条件として，両相の比ギブスエネルギーが等しいという性質があるためである．注視すると，曲線の勾配が不連続に変化していることがわかるであろう．換算圧力の増大によってこの点で気体から液体に変化することを示している．また，剰余内部エネルギー係数を表す式 (3.51)，剰余エンタルピー係数を表す式 (3.70)，および剰余エントロピー係数を表す式 (5.14) と，剰余ギブスエネルギー係数を表す式 (5.43) を比較すると，後者では $(\partial Z / \partial T_r)_{p_r}$ が含まれておらず，積分値は連続になるが，Z が不連続であるため積分値の勾配が不連続になることが理解できるであろう．

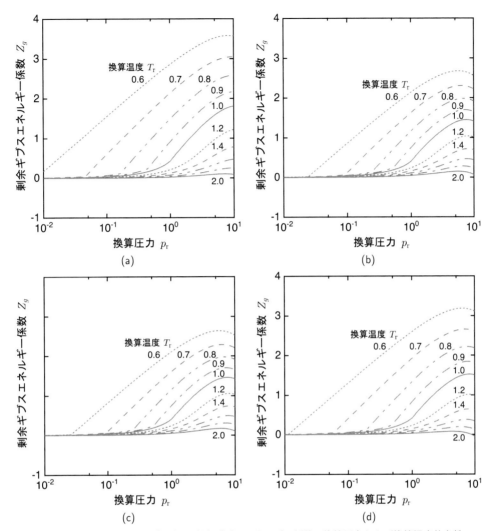

図 5.12　実在気体（液体を含む）の剰余ギブスエネルギー係数の換算圧力および換算温度依存性：(a) 水，(b) 窒素，(c) 酸素，(d) 二酸化炭素

一例として，物質として水を対象とし，その実在気体の比ギブスエネルギーを評価する．REFPROP を適用した D.2 節の数値計算プログラム D-4 によって，常圧から臨界圧力を超えるまでのいくつかの圧力 p において，飽和温度あるいは臨界温度から臨界温度を超えるまでの温度 T の範囲における比ギブスエネルギー g を評価し，その結果を図 5.13 に示す．それぞれ図 3.9，図 3.13，および図 5.4 に示す比内部エネルギー u，比エンタルピー h，および比エントロピー s とは異なり，実在気体の g は理想気体の値に近く，全体的に強い非線形性は見られない．これは，h および s における p の上昇に伴う曲線の勾配の増大が相殺するためと考えられる．

【例題 5.16】　水蒸気を実在気体と仮定し，温度 500 および 400 °C における水蒸気の比ギブスエネルギーの差を求めよ．ただし，圧力が 0.1, 1.0, および 10.0 MPa の各場合について求め，例題 5.15 の値と比較せよ．

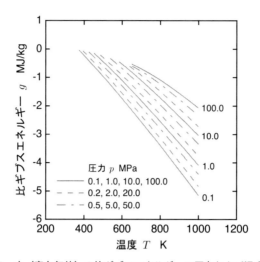

図 5.13　水（実在気体）の比ギブスエネルギーの圧力および温度依存性

〔解答〕　例題 3.18 の結果より，圧力が 0.1 MPa の場合，温度 500 および 400 °C における実在気体としての水蒸気の比エンタルピーはそれぞれ

$$h_1 = 3383.9 \text{ kJ/kg}, \quad h_2 = 3173.7 \text{ kJ/kg}$$

また，例題 5.3 の結果より，圧力が 0.1 MPa の場合，温度 500 および 400 °C における実在気体としての水蒸気の比エントロピーはそれぞれ

$$s_1 = 8.469 \text{ kJ/(kg·K)}, \quad s_2 = 8.178 \text{ kJ/(kg·K)}$$

よって，圧力が 0.1 MPa の場合，温度 500 および 400 °C における実在気体としての水蒸気の比ギブスエネルギーはそれぞれ

$$g_1 = h_1 - T_1 s_1 = 3383.9 - 773.15 \times 8.469 = -3163.9 \text{ kJ/kg}$$
$$g_2 = h_2 - T_2 s_2 = 3173.7 - 673.15 \times 8.178 = -2331.3 \text{ kJ/kg}$$

したがって，比ギブスエネルギーの差は

$$\Delta g = g_1 - g_2 = -3163.9 - (-2331.3) = -832.6 \text{ kJ/kg}$$

圧力が 1.0 MPa の場合には，同様にして

$$h_1 = 3374.2 \text{ kJ/kg}, \quad h_2 = 3159.5 \text{ kJ/kg}$$
$$s_1 = 7.397 \text{ kJ/(kg·K)}, \quad s_2 = 7.100 \text{ kJ/(kg·K)}$$
$$g_1 = h_1 - T_1 s_1 = 3374.2 - 773.15 \times 7.397 = -2344.8 \text{ kJ/kg}$$
$$g_2 = h_2 - T_2 s_2 = 3159.5 - 673.15 \times 7.100 = -1619.9 \text{ kJ/kg}$$
$$\Delta g = g_1 - g_2 = -2344.8 - (-1619.9) = -724.9 \text{ kJ/kg}$$

圧力が 10.0 MPa の場合にも，同様にして

$$h_1 = 3270.2 \text{ kJ/kg}, \quad h_2 = 2992.6 \text{ kJ/kg}$$
$$s_1 = 6.232 \text{ kJ/(kg·K)}, \quad s_2 = 5.847 \text{ kJ/(kg·K)}$$
$$g_1 = h_1 - T_1 s_1 = 3270.2 - 773.15 \times 6.232 = -1548.1 \text{ kJ/kg}$$
$$g_2 = h_2 - T_2 s_2 = 2992.6 - 673.15 \times 5.847 = -943.3 \text{ kJ/kg}$$
$$\Delta g = g_1 - g_2 = -1548.1 - (-943.3) = -604.8 \text{ kJ/kg}$$

したがって，圧力が低い場合には，実在気体としての比ギブスエネルギー差は理想気体としての値に近いことがわかる．一方，圧力が高い場合には，実在気体としての比ギブスエネルギー差は理想気体としての値からやや遠ざかるが，隔たりは小さいことがわかる．これは，図 5.13 に関して説明したように，比エンタルピーおよび比エントロピーにおける圧力の上昇に伴う曲線の勾配の増大が相殺するためと考えられる．

なお，ここでは例題 3.18 および例題 5.3 の結果を利用したが，REFPROP を適用した D.2 節の数値計算プログラム D-2 によっても同様の結果が得られる．

5.5.4 理想混合気体

理想混合気体の場合には，比内部エネルギー，比エンタルピー，および比エントロピーを評価した場合と同様に，比ギブスエネルギーの評価においても Gibbs-Dalton の法則を仮定する．

このとき，混合気体の N [-] 個の各成分の比ギブスエネルギー g_i は，式 (5.41) の比ギブスエネルギーの関係式，ならびに各成分の圧力がそれぞれのモル分率に比例するという式 (3.27) の Dalton の法則によって，比エントロピーと同様に，次式のように圧力 p および温度 T の関数として表される．

$$g_i = \int_{T_{\text{ref}}}^{T} c_{pi}(T)dT + h_i(T_{\text{ref}}) - T\left(\int_{T_{\text{ref}}}^{T} \frac{c_{pi}(T)}{T}dT - R_i \ln\frac{y_i p}{p_{\text{ref}}} + s_i(p_{\text{ref}}, T_{\text{ref}})\right)$$
$$(i = 1, 2, \cdots, N) \tag{5.45}$$

ここで，h_i，s_i，y_i [-]，R_i，および c_{pi} は，それぞれ各成分の比エンタルピー，比エントロピー，モル分率，気体定数，および定圧比熱である．また，混合気体のギブスエネルギー G は，次式に示すように各成分の質量 m_i [kg] を重みとする g_i の重ね合わせによって表される．

$$G = \sum_{i=1}^{N} m_i g_i \tag{5.46}$$

【例題 5.17】 2 kmol の窒素と 6 kmol の二酸化炭素から成る混合気体を，圧力が 10 MPa，温度が 350 K の状態で保つものとする．混合気体を理想混合気体と仮定し，モルギブスエネルギーを求めよ．

〔解答〕 例題 3.19 の結果より，温度 350 K における理想気体としての窒素および二酸化炭素のモルエンタルピーはそれぞれ

$$\bar{h}_1 = 1517.2 \text{ kJ/kmol}, \quad \bar{h}_2 = 2025.8 \text{ kJ/kmol}$$

また，例題 5.4 の結果より，圧力 10 MPa，温度 350 K における理想気体としての窒素および二酸化炭素のモルエントロピーはそれぞれ

$$\bar{s}_1 = -22.07 \text{ kJ/(kmol·K)}, \quad \bar{s}_2 = -29.67 \text{ kJ/(kmol·K)}$$

よって，圧力 10 MPa，温度 350 K における理想気体としての窒素および二酸化炭素のモルギブスエネルギーはそれぞれ

$$\bar{g}_1 = \bar{h}_1 - T_1\bar{s}_1 = 1517.2 - 350.0 \times (-22.07) = 9241.7 \text{ kJ/kmol}$$
$$\bar{g}_2 = \bar{h}_2 - T_2\bar{s}_2 = 2025.8 - 350.0 \times (-29.67) = 12410.3 \text{ kJ/kmol}$$

> したがって，理想混合気体としての窒素および二酸化炭素の混合気体のモルギブスエネルギーは
> $$\bar{g} = \sum_{i=1}^{2} y_i \bar{g}_i = 0.25 \times 9241.7 + 0.75 \times 12410.3 = 11618.1 \text{ kJ/kmol}$$
> なお，ここでは例題 3.19 および例題 5.4 の結果を利用したが，REFPROP を適用した D.2 節の数値計算プログラム D-1 によっても同様の結果が得られる．

5.5.5 実在混合気体

実在混合気体の場合には，比内部エネルギー，比エンタルピー，および比エントロピーを評価した場合と同様に，比ギブスエネルギーの評価においてもいくつかのモデルが考えられている [2]．

まず，換算圧力および換算温度を利用するモデルがある．3.3.5 項で述べたように，Dalton の法則あるいは Amagat の法則を適用し，該当する連立非線形代数方程式を解くことによって，各成分の圧力 p_i を決定し，式 (3.55) の換算圧力 p_{ri} および換算温度 T_{ri} を求める．次に，これらを用いて，各成分について次式のように剰余ギブスエネルギー係数 Z_{gi} [-] を求める．

$$Z_{gi} = \frac{\bar{g}_i^* - \bar{g}_i}{\bar{R} T_{cri}} = T_{ri} \int_0^{p_{ri}} (1 - Z_i) d(\ln p_{ri}) \quad (i = 1, 2, \cdots, N) \tag{5.47}$$

また，各成分について 5.5.4 項で述べた方法によって理想気体のモルギブスエネルギー $\bar{g}_i^*$ を求める．これらから，各成分について次式のように実在気体のモルギブスエネルギー $\bar{g}_i$ を求める．

$$\bar{g}_i = \bar{g}_i^* - \bar{R} T_{cri} Z_{gi} \quad (i = 1, 2, \cdots, N) \tag{5.48}$$

最後に，混合気体のギブスエネルギー G を，次式に示すように各成分の物質量 n_i [mol] を重みとする $\bar{g}_i$ の重ね合わせによって求める．

$$G = \sum_{i=1}^{N} n_i \bar{g}_i \tag{5.49}$$

なお，これらの関係式を順次適用できない場合には，適宜部分的に連立して解く必要がある．

別の方法として，3.3.5 項で述べたように，Kay の規則による擬似純物質を利用するモデルがある．擬似純物質としての臨界圧力 p_{cr} [Pa] および臨界温度 T_{cr} を式 (3.40) によって評価するとともに，混合気体の圧力 p および温度 T を用いて，式 (3.18) によってそれぞれ擬似純物質の換算圧力 p_r および換算温度 T_r を求め，式 (5.43) によって p および T を擬似純物質の剰余ギブスエネルギー係数 Z_g に関連付ける．また，混合気体について 5.5.4 項で述べた方法によって理想気体のモルギブスエネルギー $\bar{g}^*$ を求める．最後に，これらから，混合気体について式 (5.44) によって実在気体のモルギブスエネルギー $\bar{g}$ を求める．なお，これらの関係式を順次適用できない場合には，適宜部分的に連立して解く必要がある．また，この方法では擬似純物質の Z_g の関数が既知である必要がある．

一方，REFPROP においては，混合モデルが導入されており，実在混合気体に対してより精度高くモルギブスエネルギーを求めることができる．

【例題 5.18】 例題 5.17 において，理想混合気体を実在混合気体に変更し，同じ条件下において，Dalton の法則あるいは Amagat の法則を適用するモデル，および REFPROP の混合モデルによってモルギブスエネルギーを算出し，比較せよ．ただし，圧力を 0.1, 1.0, 10.0, および 15.0 MPa とする．

〔解答〕 Dalton の法則あるいは Amagat の法則を用いる場合の各成分の剰余ギブスエネルギー係数の評価に REFPROP のモデルを採用し，連立非線形代数方程式の数値計算に E.4 節の数値計算プログラム E-2 を使用する．また，REFPROP の混合モデルを適用する場合には，D.2 節の数値計算プログラム D-2 を使用する．さらに，例題 5.17 の理想混合気体による結果とも比較する．

下表に 4 つの圧力における混合気体のモルギブスエネルギーの値を示す．それぞれ例題 3.15, 例題 3.20, および例題 5.5 の表に示すモル内部エネルギー，モルエンタルピー，およびモルエントロピーとは異なり，理想気体のモルギブスエネルギーも実在気体の値に近いことがわかる．これは，5.5.3 項で述べた単一成分の気体の場合と同様に，比エンタルピーと比エントロピーにおける実在気体と理想気体の差が相殺されるためと考えられる．Dalton の法則と Amagat の法則を比較すると，両者ともにモルギブスエネルギーが REFPROP による値より過大に評価されているが，すべての圧力において，前者によるモルギブスエネルギーは REFPROP による値に概ね一致している．これは，上記の理由に加えて，前者によるモルエントロピーが後者による値より REFPROP による値に近いためと考えられる．

なお，ここでは REFPROP を適用した数値計算プログラムを利用したが，例題 3.20 および例題 5.5 の表に示す結果を利用することによっても同様の結果が得られる．

単位：kJ/kmol

圧力 MPa		0.1	1.0	10.0	15.0
実在気体	Dalton の法則	−1788.1	4869.9	11136.3	12072.1
	Amagat の法則	−153.2	6490.9	12584.7	13403.2
	REFPROP	−1789.2	4859.7	11051.2	11966.1
理想気体		−1783.4	4917.3	11618.0	12797.9

5.5.6 化学反応

3.6.6 項においては，化学反応に関係する各物質のエンタルピー，および化学反応に伴うエンタルピー変化の評価について述べた．また，それに対応して，5.3.6 項では，化学反応に関係する各物質のエントロピー，および化学反応に伴うエントロピー変化の評価について述べた．ここでは化学反応に関係する各物質のギブスエネルギー，および化学反応に伴うギブスエネルギー変化の評価について考える．

3.6.1 項〜3.6.5 項および 5.3.1 項〜5.3.5 項においては，それぞれエンタルピーおよびエントロピーを評価するために，比エンタルピーおよび比エントロピーの基準値として標準状態における値を零とし，5.5.1 項〜5.5.5 項においては，それに従ってギブスエネルギーを評価した．化学反応を伴わないエネルギー変換においては，その前後におけるギブスエネルギーの差のみが重要となり，基準状態としていかなる状態を選択しても，また比エンタルピーおよび比エントロピーの基準値としていかなる値を選択しても，差し支えないためである．しかしながら，化学反応を伴う場合，反応物質と生成物質が異なるため，各物質についてすべての化学反応に共通に適用でき

る基準状態における比ギブスエネルギーおよびモルギブスエネルギーを導入する必要がある．そのために，基準状態として圧力 $p_{\mathrm{ref}} = 100.0$ kPa (0.9872 atm) および温度 $T_{\mathrm{ref}} = 298.15$ K (25 °C) の標準状態を選び，化学組成によって決まる物質のギブスエネルギーを定義する．これを標準生成ギブスエネルギーと呼び，$\bar{g}_{\mathrm{f}}^{\circ}$ [J/mol] によって表す．また，$\bar{g}_{\mathrm{f}}^{\circ}$ の基準値を確保するために，酸素，窒素，水素，および炭素などのすべての安定元素について $\bar{g}_{\mathrm{f}}^{\circ}$ を零とする．3.6.6 項では表 3.1 に様々な物質の標準生成エンタルピー $\bar{h}_{\mathrm{f}}^{\circ}$ [J/mol] および標準エントロピー $\bar{s}^{\circ}$ [J/(mol·K)] を示したが，同表に $\bar{g}_{\mathrm{f}}^{\circ}$ も示す．これより，化学反応にも適用できる圧力 p および温度 T におけるモルギブスエネルギーは，次式のように標準生成ギブスエネルギーと標準状態を基準にしたモルギブスエネルギー差の和として表される．

$$\bar{g}'(p, T) = \bar{g}_{\mathrm{f}}^{\circ} + (\bar{g}(p, T) - \bar{g}(p_{\mathrm{ref}}, T_{\mathrm{ref}})) \tag{5.50}$$

なお，$\bar{h}_{\mathrm{f}}^{\circ}$ および $\bar{g}_{\mathrm{f}}^{\circ}$ はともに絶対的な値ではないため，5.3.6 項で述べた標準エントロピー $\bar{s}^{\circ}$ も加えて，それらの間にはモルエンタルピー，モルエントロピー，およびモルギブスエネルギーの間の関係式は成立するわけではなく，整合性が取れていない．これらの整合性を取るためには，$\bar{g}_{\mathrm{f}}^{\circ}$ の代わりに次式で定義される値 $\bar{g}_{\mathrm{f}}^{\circ\prime}$ [J/mol] を適用しても差し支えない．

$$\bar{g}_{\mathrm{f}}^{\circ\prime} = \bar{h}_{\mathrm{f}}^{\circ} - T_{\mathrm{ref}} \bar{s}^{\circ} \tag{5.51}$$

参考まで，表 3.1 には $\bar{g}_{\mathrm{f}}^{\circ\prime}$ も示している．

それでは，化学反応によってギブスエネルギーはどのように変化するであろうか．反応エンタルピーおよび反応におけるエントロピー変化と同様に，主な反応物質の単位物質量当りの反応物質のギブスエネルギー $\bar{G}^{\mathrm{R}}$ [J/mol] と生成物質のギブスエネルギー $\bar{G}^{\mathrm{P}}$ [J/mol] の差 $\Delta \bar{G}$ [J/mol] を反応ギブスエネルギーと呼び，次式によって表す．

$$\Delta \bar{G}(p, T) = \bar{G}^{\mathrm{P}}(p, T) - \bar{G}^{\mathrm{R}}(p, T) \tag{5.52}$$

各物質のモルギブスエネルギーおよび量論係数を用いると，上式は

$$\Delta \bar{G}(p, T) = \sum_{i \in \mathrm{P}} \nu_i \bar{g}_i(p, T) - \sum_{i \in \mathrm{R}} \nu_i \bar{g}_i(p, T) \tag{5.53}$$

となる．ここで，ν_i [-] は反応物質および生成物質を構成する各成分の量論係数，R および P はそれぞれ反応物質および生成物質を表す添字の集合であり，主な反応物質について $\nu_1 = 1$ とする．なお，各物質のモルギブスエネルギー $\bar{g}_i$ には式 (5.50) による左辺の値を適用する必要がある．

3.6.6 項で述べた反応エンタルピーを表す式 (3.78) および式 (3.79) はエネルギー保存則を表していた．また，5.3.6 項で述べた反応によるエントロピー変化を表す式 (5.22) および式 (5.23) はエントロピーバランスに関係していた．それでは，反応ギブスエネルギーを表す式 (5.52) および式 (5.53) から何がわかるであろうか．まず，圧力 p および温度 T としてそれぞれ基準圧力 p_0 および基準温度 T_0 を設定し，4.3 節と同様に，式 (5.24) に T_0 を乗じた後に式 (3.78) との差を取るとともに，$\bar{G}^{\mathrm{R}}(p_0, T_0) = \bar{H}^{\mathrm{R}}(p_0, T_0) - T_0 \bar{S}^{\mathrm{R}}(p_0, T_0)$ および $\bar{G}^{\mathrm{P}}(p_0, T_0) = \bar{H}^{\mathrm{P}}(p_0, T_0) - T_0 \bar{S}^{\mathrm{P}}(p_0, T_0)$，ならびに式 (5.52) を考慮すると

$$\Delta \bar{G}(p_0, T_0) = \left(1 - \frac{T_0}{T}\right) \Delta \bar{H}(p_0, T_0) - T_0 S^{\text{gen}} \tag{5.54}$$

が得られる．これは，式 (4.22) と比較すると，エクセルギーとして化学エクセルギーのみを考慮し，化学反応による化学エクセルギーの変化が熱流出入のエクセルギーおよびエクセルギー破壊量の和に等しいというエクセルギーバランスであることがわかる．

一方，圧力 p および温度 T として任意の値を設定し，式 (5.22) に T を乗じた後に式 (3.78) との差を取るとともに，$\bar{G}^{\text{R}}(p,T) = \bar{H}^{\text{R}}(p,T) - T\bar{S}^{\text{R}}(p,T)$ および $\bar{G}^{\text{P}}(p,T) = \bar{H}^{\text{P}}(p,T) - T\bar{S}^{\text{P}}(p,T)$，ならびに式 (5.52) を考慮すると

$$\Delta \bar{G}(p, T) = \Delta \bar{H}(p, T) - T\Delta \bar{S}(p, T) \tag{5.55}$$

が得られる．したがって，熱力学の第 2 法則に対応する式 (5.26) は

$$\Delta \bar{G}(p, T) \leq 0 \tag{5.56}$$

と等価となる．すなわち，発熱反応あるいは吸熱反応のいずれにおいても $\bar{G}^{\text{P}} \leq \bar{G}^{\text{R}}$ である必要がある．これより，$\Delta \bar{G} = 0$ が，化学反応における順方向と逆方向の反応速度が釣り合い，反応物質と生成物質の組成比が巨視的に変化しない化学平衡と呼ばれる状態の条件となることがわかる．また，この条件より，順方向あるいは逆方向の反応の起こりやすさを示す平衡定数を導出することができる．

【例題 5.19】 メタンの燃焼における反応ギブスエネルギーを，標準状態において求めよ．また，反応ギブスエネルギーを例題 3.21 における反応エンタルピーと比較せよ．また，反応エンタルピーおよび例題 5.6 における反応によるエントロピー変化から求められる反応ギブスエネルギーと比較せよ．ただし，生成物質としての水が気体の形で存在するものとする．

〔解答〕 生成物質としての水が気体の形で存在する場合，メタンの化学反応式は

$$\text{CH}_4 + 2\text{O}_2 \rightarrow \text{CO}_2 + 2\text{H}_2\text{O (g)}$$

表 3.1 より，メタン，酸素，二酸化炭素，および水の標準生成ギブスエネルギーはそれぞれ

$$\bar{g}_{\text{f1}}^{\circ} = -50.768 \text{ MJ/kmol}, \quad \bar{g}_{\text{f2}}^{\circ} = 0.0 \text{ MJ/kmol}$$
$$\bar{g}_{\text{f3}}^{\circ} = -394.389 \text{ MJ/kmol}, \quad \bar{g}_{\text{f4}}^{\circ} = -228.582 \text{ MJ/kmol}$$

式 (5.50) より，標準状態におけるメタン，酸素，二酸化炭素，および水のギブスエネルギーはそれぞれ

$$\bar{g}_1' = \bar{g}_{\text{f1}}^{\circ} = -50.768 \text{ MJ/kmol}, \quad \bar{g}_2' = \bar{g}_{\text{f2}}^{\circ} = 0.0 \text{ MJ/kmol}$$
$$\bar{g}_3' = \bar{g}_{\text{f3}}^{\circ} = -394.389 \text{ MJ/kmol}, \quad \bar{g}_4' = \bar{g}_{\text{f4}}^{\circ} = -228.582 \text{ MJ/kmol}$$

よって，式 (5.53) より，標準状態におけるメタンの燃焼における反応ギブスエネルギーは

$$\Delta \bar{G} = \sum_{i=3}^{4} \nu_i \bar{g}_i' - \sum_{i=1}^{2} \nu_i \bar{g}_i'$$
$$= 1 \times (-394.389) + 2 \times (-228.582) - 1 \times (-50.768) - 2 \times 0.0 = -800.785 \text{ MJ/kmol}$$

同様にして，標準生成ギブスエネルギーの代わりに式 (5.51) による値を適用すると

$$\Delta \bar{G} = \sum_{i=3}^{4} \nu_i \bar{g}'_i - \sum_{i=1}^{2} \nu_i \bar{g}'_i$$
$$= 1 \times (-457.265) + 2 \times (-298.127) - 1 \times (-130.404) - 2 \times (-61.165)$$
$$= -800.785 \text{ MJ/kmol}$$

となり，反応ギブスエネルギーは一致する．また，反応ギブスエネルギーは反応エンタルピーに近い値であることがわかる．さらに，$\Delta \bar{G} < 0$ となり，標準状態で起こり得る化学反応であることもわかる．この結果は例題 5.6 の結果に整合している．

一方，例題 3.21 および例題 5.6 の結果より，式 (5.55) により反応ギブスエネルギーを求めると
$$\Delta \bar{G} = \Delta \bar{H} - T \Delta \bar{S}$$
$$= -802.301 - 298.15 \times (-5.082 \times 10^{-3}) = -800.786 \text{ MJ/kmol}$$

となり，上記の値に一致する．

5.6 化学エクセルギー

4.3 節で導出したエクセルギーバランスには，ポテンシャルエクセルギー，運動エクセルギー，および物理エクセルギーが直接的に含まれており，それぞれの定義について述べた．しかしながら，化学エクセルギーは直接的に含まれているわけではなく，化学エクセルギーの差がギブスエネルギーの差として間接的に含まれているに過ぎなかった．本節では，化学エクセルギーの定義とその評価方法について述べる．

物理エクセルギーは，制限付き死状態と呼ばれる基準圧力 p_0 [Pa] および基準温度 T_0 [K] の状態を基準にして，現状態の圧力 p [Pa] および温度 T [K] における物質が最大でどの程度仕事を行うことができるかを示す値であると述べた．これに対して，化学エクセルギーは，死状態と呼ばれる p_0，T_0，および大気を構成している混合気体の状態を基準にして，制限付き死状態における物質が最大でどの程度仕事を行うことができるかを示す値である．なお，ここでは大気の成分として比較的多く含まれる窒素，酸素，アルゴン，二酸化炭素，および水のみとし，REFPROP において定義されている空気の窒素，酸素，およびアルゴンのみのモル分率を，空気中の二酸化炭素濃度および相対湿度 60 % における水の蒸気圧を考慮して修正し，表 5.1 に示すように設定する [5]．

化学エクセルギーは，化学反応を行う主な反応物質やその特別な場合である燃焼を行う燃料だ

表 5.1 死状態における大気の成分のモル分率

名称	化学記号	モル分率	
		修正前	修正後
窒素	N_2	0.7812	0.7661
酸素	O_2	0.2096	0.2055
アルゴン	Ar	0.0092	0.0090
二酸化炭素	CO_2	—	0.0004
水	H_2O	—	0.0190

けが有しているものではなく，量の大小の相違があるものの，大気を構成している状態での混合気体とは異なるすべての物質が有しているものである．以下では，燃焼に関わる反応物質および生成物質として燃料および混合気体の化学エクセルギーの評価方法について述べる．また，そのための基礎として必要となる単一成分の気体の化学エクセルギーの評価方法についても述べる．最後に，燃料の化学エクセルギーの評価方法を利用し，液体としての水の化学エクセエルギーを評価する方法にも触れる．ここでは，気体はすべて理想気体であり，混合気体はDaltonの法則に従うものと仮定する．

5.6.1 理想気体

まず，燃焼に関わる反応物質および生成物質のうち，燃料以外で大気中に存在する窒素，酸素，アルゴン，二酸化炭素，および水の単一成分の気体の化学エクセルギーを評価する．

この化学エクセルギーは，単一成分の気体が基準圧力 p_0 および基準温度 T_0 において存在する場合に，死状態としての大気の混合気体において対応する成分の分圧になるまでに取り出し得る最大の仕事として評価することができる．式 (4.6) のエクセルギーバランスにおいて定常状態を考え，ポテンシャルエクセルギーおよび運動エクセルギーを無視するとともに，最大仕事を評価するために，断熱変化を仮定し，エントロピー発生量を零とする．大気中の N [-] 個の成分のうち第 i 番目の成分のモル分率を y_i^e [-] とし，図 5.14 に示すように，第 i 番目の成分について，検査体積への入口における圧力および温度をそれぞれ p_0 および T_0，検査体積からの出口における圧力および温度をそれぞれ $y_i^e p_0$ および T_0 とすると，取り出し得る最大の仕事として第 i 番目の成分のモル化学エクセルギー $\bar{e}_i^{\text{eCH}}$ [J/mol] は次式のように求められる．

$$\begin{aligned}
\bar{e}_i^{\text{eCH}} &= (\bar{h}_i^{\text{in}} - T_0 \bar{s}_i^{\text{in}}) - (\bar{h}_i^{\text{out}} - T_0 \bar{s}_i^{\text{out}}) \\
&= \left\{ \bar{h}_i(T_0) - T_0 \left(\int_{T_{\text{ref}}}^{T_0} \frac{\bar{c}_{pi}(T)}{T} dT - \bar{R} \ln \frac{p_0}{p_{\text{ref}}} + s(p_{\text{ref}}, T_{\text{ref}}) \right) \right\} \\
&\quad - \left\{ \bar{h}_i(T_0) - T_0 \left(\int_{T_{\text{ref}}}^{T_0} \frac{\bar{c}_{pi}(T)}{T} dT - \bar{R} \ln \frac{y_i^e p_0}{p_{\text{ref}}} + s(p_{\text{ref}}, T_{\text{ref}}) \right) \right\} \\
&= -\bar{R} T_0 \ln y_i^e \quad (i = 1, 2, \cdots, N)
\end{aligned} \tag{5.57}$$

ここで，それぞれ式 (3.66) および式 (5.12) による理想気体の比エンタルピーおよび比エントロピーを適用している．

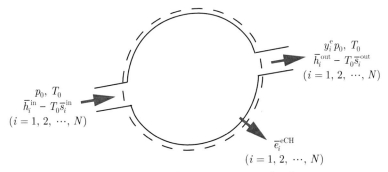

図 5.14 単一成分の気体におけるエクセルギーバランス

【例題 5.20】 単一成分の気体として窒素，酸素，アルゴン，二酸化炭素，および水のそれぞれについて，理想気体と仮定し，モル化学エクセルギーを求めよ．

〔解答〕 表 5.1 より，大気中の成分としての窒素，酸素，アルゴン，二酸化炭素，および水のモル分率を，それぞれ次のように仮定する．

$$y_1^e = 0.7661, \quad y_2^e = 0.2055, \quad y_3^e = 0.0090, \quad y_4^e = 0.0004, \quad y_5^e = 0.0190$$

このとき，式 (5.57) より，窒素，酸素，二酸化炭素，および水のモル化学エクセルギーはそれぞれ

$$\bar{e}_1^{\mathrm{eCH}} = -\bar{R}T_0 \ln y_1^e = -8.314 \times 298.15 \times \ln 0.7661 = 660.4\,\mathrm{kJ/kmol}$$
$$\bar{e}_2^{\mathrm{eCH}} = -\bar{R}T_0 \ln y_2^e = -8.314 \times 298.15 \times \ln 0.2055 = 3922.3\,\mathrm{kJ/kmol}$$
$$\bar{e}_3^{\mathrm{eCH}} = -\bar{R}T_0 \ln y_3^e = -8.314 \times 298.15 \times \ln 0.0090 = 11676.6\,\mathrm{kJ/kmol}$$
$$\bar{e}_4^{\mathrm{eCH}} = -\bar{R}T_0 \ln y_4^e = -8.314 \times 298.15 \times \ln 0.0004 = 19394.4\,\mathrm{kJ/kmol}$$
$$\bar{e}_5^{\mathrm{eCH}} = -\bar{R}T_0 \ln y_5^e = -8.314 \times 298.15 \times \ln 0.0190 = 9824.3\,\mathrm{kJ/kmol}$$

5.6.2 理想混合気体

次に，燃焼に関わる反応物質および生成物質のうち，燃料以外で大気中に存在する窒素，酸素，アルゴン，二酸化炭素，および水の複数の成分から構成される混合気体の化学エクセルギーを評価する．

この化学エクセルギーは，混合気体が基準圧力 p_0 および基準温度 T_0 において存在する場合に，混合気体を構成する各成分が死状態としての大気の混合気体において対応する成分の分圧になるまでに取り出し得る最大の仕事として評価することができる．5.6.1 項と同様に，式 (4.6) のエクセルギーバランスにおいて定常状態を考え，ポテンシャルエクセルギーおよび運動エクセルギーを無視するとともに，最大仕事を評価するために，断熱変化を仮定し，エントロピー発生量を零とする．混合気体中の N 個の成分のうち第 i 番目の成分のモル分率を y_i [-] とし，図 5.15 に示すように，第 i 番目の成分について，検査体積への入口における圧力および温度をそれぞれ $y_i p_0$ および T_0，検査体積からの出口における圧力および温度をそれぞれ $y_i^e p_0$ および T_0 とすると，取り出し得る最大の仕事として第 i 番目の成分のモル化学エクセルギー $\bar{e}_i^{\mathrm{CH}}$ [J/mol] は次式のように求められる．

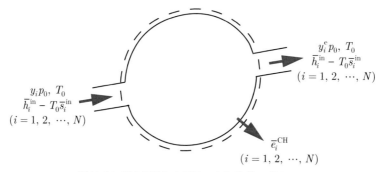

図 5.15 混合気体におけるエクセルギーバランス

$$\begin{aligned}
\bar{e}_i^{\mathrm{CH}} &= (\bar{h}_i^{\mathrm{in}} - T_0 \bar{s}_i^{\mathrm{in}}) - (\bar{h}_i^{\mathrm{out}} - T_0 \bar{s}_i^{\mathrm{out}}) \\
&= \left\{ \bar{h}_i(T_0) - T_0 \left(\int_{T_{\mathrm{ref}}}^{T_0} \frac{\bar{c}_{pi}(T)}{T} dT - \bar{R} \ln \frac{y_i p_0}{p_{\mathrm{ref}}} \right) + s(p_{\mathrm{ref}}, T_{\mathrm{ref}}) \right\} \\
&\quad - \left\{ \bar{h}_i(T_0) - T_0 \left(\int_{T_{\mathrm{ref}}}^{T_0} \frac{\bar{c}_{pi}(T)}{T} dT - \bar{R} \ln \frac{y_i^{\mathrm{e}} p_0}{p_{\mathrm{ref}}} \right) + s(p_{\mathrm{ref}}, T_{\mathrm{ref}}) \right\} \\
&= -\bar{R} T_0 \ln \frac{y_i^{\mathrm{e}}}{y_i} \quad (i = 1, 2, \cdots, N)
\end{aligned} \quad (5.58)$$

ここでも，それぞれ式 (3.66) および式 (5.12) による理想気体の比エンタルピーおよび比エントロピーを適用している．

次に，これをすべての成分について重ね合わせると，混合気体のモル化学エクセルギー $\bar{e}^{\mathrm{CH}}$ [J/mol] は次式のように表される．

$$\begin{aligned}
\bar{e}^{\mathrm{CH}} &= \sum_{i=1}^N y_i \bar{e}_i^{\mathrm{CH}} \\
&= -\bar{R} T_0 \sum_{i=1}^N y_i \ln \frac{y_i^{\mathrm{e}}}{y_i}
\end{aligned} \quad (5.59)$$

これは，式 (5.57) を用いて，次式のように表すこともできる．

$$\begin{aligned}
\bar{e}^{\mathrm{CH}} &= -\bar{R} T_0 \sum_{i=1}^N y_i \ln y_i^{\mathrm{e}} + \bar{R} T_0 \sum_{i=1}^N y_i \ln y_i \\
&= \sum_{i=1}^N y_i (\bar{e}_i^{\mathrm{eCH}} + \bar{R} T_0 \ln y_i)
\end{aligned} \quad (5.60)$$

式 (5.59) および式 (5.60) は，混合気体のすべての成分が気体として存在するものと仮定して導出されている．しかしながら，混合気体が燃焼ガスの場合には，5.4.4 項で述べたように，燃焼ガスに水が多く含まれ，化学エクセルギーを評価するための基準状態では，飽和蒸気圧以上に水の圧力が高まらず，水の一部は凝縮し，液体の水に変わる．そのため，混合気体の各成分の分圧も変わり，混合気体としての化学エクセルギーが変化する．また，それに液体に変わる水の化学エクセルギーを加算する必要がある．以下では，5.4.4 項の結果に基づく化学エクセルギーの評価について具体的に述べる．

N 個の成分における水の指標を l とし，液体の水のモル化学エクセルギーを $\bar{e}_l'^{\mathrm{CH}}$ [J/mol] とすると，式 (5.34) の第 2 式によって算出されるモル分率 y_l' [-] を用いて，凝縮する水のモル化学エクセルギー $\bar{e}'^{\mathrm{CH}}$ [J/mol] は次式のように表される．

$$\bar{e}'^{\mathrm{CH}} = y_l' \bar{e}_l'^{\mathrm{CH}} \quad (5.61)$$

一方，式 (5.34) の第 1 式および式 (5.35) によって算出されるモル分率 y_i'' ($i = 1, 2, \cdots, N$) を用いて，凝縮する水を除外した混合気体のモル化学エクセルギー $\bar{e}''^{\mathrm{CH}}$ [J/mol] は次式のように表される．

$$\bar{e}''^{\mathrm{CH}} = -RT_0 \left(\sum_{i=1, i \neq l}^N y_i \ln \frac{y_i^{\mathrm{e}}}{y_i''} + y_l'' \ln \frac{y_l^{\mathrm{e}}}{y_l''} \right) \quad (5.62)$$

よって，水の凝縮を考慮した混合気体のモル化学エクセルギー $\bar{e}^{\mathrm{CH}}$ は，これらを加算して次式のように評価される．

$$\bar{e}^{\mathrm{CH}} = \bar{e}'^{\mathrm{CH}} + \bar{e}''^{\mathrm{CH}} \tag{5.63}$$

なお，液体の水のモル化学エクセルギー $\bar{e}_l'^{\mathrm{CH}}$ の評価については，5.6.3項の燃料の化学エクセルギーの評価に関連して，5.6.4項で述べる．

【例題 5.21】 メタンの燃焼における生成物質としての燃焼ガスについて，理想混合気体と仮定し，水の凝縮を考慮せずに，モル化学エクセルギーを求めよ．ただし，空気過剰率を 1.5 とする．

〔解答〕 表5.1より，大気中の各成分として窒素，酸素，アルゴン，二酸化炭素，および水のモル分率を，それぞれ次のように仮定する．

$$y_1^{\mathrm{e}} = 0.7661, \quad y_2^{\mathrm{e}} = 0.2055, \quad y_3^{\mathrm{e}} = 0.0090, \quad y_4^{\mathrm{e}} = 0.0004, \quad y_5^{\mathrm{e}} = 0.0190$$

REFPROPを適用したD.2節の数値計算プログラムD-7によって，メタンの燃焼による生成物質として燃焼ガス中の各成分としての窒素，酸素，アルゴン，二酸化炭素，および水のモル分率は，それぞれ

$$y_1 = 0.7170, \quad y_2 = 0.0641, \quad y_3 = 0.0084, \quad y_4 = 0.0645, \quad y_5 = 0.1460$$

よって，式(5.58)より，燃焼ガス中の各成分としての窒素，酸素，アルゴン，二酸化炭素，および水のモル化学エクセルギーは，それぞれ

$$\bar{e}_1^{\mathrm{CH}} = -\bar{R}T_0 \ln \frac{y_1^{\mathrm{e}}}{y_1} = -8.314 \times 298.15 \times \ln \frac{0.7661}{0.7170} = -164.2\,\mathrm{kJ/kmol}$$

$$\bar{e}_2^{\mathrm{CH}} = -\bar{R}T_0 \ln \frac{y_2^{\mathrm{e}}}{y_2} = -8.314 \times 298.15 \times \ln \frac{0.2055}{0.0641} = -2887.8\,\mathrm{kJ/kmol}$$

$$\bar{e}_3^{\mathrm{CH}} = -\bar{R}T_0 \ln \frac{y_3^{\mathrm{e}}}{y_3} = -8.314 \times 298.15 \times \ln \frac{0.0090}{0.0084} = -171.0\,\mathrm{kJ/kmol}$$

$$\bar{e}_4^{\mathrm{CH}} = -\bar{R}T_0 \ln \frac{y_4^{\mathrm{e}}}{y_4} = -8.314 \times 298.15 \times \ln \frac{0.0004}{0.0645} = 12599.7\,\mathrm{kJ/kmol}$$

$$\bar{e}_5^{\mathrm{CH}} = -\bar{R}T_0 \ln \frac{y_5^{\mathrm{e}}}{y_5} = -8.314 \times 298.15 \times \ln \frac{0.0190}{0.1460} = 5054.7\,\mathrm{kJ/kmol}$$

したがって，式(5.59)より，燃焼ガスのモル化学エクセルギーは，

$$\begin{aligned}\bar{e}^{\mathrm{CH}} &= \sum_{i=1}^{5} y_i \bar{e}_i^{\mathrm{CH}} \\ &= 0.7170 \times (-164.2) + 0.0641 \times (-2887.8) + 0.0084 \times (-171.0) + 0.0645 \times 12599.7 \\ &\quad + 0.1460 \times 5054.7 = 1246.4\,\mathrm{kJ/kmol}\end{aligned}$$

5.6.3 燃料

次に，燃焼に関わる反応物質および生成物質のうち，燃料の化学エクセルギーを評価する．

そのために，燃焼前後における反応物質および生成物質のエクセルギーバランスを考える．5.6.1項および5.6.2項と同様に，式(4.6)のエクセルギーバランスにおいて定常状態を考え，ポテンシャルエクセルギーおよび運動エクセルギーを無視するとともに，最大仕事を評価するために，断熱変化を仮定し，エントロピー発生量を零とする．検査体積内へ流入するエクセルギーと

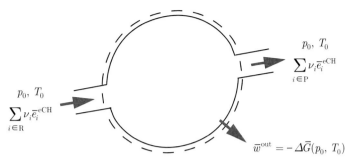

図 5.16　燃料の燃焼におけるエクセルギーバランス

して反応物質の化学エクセルギーを，また検査体積内から流出するエクセルギーとして生成物質の化学エクセルギーを考える．このとき，検査体積の出入口における圧力および温度をそれぞれ基準圧力 p_0 および基準温度 T_0 とすると，図 5.16 に示すように，エクセルギーバランスは次式のように表される．

$$\bar{e}_1^{CH} + \sum_{i \in R \setminus \{1\}} \nu_i \bar{e}_i^{eCH} - \sum_{i \in P} \nu_i \bar{e}_i^{eCH} - \bar{w}^{out} = 0 \tag{5.64}$$

ここで，ν_i [-] は反応物質および生成物質を構成する各成分の量論係数，R および P はそれぞれ反応物質および生成物質を表す添字の集合であり，燃料を表す添字を 1 とし，$\nu_1 = 1$ としている．また，燃料の単位物質量当りの最大仕事を $\bar{w}^{out}$ [J/mol] としている．

一方，式 (4.18) に示したように，化学エクセルギーの差がギブスエネルギーの差に等しいことを考慮し，上記のエクセルギーバランスを反応物質および生成物質の基準状態におけるモルギブスエネルギー $\bar{g}_i$ [J/mol] を用いて表すと，次式のようになる．

$$\sum_{i \in R} \nu_i \bar{g}_i(p_0, T_0) - \sum_{i \in P} \nu_i \bar{g}_i(p_0, T_0) - \bar{w}^{out} = 0 \tag{5.65}$$

ここで，式 (5.64) および式 (5.65) によって $\bar{w}^{out}$ を消去するとともに，式 (5.53) によって表される基準圧力 p_0 および基準温度 T_0 における反応ギブスエネルギー $\Delta \bar{G}(p_0, T_0)$ [J/mol] を用いると，燃料のモル化学エクセルギー $\bar{e}_1^{CH}$ [J/mol] は次式のように導かれる．

$$\bar{e}_1^{CH} = \sum_{i \in P} \nu_i \bar{e}_i^{eCH} - \sum_{i \in R \setminus \{1\}} \nu_i \bar{e}_i^{eCH} - \Delta \bar{G}(p_0, T_0) \tag{5.66}$$

【例題 5.22】　メタンのモル化学エクセルギーを求めよ．また，モル化学エクセルギーを，例題 5.19 の標準状態でのメタンの燃焼における反応ギブスエネルギーと比較せよ．

〔解答〕　メタンの化学反応式は

$$CH_4 + 2O_2 \rightarrow CO_2 + 2H_2O(g)$$

例題 5.20 の結果より，酸素，二酸化炭素，および水のモル化学エクセルギーはそれぞれ

$$\bar{e}_2^{eCH} = 3.9223 \, \text{MJ/kmol}, \quad \bar{e}_3^{eCH} = 19.3944 \, \text{MJ/kmol}, \quad \bar{e}_4^{eCH} = 9.8243 \, \text{MJ/kmol}$$

また，例題 5.19 の結果より，標準状態でのメタンの燃焼における反応物質の反応ギブスエネルギーは

$$\Delta \bar{G} = -800.785 \,\mathrm{MJ/kmol}$$

よって，式 (5.66) より，メタンのモル化学エクセルギーは

$$\bar{e}_1^{\mathrm{CH}} = \sum_{i=3}^{4} \nu_i \bar{e}_i^{\mathrm{eCH}} - \nu_2 \bar{e}_2^{\mathrm{eCH}} - \Delta \bar{G}$$
$$= 1 \times 19.3944 + 2 \times 9.8243 - 2 \times 3.9223 - (-800.785) = 831.983 \,\mathrm{MJ/kmol}$$

これより，標準状態でのメタンの燃焼における反応ギブスエネルギーの絶対値は，メタンのモル化学エクセルギーより小さいことがわかる．これは，生成物質としての二酸化炭素および水，ならびにメタン以外の反応物質としての酸素が化学エクセルギーを有しており，それらの差が正となるためである．

5.6.4 液体

最後に，燃焼に関わる反応物質および生成物質のうち，液体としての水の化学エクセルギーを評価する．

上述の燃料の化学エクセルギーの評価方法を利用すれば，液体の水の化学エクセルギーを評価することができる．すなわち，反応物質として液体の水のみ，生成物質として気体の水のみを考慮する加熱による蒸発の過程のエクセルギーバランスを考えると，式 (5.66) は次式のようになり，液体の水のモル化学エクセルギー $\bar{e}_l'^{\mathrm{CH}}$ を評価することができる．

$$\bar{e}_l'^{\mathrm{CH}} = \bar{e}_l^{\mathrm{eCH}} - \Delta \bar{G}(p_0, T_0) \tag{5.67}$$

ここで，$\Delta \bar{G}(p_0, T_0)$ はこの過程における反応ギブスエネルギーであり，式 (5.53) より気体と液体の水の標準生成ギブスエネルギーの差として算出される．

一方，燃料の燃焼において，生成物質として気体および液体の水の 2 通りを考慮することによっても，液体の水の化学エクセルギーを評価することができる．まず，気体の水を考慮する場合に，エクセルギーバランスから燃料のモル化学エクセルギーを評価し，それを液体の水を考慮する場合の燃料のモル化学エクセルギーに等価とする．次に，液体の水を考慮する場合に，エクセルギーバランスから液体の水のモル化学エクセルギーを評価する．なお，両方の方法による結果は当然一致する．

【例題 5.23】 液体の水のモル化学エクセルギーを求めよ．また，例題 5.21 の条件下において，水の凝縮を考慮して，燃焼ガスのモル化学エクセルギーを求めよ．

〔解答〕 まず，式 (5.67)，例題 5.20 の結果，および表 3.1 より，液体の水の化学エクセルギーは

$$\bar{e}_5'^{\mathrm{CH}} = \bar{e}_5^{\mathrm{eCH}} - \Delta \bar{G}(p_0, T_0) = 9824 - \{-228582 - (-237141)\} = 1265 \,\mathrm{kJ/kmol}$$

よって，式 (5.61) および例題 5.13 の結果より，凝縮する水のモル化学エクセルギーは

$$\bar{e}'^{\mathrm{CH}} = y_5' \bar{e}_5'^{\mathrm{CH}} = 0.1143 \times 1265 = 144.6 \,\mathrm{kJ/kmol}$$

次に，式 (5.58) および例題 5.13 の結果より，凝縮する水を除外して，燃焼ガスの各成分としての窒素，酸素，アルゴン，二酸化炭素，および水のモル化学エクセルギーは，それぞれ

$$\bar{e}_1''^{\mathrm{CH}} = -\bar{R}T_0 \ln \frac{y_1^{\mathrm{e}}}{y_1''} = -8.314 \times 298.15 \times \ln \frac{0.7661}{0.8130} = 147.3\,\mathrm{kJ/kmol}$$

$$\bar{e}_2''^{\mathrm{CH}} = -\bar{R}T_0 \ln \frac{y_2^{\mathrm{e}}}{y_2''} = -8.314 \times 298.15 \times \ln \frac{0.2025}{0.0727} = -2539.3\,\mathrm{kJ/kmol}$$

$$\bar{e}_3''^{\mathrm{CH}} = -\bar{R}T_0 \ln \frac{y_3^{\mathrm{e}}}{y_3''} = -8.314 \times 298.15 \times \ln \frac{0.0090}{0.0095} = 134.0\,\mathrm{kJ/kmol}$$

$$\bar{e}_4''^{\mathrm{CH}} = -\bar{R}T_0 \ln \frac{y_4^{\mathrm{e}}}{y_4''} = -8.314 \times 298.15 \times \ln \frac{0.0004}{0.0731} = 12910.0\,\mathrm{kJ/kmol}$$

$$\bar{e}_5''^{\mathrm{CH}} = -\bar{R}T_0 \ln \frac{y_5^{\mathrm{e}}}{y_5''} = -8.314 \times 298.15 \times \ln \frac{0.0190}{0.0317} = 1268.9\,\mathrm{kJ/kmol}$$

よって，式 (5.62) より，凝縮する水を除外して，燃焼ガスのモル化学エクセルギーは

$$\bar{e}''^{\mathrm{CH}} = \sum_{i=1}^{4} y_i \bar{e}_i''^{\mathrm{CH}} + y_5'' \bar{e}_5''^{\mathrm{CH}}$$
$$= 0.7170 \times 147.3 + 0.0641 \times (-2539.3) + 0.0084 \times 134.0 + 0.0645 \times 12910.0$$
$$+ 0.0317 \times 1268.9 = 816.9\,\mathrm{kJ/kmol}$$

したがって，式 (5.63) より，水の凝縮を考慮した燃焼ガスのモル化学エクセルギーは

$$\bar{e}^{\mathrm{CH}} = \bar{e}'^{\mathrm{CH}} + \bar{e}''^{\mathrm{CH}} = 144.6 + 816.9 = 961.5\,\mathrm{kJ/kmol}$$

例題 5.21 の水の凝縮を考慮しない燃焼ガスのモル化学エクセルギーは，上記の値に比較して過大に評価されている．化学エクセルギーは機器要素および機器／システムのエクセルギー破壊量およびエクセルギー効率に影響を及ぼすので，評価には注意を要する．

5.7 エクセルギー破壊

4.3 節でも述べたが，式 (4.21) および式 (4.22) のエクセルギーバランスが示すように，検査体積内の様々なエネルギー変換過程においてエクセルギー破壊が生じ，エクセルギーが減少する．エクセルギー破壊はエネルギー変換過程の不可逆性に伴うエントロピー発生によるものであり，エクセルギー破壊量はエントロピー発生量に比例する．

検査体積内におけるエクセルギー破壊量は，機器要素および機器／システムの解析によって求められる状態量に基づき，検査体積内に流出入するエクセルギー流量，ならびに検査体積内のエクセルギー量の時間変化を評価し，それらをエクセルギーバランスに代入することによって求められる．例えば，定常状態を考えると，式 (4.22) のエクセルギーバランスより，エクセルギー破壊量 $\dot{E}^{\mathrm{des}}$ [W] は次式のように求められる．

$$\dot{E}^{\mathrm{des}} = T_0 \dot{S}^{\mathrm{gen}}$$
$$= \dot{E}^{\mathrm{in}} - \dot{E}^{\mathrm{out}} + \left(1 - \frac{T_0}{T}\right)\dot{Q}^{\mathrm{in}} - \dot{W}^{\mathrm{out}} \tag{5.68}$$

あるいは，機器要素および機器／システムの解析によって求められる状態量に基づき，検査体積内に流出入するエントロピー流量，ならびに検査体積内のエントロピー量の時間変化を評価し，それらを式 (4.2) あるいは式 (4.3) のエントロピーバランスに代入することによってエントロピー発生量を求め，さらにそれを式 (5.68) に代入することによってエクセルギー破壊量が求められる．例えば，定常状態を考えると，式 (4.3) のエントロピーバランスより，エクセルギー破

壊量 $\dot{E}^{\mathrm{des}}$ は次式のように求められる．

$$\dot{E}^{\mathrm{des}} = T_0 \dot{S}^{\mathrm{gen}}$$
$$= -T_0 \left(\sum_{i=1}^{N} \dot{m}_i^{\mathrm{in}} s_i^{\mathrm{in}} - \sum_{i=1}^{N} \dot{m}_i^{\mathrm{out}} s_i^{\mathrm{out}} + \frac{\dot{Q}^{\mathrm{in}}}{T} \right) \tag{5.69}$$

エネルギー変換過程におけるエントロピー発生あるいはエクセルギー破壊の原因として，摩擦，伝熱，膨張，混合，化学反応，および仕事から熱への変換などが考えられる．しかしながら，エントロピー発生あるいはエクセルギー破壊の原因としてどれが主要なものであるかは，エネルギー変換過程によって異なる．また，エントロピー発生量あるいはエクセルギー破壊量の大きさも，エネルギー変換過程によって異なる．これらについては，それぞれ第6章および第7章で述べる機器要素および機器／システムにおけるエネルギー変換とその評価に関連して言及する．ここでは，2つの簡単なエネルギー変換過程を対象として，エントロピー発生あるいはエクセルギー破壊について述べる．

5.7.1 例1：液体の混合

図 5.17 に示すように，同種の液体 A と B を混合する場合を考え，混合によるエクセルギー破壊量を求めてみる．

混合前の液体 A および B の温度をそれぞれ T_{A} [K] および T_{B} [K]，ならびに混合後の液体の温度を T_{AB} [K] とする．また，液体 A および B の質量は同じであり m [kg] とし，液体の比体積および定容比熱は一定であり，定容比熱を c_v [J/(kg·K)] とする．さらに，圧力は基準圧力に保たれており，周辺への熱損失を無視するものとする．

このとき，液体 A および B を囲む検査体積を設定し，それぞれ式 (2.13) および式 (4.21) の非定常状態のエネルギー保存則およびエクセルギーバランスを，混合前から混合後まで時間に関して積分して適用する．

まず，混合前後の変化におけるエネルギー保存則は次式のように表される．

$$2mu(T_{\mathrm{AB}}) - (mu(T_{\mathrm{A}}) + mu(T_{\mathrm{B}})) = 0 \tag{5.70}$$

ここで，u [J/kg] は温度 T [K] の関数としての比内部エネルギーである．また，混合前後の変化におけるエクセルギーバランス，ならびにそれを構成する混合前後のエクセルギー E_{A} [J]，E_{B} [J]，および E_{AB} [J] は，比体積が一定であることを考慮して，次式のように表される．

$$E_{\mathrm{AB}} - (E_{\mathrm{A}} + E_{\mathrm{B}}) = -E^{\mathrm{des}} \tag{5.71}$$

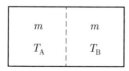

図 5.17 液体の混合

$$\left.\begin{array}{l}E_\mathrm{A} = m\{(u(T_\mathrm{A}) - u(T_0)) - T_0(s(T_\mathrm{A}) - s(T_0))\} \\ E_\mathrm{B} = m\{(u(T_\mathrm{B}) - u(T_0)) - T_0(s(T_\mathrm{B}) - s(T_0))\} \\ E_\mathrm{AB} = 2m\{(u(T_\mathrm{AB}) - u(T_0)) - T_0(s(T_\mathrm{AB}) - s(T_0))\}\end{array}\right\} \quad (5.72)$$

ここで，E^des [J] はエクセルギー破壊量，s [J/(kg·K)] は温度 T の関数としての比エントロピーである．さらに，u および s としてそれぞれ式 (3.50) および式 (5.11) を適用し，次式のように表す．

$$\left.\begin{array}{l}u(T) = c_v(T - T_\mathrm{ref}) + u(T_\mathrm{ref}) \\ s(T) = c_v \ln \dfrac{T}{T_\mathrm{ref}} + s(T_\mathrm{ref})\end{array}\right\} \quad (5.73)$$

ここで，T_ref [K] は温度の基準値である．

式 (5.71) に式 (5.72) を代入し，式 (5.70) を考慮するとともに，式 (5.73) を適用する．また，式 (5.70) に式 (5.73) の第 1 式を適用することによって，T_AB を T_A および T_B によって表すと，エクセルギー破壊量 E^des が次のように求められる．

$$E^\mathrm{des} = mc_v T_0 \ln \frac{(T_\mathrm{A} + T_\mathrm{B})^2}{4 T_\mathrm{A} T_\mathrm{B}} \quad (5.74)$$

また，液体 A と B の温度差を $\Delta T = T_\mathrm{A} - T_\mathrm{B}$ [K] とすると，E^des は

$$E^\mathrm{des} = mc_v T_0 \ln \frac{(2 + \Delta T/T_\mathrm{B})^2}{4(1 + \Delta T/T_\mathrm{B})} \quad (5.75)$$

となる．これらの値は，$\Delta T = 0$ の場合に零となるが，$\Delta T \neq 0$ の場合には正となる．よって，エネルギーは保存されるが，エクセルギーが減少することがわかる．また，$|\Delta T|$ の増大とともにエクセルギー破壊量が増大する．さらに，$|\Delta T|$ が同じであっても，T_A および T_B が低下するに伴って，エクセルギー破壊量が増大することがわかる．

【例題 5.24】 温度が 25.0 および 100.0 °C の 1.0 kg の水を混合して同一温度の 2.0 kg の水にしたとき，混合前後のエクセルギーおよびエクセルギー破壊量を求めよ．ただし，水の定容比熱を 4.181 kJ/(kg·K) とする．

〔解答〕 式 (5.70) および式 (5.73) の第 1 式より，混合後の水の温度は

$$T_\mathrm{AB} = \frac{T_\mathrm{A} + T_\mathrm{B}}{2} = \frac{298.15 + 373.15}{2} = 335.65\,\mathrm{K}$$

このとき，式 (5.72) および式 (5.73) より，混合前後におけるエクセルギーは

$$\begin{aligned}E_\mathrm{A} &= mc_v \left(T_\mathrm{A} - T_0 - T_0 \ln \frac{T_\mathrm{A}}{T_0}\right) \\ &= 1.0 \times 4.181 \times \left(298.15 - 298.15 - 298.15 \times \ln \frac{298.15}{298.15}\right) = 0.0\,\mathrm{kJ}\end{aligned}$$

$$\begin{aligned}E_\mathrm{B} &= mc_v \left(T_\mathrm{B} - T_0 - T_0 \ln \frac{T_\mathrm{B}}{T_0}\right) \\ &= 1.0 \times 4.181 \times \left(373.15 - 298.15 - 298.15 \times \ln \frac{373.15}{298.15}\right) = 33.87\,\mathrm{kJ}\end{aligned}$$

$$\begin{aligned}E_\mathrm{AB} &= 2mc_v \left(T_\mathrm{AB} - T_0 - T_0 \ln \frac{T_\mathrm{AB}}{T_0}\right) \\ &= 2.0 \times 4.181 \times \left(335.65 - 298.15 - 298.15 \times \ln \frac{335.65}{298.15}\right) = 18.21\,\mathrm{kJ}\end{aligned}$$

よって，式 (5.71) より，エクセルギー破壊量は
$$E^{\text{des}} = (E_{\text{A}} + E_{\text{B}}) - E_{\text{AB}} = 0.0 + 33.87 - 18.22 = 15.65 \, \text{kJ}$$

5.7.2 例2：電力から熱への変換

次に，図 5.18 に示すように，配管に液体を流して電気ヒータで加熱するという過程を考え，電力から熱への変換におけるエクセルギー破壊量を求めてみる．

液体の質量流量を $\dot{m}$ [kg/s]，入口および出口温度をそれぞれ T^{in} [K] および T^{out} [K]，電気ヒータの加熱量を $\dot{W}^{\text{in}}$ [W] とする．液体の比体積および定容比熱は一定であり，比体積を v [m^3/s]，定容比熱を c_v とする．さらに，圧力は基準圧力 p_0 [Pa] に保たれており，周辺への熱損失を無視するものとする．

このとき，配管を囲む検査体積を設定し，それぞれ式 (2.14) および式 (4.22) の定常状態のエネルギー保存則およびエクセルギーバランスを適用する．

まず，エネルギー保存則は次式のように表される．
$$\dot{m}h(T^{\text{in}}) - \dot{m}h(T^{\text{out}}) + \dot{W}^{\text{in}} = 0 \tag{5.76}$$

ここで，h [J/kg] は温度 T の関数としての比エンタルピーである．また，エクセルギーバランス，ならびにそれを構成する加熱前後のエクセルギー流量 $\dot{E}^{\text{in}}$ [W] および $\dot{E}^{\text{out}}$ [W] は，次式のように表される．

$$\dot{E}^{\text{in}} - \dot{E}^{\text{out}} + \dot{W}^{\text{in}} - \dot{E}^{\text{des}} = 0 \tag{5.77}$$

$$\left. \begin{array}{l} \dot{E}^{\text{in}} = \dot{m}\{(h(T^{\text{in}}) - h(T_0)) - T_0(s(T^{\text{in}}) - s(T_0))\} \\ \dot{E}^{\text{out}} = \dot{m}\{(h(T^{\text{out}}) - h(T_0)) - T_0(s(T^{\text{out}}) - s(T_0))\} \end{array} \right\} \tag{5.78}$$

ここで，$\dot{E}^{\text{des}}$ はエクセルギー破壊量，s は温度 T の関数としての比エントロピーである．さらに，h および s としてそれぞれ式 (3.65) および式 (5.11) を適用し，次式のように表す．

$$\left. \begin{array}{l} h(T) = c_v(T - T_{\text{ref}}) + u(T_{\text{ref}}) + p_0 v \\ s(T) = c_v \ln \dfrac{T}{T_{\text{ref}}} + s(T_{\text{ref}}) \end{array} \right\} \tag{5.79}$$

したがって，式 (5.77) に式 (5.78) を代入し，式 (5.76) を考慮するとともに，式 (5.79) を適用すると，エクセルギー破壊量 $\dot{E}^{\text{des}}$ が次のように求められる．

$$\dot{E}^{\text{des}} = \dot{m}c_v T_0 \ln \frac{T^{\text{out}}}{T^{\text{in}}} \tag{5.80}$$

また，式 (5.76) に式 (5.79) の第1式を適用することによって，T^{out} を T^{in} および $\dot{W}^{\text{in}}$ によって

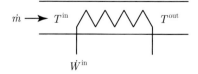

図 5.18　電気ヒータによる液体の加熱

表すと，$\dot{E}^{\mathrm{des}}$ は

$$\dot{E}^{\mathrm{des}} = \dot{m}c_v T_0 \ln\frac{T^{\mathrm{in}} + \dot{W}^{\mathrm{in}}/(\dot{m}c_v)}{T^{\mathrm{in}}} \tag{5.81}$$

となる．これによって，$\dot{W}^{\mathrm{in}}$ が同じであっても，T^{in} および T^{out} が低下するに伴って，エクセルギー破壊量が増大することがわかる．

【例題 5.25】 配管に水を質量流量 0.1 kg/s で流して電気ヒータで加熱し，温度を 50.0 °C から 100.0 °C に上昇させるとき，エクセルギー破壊量を求めよ．また，同様にして，温度を 0.0 °C から 50.0 °C に上昇させるとき，エクセルギー破壊量を求め，比較せよ．ただし，水の定容比熱を 4.181 kJ/(kg·K) とする．

〔解答〕 必要な加熱量は

$$\dot{W}^{\mathrm{in}} = \dot{m}c_v(T^{\mathrm{out}} - T^{\mathrm{in}}) = 0.1 \times 4.181 \times 50.0 = 20.905\,\mathrm{kW}$$

温度を 50.0 °C から 100.0 °C に上昇させるとき，式 (5.78) より，加熱前後におけるエクセルギー流量は

$$\dot{E}^{\mathrm{in}} = \dot{m}c_v\left(T^{\mathrm{in}} - T_0 - T_0\ln\frac{T^{\mathrm{in}}}{T_0}\right)$$
$$= 0.1 \times 4.181 \times \left(323.15 - 298.15 - 298.15 \times \ln\frac{323.15}{298.15}\right) = 0.415\,\mathrm{kW}$$

$$\dot{E}^{\mathrm{out}} = \dot{m}c_v\left(T^{\mathrm{out}} - T_0 - T_0\ln\frac{T^{\mathrm{out}}}{T_0}\right)$$
$$= 0.1 \times 4.181 \times \left(373.15 - 298.15 - 298.15 \times \ln\frac{373.15}{298.15}\right) = 3.387\,\mathrm{kW}$$

よって，式 (5.77) より，エクセルギー破壊量は

$$\dot{E}^{\mathrm{des}} = \dot{W}^{\mathrm{in}} + \dot{E}^{\mathrm{in}} - \dot{E}^{\mathrm{out}} = 20.905 + 0.415 - 3.387 = 17.933\,\mathrm{kW}$$

また，温度を 0.0 °C から 50.0 °C に上昇させるとき，同様にして，加熱前後におけるエクセルギー流量およびエクセルギー破壊量は

$$\dot{E}^{\mathrm{in}} = \dot{m}c_v\left(T_\mathrm{A} - T_0 - T_0\ln\frac{T^{\mathrm{in}}}{T_0}\right)$$
$$= 0.1 \times 4.181 \times \left(273.15 - 298.15 - 298.15 \times \ln\frac{273.15}{298.15}\right) = 0.464\,\mathrm{kW}$$

$$\dot{E}^{\mathrm{out}} = \dot{m}c_v\left(T^{\mathrm{out}} - T_0 - T_0\ln\frac{T^{\mathrm{out}}}{T_0}\right)$$
$$= 0.1 \times 4.181 \times \left(323.15 - 298.15 - 298.15 \times \ln\frac{323.15}{298.15}\right) = 0.415\,\mathrm{kW}$$

$$\dot{E}^{\mathrm{des}} = \dot{W}^{\mathrm{in}} + \dot{E}^{\mathrm{in}} - \dot{E}^{\mathrm{out}} = 20.905 + 0.464 - 0.415 = 20.954\,\mathrm{kW}$$

したがって，後者の条件下では，基準温度をまたいでの温度上昇であり，加熱によってエクセルギーが減少するため，エクセルギー破壊量が加熱量より大きくなっている．

5.8 エクセルギー損失

エクセルギー破壊は，各機器要素におけるエネルギー変換過程の不可逆性に伴うエントロピー発生によるものであり，エネルギー変換過程にとって大なり小なり避けることができないものである．一方，機器要素では失われることなく出力として取り出されたエクセルギーであっても，機器／システムの目的のために有効に利用することができず，廃棄せざるを得ない場合が生じる．このエクセルギーをエクセルギー破壊と区別し，エクセルギー損失と呼ぶ．なお，エクセルギーの解析において，エクセルギー破壊とエクセルギー損失を区別せずに，両者をエクセルギー損失と呼んでいる場合が見受けられるので，注意されたい．

複数の機器要素から構成される機器／システムの上流においては，機器要素から取り出された出力は，他の機器要素への入力として有効に利用できることが多い．しかしながら，システムの下流の末端においては，機器要素から取り出された出力は，他の機器要素への入力として有効に利用することができない．したがって，エクセルギー損失は，機器要素として評価するよりはむしろ，機器／システムの目的のために有効に利用することができず，廃棄せざるを得ないものと捉え，機器／システムとして評価することが望ましいと考えられる．

なお，エクセルギー損失の具体例による評価については，7.3.5 項で言及する．

5.9 エクセルギー効率

エクセルギー破壊量および損失量はエネルギー流量と同じ次元をもつ物理量であるため，基本的に機器の大きさに依存する．様々な大きさの機器についてエクセルギー破壊量および損失量を比較するためには，基本的に機器の大きさに依存しない何らかの無次元量によってエクセルギー破壊量および損失量を評価する必要がある．そのために，エクセルギー効率と呼ばれる量が用いられる．

機器あるいはシステムのエクセルギー効率 ε [-] は，次式のように定義される．

$$\varepsilon = \frac{\dot{E}_\mathrm{P}}{\dot{E}_\mathrm{F}} \tag{5.82}$$

ここで，$\dot{E}_\mathrm{P}$ [W] は広義の製品のエクセルギー流量，$\dot{E}_\mathrm{F}$ [W] は広義の燃料のエクセルギー流量である．広義の製品とは，機器要素あるいは機器／システムの目的に対応するエネルギーの入出力である．したがって，機器要素あるいは機器／システムからのエネルギーの出力が必ずしも広義の製品を表すとは限らない．また，広義の燃料とは，機器要素あるいは機器／システムによって広義の製品を造り出すために必要なエネルギーの入出力である．したがって，機器要素あるいは機器／システムへのエネルギーの入力が必ずしも広義の燃料を表すとは限らない．したがって，機器要素あるいは機器／システムのエクセルギー効率を定義するためには，その機能を考慮する必要がある．

エクセルギーの入出力流量の代わりに，広義の製品および燃料のエクセルギー流量，ならびにエクセルギー破壊量および損失量を用いて，式 (4.22) の定常状態におけるエクセルギーバランスを書き直すと，次式のようになる．

$$\dot{E}_\mathrm{F} - \dot{E}_\mathrm{P} - \dot{E}^\mathrm{des} - \dot{E}^\mathrm{loss} = 0 \tag{5.83}$$

ここで，$\dot{E}^\mathrm{des}$ [W] および $\dot{E}^\mathrm{loss}$ [W] はそれぞれエクセルギー破壊量および損失量である．これを考慮すると，エクセルギー効率 ε は次式のように表すこともできる．

$$\varepsilon = 1 - \frac{\dot{E}^\mathrm{des} + \dot{E}^\mathrm{loss}}{\dot{E}_\mathrm{F}} \tag{5.84}$$

したがって，エクセルギー効率を向上させるためには，広義の燃料のエクセルギー流量に対するエクセルギー破壊量および損失量の割合を減少させる必要がある．

【例題 5.26】 5.7.1 項の例 1 および 5.7.2 項の例 2 においてエクセルギー効率を定義し，それぞれ例題 5.24 および例題 5.25 の条件下においてエクセルギー効率を求めよ．

〔解答〕 5.7.1 項の例 1 においては，エクセルギー効率は次式のように定義できる．

$$\varepsilon = \frac{E_\mathrm{AB}}{E_\mathrm{A} + E_\mathrm{B}} = \frac{E_\mathrm{A} + E_\mathrm{B} - E^\mathrm{des}}{E_\mathrm{A} + E_\mathrm{B}}$$

よって，例題 5.24 の条件下において，エクセルギー効率は次のように求められる．

$$\varepsilon = \frac{E_\mathrm{AB}}{E_\mathrm{A} + E_\mathrm{B}} = \frac{18.21}{0.0 + 33.87} = 0.5376$$

一方，5.7.2 項の例 2 においては，エクセルギー効率は次式のように定義できる．

$$\varepsilon = \frac{\dot{E}^\mathrm{out} - \dot{E}^\mathrm{in}}{\dot{W}^\mathrm{in}} = \frac{\dot{W}^\mathrm{in} - \dot{E}^\mathrm{des}}{\dot{W}^\mathrm{in}}$$

よって，例題 5.25 の条件下において，温度を 50.0 °C から 100.0 °C に上昇させるとき，エクセルギー効率は次のように求められる．

$$\varepsilon = \frac{\dot{E}^\mathrm{out} - \dot{E}^\mathrm{in}}{\dot{W}^\mathrm{in}} = \frac{3.387 - 0.415}{20.905} = 0.1422$$

また，温度を 0.0 °C から 50.0 °C に上昇させるとき，エクセルギー効率は次のように求められる．

$$\varepsilon = \frac{\dot{E}^\mathrm{out} - \dot{E}^\mathrm{in}}{\dot{W}^\mathrm{in}} = \frac{0.415 - 0.464}{20.905} = -0.002$$

したがって，後者の条件下では，基準温度をまたいでの温度上昇であり，加熱によってエクセルギーが減少するため，エクセルギー効率が負になっている．

第6章

機器要素における
エネルギー変換の評価

本章では，エネルギーシステムを構成する様々な機器要素におけるエネルギー変換を対象として，エネルギーおよびエクセルギー評価を行う．そのために，第2章および第4章で述べたエネルギー変換の基礎法則，ならびに第3章および第5章で述べた各種エネルギーおよびエクセルギーの評価方法を，機器要素におけるエネルギー変換に適用する．

機器要素として，まず仕事によって流体のエネルギーを高めるためのポンプ，圧縮機，および往復機関の圧縮過程を対象とする．次に，逆に流体のエネルギーによって仕事を得るための水車，タービン，および往復機関の膨張過程を対象とする．さらに，大気圧下で風の運動エネルギーから仕事を得るための風車，燃料を燃焼させて流体の熱エネルギーを発生させるための燃焼器，流体の熱エネルギーを他の流体の熱エネルギーに変換するための熱交換器，流体を搬送するための配管，ならびに流体の流量および圧力を調整するための弁を対象とする．

エネルギー解析においては，液体では特に定容比熱および比体積が一定の場合について扱い，解析解を導出する．一方，気体では，定圧比熱および定容比熱が一定の狭義の理想気体を扱う場合には，解析解を導出するが，定圧比熱および定容比熱が一定ではない広義の理想気体および実在気体を扱う場合には，数値計算によって解を導出する．上記の機器要素のうち，往復機関を除いては，すべて流体が検査体積を流出入してエネルギー変換が行われる開いたシステムであるため，定常系の方程式を適用し，付録Dおよび付録Eに掲載したCプログラムによって数値計算を行う．一方，往復機関では，体積が変化する検査体積内でエネルギー変換が行われる閉じたシステムであるため，非定常系の方程式を適用し，付録Dおよび付録FのCプログラムによって数値計算を行う．

6.1 ポンプ

ポンプは，液体の圧力を上昇させ，配管を通して液体を搬送するための機器である．ポンプの形式はターボ形と容積形に大別される．前者は，電動機などによって回転体に取り付けた翼，すなわち羽根を回転させ，その間を液体が通り抜けるとき，液体にエネルギーを与える．これに対して，後者は，電動機などによってシリンダ内でピストンまたはプランジャを往復運動させ，あるいはケーシング内で回転子を回転させ，液体を移動させる．これによって，一定体積の液体が強制的に送り出され，それが吐出し側の液体に接してエネルギーが与えられる．ここでは，ターボ形のポンプを取り上げる．この形式は，羽根を通り抜ける流れの特徴から，遠心ポンプ，斜流ポンプ，および軸流ポンプの形式に分類されるが，2.1節で述べたように具体的な形状については考慮しない．

ポンプにおけるエネルギー変換過程は次のように表される．

仕事（回転運動による運動エネルギー）$\Rightarrow$ 液体の圧力エネルギー変化

このエネルギー変換を以下に述べるように定量的に考える．

図6.1に示すように，ポンプを囲む検査体積を考え，上付添字 in および out でそれぞれ入口

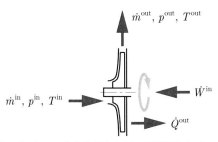

図 6.1　ポンプにおける検査体積ならびに状態量およびエネルギー量

および出口を区別し，出入口の質量流量 $\dot{m}$ [kg/s]，圧力 p [Pa]，および温度 T [K] を定義する．また，ポンプへの入力である動力の仕事量 $\dot{W}^{\mathrm{in}}$ [W] およびポンプを通じて外部に放出される熱量 $\dot{Q}^{\mathrm{out}}$ [W] を定義する．このとき，定常状態におけるエネルギー変換の基礎法則を適用する．

まず，質量保存則は式 (2.4) のように表される．次に，エネルギー保存則は式 (2.14) より次式のように表される．

$$\dot{m}^{\mathrm{in}}(u(p^{\mathrm{in}},T^{\mathrm{in}})+p^{\mathrm{in}}v(p^{\mathrm{in}},T^{\mathrm{in}}))+\dot{W}^{\mathrm{in}} = \dot{m}^{\mathrm{out}}(u(p^{\mathrm{out}},T^{\mathrm{out}})+p^{\mathrm{out}}v(p^{\mathrm{out}},T^{\mathrm{out}}))+\dot{Q}^{\mathrm{out}} \quad (6.1)$$

ここで，式 (2.14) のエネルギー保存則とは異なり，仕事量 $\dot{W}^{\mathrm{in}}$ を入力とし，熱量 $\dot{Q}^{\mathrm{out}}$ を出力としていることに注意されたい．また，ポンプ出入口の高度差を無視し，ポテンシャルエネルギーを除外するとともに，液体の流速の変化を無視し，運動エネルギーも除外している．これは，ポンプ出入口の高度差や液体の流速の変化があったとしても，それらが全体のエネルギー変化に及ぼす影響が小さいためである．なお，後続の節ではこの理由について言及しない．さらに，それぞれ 3.3.1 項および 3.5.1 項で述べたように，比体積 v [m^3/kg] および比内部エネルギー u [J/kg] を一般的に圧力 p および温度 T の関数として表現している．加えて，2.1 節で述べたように，運動量保存／変化則に代わるものとして，ポンプの特性式を考慮する．6.10 節で述べるように，配管および弁の圧力損失が概ね流量の 2 乗に比例することが知られているが，これと類似して，ポンプのある回転数の運転状態における圧力差が概ね流量の 2 乗に比例して減少することが知られている．ここで，このポンプの圧力差と質量流量の関係を $\Delta p(\dot{m}^{\mathrm{in}})$ [Pa] によって表すと，ポンプの特性式は次式のように表される．

$$p^{\mathrm{in}} + \Delta p(\dot{m}^{\mathrm{in}}) = p^{\mathrm{out}} \quad (6.2)$$

式 (2.4)，式 (6.1)，式 (6.2)，ならびに入口の境界条件 $\dot{m}^{\mathrm{in}}$, p^{in}, および T^{in} によってすべての値を決定することは困難である．なぜならば，仕事量 $\dot{W}^{\mathrm{in}}$ および熱量 $\dot{Q}^{\mathrm{out}}$ が式 (6.1) に含まれているからである．なお，後続の節ではこの理由についても言及しない．ここでは，2.2 節で述べたように，$\dot{W}^{\mathrm{in}}$ が与えられ，かつ断熱，すなわち $\dot{Q}^{\mathrm{out}} = 0$ の場合について考える．これによって，式 (2.4) より $\dot{m}^{\mathrm{out}}$，式 (6.2) より p^{out}，および式 (6.1) より T^{out} の値を決定することができる．

以下では，圧力および温度の変化が小さい場合における液体の特性として，比体積 v および定容比熱 c_v [J/(kg·K)] が一定の場合のみについて考える．これは，3.3.1 項および 3.5.1 項の結果，ならびに後述するように温度上昇が微小であることに基づいている．このとき，式 (6.1) のエネルギー保存則は，断熱の条件 $\dot{Q}^{\mathrm{out}} = 0$ も考慮して次式のようになる．

$$\dot{m}^{\text{in}}(c_v T^{\text{in}} + p^{\text{in}} v) + \dot{W}^{\text{in}} = \dot{m}^{\text{out}}(c_v T^{\text{out}} + p^{\text{out}} v) \tag{6.3}$$

ここで，比内部エネルギーの基準値は両辺で相殺されるため，省略している．よって，式 (2.4)，式 (6.2)，および式 (6.3) より次式が導出される．

$$\dot{W}^{\text{in}} = \dot{m}^{\text{in}}\{c_v(T^{\text{out}} - T^{\text{in}}) + \Delta p(\dot{m}^{\text{in}})v\} \tag{6.4}$$

これより，$\dot{W}^{\text{in}}$ が与えられると，T^{out} を決定できることがわかる．一方，ポンプがなす仕事としての圧力エネルギー変化 $\Delta \dot{\Xi}$ [W] は次式のように表される．

$$\Delta \dot{\Xi} = \dot{m}^{\text{in}} \Delta p(\dot{m}^{\text{in}}) v \tag{6.5}$$

したがって，圧力エネルギー変化を入力される仕事量で除したポンプ効率 η [-] は次式のように表される．

$$\begin{aligned} \eta &= \frac{\Delta \dot{\Xi}}{\dot{W}^{\text{in}}} \\ &= \frac{\Delta p(\dot{m}^{\text{in}}) v}{c_v(T^{\text{out}} - T^{\text{in}}) + \Delta p(\dot{m}^{\text{in}}) v} \end{aligned} \tag{6.6}$$

よって，$\dot{W}^{\text{in}}$ の代わりに η が与えられても，T^{out} を決定することができる．

ポンプにおけるエネルギー変換に関わるエネルギー量の変化を図 6.2 に示す．ポンプに与えられた仕事量は液体の圧力エネルギー変化と内部エネルギー変化に変換され，そのうち前者のみがポンプの機能に寄与する．ポンプ効率は，運転条件，すなわち回転数や質量（体積）流量によって異なるが，最大で通常 0.6～0.9 であり，仕事量の 60～90 ％が圧力エネルギー変化に変換される．一方，その残りの 40～10 ％が内部エネルギー変化に変換される．その結果，液体の温度が上昇することになる．また，断熱でない場合には，液体の温度上昇に変換されたり，ポンプを通じて熱エネルギーとして外部に放出される．その結果，液体やポンプの温度が上昇することになる．ここで，内部エネルギー変化や熱エネルギーを無視することはできないが，後述の例題 6.3 に示すように温度上昇はわずかであることに注意されたい．これは，液体の定容比熱が比較的大きいためである．

次に，上記のエネルギー変換過程をエクセルギーに基づいて評価する．式 (6.3) のエネルギー保存則に対応するエクセルギーバランスは式 (4.22) より次式のように表される．

$$\begin{aligned} &\dot{m}^{\text{in}}\left\{c_v(T^{\text{in}} - T_0) + (p^{\text{in}} - p_0)v - c_v T_0 \ln \frac{T^{\text{in}}}{T_0}\right\} + \dot{W}^{\text{in}} \\ &= \dot{m}^{\text{out}}\left\{c_v(T^{\text{out}} - T_0) + (p^{\text{out}} - p_0)v - c_v T_0 \ln \frac{T^{\text{out}}}{T_0}\right\} + \dot{E}^{\text{des}} \end{aligned} \tag{6.7}$$

ここで，p_0 [Pa] および T_0 [K] はそれぞれ基準圧力および基準温度である．ただし，エクセルギーとして式 (5.28) の物理エクセルギーのみを考慮している．式 (6.7) に式 (2.4) および式 (6.3)

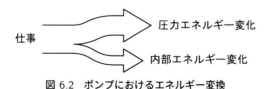

図 6.2 ポンプにおけるエネルギー変換

を適用すると，エクセルギー破壊量 $\dot{E}^{\mathrm{des}}$ [W] は次式のように求められる．

$$\dot{E}^{\mathrm{des}} = \dot{m}^{\mathrm{in}} c_v T_0 \ln \frac{T^{\mathrm{out}}}{T^{\mathrm{in}}} \tag{6.8}$$

ここで，温度上昇がわずかであることを仮定すると，式 (6.8) の $\dot{E}^{\mathrm{des}}$ は次式のように近似的に表すことができる．

$$\dot{E}^{\mathrm{des}} \approx \dot{m}^{\mathrm{in}} c_v T_0 \frac{T^{\mathrm{out}} - T^{\mathrm{in}}}{T^{\mathrm{in}}} \tag{6.9}$$

また，液体のエクセルギー変化を入力される仕事量で除したエクセルギー効率 ε [-] は

$$\begin{aligned}\varepsilon &= \frac{\dot{m}^{\mathrm{in}}\left\{c_v(T^{\mathrm{out}} - T^{\mathrm{in}}) + (p^{\mathrm{out}} - p^{\mathrm{in}})v - c_v T_0 \ln \dfrac{T^{\mathrm{out}}}{T^{\mathrm{in}}}\right\}}{\dot{W}^{\mathrm{in}}} \\ &= \frac{\dot{W}^{\mathrm{in}} - \dot{E}^{\mathrm{des}}}{\dot{W}^{\mathrm{in}}}\end{aligned} \tag{6.10}$$

となる．

式 (6.9) が成立する場合にポンプ効率 η とエクセルギー効率 ε を比較すると，$T^{\mathrm{in}} = T_0$ の場合には η と ε は一致する．しかしながら，$T^{\mathrm{in}} < T_0$ の場合には ε は η よりも低く，逆に $T^{\mathrm{in}} > T_0$ の場合には ε は η よりも高くなる．これは，5.7.1 項および 5.7.2 項で述べたように，低温の方がエクセルギー破壊量が大きく，エクセルギー効率が低いという一般的な性質に整合している．

【例題 6.1】 温度上昇がわずかであることを仮定して，式 (6.8) から式 (6.9) を導出せよ．

〔解答〕 式 (6.8) に含まれている対数関数をテイラー級数展開すると，次式のように表される．

$$\ln(x + \Delta x) = \ln x + \frac{1}{x} \Delta x - \frac{1}{2x^2}(\Delta x)^2 + \cdots$$

ここで，$x = 1$ とし，Δx を微小量としてその一次の項までを採用すると，近似的に次式のように表される．

$$\ln(1 + \Delta x) \approx \Delta x$$

式 (6.8) において，$T^{\mathrm{out}}/T^{\mathrm{in}} = 1 + (T^{\mathrm{out}} - T^{\mathrm{in}})/T^{\mathrm{in}}$ と表されるため，$\Delta x = (T^{\mathrm{out}} - T^{\mathrm{in}})/T^{\mathrm{in}}$ と置くと

$$\ln \frac{T^{\mathrm{out}}}{T^{\mathrm{in}}} \approx \frac{T^{\mathrm{out}} - T^{\mathrm{in}}}{T^{\mathrm{in}}}$$

が成立する．よって，式 (6.9) が導出される．

【例題 6.2】 ポンプによって体積流量 $0.15 \ \mathrm{m^3/s}$，圧力 $100.0 \ \mathrm{kPa}$，温度 $25 \ \mathrm{°C}$ の水の圧力を 2.5 倍に上昇させる．このとき，水の圧力エネルギー変化，水の内部エネルギー変化，およびポンプの運転に必要な仕事量を求めよ．ただし，ポンプを通じて外部に放出される熱エネルギーを零と仮定し，ポンプ効率を 0.8 とする．

〔解答〕 式 (6.5) より，圧力エネルギー変化（増大）は

$$\Delta \dot{\Xi} = \dot{m}^{\mathrm{in}} \Delta p v = \dot{V}^{\mathrm{in}} \Delta p = 0.15 \times (100.0 \times 2.5 - 100.0) = 22.50 \ \mathrm{kW}$$

式 (6.6) より，必要な仕事量は

$$\dot{W}^{\text{in}} = \frac{\Delta \dot{\Xi}}{\eta} = \frac{22.50}{0.8} = 28.125 \,\text{kW}$$

式 (6.4) より，内部エネルギー変化（増大）は

$$\Delta \dot{U} = \dot{W}^{\text{in}} - \Delta \dot{\Xi} = 28.125 - 22.50 = 5.625 \,\text{kW}$$

【例題 6.3】 例題 6.2 の条件下で，水の温度上昇を求めよ．また，エクセルギー破壊量およびエクセルギー効率を求めよ．ただし，水の比体積および定容比熱をそれぞれ 1.003×10^{-3} m^3/kg および 4.181 kJ/(kg·K) とする．

〔解答〕 式 (6.4) より，水の温度上昇は

$$\Delta T = T^{\text{out}} - T^{\text{in}} = \frac{\Delta \dot{U}}{\dot{m}^{\text{in}} c_v} = \frac{\Delta \dot{U}}{\dot{V}^{\text{in}} c_v / v} = \frac{5.625}{0.15 \times 4.181/(1.003 \times 10^{-3})} = 8.992 \times 10^{-3} \,\text{K}$$

よって，式 (6.8) より，エクセルギー破壊量は

$$\dot{E}^{\text{des}} = \dot{m}^{\text{in}} c_v T_0 \ln \frac{T^{\text{out}}}{T^{\text{in}}} = \frac{V^{\text{in}}}{v} c_v T_0 \ln \frac{T^{\text{in}} + \Delta T}{T^{\text{in}}}$$

$$= \frac{0.15}{1.003 \times 10^{-3}} \times 4.181 \times 298.15 \times \ln \frac{298.15 + 8.992 \times 10^{-3}}{298.15} = 5.625 \,\text{kW}$$

また，式 (6.10) より，エクセルギー効率は

$$\varepsilon = \frac{\dot{W}^{\text{in}} - \dot{E}^{\text{des}}}{\dot{W}^{\text{in}}} = \frac{28.125 - 5.625}{28.125} = 0.8000$$

したがって，水の温度上昇はわずかであることがわかる．また，入口温度が基準温度に等しいため，ポンプ効率とエクセルギー効率がほぼ一致することがわかる．

6.2 圧縮機

圧縮機は気体の圧力を高めるための機器である．例えば，ガスタービンにおいては，圧縮機は空気を圧縮し，その圧力を高めるために用いられる．圧縮機は一般的に圧力上昇が 100 kPa 以上であるが，より小さな圧力上昇を目的とする機器は送風機と呼ばれ，特に圧力上昇が 10 kPa 以下のものはファン，10～100 kPa のものはブロアと呼ばれる．圧縮機は，6.1 節で述べたポンプと同様に，構造および作用によってターボ形および容積形に大別される．前者は，原動機によって羽根車を高速に回転させ，遠心力や揚力を利用して気体に全圧を与えるものである．これには，遠心力のみで気体に全圧を与える遠心式，翼に作用する揚力のみで気体に全圧を与える軸流式，および遠心式と軸流式の中間的な流れにより全圧を与える斜流式がある．後者は，容器内の容積を縮小させ，気体に圧力エネルギーを与えて圧送するものである．ここでは，ターボ形の圧縮機を取り上げるが，2.1 節で述べたように具体的な形状については考慮しない．

圧縮機におけるエネルギー変換過程は次のように表される．

仕事（回転運動による運動エネルギー）⇒ 気体のエンタルピー変化

このエネルギー変換を以下に述べるように定量的に考える．

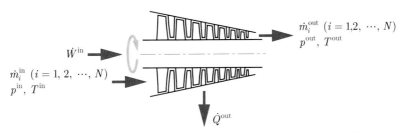

図 6.3 圧縮機における検査体積ならびに状態量およびエネルギー量

図 6.3 に示すように，圧縮機を囲む検査体積を考え，上付添字 in および out でそれぞれ入口および出口を区別し，複数の成分から成る混合気体を扱う場合も想定されるため，出入口の N [-] 個の成分の気体の質量流量 $\dot{m}_i$ [kg/s] ($i = 1, 2, \cdots, N$)，圧力 p [Pa]，および温度 T [K] を定義する．また，圧縮機への入力である動力の仕事量 $\dot{W}^{\mathrm{in}}$ [W] および圧縮機を通じて外部に放出される熱量 $\dot{Q}^{\mathrm{out}}$ [W] を定義する．このとき，定常状態におけるエネルギー変換の基礎法則を適用する．なお，気体の扱い方によって解析的に解を導出することができたり，数値的に解を導出しなければならない場合があったりする．そのため，ここでは広義の理想混合気体を含む実在混合気体の場合および狭義の理想混合気体の場合に分けて述べることにする．

6.2.1 実在混合気体の場合

最初に，一般的に混合気体を実在混合気体として仮定する場合について考える．複数の成分間で化学反応が生じないものとすると，質量保存則は式 (2.2) より各成分について次式のように表される．

$$\dot{m}_i^{\mathrm{in}} = \dot{m}_i^{\mathrm{out}} \quad (i = 1, 2, \cdots, N) \tag{6.11}$$

次に，エネルギー保存則は式 (2.12) より次式のように表される．

$$\sum_{i=1}^{N} \dot{m}_i^{\mathrm{in}} h_i(p^{\mathrm{in}}, T^{\mathrm{in}}) + \dot{W}^{\mathrm{in}} = \sum_{i=1}^{N} \dot{m}_i^{\mathrm{out}} h_i(p^{\mathrm{out}}, T^{\mathrm{out}}) + \dot{Q}^{\mathrm{out}} \tag{6.12}$$

ここでも，式 (2.12) のエネルギー保存則とは異なり，仕事量 $\dot{W}^{\mathrm{in}}$ を入力とし，熱量 $\dot{Q}^{\mathrm{out}}$ を出力としている．また，ポテンシャルエネルギーおよび運動エネルギーを除外している．なお，圧力上昇が小さく，エンタルピー変化が小さい場合には，運動エネルギーの変化も考慮する必要があるかもしれないことに注意されたい．さらに，3.6.5 項で述べたように，各成分の比エンタルピー h_i [J/kg] ($i = 1, 2, \cdots, N$) を一般的に圧力 p および温度 T の関数として表現している．加えて，2.1 節で述べたように，運動量保存／変化則に代わるものとして，圧縮機の出口の圧力 p^{out} が出口の境界条件として与えられるものとする．また，2.2 節で述べたように，$\dot{W}^{\mathrm{in}}$ が与えられ，かつ断熱，すなわち $\dot{Q}^{\mathrm{out}} = 0$ の場合について考える．

あるいは，$\dot{W}^{\mathrm{in}}$ を与える代わりに，次式のように理想的な変化における仕事量と実際の変化における仕事量の比として定義される等エントロピー効率 η [-] を与える．

$$\eta = \frac{\dot{W}^{\mathrm{in}*}}{\dot{W}^{\mathrm{in}}} \tag{6.13}$$

ここで，$\dot{W}^{\mathrm{in}*}$ [W] は理想的な変化における仕事量である．この定義より，理想的な変化におけ

るエネルギー保存則は次式のように表される.

$$\sum_{i=1}^{N} \dot{m}_i^{\mathrm{in}} h_i(p^{\mathrm{in}}, T^{\mathrm{in}}) + \eta \dot{W}^{\mathrm{in}} = \sum_{i=1}^{N} \dot{m}_i^{\mathrm{out}} h_i(p^{\mathrm{out}}, T^{\mathrm{out}*}) \tag{6.14}$$

ここで，$T^{\mathrm{out}*}$ [K] は理想的な変化における圧縮機出口の温度である．この場合には，エントロピー発生がなく，等エントロピー変化であるため，式 (4.3) より次式のエントロピーバランスが成立する．

$$\sum_{i=1}^{N} \dot{m}_i^{\mathrm{in}} s_i(p^{\mathrm{in}}, T^{\mathrm{in}}) = \sum_{i=1}^{N} \dot{m}_i^{\mathrm{out}} s_i(p^{\mathrm{out}}, T^{\mathrm{out}*}) \tag{6.15}$$

ここで，5.3.5 項で述べたように，各成分の比エントロピー s_i [J/(kg·K)] $(i=1,2,\cdots,N)$ も一般的に圧力 p および温度 T の関数として表現している．

これによって，式 (6.11) より $\dot{m}_i^{\mathrm{out}}$ $(i=1,2,\cdots,N)$，式 (6.15) より $T^{\mathrm{out}*}$，式 (6.14) より $\dot{W}^{\mathrm{in}}$，および式 (6.12) より T^{out} の値を決定することができる．ただし，式 (6.12)，式 (6.14)，および式 (6.15) に含まれている各成分の比エンタルピーおよび比エントロピーを圧力および温度の非線形関数として評価する必要がある．なお，広義の理想混合気体の場合には，比エンタルピーを温度のみの関数として，比エントロピーを温度のみの関数と圧力のみの対数関数の和として考慮すればよい．また，その結果，式 (6.12)，式 (6.14)，および式 (6.15) は非線形代数方程式となり，これらを解かなければならない．ここでは，これらを連立させて同時に解くものとし，連立非線形代数方程式の数値計算に E.4 節の数値計算プログラム E-3 を使用するとともに，その中で REFPROP の混合モデルによって比エンタルピーおよび比エントロピーを評価する．

次に，上記のエネルギー変換過程をエクセルギーに基づいて評価する．式 (6.12) のエネルギー保存則において断熱の条件 $\dot{Q}^{\mathrm{out}} = 0$ を考慮した場合に対応するエクセルギーバランスは，式 (4.22) より次式のように表される．

$$\sum_{i=1}^{N} \dot{m}_i^{\mathrm{in}} \{(h_i(p^{\mathrm{in}}, T^{\mathrm{in}}) - h_i(p_0, T_0)) - T_0(s_i(p^{\mathrm{in}}, T^{\mathrm{in}}) - s_i(p_0, T_0))\} + \dot{W}^{\mathrm{in}}$$
$$= \sum_{i=1}^{N} \dot{m}_i^{\mathrm{out}} \{(h_i(p^{\mathrm{out}}, T^{\mathrm{out}}) - h_i(p_0, T_0)) - T_0(s_i(p^{\mathrm{out}}, T^{\mathrm{out}}) - s_i(p_0, T_0))\} + \dot{E}^{\mathrm{des}} \tag{6.16}$$

ここで，p_0 [Pa] および T_0 [K] はそれぞれ基準圧力および基準温度である．ただし，エクセルギーとして式 (5.28) の物理エクセルギーのみを考慮している．式 (6.16) に式 (6.11) および式 (6.12) を適用すると，エクセルギー破壊量 $\dot{E}^{\mathrm{des}}$ [W] は次式のように求められる．

$$\dot{E}^{\mathrm{des}} = \sum_{i=1}^{N} \dot{m}_i^{\mathrm{in}} T_0(s_i(p^{\mathrm{out}}, T^{\mathrm{out}}) - s_i(p^{\mathrm{in}}, T^{\mathrm{in}})) \tag{6.17}$$

また，気体のエクセルギー変化を入力される仕事量で除したエクセルギー効率 ε [-] は

$$\varepsilon = \frac{\sum_{i=1}^{N} \dot{m}_i^{\mathrm{out}}(h_i(p^{\mathrm{out}}, T^{\mathrm{out}}) - T_0 s_i(p^{\mathrm{out}}, T^{\mathrm{out}})) - \sum_{i=1}^{N} \dot{m}_i^{\mathrm{in}}(h_i(p^{\mathrm{in}}, T^{\mathrm{in}}) - T_0 s_i(p^{\mathrm{in}}, T^{\mathrm{in}}))}{\dot{W}^{\mathrm{in}}}$$
$$= \frac{\dot{W}^{\mathrm{in}} - \dot{E}^{\mathrm{des}}}{\dot{W}^{\mathrm{in}}} \tag{6.18}$$

なお，ここでは断熱の場合を考慮したが，圧縮機では気体の圧力上昇に伴って温度上昇も起こる．よって，温度変化に依存した放熱損失をモデル化することができれば，エネルギー保存則およびエクセルギーバランスに組み込んで解析することもできるであろう．

6.2.2 狭義の理想混合気体の場合

次に，混合気体を狭義の理想混合気体として仮定する場合について考える．各成分が定圧比熱 c_{pi} および定容比熱 c_{vi} [J/(kg·K)] ($i=1,2,\cdots,N$) が一定の狭義の理想気体として仮定すると，式 (6.12)，式 (6.14)，および式 (6.15) はそれぞれ次式のようになる．

$$\sum_{i=1}^{N}\dot{m}_i^{\mathrm{in}}c_{pi}T^{\mathrm{in}}+\dot{W}^{\mathrm{in}}=\sum_{i=1}^{N}\dot{m}_i^{\mathrm{out}}c_{pi}T^{\mathrm{out}} \tag{6.19}$$

$$\sum_{i=1}^{N}\dot{m}_i^{\mathrm{in}}c_{pi}T^{\mathrm{in}}+\eta\dot{W}^{\mathrm{in}}=\sum_{i=1}^{N}\dot{m}_i^{\mathrm{out}}c_{pi}T^{\mathrm{out}*} \tag{6.20}$$

$$\sum_{i=1}^{N}\dot{m}_i^{\mathrm{in}}\left(c_{pi}\ln T^{\mathrm{in}}-R_i\ln(y_i^{\mathrm{in}}p^{\mathrm{in}})\right)=\sum_{i=1}^{N}\dot{m}_i^{\mathrm{out}}\left(c_{pi}\ln T^{\mathrm{out}*}-R_i\ln(y_i^{\mathrm{out}}p^{\mathrm{out}})\right) \tag{6.21}$$

ここで，比エンタルピーおよび比エントロピーの基準値は両辺で相殺されるため，省略している．また，R_i [J/(kg·K)] ($i=1,2,\cdots,N$) は各成分の気体定数，y_i^{in} および y_i^{out} [-] ($i=1,2,\cdots,N$) は次式によって表される，それぞれ入口および出口における各成分のモル分率である．

$$\left.\begin{array}{l}y_i^{\mathrm{in}}=\dfrac{\dot{m}_i^{\mathrm{in}}/M_i}{\sum_{j=1}^{N}\dot{m}_j^{\mathrm{in}}/M_j}\\[2ex]y_i^{\mathrm{out}}=\dfrac{\dot{m}_i^{\mathrm{out}}/M_i}{\sum_{j=1}^{N}\dot{m}_j^{\mathrm{out}}/M_j}\end{array}\right\}(i=1,2,\cdots,N) \tag{6.22}$$

ここで，M_i [kg/mol] ($i=1,2,\cdots,N$) は各成分のモル質量である．

式 (6.11)，式 (6.21)，および式 (6.22) より次式を導出することができる．

$$\frac{T^{\mathrm{out}*}}{T^{\mathrm{in}}}=\left(\frac{p^{\mathrm{out}}}{p^{\mathrm{in}}}\right)^{\sum_{i=1}^{N}\dot{m}_i^{\mathrm{in}}R_i/\sum_{i=1}^{N}\dot{m}_i^{\mathrm{in}}c_{pi}} \tag{6.23}$$

よって，式 (6.23) より $T^{\mathrm{out}*}$，式 (6.20) より $\dot{W}^{\mathrm{in}}$，および式 (6.19) より T^{out} の値を決定することができる．

この場合，等エントロピー効率 η は式 (6.13)，式 (6.19)，式 (6.20)，および式 (6.23) より次式のように表現できる．

$$\begin{aligned}\eta&=\frac{\dot{W}^{\mathrm{in}*}}{\dot{W}^{\mathrm{in}}}\\&=\frac{T^{\mathrm{out}*}-T^{\mathrm{in}}}{T^{\mathrm{out}}-T^{\mathrm{in}}}\end{aligned}$$

$$= \frac{(p^{\text{out}}/p^{\text{in}})^{\sum_{i=1}^{N} \dot{m}_i^{\text{in}} R_i / \sum_{i=1}^{N} \dot{m}_i^{\text{in}} c_{pi}} - 1}{T^{\text{out}}/T^{\text{in}} - 1} \tag{6.24}$$

なお，等エントロピー効率が $\eta = 1$ の場合，すなわち等エントロピー変化の場合には

$$\frac{T^{\text{out}}}{T^{\text{in}}} = \left(\frac{p^{\text{out}}}{p^{\text{in}}}\right)^{\sum_{i=1}^{N} \dot{m}_i^{\text{in}} R_i / \sum_{i=1}^{N} \dot{m}_i^{\text{in}} c_{pi}} \tag{6.25}$$

が成立する．また，特に $N=1$ の単一成分の場合には，比熱比を $k = c_{p1}/c_{v1}$ [-] と定義すると，式 (6.24) および式 (6.25) はそれぞれ次式のようになる．

$$\eta = \frac{(p^{\text{out}}/p^{\text{in}})^{(k-1)/k} - 1}{T^{\text{out}}/T^{\text{in}} - 1} \tag{6.26}$$

$$\frac{T^{\text{out}}}{T^{\text{in}}} = \left(\frac{p^{\text{out}}}{p^{\text{in}}}\right)^{(k-1)/k} \tag{6.27}$$

複数成分に対応する式 (6.24) および式 (6.25) は，それぞれ単一成分の式 (6.26) および式 (6.27) を拡張したものになっているが，各成分の比熱比の平均を適用するのではなく，各成分の定圧比熱および気体定数の平均を適用する必要があることに注意されたい．

上述の結果に基づき，圧縮機におけるエネルギー変換に関わるエネルギー量の変化を，理想的な変化および実際的な変化についてそれぞれ図 6.4 (a) および (b) に示す．圧縮機の入口圧力に対する出口圧力の比である圧力比を一定とすると，図に示すようにすべてのエネルギー量について実際的な変化による値が理想的な変化による値より大きくなる．

次に，上記のエネルギー変換過程をエクセルギーに基づいて評価する．式 (6.19) のエネルギー保存則に対応するエクセルギーバランスは式 (4.22) より次式のように表される．

$$\sum_{i=1}^{N} \dot{m}_i^{\text{in}} \left\{ c_{pi}(T^{\text{in}} - T_0) - T_0 \left(c_{pi} \ln \frac{T^{\text{in}}}{T_0} - R_i \ln \frac{y_i^{\text{in}} p^{\text{in}}}{p_0} \right) \right\} + \dot{W}^{\text{in}}$$
$$= \sum_{i=1}^{N} \dot{m}_i^{\text{out}} \left\{ c_{pi}(T^{\text{out}} - T_0) - T_0 \left(c_{pi} \ln \frac{T^{\text{out}}}{T_0} - R_i \ln \frac{y_i^{\text{out}} p^{\text{out}}}{p_0} \right) \right\} + \dot{E}^{\text{des}} \tag{6.28}$$

ただし，エクセルギーとして式 (5.28) の物理エクセルギーのみを考慮している．式 (6.28) に式 (6.11)，式 (6.19)，および式 (6.22) を適用すると，エクセルギー破壊量 $\dot{E}^{\text{des}}$ は次式のように求められる．

$$\dot{E}^{\text{des}} = \sum_{i=1}^{N} \dot{m}_i^{\text{in}} c_{pi} T_0 \ln \left\{ \frac{T^{\text{out}}}{T^{\text{in}}} \left(\frac{p^{\text{in}}}{p^{\text{out}}} \right)^{\sum_{j=1}^{N} \dot{m}_j^{\text{in}} R_j / \sum_{j=1}^{N} \dot{m}_j^{\text{in}} c_{pj}} \right\} \tag{6.29}$$

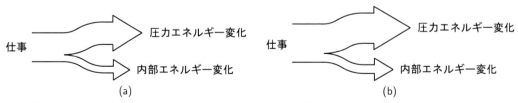

図 6.4　圧縮機におけるエネルギー変換：(a) 理想的な変化（等エントロピー変化），(b) 実際的な変化

また，気体のエクセルギー変化を入力される仕事量で除したエクセルギー効率 ε は

$$\varepsilon = \frac{\sum_{i=1}^{N} \dot{m}_i^{\text{in}} c_{pi} \left[(T^{\text{out}} - T^{\text{in}}) - T_0 \ln \left\{ \frac{T^{\text{out}}}{T^{\text{in}}} \left(\frac{p^{\text{in}}}{p^{\text{out}}} \right)^{\sum_{j=1}^{N} \dot{m}_j^{\text{in}} R_j / \sum_{j=1}^{N} \dot{m}_j^{\text{in}} c_{pj}} \right\} \right]}{\dot{W}^{\text{in}}}$$
$$= \frac{\dot{W}^{\text{in}} - \dot{E}^{\text{des}}}{\dot{W}^{\text{in}}} \tag{6.30}$$

となる．

式 (6.24) より温度比 $T^{\text{out}}/T^{\text{in}}$ を圧力比 $p^{\text{out}}/p^{\text{in}}$ および等エントロピー効率 η によって表し，それを式 (6.30) に代入すると，エクセルギー効率 ε と η の関係が得られる．$\eta = 1$ の等エントロピー変化の場合には，エクセルギー破壊量が $\dot{E}^{\text{des}} = 0$ となり，その結果 $\varepsilon = 1$ となる．また，一般的には ε と η は異なるが，η の低下に伴って，ε も低下することを示すことができる．さらに，仕事量 $\dot{W}^{\text{in}}$ が一定の場合には，式 (6.19) より温度差 $T^{\text{out}} - T^{\text{in}}$ も一定となるため，T^{in} の低下に伴って，ε も低下することも示すことができる．これも，5.7.1 項および 5.7.2 項で述べたように，低温の方がエクセルギー破壊量が大きく，エクセルギー効率が低いという一般的な性質に整合している．

【例題 6.4】 式 (6.23)～式 (6.25) における圧力比の指数として，質量流量を重みとする気体定数の加重和と定圧比熱の加重和の比が現れている．この比が質量流量を重みとする気体定数の平均と定圧比熱の平均の比に等しいことを示せ．また，この比が一般気体定数と物質量流量を重みとする定圧モル比熱の平均の比に等しいことを示せ．

〔解答〕 気体定数の加重和および定圧比熱の加重和を質量流量の和で除すると，

$$\frac{\sum_{i=1}^{N} \dot{m}_i^{\text{in}} R_i}{\sum_{i=1}^{N} \dot{m}_i^{\text{in}} c_{pi}} = \frac{\sum_{i=1}^{N} \dot{m}_i^{\text{in}} R_i / \sum_{i=1}^{N} \dot{m}_i^{\text{in}}}{\sum_{i=1}^{N} \dot{m}_i^{\text{in}} c_{pi} / \sum_{i=1}^{N} \dot{m}_i^{\text{in}}}$$

よって，質量流量を重みとする気体定数の加重和と定圧比熱の加重和の比は，質量流量を重みとする気体定数の平均と定圧比熱の平均の比に等しくなる．

一方，質量流量をモル質量と物質量流量の積によって表すとともに，モル質量と気体定数および定圧比熱の積をそれぞれ一般気体定数および定圧モル比熱によって表し，分母および分子を物質量流量の和で除すると，

$$\frac{\sum_{i=1}^{N} \dot{m}_i^{\text{in}} R_i}{\sum_{i=1}^{N} \dot{m}_i^{\text{in}} c_{pi}} = \frac{\sum_{i=1}^{N} M_i \dot{n}_i^{\text{in}} R_i}{\sum_{i=1}^{N} M_i \dot{n}_i^{\text{in}} c_{pi}} = \frac{\sum_{i=1}^{N} \dot{n}_i^{\text{in}} \bar{R}}{\sum_{i=1}^{N} \dot{n}_i^{\text{in}} \bar{c}_{pi}} = \frac{\bar{R}}{\sum_{i=1}^{N} \dot{n}_i^{\text{in}} \bar{c}_{pi} / \sum_{i=1}^{N} \dot{n}_i^{\text{in}}}$$

よって，質量流量を重みとする気体定数の加重和と定圧比熱の加重和の比は，一般気体定数と物質量流量を重みとする定圧モル比熱の平均の比にも等しくなる．

【例題 6.5】 圧縮機によって 100.0 kPa, 25 °C の空気の圧力を 1000.0 kPa に上昇させる場合に，空気の出口温度および必要な仕事量を求めよ．ただし，簡単のため，空気はモル分率がそれぞれ 0.79 および 0.21 の窒素および酸素のみから成り，狭義の理想混合気体と仮定する．このとき，各成分の定圧比熱として，入口の状態に対応する値を採用するものとする．さらに，圧縮機を通じて外部に放出される熱エネルギーを零と仮定し，圧縮機の等エントロピー効率を 0.85 とする．

〔解答〕 REFPROP を適用した D.2 節の数値計算プログラム D-1 によって，窒素および酸素のモル質量，気体定数，および定圧比熱はそれぞれ

$$M_1 = 28.013 \, \text{kg/kmol}, \quad R_1 = 0.29680 \, \text{kJ/(kg·K)}, \quad c_{p1} = 1.0397 \, \text{kJ/(kg·K)}$$
$$M_2 = 31.999 \, \text{kg/kmol}, \quad R_2 = 0.25983 \, \text{kJ/(kg·K)}, \quad c_{p2} = 0.9180 \, \text{kJ/(kg·K)}$$

これより

$$\frac{\sum_{i=1}^{N} \dot{m}_i^{\text{in}} R_i}{\sum_{i=1}^{N} \dot{m}_i^{\text{in}} c_{pi}} = \frac{\sum_{i=1}^{N} M_i y_i^{\text{in}} R_i}{\sum_{i=1}^{N} M_i y_i^{\text{in}} c_{pi}} = \frac{28.013 \times 0.79 \times 0.29680 + 31.999 \times 0.21 \times 0.25983}{28.013 \times 0.79 \times 1.0397 + 31.999 \times 0.21 \times 0.9180} = 0.2850$$

よって，式 (6.24) より，出口温度は

$$T^{\text{out}} = T^{\text{in}} \left\{ \frac{(p^{\text{out}}/p^{\text{in}})^{\sum_{i=1}^{N} \dot{m}_i^{\text{in}} R_i / \sum_{i=1}^{N} \dot{m}_i^{\text{in}} c_{pi}} - 1}{\eta} + 1 \right\}$$

$$= 298.15 \times \left\{ \frac{(1000.0/100.0)^{0.2850} - 1}{0.85} + 1 \right\} = 623.5 \, \text{K}$$

また，式 (6.19) より，仕事量は

$$w^{\text{in}} = \frac{\dot{W}^{\text{in}}}{\sum_{i=1}^{N} \dot{m}_i^{\text{in}}} = \frac{\sum_{i=1}^{N} \dot{m}_i^{\text{in}} c_{pi}}{\sum_{i=1}^{N} \dot{m}_i^{\text{in}}} (T^{\text{out}} - T^{\text{in}}) = \frac{\sum_{i=1}^{N} M_i y_i^{\text{in}} c_{pi}}{\sum_{i=1}^{N} M_i y_i^{\text{in}}} (T^{\text{out}} - T^{\text{in}})$$

$$= \frac{28.013 \times 0.79 \times 1.0397 + 31.999 \times 0.21 \times 0.9180}{28.013 \times 0.79 + 31.999 \times 0.21} \times (623.5 - 298.15) = 329.0 \, \text{kJ/kg}$$

【例題 6.6】 例題 6.5 の条件下で，エクセルギー破壊量およびエクセルギー効率を求めよ．

〔解答〕 式 (6.29) より，エクセルギー破壊量は

$$e^{\text{des}} = \frac{\dot{E}^{\text{des}}}{\sum_{i=1}^{N} \dot{m}_i^{\text{in}}} = \frac{\sum_{i=1}^{N} \dot{m}_i^{\text{in}} c_{pi}}{\sum_{i=1}^{N} \dot{m}_i^{\text{in}}} T_0 \ln \left\{ \frac{T^{\text{out}}}{T^{\text{in}}} \left(\frac{p^{\text{in}}}{p^{\text{out}}} \right)^{\sum_{j=1}^{N} \dot{m}_j^{\text{in}} R_j / \sum_{j=1}^{N} \dot{m}_j^{\text{in}} c_{pcj}} \right\}$$

$$= \frac{\sum_{i=1}^{N} M_i y_i^{\text{in}} c_{pi}}{\sum_{i=1}^{N} M_i y_i^{\text{in}}} T_0 \ln\left\{\frac{T^{\text{out}}}{T^{\text{in}}}\left(\frac{p^{\text{in}}}{p^{\text{out}}}\right)^{\sum_{j=1}^{N} \dot{m}_j^{\text{in}} R_j / \sum_{j=1}^{N} \dot{m}_j^{\text{in}} c_{pcj}}\right\}$$

$$= \frac{28.013 \times 0.79 \times 1.0397 + 31.999 \times 0.21 \times 0.9180}{28.013 \times 0.79 + 31.999 \times 0.21} \times 298.15$$
$$\times \ln\left\{\frac{623.5}{298.15} \times \left(\frac{100.0}{1000.0}\right)^{0.2850}\right\} = 24.58\,\text{kJ/kg}$$

また,式 (6.30) より,エクセルギー効率は

$$\varepsilon = \frac{\dot{W}^{\text{in}} - \dot{E}^{\text{des}}}{\dot{W}^{\text{in}}} = \frac{w^{\text{in}} - e^{\text{des}}}{w^{\text{in}}} = \frac{329.0 - 24.58}{329.0} = 0.9253$$

したがって,等エントロピー効率とエクセルギー効率は異なることがわかる.

【例題 6.7】 圧縮機によって混合気体を圧縮する場合に,例題 6.5 の条件下で,混合気体を実在混合気体,広義の理想混合気体,および狭義の理想混合気体と仮定する場合の 3 通りについて,出口温度および必要な仕事量を算出し,比較せよ.また,圧縮機において等エントロピー効率が 1.0 未満の場合,および等エントロピー変化が生じる場合について出口温度および必要な仕事量を算出し,比較せよ.

〔解答〕 混合気体を実在混合気体あるいは広義の理想混合気体と仮定する場合には,それによって得られる連立非線形代数方程式の数値計算に E.4 節の数値計算プログラム E-3 を使用するとともに,その中で REFPROP の混合モデルによって比エンタルピーおよび比エントロピーを評価する.

下表は 3 通りの場合に算出された等エントロピー効率が 0.85 および 1.0(等エントロピー変化)の場合における出口温度および仕事量を比較したものである.出口圧力が標準圧力の 10 倍と比較的低いために,実在混合気体と広義の理想混合気体における結果の差は小さい.しかしながら,狭義の理想混合気体における結果と実在混合気体および広義の理想混合気体における結果を比較すると,有意な差が生じている.前者では定圧比熱として入口の状態における値を適用することによって,後者よりも過小評価され,式 (6.24) および式 (6.25) より,前者の出口温度は後者の値より高くなることがわかる.その結果,前者の温度差は後者の値より大きくなり,定圧比熱の差と温度差の差が相殺され,仕事量の大小関係については判断できない.ここでは,前者と後者でほぼ同じ値となっている.

等エントロピー効率	0.85		1.0	
評価項目	出口温度 K	仕事量 kJ/kg	出口温度 K	仕事量 kJ/kg
実在混合気体	616.6	328.6	570.1	279.3
広義の理想混合気体	616.3	328.1	569.7	278.9
狭義の理想混合気体	623.5	329.0	574.7	279.7

6.3 往復機関の圧縮過程

往復機関は,シリンダ内で燃料の燃焼による発熱によって高圧・高温の燃焼ガスを発生させ,

それによって動力を得て，ピストンを往復運動させ，それを回転軸の回転運動に変換する機器である．この機器は，他の機器とは異なり，シリンダおよびピストンによって囲まれた検査体積内で，吸気，圧縮，爆発，膨張，および排気という複数の過程を通してエネルギー変換が行われる．したがって，1つのエネルギー変換を考えるためには，それぞれの過程について考えなければならない．本節では圧縮の過程を，また 6.6 節では膨張の過程を取り上げる．往復機関には，ガソリンエンジンに代表される火花点火機関およびディーゼルエンジンに代表される圧縮点火往復機関があり，圧縮を行う物質が異なるものの，一般的に適用できるように考える．

本節で取り上げる往復機関の圧縮過程においては，燃料と空気の混合気や空気などの気体がシリンダ内でピストンの移動によって圧力および温度が高められる．ピストンの移動には，動力を与える必要があるが，往復機関では，回転軸の回転運動によって蓄えられている運動エネルギーの一部が使用される．

往復機関の圧縮過程におけるエネルギー変換過程は次のように表される．

$$\text{仕事（圧力による体積圧縮の仕事）} \Rightarrow \text{気体の内部エネルギー変化}$$

このエネルギー変換を以下に述べるように定量的に考える．

図 6.5 に示すように，シリンダおよびピストンによって囲まれた検査体積を考え，上付添字 cv でそれを示す．複数の成分から成る混合気体を扱う場合も想定されるため，検査体積内における N [-] 個の成分の気体の質量 m_i [kg] ($i = 1, 2, \cdots, N$)，圧力 p [Pa]，温度 T [K]，および体積 V [m^3] を定義する．また，入力である動力の仕事量 $\dot{W}^{\text{in}}$ [W] および外部に放出される熱量 $\dot{Q}^{\text{out}}$ [W] を定義する．このとき，非定常状態におけるエネルギー変換の基礎法則を適用する．なお，気体の扱い方によって解析的に解を導出することができたり，数値的に解を導出しなければならない場合があったりする．そのため，ここでは広義の理想混合気体を含む実在混合気体の場合および狭義の理想混合気体の場合に分けて述べることにする．

6.3.1 実在混合気体の場合

最初に，一般的に混合気体を実在混合気体として仮定する場合について考える．圧縮過程ではシリンダの出入口が閉じられているため，物質は流出入しない．複数の成分間で化学反応が生じないものとすると，質量保存則は式 (2.1) より各成分について次式のように表される．

$$\frac{dm_i^{\text{cv}}}{dt} = 0 \quad (i = 1, 2, \cdots, N) \tag{6.31}$$

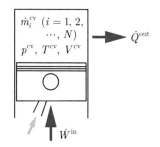

図 6.5　往復機関の圧縮過程における検査体積ならびに状態量およびエネルギー量

これより，各成分の質量 m_i^{cv} ($i = 1, 2, \cdots, N$) を一定として扱うことができる．次に，エネルギー保存則は式 (2.11) より次式のように表される．

$$\frac{d\left(\sum_{i=1}^{N} m_i^{\mathrm{cv}} u_i(p^{\mathrm{cv}}, T^{\mathrm{cv}})\right)}{dt} = \dot{W}^{\mathrm{in}} - \dot{Q}^{\mathrm{out}} \tag{6.32}$$

ここで，式 (2.11) のエネルギー保存則とは異なり，仕事量 $\dot{W}^{\mathrm{in}}$ を入力とし，熱量 $\dot{Q}^{\mathrm{out}}$ を出力としていることに注意されたい．また，検査体積は時間によって変化するが，気体は検査体積内に留まっているため，ポテンシャルエネルギーおよび運動エネルギーを除外している．なお，後続の節ではこの理由について言及しない．さらに，物質が流出入しないため，流出入するエネルギーは含まれていない．加えて，3.5.5 項で述べたように，各成分の比内部エネルギー u_i [J/kg] ($i = 1, 2, \cdots, N$) を一般的に圧力 p および温度 T の関数として表現している．

準静的な変化を仮定するとともに，シリンダとピストンの間に作用する摩擦力を無視すると，理想的には仕事量は $\dot{W}^{\mathrm{in}} = -p^{\mathrm{cv}} \dot{V}^{\mathrm{cv}}$ と表されるが，ここでは効率を η [-] とし，$1/\eta$ 倍 ($\eta \leq 1$) の仕事量が必要であるものと仮定する．しかしながら，熱量 $\dot{Q}^{\mathrm{out}}$ が含まれているため，式 (6.31) および式 (6.32)，ならびに初期条件によってすべての値を決定することは困難である．ここでは，断熱，すなわち $\dot{Q}^{\mathrm{out}} = 0$ の場合について考える．したがって，式 (6.32) のエネルギー保存則は次式のようになる．

$$\frac{d\left(\sum_{i=1}^{N} m_i^{\mathrm{cv}} u_i(p^{\mathrm{cv}}, T^{\mathrm{cv}})\right)}{dt} = -\frac{1}{\eta} p^{\mathrm{cv}} \dot{V}^{\mathrm{cv}} \tag{6.33}$$

この常微分方程式を初期状態から終端状態まで解けば，圧縮過程における状態変化が得られる．ただし，体積変化が既知であっても，式 (6.33) に含まれている各成分の比内部エネルギーを圧力および温度の非線形関数として評価する必要がある．なお，広義の理想混合気体の場合には，比内部エネルギーを温度のみの関数として考慮すればよい．また，圧力および温度は，実在混合気体の状態方程式を満たすように決定しなければならない．よって，これらを非線形代数方程式として考慮しながら，式 (6.33) の常微分方程式を解く必要がある．すなわち，これらの方程式を混合微分代数方程式として解く必要がある．ここでは，混合微分代数方程式の数値計算に F.4 節の数値計算プログラム F-1 を使用するとともに，その中で REFPROP の混合モデルによって比内部エネルギーを評価し，状態方程式を考慮する．

次に，上記のエネルギー変換過程をエクセルギーに基づいて評価する．式 (6.33) のエネルギー保存則に対応するエクセルギーバランスは，式 (4.21) をそれぞれ下付添字 1 および 2 によって示す初期状態および終端状態の間で積分することによって次式のように表される．

$$E_2^{\mathrm{cv}} - E_1^{\mathrm{cv}} = W_{12}^{\mathrm{in}} + p_0(V_2^{\mathrm{cv}} - V_1^{\mathrm{cv}}) - E_{12}^{\mathrm{des}} \tag{6.34}$$

ここで，初期状態および終端状態における検査体積内のエクセルギー E_1^{cv} および E_2^{cv} [J] は

$$E_j^{\mathrm{cv}} = \sum_{i=1}^{N} m_i^{\mathrm{cv}}(u_i(p_j^{\mathrm{cv}}, T_j^{\mathrm{cv}}) - u_i(p_0, T_0)) + p_0(V^{\mathrm{cv}}(p_j^{\mathrm{cv}}, T_j^{\mathrm{cv}}) - V^{\mathrm{cv}}(p_0, T_0))$$

$$-T_0 \sum_{i=1}^{N} m_i^{\mathrm{cv}}(s_i(p_j^{\mathrm{cv}}, T_j^{\mathrm{cv}}) - s_i(p_0, T_0)) \quad (j=1,2) \tag{6.35}$$

と求められる．ここで，p_0 [Pa] および T_0 [K] はそれぞれ基準圧力および基準温度であり，各成分の比エントロピー s_i [J/(kg·K)] ($i=1,2,\cdots,N$) も一般的に圧力 p および温度 T の関数として表現している．ただし，エクセルギーとして式 (5.27) の物理エクセルギーのみを考慮している．また，$V_1^{\mathrm{cv}} = V^{\mathrm{cv}}(p_1^{\mathrm{cv}}, T_1^{\mathrm{cv}})$ および $V_2^{\mathrm{cv}} = V^{\mathrm{cv}}(p_2^{\mathrm{cv}}, T_2^{\mathrm{cv}})$ である．さらに，圧縮に必要な仕事量 W_{12}^{in} [J] は，$\dot{W}^{\mathrm{in}} = -(1/\eta)p^{\mathrm{cv}}\dot{V}^{\mathrm{cv}}$ を初期状態および終端状態の間で積分することによって求められる．よって，これらを式 (6.34) に適用すると，エクセルギー破壊量 E_{12}^{des} [J] を評価することができる．また，気体のエクセルギー変化を入力される仕事量で除したエクセルギー効率 ε [-] は

$$\begin{aligned}
\varepsilon &= \frac{E_2^{\mathrm{cv}} - E_1^{\mathrm{cv}}}{W_{12}^{\mathrm{in}} + p_0(V_2^{\mathrm{cv}} - V_1^{\mathrm{cv}})} \\
&= \frac{W_{12}^{\mathrm{in}} + p_0(V_2^{\mathrm{cv}} - V_1^{\mathrm{cv}}) - E_{12}^{\mathrm{des}}}{W_{12}^{\mathrm{in}} + p_0(V_2^{\mathrm{cv}} - V_1^{\mathrm{cv}})}
\end{aligned} \tag{6.36}$$

と求められる．ここで，入力される仕事量として，シリンダ内の圧力に対してなされる仕事量 W_{12}^{in} とシリンダ外の標準状態の圧力がなす仕事量 $p_0(V_1^{\mathrm{cv}} - V_2^{\mathrm{cv}})$ の差である正味の仕事量を考えていることに注意されたい．

なお，ここでは断熱の場合を考慮したが，往復機関の圧縮過程では気体の圧力上昇に伴って温度上昇も起こる．よって，温度変化に依存した放熱損失をモデル化することができれば，エネルギー保存則およびエクセルギーバランスに組み込んで解析することもできるであろう．

6.3.2 狭義の理想混合気体の場合

次に，混合気体を狭義の理想混合気体として仮定する場合について考える．各成分を定圧比熱 c_{pi} および定容比熱 c_{vi} [J/(kg·K)] ($i=1,2,\cdots,N$) が一定の狭義の理想気体として仮定すると，式 (6.33) は次式のようになる．

$$\frac{d\left(\sum_{i=1}^{N} m_i^{\mathrm{cv}} c_{vi} T^{\mathrm{cv}}\right)}{dt} = -\frac{1}{\eta} p^{\mathrm{cv}} \dot{V}^{\mathrm{cv}} \tag{6.37}$$

ここで，比内部エネルギーの基準値は時間によって変化しないため，省略している．Dalton の法則を仮定し，理想混合気体の状態方程式を考慮すると，式 (6.37) は次式のようになる．

$$\frac{d\left(\sum_{i=1}^{N} m_i^{\mathrm{cv}} c_{vi} T^{\mathrm{cv}}\right)}{dt} = -\frac{\sum_{i=1}^{N} m_i^{\mathrm{cv}} R_i T^{\mathrm{cv}} \dot{V}^{\mathrm{cv}}}{\eta V^{\mathrm{cv}}} \tag{6.38}$$

ここで，R_i [J/(kg·K)] ($i=1,2,\cdots,N$) は各成分の気体定数である．式 (6.38) の右辺の温度 T^{cv} を左辺に移し，初期状態および終端状態の間で積分すると

$$\sum_{i=1}^{N} m_i^{\mathrm{cv}} c_{vi} \ln \frac{T_2^{\mathrm{cv}}}{T_1^{\mathrm{cv}}} = -\frac{1}{\eta} \sum_{i=1}^{N} m_i^{\mathrm{cv}} R_i \ln \frac{V_2^{\mathrm{cv}}}{V_1^{\mathrm{cv}}} \tag{6.39}$$

となる．よって，

$$\frac{T_2^{\mathrm{cv}}}{T_1^{\mathrm{cv}}} = \left(\frac{V_2^{\mathrm{cv}}}{V_1^{\mathrm{cv}}}\right)^{-\sum_{i=1}^{N} m_i^{\mathrm{cv}} R_i / \sum_{i=1}^{N} m_i^{\mathrm{cv}} c_{vi} \eta} \tag{6.40}$$

理想混合気体の状態方程式を適用し，式 (6.40) における温度と体積の関係を温度と圧力の関係に変換すると

$$\frac{T_2^{\mathrm{cv}}}{T_1^{\mathrm{cv}}} = \left(\frac{p_2^{\mathrm{cv}}}{p_1^{\mathrm{cv}}}\right)^{\sum_{i=1}^{N} m_i^{\mathrm{cv}} R_i / \sum_{i=1}^{N} m_i^{\mathrm{cv}} (c_{vi}\eta + R_i)} \tag{6.41}$$

なお，効率が $\eta = 1$ の理想的な変化の場合には，式 (6.41) は

$$\frac{T_2^{\mathrm{cv}}}{T_1^{\mathrm{cv}}} = \left(\frac{p_2^{\mathrm{cv}}}{p_1^{\mathrm{cv}}}\right)^{\sum_{i=1}^{N} m_i^{\mathrm{cv}} R_i / \sum_{i=1}^{N} m_i^{\mathrm{cv}} c_{pi}} \tag{6.42}$$

となり，式 (6.25) の圧縮機における等エントロピー変化の式と同様の関係が得られる．また，特に $N = 1$ の単一成分の場合には，比熱比を $k = c_{p1}/c_{v1}$ [-] と定義すると，式 (6.41) および式 (6.42) はそれぞれ次式のようになる．

$$\frac{T_2^{\mathrm{cv}}}{T_1^{\mathrm{cv}}} = \left(\frac{p_2^{\mathrm{cv}}}{p_1^{\mathrm{cv}}}\right)^{(k-1)/\{\eta + (k-1)\}} \tag{6.43}$$

$$\frac{T_2^{\mathrm{cv}}}{T_1^{\mathrm{cv}}} = \left(\frac{p_2^{\mathrm{cv}}}{p_1^{\mathrm{cv}}}\right)^{(k-1)/k} \tag{6.44}$$

複数成分に対応する式 (6.41) および式 (6.42) は，それぞれ単一成分の式 (6.43) および式 (6.44) を拡張したものになっているが，各成分の比熱比の平均を適用するのではなく，各成分の定容比熱，気体定数，および定圧比熱の平均を適用する必要があることに注意されたい．

上述の結果に基づき，往復機関の圧縮過程におけるエネルギー変換に関わるエネルギー量の変化を，理想的な変化および実際的な変化についてそれぞれ図 6.6 (a) および (b) に示す．圧縮過程の終端状態における体積に対する初期状態における体積の比である圧縮比を一定とすると，図に示すようにすべてのエネルギー量について実際的な変化による値が理想的な変化による値より大きくなる．

次に，上記のエネルギー変換過程をエクセルギーに基づいて評価する．式 (6.34) のエクセルギーバランスにおいて，初期状態および終端状態における検査体積内のエクセルギー E_1^{cv} および E_2^{cv} は

$$E_j^{\mathrm{cv}} = \sum_{i=1}^{N} m_i^{\mathrm{cv}} c_{vi}(T_j^{\mathrm{cv}} - T_0) + p_0(V^{\mathrm{cv}}(p_j^{\mathrm{cv}}, T_j^{\mathrm{cv}}) - V^{\mathrm{cv}}(p_0, T_0))$$

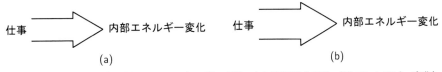

図 6.6 往復機関の圧縮過程におけるエネルギー変換：(a) 理想的な変化（等エントロピー変化），(b) 実際的な変化

$$-\sum_{i=1}^{N} m_i^{\text{cv}} T_0 \left(c_{pi} \ln \frac{T_j^{\text{cv}}}{T_0} - R_i \ln \frac{y_i^{\text{cv}} p_j^{\text{cv}}}{p_0} \right) \quad (j=1,2) \tag{6.45}$$

ここで，エクセルギーとして式 (5.27) の物理エクセルギーのみを考慮しており，y_i^{cv} [-] ($i=1,2,\cdots,N$) は次式によって表される各成分のモル分率である．

$$y_i^{\text{cv}} = \frac{m_i^{\text{cv}}/M_i}{\displaystyle\sum_{j=1}^{N} m_j^{\text{cv}}/M_j} \quad (i=1,2,\cdots,N) \tag{6.46}$$

また，圧縮に必要な仕事量 W_{12}^{in} は，式 (6.37) の左辺を初期状態および終端状態の間で積分することによって次式のように表される．

$$W_{12}^{\text{in}} = \sum_{i=1}^{N} m_i^{\text{cv}} c_{vi} (T_2^{\text{cv}} - T_1^{\text{cv}}) \tag{6.47}$$

式 (6.34) に式 (6.45) および式 (6.47) を適用すると，エクセルギー破壊量 E_{12}^{des} は次式のように求められる．

$$E_{12}^{\text{des}} = \sum_{i=1}^{N} m_i^{\text{cv}} c_{pi} T_0 \ln \left\{ \frac{T_2^{\text{cv}}}{T_1^{\text{cv}}} \left(\frac{p_1^{\text{cv}}}{p_2^{\text{cv}}} \right)^{\sum_{j=1}^{N} m_j^{\text{cv}} R_j / \sum_{j=1}^{N} m_j^{\text{cv}} c_{pj}} \right\} \tag{6.48}$$

式 (6.41) を式 (6.48) に代入すると，エクセルギー破壊量 E_{12}^{des} と η の関係が得られる．これより，$\eta = 1$ の理想的な変化の場合には $E_{12}^{\text{des}} = 0$ となり，その結果，式 (6.36) のエクセルギー効率が $\varepsilon = 1$ となる．また，$\eta < 1$ の場合には，$E_{12}^{\text{des}} > 0$ となり，η の低下に伴って E_{12}^{des} が増大することを示すことができる．その結果，エクセルギー効率 ε が低下する．さらに，仕事量 W_{12}^{in} が一定の場合には，式 (6.47) より温度差 $T_2^{\text{cv}} - T_1^{\text{cv}}$ も一定となるため，T_1^{cv} の低下に伴って，E_{12}^{des} が増大し，ε が低下することも示すことができる．これも，5.7.1 項および 5.7.2 項で述べたように，低温の方がエクセルギー破壊量が大きく，エクセルギー効率が低いという一般的な性質に整合している．

【例題 6.8】 往復機関の圧縮過程によって 100.0 kPa，25 °C のメタンと空気の混合気体を圧縮比 10 で圧縮する場合に，混合気体の終端圧力および終端温度を求めよ．また，必要な仕事量を求めよ．ただし，簡単のため，混合気体はモル分率がそれぞれ 0.2632，0.5821，および 0.1547 のメタン，窒素，および酸素のみから成り，狭義の理想混合気体と仮定する．このとき，各成分の定容比熱として，初期状態に対応する値を採用するものとする．さらに，圧縮過程を通じて外部に放出される熱エネルギーを零と仮定し，圧縮過程の効率を 0.9 とする．

〔解答〕 REFPROP を適用した D.2 節の数値計算プログラム D-1 によって，メタン，窒素，および酸素のモル質量，気体定数，および定容比熱はそれぞれ

$$M_1 = 16.043 \,\text{kg/kmol}, \quad R_1 = 0.51827 \,\text{kJ/(kg·K)}, \quad c_{v1} = 1.7076 \,\text{kJ/(kg·K)}$$
$$M_2 = 28.013 \,\text{kg/kmol}, \quad R_2 = 0.29680 \,\text{kJ/(kg·K)}, \quad c_{v2} = 0.7429 \,\text{kJ/(kg·K)}$$
$$M_3 = 31.999 \,\text{kg/kmol}, \quad R_3 = 0.25983 \,\text{kJ/(kg·K)}, \quad c_{v3} = 0.6582 \,\text{kJ/(kg·K)}$$

これより

$$\frac{\sum_{i=1}^{N} m_i^{\mathrm{cv}} R_i}{\sum_{i=1}^{N} m_i^{\mathrm{cv}} c_{vi}} = \frac{\sum_{i=1}^{N} M_i y_i^{\mathrm{cv}} R_i}{\sum_{i=1}^{N} M_i y_i^{\mathrm{cv}} c_{vi}}$$

$$= \frac{16.043 \times 0.2632 \times 0.51827 + 28.013 \times 0.5821 \times 0.29680 + 31.999 \times 0.1547 \times 0.25982}{16.043 \times 0.2632 \times 1.7076 + 28.013 \times 0.5821 \times 0.7429 + 31.999 \times 0.1547 \times 0.6582}$$

$$= 0.3682$$

式 (6.40) および式 (6.41) より,終端圧力は

$$p_2^{\mathrm{cv}} = p_1^{\mathrm{cv}} \left(\frac{V_2^{\mathrm{cv}}}{V_1^{\mathrm{cv}}} \right)^{-\left(1 + \sum_{i=1}^{N} m_i^{\mathrm{cv}} R_i / \sum_{i=1}^{N} m_i^{\mathrm{cv}} c_{vi} \eta \right)} = 100.0 \times \left(\frac{1}{10} \right)^{-(1+0.3682/0.9)} = 2565\,\mathrm{kPa}$$

また,式 (6.40) より,終端温度は

$$T_2^{\mathrm{cv}} = T_1^{\mathrm{cv}} \left(\frac{V_2^{\mathrm{cv}}}{V_1^{\mathrm{cv}}} \right)^{-\sum_{i=1}^{N} m_i^{\mathrm{cv}} R_i / \sum_{i=1}^{N} m_i^{\mathrm{cv}} c_{vi} \eta} = 298.15 \times \left(\frac{1}{10} \right)^{-0.3682/0.9} = 764.8\,\mathrm{K}$$

【例題 6.9】 例題 6.8 の条件下で,エクセルギー破壊量およびエクセルギー効率を求めよ.

〔解答〕 例題 6.8 より

$$\frac{\sum_{i=1}^{N} m_i^{\mathrm{cv}} c_{vi}}{\sum_{i=1}^{N} m_i^{\mathrm{cv}}} = \frac{\sum_{i=1}^{N} M_i y_i^{\mathrm{cv}} c_{vi}}{\sum_{i=1}^{N} M_i y_i^{\mathrm{cv}}}$$

$$= \frac{16.043 \times 0.2632 \times 1.7076 + 28.013 \times 0.5821 \times 0.7429 + 31.999 \times 0.1547 \times 0.6582}{16.043 \times 0.2632 + 28.013 \times 0.5821 + 31.999 \times 0.1547}$$

$$= 0.8863\,\mathrm{kJ/(kg \cdot K)}$$

$$\frac{\sum_{i=1}^{N} m_i^{\mathrm{cv}} R_i}{\sum_{i=1}^{N} m_i^{\mathrm{cv}}} = \frac{\sum_{i=1}^{N} M_i y_i^{\mathrm{cv}} R_i}{\sum_{i=1}^{N} M_i y_i^{\mathrm{cv}}}$$

$$= \frac{16.043 \times 0.2632 \times 0.51827 + 28.013 \times 0.5821 \times 0.29680 + 31.999 \times 0.1547 \times 0.25983}{16.043 \times 0.2632 + 28.013 \times 0.5821 + 31.999 \times 0.1547}$$

$$= 0.3263\,\mathrm{kJ/(kg \cdot K)}$$

式 (6.48) より,エクセルギー破壊量は

$$e_{12}^{\mathrm{des}} = \frac{E_{12}^{\mathrm{des}}}{\sum_{i=1}^{N} m_i^{\mathrm{cv}}} = \frac{\sum_{i=1}^{N} m_i^{\mathrm{cv}} c_{vi} + \sum_{i=1}^{N} m_i^{\mathrm{cv}} R_i}{\sum_{i=1}^{N} m_i^{\mathrm{cv}}} T_0$$

$$\times \ln\left\{\frac{T_2^{\text{cv}}}{T_1^{\text{cv}}}\left(\frac{p_1^{\text{cv}}}{p_2^{\text{cv}}}\right)^{1/\left(\sum_{j=1}^N m_j^{\text{cv}} c_{vj}/\sum_{j=1}^N m_j^{\text{cv}} R_j + 1\right)}\right\}$$

$$= (0.8863 + 0.3263) \times 298.15 \times \ln\left\{\frac{764.8}{298.15} \times \left(\frac{100.0}{2565}\right)^{1/(1/0.3682+1)}\right\} = 24.90\,\text{kJ/kg}$$

式 (6.47) より，必要な仕事量は

$$w_{12}^{\text{in}} = \frac{W_{12}^{\text{in}}}{\sum_{i=1}^N m_i^{\text{cv}}} = \frac{\sum_{i=1}^N m_i^{\text{cv}} c_{vi}}{\sum_{i=1}^N m_i^{\text{cv}}}(T_2^{\text{cv}} - T_1^{\text{cv}}) = 0.8863 \times (764.8 - 298.15) = 413.6\,\text{kJ/kg}$$

また，標準状態の圧力がなす仕事量は

$$\frac{p_0(V_1^{\text{cv}} - V_2^{\text{cv}})}{\sum_{i=1}^N m_i^{\text{cv}}} = \frac{\sum_{i=1}^N m_i^{\text{cv}} R_i}{\sum_{i=1}^N m_i^{\text{cv}}} \frac{T_1^{\text{cv}} p_0(1 - V_2^{\text{cv}}/V_1^{\text{cv}})}{p_1^{\text{cv}}}$$

$$= 0.3263 \times \frac{298.15 \times 100.0 \times (1 - 1/10)}{100.0} = 87.56\,\text{kJ/kg}$$

よって，式 (6.36) より，エクセルギー効率は

$$\varepsilon = \frac{W_{12}^{\text{in}} - p_0(V_1^{\text{cv}} - V_2^{\text{cv}}) - E_{12}^{\text{des}}}{W_{12}^{\text{in}} - p_0(V_1^{\text{cv}} - V_2^{\text{cv}})} = \frac{w_{12}^{\text{in}} - p_0(V_1^{\text{cv}} - V_2^{\text{cv}})/\sum_{i=1}^N m_i^{\text{cv}} - e_{12}^{\text{des}}}{w_{12}^{\text{in}} - p_0(V_1^{\text{cv}} - V_2^{\text{cv}})/\sum_{i=1}^N m_i^{\text{cv}}}$$

$$= \frac{413.6 - 87.56 - 24.90}{413.6 - 87.56} = 0.9236$$

【例題 6.10】 往復機関の圧縮過程によって混合気体を圧縮する場合に，例題 6.8 の条件下で，混合気体を実在混合気体，広義の理想混合気体，および狭義の理想混合気体と仮定する場合の 3 通りについて，終端温度および必要な仕事量を算出し，比較せよ．また，圧縮過程の効率が 1.0 未満の場合，および等エントロピー変化が生じる場合について終端温度および必要な仕事量を算出し，比較せよ．

〔解答〕 混合気体を実在混合気体あるいは広義の理想混合気体と仮定する場合には，それによって得られる混合微分代数方程式の数値計算に F.4 節の数値計算プログラム F-1 を使用するとともに，その中で REFPROP の混合モデルによって比内部エネルギーを評価し，状態方程式を考慮する．

下表は 3 通りの場合に算出された圧縮過程の効率が 0.9 および 1.0（等エントロピー変化）の場合における終端温度および仕事量を比較したものである．狭義の理想混合気体において終端圧力が標準圧力の約 26 倍と高くないために，実在混合気体と広義の理想混合気体における結果の差は小さい．しかしながら，狭義の理想混合気体における結果と実在混合気体および広義の理想混合気体における結果を比較すると，有意な差が生じている．前者では定容比熱として初期状態における値を適用することによって，後者よりも過小評価され，式 (6.40) より前者の終端温度は後者の値より高くなることがわ

かる．その結果，前者の温度差は後者の値より大きくなり，定容比熱の差と温度差の差が相殺され，仕事量の大小関係については判断できない．ここでは，前者の値が後者の値より大きくなっている．

圧縮過程の効率	0.9		1.0	
評価項目	終端温度 K	仕事量 kJ/kg	終端温度 K	仕事量 kJ/kg
実在混合気体	691.4	398.9	643.0	343.1
広義の理想混合気体	688.4	397.1	640.2	341.7
狭義の理想混合気体	764.8	413.6	696.0	352.6

6.4 水車

水車は液体の圧力エネルギーを利用して，羽根車を回転させ，回転運動による運動エネルギーを得るための機器である．水車は，その構造により，ペルトン水車，フランシス水車，斜流水車，およびプロペラ水車に分類される．これらのうち，フランシス水車，斜流水車，およびプロペラ水車は，それぞれ遠心ポンプ，斜流ポンプ，および軸流ポンプと基本的な構造は同一であるが，エネルギー授受の関係が逆になる．ここでは，2.1 節で述べたように具体的な形状については考慮しない．

水車におけるエネルギー変換過程は次のように表される．

　　　　液体の圧力エネルギー変化 ⇒ 仕事（回転運動による運動エネルギー）

このエネルギー変換を以下に述べるように定量的に考える．

図 6.7 に示すように，水車を囲む検査体積を考え，上付添字 in および out でそれぞれ入口および出口を区別し，出入口の質量流量 $\dot{m}$ [kg/s]，圧力 p [Pa]，および温度 T [K] を定義する．また，水車からの出力である動力の仕事量 $\dot{W}^{\mathrm{out}}$ [W] および水車を通じて外部に放出される熱量 $\dot{Q}^{\mathrm{out}}$ [W] を定義する．このとき，定常状態におけるエネルギー変換の基礎法則を適用する．

まず，質量保存則は式 (2.4) のように表される．次に，エネルギー保存則は式 (2.14) より次式のように表される．

$$\dot{m}^{\mathrm{in}}(u(p^{\mathrm{in}},T^{\mathrm{in}})+p^{\mathrm{in}}v(p^{\mathrm{in}},T^{\mathrm{in}}))=\dot{m}^{\mathrm{out}}(u(p^{\mathrm{out}},T^{\mathrm{out}})+p^{\mathrm{out}}v(p^{\mathrm{out}},T^{\mathrm{out}}))+\dot{W}^{\mathrm{out}}+\dot{Q}^{\mathrm{out}} \tag{6.49}$$

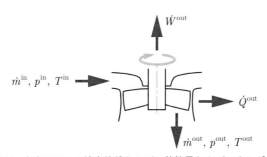

図 6.7　水車における検査体積ならびに状態量およびエネルギー量

ここで，式 (2.14) のエネルギー保存則とは異なり，熱量 $\dot{Q}^{\mathrm{out}}$ を出力としていることに注意されたい．また，ポテンシャルエネルギーおよび運動エネルギーを除外している．さらに，それぞれ 3.3.1 項および 3.5.1 項で述べたように，比体積 v [m^3/kg] および比内部エネルギー u [J/kg] を一般的に圧力 p および温度 T の関数として表現している．加えて，運動量保存／変化則に代わるものとして，水車の出口の圧力 p^{out} が出口の境界条件として与えられるものとする．また，仕事量 $\dot{W}^{\mathrm{out}}$ が与えられ，かつ断熱，すなわち $\dot{Q}^{\mathrm{out}} = 0$ の場合について考える．これによって，式 (2.4) より $\dot{m}^{\mathrm{out}}$ および式 (6.49) より T^{out} の値を決定することができる．

以下では，圧力および温度の変化が小さい場合における液体の特性として，比体積 v および定容比熱 c_v [J/(kg·K)] が一定の場合のみについて考える．これも，3.3.1 項および 3.5.1 項の結果，ならびに後述するように温度上昇が微小であることに基づいている．このとき，式 (6.49) のエネルギー保存則は，断熱の条件 $\dot{Q}^{\mathrm{out}} = 0$ も考慮して次式のようになる．

$$\dot{m}^{\mathrm{in}}(c_v T^{\mathrm{in}} + p^{\mathrm{in}} v) = \dot{m}^{\mathrm{out}}(c_v T^{\mathrm{out}} + p^{\mathrm{out}} v) + \dot{W}^{\mathrm{out}} \tag{6.50}$$

ここで，比内部エネルギーの基準値は両辺で相殺されるため，省略している．よって，式 (2.4)，出口の境界条件 p^{out}，および式 (6.50) より次式が導出される．

$$\dot{W}^{\mathrm{out}} = \dot{m}^{\mathrm{in}}\{c_v(T^{\mathrm{in}} - T^{\mathrm{out}}) + (p^{\mathrm{in}} - p^{\mathrm{out}})v\} \tag{6.51}$$

これより，$\dot{W}^{\mathrm{out}}$ が与えられると，T^{out} を決定できることがわかる．一方，水車に与えられる仕事としての圧力エネルギー変化 $\Delta\dot{\Xi}$ は次式のように表される．

$$\Delta\dot{\Xi} = \dot{m}^{\mathrm{in}}(p^{\mathrm{in}} - p^{\mathrm{out}})v \tag{6.52}$$

したがって，出力される仕事量を圧力エネルギー変化で除した水車効率 η [-] は次式のように表される．

$$\eta = \frac{\dot{W}^{\mathrm{out}}}{\Delta\dot{\Xi}}$$
$$= \frac{c_v(T^{\mathrm{in}} - T^{\mathrm{out}}) + (p^{\mathrm{in}} - p^{\mathrm{out}})v}{(p^{\mathrm{in}} - p^{\mathrm{out}})v} \tag{6.53}$$

よって，$\dot{W}^{\mathrm{out}}$ の代わりに η が与えられても，T^{out} を決定することができる．

水車におけるエネルギー変換に関わるエネルギー量の変化を図 6.8 に示す．圧力エネルギー変化のうち，それに水車効率を乗じた分が水車から得られる仕事量に変換される．一方，その残りの分が内部エネルギー変化に変換される．その結果，液体の温度が上昇することになる．また，断熱でない場合には，液体の温度上昇に変換されたり，水車を通じて熱エネルギーとして外部に放出される．その結果，液体や水車の温度が上昇することになる．ここで，内部エネルギー変化

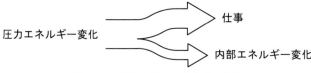

図 6.8 水車におけるエネルギー変換

や熱エネルギーを無視することはできないが，温度上昇はわずかであることに注意されたい．これは，液体の定容比熱が比較的大きいためである．

次に，上記のエネルギー変換過程をエクセルギーに基づいて評価する．式 (6.50) のエネルギー保存則に対応するエクセルギーバランスは式 (4.22) より次式のように表される．

$$\dot{m}^{\mathrm{in}}\left\{c_v(T^{\mathrm{in}}-T_0)+(p^{\mathrm{in}}-p_0)v-c_vT_0\ln\frac{T^{\mathrm{in}}}{T_0}\right\}$$
$$=\dot{m}^{\mathrm{out}}\left\{c_v(T^{\mathrm{out}}-T_0)+(p^{\mathrm{out}}-p_0)v-c_vT_0\ln\frac{T^{\mathrm{out}}}{T_0}\right\}+\dot{W}^{\mathrm{out}}+\dot{E}^{\mathrm{des}} \quad (6.54)$$

ここで，p_0 [Pa] および T_0 [K] はそれぞれ基準圧力および基準温度である．ただし，エクセルギーとして式 (5.28) の物理エクセルギーのみを考慮している．式 (6.54) に式 (2.4) および式 (6.50) を適用すると，エクセルギー破壊量 $\dot{E}^{\mathrm{des}}$ [W] は式 (6.8) のように求められる．ここで，温度上昇がわずかであることを考慮すると，$\dot{E}^{\mathrm{des}}$ は式 (6.9) のように近似的に表すことができる．また，出力される仕事量を液体のエクセルギー変化で除したエクセルギー効率 ε [-] は

$$\varepsilon=\frac{\dot{W}^{\mathrm{out}}}{\dot{m}^{\mathrm{in}}\left\{c_v(T^{\mathrm{in}}-T^{\mathrm{out}})+(p^{\mathrm{in}}-p^{\mathrm{out}})v+c_vT_0\ln\frac{T^{\mathrm{out}}}{T^{\mathrm{in}}}\right\}}$$
$$=\frac{\dot{W}^{\mathrm{out}}}{\dot{W}^{\mathrm{out}}+\dot{E}^{\mathrm{des}}} \quad (6.55)$$

となる．

式 (6.9) が成立する場合に水車効率 η とエクセルギー効率 ε を比較すると，$T^{\mathrm{in}}=T_0$ の場合には η と ε は一致する．しかしながら，$T^{\mathrm{in}}<T_0$ の場合には ε は η よりも低く，逆に $T^{\mathrm{in}}>T_0$ の場合には ε は η よりも高くなる．これも，5.7.1 項および 5.7.2 項で述べたように，低温の方がエクセルギー破壊量が大きく，エクセルギー効率が低いという一般的な性質に整合している．

【例題 6.11】 水車によって体積流量 $10.0\ \mathrm{m^3/s}$，圧力 5.0 MPa，および温度 25 °C の水を用いて回転運動エネルギーを発生させる．このとき，出口圧力を 0.1 MPa として，水の圧力エネルギー変化，水の内部エネルギー変化，および水車の運転によって得られる仕事量を求めよ．ただし，水車を通じて外部に放出される熱エネルギーを零と仮定し，水車効率を 0.85 とする．

〔解答〕 式 (6.52) より，圧力エネルギー変化（減少）は

$$\Delta\dot{\Xi}=\dot{m}^{\mathrm{in}}(p^{\mathrm{in}}-p^{\mathrm{out}})v=\dot{V}^{\mathrm{in}}(p^{\mathrm{in}}-p^{\mathrm{out}})=10.0\times(5.0-0.1)=49.0\,\mathrm{MW}$$

式 (6.53) より，得られる仕事量は

$$\dot{W}^{\mathrm{out}}=\Delta\dot{\Xi}\eta=49.0\times0.85=41.65\,\mathrm{MW}$$

式 (6.51) より，内部エネルギー変化（増大）は

$$\Delta\dot{U}=\Delta\dot{\Xi}-\dot{W}^{\mathrm{out}}=49.0-41.65=7.35\,\mathrm{MW}$$

6.5 タービン

タービンは，高圧・高温の気体のエンタルピーを利用し，羽根車を回転させ，回転運動による運動エネルギーを得る機器である．例えば，蒸気タービンにおいてはボイラで発生した過熱蒸気が利用される．また，ガスタービンにおいては，燃焼器で発生した高圧・高温の燃焼ガスが利用される．タービンの羽根車形状としては，主として軸流形が用いられるが，特に小型のガスタービンにおいては半径流形も用いられる．ここでは，2.1 節で述べたように具体的な形状については考慮しない．

タービンにおけるエネルギー変換過程は次のように表される．

気体のエンタルピー変化 ⇒ 仕事（回転運動による運動エネルギー）

このエネルギー変換を以下に述べるように定量的に考える．

図 6.9 に示すように，タービンを囲む検査体積を考え，上付添字 in および out でそれぞれ入口および出口を区別し，複数の成分から成る混合気体を扱う場合も想定されるため，出入口の N [-] 個の成分の気体の質量流量 $\dot{m}_i$ [kg/s] ($i = 1, 2, \cdots, N$)，圧力 p [Pa]，および温度 T [K] を定義する．また，タービンからの出力である動力の仕事量 $\dot{W}^{\mathrm{out}}$ [W] およびタービンを通じて外部に放出される熱量 $\dot{Q}^{\mathrm{out}}$ [W] を定義する．このとき，定常状態におけるエネルギー変換の基礎法則を適用する．なお，気体の扱い方によって解析的に解を導出することができたり，数値的に解を導出しなければならない場合があったりする．そのため，ここでは広義の理想混合気体を含む実在混合気体の場合および狭義の理想混合気体の場合に分けて述べることにする．

6.5.1 実在混合気体の場合

最初に，一般的に混合気体を実在混合気体として仮定する場合について考える．複数の成分間で化学反応が生じないものとすると，質量保存則は式 (2.2) より各成分について式 (6.11) のように表される．次に，エネルギー保存則は式 (2.12) より次式のように表される．

$$\sum_{i=1}^{N} \dot{m}_i^{\mathrm{in}} h_i(p^{\mathrm{in}}, T^{\mathrm{in}}) = \sum_{i=1}^{N} \dot{m}_i^{\mathrm{out}} h_i(p^{\mathrm{out}}, T^{\mathrm{out}}) + \dot{W}^{\mathrm{out}} + \dot{Q}^{\mathrm{out}} \tag{6.56}$$

ここで，式 (2.12) のエネルギー保存則とは異なり，熱量 $\dot{Q}^{\mathrm{out}}$ を出力としている．また，ポテンシャルエネルギーおよび運動エネルギーを除外している．さらに，3.6.5 項で述べたように，各

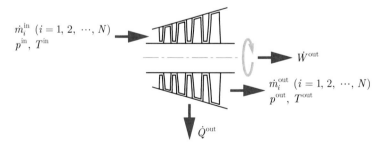

図 6.9 タービンにおける検査体積ならびに状態量およびエネルギー量

成分の比エンタルピー h_i [J/kg] ($i=1,2,\cdots,N$) を一般的に圧力 p および温度 T の関数として表現している．加えて，運動量保存／変化則に代わるものとして，タービンの出口の圧力 p^{out} が出口の境界条件として与えられるものとする．また，$\dot{W}^{\text{out}}$ が与えられ，かつ断熱，すなわち $\dot{Q}^{\text{out}} = 0$ の場合について考える．

あるいは，$\dot{W}^{\text{out}}$ を与える代わりに，次式のように実際の変化における仕事量と理想的な変化における仕事量の比として定義される等エントロピー効率 η [-] を与える．

$$\eta = \frac{\dot{W}^{\text{out}}}{\dot{W}^{\text{out}*}} \tag{6.57}$$

ここで，$\dot{W}^{\text{out}*}$ [W] は理想的な変化における仕事量である．なお，6.2 節で圧縮機の等エントロピー効率を定義したが，タービンの等エントロピー効率では実際の変化における仕事量と理想的な変化における仕事量が逆になっていることに注意されたい．この定義より，理想的な変化におけるエネルギー保存則は次式のように表される．

$$\sum_{i=1}^{N} \dot{m}_i^{\text{in}} h_i(p^{\text{in}}, T^{\text{in}}) = \sum_{i=1}^{N} \dot{m}_i^{\text{out}} h_i(p^{\text{out}}, T^{\text{out}*}) + \frac{\dot{W}^{\text{out}}}{\eta} \tag{6.58}$$

ここで，$T^{\text{out}*}$ [K] は理想的な変化におけるタービン出口の温度である．この場合には，エントロピー発生がなく，等エントロピー変化であるため，式 (4.3) より式 (6.15) のエントロピーバランスが成立する．

これによって，式 (6.11) より $\dot{m}_i^{\text{out}}$ ($i=1,2,\cdots,N$)，式 (6.15) より $T^{\text{out}*}$，式 (6.58) より $\dot{W}^{\text{out}}$，および式 (6.56) より T^{out} の値を決定することができる．ただし，式 (6.56)，式 (6.58)，および式 (6.15) に含まれている各成分の比エンタルピーおよび比エントロピーを，圧力および温度の非線形関数として評価する必要がある．なお，広義の理想混合気体の場合には，比エンタルピーを温度のみの関数として，比エントロピーを温度のみの関数と圧力のみの対数関数の和として考慮すればよい．また，その結果，式 (6.56)，式 (6.58)，および式 (6.15) は非線形代数方程式となり，これらを解かなければならない．ここでは，これらを連立させて同時に解くものとし，連立非線形代数方程式の数値計算に E.4 節の数値計算プログラム E-3 を使用するとともに，その中で REFPROP の混合モデルによって比エンタルピーおよび比エントロピーを評価する．

次に，上記のエネルギー変換過程をエクセルギーに基づいて評価する．式 (6.56) のエネルギー保存則において断熱の条件 $\dot{Q}^{\text{out}} = 0$ を考慮した場合に対応するエクセルギーバランスは，式 (4.22) より次式のように表される．

$$\sum_{i=1}^{N} \dot{m}_i^{\text{in}} \{(h_i(p^{\text{in}}, T^{\text{in}}) - h_i(p_0, T_0)) - T_0(s_i(p^{\text{in}}, T^{\text{in}}) - s_i(p_0, T_0))\}$$
$$= \sum_{i=1}^{N} \dot{m}_i^{\text{out}} \{(h_i(p^{\text{out}}, T^{\text{out}}) - h_i(p_0, T_0)) - T_0(s_i(p^{\text{out}}, T^{\text{out}}) - s_i(p_0, T_0))\} + \dot{W}^{\text{out}} + \dot{E}^{\text{des}} \tag{6.59}$$

ここで，p_0 [Pa] および T_0 [K] はそれぞれ基準圧力および基準温度である．また，各成分の比エントロピー s_i [J/(kg·K)] ($i=1,2,\cdots,N$) も一般的に圧力 p および温度 T の関数として表現している．ただし，エクセルギーとして式 (5.28) の物理エクセルギーのみを考慮している．式

(6.59) に式 (6.11) および式 (6.56) を適用すると，エクセルギー破壊量 $\dot{E}^{\mathrm{des}}$ [W] は式 (6.17) のように求められる．また，出力される仕事量を気体のエクセルギー変化で除したエクセルギー効率 ε [-] は

$$\varepsilon = \frac{\dot{W}^{\mathrm{out}}}{\sum_{i=1}^{N} \dot{m}_i^{\mathrm{in}}(h_i(p^{\mathrm{in}},T^{\mathrm{in}}) - T_0 s_i(p^{\mathrm{in}},T^{\mathrm{in}})) - \sum_{i=1}^{N} \dot{m}_i^{\mathrm{out}}(h_i(p^{\mathrm{out}},T^{\mathrm{out}}) - T_0 s_i(p^{\mathrm{out}},T^{\mathrm{out}}))}$$
$$= \frac{\dot{W}^{\mathrm{out}}}{\dot{W}^{\mathrm{out}} + \dot{E}^{\mathrm{des}}} \tag{6.60}$$

なお，ここでは断熱の場合を考慮したが，タービンでは高温の気体が利用され，圧力低下に伴って温度低下も起こる．よって，温度変化に依存した放熱損失をモデル化することができれば，エネルギー保存則およびエクセルギーバランスに組み込んで解析することもできるであろう．

6.5.2 狭義の理想混合気体の場合

次に，混合気体を狭義の理想混合気体として仮定する場合について考える．各成分を定圧比熱 c_{pi} および定容比熱 c_{vi} [J/(kg·K)] $(i=1,2,\cdots,N)$ が一定の狭義の理想気体として仮定すると，式 (6.56) および式 (6.58) はそれぞれ次式のようになる．

$$\sum_{i=1}^{N} \dot{m}_i^{\mathrm{in}} c_{pi} T^{\mathrm{in}} = \sum_{i=1}^{N} \dot{m}_i^{\mathrm{out}} c_{pi} T^{\mathrm{out}} + \dot{W}^{\mathrm{out}} \tag{6.61}$$

$$\sum_{i=1}^{N} \dot{m}_i^{\mathrm{in}} c_{pi} T^{\mathrm{in}} = \sum_{i=1}^{N} \dot{m}_i^{\mathrm{out}} c_{pi} T^{\mathrm{out}*} + \frac{\dot{W}^{\mathrm{out}}}{\eta} \tag{6.62}$$

ここで，比エンタルピーの基準値は両辺で相殺されるため，省略している．また，式 (6.15) は式 (6.21) のようになる．

式 (6.11) および式 (6.21) より式 (6.23) を導出することができる．よって，式 (6.23) より $T^{\mathrm{out}*}$，式 (6.62) より $\dot{W}^{\mathrm{out}}$，また式 (6.61) より T^{out} の値を決定することができる．

この場合，等エントロピー効率 η は式 (6.57)，式 (6.61)，式 (6.62)，および式 (6.23) より次式のように表現できる．

$$\begin{aligned} \eta &= \frac{\dot{W}^{\mathrm{out}}}{\dot{W}^{\mathrm{out}*}} \\ &= \frac{T^{\mathrm{in}} - T^{\mathrm{out}}}{T^{\mathrm{in}} - T^{\mathrm{out}*}} \\ &= \frac{1 - T^{\mathrm{out}}/T^{\mathrm{in}}}{1 - (p^{\mathrm{out}}/p^{\mathrm{in}})^{\sum_{i=1}^{N} \dot{m}_i^{\mathrm{in}} R_i / \sum_{i=1}^{N} \dot{m}_i^{\mathrm{in}} c_{pi}}} \end{aligned} \tag{6.63}$$

ここで，R_i [J/(kg·K)] $(i=1,2,\cdots,N)$ は各成分の気体定数である．なお，等エントロピー効率が $\eta=1$ の場合，すなわち等エントロピー変化の場合には式 (6.25) が成立する．また，特に $N=1$ の単一成分の場合には，比熱比を $k=c_{p1}/c_{v1}$ [-] と定義すると，式 (6.63) は次式のようになる．

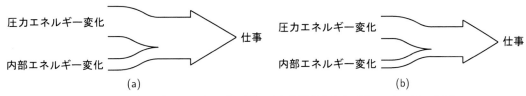

図 6.10　タービンにおけるエネルギー変換：(a) 理想的な変化（等エントロピー変化），(b) 実際的な変化

$$\eta = \frac{1 - T^{\text{out}}/T^{\text{in}}}{1 - (p^{\text{out}}/p^{\text{in}})^{(k-1)/k}} \quad (6.64)$$

さらに，式 (6.25) は式 (6.27) のようになる．複数成分に対応する式 (6.63) および式 (6.25) は，それぞれ単一成分の式 (6.64) および式 (6.27) を拡張したものになっているが，各成分の比熱比の平均を適用するのではなく，各成分の定圧比熱および気体定数の平均を適用する必要があることに注意されたい．

上述の結果に基づき，タービンにおけるエネルギー変換に関わるエネルギー量の変化を，理想的な変化および実際的な変化についてそれぞれ図 6.10 (a) および (b) に示す．タービンの出口圧力に対する入口圧力の比である圧力比を一定とすると，図に示すようにすべてのエネルギー量について実際的な変化による値が理想的な変化による値より小さくなる．

次に，上記のエネルギー変換過程をエクセルギーに基づいて評価する．式 (6.61) のエネルギー保存則に対応するエクセルギーバランスは式 (4.22) より次式のように表される．

$$\sum_{i=1}^{N} \dot{m}_i^{\text{in}} \left\{ c_{pi}(T^{\text{in}} - T_0) - T_0 \left(c_{pi} \ln \frac{T^{\text{in}}}{T_0} - R_i \ln \frac{y_i^{\text{in}} p^{\text{in}}}{p_0} \right) \right\}$$
$$= \sum_{i=1}^{N} \dot{m}_i^{\text{out}} \left\{ c_{pi}(T^{\text{out}} - T_0) - T_0 \left(c_{pi} \ln \frac{T^{\text{out}}}{T_0} - R_i \ln \frac{y_i^{\text{out}} p^{\text{out}}}{p_0} \right) \right\} + \dot{W}^{\text{out}} + \dot{E}^{\text{des}} \quad (6.65)$$

ここで，y_i^{in} および y_i^{out} [-] ($i = 1, 2, \cdots, N$) は式 (6.22) によって表される，それぞれ入口および出口における各成分のモル分率である．ただし，エクセルギーとして式 (5.28) の物理エクセルギーのみを考慮している．式 (6.65) に式 (6.11)，式 (6.61)，および式 (6.22) を適用すると，エクセルギー破壊量 $\dot{E}^{\text{des}}$ は式 (6.29) のように求められる．また，出力される仕事量を気体のエクセルギー変化で除したエクセルギー効率 ε は

$$\varepsilon = \frac{\dot{W}^{\text{out}}}{\sum_{i=1}^{N} \dot{m}_i^{\text{in}} c_{pi} \left[(T^{\text{in}} - T^{\text{out}}) + T_0 \ln \left\{ \frac{T^{\text{out}}}{T^{\text{in}}} \left(\frac{p^{\text{in}}}{p^{\text{out}}} \right)^{\sum_{j=1}^{N} \dot{m}_j^{\text{in}} R_j / \sum_{j=1}^{N} \dot{m}_j^{\text{in}} c_{pj}} \right\} \right]}$$
$$= \frac{\dot{W}^{\text{out}}}{\dot{W}^{\text{out}} + \dot{E}^{\text{des}}} \quad (6.66)$$

となる．

式 (6.63) より温度比 $T^{\text{out}}/T^{\text{in}}$ を圧力比 $p^{\text{out}}/p^{\text{in}}$ および等エントロピー効率 η によって表し，それを式 (6.66) に代入すると，エクセルギー効率 ε と η の関係が得られる．$\eta = 1$ の等エントロピー変化の場合には，エクセルギー破壊量が $\dot{E}^{\text{des}} = 0$ となり，その結果 $\varepsilon = 1$ となる．また，

一般的には ε と η は異なるが，η の低下に伴って，ε も低下することを示すことができる．さらに，仕事量 $\dot{W}^{\mathrm{out}}$ が一定の場合には，式 (6.61) より温度差 $T^{\mathrm{in}} - T^{\mathrm{out}}$ も一定となるため，T^{in} の低下に伴って，ε も低下することも示すことができる．これも，5.7.1 項および 5.7.2 項で述べたように，低温の方がエクセルギー破壊量が大きく，エクセルギー効率が低いという一般的な性質に整合している．

【例題 6.12】 タービンによって 1000.0 kPa, 1300 K の燃焼ガスおよび空気の混合気体の圧力を 100.0 kPa に低下させる場合に，混合気体の出口温度および得られる仕事量を求めよ．ただし，簡単のため，混合気体はモル分率がそれぞれ 0.7655, 0.1415, 0.0310, および 0.0620 の窒素，酸素，二酸化炭素，および水のみから成り，狭義の理想混合気体と仮定する．このとき，各成分の定圧比熱として，入口の状態に対応する値を採用するものとする．さらに，タービンを通じて外部に放出される熱エネルギーを零と仮定し，タービンの等エントロピー効率を 0.85 とする．

〔解答〕 REFPROP を適用した D.2 節の数値計算プログラム D-1 によって，窒素，酸素，二酸化炭素，および水のモル質量，気体定数，および定圧比熱はそれぞれ

$$M_1 = 28.013\,\mathrm{kg/kmol}, \quad R_1 = 0.29680\,\mathrm{kJ/(kg \cdot K)}, \quad c_{p1} = 1.2191\,\mathrm{kJ/(kg \cdot K)}$$
$$M_2 = 31.999\,\mathrm{kg/kmol}, \quad R_2 = 0.25983\,\mathrm{kJ/(kg \cdot K)}, \quad c_{p2} = 1.1252\,\mathrm{kJ/(kg \cdot K)}$$
$$M_3 = 44.010\,\mathrm{kg/kmol}, \quad R_3 = 0.18892\,\mathrm{kJ/(kg \cdot K)}, \quad c_{p3} = 1.2981\,\mathrm{kJ/(kg \cdot K)}$$
$$M_4 = 18.015\,\mathrm{kg/kmol}, \quad R_4 = 0.46152\,\mathrm{kJ/(kg \cdot K)}, \quad c_{p4} = 2.4948\,\mathrm{kJ/(kg \cdot K)}$$

これより

$$\frac{\sum_{i=1}^{N} \dot{m}_i^{\mathrm{in}} R_i}{\sum_{i=1}^{N} \dot{m}_i^{\mathrm{in}} c_{pi}} = \frac{\sum_{i=1}^{N} M_i y_i^{\mathrm{in}} R_i}{\sum_{i=1}^{N} M_i y_i^{\mathrm{in}} c_{pi}} = \frac{\bar{R}_{\mathrm{a}}}{\bar{c}_{p\mathrm{a}}} = 0.2323$$

$$\frac{\sum_{i=1}^{N} \dot{m}_i^{\mathrm{in}} c_{pi}}{\sum_{i=1}^{N} \dot{m}_i^{\mathrm{in}}} = \frac{\sum_{i=1}^{N} M_i y_i^{\mathrm{in}} c_{pi}}{\sum_{i=1}^{N} M_i y_i^{\mathrm{in}}} = \frac{\bar{c}_{p\mathrm{a}}}{M_{\mathrm{a}}} = 1.2580\,\mathrm{kJ/(kg \cdot K)}$$

ここで

$$\bar{R}_{\mathrm{a}} = 28.013 \times 0.7655 \times 0.29680 + 31.999 \times 0.1415 \times 0.25983$$
$$\quad + 44.010 \times 0.0310 \times 0.18892 + 18.015 \times 0.0620 \times 0.46152 = 8.314\,\mathrm{kJ/(kmol \cdot K)}$$
$$\bar{c}_{p\mathrm{a}} = 28.013 \times 0.7655 \times 1.2191 + 31.999 \times 0.1415 \times 1.1252$$
$$\quad + 44.010 \times 0.0310 \times 1.2981 + 18.015 \times 0.0620 \times 2.4948 = 35.795\,\mathrm{kJ/(kmol \cdot K)}$$
$$M_{\mathrm{a}} = 28.013 \times 0.7655 + 31.999 \times 0.1415 + 44.010 \times 0.0310 + 18.015 \times 0.0620$$
$$\quad = 28.453\,\mathrm{kg/kmol}$$

よって，式 (6.63) より，出口温度は

$$T^{\mathrm{out}} = T^{\mathrm{in}} \left[1 - \eta \left\{ 1 - \left(\frac{p^{\mathrm{out}}}{p^{\mathrm{in}}}\right)^{\sum_{i=1}^{N} \dot{m}_i^{\mathrm{in}} R_i / \sum_{i=1}^{N} \dot{m}_i^{\mathrm{in}} c_{pi}} \right\} \right]$$

$$= 1300.0 \times \left[1 - 0.85 \times \left\{1 - \left(\frac{100.0}{1000.0}\right)^{0.2323}\right\}\right] = 842.2\,\mathrm{K}$$

また，式 (6.61) より，仕事量は

$$w^{\mathrm{out}} = \frac{\dot{W}^{\mathrm{out}}}{\sum_{i=1}^{N}\dot{m}_i^{\mathrm{in}}} = \frac{\sum_{i=1}^{N}\dot{m}_i^{\mathrm{in}} c_{pi}}{\sum_{i=1}^{N}\dot{m}_i^{\mathrm{in}}}(T^{\mathrm{in}} - T^{\mathrm{out}}) = 1.2580 \times (1300.0 - 842.2) = 575.9\,\mathrm{kJ/kg}$$

【例題 6.13】 タービンによって混合気体を膨張させる場合に，例題 6.12 の条件下で，混合気体を実在混合気体，広義の理想混合気体，および狭義の理想混合気体と仮定する場合の 3 通りについて，出口温度および得られる仕事量を算出し，比較せよ．また，タービンにおいて等エントロピー効率が 1.0 未満の場合，および等エントロピー変化が生じる場合について出口温度および得られる仕事量を算出し，比較せよ．

〔解答〕 混合気体を実在混合気体あるいは広義の理想混合気体と仮定する場合には，それによって得られる連立非線形代数方程式の数値計算に E.4 節の数値計算プログラム E-3 を使用するとともに，その中で REFPROP の混合モデルによって比エンタルピーおよび比エントロピーを評価する．

下表は 3 通りの場合に算出された等エントロピー効率が 0.85 および 1.0（等エントロピー変化）の場合における出口温度および仕事量を比較したものである．入口圧力が標準圧力の 10 倍と比較的低いために，実在混合気体と広義の理想混合気体における結果の差は小さい．しかしながら，狭義の理想混合気体における結果と実在混合気体および広義の理想混合気体における結果を比較すると，有意な差が生じている．前者では定圧比熱を入口の状態における値を適用することによって，後者よりも過大評価され，式 (6.63) および式 (6.25) より，前者の出口温度は後者の値より高くなることがわかる．その結果，前者の温度差は後者の値より小さくなり，定圧比熱の差と温度差の差が相殺され，仕事量の大小関係については判断できない．ここでは，前者の値が後者の値よりやや大きくなっている．

等エントロピー効率	0.85		1.0	
評価項目	出口温度 K	仕事量 kJ/kg	出口温度 K	仕事量 kJ/kg
実在混合気体	829.2	572.3	741.4	673.3
広義の理想混合気体	829.1	571.6	741.4	672.4
狭義の理想混合気体	842.2	575.9	761.5	677.4

6.6 往復機関の膨張過程

6.3 節で取り上げた往復機関の圧縮過程に加えて，本節では往復機関の膨張過程を取り上げる．膨張過程では，高圧および高温になった燃焼ガスなどの気体がシリンダ内で膨張し，ピストンを移動させる．これが，回転軸の回転運動に伝えられ，運動エネルギーが得られる．

往復機関の膨張過程におけるエネルギー変換過程は次のように表される．

気体の内部エネルギー変化 ⇒ 仕事（圧力による体積膨張の仕事）

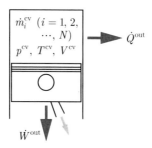

図 6.11 往復機関の膨張過程における検査体積ならびに状態量およびエネルギー量

このエネルギー変換を以下に述べるように定量的に考える.

図 6.11 に示すように，シリンダおよびピストンによって囲まれた検査体積を考え，上付添字 cv でそれを示す．複数の成分から成る混合気体を扱う場合も想定されるため，検査体積内における N [-] 個の成分の気体の質量 m_i [kg] $(i = 1, 2, \cdots, N)$，圧力 p [Pa]，温度 T [K]，および体積 V [m³] を定義する．また，出力である動力の仕事量 $\dot{W}^{\mathrm{out}}$ [W] および外部に放出される熱量 $\dot{Q}^{\mathrm{out}}$ [W] を定義する．このとき，非定常状態におけるエネルギー変換の基礎法則を適用する．なお，気体の扱い方によって解析的に解を導出することができたり，数値的に解を導出しなければならない場合があったりする．そのため，ここでは広義の理想混合気体を含む実在混合気体の場合および狭義の理想混合気体の場合に分けて述べることにする．

6.6.1 実在混合気体の場合

最初に，一般的に混合気体を実在混合気体として仮定する場合について考える．膨張過程でもシリンダの出入口が閉じられているため，物質は流出入しない．複数の成分間で化学反応が生じないものとすると，質量保存則は式 (2.1) より各成分について式 (6.31) のように表される．これより，各成分の質量 m_i^{cv} $(i = 1, 2, \cdots, N)$ を一定として扱うことができる．次に，エネルギー保存則は式 (2.11) より次式のように表される．

$$\frac{d\left(\sum_{i=1}^{N} m_i^{\mathrm{cv}} u_i(p^{\mathrm{cv}}, T^{\mathrm{cv}})\right)}{dt} = -\dot{W}^{\mathrm{out}} - \dot{Q}^{\mathrm{out}} \tag{6.67}$$

ここで，式 (2.11) のエネルギー保存則とは異なり，熱量 $\dot{Q}^{\mathrm{out}}$ を出力としている．また，ポテンシャルエネルギーおよび運動エネルギーを除外している．さらに，物質が流出入しないため，流出入するエネルギーは含まれていない．加えて，3.5.5 項で述べたように，各成分の比内部エネルギー u_i [J/kg] $(i = 1, 2, \cdots, N)$ を一般的に圧力 p および温度 T の関数として表現している．

準静的な変化を仮定するとともに，シリンダとピストンの間に作用する摩擦力を無視すると，理想的には仕事量は $\dot{W}^{\mathrm{out}} = p^{\mathrm{cv}} \dot{V}^{\mathrm{cv}}$ と表されるが，ここでは効率を η [-] とし，η 倍 $(\eta \leq 1)$ の仕事量しか得られないものと仮定する．また，断熱，すなわち $\dot{Q}^{\mathrm{out}} = 0$ の場合について考える．したがって，式 (6.67) のエネルギー保存則は次式のようになる．

$$\frac{d\left(\sum_{i=1}^{N} m_i^{\mathrm{cv}} u_i(p^{\mathrm{cv}}, T^{\mathrm{cv}})\right)}{dt} = -\eta p^{\mathrm{cv}} \dot{V}^{\mathrm{cv}} \tag{6.68}$$

この常微分方程式を初期状態から終端状態まで解けば，膨張過程における状態変化が得られる．ただし，体積変化が既知であっても，式 (6.68) に含まれている各成分の比内部エネルギーを圧力および温度の非線形関数として評価する必要がある．なお，広義の理想混合気体の場合には，比内部エネルギーを温度のみの関数として考慮すればよい．また，圧力および温度は，実在混合気体の状態方程式を満たすように決定しなければならない．よって，これらを非線形代数方程式として考慮しながら，式 (6.68) の常微分方程式を解く必要がある．すなわち，これらの方程式を混合微分代数方程式として解く必要がある．ここでは，混合微分代数方程式の数値計算に F.4 節の数値計算プログラム F-1 を使用するとともに，その中で REFPROP の混合モデルによって比内部エネルギーを評価し，状態方程式を考慮する．

次に，上記のエネルギー変換過程をエクセルギーに基づいて評価する．式 (6.68) のエネルギー保存則に対応するエクセルギーバランスは，式 (4.21) をそれぞれ下付添字 1 および 2 によって示す初期状態および終端状態の間で積分することによって次式のように表される．

$$E_2^{cv} - E_1^{cv} = -W_{12}^{out} + p_0(V_2^{cv} - V_1^{cv}) - E_{12}^{des} \tag{6.69}$$

ここで，初期状態および終端状態における検査体積内のエクセルギー E_1^{cv} および E_2^{cv} [J] は，式 (6.35) によって求められる．また，$V_1^{cv} = V^{cv}(p_1^{cv}, T_1^{cv})$ および $V_2^{cv} = V^{cv}(p_2^{cv}, T_2^{cv})$ である．さらに，膨張によって得られる仕事量 W_{12}^{out} [J] は，$\dot{W}^{out} = \eta p^{cv} \dot{V}^{cv}$ を初期状態および終端状態の間で積分することによって求められる．よって，これらを式 (6.69) に適用すると，エクセルギー破壊量 E_{12}^{des} [J] を評価することができる．また，出力される仕事量を気体のエクセルギー変化で除したエクセルギー効率 ε [-] は

$$\begin{aligned}\varepsilon &= \frac{W_{12}^{out} + p_0(V_1^{cv} - V_2^{cv})}{E_1^{cv} - E_2^{cv}} \\ &= \frac{W_{12}^{out} + p_0(V_1^{cv} - V_2^{cv})}{W_{12}^{out} + p_0(V_1^{cv} - V_2^{cv}) + E_{12}^{des}}\end{aligned} \tag{6.70}$$

と求められる．ここで，出力される仕事量として，シリンダ内の圧力によって得られる仕事量 W_{12}^{out} とシリンダ外の標準状態の圧力がなす仕事量 $p_0(V_1^{cv} - V_2^{cv})$ の和である正味の仕事量を考えていることに注意されたい．

なお，ここでは断熱の場合を考慮したが，往復機関の膨張過程では高温の燃焼ガスの圧力低下に伴って温度低下も起こる．よって，温度変化に依存した放熱損失をモデル化することができれば，エネルギー保存則およびエクセルギーバランスに組み込んで解析することもできるであろう．

6.6.2 狭義の理想混合気体の場合

次に，混合気体を狭義の理想混合気体として仮定する場合について考える．各成分を定圧比熱 c_{pi} および定容比熱 c_{vi} [J/(kg·K)] $(i = 1, 2, \cdots, N)$ が一定の狭義の理想気体として仮定すると，式 (6.68) は次式のようになる．

$$\frac{d\left(\sum_{i=1}^{N} m_i^{cv} c_{vi} T^{cv}\right)}{dt} = -\eta p^{cv} \dot{V}^{cv} \tag{6.71}$$

ここで，比内部エネルギーの基準値は時間によって変化しないため，省略している．Dalton の法則を仮定し，理想混合気体の状態方程式を考慮すると，式 (6.71) は次式のようになる．

$$\frac{d\left(\sum_{i=1}^{N} m_i^{\mathrm{cv}} c_{vi} T^{\mathrm{cv}}\right)}{dt} = -\frac{\eta \sum_{i=1}^{N} m_i^{\mathrm{cv}} R_i T^{\mathrm{cv}} \dot{V}^{\mathrm{cv}}}{V^{\mathrm{cv}}} \tag{6.72}$$

ここで，R_i [J/(kg·K)] ($i = 1, 2, \cdots, N$) は各成分の気体定数である．式 (6.72) の右辺の温度 T^{cv} を左辺に移し，初期状態および終端状態の間で積分すると

$$\sum_{i=1}^{N} m_i^{\mathrm{cv}} c_{vi} \ln \frac{T_2^{\mathrm{cv}}}{T_1^{\mathrm{cv}}} = -\eta \sum_{i=1}^{N} m_i^{\mathrm{cv}} R_i \ln \frac{V_2^{\mathrm{cv}}}{V_1^{\mathrm{cv}}} \tag{6.73}$$

となる．よって，

$$\frac{T_2^{\mathrm{cv}}}{T_1^{\mathrm{cv}}} = \left(\frac{V_2^{\mathrm{cv}}}{V_1^{\mathrm{cv}}}\right)^{-\eta \sum_{i=1}^{N} m_i^{\mathrm{cv}} R_i / \sum_{i=1}^{N} m_i^{\mathrm{cv}} c_{vi}} \tag{6.74}$$

理想混合気体の状態方程式を適用し，式 (6.74) における温度と体積の関係を温度と圧力の関係に変換すると

$$\frac{T_2^{\mathrm{cv}}}{T_1^{\mathrm{cv}}} = \left(\frac{p_2^{\mathrm{cv}}}{p_1^{\mathrm{cv}}}\right)^{\sum_{i=1}^{N} m_i^{\mathrm{cv}} R_i \eta / \sum_{i=1}^{N} m_i^{\mathrm{cv}} (c_{vi} + R_i \eta)} \tag{6.75}$$

なお，効率が $\eta = 1$ の理想的な変化の場合には，式 (6.75) は式 (6.42) となり，式 (6.25) のタービンにおける等エントロピー変化の式と同様の関係が得られる．また，特に $N = 1$ の単一成分の場合には，比熱比を $k = c_{p1}/c_{v1}$ [-] と定義すると，式 (6.75) は次式のようになる．

$$\frac{T_2^{\mathrm{cv}}}{T_1^{\mathrm{cv}}} = \left(\frac{p_2^{\mathrm{cv}}}{p_1^{\mathrm{cv}}}\right)^{(k-1)\eta / \{1 + (k-1)\eta\}} \tag{6.76}$$

さらに，$\eta = 1$ の理想的な変化の場合には，式 (6.42) は式 (6.44) のようになる．複数成分に対応する式 (6.75) および式 (6.42) は，それぞれ単一成分の式 (6.76) および式 (6.44) を拡張したものになっているが，各成分の比熱比の平均を適用するのではなく，各成分の定容比熱，気体定数，および定圧比熱の平均を適用する必要があることに注意されたい．

上述の結果に基づき，往復機関の膨張過程におけるエネルギー変換に関わるエネルギー量の変化を，理想的な変化および実際的な変化についてそれぞれ図 6.12 (a) および (b) に示す．膨張過程の初期状態における体積に対する終端状態における体積の比である圧縮比を一定とすると，図に示すようにすべてのエネルギー量について実際的な変化による値が理想的な変化による値より小さくなる．

次に，上記のエネルギー変換過程をエクセルギーに基づいて評価する．式 (6.69) のエクセル

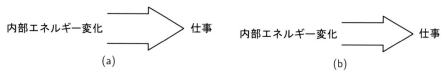

図 6.12　往復機関の膨張過程におけるエネルギー変換：(a) 理想的な変化（等エントロピー変化），(b) 実際的な変化

ギーバランスにおいて，初期状態および終端状態における検査体積内のエクセルギー E_1^{cv} および E_2^{cv} は，式 (6.45) によって求められる．また，膨張によって得られる仕事量に -1 を乗じた $-W_{12}^{\mathrm{out}}$ は，式 (6.71) の左辺を初期状態および終端状態の間で積分することによって式 (6.47) のように表される．式 (6.69) に式 (6.45) および式 (6.47) を適用すると，エクセルギー破壊量 E_{12}^{des} は式 (6.48) のように求められる．

式 (6.75) を式 (6.48) に代入すると，エクセルギー破壊量 E_{12}^{des} と η の関係が得られる．これより，$\eta = 1$ の理想的な変化の場合には $E_{12}^{\mathrm{des}} = 0$ となり，その結果式 (6.70) のエクセルギー効率が $\varepsilon = 1$ となる．また，$\eta < 1$ の場合には，$E_{12}^{\mathrm{des}} > 0$ となり，η の低下に伴って E_{12}^{des} が増大することを示すことができる．その結果，エクセルギー効率 ε が低下する．さらに，仕事量 W_{12}^{out} が一定の場合には，式 (6.47) より温度差 $T_1^{\mathrm{cv}} - T_2^{\mathrm{cv}}$ も一定となるため，T_1^{cv} の低下に伴って，E_{12}^{des} が増大し，ε が低下することも示すことができる．これも，5.7.1 項および 5.7.2 項で述べたように，低温の方がエクセルギー破壊量が大きく，エクセルギー効率が低いという一般的な性質に整合している．

【例題 6.14】 往復機関の膨張過程によって 3000.0 kPa，1500 K の燃焼ガスと空気の混合気体を圧縮比 10 で膨張させる場合に，混合気体の終端温度および得られる仕事量を求めよ．ただし，簡単のため，混合気体はモル分率がそれぞれ 0.7349，0.0558，0.0698，および 0.1395 の窒素，酸素，二酸化炭素，および水のみから成り，狭義の理想混合気体と仮定する．このとき，各成分の定容比熱として，初期状態に対応する値を採用するものとする．さらに，膨張過程を通じて外部に放出される熱エネルギーを零と仮定し，圧縮過程の効率を 0.9 とする．

〔解答〕 REFPROP を適用した D.2 節の数値計算プログラム D-1 によって，窒素，酸素，二酸化炭素，および水のモル質量，気体定数，および定容比熱はそれぞれ

$$M_1 = 28.013\,\mathrm{kg/kmol},\quad R_1 = 0.29680\,\mathrm{kJ/(kg\cdot K)},\quad c_{v1} = 0.9471\,\mathrm{kJ/(kg\cdot K)}$$
$$M_2 = 31.999\,\mathrm{kg/kmol},\quad R_2 = 0.25983\,\mathrm{kJ/(kg\cdot K)},\quad c_{v2} = 0.8829\,\mathrm{kJ/(kg\cdot K)}$$
$$M_3 = 44.010\,\mathrm{kg/kmol},\quad R_3 = 0.18892\,\mathrm{kJ/(kg\cdot K)},\quad c_{v3} = 1.1375\,\mathrm{kJ/(kg\cdot K)}$$
$$M_4 = 18.015\,\mathrm{kg/kmol},\quad R_4 = 0.46152\,\mathrm{kJ/(kg\cdot K)},\quad c_{v4} = 2.1524\,\mathrm{kJ/(kg\cdot K)}$$

これより

$$\frac{\sum_{i=1}^{N} m_i^{\mathrm{cv}} R_i}{\sum_{i=1}^{N} m_i^{\mathrm{cv}} c_{vi}} = \frac{\sum_{i=1}^{N} M_i y_i^{\mathrm{cv}} R_i}{\sum_{i=1}^{N} M_i y_i^{\mathrm{cv}} c_{vi}} = \frac{\bar{R}_{\mathrm{a}}}{\bar{c}_{v\mathrm{a}}} = 0.2773$$

$$\frac{\sum_{i=1}^{N} m_i^{\mathrm{cv}} c_{vi}}{\sum_{i=1}^{N} m_i^{\mathrm{cv}}} = \frac{\sum_{i=1}^{N} M_i y_i^{\mathrm{cv}} c_{vi}}{\sum_{i=1}^{N} M_i y_i^{\mathrm{cv}}} = \frac{\bar{c}_{v\mathrm{a}}}{M_{\mathrm{a}}} = 1.0723\,\mathrm{kJ/(kg\cdot K)}$$

ここで

$$\bar{R}_{\mathrm{a}} = 28.013 \times 0.7349 \times 0.29680 + 31.999 \times 0.0558 \times 0.25983$$
$$+ 44.010 \times 0.0698 \times 0.18892 + 18.015 \times 0.1395 \times 0.46152 = 8.314\,\mathrm{kJ/(kmol \cdot K)}$$

$$\bar{c}_{v\mathrm{a}} = 28.013 \times 0.7349 \times 0.9471 + 31.999 \times 0.0558 \times 0.8829$$
$$+ 44.010 \times 0.0698 \times 1.1375 + 18.015 \times 0.1395 \times 2.1524 = 35.795\,\mathrm{kJ/(kmol \cdot K)}$$

$$M_{\mathrm{a}} = 28.013 \times 0.7349 + 31.999 \times 0.0558 + 44.010 \times 0.0698 + 18.015 \times 0.1395$$
$$= 28.453\,\mathrm{kg/kmol}$$

よって,式 (6.74) より,終端温度は

$$T_2^{\mathrm{cv}} = T_1^{\mathrm{cv}} \left(\frac{V_2^{\mathrm{cv}}}{V_1^{\mathrm{cv}}}\right)^{-\eta \sum_{i=1}^{N} m_i^{\mathrm{cv}} R_i / \sum_{i=1}^{N} m_i^{\mathrm{cv}} c_{vi}} = 1500.0 \times \left(\frac{10}{1}\right)^{-0.9 \times 0.2773} = 844.3\,\mathrm{K}$$

また,式 (6.47) より,得られる仕事量は

$$w_{12}^{\mathrm{out}} = \frac{W_{12}^{\mathrm{out}}}{\sum_{i=1}^{N} m_i^{\mathrm{cv}}} = \frac{\sum_{i=1}^{N} m_i^{\mathrm{cv}} c_{vi}}{\sum_{i=1}^{N} m_i^{\mathrm{cv}}} (T_1^{\mathrm{cv}} - T_2^{\mathrm{cv}}) = 1.0723 \times (1500.0 - 844.3) = 703.1\,\mathrm{kJ/kg}$$

【例題 6.15】 往復機関の膨張過程によって混合気体を膨張させる場合に,例題 6.14 の条件下で,混合気体を実在混合気体,広義の理想混合気体,および狭義の理想混合気体と仮定する場合の 3 通りについて,終端温度および得られる仕事量を算出し,比較せよ.また,膨張過程の効率が 1.0 未満の場合,および等エントロピー変化が生じる場合について終端温度および得られる仕事量を算出し,比較せよ.

〔解答〕 混合気体を実在混合気体あるいは広義の理想混合気体と仮定する場合には,それによって得られる混合微分代数方程式の数値計算に F.4 節の数値計算プログラム F-1 を使用するとともに,その中で REFPROP の混合モデルによって比内部エネルギーを評価し,状態方程式を考慮する.

下表は 3 通りの場合に算出された膨張過程の効率が 0.9 および 1.0(等エントロピー変化)の場合における終端温度および仕事量を比較したものである.狭義の理想混合気体において初期圧力が標準圧力の 30 倍と高くないために,実在混合気体と広義の理想混合気体における結果の差は小さい.しかしながら,狭義の理想混合気体における結果と実在混合気体および広義の理想混合気体における結果を比較すると,有意な差が生じている.前者では定容比熱として初期状態における値を適用することによって,後者よりも過大評価され,式 (6.74) より前者の終端温度は後者の値より高くなることがわかる.その結果,前者の温度差は後者の値より小さくなり,定容比熱の差と温度差の差が相殺され,仕事量の大小関係については判断できない.ここでは,前者の値が後者の値より大きくなっている.

| 膨張過程の効率 | 0.9 | | 1.0 | |
評価項目	終端温度 K	仕事量 kJ/kg	終端温度 K	仕事量 kJ/kg
実在混合気体	807.1	696.1	748.5	749.5
広義の理想混合気体	808.6	695.0	750.0	748.3
狭義の理想混合気体	844.3	703.1	792.1	759.1

6.7 風車

風車は,風による空気の流れによって翼に揚力および抗力を発生させ,それによって生じるトルクによって翼を回転させ,回転運動による運動エネルギーを得る機器である.風車の形式としては,水平軸形と垂直軸形に大別される.水平軸形にはプロペラ形,セイルウィング形,オランダ形,および多翼形などがある.また,垂直軸形にはサボニウス形,ダリウス形,直線翼垂直軸形,ジャイロミル形,パドル形,およびクロスフロー形などがある.風車の性能特性値としては出力係数および周速比が用いられるが,これらは各形式に依存する.ここでは,水平軸形,特にプロペラ形の風車を想定しているが,2.1 節で述べたように具体的な形状については考慮しない.

風車におけるエネルギー変換過程は次のように表される.

空気の運動エネルギー変化 ⇒ 仕事(回転運動による運動エネルギー)

このエネルギー変換を以下に述べるように定量的に考える.

図 6.13 に示すように,風車を囲む検査体積を考え,上付添字 in および out でそれぞれ入口および出口を区別し,空気を構成する複数の成分から成る混合気体を扱うため,出入口の N [-] 個の成分の気体の質量流量 $\dot{m}_i$ [kg/s] ($i = 1, 2, \cdots, N$),圧力 p [Pa],温度 T [K],および風速 v [m/s] を定義する.また,風車からの出力である動力の仕事量 $\dot{W}^{\text{out}}$ [W] および風車を通じて外部に放出される熱量 $\dot{Q}^{\text{out}}$ [W] を定義する.このとき,定常状態におけるエネルギー変換の基礎法則を適用する.

複数の成分間で化学反応が生じないものとすると,質量保存則は式 (2.2) より各成分について式 (6.11) のように表される.次に,エネルギー保存則は式 (2.12) より次式のように表される.

$$\sum_{i=1}^{N} \dot{m}_i^{\text{in}} \left(h_i(p^{\text{in}}, T^{\text{in}}) + \frac{1}{2} v^{\text{in}2} \right) = \sum_{i=1}^{N} \dot{m}_i^{\text{out}} \left(h_i(p^{\text{out}}, T^{\text{out}}) + \frac{1}{2} v^{\text{out}2} \right) + \dot{W}^{\text{out}} + \dot{Q}^{\text{out}} \tag{6.77}$$

ここで,式 (2.12) のエネルギー保存則とは異なり,熱量 $\dot{Q}^{\text{out}}$ を出力としていることに注意されたい.また,ポテンシャルエネルギーを除外している.一方,風車のエネルギー変換には運動エネルギーが主な役割を果たすため,運動エネルギーを含めている.さらに,3.6.5 項で述べたように,各成分の比エンタルピー h_i [J/kg] ($i = 1, 2, \cdots, N$) を一般的に圧力 p および温度 T の関数として表現している.加えて,運動量保存/変化則に代わるものとして,風車の出口の圧力 p^{out} が出口の境界条件として与えられるものとする.なお,風車は大気中で作動するため,$p^{\text{out}} \approx p^{\text{in}}$ と仮定しても差し支えないであろう.

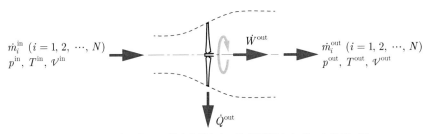

図 6.13 風車における検査体積ならびに状態量およびエネルギー量

式 (6.11), 式 (6.77), 出口の境界条件 p^{out}, ならびに入口の境界条件 $\dot{m}_i^{\mathrm{in}}$ ($i=1,2,\cdots,N$), p^{in}, T^{in}, および $\mathcal{V}^{\mathrm{in}}$ によってすべての値を決定することは困難である．なぜならば, 風車の出口の風速 $\mathcal{V}^{\mathrm{out}}$, 仕事量 $\dot{W}^{\mathrm{out}}$, および熱量 $\dot{Q}^{\mathrm{out}}$ が式 (6.77) に含まれているからである．ここでは, $\mathcal{V}^{\mathrm{out}}$ および $\dot{W}^{\mathrm{out}}$ が与えられ, かつ断熱, すなわち $\dot{Q}^{\mathrm{out}}=0$ の場合について考える．これによって, 式 (6.11) より $\dot{m}_i^{\mathrm{out}}$ ($i=1,2,\cdots,N$), および式 (6.77) より T^{out} の値を決定することができる．

以下では, 空気を狭義の理想混合気体として仮定し, 各成分を定圧比熱 c_{pi} [J/(kg·K)] ($i=1,2,\cdots,N$) が一定の狭義の理想気体とする．これは, 圧力がほぼ大気圧であり, 空気を構成する成分にとって低圧であること, また後述するように温度上昇が微小であることに基づいている．このとき, 式 (6.77) のエネルギー保存則は, 断熱の条件 $\dot{Q}^{\mathrm{out}}=0$ も考慮して, 次式のように表される．

$$\sum_{i=1}^{N} \dot{m}^{\mathrm{in}} \left(c_{pi} T^{\mathrm{in}} + \frac{1}{2} \mathcal{V}^{\mathrm{in}2} \right) = \sum_{i=1}^{N} \dot{m}^{\mathrm{out}} \left(c_{pi} T^{\mathrm{out}} + \frac{1}{2} \mathcal{V}^{\mathrm{out}2} \right) + \dot{W}^{\mathrm{out}} \tag{6.78}$$

ここで, 比エンタルピーの基準値は両辺で相殺されるため, 省略している．ここでは, $\mathcal{V}^{\mathrm{out}}$ を与える代わりに, 次式のように風車の前方および後方の風速の関係を与える．

$$\mathcal{V}^{\mathrm{out}} = r \mathcal{V}^{\mathrm{in}} \tag{6.79}$$

ここで, r [-] ($r<1$) は入口の風速に対する出口の風速の比である．よって, 式 (6.11), 式 (6.78), および式 (6.79) より次式が導出される．

$$\dot{W}^{\mathrm{out}} = \sum_{i=1}^{N} \dot{m}_i^{\mathrm{in}} \left\{ \frac{1}{2} (1-r^2) \mathcal{V}^{\mathrm{in}2} + c_{pi}(T^{\mathrm{in}} - T^{\mathrm{out}}) \right\} \tag{6.80}$$

よって, $\dot{W}^{\mathrm{out}}$ が与えられると, T^{out} を決定できることがわかる．一方, 風車に与えられる仕事としての空気の運動エネルギー変化 $\Delta \dot{\Psi}$ [W] は, 式 (6.11) および式 (6.79) より次式のように表される．

$$\begin{aligned}
\Delta \dot{\Psi} &= \frac{1}{2} \sum_{i=1}^{N} \dot{m}_i^{\mathrm{in}} \mathcal{V}^{\mathrm{in}2} - \frac{1}{2} \sum_{i=1}^{N} \dot{m}_i^{\mathrm{out}} \mathcal{V}^{\mathrm{out}2} \\
&= \frac{1}{2} (1-r^2) \sum_{i=1}^{N} \dot{m}_i^{\mathrm{in}} \mathcal{V}^{\mathrm{in}2}
\end{aligned} \tag{6.81}$$

したがって, 出力される仕事量を空気の運動エネルギー変化で除した風車効率 η [-] は次式のように表される．

$$\begin{aligned}
\eta &= \frac{\dot{W}^{\mathrm{out}}}{\Delta \dot{\Psi}} \\
&= \frac{\displaystyle\sum_{i=1}^{N} \dot{m}_i^{\mathrm{in}} \left[\{(1-r^2)/2\} \mathcal{V}^{\mathrm{in}2} + c_{pi}(T^{\mathrm{in}} - T^{\mathrm{out}}) \right]}{\displaystyle\sum_{i=1}^{N} \dot{m}_i^{\mathrm{in}} \{(1-r^2)/2\} \mathcal{V}^{\mathrm{in}2}}
\end{aligned} \tag{6.82}$$

よって，$\dot{W}^{\mathrm{out}}$ の代わりに η が与えられても，T^{out} を決定することができる．

しかしながら，風車の効率は，慣例的には，出力される仕事量を風車の回転断面積における風車の前方の風速に対応する運動エネルギーで除した値として定義される．これを出力係数 η' [-] と呼ぶ．空気の密度を ρ [kg/m^3]，断面積を A [m^2] とし，風車の回転断面積における値を上付添字 wt によって示すものとすると，風車の回転断面積 A^{wt} における風車の前方の風速 $\mathcal{V}^{\mathrm{in}}$ に対応する運動エネルギー $\dot{\Psi}$ [W] は，式 (3.9) より次式によって表される．

$$\dot{\Psi} = \frac{1}{2}\rho^{\mathrm{in}} A^{\mathrm{wt}} \mathcal{V}^{\mathrm{in}3} \tag{6.83}$$

また，風車の前方断面と回転断面との間で次式の質量保存則が成立する．

$$\rho^{\mathrm{in}} A^{\mathrm{in}} \mathcal{V}^{\mathrm{in}} = \rho^{\mathrm{wt}} A^{\mathrm{wt}} \mathcal{V}^{\mathrm{wt}} \tag{6.84}$$

ここで，次式のように，密度変化を無視することができ，また風車の回転断面における風速 $\mathcal{V}^{\mathrm{wt}}$ が風車の前方および後方の風速の平均によって近似できるものと仮定し，さらに式 (6.79) を考慮する．

$$\rho^{\mathrm{wt}} = \rho^{\mathrm{in}} \tag{6.85}$$

$$\begin{aligned}\mathcal{V}^{\mathrm{wt}} &= \frac{1}{2}(\mathcal{V}^{\mathrm{in}} + \mathcal{V}^{\mathrm{out}}) \\ &= \frac{1}{2}(1+r)\mathcal{V}^{\mathrm{in}}\end{aligned} \tag{6.86}$$

これらを式 (6.84) に適用すると，次式が得られる．

$$A^{\mathrm{wt}} = \frac{2}{1+r} A^{\mathrm{in}} \tag{6.87}$$

よって，式 (6.83) の風車の回転断面積 A^{wt} における風車の前方の風速 $\mathcal{V}^{\mathrm{in}}$ に対応する運動エネルギー $\dot{\Psi}$ は，次式によって表される．

$$\begin{aligned}\dot{\Psi} &= \frac{1}{1+r}\rho^{\mathrm{in}} A^{\mathrm{in}} \mathcal{V}^{\mathrm{in}3} \\ &= \frac{1}{1+r}\sum_{i=1}^{N}\dot{m}_i^{\mathrm{in}} \mathcal{V}^{\mathrm{in}2}\end{aligned} \tag{6.88}$$

その結果，風車の出力係数 η' は次式のように表される．

$$\begin{aligned}\eta' &= \frac{\dot{W}^{\mathrm{out}}}{\dot{\Psi}} \\ &= \frac{\sum_{i=1}^{N}\dot{m}_i^{\mathrm{in}}\left[\{(1-r^2)/2\}\mathcal{V}^{\mathrm{in}2} + c_{pi}(T^{\mathrm{in}} - T^{\mathrm{out}})\right]}{\sum_{i=1}^{N}\dot{m}_i^{\mathrm{in}}\{1/(1+r)\}\mathcal{V}^{\mathrm{in}2}}\end{aligned} \tag{6.89}$$

これより，式 (6.85) および式 (6.86) の仮定，ならびに空気の温度が一定という $T^{\mathrm{out}} = T^{\mathrm{in}}$ の条件下で，出力係数 η' を最大にする風速の比 $r = 1/3$ を導出することができる．この条件はベッツの条件として知られている．

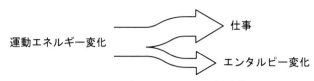

図 6.14 風車におけるエネルギー変換

　風車におけるエネルギー変換に関わるエネルギー量の変化を図 6.14 に示す．ベッツの条件が成立する場合に，空気の温度上昇によるエンタルピー変化を無視することによって得られる風車の出力係数の最大値は $\eta' = 16/27 = 0.5926$ と算定される．しかしながら，実際には η' は 0.3～0.4 程度である．このとき，空気の温度上昇によるエンタルピー変化に対応する損失が 0.3～0.2 となる．これを式 (6.82) に代入すると，風車効率 η は 0.5～0.66 となり，空気の運動エネルギー変化の 50～66 % が回転運動による運動エネルギーに変換される．一方，空気の運動エネルギー変化の残りの 50～34 % が空気のエンタルピー変化に変換される．その結果，空気の温度が上昇することになる．また，断熱でない場合には，空気の温度上昇に変換されたり，風車を通じて熱エネルギーとして外部に放出される．その結果，空気や風車の温度が上昇することになる．ここで，エンタルピー変化や熱エネルギーを無視することはできないが，後述の例題 6.18 に示すように温度上昇はわずかであることに注意されたい．これは，空気の定圧比熱が比較的大きいためである．

　風車の前方および後方において，風車を通過する空気の流れの断面積は大きく変化する．空気の状態方程式を考慮すると，風車の前方および後方断面との間で次式の質量保存則が成立する．

$$\frac{p^{\mathrm{in}}}{RT^{\mathrm{in}}} A^{\mathrm{in}} \mathcal{V}^{\mathrm{in}} = \frac{p^{\mathrm{out}}}{RT^{\mathrm{out}}} A^{\mathrm{out}} \mathcal{V}^{\mathrm{out}} \tag{6.90}$$

ここで，$R\ [\mathrm{J/(kg\cdot K)}]$ は空気の気体定数である．よって，前述の $p^{\mathrm{out}} \approx p^{\mathrm{in}}$ および $T^{\mathrm{out}} \approx T^{\mathrm{in}}$，ならびに式 (6.79) を考慮すると，風車の後方の空気の流れの断面積 A^{out} は式 (6.90) より次式のようになる．

$$\begin{aligned} A^{\mathrm{out}} &\approx \frac{\mathcal{V}^{\mathrm{in}}}{\mathcal{V}^{\mathrm{out}}} A^{\mathrm{in}} \\ &= \frac{1}{r} A^{\mathrm{in}} \end{aligned} \tag{6.91}$$

これより，風車の後方の空気の流れの断面積は前方と比較して約 $1/r$ 倍になり，その半径は約 $1/\sqrt{r}$ 倍になることがわかる．

　次に，上記のエネルギー変換過程をエクセルギーに基づいて評価する．式 (6.78) のエネルギー保存則に対応するエクセルギーバランスは式 (4.22) より次式のように表される．

$$\begin{aligned} \sum_{i=1}^{N} \dot{m}_i^{\mathrm{in}} &\left\{ c_{pi}(T^{\mathrm{in}} - T_0) - T_0 \left(c_{pi} \ln \frac{T^{\mathrm{in}}}{T_0} - R_i \ln \frac{y_i^{\mathrm{in}} p^{\mathrm{in}}}{p_0} \right) + \frac{1}{2} \mathcal{V}^{\mathrm{in}2} \right\} \\ &= \sum_{i=1}^{N} \dot{m}_i^{\mathrm{out}} \left\{ c_{pi}(T^{\mathrm{out}} - T_0) - T_0 \left(c_{pi} \ln \frac{T^{\mathrm{out}}}{T_0} - R_i \ln \frac{y_i^{\mathrm{out}} p^{\mathrm{out}}}{p_0} \right) + \frac{1}{2} \mathcal{V}^{\mathrm{out}2} \right\} \\ &\quad + \dot{W}^{\mathrm{out}} + \dot{E}^{\mathrm{des}} \end{aligned} \tag{6.92}$$

ここで，p_0 [Pa] および T_0 [K] はそれぞれ基準圧力および基準温度，R_i [J/(kg·K)] ($i = 1, 2, \cdots, N$) は各成分の気体定数，y_i^{in} および y_i^{out} [-] ($i = 1, 2, \cdots, N$) は式 (6.22) によって表される，それぞれ入口および出口における各成分のモル分率である．ただし，エクセルギーとして式 (5.5) の運動エクセルギーおよび式 (5.28) の物理エクセルギーを考慮している．式 (6.92) に式 (6.11)，式 (6.78)，および式 (6.22) を適用し，$p^{\text{out}} \approx p^{\text{in}}$ を考慮すると，エクセルギー破壊量 $\dot{E}^{\text{des}}$ [W] は次式のように求められる．

$$\dot{E}^{\text{des}} = \sum_{i=1}^{N} \dot{m}_i^{\text{in}} c_{pi} T_0 \ln \frac{T^{\text{out}}}{T^{\text{in}}} \tag{6.93}$$

ここで，温度上昇がわずかであることを考慮すると，式 (6.93) の $\dot{E}^{\text{des}}$ は次式のように近似的に表すことができる．

$$\dot{E}^{\text{des}} \approx \sum_{i=1}^{N} \dot{m}_i^{\text{in}} c_{pi} T_0 \frac{T^{\text{out}} - T^{\text{in}}}{T^{\text{in}}} \tag{6.94}$$

また，出力される仕事量を空気のエクセルギー変化で除したエクセルギー効率 ε [-] は

$$\begin{aligned}
\varepsilon &= \frac{\dot{W}^{\text{out}}}{\sum_{i=1}^{N} \dot{m}_i^{\text{in}} \left\{ c_{pi}(T^{\text{in}} - T^{\text{out}}) + c_{pi} T_0 \ln \frac{T^{\text{out}}}{T^{\text{in}}} + \frac{1}{2}(\mathcal{V}^{\text{in}2} - \mathcal{V}^{\text{out}2}) \right\}} \\
&= \frac{\dot{W}^{\text{out}}}{\dot{W}^{\text{out}} + \dot{E}^{\text{des}}}
\end{aligned} \tag{6.95}$$

となる．

風車は大気中で作動するため，$T^{\text{in}} = T_0$ と考えてよい．このとき，式 (6.94) が成立する場合には，式 (6.95) の分母は式 (6.82) の分母，すなわち式 (6.81) に等しくなるので，エクセルギー効率 ε は風車効率 η に一致する．また，式 (6.94) が成立しなくても，ε は η にほぼ一致する．

【例題 6.16】 ベッツの条件を導出せよ．

〔解答〕 $T^{\text{out}} = T^{\text{in}}$ の条件下で，式 (6.89) の出力係数 η' は次式のように表される．

$$\eta' = \frac{(1+r)(1-r^2)}{2}$$

これを r に関する関数として捉えると，その導関数は次式のようになる．

$$\frac{d\eta'}{dr} = \frac{1 - 2r - 3r^2}{2} = \frac{(1+r)(1-3r)}{2}$$

よって，$r = 1/3$ において $d\eta'/dr = 0$，$0 < r < 1/3$ において $d\eta'/dr > 0$，$r > 1/3$ において $d\eta'/dr < 0$ となるため，η' は $r = 1/3$ において最大となる．

【例題 6.17】 速度 10.0 m/s の風を利用し，風車によって回転運動の運動エネルギーを得る．風車の翼の直径を 10.0 m，出力係数を 0.35 としたとき，回転運動の運動エネルギーを求めよ．また，風車効率を求めよ．ただし，空気の密度を 1.168 kg/m³ とする．また，風車を通じて外部に放出される熱エネルギーを零と仮定する．さらに，ベッツの条件が成立するものとする．

〔解答〕 風車の回転断面積は
$$A^{\text{wt}} = \frac{\pi}{4} \times 10.0^2 = 78.54\,\text{m}^2$$

式 (6.87) より，風車の前方における風車を通過する空気の流れの断面積は
$$A^{\text{in}} = \frac{1+r}{2}A^{\text{wt}} = \frac{1+1/3}{2} \times 78.54 = 52.36\,\text{m}^2$$

式 (6.83) より，風車の回転断面積における風車の前方の速度に対応する運動エネルギーは
$$\dot{\Psi} = \frac{1}{2}\rho^{\text{in}}A^{\text{wt}}\mathcal{V}^{\text{in}3} = \frac{1}{2} \times 1.168 \times 78.54 \times 10.0^3 = 45868\,\text{W} = 45.87\,\text{kW}$$

よって，式 (6.89) より，回転運動の運動エネルギーは
$$\dot{W}^{\text{out}} = \eta'\dot{\Psi} = 0.35 \times 45868 = 16054\,\text{W} = 16.05\,\text{kW}$$

一方，式 (6.81) より，空気の運動エネルギー変化は
$$\Delta\dot{\Psi} = \frac{1}{2}(1-r^2)\dot{m}^{\text{in}}\mathcal{V}^{\text{in}2} = \frac{1}{2}(1-r^2)\rho^{\text{in}}A^{\text{in}}\mathcal{V}^{\text{in}3}$$
$$= \frac{1}{2} \times \left\{1-\left(\frac{1}{3}\right)^2\right\} \times 1.168 \times 52.36 \times 10.0^3 = 27181\,\text{W} = 27.18\,\text{kW}$$

よって，式 (6.82) より，風車効率は
$$\eta = \frac{\dot{W}^{\text{out}}}{\Delta\dot{\Psi}} = \frac{16.054}{27.181} = 0.5906$$

【例題 6.18】 例題 6.17 の条件下で，空気の温度上昇を求めよ．また，エクセルギー破壊量およびエクセルギー効率を求めよ．ただし，空気の入口温度は基準温度に等しく，空気の定圧比熱を $1.005\,\text{kJ}/(\text{kg}\cdot\text{K})$ とする．

〔解答〕 式 (6.89) より，空気の温度上昇は
$$\Delta T = T^{\text{out}} - T^{\text{in}} = \frac{1}{c_p}\left(\frac{1-r^2}{2} - \frac{1}{1+r}\eta'\right)\mathcal{V}^{\text{in}2}$$
$$= \frac{1}{1.005 \times 10^3}\left\{\frac{1-(1/3)^2}{2} - \frac{1}{1+1/3} \times 0.35\right\} \times 10.0^2 = 0.01810\,\text{K}$$

また，式 (6.93) より，エクセルギー破壊量は
$$\dot{E}^{\text{des}} = \dot{m}^{\text{in}}c_p T_0 \ln\frac{T^{\text{out}}}{T^{\text{in}}} = \rho^{\text{in}}A^{\text{in}}\mathcal{V}^{\text{in}}c_p T_0 \ln\frac{T^{\text{in}}+\Delta T}{T^{\text{in}}}$$
$$= 1.168 \times 52.36 \times 10.0 \times 1.005 \times 298.15 \times \ln\frac{298.15+0.01810}{298.15} = 11.12\,\text{kW}$$

式 (6.95) より，エクセルギー効率は
$$\varepsilon = \frac{\dot{W}^{\text{out}}}{\dot{W}^{\text{out}}+\dot{E}^{\text{des}}} = \frac{16.054}{16.054+11.124} = 0.5907$$

したがって，空気の温度上昇がわずかであり，入口温度が基準温度に等しいため，風車効率とエクセルギー効率がほぼ一致することがわかる．

6.8 燃焼器

燃焼器は，ガスタービンを構成する機器要素の1つとして，燃料と圧縮機で圧縮された空気の一部による燃焼によって高温の燃焼ガスを発生させるものであり，燃焼ガスによって残りの空気も高温になり，タービンに送り込まれる．なお，往復機関においては，燃焼器はなく，シリンダとピストンで囲まれた空間を燃焼室として燃焼が行われる．ここでは，2.1節で述べたように具体的な形状については考慮しない．

燃焼器におけるエネルギー変換過程は次のように表される．

$$\text{燃料の化学エネルギー} \Rightarrow \text{燃焼ガスのエンタルピー}$$

このエネルギー変換を以下に述べるように定量的に考える．

図 6.15 に示すように，燃焼器を囲む検査体積を考え，上付添字 in および out によってそれぞれ入口および出口を，また上付添字 f, a, および c によってそれぞれ燃料，空気，および燃焼ガスを区別する．燃料については，入口の物質量流量 $\dot{n}$ [mol/s]，圧力 p [Pa]，および温度 T [K] を定義する．また，空気および燃焼ガスについては，複数の成分から成る混合気体を扱うため，出入口の N [-] 個の成分の気体の物質量流量 $\dot{n}_i$ [mol/s] $(i = 1, 2, \cdots, N)$，圧力 p，および温度 T を定義する．また，燃焼器を通じて外部に放出される熱量 $\dot{Q}^{\text{out}}$ [W] を定義する．このとき，定常状態におけるエネルギー変換の基礎法則を適用する．なお，燃焼ガスが高温になり得るため，ここでは気体を広義の理想混合気体を含む実在混合気体として扱う．

ここでは，燃料の一例として一般的な炭化水素 C_aH_b を取り上げ，その燃焼について考える．また，空気および燃焼ガスの成分として窒素，酸素，アルゴン，二酸化炭素，および水を考慮し $(N = 5)$，それぞれの成分を $i = 1, 2, \cdots, N$ に対応させる．まず，C_aH_b の化学反応式は次式のように表される．

$$\begin{aligned}
C_aH_b &+ \nu_1^{\text{ina}}N_2 + \nu_2^{\text{ina}}O_2 + \nu_3^{\text{ina}}Ar + \nu_4^{\text{ina}}CO_2 + \nu_5^{\text{ina}}H_2O(g) \\
&\rightarrow \nu_1^{\text{outc}}N_2 + \nu_2^{\text{outc}}O_2 + \nu_3^{\text{outc}}Ar + \nu_4^{\text{outc}}CO_2 + \nu_5^{\text{outc}}H_2O(g)
\end{aligned} \tag{6.96}$$

ここで，ν_i [-] $(i = 1, 2, \cdots, N)$ は空気および燃焼ガスの各成分の量論係数であり，次式のように炭化水素の種類に関連付けられる．

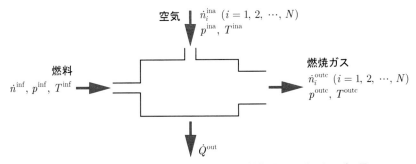

図 6.15 燃焼器における検査体積ならびに状態量およびエネルギー量

$$\left.\begin{aligned}
\nu_i^{\mathrm{ina}} &= \frac{y_i^{\mathrm{e}}}{y_2^{\mathrm{e}}}\lambda\left(a+\frac{b}{4}\right) \quad (i=1,2,\cdots,N) \\
\nu_1^{\mathrm{outc}} &= \nu_1^{\mathrm{ina}} \\
\nu_2^{\mathrm{outc}} &= \nu_2^{\mathrm{ina}} - \left(a+\frac{b}{4}\right) \\
\nu_3^{\mathrm{outc}} &= \nu_3^{\mathrm{ina}} \\
\nu_4^{\mathrm{outc}} &= \nu_4^{\mathrm{ina}} + a \\
\nu_5^{\mathrm{outc}} &= \nu_5^{\mathrm{ina}} + \frac{b}{2}
\end{aligned}\right\} \tag{6.97}$$

ここで，y_i^{e} [-] $(i=1,2,\cdots,N)$ は空気の各成分のモル分率である．また，λ [-] $(\lambda \geq 1)$ は空気過剰率であり，$\mathrm{C}_a\mathrm{H}_b$ は完全燃焼するものと仮定している．このとき，式 (2.2) の質量保存則より燃料の物質量流量と空気および燃焼ガスの各成分の物質量流量の間に次式が成立する．

$$\left.\begin{aligned}
\dot{n}_i^{\mathrm{ina}} &= \nu_i^{\mathrm{ina}}\dot{n}^{\mathrm{inf}} \\
\dot{n}_i^{\mathrm{outc}} &= \nu_i^{\mathrm{outc}}\dot{n}^{\mathrm{inf}}
\end{aligned}\right\} (i=1,2,\cdots,N) \tag{6.98}$$

次に，エネルギー保存則は式 (2.12) より次式のように表される．

$$\dot{n}^{\mathrm{inf}}\bar{h}^{\mathrm{f}}(p^{\mathrm{inf}},T^{\mathrm{inf}}) + \sum_{i=1}^{N}\dot{n}_i^{\mathrm{ina}}\bar{h}_i^{\mathrm{a}}(p^{\mathrm{ina}},T^{\mathrm{ina}}) = \sum_{i=1}^{N}\dot{n}_i^{\mathrm{outc}}\bar{h}_i^{\mathrm{c}}(p^{\mathrm{outc}},T^{\mathrm{outc}}) + \dot{Q}^{\mathrm{out}} \tag{6.99}$$

ここで，式 (2.12) のエネルギー保存則とは異なり，仕事量はなく，熱量 $\dot{Q}^{\mathrm{out}}$ を出力としていることに注意されたい．また，ポテンシャルエネルギーおよび運動エネルギーを除外している．さらに，3.6.5 項で述べたように，各成分のモルエンタルピー $\bar{h}^{\mathrm{f}}$, $\bar{h}_i^{\mathrm{a}}$, および $\bar{h}_i^{\mathrm{c}}$ [J/mol] $(i=1,2,\cdots,N)$ を一般的に圧力 p および温度 T の関数として表現している．加えて，運動量保存／変化則に代わるものとして，燃焼器における圧力損失 Δp [Pa] を考慮し，空気の入口の圧力と燃焼ガスの出口の圧力の間に次式を考慮する．

$$p^{\mathrm{ina}} = p^{\mathrm{outc}} + \Delta p \tag{6.100}$$

式 (6.98)～式 (6.100)，ならびに入口の境界条件 $\dot{n}^{\mathrm{inf}}$, p^{inf}, T^{inf}, $\dot{n}_i^{\mathrm{ina}}$ $(i=1,2,\cdots,N)$, p^{ina}, および T^{ina} によってすべての値を決定することは困難である．ここでは，断熱，すなわち $\dot{Q}^{\mathrm{out}} = 0$ の場合について考える．これによって，式 (6.98) より $\dot{n}_i^{\mathrm{outc}}$ $(i=1,2,\cdots,N)$, 式 (6.100) より p^{outc}, および式 (6.99) より T^{outc} の値を決定することができる．ただし，式 (6.99) に含まれている各成分のモルエンタルピーを圧力および温度の非線形関数として評価する必要がある．なお，広義の理想混合気体の場合には，モルエンタルピーを温度のみの関数として考慮すればよい．また，その結果，式 (6.99) は非線形代数方程式となり，これを解かなければならない．ここでは，この非線形代数方程式の数値計算に E.4 節の数値計算プログラム E-4 を使用するとともに，その中で REFPROP によってモルエンタルピーを評価する．

次に，上記のエネルギー変換過程をエクセルギーに基づいて評価する．式 (6.99) のエネルギー保存則において断熱の条件 $\dot{Q}^{\mathrm{out}} = 0$ を考慮した場合に対応するエクセルギーバランスは，式 (4.22) より次式のように表される．

$$\dot{n}^{\mathrm{inf}}\bar{e}^{\mathrm{f}}(p^{\mathrm{inf}},T^{\mathrm{inf}}) + \sum_{i=1}^{N}\dot{n}_i^{\mathrm{ina}}\bar{e}_i^{\mathrm{a}}(p^{\mathrm{ina}},T^{\mathrm{ina}}) = \sum_{i=1}^{N}\dot{n}_i^{\mathrm{outc}}\bar{e}_i^{\mathrm{c}}(p^{\mathrm{outc}},T^{\mathrm{outc}}) + \dot{E}^{\mathrm{des}} \tag{6.101}$$

ここで，炭化水素，ならびに空気および燃焼ガスの各成分のモルエクセルギー $\bar{e}$ [J/mol] は，それぞれ次式によって求められる．

$$\begin{aligned}
\bar{e}^{\mathrm{f}}(p^{\mathrm{inf}}, T^{\mathrm{inf}}) &= \bar{e}^{\mathrm{fCH}} + (\bar{h}^{\mathrm{f}}(p^{\mathrm{inf}}, T^{\mathrm{inf}}) - \bar{h}^{\mathrm{f}}(p_0, T_0)) \\
&\quad - T_0(\bar{s}^{\mathrm{f}}(p^{\mathrm{inf}}, T^{\mathrm{inf}}) - \bar{s}^{\mathrm{f}}(p_0, T_0)) \\
\bar{e}_i^{\mathrm{a}}(p^{\mathrm{ina}}, T^{\mathrm{ina}}) &= (\bar{h}_i^{\mathrm{a}}(p^{\mathrm{ina}}, T^{\mathrm{ina}}) - \bar{h}_i^{\mathrm{a}}(p_0, T_0)) \\
&\quad - T_0(\bar{s}_i^{\mathrm{a}}(p^{\mathrm{ina}}, T^{\mathrm{ina}}) - \bar{s}_i^{\mathrm{a}}(p_0, T_0)) \quad (i = 1, 2, \cdots, N) \\
\bar{e}_i^{\mathrm{c}}(p^{\mathrm{outc}}, T^{\mathrm{outc}}) &= \bar{e}_i^{\mathrm{cCH}} + (\bar{h}_i^{\mathrm{c}}(p^{\mathrm{outc}}, T^{\mathrm{outc}}) - \bar{h}_i^{\mathrm{c}}(p_0, T_0)) \\
&\quad - T_0(\bar{s}_i^{\mathrm{c}}(p^{\mathrm{outc}}, T^{\mathrm{outc}}) - \bar{s}_i^{\mathrm{c}}(p_0, T_0)) \quad (i = 1, 2, \cdots, N)
\end{aligned} \right\} \quad (6.102)$$

ここで，p_0 [Pa] および T_0 [K] はそれぞれ基準圧力および基準温度である．また，各成分のモルエントロピー $\bar{s}^{\mathrm{f}}$，$\bar{s}_i^{\mathrm{a}}$，および $\bar{s}_i^{\mathrm{c}}$ [J/(mol·K)] $(i = 1, 2, \cdots, N)$ も一般的に圧力 p および温度 T の関数として表現している．ただし，炭化水素については，エクセルギーとして式 (5.28) の物理エクセルギーだけではなく，式 (5.66) の燃料の化学エクセルギー $\bar{e}^{\mathrm{fCH}}$ を考慮している．また，燃焼ガスについては，エクセルギーとして式 (5.28) の物理エクセルギーだけではなく，式 (5.58) の混合気体の各成分の化学エクセルギー，あるいはそれぞれ式 (5.61) および式 (5.62) における凝縮する水およびそれを除く混合気体の各成分の化学エクセルギー $\bar{e}_i^{\mathrm{cCH}}$ $(i = 1, 2, \cdots, N)$ を考慮している．一方，空気については，化学エクセルギーが零であるため，エクセルギーとして式 (5.28) の物理エクセルギーのみを考慮している．式 (6.101) および式 (6.102) より，エクセルギー破壊量 $\dot{E}^{\mathrm{des}}$ [W] が求められる．また，燃焼ガスのエクセルギーを炭化水素および空気のエクセルギーで除したエクセルギー効率 ε [-] は

$$\begin{aligned}
\varepsilon &= \frac{\sum_{i=1}^{N} \dot{n}_i^{\mathrm{outc}} \bar{e}_i^{\mathrm{c}}(p^{\mathrm{outc}}, T^{\mathrm{outc}})}{\dot{n}^{\mathrm{inf}} \bar{e}^{\mathrm{f}}(p^{\mathrm{inf}}, T^{\mathrm{inf}}) + \sum_{i=1}^{N} \dot{n}_i^{\mathrm{ina}} \bar{e}_i^{\mathrm{a}}(p^{\mathrm{ina}}, T^{\mathrm{ina}})} \\
&= \frac{\dot{n}^{\mathrm{inf}} \bar{e}^{\mathrm{f}}(p^{\mathrm{inf}}, T^{\mathrm{inf}}) + \sum_{i=1}^{N} \dot{n}_i^{\mathrm{ina}} \bar{e}_i^{\mathrm{a}}(p^{\mathrm{ina}}, T^{\mathrm{ina}}) - \dot{E}^{\mathrm{des}}}{\dot{n}^{\mathrm{inf}} \bar{e}^{\mathrm{f}}(p^{\mathrm{inf}}, T^{\mathrm{inf}}) + \sum_{i=1}^{N} \dot{n}_i^{\mathrm{ina}} \bar{e}_i^{\mathrm{a}}(p^{\mathrm{ina}}, T^{\mathrm{ina}})}
\end{aligned} \quad (6.103)$$

となる．

なお，ここでは断熱の場合を考慮したが，燃焼器では燃焼ガスは高温となる．よって，温度に依存した放熱損失をモデル化することができれば，エネルギー保存則およびエクセルギーバランスに組み込んで解析することもできるであろう．

【例題 6.19】 燃焼器が断熱されており，標準状態において燃焼が理論的な反応式に従って完全燃焼する場合に，燃焼による発熱が燃焼ガスおよび未使用の空気の温度上昇のみに使われるとき，燃焼ガスおよび未使用の空気の温度は理論断熱燃焼温度あるいは理論断熱火炎温度と呼ばれる．空気過剰率が 1.0 の場合におけるメタンの理論断熱燃焼温度を求めよ．また，空気過剰率の変化が理論断熱燃焼温度に及ぼす影響を調べよ．

〔**解答**〕 空気については,表 5.1 に示す修正前および修正後の 2 通りの成分のモル分率を使用する.メタンおよび空気の入口の状態を標準状態とする.また,燃焼器における圧力損失を零とし,出口圧力も標準状態の値とする.このとき,混合気体を実在混合気体と仮定する.式 (6.99) のエネルギー保存則による非線形代数方程式の数値計算に E.4 節の数値計算プログラム E-4 を使用するとともに,その中で REFPROP によってモルエンタルピーを評価する.

空気過剰率が 1.0 の場合には,修正前および修正後の成分のモル分率について,メタンの理論断熱燃焼温度はそれぞれ 2328.5 および 2290.3 K となる.また,空気過剰率を 1.0〜2.0 の間で変化させ,メタンの理論断熱燃焼温度を求めると,下図に示す空気過剰率と理論断熱燃焼温度の関係が得られる.破線および実線がそれぞれ修正前および修正後の成分のモル分率に対応している.両者の差は主として空気中の酸素のモル分率の差によるものである.修正前よりも修正後の方が酸素のモル分率が低く,必要な空気の質量流量が増大し,燃焼ガスの質量流量も増大するため,その結果,燃焼温度が低下している.

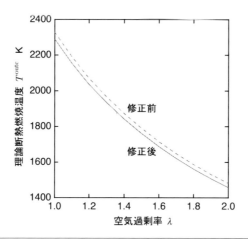

【**例題 6.20**】 例題 6.19 におけるメタンの燃焼において,空気過剰率が 1.5 の場合に,エクセルギー破壊量およびエクセルギー効率を求めよ.

〔**解答**〕 空気については,表 5.1 に示す修正後の成分のモル分率を使用する.このとき,本例題の条件,すなわち例題 6.19 の条件は,例題 5.23 および例題 5.13 の条件に一致するため,これらの例題の結果を利用する.

メタンについては,化学エクセルギーは例題 5.22 に示すように求められ,また物理エクセルギーは零であるため,エクセルギーは

$$\bar{e}^{\mathrm{f}} = \bar{e}^{\mathrm{fCH}} = 831.983\,\mathrm{MJ/kmol}$$

また,空気については,化学エクセルギーおよび物理エクセルギーは零であるため,エクセルギーは

$$\frac{1}{\dot{n}^{\mathrm{inf}}}\sum_{i=1}^{5}\dot{n}_i^{\mathrm{ina}}\bar{e}_i^{\mathrm{a}} = 0.0\,\mathrm{MJ/kmol}$$

さらに,燃焼ガスについては,基準状態における水の凝縮を考慮し,モル化学エクセルギーは例題 5.23 において燃焼ガスの単位物質量当り 961.5 kJ/kmol,比物理エクセルギーは例題 5.13 において燃焼ガスの単位質量当り 1210.6 kJ/kg と求められている.一方,REFPROP を適用した D.2 節の数

値計算プログラム D-7 によって，メタンの単位物質量当りの燃焼ガスの物質量は 15.599 kmol/kmol，質量は 435.84 kg/kmol と算出される．よって，エクセルギーは

$$\frac{1}{\dot{n}^{\mathrm{inf}}} \sum_{i=1}^{5} \dot{n}_i^{\mathrm{outc}} \bar{e}_i^{\mathrm{c}} = \frac{1}{\dot{n}^{\mathrm{inf}}} \sum_{i=1}^{5} \dot{n}_i^{\mathrm{outc}} (\bar{e}_i^{\mathrm{cCH}} + \bar{e}_i^{\mathrm{cPH}})$$
$$= 961.5 \times 10^{-3} \times 15.599 + 1210.6 \times 10^{-3} \times 435.84 = 542.63 \,\mathrm{MJ/kmol}$$

したがって，式 (6.101) により，エクセルギー破壊量は

$$\bar{e}^{\mathrm{des}} = \bar{e}^{\mathrm{f}} + \frac{1}{\dot{n}^{\mathrm{inf}}} \sum_{i=1}^{5} \dot{n}_i^{\mathrm{ina}} \bar{e}_i^{\mathrm{a}} - \frac{1}{\dot{n}^{\mathrm{inf}}} \sum_{i=1}^{5} \dot{n}_i^{\mathrm{outc}} \bar{e}_i^{\mathrm{c}} = 831.98 + 0.0 - 542.63 = 289.35 \,\mathrm{MJ/kmol}$$

また，式 (6.103) により，エクセルギー効率は

$$\varepsilon = \frac{(1/\dot{n}^{\mathrm{inf}}) \sum_{i=1}^{5} \dot{n}_i^{\mathrm{outc}} \bar{e}_i^{\mathrm{c}}}{\bar{e}^{\mathrm{f}} + (1/\dot{n}^{\mathrm{inf}}) \sum_{i=1}^{5} \dot{n}_i^{\mathrm{ina}} \bar{e}_i^{\mathrm{a}}} = \frac{542.63}{831.98 + 0.0} = 0.6522$$

6.9 熱交換器

熱交換器は，高温の流体から低温の流体に熱エネルギーを移動させる機器である．熱交換器は，その構造により，チューブ形，プレート形，および拡張伝熱面形などに分類される．チューブ形にはシェルアンドチューブ形，二重管形，およびらせん管形などがある．また，プレート形にはガスケットプレート形およびらせんプレート形などがある．さらに，拡張伝熱面形にはプレートフィン形およびチューブフィン形などがある．熱交換器における流体の流れの様式には構造に依存していくつか考えられるが，ここでは二重管形の熱交換器を想定し，流体の流れを 1 次元的に扱うことができるものとする．なお，2.1 節で述べたように具体的な形状については考慮しない．

熱交換器におけるエネルギー変換過程は次のように表される．

高温流体のエンタルピー変化 ⇒ 低温流体のエンタルピー変化

このエネルギー変換を以下に述べるように定量的に考える．

熱交換器の高温および低温側の流路において，上付添字 in および out によってそれぞれ入口および出口を区別する．流体として液体および複数の成分から成る混合気体を扱う場合が想定されるため，一般的に N [-] 個の成分の質量流量 $\dot{m}_i$ [kg/s] ($i = 1, 2, \cdots, N$)，圧力 p [Pa]，および温度 T [K] を定義する．なお，下付添字 H および C によってそれぞれ高温および低温側の流体を区別する．流体が流れの方向に進むに従って熱交換によって温度が変化するため，図 6.16 に示すように，両方の流体が同じ方向に流れる並行流形および逆の方向に流れる対向流形にかかわらず，高温側の流体の流れの方向の座標を x [m] とする．また，高温および低温側の流体の流れの方向に微小長さ dx の検査体積を考え，上記の各物理量を定義する．ただし，流れの方向に垂直な断面では各物理量は一様であるものと仮定する．このとき，定常状態におけるエネルギー

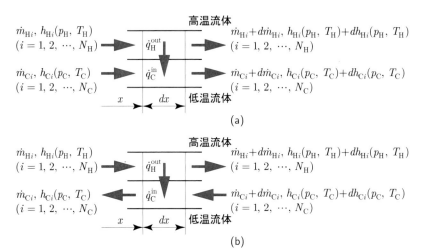

図 6.16 熱交換器内部における微小検査体積ならびに状態量およびエネルギー量：(a) 並行流形，(b) 対向流形

変換の基礎法則を適用する．なお，液体および気体の扱い方によって解析的に解を導出することができたり，数値的に解を導出しなければならない場合があったりする．そのため，ここでは，広義の理想混合気体を含む実在混合気体の場合，狭義の理想混合気体の場合，および液体の場合に分けて述べることにする．

6.9.1 実在混合気体の場合

最初に，高温および低温側ともに実在混合気体が流れている場合について考える．複数の成分間で化学反応が生じないものとすると，質量保存則は式 (2.2) より高温および低温側の流体の各成分についてそれぞれ次式のように表される．

$$\left.\begin{aligned}\frac{d\dot{m}_{\mathrm{H}i}}{dx} &= 0 \quad (i=1,2,\cdots,N_{\mathrm{H}}) \\ \frac{d\dot{m}_{\mathrm{C}i}}{dx} &= 0 \quad (i=1,2,\cdots,N_{\mathrm{C}})\end{aligned}\right\} \qquad (6.104)$$

ここで，流体の流れの方向に微小長さの検査体積を考えているため，質量保存則は x に関する常微分方程式によって表される．これより，$\dot{m}_{\mathrm{H}i}$ $(i=1,2,\cdots,N_{\mathrm{H}})$ および $\dot{m}_{\mathrm{C}i}$ $(i=1,2,\cdots,N_{\mathrm{C}})$ は一定として扱うことができる．次に，エネルギー保存則は式 (2.12) より高温および低温側の流体についてそれぞれ次式のように表される．

$$\left.\begin{aligned}\frac{d\left(\sum_{i=1}^{N_{\mathrm{H}}}\dot{m}_{\mathrm{H}i}h_{\mathrm{H}i}(p_{\mathrm{H}},T_{\mathrm{H}})\right)}{dx} &= -\dot{q}_{\mathrm{H}}^{\mathrm{out}} \\ \frac{d\left(\sum_{i=1}^{N_{\mathrm{C}}}\dot{m}_{\mathrm{C}i}h_{\mathrm{C}i}(p_{\mathrm{C}},T_{\mathrm{C}})\right)}{dx} &= \pm\dot{q}_{\mathrm{C}}^{\mathrm{in}}\end{aligned}\right\} \qquad (6.105)$$

ここで，式 (2.12) のエネルギー保存則とは異なり，単位長さ当りの熱量を $\dot{q}$ [W/m] とし，高温側の流体では熱量 $\dot{q}_{\mathrm{H}}^{\mathrm{out}}$ を出力としていることに注意されたい．また，低温側の流体の熱量 $\dot{q}_{\mathrm{C}}^{\mathrm{in}}$

の符号として，並行流形の場合には +，また対向流形の場合には − を採用し，以下では，複合同順とする．さらに，ポテンシャルエネルギーおよび運動エネルギーを除外している．加えて，3.6.5 項で述べたように，各成分の比エンタルピー $h_{\mathrm{H}i}$ [J/kg] $(i = 1, 2, \cdots, N_\mathrm{H})$ および $h_{\mathrm{C}i}$ [J/kg] $(i = 1, 2, \cdots, N_\mathrm{C})$ を一般的に圧力 p および温度 T の関数として表現している．なお，広義の理想混合気体の場合には，これらを温度のみの関数として考慮すればよい．このように，エネルギー保存則も x に関する常微分方程式によって表される．

最後に，熱交換の条件を考える．二重管形の熱交換器においては外側の流体から熱交換器の周辺への熱損失が生じ得るが，ここではそれを無視し，断熱の場合について考える．このとき，高温および低温側の熱量は等しくなり，それらを次式によって表す．

$$\dot{q}_\mathrm{H}^\mathrm{out} = \dot{q}_\mathrm{C}^\mathrm{in} = KP(T_\mathrm{H} - T_\mathrm{C}) \tag{6.106}$$

ここで，K [W/(m^2·K)] は熱通過率，P [m] は伝熱面の濡れ縁長さである．K は様々な条件に依存し得るが，ここでは K を一定と仮定する．

式 (6.104)〜式 (6.106)，ならびに入口の境界条件としての $\dot{m}_{\mathrm{H}i}^\mathrm{in}$ $(i = 1, 2, \cdots, N_\mathrm{H})$, p_H^in, T_H^in, $\dot{m}_{\mathrm{C}i}^\mathrm{in}$ $(i = 1, 2, \cdots, N_\mathrm{C})$, p_C^in, および T_C^in の値によって，熱交換器内部におけるすべての値を決定することは困難である．ここでは，運動量保存／変化則に代わるものとして，熱交換器における高温および低温側の圧力損失あるいは圧力の x に関する分布が与えられているものとする．これによって，式 (6.104) の第 1 式によって $\dot{m}_{\mathrm{H}i}$ $(i = 1, 2, \cdots, N_\mathrm{H})$, 式 (6.104) の第 2 式によって $\dot{m}_{\mathrm{C}i}$ $(i = 1, 2, \cdots, N_\mathrm{C})$, ならびに式 (6.105) および式 (6.106) によって，T_H, T_C, $\dot{q}_\mathrm{H}^\mathrm{out}$, および $\dot{q}_\mathrm{C}^\mathrm{in}$ を決定することができる．ただし，圧力が既知であっても，式 (6.105) に含まれている各成分の比エンタルピー $h_{\mathrm{H}i}$ $(i = 1, 2, \cdots, N_\mathrm{H})$ および $h_{\mathrm{C}i}$ $(i = 1, 2, \cdots, N_\mathrm{C})$ を温度の非線形関数として評価する必要がある．その結果，式 (6.105) および式 (6.106) は連立非線形常微分方程式となり，これを解かなければならない．しかしながら，これを解析的に解くことは困難である．

数値計算では，微分方程式の独立変数である x を離散化し，それによって生じる複数の検査体積における状態量を変数とする次式に示す連立非線形代数方程式に，式 (6.105) および式 (6.106) を変換することによって，各検査体積における状態量の値を求める．

$$\left.\begin{aligned}\frac{\sum_{i=1}^{N_\mathrm{H}} \dot{m}_\mathrm{H}(h_{\mathrm{H}i}(p_{\mathrm{H}j}, T_{\mathrm{H}j}) - h_{\mathrm{H}i}(p_{\mathrm{H}j-1}, T_{\mathrm{H}j-1}))}{\Delta x} &= -\dot{q}_{\mathrm{H}j}^\mathrm{out} \\ \frac{\sum_{i=1}^{N_\mathrm{C}} \dot{m}_\mathrm{C}(h_{\mathrm{C}i}(p_{\mathrm{C}j}, T_{\mathrm{C}j}) - h_{\mathrm{C}i}(p_{\mathrm{C}j-1}, T_{\mathrm{C}j-1}))}{\Delta x} &= \pm \dot{q}_{\mathrm{C}j}^\mathrm{in} \\ \dot{q}_{\mathrm{H}j}^\mathrm{out} = \dot{q}_{\mathrm{C}j}^\mathrm{in} = KP\left(\frac{T_{\mathrm{H}j} + T_{\mathrm{H}j-1}}{2} - \frac{T_{\mathrm{C}j} + T_{\mathrm{C}j-1}}{2}\right)\end{aligned}\right\} (j = 1, 2, \cdots, L) \tag{6.107}$$

ここで，Δx は x の離散化幅，L は離散化した検査体積の数である．また，下付添字 j は各検査体積を示しており，$j = 0$ および $j = L$ は高温側のそれぞれ入口および出口に対応している．なお，この連立非線形代数方程式の数値計算に E.4 節の数値計算プログラム E-5 を使用するとともに，その中で REFPROP の混合モデルによって比エンタルピーを評価する．

次に，上記のエネルギー変換過程をエクセルギーに基づいて評価する．熱交換器の出入口におけるエクセルギーバランスは，式 (4.22) より次式のように表される．

$$
\begin{aligned}
&\sum_{i=1}^{N_{\mathrm{H}}} \dot{m}_{\mathrm{H}i}^{\mathrm{in}}\{(h_{\mathrm{H}i}(p_{\mathrm{H}}^{\mathrm{in}}, T_{\mathrm{H}}^{\mathrm{in}}) - h_{\mathrm{H}i}(p_0, T_0)) - T_0(s_{\mathrm{H}i}(p_{\mathrm{H}}^{\mathrm{in}}, T_{\mathrm{H}}^{\mathrm{in}}) - s_{\mathrm{H}i}(p_0, T_0))\} \\
&+ \sum_{i=1}^{N_{\mathrm{C}}} \dot{m}_{\mathrm{C}i}^{\mathrm{in}}\{(h_{\mathrm{C}i}(p_{\mathrm{C}}^{\mathrm{in}}, T_{\mathrm{C}}^{\mathrm{in}}) - h_{\mathrm{C}i}(p_0, T_0)) - T_0(s_{\mathrm{C}i}(p_{\mathrm{C}}^{\mathrm{in}}, T_{\mathrm{C}}^{\mathrm{in}}) - s_{\mathrm{C}i}(p_0, T_0))\} \\
&= \sum_{i=1}^{N_{\mathrm{H}}} \dot{m}_{\mathrm{H}i}^{\mathrm{out}}\{(h_{\mathrm{H}i}(p_{\mathrm{H}}^{\mathrm{out}}, T_{\mathrm{H}}^{\mathrm{out}}) - h_{\mathrm{H}i}(p_0, T_0)) - T_0(s_{\mathrm{H}i}(p_{\mathrm{H}}^{\mathrm{out}}, T_{\mathrm{H}}^{\mathrm{out}}) - s_{\mathrm{H}i}(p_0, T_0))\} \\
&+ \sum_{i=1}^{N_{\mathrm{C}}} \dot{m}_{\mathrm{C}i}^{\mathrm{out}}\{(h_{\mathrm{C}i}(p_{\mathrm{C}}^{\mathrm{out}}, T_{\mathrm{C}}^{\mathrm{out}}) - h_{\mathrm{C}i}(p_0, T_0)) - T_0(s_{\mathrm{C}i}(p_{\mathrm{C}}^{\mathrm{out}}, T_{\mathrm{C}}^{\mathrm{out}}) - s_{\mathrm{C}i}(p_0, T_0))\} + \dot{E}^{\mathrm{des}}
\end{aligned}
$$
(6.108)

ここで，p_0 [Pa] および T_0 [K] はそれぞれ基準圧力および基準温度である．また，各成分の比エントロピー $s_{\mathrm{H}i}$ [J/(kg·K)] $(i=1,2,\cdots,N_{\mathrm{H}})$ および $s_{\mathrm{C}i}$ [J/(kg·K)] $(i=1,2,\cdots,N_{\mathrm{C}})$ も一般的に圧力 p および温度 T の関数として表現している．ただし，エクセルギーとして式 (5.28) の物理エクセルギーを考慮している．式 (6.108) に式 (6.104) を適用すると，エクセルギー破壊量 $\dot{E}^{\mathrm{des}}$ [W] は次式のように求められる．

$$
\begin{aligned}
\dot{E}^{\mathrm{des}} &= \sum_{i=1}^{N_{\mathrm{H}}} \dot{m}_{\mathrm{H}i}^{\mathrm{in}}\{(h_{\mathrm{H}i}(p_{\mathrm{H}}^{\mathrm{in}}, T_{\mathrm{H}}^{\mathrm{in}}) - h_{\mathrm{H}i}(p_{\mathrm{H}}^{\mathrm{out}}, T_{\mathrm{H}}^{\mathrm{out}})) - T_0(s_{\mathrm{H}i}(p_{\mathrm{H}}^{\mathrm{in}}, T_{\mathrm{H}}^{\mathrm{in}}) - s_{\mathrm{H}i}(p_{\mathrm{H}}^{\mathrm{out}}, T_{\mathrm{H}}^{\mathrm{out}}))\} \\
&- \sum_{i=1}^{N_{\mathrm{C}}} \dot{m}_{\mathrm{C}i}^{\mathrm{in}}\{(h_{\mathrm{C}i}(p_{\mathrm{C}}^{\mathrm{out}}, T_{\mathrm{C}}^{\mathrm{out}}) - h_{\mathrm{C}i}(p_{\mathrm{C}}^{\mathrm{in}}, T_{\mathrm{C}}^{\mathrm{in}})) - T_0(s_{\mathrm{C}i}(p_{\mathrm{C}}^{\mathrm{out}}, T_{\mathrm{C}}^{\mathrm{out}}) - s_{\mathrm{C}i}(p_{\mathrm{C}}^{\mathrm{in}}, Tp_{\mathrm{C}}^{\mathrm{in}}))\}
\end{aligned}
$$
(6.109)

また，低温側の流体のエクセルギー変化を高温側の流体のエクセルギー変化で除したエクセルギー効率 ε [-] は

$$
\begin{aligned}
\varepsilon &= \frac{\displaystyle\sum_{i=1}^{N_{\mathrm{C}}} \dot{m}_{\mathrm{C}i}^{\mathrm{in}}\{(h_{\mathrm{C}i}(p_{\mathrm{C}}^{\mathrm{out}}, T_{\mathrm{C}}^{\mathrm{out}}) - h_{\mathrm{C}i}(p_{\mathrm{C}}^{\mathrm{in}}, T_{\mathrm{C}}^{\mathrm{in}})) - T_0(s_{\mathrm{C}i}(p_{\mathrm{C}}^{\mathrm{out}}, T_{\mathrm{C}}^{\mathrm{out}}) - s_{\mathrm{C}i}(p_{\mathrm{C}}^{\mathrm{in}}, Tp_{\mathrm{C}}^{\mathrm{in}}))\}}{\displaystyle\sum_{i=1}^{N_{\mathrm{H}}} \dot{m}_{\mathrm{H}i}^{\mathrm{in}}\{(h_{\mathrm{H}i}(p_{\mathrm{H}}^{\mathrm{in}}, T_{\mathrm{H}}^{\mathrm{in}}) - h_{\mathrm{H}i}(p_{\mathrm{H}}^{\mathrm{out}}, T_{\mathrm{H}}^{\mathrm{out}})) - T_0(s_{\mathrm{H}i}(p_{\mathrm{H}}^{\mathrm{in}}, T_{\mathrm{H}}^{\mathrm{in}}) - s_{\mathrm{H}i}(p_{\mathrm{H}}^{\mathrm{out}}, T_{\mathrm{H}}^{\mathrm{out}}))\}} \\
&= \frac{\displaystyle\sum_{i=1}^{N_{\mathrm{H}}} \dot{m}_{\mathrm{H}i}^{\mathrm{in}}\{(h_{\mathrm{H}i}(p_{\mathrm{H}}^{\mathrm{in}}, T_{\mathrm{H}}^{\mathrm{in}}) - h_{\mathrm{H}i}(p_{\mathrm{H}}^{\mathrm{out}}, T_{\mathrm{H}}^{\mathrm{out}})) - T_0(s_{\mathrm{H}i}(p_{\mathrm{H}}^{\mathrm{in}}, T_{\mathrm{H}}^{\mathrm{in}}) - s_{\mathrm{H}i}(p_{\mathrm{H}}^{\mathrm{out}}, T_{\mathrm{H}}^{\mathrm{out}}))\} - \dot{E}^{\mathrm{des}}}{\displaystyle\sum_{i=1}^{N_{\mathrm{H}}} \dot{m}_{\mathrm{H}i}^{\mathrm{in}}\{(h_{\mathrm{H}i}(p_{\mathrm{H}}^{\mathrm{in}}, T_{\mathrm{H}}^{\mathrm{in}}) - h_{\mathrm{H}i}(p_{\mathrm{H}}^{\mathrm{out}}, T_{\mathrm{H}}^{\mathrm{out}})) - T_0(s_{\mathrm{H}i}(p_{\mathrm{H}}^{\mathrm{in}}, T_{\mathrm{H}}^{\mathrm{in}}) - s_{\mathrm{H}i}(p_{\mathrm{H}}^{\mathrm{out}}, T_{\mathrm{H}}^{\mathrm{out}}))\}}
\end{aligned}
$$
(6.110)

となる．

【例題 6.21】 CO_2 ヒートポンプ給湯機においては，通常のヒートポンプにおける凝縮器と同様の機能を果たすガスクーラと呼ばれる対向流形の熱交換器において，超臨界状態の二酸化炭素と常温の水の熱交換を行い，水の温度を給湯温度以上に上昇させる．二酸化炭素については，質量流量を 18.0×10^{-3} kg/s，入口における圧力を 10.0 MPa，温度を 100.0 °C とする．また，水については，質量流量を 20.0×10^{-3} kg/s，入口における圧力を 0.1 MPa，温度を 17.0 °C とする．さらに，熱交換器の熱通過率と伝熱面積の積を 0.5 kW/K とする．このとき，熱交換器内における二酸化炭素と水の温度変化を調べよ．ただし，二酸化炭素および水はともに圧力損失を無視できるものとする．

〔解答〕 式 (6.107) の連立非線形代数方程式の数値計算に E.4 節の数値計算プログラム E-5 を使用するとともに，その中で REFPROP によって二酸化炭素および水の比エンタルピーを評価する．また，流れの方向の座標を離散化するための検査体積の数を $L = 20$ と設定する．

下図は，二酸化炭素と水の温度変化を，二酸化炭素の入口および出口をそれぞれ無次元座標 0.0 および 1.0 に対応させて示したものである．二酸化炭素は臨界点に比較して高圧および高温であるため，定圧比熱は一定ではなく，温度変化に伴う変化が大きい．その結果，座標の変化に伴って温度は複雑に変化している．水は常圧および常温の液体として，定容比熱はほぼ一定であるが，二酸化炭素と水の温度差の変化による熱交換量の変化に応じて，温度が変化している．

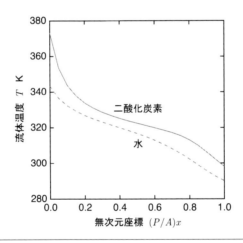

6.9.2 狭義の理想混合気体の場合

次に，高温および低温側ともに狭義の理想混合気体が流れている場合について考える．各成分を定圧比熱 c_{pi} [J/(kg·K)] $(i = 1, 2, \cdots, N)$ が一定の狭義の理想気体として仮定する．このとき，式 (6.105) のエネルギー保存則は次式のようになる．

$$\left. \begin{array}{l} \dot{C}_H \dfrac{dT_H}{dx} = -\dot{q}_H^{\text{out}} \\ \dot{C}_C \dfrac{dT_C}{dx} = \pm \dot{q}_C^{\text{in}} \end{array} \right\} \quad (6.111)$$

ここで，比エンタルピーの基準値は x によって変化しないため，省略している．また，$\dot{C}_H$ [W/K] および $\dot{C}_C$ [W/K] は次式によって定義される，それぞれ高温および低温側の流体における熱容量の流量である．

$$\left.\begin{array}{l}\dot{C}_{\mathrm{H}} = \sum_{i=1}^{N_{\mathrm{H}}} \dot{m}_{\mathrm{H}i} c_{p\mathrm{H}i} \\ \dot{C}_{\mathrm{C}} = \sum_{i=1}^{N_{\mathrm{C}}} \dot{m}_{\mathrm{C}i} c_{p\mathrm{C}i}\end{array}\right\} \quad (6.112)$$

式 (6.111) の第 1 式および第 2 式をそれぞれ $\dot{C}_{\mathrm{H}}$ および $\dot{C}_{\mathrm{C}}$ で除した後にそれらの差を取り，式 (6.106) を考慮すると，次式が得られる．

$$\frac{d(T_{\mathrm{H}} - T_{\mathrm{C}})}{T_{\mathrm{H}} - T_{\mathrm{C}}} = -KP\left(\frac{1}{\dot{C}_{\mathrm{H}}} \pm \frac{1}{\dot{C}_{\mathrm{C}}}\right) dx \quad (6.113)$$

並行流形の熱交換器を対象とし，式 (6.113) を高温側の流体の入口から出口まで積分すると，次式が得られる．

$$-\ln\frac{T_{\mathrm{H}}^{\mathrm{in}} - T_{\mathrm{C}}^{\mathrm{in}}}{T_{\mathrm{H}}^{\mathrm{out}} - T_{\mathrm{C}}^{\mathrm{out}}} = -KA\left(\frac{1}{\dot{C}_{\mathrm{H}}} + \frac{1}{\dot{C}_{\mathrm{C}}}\right) \quad (6.114)$$

ここで，A [m^2] は伝熱面積であり，濡れ縁長さ P を入口から出口まで積分することによって求められる．一方，式 (6.111) を高温側の流体の入口から出口まで積分すると，次式が得られる．

$$\left.\begin{array}{l}\dot{C}_{\mathrm{H}}(T_{\mathrm{H}}^{\mathrm{out}} - T_{\mathrm{H}}^{\mathrm{in}}) = -\dot{Q}_{\mathrm{H}}^{\mathrm{out}} \\ \dot{C}_{\mathrm{C}}(T_{\mathrm{C}}^{\mathrm{out}} - T_{\mathrm{C}}^{\mathrm{in}}) = \dot{Q}_{\mathrm{C}}^{\mathrm{in}}\end{array}\right\} \quad (6.115)$$

ここで，$\dot{Q}_{\mathrm{H}}^{\mathrm{out}}$ [W] および $\dot{Q}_{\mathrm{C}}^{\mathrm{in}}$ [W] は全交換熱量であり，式 (6.106) より次式が成立する．

$$\dot{Q}_{\mathrm{H}}^{\mathrm{out}} = \dot{Q}_{\mathrm{C}}^{\mathrm{in}} \quad (6.116)$$

なお，式 (6.115) および式 (6.116) は対向流形の熱交換器についても成立する．式 (6.115) を式 (6.114) に代入すると

$$-\ln\frac{T_{\mathrm{H}}^{\mathrm{in}} - T_{\mathrm{C}}^{\mathrm{in}}}{T_{\mathrm{H}}^{\mathrm{out}} - T_{\mathrm{C}}^{\mathrm{out}}} = -KA\left(-\frac{T_{\mathrm{H}}^{\mathrm{out}} - T_{\mathrm{H}}^{\mathrm{in}}}{\dot{Q}_{\mathrm{H}}^{\mathrm{out}}} + \frac{T_{\mathrm{C}}^{\mathrm{out}} - T_{\mathrm{C}}^{\mathrm{in}}}{\dot{Q}_{\mathrm{C}}^{\mathrm{in}}}\right) \quad (6.117)$$

が得られる．これより，式 (6.116) を考慮して，全交換熱量を求めると

$$\dot{Q}_{\mathrm{H}}^{\mathrm{out}} = \dot{Q}_{\mathrm{C}}^{\mathrm{in}} = KA\frac{(T_{\mathrm{H}}^{\mathrm{in}} - T_{\mathrm{C}}^{\mathrm{in}}) - (T_{\mathrm{H}}^{\mathrm{out}} - T_{\mathrm{C}}^{\mathrm{out}})}{\ln\{(T_{\mathrm{H}}^{\mathrm{in}} - T_{\mathrm{C}}^{\mathrm{in}})/(T_{\mathrm{H}}^{\mathrm{out}} - T_{\mathrm{C}}^{\mathrm{out}})\}} \quad (6.118)$$

となる．したがって，高温および低温側の平均的な温度差を表す対数平均温度差 ΔT_{lm} [K] を

$$\Delta T_{\mathrm{lm}} = \frac{(T_{\mathrm{H}}^{\mathrm{in}} - T_{\mathrm{C}}^{\mathrm{in}}) - (T_{\mathrm{H}}^{\mathrm{out}} - T_{\mathrm{C}}^{\mathrm{out}})}{\ln\{(T_{\mathrm{H}}^{\mathrm{in}} - T_{\mathrm{C}}^{\mathrm{in}})/(T_{\mathrm{H}}^{\mathrm{out}} - T_{\mathrm{C}}^{\mathrm{out}})\}} \quad (6.119)$$

によって定義すれば，全交換熱量を次式によって求めることができる．

$$\dot{Q}_{\mathrm{H}}^{\mathrm{out}} = \dot{Q}_{\mathrm{C}}^{\mathrm{in}} = KA\Delta T_{\mathrm{lm}} \quad (6.120)$$

これは，流体の定圧比熱が一定の場合には，流れの方向に進むに従って熱交換によって温度が変化しても，対数平均温度差を用いることによって，検査体積を高温および低温側に 1 つずつ設け，モデル化できることを示している．

以上より，高温および低温側の微小長さの検査体積の代わりに，図 6.17 に示すように，高温および低温側の全体を検査体積として，質量保存則およびエネルギー保存則を考えればよい．また，運動量保存／変化則に代わるものとして，圧力損失を考慮する．これらは，高温および低温

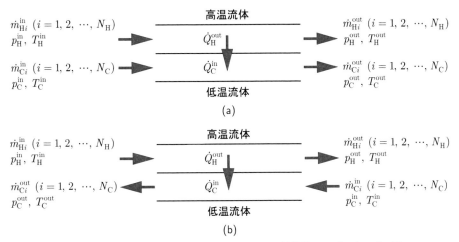

図 6.17 熱交換器全体における検査体積ならびに状態量およびエネルギー量：
(a) 並行流形，(b) 対向流形

側の流体についてそれぞれ次式のように表される．

$$\left.\begin{array}{l} \dot{m}_{\mathrm{H}i}^{\mathrm{in}} = \dot{m}_{\mathrm{H}i}^{\mathrm{out}} \quad (i=1, 2, \cdots, N_{\mathrm{H}}) \\ \sum_{i=1}^{N_{\mathrm{H}}} \dot{m}_{\mathrm{H}i}^{\mathrm{in}} c_{p\mathrm{H}i} T_{\mathrm{H}}^{\mathrm{in}} = \sum_{i=1}^{N_{\mathrm{H}}} \dot{m}_{\mathrm{H}i}^{\mathrm{out}} c_{p\mathrm{H}i} T_{\mathrm{H}}^{\mathrm{out}} + \dot{Q}_{\mathrm{H}}^{\mathrm{out}} \\ p_{\mathrm{H}}^{\mathrm{in}} = r_{\mathrm{H}} p_{\mathrm{H}}^{\mathrm{out}} \end{array}\right\} \quad (6.121)$$

$$\left.\begin{array}{l} \dot{m}_{\mathrm{C}i}^{\mathrm{in}} = \dot{m}_{\mathrm{C}i}^{\mathrm{out}} \quad (i=1, 2, \cdots, N_{\mathrm{C}}) \\ \sum_{i=1}^{N_{\mathrm{C}}} \dot{m}_{\mathrm{C}i}^{\mathrm{in}} c_{p\mathrm{C}i} T_{\mathrm{C}}^{\mathrm{in}} = \sum_{i=1}^{N_{\mathrm{C}}} \dot{m}_{\mathrm{C}i}^{\mathrm{out}} c_{p\mathrm{C}i} T_{\mathrm{C}}^{\mathrm{out}} - \dot{Q}_{\mathrm{C}}^{\mathrm{in}} \\ p_{\mathrm{C}}^{\mathrm{in}} = r_{\mathrm{C}} p_{\mathrm{C}}^{\mathrm{out}} \end{array}\right\} \quad (6.122)$$

ここで，r_{H} [-] および r_{C} [-] はそれぞれ高温および低温側の圧力損失に対応する圧力比である．また，全交換熱量については，式 (6.120) によって評価する．これらによって，入口の状態量から出口の状態量を求めることができる．

このとき，並行流形における温度変化は次式のように表され，図 6.18 (a) に示すようになる．

$$\left.\begin{array}{l} T_{\mathrm{H}} = T_{\mathrm{H}}^{\mathrm{in}} - \dfrac{\dot{C}_{\mathrm{C}}}{\dot{C}_{\mathrm{H}} + \dot{C}_{\mathrm{C}}} \left\{ 1 - e^{-KP(1/\dot{C}_{\mathrm{H}} + 1/\dot{C}_{\mathrm{C}})x} \right\} (T_{\mathrm{H}}^{\mathrm{in}} - T_{\mathrm{C}}^{\mathrm{in}}) \\ T_{\mathrm{C}} = T_{\mathrm{C}}^{\mathrm{in}} + \dfrac{\dot{C}_{\mathrm{H}}}{\dot{C}_{\mathrm{H}} + \dot{C}_{\mathrm{C}}} \left\{ 1 - e^{-KP(1/\dot{C}_{\mathrm{H}} + 1/\dot{C}_{\mathrm{C}})x} \right\} (T_{\mathrm{H}}^{\mathrm{in}} - T_{\mathrm{C}}^{\mathrm{in}}) \end{array}\right\} \quad (6.123)$$

また，対向流形における温度変化は次式のように表され，それに含まれる指数関数から判断できるように，$\dot{C}_{\mathrm{H}} > \dot{C}_{\mathrm{C}}$ および $\dot{C}_{\mathrm{H}} < \dot{C}_{\mathrm{C}}$ の場合に温度変化の形状が異なり，それぞれ図 6.18 (b) および (c) に示すようになる．

$$\left.\begin{array}{l} T_{\mathrm{H}} = T_{\mathrm{H}}^{\mathrm{in}} - \dot{C}_{\mathrm{C}} \dfrac{1 - e^{-KP(1/\dot{C}_{\mathrm{H}} - 1/\dot{C}_{\mathrm{C}})x}}{\dot{C}_{\mathrm{C}} - \dot{C}_{\mathrm{H}} e^{-KA(1/\dot{C}_{\mathrm{H}} - 1/\dot{C}_{\mathrm{C}})}} (T_{\mathrm{H}}^{\mathrm{in}} - T_{\mathrm{C}}^{\mathrm{in}}) \\ T_{\mathrm{C}} = T_{\mathrm{C}}^{\mathrm{in}} + \dot{C}_{\mathrm{H}} \dfrac{e^{-KP(1/\dot{C}_{\mathrm{H}} - 1/\dot{C}_{\mathrm{C}})x} - e^{-KA(1/\dot{C}_{\mathrm{H}} - 1/\dot{C}_{\mathrm{C}})}}{\dot{C}_{\mathrm{C}} - \dot{C}_{\mathrm{H}} e^{-KA(1/\dot{C}_{\mathrm{H}} - 1/\dot{C}_{\mathrm{C}})}} (T_{\mathrm{H}}^{\mathrm{in}} - T_{\mathrm{C}}^{\mathrm{in}}) \end{array}\right\} \quad (6.124)$$

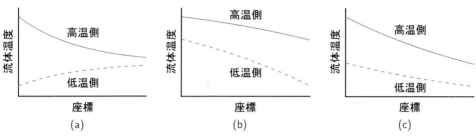

図 6.18 熱交換器内部における流体の温度変化：(a) 並行流形，(b) 対向流形 ($\dot{C}_H > \dot{C}_C$)，(c) 対向流形 ($\dot{C}_H < \dot{C}_C$)

熱交換器の設計においては，高温および低温側の温度差が最小となるピンチ点と呼ばれる点を把握し，その点の温度差を評価することが重要となる．並行流形の場合には，高温および低温側の温度はそれぞれ単調減少および単調増加するため，高温および低温側の出口がピンチ点となる．一方，対向流形の場合には，定圧比熱が一定であれば，$\dot{C}_H > \dot{C}_C$ および $\dot{C}_H < \dot{C}_C$ によってそれぞれ高温側の入口および低温側の入口がピンチ点となる．しかしながら，例題 6.21 で示したように，定圧比熱が一定でない場合には，入口および出口だけではなく，熱交換器内部の点がピンチ点となり得ることに注意しなければならない．また，式 (6.123) および式 (6.124) において $x = A/P$ と置くことによって，それぞれ $(T_H^{in} - T_H^{out})/(T_H^{in} - T_C^{in})$ および $(T_C^{out} - T_C^{in})/(T_H^{in} - T_C^{in})$ が求められる．これらは，それぞれ高温および低温側の温度効率と呼ばれ，熱交換で達成し得る最大の温度降下および温度上昇に対して，実際の温度降下および温度低下の割合を示しており，この値を評価することも重要となる．

次に，上記のエネルギー変換過程をエクセルギーに基づいて評価する．簡単のため，高温および低温側の流体の質量流量および定圧比熱が同一であるものと仮定し，成分の数 N，質量流量 $\dot{m}_i$，定圧比熱 c_{pi} $(i = 1, 2, \cdots, N)$，および熱容量の流量 $\dot{C}$ には，高温および低温側の流体を区別するための下付添字 H および C を付けない．また，対向流形熱交換器によって熱交換を行う場合を考える．このとき，式 (6.120) の全熱交換量は次式のように表される．

$$\dot{Q}_H^{out} = \dot{Q}_C^{in} = KA(T_H^{in} - T_C^{out}) = KA(T_H^{out} - T_C^{in}) \tag{6.125}$$

したがって，高温および低温側の流体についてのエネルギー保存則は，それぞれ式 (6.121) の第 2 式および (6.122) の第 2 式より

$$\left. \begin{array}{l} \dot{C}T_H^{in} = \dot{C}T_H^{out} + KA(T_H^{out} - T_C^{in}) \\ \dot{C}T_C^{out} = \dot{C}T_C^{in} + KA(T_H^{in} - T_C^{out}) \end{array} \right\} \tag{6.126}$$

となる．これらより高温および低温側の出口温度

$$\left. \begin{array}{l} T_H^{out} = \dfrac{\dot{C}T_H^{in} + KAT_C^{in}}{\dot{C} + KA} \\ T_C^{out} = \dfrac{\dot{C}T_C^{in} + KAT_H^{in}}{\dot{C} + KA} \end{array} \right\} \tag{6.127}$$

が求められる．

このとき，式 (6.126) のエネルギー保存則に対応するエクセルギーバランスは式 (4.22) より次

式のように表される．

$$\sum_{i=1}^{N}\dot{m}_i\left\{c_{pi}(T_{\mathrm{H}}^{\mathrm{in}}-T_0)-T_0\left(c_{pi}\ln\frac{T_{\mathrm{H}}^{\mathrm{in}}}{T_0}-R_i\ln\frac{y_i^{\mathrm{in}}p_{\mathrm{H}}^{\mathrm{in}}}{p_0}\right)\right\}$$
$$+\sum_{i=1}^{N}\dot{m}_i\left\{c_{pi}(T_{\mathrm{C}}^{\mathrm{in}}-T_0)-T_0\left(c_{pi}\ln\frac{T_{\mathrm{C}}^{\mathrm{in}}}{T_0}-R_i\ln\frac{y_i^{\mathrm{in}}p_{\mathrm{C}}^{\mathrm{in}}}{p_0}\right)\right\}$$
$$=\sum_{i=1}^{N}\dot{m}_i\left\{c_{pi}(T_{\mathrm{H}}^{\mathrm{out}}-T_0)-T_0\left(c_{pi}\ln\frac{T_{\mathrm{H}}^{\mathrm{out}}}{T_0}-R_i\ln\frac{y_i^{\mathrm{out}}p_{\mathrm{H}}^{\mathrm{out}}}{p_0}\right)\right\}$$
$$+\sum_{i=1}^{N}\dot{m}_i\left\{c_{pi}(T_{\mathrm{C}}^{\mathrm{out}}-T_0)-T_0\left(c_{pi}\ln\frac{T_{\mathrm{C}}^{\mathrm{out}}}{T_0}-R_i\ln\frac{y_i^{\mathrm{out}}p_{\mathrm{C}}^{\mathrm{out}}}{p_0}\right)\right\}+\dot{E}^{\mathrm{des}} \quad (6.128)$$

ここで，R_i [J/(kg·K)] ($i=1,2,\cdots,N$) は各成分の気体定数，y_i^{in} および y_i^{out} [-] ($i=1,2,\cdots,N$) は式 (6.22) によって表される，それぞれ入口および出口における各成分のモル分率である．ただし，エクセルギーとして式 (5.28) の物理エクセルギーのみを考慮している．式 (6.128) に式 (6.125)，式 (6.126)，および式 (6.22) を適用すると，エクセルギー破壊量 $\dot{E}^{\mathrm{des}}$ は次式のように求められる．

$$\dot{E}^{\mathrm{des}}=\sum_{i=1}^{N}\dot{m}_iT_0\left\{c_{pi}\left(\ln\frac{T_{\mathrm{H}}^{\mathrm{out}}}{T_{\mathrm{H}}^{\mathrm{in}}}+\ln\frac{T_{\mathrm{C}}^{\mathrm{out}}}{T_{\mathrm{C}}^{\mathrm{in}}}\right)+R_i\left(\ln\frac{p_{\mathrm{H}}^{\mathrm{in}}}{p_{\mathrm{H}}^{\mathrm{out}}}+\ln\frac{p_{\mathrm{C}}^{\mathrm{in}}}{p_{\mathrm{C}}^{\mathrm{out}}}\right)\right\} \quad (6.129)$$

ここで，式 (6.121) の第 3 式，式 (6.122) の第 3 式，および式 (6.127) を考慮すると，$\dot{E}^{\mathrm{des}}$ は次式のように表すことができる．

$$\dot{E}^{\mathrm{des}}=\sum_{i=1}^{N}\dot{m}_iT_0\left[c_{pi}\left\{\ln\frac{\dot{C}T_{\mathrm{H}}^{\mathrm{in}}+KAT_{\mathrm{C}}^{\mathrm{in}}}{(\dot{C}+KA)T_{\mathrm{H}}^{\mathrm{in}}}+\ln\frac{\dot{C}T_{\mathrm{C}}^{\mathrm{in}}+KAT_{\mathrm{H}}^{\mathrm{in}}}{(\dot{C}+KA)T_{\mathrm{C}}^{\mathrm{in}}}\right\}+R_i(\ln r_{\mathrm{H}}+\ln r_{\mathrm{C}})\right] \quad (6.130)$$

また，高温および低温側の入口の流体の温度差を $\Delta T=T_{\mathrm{H}}^{\mathrm{in}}-T_{\mathrm{C}}^{\mathrm{in}}$ [K] とすると，$\dot{E}^{\mathrm{des}}$ は

$$\dot{E}^{\mathrm{des}}=\sum_{i=1}^{N}\dot{m}_iT_0\left[c_{pi}\left\{\ln\frac{\dot{C}(1+\Delta T/T_{\mathrm{C}}^{\mathrm{in}})+KA}{(\dot{C}+KA)(1+\Delta T/T_{\mathrm{C}}^{\mathrm{in}})}+\ln\frac{\dot{C}+KA(1+\Delta T/T_{\mathrm{C}}^{\mathrm{in}})}{\dot{C}+KA}\right\}\right.$$
$$\left.+R_i(\ln r_{\mathrm{H}}+\ln r_{\mathrm{C}})\right] \quad (6.131)$$

となる．さらに，低温側の流体のエクセルギー変化を高温側の流体のエクセルギー変化で除したエクセルギー効率 ε は

$$\varepsilon=\frac{\sum_{i=1}^{N}\dot{m}_i\left\{c_{pi}(T_{\mathrm{C}}^{\mathrm{out}}-T_{\mathrm{C}}^{\mathrm{in}})-T_0\left(c_{pi}\ln\frac{T_{\mathrm{C}}^{\mathrm{out}}}{T_{\mathrm{C}}^{\mathrm{in}}}-R_i\ln\frac{p_{\mathrm{C}}^{\mathrm{out}}}{p_{\mathrm{C}}^{\mathrm{in}}}\right)\right\}}{\sum_{i=1}^{N}\dot{m}_i\left\{c_{pi}(T_{\mathrm{H}}^{\mathrm{in}}-T_{\mathrm{H}}^{\mathrm{out}})-T_0\left(c_{pi}\ln\frac{T_{\mathrm{H}}^{\mathrm{in}}}{T_{\mathrm{H}}^{\mathrm{out}}}-R_i\ln\frac{p_{\mathrm{H}}^{\mathrm{in}}}{p_{\mathrm{H}}^{\mathrm{out}}}\right)\right\}}$$
$$=\frac{\dot{Q}_{\mathrm{C}}^{\mathrm{in}}-\dot{E}_{\mathrm{C}}^{\mathrm{des}}}{\dot{Q}_{\mathrm{H}}^{\mathrm{out}}+\dot{E}_{\mathrm{H}}^{\mathrm{des}}} \quad (6.132)$$

となる．ここで，

$$
\left.
\begin{aligned}
\dot{E}_\text{H}^\text{des} &= \sum_{i=1}^{N} \dot{m}_i T_0 \left(c_{pi} \ln \frac{T_\text{H}^\text{out}}{T_\text{H}^\text{in}} + R_i \ln \frac{p_\text{H}^\text{in}}{p_\text{H}^\text{out}} \right) \\
&= \sum_{i=1}^{N} \dot{m}_i T_0 \left\{ c_{pi} \ln \frac{\dot{C}(1+\Delta T/T_\text{C}^\text{in}) + KA}{(\dot{C}+KA)(1+\Delta T/T_\text{C}^\text{in})} + R_i \ln r_\text{H} \right\} \\
\dot{E}_\text{C}^\text{des} &= \sum_{i=1}^{N} \dot{m}_i T_0 \left(c_{pi} \ln \frac{T_\text{C}^\text{out}}{T_\text{C}^\text{in}} + R_i \ln \frac{p_\text{C}^\text{in}}{p_\text{C}^\text{out}} \right) \\
&= \sum_{i=1}^{N} \dot{m}_i T_0 \left\{ c_{pi} \ln \frac{\dot{C} + KA(1+\Delta T/T_\text{C}^\text{in})}{\dot{C}+KA} + R_i \ln r_\text{C} \right\}
\end{aligned}
\right\}
\quad (6.133)
$$

である.

　式 (6.132) に示すように，高温および低温側の流体のエクセルギー変化はエンタルピー変化およびエントロピー変化と T_0 の積から成る．式 (6.133) に示すように，圧力損失がなく，$r_\text{H} = r_\text{C} = 1$ であっても，$\Delta T > 0$ のとき $\dot{E}_\text{C}^\text{des} > 0 > \dot{E}_\text{H}^\text{des}$ および $|\dot{E}_\text{C}^\text{des}| > |\dot{E}_\text{H}^\text{des}|$ が成立するため，エクセルギー効率は $\varepsilon < 1$ となる．また，ΔT の増大とともに，$|\dot{E}_\text{C}^\text{des}|$ の増大量の方が $|\dot{E}_\text{H}^\text{des}|$ の増大量より大きくなり，ε が低下することがわかる．さらに，ΔT が同じであっても，T_H^in および T_C^in が低下するに伴って，ε が低下することがわかる．これも，5.7.1 項および 5.7.2 項で述べたように，低温の方がエクセルギー破壊量が大きく，エクセルギー効率が低いという一般的な性質に整合している．

【例題 6.22】 対向流形の熱交換器における対数平均温度差を表す式を導出せよ．

〔解答〕 対向流形の熱交換器の場合，式 (6.113) を高温側の流体の入口から出口まで積分すると，次式が得られる．

$$
-\ln \frac{T_\text{H}^\text{in} - T_\text{C}^\text{out}}{T_\text{H}^\text{out} - T_\text{C}^\text{in}} = -KA \left(\frac{1}{\dot{C}_\text{H}} - \frac{1}{\dot{C}_\text{C}} \right)
$$

これに対向流形についても成立する式 (6.115) を代入すると

$$
-\ln \frac{T_\text{H}^\text{in} - T_\text{C}^\text{out}}{T_\text{H}^\text{out} - T_\text{C}^\text{in}} = -KA \left(-\frac{T_\text{H}^\text{out} - T_\text{H}^\text{in}}{\dot{Q}_\text{H}^\text{out}} - \frac{T_\text{C}^\text{out} - T_\text{C}^\text{in}}{\dot{Q}_\text{C}^\text{in}} \right)
$$

これより，式 (6.116) を考慮して，全交換熱量を求めると

$$
\dot{Q}_\text{H}^\text{out} = \dot{Q}_\text{C}^\text{in} = KA \frac{(T_\text{H}^\text{in} - T_\text{C}^\text{out}) - (T_\text{H}^\text{out} - T_\text{C}^\text{in})}{\ln\{(T_\text{H}^\text{in} - T_\text{C}^\text{out})/(T_\text{H}^\text{out} - T_\text{C}^\text{in})\}}
$$

よって，対数平均温度差 ΔT_lm は

$$
\Delta T_\text{lm} = \frac{(T_\text{H}^\text{in} - T_\text{C}^\text{out}) - (T_\text{H}^\text{out} - T_\text{C}^\text{in})}{\ln\{(T_\text{H}^\text{in} - T_\text{C}^\text{out})/(T_\text{H}^\text{out} - T_\text{C}^\text{in})\}}
$$

したがって，式 (6.119) と上式を合わせて考えると，並行流形および対向流形にかかわらず，対数平均温度差は熱交換器の両端における高温側と低温側の温度差の差と比によって表されることがわかる．

> **【例題 6.23】** 式 (6.123) および式 (6.124) を導出せよ.
>
> 〔解答〕 並行流形の熱交換器の場合, 式 (6.113) を高温側の入口から x の位置まで積分すると
>
> $$-\ln\frac{T_{\rm H}^{\rm in} - T_{\rm C}^{\rm in}}{T_{\rm H} - T_{\rm C}} = -KP\left(\frac{1}{\dot{C}_{\rm H}} + \frac{1}{\dot{C}_{\rm C}}\right)x$$
>
> よって
>
> $$T_{\rm H} - T_{\rm C} = (T_{\rm H}^{\rm in} - T_{\rm C}^{\rm in})e^{-KP(1/\dot{C}_{\rm H} + 1/\dot{C}_{\rm C})x}$$
>
> また, 式 (6.111) を高温側の入口から x の位置まで積分すると
>
> $$\dot{C}_{\rm H}(T_{\rm H}^{\rm in} - T_{\rm H}) = \dot{C}_{\rm C}(T_{\rm C} - T_{\rm C}^{\rm in})$$
>
> これらより, $T_{\rm H}$ および $T_{\rm C}$ を $T_{\rm H}^{\rm in}$ および $T_{\rm C}^{\rm in}$ によって表すと, 式 (6.123) が導出される.
>
> 一方, 対向流形の熱交換器の場合, 同様にして次式が成立する.
>
> $$T_{\rm H} - T_{\rm C} = (T_{\rm H}^{\rm in} - T_{\rm C}^{\rm out})e^{-KP(1/\dot{C}_{\rm H} - 1/\dot{C}_{\rm C})x}$$
>
> $$\dot{C}_{\rm H}(T_{\rm H}^{\rm in} - T_{\rm H}) = \dot{C}_{\rm C}(T_{\rm C}^{\rm out} - T_{\rm C})$$
>
> これらより, $T_{\rm H}$ および $T_{\rm C}$ を $T_{\rm H}^{\rm in}$ および $T_{\rm C}^{\rm out}$ によって次式のように表すことができる.
>
> $$T_{\rm H} = \frac{\dot{C}_{\rm H} - \dot{C}_{\rm C}e^{-KP(1/\dot{C}_{\rm H} - 1/\dot{C}_{\rm C})x}}{\dot{C}_{\rm H} - \dot{C}_{\rm C}}T_{\rm H}^{\rm in} - \dot{C}_{\rm C}\frac{1 - e^{-KP(1/\dot{C}_{\rm H} - 1/\dot{C}_{\rm C})x}}{\dot{C}_{\rm H} - \dot{C}_{\rm C}}T_{\rm C}^{\rm out}$$
>
> $$T_{\rm C} = \dot{C}_{\rm H}\frac{1 - e^{-KP(1/\dot{C}_{\rm H} - 1/\dot{C}_{\rm C})x}}{\dot{C}_{\rm H} - \dot{C}_{\rm C}}T_{\rm H}^{\rm in} - \frac{\dot{C}_{\rm C} - \dot{C}_{\rm H}e^{-KP(1/\dot{C}_{\rm H} - 1/\dot{C}_{\rm C})x}}{\dot{C}_{\rm H} - \dot{C}_{\rm C}}T_{\rm C}^{\rm out}$$
>
> しかしながら, $T_{\rm C}^{\rm out}$ は未知の出口温度である. そこで, $x = A/P$ と置くと, 上式より
>
> $$T_{\rm C}^{\rm in} = \dot{C}_{\rm H}\frac{1 - e^{-KA(1/\dot{C}_{\rm H} - 1/\dot{C}_{\rm C})}}{\dot{C}_{\rm H} - \dot{C}_{\rm C}}T_{\rm H}^{\rm in} - \dot{C}_{\rm H}\frac{\dot{C}_{\rm C} - \dot{C}_{\rm H}e^{-KA(1/\dot{C}_{\rm H} - 1/\dot{C}_{\rm C})}}{\dot{C}_{\rm H} - \dot{C}_{\rm C}}T_{\rm C}^{\rm out}$$
>
> 上式より, $T_{\rm C}^{\rm out}$ を $T_{\rm H}^{\rm in}$ および $T_{\rm C}^{\rm in}$ によって表し, それを $T_{\rm H}$ および $T_{\rm C}$ の式に代入することによって, 式 (6.124) が導出される.

6.9.3 液体の場合

最後に, 高温および低温側ともに液体が流れている場合について考える. ここでは, 比体積 v [m³/kg] および定容比熱 c_v [J/(kg·K)] が一定の場合のみについて考える. このとき, 式 (6.105) のエネルギー保存則は次式のようになる.

$$\left.\begin{array}{l}\dot{m}_{\rm H}c_{v{\rm H}}\left(\dfrac{dT_{\rm H}}{dx} + \dfrac{v_{\rm H}}{c_{v{\rm H}}}\dfrac{dp_{\rm H}}{dx}\right) = -\dot{q}_{\rm H}^{\rm out} \\[2mm] \dot{m}_{\rm C}c_{v{\rm C}}\left(\dfrac{dT_{\rm C}}{dx} + \dfrac{v_{\rm C}}{c_{v{\rm C}}}\dfrac{dp_{\rm C}}{dx}\right) = \pm\dot{q}_{\rm C}^{\rm in}\end{array}\right\} \quad (6.134)$$

式 (6.134) の第 1 式および第 2 式をそれぞれ $\dot{m}_{\rm H}c_{v{\rm H}}$ および $\dot{m}_{\rm C}c_{v{\rm C}}$ で除した後にそれらの差を取り, 式 (6.106) を考慮すると, 次式が得られる.

$$\frac{d(T_{\rm H} - T_{\rm C})}{T_{\rm H} - T_{\rm C}} + \frac{(v_{\rm H}/c_{v{\rm H}})dp_{\rm H} - (v_{\rm C}/c_{v{\rm C}})dp_{\rm C}}{T_{\rm H} - T_{\rm C}} = -KP\left(\frac{1}{\dot{m}_{\rm H}c_{v{\rm H}}} \pm \frac{1}{\dot{m}_{\rm C}c_{v{\rm C}}}\right)dx \quad (6.135)$$

よって, 液体の場合には, 式 (6.135) における左辺の第 2 項が存在し, 式 (6.135) を積分することができないので, 解析解を導出することは困難である. しかしながら, 圧力エネルギーが内部

エネルギーに比較して十分に小さいと考えられるため，上記の項を無視できるとすれば，成分の数を $N=1$ として，定圧比熱 c_p を定容比熱 c_v に置換することによって，狭義の理想混合気体における式 (6.114)～式 (6.127) が近似的に成立することになる．

エクセルギー解析においては，成分の数を $N=1$ とし，定圧比熱 c_p を定容比熱 c_v に置換するとともに，理想気体の物理エクセルギーを液体の物理エクセルギーに変更するために，圧力に関する項としてエントロピー流量の一部 $\dot{m}T_0 R \ln(p/p_0)$ をエンタルピー流量の一部 $\dot{m}(p-p_0)v$ に置換することによって，狭義の理想混合気体における式 (6.128)～式 (6.133) が近似的に成立することになる．

【例題 6.24】 並行流形および対向流形の熱交換器によって，質量流量 1.0 kg/s，温度 80 °C の水と質量流量 2.0 kg/s，温度 25 °C の水を熱交換する．このとき，それぞれの水の出口温度，対数平均温度差，および全交換熱量を求めよ．なお，圧力エネルギーが内部エネルギーに比較して十分に小さいとして，無視できるものとする．ただし，水の定容比熱を $4.181\,\mathrm{kJ/(kg \cdot K)}$ とする．また，熱交換器を通じて外部に放出される熱エネルギーを零と仮定し，熱交換器の熱通過率と伝熱面積の積を 6.0 kW/K とする．

〔解答〕 式 (6.112) より，熱容量の流量は
$$\dot{C}_\mathrm{H} = \dot{m}^\mathrm{in}_\mathrm{H} c_{v\mathrm{H}} = 1.0 \times 4.181 = 4.181\,\mathrm{kW/K}$$
$$\dot{C}_\mathrm{C} = \dot{m}^\mathrm{in}_\mathrm{C} c_{v\mathrm{C}} = 2.0 \times 4.181 = 8.362\,\mathrm{kW/K}$$

並行流形の熱交換器の場合，式 (6.123) において $x = A/P$ と置くと，出口温度は
$$T_\mathrm{H}^\mathrm{out} = T_\mathrm{H}^\mathrm{in} - \frac{\dot{C}_\mathrm{C}}{\dot{C}_\mathrm{H} + \dot{C}_\mathrm{C}} \left\{ 1 - e^{-KA(1/\dot{C}_\mathrm{H} + 1/\dot{C}_\mathrm{C})} \right\}(T_\mathrm{H}^\mathrm{in} - T_\mathrm{C}^\mathrm{in})$$
$$= 353.15 - \frac{8.362}{4.181 + 8.362}\left\{1 - e^{-6.0 \times (1/4.181 + 1/8.362)}\right\}(353.15 - 298.15) = 320.74\,\mathrm{K}$$

$$T_\mathrm{C}^\mathrm{out} = T_\mathrm{C}^\mathrm{in} + \frac{\dot{C}_\mathrm{H}}{\dot{C}_\mathrm{H} + \dot{C}_\mathrm{C}} \left\{ 1 - e^{-KA(1/\dot{C}_\mathrm{H} + 1/\dot{C}_\mathrm{C})} \right\}(T_\mathrm{H}^\mathrm{in} - T_\mathrm{C}^\mathrm{in})$$
$$= 298.15 + \frac{4.181}{4.181 + 8.362}\left\{1 - e^{-6.0 \times (1/4.181 + 1/8.362)}\right\}(353.15 - 298.15) = 314.35\,\mathrm{K}$$

また，式 (6.119) より，対数平均温度差は
$$\Delta T_\mathrm{lm} = \frac{(T_\mathrm{H}^\mathrm{in} - T_\mathrm{C}^\mathrm{in}) - (T_\mathrm{H}^\mathrm{out} - T_\mathrm{C}^\mathrm{out})}{\ln\{(T_\mathrm{H}^\mathrm{in} - T_\mathrm{C}^\mathrm{in})/(T_\mathrm{H}^\mathrm{out} - T_\mathrm{C}^\mathrm{out})\}} = \frac{(353.15 - 298.15) - (320.74 - 314.35)}{\ln\{(353.15 - 298.15)/(320.74 - 314.35)\}} = 22.58\,\mathrm{K}$$

さらに，式 (6.120) より，全交換熱量は
$$\dot{Q}_\mathrm{H}^\mathrm{out} = \dot{Q}_\mathrm{C}^\mathrm{in} = KA\Delta T_\mathrm{lm} = 6.0 \times 22.58 = 135.48\,\mathrm{kW}$$

一方，対向流形の熱交換器の場合，式 (6.124) の第 1 式および第 2 式においてそれぞれ $x = A/P$ および $x = 0$ と置くと，出口温度は
$$T_\mathrm{H}^\mathrm{out} = T_\mathrm{H}^\mathrm{in} - \dot{C}_\mathrm{C}\frac{1 - e^{-KA(1/\dot{C}_\mathrm{H} - 1/\dot{C}_\mathrm{C})}}{\dot{C}_\mathrm{C} - \dot{C}_\mathrm{H} e^{-KA(1/\dot{C}_\mathrm{H} - 1/\dot{C}_\mathrm{C})}}(T_\mathrm{H}^\mathrm{in} - T_\mathrm{C}^\mathrm{in})$$
$$= 353.15 - 8.362\frac{1 - e^{-6.0 \times (1/4.181 - 1/8.362)}}{8.362 - 4.181 \times e^{-6.0 \times (1/4.181 - 1/8.362)}}(353.15 - 298.15) = 315.90\,\mathrm{K}$$

$$T_{\mathrm{C}}^{\mathrm{out}} = T_{\mathrm{C}}^{\mathrm{in}} + \dot{C}_{\mathrm{H}} \frac{1 - e^{-KA(1/\dot{C}_{\mathrm{H}} - 1/\dot{C}_{\mathrm{C}})}}{\dot{C}_{\mathrm{C}} - \dot{C}_{\mathrm{H}} e^{-KA(1/\dot{C}_{\mathrm{H}} - 1/\dot{C}_{\mathrm{C}})}} (T_{\mathrm{H}}^{\mathrm{in}} - T_{\mathrm{C}}^{\mathrm{in}})$$

$$= 298.15 + 4.181 \frac{1 - e^{-6.0 \times (1/4.181 - 1/8.362)}}{8.362 - 4.181 \times e^{-6.0 \times (1/4.181 - 1/8.362)}} (353.15 - 298.15) = 316.78\,\mathrm{K}$$

また,例題 6.22 の結果より,対数平均温度差は

$$\Delta T_{\mathrm{lm}} = \frac{(T_{\mathrm{H}}^{\mathrm{in}} - T_{\mathrm{C}}^{\mathrm{out}}) - (T_{\mathrm{H}}^{\mathrm{out}} - T_{\mathrm{C}}^{\mathrm{in}})}{\ln\{(T_{\mathrm{H}}^{\mathrm{in}} - T_{\mathrm{C}}^{\mathrm{out}})/(T_{\mathrm{H}}^{\mathrm{out}} - T_{\mathrm{C}}^{\mathrm{in}})\}} = \frac{(353.15 - 316.78) - (315.90 - 298.15)}{\ln\{(353.15 - 316.78)/(315.90 - 298.15)\}} = 25.96\,\mathrm{K}$$

さらに,式 (6.120) より,全交換熱量は

$$\dot{Q}_{\mathrm{H}}^{\mathrm{out}} = \dot{Q}_{\mathrm{C}}^{\mathrm{in}} = KA\Delta T_{\mathrm{lm}} = 6.0 \times 25.96 = 155.76\,\mathrm{kW}$$

したがって,高温側および低温側の入口温度が同じであっても,並行流形より対向流形の方が対数平均温度差および全交換熱量が大きくなり,その結果,高温側の出口温度が低くなり,低温側の出口温度が高くなることがわかる.

【例題 6.25】 例題 6.24 の条件下で,エクセルギー破壊量およびエクセルギー効率を求めよ.なお,圧力損失を無視できるものとする.

〔解答〕 並行流形の熱交換器の場合,式 (6.129) より,エクセルギー破壊量は

$$\dot{E}^{\mathrm{des}} = \dot{C}_{\mathrm{H}} T_0 \ln \frac{T_{\mathrm{H}}^{\mathrm{out}}}{T_{\mathrm{H}}^{\mathrm{in}}} + \dot{C}_{\mathrm{C}} T_0 \ln \frac{T_{\mathrm{C}}^{\mathrm{out}}}{T_{\mathrm{C}}^{\mathrm{in}}}$$

$$= 4.181 \times 298.15 \times \ln \frac{320.74}{353.15} + 8.362 \times 298.15 \times \ln \frac{314.35}{298.15} = 11.92\,\mathrm{kW}$$

また,式 (6.132) より,エクセルギー効率は

$$\varepsilon = \frac{\dot{Q}_{\mathrm{C}}^{\mathrm{in}} - \dot{C}_{\mathrm{C}} T_0 \ln(T_{\mathrm{C}}^{\mathrm{out}}/T_{\mathrm{C}}^{\mathrm{in}})}{\dot{Q}_{\mathrm{H}}^{\mathrm{out}} + \dot{C}_{\mathrm{H}} T_0 \ln(T_{\mathrm{H}}^{\mathrm{out}}/T_{\mathrm{H}}^{\mathrm{in}})} = \frac{135.48 - 8.362 \times 298.15 \times \ln(314.35/298.15)}{135.48 + 4.181 \times 298.15 \times \ln(320.74/353.15)} = 0.2304$$

一方,対向流形の熱交換器の場合,式 (6.129) により,エクセルギー破壊量は

$$\dot{E}^{\mathrm{des}} = \dot{C}_{\mathrm{H}} T_0 \ln \frac{T_{\mathrm{H}}^{\mathrm{out}}}{T_{\mathrm{H}}^{\mathrm{in}}} + \dot{C}_{\mathrm{C}} T_0 \ln \frac{T_{\mathrm{C}}^{\mathrm{out}}}{T_{\mathrm{C}}^{\mathrm{in}}}$$

$$= 4.181 \times 298.15 \times \ln \frac{315.90}{353.15} + 8.362 \times 298.15 \times \ln \frac{316.78}{298.15} = 12.16\,\mathrm{kW}$$

また,式 (6.132) より,エクセルギー効率は

$$\varepsilon = \frac{\dot{Q}_{\mathrm{C}}^{\mathrm{in}} - \dot{C}_{\mathrm{C}} T_0 \ln(T_{\mathrm{C}}^{\mathrm{out}}/T_{\mathrm{C}}^{\mathrm{in}})}{\dot{Q}_{\mathrm{H}}^{\mathrm{out}} + \dot{C}_{\mathrm{H}} T_0 \ln(T_{\mathrm{H}}^{\mathrm{out}}/T_{\mathrm{H}}^{\mathrm{in}})} = \frac{155.76 - 8.362 \times 298.15 \times \ln(316.78/298.15)}{155.76 + 4.181 \times 298.15 \times \ln(315.90/353.15)} = 0.2766$$

したがって,並行流形より対向流形の方が全交換熱量が大きくなるため,エクセルギー破壊量も大きいが,エクセルギー効率は高くなることがわかる.

6.10 配管および弁

配管は,エネルギーシステム／機器を構成する複数の機器要素を接続し,それらを通して流体をある機器要素から他の機器要素へ移動させる.特に,空気調和用の空気などの低圧の気体を流すための配管をダクトと呼ぶ.また,弁は,配管の途中に設置し,弁の開度によって流体の圧力

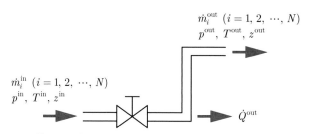

図 6.19 配管および弁における検査体積ならびに状態量およびエネルギー量

や流量を調整するものである．

配管におけるエネルギー変換過程は次のように表される．

流体のポテンシャルエネルギーおよび圧力エネルギーの変化
⇒ 流体の圧力エネルギーおよびポテンシャルエネルギーの変化

また，弁におけるエネルギー変換過程は次のように表される．

流体の圧力エネルギー変化 ⇒ エネルギー損失

このように配管および弁の機能は異なり，そのためエネルギー変換過程も異なるが，ここではこれらのエネルギー変換を共通的に扱い，以下に述べるように定量的に考える．

図 6.19 に示すように，配管および弁を囲む検査体積を考え，上付添字 in および out でそれぞれ入口および出口を区別し，液体および複数の成分から成る混合気体を扱う場合が想定されるため，一般的に出入口の N [-] 個の成分の質量流量 $\dot{m}_i$ [kg/s] ($i = 1, 2, \cdots, N$)，圧力 p [Pa]，温度 T [K]，および高度 z [m] を定義する．また，配管および弁を通じて外部に放出される熱量 $\dot{Q}^{\mathrm{out}}$ [W] を定義する．このとき，定常状態におけるエネルギー変換の基礎法則を適用する．なお，液体および気体の扱い方によって解析的に解を導出することができたり，数値的に解を導出しなければならない場合があったりする．そのため，ここでは，広義の理想混合気体を含む実在混合気体の場合，狭義の理想混合気体の場合，および液体の場合に分けて述べることにする．

6.10.1 実在混合気体の場合

最初に，流体を混合気体とし，一般的にそれを実在混合気体として仮定する場合について考える．複数の成分間で化学反応が生じないものとすると，質量保存則は式 (2.2) より各成分について式 (6.11) のように表される．次に，エネルギー保存則は式 (2.12) より次式のように表される．

$$\sum_{i=1}^{N} \dot{m}_i^{\mathrm{in}} (h_i(p^{\mathrm{in}}, T^{\mathrm{in}}) + gz^{\mathrm{in}}) = \sum_{i=1}^{N} \dot{m}_i^{\mathrm{out}} (h_i(p^{\mathrm{out}}, T^{\mathrm{out}}) + gz^{\mathrm{out}}) + \dot{Q}^{\mathrm{out}} \quad (6.136)$$

ここで，式 (2.12) のエネルギー保存則とは異なり，仕事量はなく，熱量 $\dot{Q}^{\mathrm{out}}$ を出力としていることに注意されたい．また，運動エネルギーを除外している．一方，配管では高度が異なる場所へ流体を移動させる場合があるため，配管出入口の高度差を無視することができず，ポテンシャルエネルギーを含めている．ただし，弁のみを対象とする場合には，$z^{\mathrm{out}} = z^{\mathrm{in}}$ と考えられるので，ポテンシャルエネルギーも除外すればよい．さらに，3.6.5 項で述べたように，各成分の比

エンタルピー h_i [J/kg] ($i = 1, 2, \cdots, N$) を一般的に圧力 p および温度 T の関数として表現している．加えて，運動量保存／変化則に代わるものとして，配管および弁の特性式を考慮する．6.1 節でも述べたように，配管の圧力損失が概ね流量の 2 乗に比例することが知られており，例えば管摩擦係数によってその大きさを表す式が用いられている．また，弁の圧力損失は弁の開度にも依存するが，概ね流量の 2 乗に比例することが知られている．ここで，この配管および弁の圧力損失と質量流量の関係を $\Delta p(\sum_{i=1}^{N} \dot{m}_i^{\text{in}})$ [Pa] によって表し，配管および弁の特性式を次式のように仮定する．

$$p^{\text{in}} + \frac{gz^{\text{in}}}{v^{\text{in}}} = p^{\text{out}} + \frac{gz^{\text{out}}}{v^{\text{out}}} + \Delta p \left(\sum_{i=1}^{N} \dot{m}_i^{\text{in}} \right) \quad (6.137)$$

ここで，v^{in} および v^{out} [m^3/kg] はそれぞれ入口および出口における比体積である．

式 (6.11)，式 (6.136)，および式 (6.137)，ならびに入口の境界条件 $\dot{m}_i^{\text{in}}$ ($i = 1, 2, \cdots, N$)，p^{in}，T^{in}，および z^{in} によってすべての値を決定することは困難である．なぜならば，出口の高度 z^{out} および熱量 $\dot{Q}^{\text{out}}$ が式 (6.136) に含まれているからである．なお，v^{in} は状態方程式によって p^{in} および T^{in} から求められる．ここでは，z^{out} が与えられ，かつ断熱，すなわち $\dot{Q}^{\text{out}} = 0$ の場合について考える．これによって，式 (6.11) より $\dot{m}_i^{\text{out}}$ ($i = 1, 2, \cdots, N$)，ならびに式 (6.136)，式 (6.137)，および状態方程式より p^{out}，T^{out}，および v^{out} の値を決定することができる．ただし，式 (6.136) に含まれている各成分の比エンタルピーを圧力および温度の非線形関数として評価する必要がある．なお，広義の理想混合気体の場合には，これを温度のみの関数として考慮すればよい．また，その結果，式 (6.136)，式 (6.137)，および状態方程式は連立非線形代数方程式となり，これを解かなければならない．この連立非線形代数方程式の数値計算には，E.4 節の数値計算プログラム E-3～E-5 と同様のものを適用するとともに，その中で REFPROP の混合モデルによって比エンタルピーを評価する必要がある．

次に，上記のエネルギー変換過程をエクセルギーに基づいて評価する．式 (6.136) のエネルギー保存則において断熱の条件 $\dot{Q}^{\text{out}} = 0$ を考慮した場合に対応するエクセルギーバランスは，式 (4.22) より次式のように表される．

$$\sum_{i=1}^{N} \dot{m}_i^{\text{in}} \{(h_i(p^{\text{in}}, T^{\text{in}}) - h_i(p_0, T_0)) - T_0(s_i(p^{\text{in}}, T^{\text{in}}) - s_i(p_0, T_0)) + gz^{\text{in}}\}$$
$$= \sum_{i=1}^{N} \dot{m}_i^{\text{out}} \{(h_i(p^{\text{out}}, T^{\text{out}}) - h_i(p_0, T_0)) - T_0(s_i(p^{\text{out}}, T^{\text{out}}) - s_i(p_0, T_0)) + gz^{\text{out}}\} + \dot{E}^{\text{des}}$$
$$(6.138)$$

ここで，p_0 [Pa] および T_0 [K] はそれぞれ基準圧力および基準温度である．また，各成分の比エントロピー s_i [J/(kg·K)] ($i = 1, 2, \cdots, N$) も一般的に圧力 p および温度 T の関数として表現している．ただし，エクセルギーとして式 (5.2) のポテンシャルエクセルギーおよび式 (5.28) の物理エクセルギーを考慮している．式 (6.138) に式 (6.11) および式 (6.136) を適用すると，エクセルギー破壊量 $\dot{E}^{\text{des}}$ [W] は式 (6.17) のように求められる．また，気体の出口のエクセルギーを入口のエクセルギーで除したエクセルギー効率 ε [-] は

$$\varepsilon = \frac{\sum_{i=1}^{N} \dot{m}_i^{\text{out}}\{(h_i(p^{\text{out}}, T^{\text{out}}) - h_i(p_0, T_0)) - T_0(s_i(p^{\text{out}}, T^{\text{out}}) - s_i(p_0, T_0)) + gz^{\text{out}}\}}{\sum_{i=1}^{N} \dot{m}_i^{\text{in}}\{(h_i(p^{\text{in}}, T^{\text{in}}) - h_i(p_0, T_0)) - T_0(s_i(p^{\text{in}}, T^{\text{in}}) - s_i(p_0, T_0)) + gz^{\text{in}}\}}$$
(6.139)

となる.

6.10.2 狭義の理想混合気体の場合

次に，混合気体を狭義の理想混合気体として仮定する場合について考える．各成分が定圧比熱 c_{pi} および定容比熱 c_{vi} [J/(kg·K)] ($i = 1, 2, \cdots, N$) が一定の狭義の理想気体として仮定すると，式 (6.136) は次式のようになる.

$$\sum_{i=1}^{N} \dot{m}_i^{\text{in}}(c_{pi}T^{\text{in}} + gz^{\text{in}}) = \sum_{i=1}^{N} \dot{m}_i^{\text{out}}(c_{pi}T^{\text{out}} + gz^{\text{out}})$$
(6.140)

ここで，エンタルピーの基準値は両辺で相殺されるので，省略している．これによって，式 (6.11) より $\dot{m}_i^{\text{out}}$ ($i = 1, 2, \cdots, N$)，式 (6.140) より T^{out}，ならびに式 (6.137) および状態方程式より p^{out} および v^{out} の値を決定することができる．なお，弁のみを対象とする場合には，$z^{\text{out}} = z^{\text{in}}$ より $T^{\text{out}} = T^{\text{in}}$ となることがわかる.

次に，上記のエネルギー変換過程をエクセルギーに基づいて評価する．式 (6.140) のエネルギー保存則に対応するエクセルギーバランスは式 (4.22) より次式のように表される.

$$\sum_{i=1}^{N} \dot{m}_i^{\text{in}} \left\{ c_{pi}(T^{\text{in}} - T_0) - T_0 \left(c_{pi} \ln \frac{T^{\text{in}}}{T_0} - R_i \ln \frac{y_i^{\text{in}} p^{\text{in}}}{p_0} \right) + gz^{\text{in}} \right\}$$
$$= \sum_{i=1}^{N} \dot{m}_i^{\text{out}} \left\{ c_{pi}(T^{\text{out}} - T_0) - T_0 \left(c_{pi} \ln \frac{T^{\text{out}}}{T_0} - R_i \ln \frac{y_i^{\text{out}} p^{\text{out}}}{p_0} \right) + gz^{\text{out}} \right\} + \dot{E}^{\text{des}} \quad (6.141)$$

ここで，R_i [J/(kg·K)] ($i = 1, 2, \cdots, N$) は各成分の気体定数，y_i^{in} および y_i^{out} [-] ($i = 1, 2, \cdots, N$) は式 (6.22) によって表される，それぞれ入口および出口における各成分のモル分率である．ただし，エクセルギーとして式 (5.2) のポテンシャルエクセルギーおよび式 (5.28) の物理エクセルギーを考慮している．式 (6.141) に式 (6.11)，式 (6.140)，および式 (6.22) を適用すると，エクセルギー破壊量 $\dot{E}^{\text{des}}$ は式 (6.29) のように求められる．また，気体の出口のエクセルギーを入口のエクセルギーで除したエクセルギー効率 ε は

$$\varepsilon = \frac{\sum_{i=1}^{N} \dot{m}_i^{\text{out}} \left\{ c_{pi}(T^{\text{out}} - T_0) - T_0 \left(c_{pi} \ln \frac{T^{\text{out}}}{T_0} - R_i \ln \frac{y_i^{\text{out}} p^{\text{out}}}{p_0} \right) + gz^{\text{out}} \right\}}{\sum_{i=1}^{N} \dot{m}_i^{\text{in}} \left\{ c_{pi}(T^{\text{in}} - T_0) - T_0 \left(c_{pi} \ln \frac{T^{\text{in}}}{T_0} - R_i \ln \frac{y_i^{\text{in}} p^{\text{in}}}{p_0} \right) + gz^{\text{in}} \right\}}$$
(6.142)

となる.

6.10.3 液体の場合

最後に,流体を液体として仮定する場合について考える.まず,質量保存則は式 (2.4) のように表される.次に,エネルギー保存則は式 (2.14) より次式のように表される.

$$\dot{m}^{\mathrm{in}}(u(p^{\mathrm{in}},T^{\mathrm{in}})+p^{\mathrm{in}}v(p^{\mathrm{in}},T^{\mathrm{in}})+gz^{\mathrm{in}}) \\ =\dot{m}^{\mathrm{out}}(u(p^{\mathrm{out}},T^{\mathrm{out}})+p^{\mathrm{out}}v(p^{\mathrm{out}},T^{\mathrm{out}})+gz^{\mathrm{out}})+\dot{Q}^{\mathrm{out}} \quad (6.143)$$

ここで,それぞれ 3.3.1 項および 3.5.1 項で述べたように,比体積 v [m³/kg] および比内部エネルギー u [J/kg] を一般的に圧力 p および温度 T の関数として表現している.

以下では,比体積 v および定容比熱 c_v [J/(kg·K)] が一定の場合のみについて考える.このとき,式 (6.143) のエネルギー保存則は,断熱の条件 $\dot{Q}^{\mathrm{out}}=0$ も考慮して次式のようになる.

$$\dot{m}^{\mathrm{in}}(c_v T^{\mathrm{in}}+p^{\mathrm{in}}v+gz^{\mathrm{in}}) = \dot{m}^{\mathrm{out}}(c_v T^{\mathrm{out}}+p^{\mathrm{out}}v+gz^{\mathrm{out}}) \quad (6.144)$$

ここで,内部エネルギーの基準値は両辺で相殺されるため,省略している.これによって,式 (2.4) より $\dot{m}^{\mathrm{out}}$,式 (6.137) より p^{out},および式 (6.144) より T^{out} の値を決定することができる.

式 (2.4),式 (6.137),および式 (6.144) より次式が導出される.

$$c_v(T^{\mathrm{out}}-T^{\mathrm{in}}) = g(z^{\mathrm{in}}-z^{\mathrm{out}})+(p^{\mathrm{in}}-p^{\mathrm{out}})v \\ = \Delta p(\dot{m}^{\mathrm{in}})v \quad (6.145)$$

配管および弁におけるエネルギー変換に関わるエネルギー量の変化を図 6.20 に示す.式 (6.145) は,液体の圧力エネルギー変化とポテンシャルエネルギー変化が,内部エネルギー変化を除いて,互いに変換されることを示している.また,圧力損失に伴う圧力エネルギー変化が液体の内部エネルギー変化に変換されることを示している.その結果,ポンプおよび水車におけるエネルギー変換と同様に,液体の温度が上昇することになる.また,断熱でない場合には,液体の内部エネルギー変化に変換されたり,配管および弁を通じて熱エネルギーとして外部に放出される.その結果,液体や配管および弁の温度が上昇することになる.しかしながら,温度上昇はわずかである.

エクセルギー解析においては,成分の数を $N=1$ とし,定圧比熱 c_p を定容比熱 c_v に置換するとともに,理想気体の物理エクセルギーを液体の物理エクセルギーに変更するために,圧力に関する項としてエントロピー流量の一部 $\dot{m}T_0 R\ln(p/p_0)$ をエンタルピー流量の一部 $\dot{m}(p-p_0)v$ に置換することによって,狭義の理想混合気体における式 (6.141) および式 (6.142) が成立することになる.また,エクセルギー破壊量 $\dot{E}^{\mathrm{des}}$ は式 (6.8) のように求められ,温度上昇がわずかであることを仮定すると,$\dot{E}^{\mathrm{des}}$ は式 (6.9) のように近似的に表すことができる.

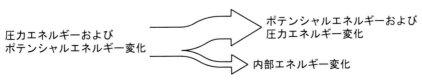

図 6.20 配管および弁におけるエネルギー変換

【例題 6.26】 配管によって水を体積流量 $0.02 \text{ m}^3/\text{s}$ で地上から高度 10 m の位置まで垂直に汲み上げる.配管出入口における水のポテンシャルエネルギー変化,圧力エネルギー変化,および内部エネルギー変化を求めよ.ただし,水の比体積を $1.003 \times 10^{-3} \text{ m}^3/\text{kg}$,重力加速度を 9.807 m/s^2 とする.また,配管としての円管の内径を 0.1 m,管摩擦係数を 0.03 とし,配管を通じて外部に放出される熱エネルギーを零と仮定する.

〔解答〕 ポテンシャルエネルギー変化(増大)は

$$\Delta \dot{\Phi} = \dot{m}^{\text{in}} g(z^{\text{out}} - z^{\text{in}}) = \frac{\dot{V}}{v} g(z^{\text{out}} - z^{\text{in}}) = \frac{0.02}{1.003 \times 10^{-3}} \times 9.807 \times 10.0 = 1956 \text{ W} = 1.956 \text{ kW}$$

水の速度を $\mathcal{V}$,円管の内径を d,管摩擦係数を λ とすると,圧力損失は次式のように求められる.

$$\Delta p = \frac{\lambda (z^{\text{out}} - z^{\text{in}}) \mathcal{V}^2}{2dv} = \frac{8\lambda (z^{\text{out}} - z^{\text{in}}) \dot{V}^2}{\pi^2 v d^5} = \frac{8 \times 0.03 \times 10.0 \times 0.02^2}{\pi^2 \times 1.003 \times 10^{-3} \times 0.1^5} = 9698 \text{ Pa} = 9.698 \text{ kPa}$$

よって,式 (6.145) より,内部エネルギー変化(増大)は

$$\Delta \dot{U} = \dot{m}^{\text{in}} c_v (T^{\text{out}} - T^{\text{in}}) = \dot{m}^{\text{in}} \Delta p v = \dot{V} \Delta p = 0.02 \times 9.698 = 0.194 \text{ kW}$$

また,式 (6.145) より,圧力エネルギー変化(減少)は

$$\Delta \dot{\Xi} = \dot{m}^{\text{in}} (p^{\text{in}} - p^{\text{out}}) v = \dot{m}^{\text{in}} g(z^{\text{out}} - z^{\text{in}}) + \dot{m}^{\text{in}} \Delta p v = \Delta \dot{\Phi} + \Delta \dot{U}$$
$$= 1.956 + 0.194 = 2.150 \text{ kW}$$

第7章 機器／システムにおけるエネルギー変換の評価

本章では，最終章として，複数の機器要素から構成される機器／システムにおけるエネルギー変換を対象として，エネルギーおよびエクセルギー解析を行う．機器要素の解析と同様に，第2章および第4章で述べたエネルギー変換の基礎法則，ならびに第3章および第5章で述べた各種エネルギーおよびエクセルギーの評価方法を，機器／システムにおけるエネルギー変換に適用する．それに加えて，機器要素の間における接続条件および機器／システムの境界における境界条件を考慮する．

まず，機器／システムのエネルギーおよびエクセルギー解析について，機器要素の解析との相違点に着目しながら述べる．次に，特にループ状の物質あるいはエネルギーの流れが存在する場合には，機器要素ごとの解析および解析的な解の導出が不可能になるため，数値計算によって機器／システムを解析するための方法，ならびに数値計算において注意すべきいくつかの課題について述べる．最後に，機器／システムのエネルギーおよびエクセルギー解析の一例として，圧縮機，燃焼器，およびタービンから構成されるガスタービンの解析を示す．ここでは，定常系の方程式を適用するとともに，ビルディングブロックによるモデル化を適用し，付録D，付録E，および付録Gに掲載したCプログラムによって数値計算を行う．

7.1 機器／システムの解析

第6章においては，様々な機器要素について，それぞれの機能を考慮しながら，エネルギー解析およびエクセルギー解析を行う方法を述べてきた．本節では，複数の機器要素から構成される機器／システムについて，機器要素との相違に着目しながら，エネルギー解析およびエクセルギー解析を行う方法を述べる．

7.1.1 エネルギー解析

機器／システムのエネルギー解析においては，システムを構成する機器要素について，第2章で述べた質量およびエネルギーバランスを考慮する必要がある．ここで，状態量が時間的に変化しない場合には定常系の代数方程式を，また状態量が時間的に変化し，変化後の状態量が変化前の状態量に依存する場合には非定常系の微分方程式を適用する．また，必要に応じて，第3章および第5章で述べた状態量間の関係式を考慮する必要がある．しかしながら，これらのみではすべての状態量の値を決定することはできず，2.1節および2.3節で述べたように，各機器要素について仕事量，熱流量，および出口圧力などについて2つあるいは3つの仮定を行う必要がある．

その他，機器／システムのエネルギー解析においては，図7.1に示すように，境界条件および接続条件を考慮する必要がある．第6章で述べたように，機器要素についてエネルギー解析を行う場合には，上記の方程式に加えて，物質あるいはエネルギーの流れの上流である入口において，状態量を与条件として設定してきた．しかしながら，複数の機器要素から構成される機器／システムにおいては，物質あるいはエネルギーの流れの最上流にある機器要素において，入口に

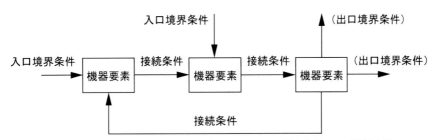

図 7.1 機器／システムのエネルギー解析のための境界条件および接続条件

おける与条件の代わりに，機器／システムとしての入口において，状態量を境界条件として設定する必要がある．また，それ以外の機器要素においては，入口における与条件の代わりに，入口における状態量がその上流にある機器要素の出口における状態量に等しいという接続条件を考慮する必要がある．さらに，必要に応じて，物質あるいはエネルギーの流れの最下流にある機器要素においては，機器／システムとしての出口において，状態量を境界条件として設定する必要がある場合も考えられる．

加えて，非定常系の微分方程式が含まれている場合には，それに含まれている導関数を有する未知関数に対応する状態量について，初期条件として初期値を与える必要がある．

以上のモデル化は，定常系の場合には連立非線形代数方程式に，また非定常系の場合には混合微分代数方程式に帰着することになり，それぞれ付録 E および付録 F に示す数値計算を適用して，数値的に解を導出することによって，それぞれ状態量の値およびその時間変化が求められる．

7.1.2 エクセルギー解析

エクセルギー解析においては，5.1 節，5.2 節，5.4 節，および 5.6 節で述べたように，エネルギー解析によって得られた機器要素の出入口の状態量および検査体積の状態量の時間変化に基づき，エクセルギー流量およびエクセルギー量の時間変化を評価する．また，5.7 節で述べたように，機器要素におけるエクセルギー破壊量を評価する．さらに，5.8 節で述べたように，機器要素で破壊されないが，機器／システムとして利用できないエクセルギー損失量も求める．加えて，5.9 節で述べたように，機器要素および機器／システム全体のエクセルギー効率を評価する．この場合，エクセルギー破壊量およびエクセルギー損失量の評価は，単純な加減算によって関連する機器要素ごとに独立に行うことができる．したがって，機器要素のエクセルギー解析と変わりなく，特別な数値計算を行う必要はない．

7.2 機器／システムの形態とエネルギー解析の方法

機器／システムについてのエネルギー解析の方法は，機器／システムを構成する機器要素に関する形態に依存する．本節では，まず機器／システムの取り得る形態について述べ，その後形態に適した数値計算によるエネルギー解析の方法，ならびに機器／システムの特徴を考慮した数値計算上の工夫について述べる．

7.2.1 機器／システムの形態

複数の機器要素から構成される機器／システムは様々な形態を取り得る．例えば，図 7.2(a) に示すように，物質あるいはエネルギーの流れに従って，機器要素が直列に接続される場合が考えられる．一方，図 7.2(b) に示すように，基本的には物質あるいはエネルギーの流れに従って，機器要素が直列に接続されているが，一部の物質あるいはエネルギーが下流側から上流側に流れ，ループ状になっている場合もある．さらに，このようなループ状の流れが複数形成されている場合もあり得る．このように，エネルギー変換を行う機器／システムは，一般的に機器要素がネットワーク状に接続されていることが特徴の 1 つであり，これが次に述べるように解析方法に影響を及ぼす．

第 6 章では，各機器要素のエネルギー解析の方法として，基本的には入口の状態量を与条件として，それから出口の状態量を求めるための方法について述べてきた．また，実在混合気体や広義の理想混合気体の場合には数値計算によって解を導出する必要があるが，液体や狭義の理想混合気体の場合には解析的に解を導出できることを示してきた．したがって，機器／システムであっても，機器要素が直列に接続されている場合には，物質あるいはエネルギーの流れに従って，上流側の機器要素から順に解析的な方法あるいは数値計算による方法を適用していけば，機器／システム全体の状態量が求められるであろう．すなわち，最上流の機器要素においては，機器／システムの境界である入口における境界条件を与条件として，それからこの機器要素の出口の状態量が求められる．また，次に接続されている機器要素においては，同様にして，上流側の機器要素の出口の状態量を与条件として，それからこの機器要素の出口の状態量が求められる．このような計算を順次行っていけば，システム全体の状態を求められることになる．

しかしながら，図 7.2(b) に示すように，物質あるいはエネルギーの流れが下流側から上流側にループ状になっている場合には，ループ部分の終端に接続されている機器要素の入口の条件を決定するために，ループ部分の始端に接続されている機器要素の出口の条件が必要になる．この場合には，上述のように，物質あるいはエネルギーの流れに従って，上流側の機器要素から順番

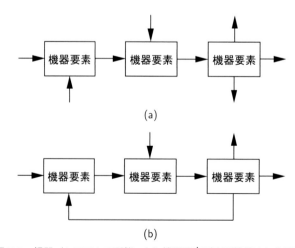

図 7.2 機器／システムの形態：(a) 機器要素が直列接続された形態，(b) ループ状の物質／エネルギーの流れを含む形態

に方程式を解いていくことができなくなる．また，各機器要素について解析的に状態量が求められる場合であっても，機器／システム全体については解析的に状態量が求められなくなるであろう．

7.2.2 数値計算による解析方法

物質あるいはエネルギーの流れが下流側から上流側にループ状に接続されている場合の数値計算による方法として，まずループ状に接続されている部分で仮に接続を断ち，その点における状態量を仮定するという案が考えられる．この場合，この状態量を除いては，機器要素が直列に接続されているため，上流側の機器要素から順に解析的な方法あるいは数値計算による方法を適用していけば，機器／システム全体の状態量が求められるであろう．しかしながら，機器／システム全体の状態量は接続を断った点において仮定した状態量に依存しているため，仮定した状態量を未知変数として，状態量の接続条件を満たすように，連立非線形代数方程式を数値計算によって解く必要がある．また，物質あるいはエネルギーの流れに従って，上流側の機器要素から順番に解析を行っていく必要がある．さらに，このようなループ状の流れが複数形成され，機器要素がネットワーク状に接続されている場合には，解析の手順が複雑になることが想像できるであろう．

もう1つの方法は，機器要素内の関係式に加えて，機器要素が接続されている点での状態量の接続条件，および機器／システムの境界における状態量の境界条件も含めて，すべてを連立非線形代数方程式として扱い，数値計算によって解く方法である．この方法によれば，物質あるいはエネルギーの流れに注意を払う必要がない．そのため，ループ状の流れが複数形成され，機器要素がネットワーク状に接続されている場合であっても，対応することができる．本書では，この後者の方法を採用して，機器／システムの解析を行うことにする．

7.2.3 数値計算における課題と対応

機器／システムのエネルギー解析においては，機器要素の解析にも共通して，解決しておくべき課題がある．連立非線形代数方程式におけるニュートン-ラフソン法による解探索の途中では，変数の値は元の非線形代数方程式を線形化した方程式によって決定される．そのため，方程式を構成する関数として，例えばべき関数や対数関数が使用されていた場合に，関数の引数の値が負となれば関数の値を評価できず，探索を継続することができなくなる．また，方程式にREFPROPを適用した数値計算プログラムを利用する場合においては，REFPROPの関数の引数の値が不都合な値になった場合には，同様に関数によって得るべき値を評価できず，探索を継続することができなくなる．したがって，例えば変数に上・下限制約を加えることによって，上記のような不都合が生じないような変数の値の範囲内で探索するのが望ましい．

一方，機器／システムのエネルギー解析においては，機器要素の解析とは異なり，次のような解決しておくべき複数の課題がある．

まず，物質の流れがループ状になっている場合に，方程式の一部として質量保存則を適用すると，ループの接続点における質量流量を一致させるための質量保存則が冗長となる．その結果として方程式の数が変数の数より多くなり，変数と方程式の数が等しい場合にしか対応できないような数値計算の方法は適用できなくなる．もちろん，単純な形態であれば，冗長な質量保存則を

除外することは容易であるが，複雑な形態で，物質の流れの複数のループが存在する場合には，冗長な質量保存則を除外することは容易ではないかもしれない．したがって，質量保存則などの冗長な方程式の存在に対応した数値計算の方法を適用するのが望ましい．

次に，複雑な形態の機器／システムにおいては，物質あるいはエネルギーの流れを切り替えて，エネルギー解析を行う必要もあり得る．このような場合には，部分的に質量流量が零となる流れが生じるため，対応するエネルギー保存則が自明に成立し，関連する変数の値が唯一に決定できなくなる．よって，これに対応できないような数値計算の方法は適用できなくなる．もちろん，機器／システムのモデルを変更し，変数および方程式を定義し直せば，通常の数値計算の方法を適用できるが，モデルの変更に手数を要することになる．したがって，唯一のモデルであらゆる切り替えに対応した数値計算の方法を適用するのが望ましい．

最後に，機器／システムのエネルギー解析を行う場合には，機器要素を追加・変更・削除したり，物質あるいはエネルギーの流れを追加・変更・削除したりすることによって，モデルを変更する必要もあり得る．当然ではあるが，モデルの変更に伴って，変数および方程式の数や種類も変化する．このような場合には，一部のモデルの変更が全体のモデルの変更に繋がり得る．したがって，一部のモデルの変更が全体のモデルの変更にできる限り影響を及ぼさないようにすることが望ましい．

本書では，付録Eおよび付録Fに示すように，連立非線形代数方程式におけるニュートン–ラフソン法による解探索の過程で，線形化した連立一次方程式を解くために二次計画法を適用している．これによって，ヤコビ行列を拡張し，それが正則あるいは非正則にかかわらず，連立一次方程式の最小二乗最小ノルム解を導出することができ，上述の第2番目および第3番目の課題に対応することができる．なお，最小二乗最小ノルム解の導出のみであれば，特異値分解によっても可能になる．しかしながら，二次計画法の適用によって，変数の上・下限制約も考慮できるようになり，上述の第1番目の課題に対応することもできる．また，付録Gに示すように，ビルディングブロックによるモデル化を適用し，各機器要素および各物質については独立にモデル化し，機器／システムについてはそれらを組み合わせるとともに，境界条件および接続条件を付け加えるようにしている．これによって，第4番目の課題に対応することができる．

7.3 ガスタービンの解析

本節では，機器／システムのエネルギー解析およびエクセルギー解析を，一例としてガスタービンに適用し，具体的に数値計算を行う．そのために，まずガスタービンの構成と機能について述べるとともに，熱力学でガスタービンの理想サイクルとしてのブレイトンサイクルにおいて行われる仮定と，エネルギー解析およびエクセルギー解析で行う仮定の相違について述べる．次に，必要な条件を与え，エネルギー解析によって機器要素の状態量を求めるとともに，エクセルギー解析によって機器要素のエクセルギー破壊量，機器／システムのエクセルギー損失量，ならびに機器要素および機器／システムのエクセルギー効率を評価する．

7.3.1　機器要素の構成および機能

　ガスタービンは，圧縮機，タービン，および燃焼器などから構成されており，圧縮機によって気体を高圧かつ高温にするとともに，燃料の燃焼などによって気体をさらに高温にし，タービンの羽根車を回転させ，回転運動による運動エネルギーを得る機器である．ガスタービンの形式としては，それぞれ図 7.3 (a) および (b) に示すオープンサイクルの内燃式およびクローズドサイクルの外燃式がある．前者は，燃焼器で空気と燃料を混合して燃焼させ，燃焼ガスを作動流体とし，タービンの排気を大気中に放出するものである．一方，後者は，空気やヘリウムを循環する作動流体として用い，熱交換器を介して加熱および冷却を行うものである．ここでは，実際に多用されている前者のオープンサイクルのガスタービンを取り上げるが，第 6 章と同様に各機器要素の具体的な形状については考慮しない．

　ガスタービンにおけるエネルギー変換過程は次のように表される．

$$\text{燃料の化学エネルギー} \Rightarrow \text{仕事（回転運動による運動エネルギー）}$$

　ガスタービンの機器要素としての圧縮機，タービン，および燃焼器のエネルギー変換については，それぞれ 6.2 節，6.5 節，および 6.8 節で述べた．ここでは，これらを含む総合的なエネルギー変換について定量的に考える．

7.3.2　モデル化

　ガスタービンのエネルギー変換過程は，熱力学による理想化した理論サイクルとして，ブレイトンサイクルによって説明される．これは，2 つの断熱変化および 2 つの等圧変化から成っている．2 つの断熱変化は，それぞれ圧縮機およびタービンにおける圧縮および膨張過程に対応する．また，2 つの等圧変化のうちの 1 つは燃焼器あるいは熱交換器による加熱過程に対応し，もう 1 つは排気ガスの排出あるいは熱交換器による冷却過程に対応する．よって，ブレイトンサイクルは図 7.3 (b) のクローズドサイクルに近いものと考えられる．理想化するためにブレイトン

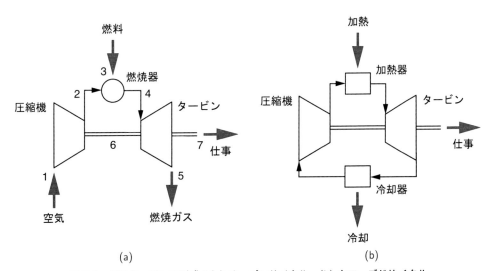

図 7.3　ガスタービンの形式：(a) オープンサイクル，(b) クローズドサイクル

サイクルで用いられている主な仮定について述べると，次のようになる．

- 圧縮機，タービン，および燃焼器あるいは熱交換器から外部への放熱損失を無視する．
- 燃焼器あるいは熱交換器における圧力損失を無視する．
- 気体は定圧比熱および定容比熱が一定の単一成分の理想気体とする．
- 気体の質量流量を一定とする．

しかしながら，実際に多用されている図7.3 (a) のオープンサイクルのガスタービンでは，各機器要素における状態は複雑に変化する．これは次のような理由による．

- 圧縮機，タービン，および燃焼器を通じて外部への放熱損失がある．
- 燃焼器において圧力損失がある．
- 気体は混合気体であり，燃焼の前後によって成分が異なる．
- 燃焼の前後によって気体の質量流量が異なる．

よって，オープンサイクルのガスタービンでは上記の項目を考慮しながら，エネルギー変換の過程を評価する必要がある．以下では，数値計算によってガスタービンの解析を行った例を示す．

7.3.3 解析の条件

機器要素としての圧縮機，タービン，および燃焼器のモデルとして，それぞれ6.2節，6.5節，および6.8節で適用したモデルを適用する．ただし，タービンから得られる仕事の一部が圧縮機の仕事として使用される．そのため，この部分にループ状のエネルギーの流れが生じる．後述する解析の条件によって，各機器要素について独立に解析することもできるが，ここでは機器／システムの解析の例を示すため，すべての機器要素を一体として解析する．モデル化によって得られる連立非線形代数方程式の数値計算には，G.2節の数値計算プログラムG-1を使用するとともに，その中でREFPROPによって必要な状態量を評価する．

各機器要素における諸元および境界条件を表7.1に示す．燃焼器は特に高温になるため，熱損失を考慮し，燃料としてのメタンの低位発熱量に対する熱損失量の割合を与条件として設定する．境界条件としては，圧縮機および燃焼器の入口におけるそれぞれ空気およびメタンの圧力，温度，および質量流量だけではなく，タービン出口における燃焼ガスの圧力も与条件として設定することによって，解析を行うことができる．また，ここでは，空気，メタン，および燃焼ガス

表7.1 機器要素の諸元および境界条件

機器要素	機器要素の諸元		境界条件	
圧縮機	圧力比	10.0	空気入口圧力	100.0 kPa
	等エントロピー効率	0.85	空気入口温度	298.15 K
			空気質量流量	9.0 kg/s
燃焼器	圧力損失率	0.05	メタン入口圧力	1000.0 kPa
	熱損失率	0.05	メタン入口温度	298.15 K
			メタン質量流量	0.16 kg/s
タービン	等エントロピー効率	0.85	燃焼ガス出口圧力	100.0 kPa

表 7.2 混合気体における成分のモル分率

成分	空気	燃焼ガス
窒素	0.7661	0.7424
酸素	0.2055	0.1374
アルゴン	0.0090	0.0087
二酸化炭素	0.0004	0.0313
水	0.0190	0.0802

については，すべて実在混合気体あるいは実在気体として扱う．空気および燃焼ガスにおける各成分のモル分率を表 7.2 に示す．空気における各成分のモル分率については，表 5.1 と同様に設定している．また，燃焼ガスの各成分のモル分率については，メタンが完全燃焼するものと仮定し，REFPROP を適用した D.2 節の数値計算プログラム D-7 によって解析に先立って設定している．

7.3.4 エネルギー解析の結果

数値計算によるエネルギー解析の結果を表 7.3 に示す．これは，図 7.3 (a) の点 1～7 における各物質の質量流量，圧力，および温度，あるいは仕事を示したものである．空気の温度は圧縮機で上昇し，燃焼ガスの温度は燃焼器でさらに上昇する．燃焼ガスの温度はタービンで降下するが，依然として高い．圧縮機で必要となる仕事は外部に取り出せる仕事よりも大幅に大きい．メタンの低位発熱量を表 3.2 に示すように設定すると，得られる仕事の効率 η [-] は次のように求められる．

$$\eta = \frac{2190.4}{0.16 \times 50.026 \times 10^3} = 0.2737$$

7.3.5 エクセルギー解析の結果

エネルギー解析の結果に基づき，図 7.3 (a) の点 1～5 における物理および化学エクセルギー流量を求める．なお，燃焼ガスには水が多く含まれているので，それぞれ 5.4.4 項および 5.6.2 項で述べた方法によって基準状態における水の凝縮を考慮し，燃焼ガスの物理および化学エクセ

表 7.3 各物質／エネルギーの流れにおける状態量／エネルギー量

流れ	物質	質量流量 kg/s	圧力 kPa	温度 K	仕事 kW
1	空気	9.0	100.0	298.15	—
2	空気	9.0	1000.0	616.27	—
3	メタン	0.16	1000.0	298.15	—
4	燃焼ガス	9.16	950.0	1296.08	—
5	燃焼ガス	9.16	100.0	835.22	—
6	—	—	—	—	2966.3
7	—	—	—	—	2190.4

ルギー流量を求める．物理エクセルギーについては，G.2節の数値計算プログラムG-1で状態量と同時に求める．一方，メタンの化学エクセルギーについては，例題5.22の結果を用い，燃焼ガスの化学エクセルギーについては，例題5.23と同様にして求める．

エクセルギー解析の結果としての物理および化学エクセルギーを，点6および点7における運動エクセルギーとしての仕事，ならびに合計とともに表7.4に示す．燃料の化学エクセルギーはメタンの燃焼前に最大となり，燃焼後は大幅に減少している．また，物理エクセルギーは圧縮機によって高められ，メタンの燃焼によってさらに高められるが，圧縮された空気の物理エクセルギーおよびメタンの化学エクセルギーの和に比較して小さい．また，タービンで膨張した後の燃焼ガスについては，温度が高いため，物理エクセルギーは化学エクセルギーに比較して大きい．

表7.4に示す図7.3 (a) の点1~7におけるエクセルギー量の合計に基づき，各機器要素についてエクセルギー破壊量を求めると，表7.5に示すようになる．また，機器／システムとしてのエクセルギー損失量として点5における燃焼ガスのエクセルギー量も同表に示す．さらに，これらの値および表7.4の値に基づき，各機器要素および機器／システムのエクセルギー効率を評価し，同表に示す．圧縮機およびタービンのエクセルギー破壊量は小さく，エクセルギー効率は高い．しかしながら，それに比較して，燃焼器のエクセルギー破壊量は大きく，エクセルギー効率は低い．これは燃焼という現象によるものである．また，機器／システムのエクセルギー効率はエネルギー効率よりやや低くなっている．これはメタンの化学エクセルギーが低位発熱量より大きいためである．

表7.4 各物質／エネルギーの流れにおけるエクセルギー量

流れ	物質	エクセルギー流量 kW			
		運動	物理	化学	合計
1	空気	0.0	0.0	0.0	0.0
2	空気	0.0	2742.5	0.0	2742.5
3	メタン	0.0	56.5	8304.4	8360.9
4	燃焼ガス	0.0	7868.3	118.3	7986.6
5	燃焼ガス	0.0	2368.9	118.3	2487.2
6	—	2966.3	0.0	0.0	2966.3
7	—	2190.4	0.0	0.0	2190.4

表7.5 機器要素および機器／システムのエクセルギー破壊量／損失量およびエクセルギー効率

機器要素 機器／システム	エクセルギー破壊量／損失量 kW	エクセルギー効率
圧縮機	223.8	0.9246
燃焼器	3116.8	0.7193
タービン	342.7	0.9571
ガスタービン	破壊量合計 3683.3 損失量 2487.2	0.2620

付録 A

物質の状態

付録 A 物質の状態

　エネルギーシステムの解析を行うためには，エネルギー変換に関連する物質がもつエネルギー量を評価しなければならない．また，そのためには物質のエネルギー量が状態によってどのように変化するかを知らなければならない．エネルギー変換においては，多くの場合は物質として流体を扱うため，液相および気相における状態変化を考える必要があるが，蓄エネルギーも考慮すると，固体も扱い，固相における状態変化も考える必要があるかもしれない．

　本書では，エネルギー変換に関する物質として流体のみを対象とし，物質の液相および気相における特性について考える．定量的な評価については第3章および第5章で述べているが，その事前的な知識を提供するために，本付録では定性的な特性について述べる．

　まず，1つの物質の液相および気相における状態，ならびにそれらの間の変化について述べる．その際に，液相と気相が共存する飽和状態も存在するため，これに関連して複数の物質が共存する場合にも成立するギブスの相律，ならびに液相と気相の平衡条件を示す．最後に飽和状態における状態量の評価について触れる．

A.1　液相および気相の状態図

　ある物質について，圧力 p [Pa]，温度 T [K]，および比体積 v [m^3/kg] の関係を示す図は状態図あるいは相図と呼ばれている．図 A.1 は，物質として水を対象として，3次元の状態図を描いたものである．ここでは，本書で物質特性の評価に利用する付録 D で述べた REFPROP を用い，これらの3つの状態量を数値で導出し，それに基づき3次元の図として示している．図 (a) では，状態量の範囲を比較的狭く設定し，すべての状態量の軸として線形軸を採用している．一

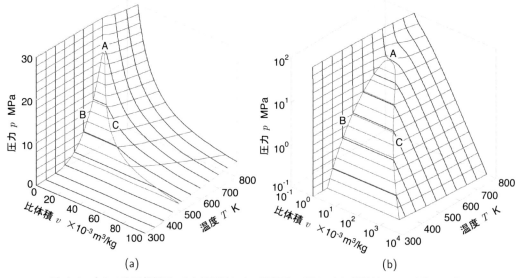

図 A.1　水の3次元状態図：(a) 線形軸による狭範囲の表示，(b) 対数軸による広範囲の表示

方，図 (b) では，状態量のうち特に値の変化が大きい圧力および比体積の範囲を比較的広く設定し，軸として対数軸を採用している．3 つの状態量の間の関係を表す曲面には，それぞれ圧力および温度が一定の等圧線および等温線を引いている．なお，上述のように，固相を考慮していないことに注意されたい．

図示したように，物質には点 A で示す臨界点が存在し，その点における臨界圧力あるいは臨界温度よりも低い圧力および温度で，圧力を低下させたり，温度を上昇させると，液体から気体に変化し，比体積は増大する．また，その間には液体と気体が共存する飽和状態が現れ，圧力および温度ともに一定となる．曲線 B で示す液相と飽和状態の境界線は飽和液線，また曲線 C で示す飽和状態と気相との境界線は飽和蒸気線と呼ばれる．この曲面が示すように，気相では 2 つの状態量の値を与えると，残りの 1 つの状態量の値も決定される．一方，液相では比体積は温度によってわずかに変化するが，圧力によってほとんど変化しないように見て取れる．しかしながら，気相と同様に，2 つの状態量の値を与えると，残りの 1 つの状態量の値も決定される．また，飽和状態では，上記のように圧力および温度の 2 つの状態量のうち 1 つの値を与えると，他の 1 つの値も決定されるが，比体積の値はこれらの条件だけでは決定されない．このような状態量間の関係は，A.2 節で述べるギブスの相律によって説明できる．臨界点を超える圧力および温度の流体は超臨界流体と呼ばれ，圧力および温度は連続的に変化し，気体とも液体とも判別できないような変化を行うことが知られている．

図 A.2 は，物質として水を対象として，図 A.1(b) の 3 次元の状態図を 2 次元で示した状態図である．図 (a)〜(c) は，三面図として，それぞれ上面から見た平面図としての T-v 線図，正面から見た正面図としての p-v 線図，および側面から見た側面図としての p-T 線図を示している．これらの図では，点線で飽和液線および飽和蒸気線を示し，値によって線種を変更した実線，一点鎖線，および二点鎖線によって，それぞれ等圧線，等温線，および等比体積線を示す．図 (a) および (b) に示すように，臨界点に近づくと，それぞれ等圧線および等温線の湾曲が増大し，物質の特性が大きく変化することが見て取れる．図 (c) では，上述のように，飽和液線および飽和蒸気線が重なっており，圧力が温度の関数として表されており，飽和蒸気圧線と呼ばれている．このように，飽和状態が明示されないため，等比体積線が飽和蒸気圧線を挟んで不連続になっていることがわかる．

これまで，水を対象として状態図を示してきた．物質が異なると，もちろん臨界点や飽和液線および飽和蒸気線も異なるが，それぞれ換算圧力，換算温度，および換算比体積と呼ばれる臨界点の値を基準として無次元化した圧力，温度，および比体積を用いて状態図を表すと，概ね共通的な特性を示すことが知られており，対応状態原理と呼ばれている．そのため，換算圧力，換算温度，および換算比体積の間の関係を一般的に示す線図として，Nelson-Obert 線図も作成されている [1]．しかしながら，この線図からのずれが比較的大きい物質も存在するため，一般的には各物質について状態図を把握することが望ましい．そのため，REFPROP のようなソフトウェアが作成されている．なお，任意の物質を対象に図 A.2 のような状態図を作成するために必要な数値は，REFPROP を適用した D.2 節の数値計算プログラム D-8〜D-10 によって算出することができる．また，参考まで，様々な物質について，REFPROP を適用した D.2 節の数値計算プログラム D-6 によって算出した，モル質量 M [kg/mol]，気体定数 R [J/(kg·K)]，ならびに臨界点の圧力 P_{cr} [Pa]，温度 T_{cr} [K]，および比体積 v_{cr} [m³/kg] の値を表 A.1 に示しておく [5]．

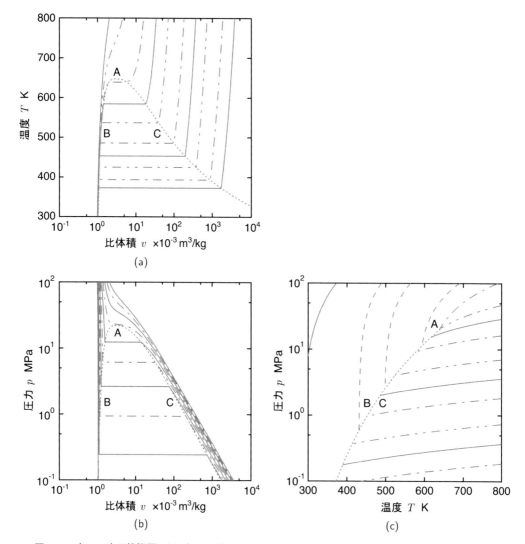

図 A.2 水の 2 次元状態図：(a) 上面図（T-v 線図），(b) 正面図（p-v 線図），(c) 側面図（p-T 線図）

A.2 ギブスの相律

A.1 節では，物質として水を対象とし，圧力，温度，および比体積の間の関係を，液相，気相，およびそれらの混相の状態において具体的に示し，それぞれの特徴について述べたが，単相と混相では状態量の間の関係に本質的な相違があった．これは，より一般的な状況に適用できるギブスの相律によって説明することができる．

複数の成分から構成される物質が複数の相を作り，相平衡の状態にある場合に，次式が成立することが知られている．

$$F = C - P + 2 \tag{A.1}$$

ここで，F [-] は物質の状態を決定するための独立変数の数，C [-] は成分の数，P [-] は相の数である．この規則はギブスの相律と呼ばれる．式 (A.1) によれば，C が増せば，独立変数の数も増

表 A.1 物質のモル質量,気体定数,および臨界点の状態量

名称	化学記号	モル質量 M kg/kmol	気体定数 R kJ/(kg·K)	臨界点の状態量		
				圧力 p_{cr} MPa	温度 T_{cr} K	比体積 v_{cr} $\times 10^{-3}$ m^3/kg
水素	H_2	2.0159	4.12448	1296.4	33.145	31.987
ヘリウム	He	4.0026	2.07726	228.32	5.1953	14.372
窒素	N_2	28.013	0.29680	3.3958	126.19	3.1918
酸素	O_2	31.999	0.25983	5.0430	154.58	2.2928
アルゴン	Ar	39.948	0.20813	48.630	150.69	1.8671
一酸化炭素	CO	28.010	0.29684	3.4940	132.86	3.2905
二酸化炭素	CO_2	44.010	0.18892	7.3773	304.13	2.1386
水	H_2O	18.015	0.46152	22.064	647.10	3.1056
アンモニア	NH_3	17.031	0.48821	11.363	405.56	4.2873
メタン	CH_4	16.043	0.51827	4599.2	190.56	6.1479
エタン	C_2H_6	30.069	0.27651	4872.2	305.32	4.8501
プロパン	C_3H_8	44.096	0.18856	4251.2	369.89	4.5356
ブタン	C_4H_{10}	58.122	0.14305	3796.0	425.13	4.3860
メタノール	CH_3OH	32.042	0.25949	8103.5	512.60	3.6289
エタノール	C_2H_5OH	46.068	0.18048	6268.0	514.71	3.6605

　すが,P が増せば,独立変数の数が減り,従属変数の数が増すことになるため,その値を決定するための条件が必要となる.

　相平衡の条件のうち,容易に理解できる力学的および熱的な条件として,すべての圧力および温度がすべての成分および相に共通となるため,物質の状態を表す変数としては,まず圧力および温度の 2 つが考えられる.また,これらに加えて,各相における物質のモル分率の $(C-1)P$ 個が考えられる.したがって,変数の総数は $(CP-P+2)$ 個となる.ギブスの相律によって,これらのうち $(C-P+2)$ 個が独立であるので,残りの $C(P-1)$ 個が従属となることがわかる.これらの従属変数の値は,独立変数の値と $C(P-1)$ 個の他の相平衡の条件によって決定される.なお,他の相平衡の条件については A.3 節で述べる.

　式 (A.1) について,具体的に考えてみる.例えば,単一成分の液体あるいは気体を考えると,$C=1$,$P=1$ であり,式 (A.1) より $F=2$ となる.これは,A.1 節で述べたように,圧力と温度の 2 つの状態量の値を独立に決定できることを説明している.また,単一成分の物質であるが,飽和状態として液相と気相が混在している場合には,$C=1$,$P=2$ であり,式 (A.1) より $F=1$ となる.これは,A.1 節で述べたように,圧力および温度の 2 つの状態量のうち 1 つの値を独立に決定すると,他の 1 つの値も決定されることを説明している.なお,この場合には,$C(P-1)=1$ 個の相平衡条件が必要である.さらに,2 つの成分から構成される物質が液相と気相を作る場合には,$C=2$,$P=2$ であり,式 (A.1) より $F=2$ となる.これは,例えば圧力および温度を独立に決定できる場合には,2 つの成分のモル分率が両相ともに決定されることを説明している.なお,この場合には,$C(P-1)=2$ 個の相平衡条件が必要である.

A.3　相平衡の条件

単一の成分の物質における液相と気相の間の化学的な平衡条件は，次式によって表される．

$$g_\mathrm{f} = g_\mathrm{g} \tag{A.2}$$

ここで，g_f [J/kg] および g_g [J/kg] は，それぞれ液相および気相における比ギブスエネルギーである．また，N [-] 個の成分から構成される物質における液相と気相の間の化学的な平衡条件も，同様に次式によって表される．

$$g_{\mathrm{f}i} = g_{\mathrm{g}i} \quad (i = 1, 2, \cdots, N) \tag{A.3}$$

ここで，$g_{\mathrm{f}i}$ および $g_{\mathrm{g}i}$ は，それぞれ液相および気相における第 i 成分の比ギブスエネルギーである．

　式 (A.2) および式 (A.3) は，比ギブスエネルギーの代わりにモルギブスエネルギーでも成立する．特にモルギブスエネルギーは総ギブスエネルギーの各成分の物質量に関する偏導関数を表しており，化学ポテンシャルとも呼ばれる．したがって，化学的な平衡条件は，両相の化学ポテンシャルが等しいという条件を表していることになる．

　これらの式は比ギブスエネルギーの性質から説明することができる．C.3.4 項において，実在気体のモルギブスエネルギーの理想気体の値からの逸脱量を評価するための剰余ギブスエネルギー係数として，式 (C.71) が導出されている．この式は，圧縮係数を含む被積分関数の換算圧力に関する積分となっており，被積分関数には換算温度に関する偏導関数が含まれていない．圧縮係数は液相と気相の間の飽和状態で不連続に変化するが，積分値は不連続にならず，連続的に変化する．そのため，飽和状態では液相および気相ともに剰余ギブスエネルギー係数の値は等しく，比ギブスエネルギーも等しくなる．

　相平衡の条件には関連しないが，参考まで，比ギブスエネルギーの性質に関連して，比内部エネルギー，比エンタルピー，比エントロピー，および比ヘルムホルツエネルギーの性質について述べておく．上記と同様にして，剰余内部エネルギー係数，剰余エンタルピー係数，剰余エントロピー係数，および剰余ヘルムホルツエネルギー係数として，それぞれ式 (C.68)，式 (C.57)，式 (C.65)，および式 (C.74) が導出されている．剰余内部エネルギー係数，剰余エンタルピー係数，および剰余エントロピー係数には，圧縮係数を含む被積分関数の換算圧力に関する積分において，被積分関数には換算温度に関する偏導関数が含まれている．したがって，液相と気相の間の飽和状態ではこの偏導関数の値は有限ではなくなり，その結果，積分値は不連続に変化する．また，剰余内部エネルギー係数および剰余ヘルムホルツエネルギー係数には，積分外に圧縮係数が含まれており，液相と気相の間の飽和状態ではこの圧縮係数の値も不連続に変化する．そのため，飽和状態では液相と気相で，剰余内部エネルギー係数，剰余エンタルピー係数，剰余エントロピー係数，および剰余ヘルムホルツエネルギー係数の値は異なることになる．

　単一の成分の物質においては，式 (A.2) の液相と気相の間の化学的な平衡条件より，飽和蒸気圧の温度に関する関数を導出することができる．詳細は省略するが，式 (A.2) より圧力と温度の微小変化の間の関係式として，クラペイロン–クラウジウスの式が導出できる．これに，液体の比体積が気体の比体積に比較して十分に小さいとして無視するとともに，気体を理想気体，潜熱を温度によらず一定と仮定することによって積分を行うと，飽和蒸気圧 p_fg [Pa] が温度 T [K] の

関数として次式のように表される．

$$\ln p_{\mathrm{fg}} = -\frac{L}{RT} + c \tag{A.4}$$

ここで，L [J/kg] は蒸発潜熱，R は気体定数 [J/(kg·K)]，c [-] は積分定数であり，物質に依存する．

A.4 相平衡における状態量

液体と気体の状態量の評価については，第 3 章および第 5 章で述べる．ここでは，それらが既知であるとして，液相と気相の間の相平衡状態における状態量を，各相の質量あるいは物質量の割合に比例した状態量の和として評価する．すなわち，比体積 v [m^3/kg]，比内部エネルギー u [J/kg]，比エンタルピー h [J/kg]，比エントロピー s [J/(kg·K)]，比ギブスエネルギー g [J/kg]，および比ヘルムホルツエネルギー a [J/kg] について，次式のように液体と気体の割合を重みとする加重和によって表す．

$$\left.\begin{aligned}
v &= (1-x)v_{\mathrm{f}} + xv_{\mathrm{g}} \\
u &= (1-x)u_{\mathrm{f}} + xu_{\mathrm{g}} \\
h &= (1-x)h_{\mathrm{f}} + xh_{\mathrm{g}} \\
s &= (1-x)s_{\mathrm{f}} + xs_{\mathrm{g}} \\
g &= (1-x)g_{\mathrm{f}} + xg_{\mathrm{g}} \\
a &= (1-x)a_{\mathrm{f}} + xa_{\mathrm{g}}
\end{aligned}\right\} (0 \leq x \leq 1) \tag{A.5}$$

ここで，気体および液体の質量の割合を表す x [-] および $(1-x)$ [-] は，それぞれ乾き度および湿り度と呼ばれる．また，相平衡状態における液体および気体の状態量にそれぞれ下付添字 f および g を付している．

式 (A.5) の第 5 式の比ギブスエネルギー g については，A.3 節で述べたように，相平衡の条件として，液相と気相の値が等しいという条件が成立していた．そのため，特別に次式が成立する．

$$g = g_{\mathrm{f}} = g_{\mathrm{g}} \quad (0 \leq x \leq 1) \tag{A.6}$$

したがって，相平衡状態における圧力を p_{fg} [Pa]，温度を T_{fg} [K] とすると，B.1 節で述べる式 (B.1) の比内部エネルギー u，比エンタルピー h，および比ヘルムホルツエネルギー a と比ギブスエネルギー g の間の関係により，次式が成立することがわかる．

$$\left.\begin{aligned}
u_{\mathrm{g}} - u_{\mathrm{f}} &= -p_{\mathrm{fg}}(v_{\mathrm{g}} - v_{\mathrm{f}}) + T_{\mathrm{fg}}(s_{\mathrm{g}} - s_{\mathrm{f}}) \\
h_{\mathrm{g}} - h_{\mathrm{f}} &= T_{\mathrm{fg}}(s_{\mathrm{g}} - s_{\mathrm{f}}) \\
a_{\mathrm{g}} - a_{\mathrm{f}} &= -p_{\mathrm{fg}}(v_{\mathrm{g}} - v_{\mathrm{f}})
\end{aligned}\right\} \tag{A.7}$$

付録 B
熱力学の一般関係式

熱力学における関係式には，示強性状態量の圧力および温度，示量性状態量のうちエネルギー量である内部エネルギー，エンタルピー，ギブスの自由エネルギー（以下，ギブスエネルギー），およびヘルムホルツの自由エネルギー（以下，ヘルムホルツエネルギー），ならびに示量性状態量のうちエネルギー量でない体積およびエントロピーが用いられる．これらは，A.2節で述べたギブスの相律により，物質が単相で1成分で存在する場合には，2つの状態量を独立変数と考えると，残りの状態量は従属変数として独立変数の関数によって表すことができる．そのため，状態量の微分および偏微分の間に様々な関係式が成立する．

本付録では，いくつかの熱力学の一般関係式を示すとともに，それらを熱力学の四角形によって表現する．一般関係式は，付録Cにおいて液体および気体における状態量間の関係式を導出する際に適用される．

B.1 ギブスの関係式

まず，エネルギー量である状態量としての比内部エネルギー u [J/kg]，比エンタルピー h [J/kg]，比ギブスエネルギー g [J/kg]，および比ヘルムホルツエネルギー a [J/kg]，ならびにエネルギー量でない状態量としての圧力 p [Pa]，温度 T [K]，比体積 v [m³/kg]，および比エントロピー s [J/(kg·K)] の間には，次式が成立する．

$$\left.\begin{array}{l} u = h - pv \\ h = g + Ts \\ g = a + pv \\ a = u - Ts \end{array}\right\} \tag{B.1}$$

ここで，第1式および第2式はそれぞれ h および g の定義，それぞれ $h = u + pv$ および $g = h - Ts$ による．また，第4式は a の定義そのものである．さらに，第3式は第1式，第2式，および第4式から容易に導出される．なお，a は本文では用いていない．

これらのエネルギー量である状態量の変化量としての全微分について成立する次式の関係式は，ギブスの関係式と呼ばれている．

$$\left.\begin{array}{l} du = -pdv + Tds \\ dh = Tds + vdp \\ dg = vdp - sdT \\ da = -sdT - pdv \end{array}\right\} \tag{B.2}$$

これらは次のようにして導出することができる．まず，閉じた系に次式の熱力学の第1法則を適用する．

$$du = dw + dq \tag{B.3}$$

ここで，仕事の変化量 dw [J/kg] と比体積の変化量 dv の関係 $dw = -pdv$，ならびに熱の流出入の変化量 dq [J/kg] と比エントロピーの変化量 ds の関係 $dq = Tds$ を適用すると，式 (B.2) の第1式が得られる．これは熱力学の基本式と呼ばれている．次に，上述の h, g, および a の定義式

の全微分を行うと

$$\left.\begin{array}{l} dh = du + pdv + vdp \\ dg = dh - Tds - sdT \\ da = du - Tds - sdT \end{array}\right\} \quad \text{(B.4)}$$

となり，これらに式 (B.2) の第 1 式を適用すると，それぞれ式 (B.2) の第 2 式〜第 4 式が得られる．

B.2　マックスウェルの関係式

エネルギー量でない状態量の偏導関数の間に成立する次式の関係式は，マックスウェルの関係式と呼ばれている．

$$\left.\begin{array}{l} -\left(\dfrac{\partial p}{\partial s}\right)_v = \left(\dfrac{\partial T}{\partial v}\right)_s \\ \left(\dfrac{\partial T}{\partial p}\right)_s = \left(\dfrac{\partial v}{\partial s}\right)_p \\ \left(\dfrac{\partial v}{\partial T}\right)_p = -\left(\dfrac{\partial s}{\partial p}\right)_T \\ -\left(\dfrac{\partial s}{\partial v}\right)_T = -\left(\dfrac{\partial p}{\partial T}\right)_v \end{array}\right\} \quad \text{(B.5)}$$

ここで，各項の偏導関数における下付添字は，偏微分の際に一定値を保つ状態量を明示するためのものである．これは，任意の 1 つの状態量が他の任意の 2 つの状態量の関数として考えられるため，偏導関数および下付添字によってこれらの 3 つの状態量を把握できるようにするためである．

これらは次のようにして導出することができる．まず，比内部エネルギー u，比エンタルピー h，比ギブスエネルギー g，および比ヘルムホルツエネルギー a の全微分は，それぞれ次式のように表される．

$$\left.\begin{array}{l} du = \left(\dfrac{\partial u}{\partial v}\right)_s dv + \left(\dfrac{\partial u}{\partial s}\right)_v ds \\ dh = \left(\dfrac{\partial h}{\partial s}\right)_p ds + \left(\dfrac{\partial h}{\partial p}\right)_s dp \\ dg = \left(\dfrac{\partial g}{\partial p}\right)_T dp + \left(\dfrac{\partial g}{\partial T}\right)_p dT \\ da = \left(\dfrac{\partial a}{\partial T}\right)_v dT + \left(\dfrac{\partial a}{\partial v}\right)_T dv \end{array}\right\} \quad \text{(B.6)}$$

ここで，独立変数としては，全微分を行う状態量を除く任意の 2 つの状態量を適用することができるが，式 (B.2) の右辺に微分として現れているエネルギー量でない状態量を適用している．次に，式 (B.6) を式 (B.2) と比較することによって，次式が成立することがわかる．

$$\left.\begin{array}{l}\left(\dfrac{\partial u}{\partial v}\right)_s = -p, \quad \left(\dfrac{\partial u}{\partial s}\right)_v = T \\[6pt] \left(\dfrac{\partial h}{\partial s}\right)_p = T, \quad \left(\dfrac{\partial h}{\partial p}\right)_s = v \\[6pt] \left(\dfrac{\partial g}{\partial p}\right)_T = v, \quad \left(\dfrac{\partial g}{\partial T}\right)_p = -s \\[6pt] \left(\dfrac{\partial a}{\partial T}\right)_v = -s, \quad \left(\dfrac{\partial a}{\partial v}\right)_T = -p \end{array}\right\} \quad (\text{B.7})$$

この式の各行の 2 つの式において，左辺の偏導関数の下付添字によって示されるもう 1 つの独立変数としての状態量に関して偏微分を行うと，左辺の 2 階偏導関数は等しくなるので，右辺の偏導関数も等しくなり，式 (B.5) が得られる．

B.3 熱力学の四角形

B.1 節で述べたギブスの関係式および B.2 節で述べたマックスウェルの関係式を図式的に表現するために，熱力学の四角形が考案されている [6]．図 B.1 に熱力学の四角形を示す．この図形では，四角形の各辺にエネルギー量である状態量，すなわち比内部エネルギー u [J/kg]，比エンタルピー h [J/kg]，比ギブスエネルギー g [J/kg]，および比ヘルムホルツエネルギー a [J/kg] を，また各頂点にエネルギー量でない状態量，すなわち圧力 p [Pa]，温度 T [K]，比体積 v [m^3/kg]，および比エントロピー s [J/(kg·K)] を対応させる．当然これらの状態量の配置には注意しなければならない．例えば，まず頂点については，最上点から右回りに，示強性状態量として最初に p，次に T を配置し，その後，示量性状態量として第 3 章および第 5 章に記載した順に v および s を配置する．また，辺については，示強性状態量の 2 頂点を結ぶ辺の対辺から右回りに，第 3 章および第 5 章に記載した順に u，h，および g を，最後に本文に記載していない a を配置する．さらに，矢印については，理工系で物質やエネルギーの流れを示す際に，大局的には右および下方向が基本であり，これらの 2 方向に矢印を配置する．

この熱力学の四角形を利用すると，ギブスの関係式 (B.2) およびマックスウェルの関係式 (B.5) だけではなく，エネルギー量である状態量の間の関係式 (B.1)，ならびにマックスウェルの関係式を導出する過程の途中の式 (B.6) および式 (B.7) を次に述べるように表現することができる．ここでは，一例として，式 (B.1) の 4 つの式のうち第 1 式の比内部エネルギー u のみに着

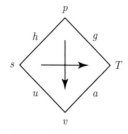

図 B.1　熱力学の四角形

目し，それに関連する式について説明する．

まず，式 (B.1) のエネルギー量である状態量の間の関係についてである．着目している u と右回りでその隣の比エンタルピー h との関係を考えるために，図 B.2 (a) に示すような部分を破線で囲む．このとき，式 (B.1) の第 1 式のように，u が h とそれらの両側にある圧力 p および比体積 v の積から成ることが表現される．なお，u の側にある v が矢印の終点に対応するため，上記の積に負号を付ける．

次に，式 (B.2) のギブスの関係式についてである．着目している u の全微分について考えるために，図 B.2 (b) に示すような部分を破線で囲む．このとき，式 (B.2) の第 1 式のように，u の全微分が，それを挟むエネルギー量でない状態量 v および比エントロピー s の微分と，それぞれそれらの向かい合う状態量 p および温度 T との積から成ることが表現される．なお，u の側にある v および s に関してそれぞれ矢印の終点および始点が対応するため，それぞれ関連した項の積に負号および正号を付ける．

また，式 (B.6) の関係式についてである．着目している u の全微分について考えるために，図 B.2 (c) に示すような部分を破線で囲む．このとき，式 (B.6) の第 1 式のように，u の全微分が，それを挟むエネルギー量でない状態量 v および s の微分と，それぞれそれらに関する偏導関数の積から成ることが表現される．

さらに，式 (B.7) の関係式についてである．着目している u の偏導関数について考えるために，図 B.2 (d) に示すような部分を破線で囲む．このとき，式 (B.7) の第 1 式のように，u のそれを挟むエネルギー量でない状態量 v および s に関する偏導関数が，それぞれ向かい合う状態量

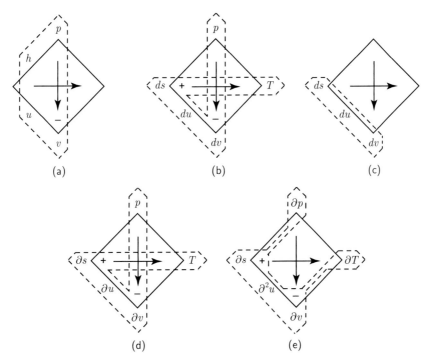

図 B.2 　熱力学の四角形による関係式の表現：(a) 式 (B.1)，(b) 式 (B.2)，
(c) 式 (B.6)，(d) 式 (B.7)，(e) 式 (B.5)

p および T に等しいことが表現される．なお，上記と同様に，u の側にある v および s にそれぞれ矢印の終点および始点が対応するため，それぞれ関連した状態量に負号および正号を付ける．

最後に，式 (B.5) のマックスウェルの関係式についてである．着目している u の 2 階の偏導関数について考えるために，図 B.2 (e) に示すような部分を破線で囲む．このとき，式 (B.5) の第 1 式のように，u のそれを挟むエネルギー量でない状態量 v および s に関する 2 回の偏導関数が，隣り合う状態量 T および p のそれぞれ u の側にある状態量 v および s に関する偏導関数に等しいことが表現される．なお，u の側にある v および s にそれぞれ矢印の終点および始点が対応するが，上記と異なり，それぞれ関連していない偏導関数に負号および正号を付ける．

以上では，一例として，比内部エネルギー u のみに着目し，熱力学の四角形によって各関係式を説明したが，図 B.2 (a)〜(e) において破線で囲まれた部分を 90° ずつ右回りに回転させていくと，比エンタルピー h，比ギブスエネルギー g，および比ヘルムホルツエネルギー a に着目した式も同様に表現できることがわかるであろう．

付録 C

液体および気体の状態量

付録Dに示す物質特性の数値計算プログラムを利用すれば，物質が液体，理想気体，あるいは実在気体であっても，様々な状態量の値を容易に求められ，独立な状態量の変化に対する従属な状態量の変化も数値で明らかにすることができる．しかしながら，数値計算プログラムおよび計算結果の妥当性を判断するためには，状態量間の関係を解析的に導出し，定性的に把握しておくことが重要である．

　本付録では，付録Bに示す熱力学の一般関係式に基づき，液体，理想気体，および実在気体のそれぞれについて，示量性状態量を示強性状態量の関数として表す．特に，液体，理想気体，および実在気体の特徴を，まず比体積に反映させるとともに，次にそれに基づいて，比内部エネルギー，比エンタルピー，比エントロピー，比ギブスエネルギー，および比ヘルムホルツエネルギーを導出する．また，定容比熱および定圧比熱を，それぞれ比内部エネルギーおよび比エンタルピーに関連付ける．なお，関数の引数については，引数を明示すべきとき，ならびに最終結果を示すときのみに限って表示することにする．

C.1 液体

　液体においては，以下に示すように，比体積の圧力による依存性，またそれに加えて温度による依存性を仮定することによって，一般関係式からより簡単な比内部エネルギー，比エンタルピー，および比エントロピーの式を導出することができる．

C.1.1 比体積

　液体の場合には，特に圧力が高くない限り，比体積は圧力にはほとんど依存せずに温度のみに依存する．この場合，比体積 v [m³/kg] を温度 T [K] のみの関数として次式のように表すことができる．

$$v = v(T) \tag{C.1}$$

また，圧力が高くなく，温度が低い場合には，比体積は圧力および温度にほとんど依存しない．この場合，v は次式のように一定値 v_c [m³/kg] として表すことができる．

$$v = v_\mathrm{c} \tag{C.2}$$

C.1.2 比内部エネルギー

　比内部エネルギー u [J/kg] の全微分は，独立な状態量として温度 T および比体積 v を採用すると，次式のように表される．

$$du = \left(\frac{\partial u}{\partial T}\right)_v dT + \left(\frac{\partial u}{\partial v}\right)_T dv \tag{C.3}$$

まず，式 (C.1) のように v が T のみの関数 $v(T)$ として表されるとすると，v の変化は次式のように表される．

$$dv = v'(T)dT \tag{C.4}$$

ここで，$()'$ は導関数を表す．よって，式 (C.3) は

$$du = \left\{\left(\frac{\partial u}{\partial T}\right)_v + \left(\frac{\partial u}{\partial v}\right)_T v'(T)\right\} dT \tag{C.5}$$

となる．したがって，u は T のみの関数として次式のように表現できる．

$$u = u(T, v(T)) \tag{C.6}$$

これに関連して，定容比熱 c_v [J/(kg·K)] はその定義によって式 (C.5) の括弧内第 1 項によって次式のように表される．

$$c_v = \left(\frac{\partial u}{\partial T}\right)_v \tag{C.7}$$

したがって，c_v も温度 T の関数として表される．なお，式 (C.5) の括弧内第 2 項が存在するため，単純に c_v を T に関して積分することによって内部エネルギー u が導出できるわけではないことに注意する必要がある．

次に，式 (C.2) のように比体積 v が一定値 v_c として表されるとすると，式 (C.5) の括弧内第 2 項が零となり，内部エネルギー u および定容比熱 c_v は，それぞれ次式のように表される．

$$u = u(T) \tag{C.8}$$

$$c_v = u'(T) \tag{C.9}$$

したがって，この場合には，次式のように単純に c_v を T に関して積分することによって u が導出できる．

$$u(T) = \int_{T_{\text{ref}}}^{T} c_v(T) dT + u(T_{\text{ref}}) \tag{C.10}$$

ここで，T_{ref} [K] は温度の基準値である．なお，c_v が一定の場合には，u は T の一次関数によって表される．

C.1.3 比エンタルピー

まず，式 (C.1) のように比体積 v が温度 T のみの関数 $v(T)$ として表されるとすると，比エンタルピー h [J/kg] は，それと比内部エネルギー u との関係によって次式のように表される．

$$h = u(T, v(T)) + pv(T) \tag{C.11}$$

したがって，h は圧力 p [Pa] および T の関数となる．ただし，液体の場合には，圧力が高くない限り，第 2 項は第 1 項に比較して小さく，無視してもよいかもしれない．この場合，h はほぼ u に等しくなる．

これに関連して，定圧比熱 c_p [J/(kg·K)] はその定義によって次式のように表される．

$$c_p = \left(\frac{\partial h}{\partial T}\right)_p \tag{C.12}$$

これに式 (C.11) を適用すると

$$c_p = \frac{du}{dT} + pv'(T) \tag{C.13}$$

となる.さらに,式 (C.5) を考慮すると

$$c_p = \left(\frac{\partial u}{\partial T}\right)_v + \left\{\left(\frac{\partial u}{\partial v}\right)_T + p\right\}v'(T) \tag{C.14}$$

となる.したがって,c_p を式 (C.7) の定容比熱 c_v と比較すると,次式の関係が成立する.

$$c_p = c_v + \left\{\left(\frac{\partial u}{\partial v}\right)_T + p\right\}v'(T) \tag{C.15}$$

式 (C.15) の括弧内第 2 項の圧力が小さくても第 1 項の $(\partial u/\partial v)_T$ が無視できない大きさとなるため,比エンタルピー h と比内部エネルギー u の関係とは異なり,c_p は c_v に等しくならない.なお,温度が低い場合には $v'(T)$ が小さく,c_p は c_v にほぼ等しくなる傾向がある.また,圧力が高くなったり,温度が高く $v'(T)$ が増大すると,c_p と c_v の差が増大する傾向がある.

次に,式 (C.2) のように比体積 v が一定値 v_c として表されるとすると,比エンタルピー h および定圧比熱 c_p は,それぞれ次式のように表される.

$$h = u(T) + pv_c \tag{C.16}$$

$$c_p = c_v = u'(T) \tag{C.17}$$

したがって,この場合には,c_p は定容比熱 c_v に一致し,次式のように単純に c_p あるいは c_v を温度 T に関して積分し,圧力エネルギーを加算することによって h が導出できる.

$$h(p,T) = \int_{T_{\text{ref}}}^{T} c_p(T)dT + u(T_{\text{ref}}) + pv_c = \int_{T_{\text{ref}}}^{T} c_v(T)dT + u(T_{\text{ref}}) + pv_c \tag{C.18}$$

なお,c_p が一定の場合には,h は p および T の一次関数によって表される.

C.1.4 比エントロピー

ギブスの関係式の 1 つである式 (B.2) の第 1 式を変形すると,比エントロピー s [J/(kg·K)] の全微分は次式のように表すことができる.

$$ds = \frac{1}{T}du + \frac{p}{T}dv \tag{C.19}$$

まず,式 (C.1) のように比体積 v が温度 T のみの関数 $v(T)$ として表されるとすると,式 (C.19) の右辺第 1 項および第 2 項にそれぞれ式 (C.5) および式 (C.4) を適用すると

$$ds = \frac{1}{T}\left[\left(\frac{\partial u}{\partial T}\right)_v + \left\{\left(\frac{\partial u}{\partial v}\right)_T + p\right\}v'(T)\right]dT \tag{C.20}$$

が得られる.さらに,これに式 (C.14) を適用すると

$$ds = \frac{c_p}{T}dT \tag{C.21}$$

となる.したがって,比エントロピー s は次式のように式 (C.21) の T に関する積分によって表される.

$$s(p,T) = \int_{T_{\text{ref}}}^{T} \frac{c_p(p,T)}{T}dT + s(p,T_{\text{ref}}) \tag{C.22}$$

なお，式 (C.15) に示すように，定圧比熱 c_p は T だけではなく圧力 p の関数でもあるため，s も p および T の関数となることに注意する必要がある．ただし，圧力が高くない限り，s に対する p の影響は小さい．

次に，式 (C.2) のように比体積 v が一定値 v_c として表されるとすると，式 (C.21) および式 (C.17) より比エントロピー s は次式のように表される．

$$s(T) = \int_{T_{\text{ref}}}^{T} \frac{c_p(T)}{T} dT + s(T_{\text{ref}}) = \int_{T_{\text{ref}}}^{T} \frac{c_v(T)}{T} dT + s(T_{\text{ref}}) \tag{C.23}$$

この場合，s は定圧比熱 c_p あるいは定容比熱 c_v と同様に温度 T のみの関数となる．なお，c_p および c_v が一定の場合には，s は T の対数関数によって表される．

C.1.5　比ギブスエネルギーおよび比ヘルムホルツエネルギー

まず，式 (C.1) のように比体積 v が温度 T のみの関数 $v(T)$ として表されるとすると，比ギブスエネルギー g [J/kg] および比ヘルムホルツエネルギー a [J/kg] は，それらの定義によって，それぞれ次式のように表される．

$$g(p,T) = u(T, v(T)) + pv(T) - Ts(p,T) \tag{C.24}$$

$$a(p,T) = u(T, v(T)) - Ts(p,T) \tag{C.25}$$

次に，式 (C.2) のように比体積 v が一定値 v_c として表されるとすると，比ギブスエネルギー g および比ヘルムホルツエネルギー a はそれぞれ次式のように表される．

$$g(p,T) = u(T) + pv_c - Ts(T) \tag{C.26}$$

$$a(T) = u(T) - Ts(T) \tag{C.27}$$

C.2　理想気体

理想気体においては，以下に示すように，理想気体の状態方程式として比体積の圧力および温度による依存性を仮定することによって，一般関係式からより簡単な比内部エネルギー，比エンタルピー，および比エントロピーの式を導出することができる．

C.2.1　比体積

理想気体の場合には，その状態方程式

$$pv = RT \tag{C.28}$$

によって，比体積 v [m^3/kg] は次式のように導出することができる．

$$v = \frac{RT}{p} \tag{C.29}$$

ここで，p [Pa] は圧力，T [K] は温度，R [J/(kg·K)] は気体定数である．

C.2.2 比内部エネルギー

比エントロピー s [J/(kg·K)] の全微分は，独立な状態量として温度 T および比体積 v を採用すると，次式のように表される．

$$ds = \left(\frac{\partial s}{\partial T}\right)_v dT + \left(\frac{\partial s}{\partial v}\right)_T dv \tag{C.30}$$

これをギブスの関係式の 1 つである式 (B.2) の第 1 式に代入し，マックスウェルの関係式の 1 つである (B.5) の第 4 式を適用すると

$$du = T\left(\frac{\partial s}{\partial T}\right)_v dT + \left\{-p + T\left(\frac{\partial p}{\partial T}\right)_v\right\} dv \tag{C.31}$$

が得られる．さらに，この式の $(\partial p/\partial T)_v$ およびこれと T との積に，式 (C.28) の理想気体の状態方程式を 2 度適用すると，右辺第 2 項は零になり，

$$du = T\left(\frac{\partial s}{\partial T}\right)_v dT \tag{C.32}$$

を導出することができる．したがって，比内部エネルギー u [J/kg] は v には依存せず，T のみの関数として次式のように表される．

$$u = u(T) \tag{C.33}$$

定容比熱 c_v [J/(kg·K)] は，その定義式 (C.7) より

$$c_v = u'(T) \tag{C.34}$$

と表され，比内部エネルギー u と同様に温度 T のみの関数となる．したがって，次式のように c_v を T に関して積分することによって u が導出できる．

$$u(T) = \int_{T_{\text{ref}}}^{T} c_v(T) dT + u(T_{\text{ref}}) \tag{C.35}$$

ここで，T_{ref} [K] は温度の基準値である．なお，狭義の理想気体として c_v が一定の場合には，u は T の一次関数によって表される．

C.2.3 比エンタルピー

比エンタルピー h [J/kg] は，それと比内部エネルギー u との関係によって次式のように表される．

$$h = u(T) + pv \tag{C.36}$$

これに式 (C.28) の理想気体の状態方程式を適用すると，

$$h = u(T) + RT \tag{C.37}$$

となり，h も温度 T のみの関数であることがわかる．

定圧比熱 c_p [J/(kg·K)] は，その定義式 (C.12)，式 (C.37)，および式 (C.34) より

$$c_p = h'(T) = u'(T) + R = c_v + R \tag{C.38}$$

と表され，比エンタルピー h と同様に温度 T のみの関数となる．したがって，次式のように c_p を T に関して積分することによって h が導出できる．

$$h(T) = \int_{T_{\text{ref}}}^{T} c_p(T)dT + h(T_{\text{ref}}) = \int_{T_{\text{ref}}}^{T} c_v(T)dT + u(T_{\text{ref}}) + RT \tag{C.39}$$

なお，狭義の理想気体として c_p が一定の場合には，h は T の一次関数によって表される．

C.2.4 比エントロピー

ギブスの関係式の 1 つである式 (B.2) の第 1 式を変形した式 (C.19) の右辺第 1 項および第 2 項に，それぞれ式 (C.34) の比内部エネルギー u と定容比熱 c_v の関係式および式 (C.28) の理想気体の状態方程式の両辺を微分して得られる式

$$pdv + vdp = RdT \tag{C.40}$$

を適用すると

$$ds = \frac{c_v}{T}dT + \frac{R}{T}dT - \frac{v}{T}dp \tag{C.41}$$

となる．また，式 (C.38) の定圧比熱 c_p と c_v の関係式を適用するとともに，式 (C.28) の理想気体の状態方程式を適用すると

$$ds = \frac{c_p}{T}dT - \frac{R}{p}dp \tag{C.42}$$

となる．したがって，式 (C.42) を温度 T および圧力 p に関して別々に積分し，式 (C.38) を考慮すると，比エントロピー s は次式のように表される．

$$\begin{aligned} s(p,T) &= \int_{T_{\text{ref}}}^{T} \frac{c_p(T)}{T}dT - R\ln\frac{p}{p_{\text{ref}}} + s(p_{\text{ref}}, T_{\text{ref}}) \\ &= \int_{T_{\text{ref}}}^{T} \frac{c_v(T)}{T}dT + R\ln\frac{T}{T_{\text{ref}}} - R\ln\frac{p}{p_{\text{ref}}} + s(p_{\text{ref}}, T_{\text{ref}}) \end{aligned} \tag{C.43}$$

ここで，p_{ref} [Pa] は圧力の基準値である．上式は T のみの関数および p のみの関数の差によって表されていることに注意されたい．なお，狭義の理想気体として c_p および c_v が一定の場合には，s は T の対数関数と p の対数関数の差によって表される．

C.2.5 比ギブスエネルギーおよび比ヘルムホルツエネルギー

比ギブスエネルギー g [J/kg] および比ヘルムホルツエネルギー a [J/kg] は，それらの定義によって，それぞれ次式のように表される．

$$g(p,T) = u(T) + RT - Ts(p,T) \tag{C.44}$$

$$a(p,T) = u(T) - Ts(p,T) \tag{C.45}$$

C.3 実在気体

実在気体においては，以下に示すように，実在気体と理想気体の間の比体積の差異を表す式を仮定することによって，一般関係式から実在気体と理想気体の間の比エンタルピーおよび比エントロピーの差異を表す式を導出することができる．

C.3.1 比体積

実在気体の場合には，その状態方程式は次式のように表すことができる．

$$pv = Z(p,T)RT \tag{C.46}$$

ここで，p [Pa] は圧力，T [K] は温度，v [m^3/kg] は比体積，R [J/(kg·K)] は気体定数である．Z [-] は圧縮係数と呼ばれており，同一の p および T において，理想気体の比体積に対する実在気体の比体積の比を示している．したがって，理想気体の比体積を式 (C.29) によって算出すれば，それと Z の積によって，実在気体の比体積が算出できることになる．

物質が異なっても，同一の換算圧力および換算温度であれば，ほぼ同じ圧縮係数をもち，比体積が理想気体の値からほぼ同じ程度に逸脱するという特性が知られており，これは対応状態原理と呼ばれている．この対応状態原理を適用するために，圧縮係数は次式による換算圧力 p_r [-] および換算温度 T_r [-] の関数 $Z(p_\mathrm{r}, T_\mathrm{r})$ として表される．

$$\left.\begin{array}{l} p_\mathrm{r} = \dfrac{p}{p_\mathrm{cr}} \\[2mm] T_\mathrm{r} = \dfrac{T}{T_\mathrm{cr}} \end{array}\right\} \tag{C.47}$$

ここで，p_cr [Pa] および T_cr [K] はそれぞれ物質の臨界圧力および臨界温度である．したがって，$Z(p_\mathrm{r}, T_\mathrm{r})$ があらゆる物質に共通とすると，p_cr および T_cr によって $Z(p_\mathrm{r}, T_\mathrm{r})$ が評価できるため，実在気体の比体積を容易に算出することができる．しかしながら，実際には $Z(p_\mathrm{r}, T_\mathrm{r})$ は物質によって幾分変化する．

この圧縮係数に基づくと，以下に述べるように，比内部エネルギー u [J/kg]，比エンタルピー h [J/kg]，比エントロピー s [J/(kg·K)]，比ギブスエネルギー g [J/kg]，および比ヘルムホルツエネルギー a [J/kg] について，理想気体の値からの逸脱量を評価することができる．また，$Z(p_\mathrm{r}, T_\mathrm{r})$ があらゆる物質に共通とすると，p_cr および T_cr によって，任意の物質のこれらの状態量の逸脱量も容易に算出することができる．以下では，まず実在気体の h と s について，理想気体の値からの逸脱量を評価し，その後，状態量間の関係式によって u，g，および a について逸脱量を評価する．

C.3.2 比エンタルピー

実在気体の比エンタルピー h の理想気体の値からの逸脱量は，以下のようにして評価することができる．まず，比エントロピー s の全微分は，独立な状態量として温度 T および圧力 p を採用すると，次式のように表される．

$$ds = \left(\frac{\partial s}{\partial T}\right)_p dT + \left(\frac{\partial s}{\partial p}\right)_T dp \tag{C.48}$$

また，ギブスの関係式の1つである式 (B.2) の第2式に式 (C.48) を代入すると，次式が得られる．

$$dh = T\left(\frac{\partial s}{\partial T}\right)_p dT + \left\{v + T\left(\frac{\partial s}{\partial p}\right)_T\right\} dp \tag{C.49}$$

一方，h の全微分は，同様に独立な状態量として T および p を採用し，式 (C.12) の定圧比熱 c_p [J/(kg·K)] を考慮すると，次式が得られる．

$$dh = \left(\frac{\partial h}{\partial T}\right)_p dT + \left(\frac{\partial h}{\partial p}\right)_T dp$$
$$= c_p dT + \left(\frac{\partial h}{\partial p}\right)_T dp \tag{C.50}$$

ここで，式 (C.49) と式 (C.50) を等価と考え，マックスウェルの関係式の1つである式 (B.5) の第3式を適用すると，次式が得られる．

$$dh = c_p dT + \left\{v - T\left(\frac{\partial v}{\partial T}\right)_p\right\} dp \tag{C.51}$$

これを下付添字で示す状態1から2まで積分すると，次式が得られる．

$$h_2 - h_1 = \int_{T_1}^{T_2} c_p dT + \int_{p_1}^{p_2} \left\{v - T\left(\frac{\partial v}{\partial T}\right)_p\right\} dp \tag{C.52}$$

次に，理想気体の比エンタルピー h に * を付し，実在気体の h を理想気体の値からの逸脱量を用いて表すと，式 (C.52) は次式のように表現できる．

$$h_2 - h_1 = (h_2{}^* - h_1{}^*) + (h_2 - h_2{}^*) - (h_1 - h_1{}^*) \tag{C.53}$$

ここで，右辺第1項は理想気体における h の変化であり，式 (C.39) より次式によって表される．

$$h_2{}^* - h_1{}^* = \int_{T_1}^{T_2} c_p dT \tag{C.54}$$

また，右辺第2項および第3項のそれぞれの

$$h - h^* = \int_0^p \left\{v - T\left(\frac{\partial v}{\partial T}\right)_p\right\} dp \tag{C.55}$$

は，実在気体の h の理想気体の値からの逸脱量を表しており，剰余エンタルピーと呼ばれる．ここで，式 (C.46) を考慮し，圧縮係数 $Z(p,T)$ を用いると，微分に関する演算が幾分必要になるが，次式のように表現できる．

$$h - h^* = -RT^2 \int_0^p \left(\frac{\partial Z}{\partial T}\right)_p \frac{dp}{p} \tag{C.56}$$

また，対応状態原理を適用できるように，圧縮係数 $Z(p_\mathrm{r}, T_\mathrm{r})$ を用い，h をモルエンタルピー $\bar{h}$ [J/mol] に変換し，剰余エンタルピーを一般気体定数 $\bar{R}$ [J/(mol·K)] および臨界温度 T_cr で除して無次元化すると，微分に関する演算が幾分必要になるが，次式が得られる．

$$Z_h = \frac{\bar{h}^* - \bar{h}}{\bar{R} T_\mathrm{cr}} = T_\mathrm{r}{}^2 \int_0^{p_\mathrm{r}} \left(\frac{\partial Z}{\partial T_\mathrm{r}}\right)_{p_\mathrm{r}} d(\ln p_\mathrm{r}) \tag{C.57}$$

この Z_h [-] は剰余エンタルピー係数と呼ばれ，換算温度 T_r，$Z(p_r, T_r)$ の T_r に関する偏導関数，および換算圧力 p_r に関する積分によって表されている．

以上より，実在気体のモルエンタルピー $\bar{h}$ は，理想気体のモルエンタルピー $\bar{h}^*$ および剰余エンタルピー係数 Z_h を用いて，次式によって求められる．

$$\bar{h} = \bar{h}^* - \bar{R} T_{cr} Z_h \tag{C.58}$$

C.3.3 比エントロピー

実在気体の比エントロピー s の理想気体の値からの逸脱量は，以下のようにして評価することができる．まず，式 (C.48) の s の全微分において，式 (C.49) と式 (C.50) を等価と考え，マクスウェルの関係式の1つである式 (B.5) の第3式を適用すると，次式が得られる．

$$ds = \frac{c_p}{T} dT - \left(\frac{\partial v}{\partial T}\right)_p dp \tag{C.59}$$

これを下付添字で示す状態1から2まで積分すると，次式が得られる．

$$\begin{aligned} s_2 - s_1 &= \int_{T_1}^{T_2} \frac{c_p}{T} dT - \int_{p_1}^{p_2} \left(\frac{\partial v}{\partial T}\right)_p dp \\ &= \int_{T_1}^{T_2} \frac{c_p}{T} dT - \int_{p_1}^{p_2} \frac{R}{p} dp - \int_{p_1}^{p_2} \left(\frac{\partial v}{\partial T}\right)_p dp + \int_{p_1}^{p_2} \frac{R}{p} dp \end{aligned} \tag{C.60}$$

次に，理想気体の比エントロピー s に $*$ を付し，実在気体の s を理想気体の値からの逸脱量用いて表すと，式 (C.60) は次式のように表現できる．

$$s_2 - s_1 = (s_2^* - s_1^*) + (s_2 - s_2^*) - (s_1 - s_1^*) \tag{C.61}$$

ここで，右辺第1項は理想気体における s の変化であり，式 (C.43) により次式によって表される．

$$s_2^* - s_1^* = \int_{T_1}^{T_2} \frac{c_p}{T} dT - \int_{p_1}^{p_2} \frac{R}{p} dp \tag{C.62}$$

また，右辺第2項および第3項のそれぞれの

$$s - s^* = -\int_0^p \left(\frac{\partial v}{\partial T}\right)_p dp + \int_0^p \frac{R}{p} dp \tag{C.63}$$

は，実在気体の s の理想気体の値からの逸脱量を表しており，剰余エントロピーと呼ばれる．ここで，式 (C.46) を考慮し，圧縮係数 $Z(p, T)$ を用いると，微分に関する演算が幾分必要になるが，次式のように表現できる．

$$s - s^* = R \int_0^p \left[1 - \left\{Z + T\left(\frac{\partial Z}{\partial T}\right)_p\right\}\right] \frac{dp}{p} \tag{C.64}$$

また，対応状態原理を適用できるように，圧縮係数 $Z(p_r, T_r)$ を用い，s をモルエントロピー $\bar{s}$ [J/(mol·K)] に変換し，剰余エントロピーを一般気体定数 $\bar{R}$ で除して無次元化すると，微分に関する演算が幾分必要になるが，次式が得られる．

$$Z_s = \frac{\bar{s}^* - \bar{s}}{\bar{R}} = \int_0^{p_\mathrm{r}} \left\{ Z - 1 + T_\mathrm{r}\left(\frac{\partial Z}{\partial T_\mathrm{r}}\right)_{p_\mathrm{r}} \right\} d(\ln p_\mathrm{r}) \tag{C.65}$$

この Z_s [-] は剰余エントロピー係数と呼ばれ，換算温度 T_r, $Z(p_\mathrm{r}, T_\mathrm{r})$ の T_r に関する偏導関数，および換算圧力 p_r に関する積分によって表されている．

以上より，実在気体のモルエントロピー $\bar{s}$ は，理想気体のモルエントロピー $\bar{s}^*$ および剰余エントロピー係数 Z_s を用いて，次式によって求められる．

$$\bar{s} = \bar{s}^* - \bar{R} Z_s \tag{C.66}$$

C.3.4　比内部エネルギー，比ギブスエネルギー，および比ヘルムホルツエネルギー

モル内部エネルギー $\bar{u}$ [J/mol], モルギブスエネルギー $\bar{g}$ [J/mol], およびモルヘルムホルツエネルギー $\bar{a}$ [J/mol] の剰余係数は，以下のように，それぞれのエネルギーの定義に従って，剰余エンタルピー係数 Z_h, 剰余エントロピー係数 Z_s, および圧縮係数 $Z(p_\mathrm{r}, T_\mathrm{r})$ に関連付けることができる．

まず，比内部エネルギー u と比エンタルピー h の関係によって，次式が成立する．

$$u - u^* = (h - h^*) - RT(Z - 1) \tag{C.67}$$

よって，剰余内部エネルギー係数 Z_u [-] は次式のように表される．

$$\begin{aligned} Z_u &= \frac{\bar{u}^* - \bar{u}}{\bar{R} T_\mathrm{cr}} = \frac{\bar{h}^* - \bar{h}}{\bar{R} T_\mathrm{cr}} - \frac{T(1 - Z)}{T_\mathrm{cr}} \\ &= Z_h - T_\mathrm{r}(1 - Z) \\ &= T_\mathrm{r}^2 \int_0^{p_\mathrm{r}} \left(\frac{\partial Z}{\partial T_\mathrm{r}}\right)_{p_\mathrm{r}} d(\ln p_\mathrm{r}) - T_\mathrm{r}(1 - Z) \end{aligned} \tag{C.68}$$

その結果，実在気体のモル内部エネルギー $\bar{u}$ は，理想気体のモル内部エネルギー $\bar{u}^*$ および剰余内部エネルギー係数 Z_u を用いて，次式によって求められる．

$$\bar{u} = \bar{u}^* - \bar{R} T_\mathrm{cr} Z_u \tag{C.69}$$

また，比ギブスエネルギー g と比エンタルピー h および比エントロピー s との関係によって

$$g - g^* = (h - h^*) - T(s - s^*) \tag{C.70}$$

よって，剰余ギブスエネルギー係数 Z_g [-] は次式のように表される．

$$\begin{aligned} Z_g &= \frac{\bar{g}^* - \bar{g}}{\bar{R} T_\mathrm{cr}} = \frac{\bar{h}^* - \bar{h}}{\bar{R} T_\mathrm{cr}} - \frac{T(\bar{s}^* - \bar{s})}{\bar{R} T_\mathrm{cr}} \\ &= Z_h - T_\mathrm{r} Z_s \\ &= T_\mathrm{r} \int_0^{p_\mathrm{r}} (1 - Z) d(\ln p_\mathrm{r}) \end{aligned} \tag{C.71}$$

ここで，剰余エンタルピー係数 Z_h および剰余エントロピー係数 Z_s の被積分関数に含まれていた圧縮係数 $Z(p_\mathrm{r}, T_\mathrm{r})$ の換算温度 T_r に関する偏導関数が，相殺されていることに注意されたい．その結果，実在気体のモルギブスエネルギー $\bar{g}$ は，理想気体のモルギブスエネルギー $\bar{g}^*$ および

剰余ギブスエネルギー係数 Z_g を用いて，次式によって求められる．

$$\bar{g} = \bar{g}^* - \bar{R}T_{\mathrm{cr}}Z_g \tag{C.72}$$

さらに，比ヘルムホルツエネルギー a と比内部エネルギー u および比エントロピー s との関係によって

$$a - a^* = (u - u^*) - T(s - s^*) \tag{C.73}$$

よって，剰余ヘルムホルツエネルギー係数 Z_a [-] は次式のように表される．

$$\begin{aligned}
Z_a &= \frac{a^* - a}{\bar{R}T_{\mathrm{cr}}} = \frac{\bar{u}^* - \bar{u}}{\bar{R}T_{\mathrm{cr}}} - \frac{T(\bar{s}^* - \bar{s})}{\bar{R}T_{\mathrm{cr}}} \\
&= Z_h - T_{\mathrm{r}}Z_s - T_{\mathrm{r}}(1 - Z) \\
&= T_{\mathrm{r}} \int_0^{p_{\mathrm{r}}} (1 - Z)d(\ln p_{\mathrm{r}}) - T_{\mathrm{r}}(1 - Z)
\end{aligned} \tag{C.74}$$

ここでも，剰余エンタルピー係数 Z_h および剰余エントロピー係数 Z_s の被積分関数に含まれていた $Z(p_{\mathrm{r}}, T_{\mathrm{r}})$ の換算温度 T_{r} に関する偏導関数が，相殺されていることに注意されたい．その結果，実在気体のモルヘルムホルツエネルギー $\bar{a}$ は，理想気体のモルヘルムホルツエネルギー $\bar{a}^*$ および剰余ヘルムホルツエネルギー係数 Z_a を用いて，次式によって求められる．

$$\bar{a} = \bar{a}^* - \bar{R}T_{\mathrm{cr}}Z_a \tag{C.75}$$

付録 D
物質特性の数値計算

エネルギーシステムの解析を行うためには，第3章および第5章で述べた状態量間の関係式によって，既知の状態量の値から未知の状態量の値を求めるという，物質特性に関する基本的な評価が必要不可欠となる．本書では，物質の各種特性を評価するために，精度が高く，広く用いられている Reference Fluid Thermodynamic and Transport Properties (REFPROP) を使用する．また，他のプログラムから REFPROP を使用できるようにして，第3章および第5章だけではなく，第6章の機器要素の解析および第7章の機器／システムの解析に利用する．

本付録では，REFPROP の利用方法について述べる．特に，他の C プログラムから利用するために，FORTRAN で記述されたソースコードのうち，本書の数値計算で利用するサブルーチン副プログラムについて説明を加える．

C プログラムとしては，REFPROP を利用するために必要となる汎用共通プログラム，物質特性に関する基本的な評価を行うための個別プログラム，ならびに第3章および第5章の数値計算に使用する個別プログラムを掲載し，説明を加える．

D.1　REFPROPの利用

REFPROP は米国の National Institute of Standards and Technology (NIST) によって開発されており，その最新版は本書の執筆時点で Ver. 10.0 である [5]．REFPROP の詳細については，そのウェブサイトおよび参考文献を参照されたい [7]．REFPROP は有料でウェブサイトからダウンロードできるが，その場合には Windows 上でしかフォルダ REFPROP への展開が行えない．なお，NIST に連絡してフォルダ REFPROP を入手することもできる．

物質特性に関する基本的な評価を行うのみであれば，Windows 上でユーザインターフェイスを介して REFPROP を利用する方法が便利である．しかしながら，本書では，各種プログラムから REFPROP を使用するため，FORTRAN で記述されたソースコードを利用する．なお，本書では，このソースコードを利用するための他のプログラムを C で記述しているため，C プログラムから FORTRAN プログラムで記述されたサブルーチン副プログラムを呼び出す必要がある．以下では，REFPROP を利用する際に理解しておくべき必要最小限の事項について述べる．

D.1.1　物質の状態方程式のモデル

REFPROP においては，様々な単一成分の物質について，複数の状態方程式のモデルを適用することができる．また，複数成分から構成される混合物質についても，状態方程式のモデルを適用することができる．本書では，デフォルトとして NIST によって推奨されているモデルを適用する．なお，モデルの詳細については，参考文献による解説を参照されたい [7, 8]．

フォルダ REFPROP 内のフォルダ FLUIDS 内の各物質名に拡張子 .FLD を付したファイルには，モデルの各種パラメータ，ならびに物質特性を表す各種定数の値が記載されている．したがって，REFPROP において特性を評価したい物質を定義する場合には，このファイル名を C プロ

グラムにおける関数の入力実引数として文字列の配列要素に与え，D.1.2 項で説明するサブルーチン副プログラム setup を呼び出す必要がある．同様にして，任意の複数の成分を任意のモル分率で混合した混合物質を扱うことができる．特定の混合物質については，フォルダ REFPROP 内のフォルダ MIXTURE 内の各物質名に拡張子.MIX を付したファイルに，それを構成する各成分の物質およびモル分率などが記載されている．このファイルを利用して，混合物質を定義することもできるが，本書の C プログラムではこの機能は利用しない．

D.1.2　サブルーチン副プログラム

REFPROP の FORTRAN プログラムは，D.1.6 項で述べるように，フォルダ REFPROP 内のフォルダ FORTRAN 内の拡張子.FOR を付した 13 個のファイルから構成されており，これらに様々なサブルーチン副プログラムが記述されている．そのうち，本書では表 D.1 に示すサブルーチン副プログラムのみを使用する．表には，ウェブサイトにも公開されている REFPROP Version 10.0 Documentation に基づき，各サブルーチン副プログラムの名称，機能，および呼び出しに必要な入出力の仮引数を示す．なお，Documentation には，FORTRAN プログラムには仮引数として記載されていない文字型の変数および配列，すなわち hFiles, hFmix, hrf, および herr における文字列の長さを表す整数変数も掲載されている．これは，C プログラムから FORTRAN プログラムを呼び出す場合に，関数の実引数として対応する長い整数の定数あるいは変数も追加する必要があるためである．本書に掲載した C プログラムには関数の実引数として長い整数の変数を追加しているが，上記の表には示していない．

表 D.2 には，上述の Documentation に基づき，入出力の仮引数としての変数の名称，意味，および単位を示す．なお，変数の名称が表 D.1 のすべてのサブルーチン副プログラムに共通になるように，差し支えない範囲でサブルーチン副プログラムにおける入出力の仮引数としての変数の名称を，一部のサブルーチン副プログラムにおいて変更している．

D.1.3　サブルーチン副プログラムの呼び出し

C プログラムにおける関数および FORTRAN プログラムにおけるサブルーチン副プログラムの呼び出しには，それぞれ値および参照による呼び出しという相違がある．そのため，C プログラムから FORTRAN プログラムにおけるサブルーチン副プログラムを呼び出す際には，入力の実引数として定数を直接記述することはできず，事前に定数を変数に代入し，変数名の前に & を付したアドレスを記述しなければならない．なお，D.1.2 項で述べたように，文字列の変数および配列としての hFiles, hFmix, hrf, および herr を実引数に記述する場合には，それらの文字列の長さを表す整数定数あるいは & を付さない整数変数名を追加する必要がある．一方，通常の C プログラムにおける関数の呼び出しと同様に，出力の実引数としては変数名の前に & を付したアドレスを記述すればよい．ただし，実引数が配列である場合には，配列名が第 1 要素のアドレスを示すため，入出力ともに配列名の前に & を付す必要はない．また，C プログラムから FORTRAN プログラムにおけるサブルーチン副プログラムを呼び出す際には，サブルーチン副プログラムの名称の後に _ を付す必要がある．

上記の呼び出しの一例を示す．圧力および温度から比体積を求める際に，温度および圧力からモル密度を求めるサブルーチン副プログラム tprho を利用することができる．例えば，酸素お

表 D.1　サブルーチン副プログラムの機能および仮引数

名称	機能	入力仮引数	出力仮引数
heat	理想混合気体について，高位発熱量および低位発熱量を求める．	T, D, z	hg, hn, ierr, herr
info	モル質量，臨界点の状態量，および一般気体定数などの各種定数を求める．	icomp	wmm, Ttrp, Tnbpt, Tc, Pc, Dc, Zc, acf, dip, Rgas
pdflsh	圧力，モル密度，およびモル分率から相平衡状態における状態量を求める．	P, D, z	T, Dl, Dv, x, y, q, e, h, s, Cv, Cp, w, ierr, herr
pdfl1	圧力，モル密度，およびモル分率から温度を求める．	P, D, z	T, ierr, herr
pqflsh	圧力，乾き度，およびモル分率から相平衡状態における状態量を求める．	P, q, z, kq	T, D, Dl, Dv, x, y, e, h, s, Cv, Cp, w, ierr, herr
press	温度，モル密度，およびモル分率から圧力を求める．	T, D, z	P
satd	モル密度およびモル分率から飽和状態における状態量を求める．	D, z, kph	kr, T, P, Dl, Dv, x, y, ierr, herr
satp	圧力およびモル分率から飽和状態における状態量を求める．	P, z, kph	T, Dl, Dv, x, y, ierr, herr
satt	温度およびモル分率から飽和状態における状態量を求める．	T, z, kph	P, Dl, Dv, x, y, ierr, herr
setref	基準状態のモルエンタルピーおよびモルエントロピーを設定する．	hrf, ixflag, x0, h0, s0, T0, P0	ierr, herr
setup	物質のモデルを定義する．	ncomp, hFiles, hFmix, hrf	ierr, herr
tdflsh	温度，モル密度，およびモル分率から相平衡状態における状態量を求める．	T, D, z	P, Dl, Dv, x, y, q, e, h, s, Cv, Cp, w, ierr, herr
therm	実在混合気体について，温度，モル密度，およびモル分率から状態量を求める．	T, D, z	P, e, h, s, Cv, Cp, w, hjt
therm0	理想混合気体について，温度，モル密度，およびモル分率から状態量を求める．	T, D, z	P, e, h, s, Cv, Cp, w, a, g
tpflsh	温度，圧力，およびモル分率から相平衡状態における状態量を求める．	T, P, z	D, Dl, Dv, x, y, q, e, h, s, Cv, Cp, w, ierr, herr
tprho	選択した相において，温度，圧力，およびモル分率からモル密度を求める．	T, P, z, kph, kguess(, D)	D, ierr, herr
tqflsh	温度，乾き度，およびモル分率から相平衡状態における状態量を求める．	T, q, z, kq	P, D, Dl, Dv, x, y, e, h, s, Cv, Cp, w, ierr, herr

表 D.2　仮引数の意味および単位

名称	意味および単位	名称	意味および単位
a	モルヘルムホルツエネルギー [kJ/kmol]	kguess	モル密度の推定の有無 (kguess=0：推定なし，kguess=1：推定あり (モル密度 D も入力する必要あり))
acf	偏心因子 [-]		
Cp	定圧モル比熱 [kJ/(kmol·K)]	kph	入力に関するフラグ (サブルーチン副プログラムに依存)
Cv	定容モル比熱 [kJ/(kmol·K)]		
D	モル密度 [kmol/m^3]	kq	—
Dc	臨界点のモル密度 [kmol/m^3]	kr	入力した状態に対応する相を表すフラグ (kr=1：液相，kr=2：気相)
Dl	液相におけるモル密度 [kmol/m^3]		
Dv	気相におけるモル密度 [kmol/m^3]	ncomp	成分の数
dip	双極子モーメント [D]	P	圧力 [kPa]
e	モル内部エネルギー [kJ/kmol]	P0	モルエンタルピーおよびモルエントロピー評価の基準圧力 [kPa]
g	モルギブスエネルギー [kJ/kmol]		
h	モルエンタルピー [kJ/kmol]	Pc	臨界点の圧力 [kPa]
h0	基準圧力および基準温度におけるモルエンタルピー [kJ/kmol]	q	乾き度 (物質量の割合) [-]
		Rgas	一般気体定数 [kJ/(kmol·K)]
hg	高位発熱量 [kJ/kmol]	s	モルエントロピー [kJ/(kmol·K)]
hn	低位発熱量 [kJ/kmol]	s0	基準圧力および基準温度におけるモルエントロピー [kJ/(kmol·K)]
herr	エラーメッセージを表す文字列 (サイズ 255 の文字列変数)		
hFiles	単一あるいは混合物質における各成分のファイル名 (フォルダ名を含む) の文字列 (本書では …/FLUIDS/….FLD，サイズ 20×255 の 1 次元文字列配列)	T	温度 [K]
		T0	モルエンタルピーおよびモルエントロピー評価の基準温度 [K]
		Tc	臨界点の温度 [K]
		Tnbpt	沸点の温度 [K]
hFmix	混合物質モデルの係数を含むファイル名 (フォルダ名を含む) の文字列 (本書では …/FLUIDS/HMX.BNC，サイズ 255 の文字列変数)	Ttrp	三重点の温度 [K]
		w	音速 [m/s]
		wmm	モル質量 [kg/kmol]
hjt	等エンタルピー変化におけるジュール–トムソン係数 [K/kPa]	x	液相における成分のモル分率 [-] (1 次元配列)
hrf	基準状態を表す文字列 (本書では DEF，サイズ 3 の文字列変数)	y	気相における成分のモル分率 [-] (1 次元配列)
icomp	成分の番号 (1 ≤ icomp ≤ ncomp)	z	成分のモル分率 [-] (1 次元配列)
ierr	エラー番号	Zc	臨界点における圧縮係数 [-]
ixflag	単一成分あるいは混合成分の選択 (ixflag=1：単一成分，ixflag=2：混合成分)		

および窒素から成る空気について，それぞれの成分のモル分率が 0.21 および 0.79 とすると，C プログラムにおける tprho の呼び出し部分のステートメントを次のように記述すればよい．

```
p = 1000.0;   t = 400.0;   kph = 2;   kguess = 0;   herr_length = 255;
z[0] = 0.21;   z[1] = 0.79;   mm[0] = 31.999;   mm[1] = 28.013;
tprho_(&t, &p, z, &kph, &kguess, &d, &ierr, herr, herr_length);
mma = 0.0;
for (i = 0; i < 2; i++) {
    mma = mma + z[i] * mm[i];
}
v = 1.0e3 / (d * mma);
printf("p = %lf kPa, t = %lf K, d = %lf kmol/m3, v = %lf *1.0e-3 m3/kg\n", p,
    t, d, v);
```

ただし，D.1.1 項で述べたように，空気の成分として 2 つの成分を考慮し，1 番目および 2 番目の成分がそれぞれ酸素および窒素であることを，サブルーチン副プログラム setup によって事前に設定しておく必要がある．

D.1.4　プログラムの基本的な流れ

D.1.3 項で述べた各種サブルーチン副プログラムを利用して，必要な数値計算を行うための C プログラムにおける基本的な流れは次のようになる．

- サブルーチン副プログラム setup によって使用する物質を定義する．
- 必要に応じて，サブルーチン副プログラム setref によって基準状態における圧力および温度，ならびにそれに対応するモルエンタルピーおよびモルエントロピーを定義する．
- 必要に応じて，サブルーチン副プログラム info などによって物質の特性を表す定数の値を求める．
- 各種サブルーチン副プログラムを利用し，必要な値を順次求める．

なお，各手続きは物質ごとに行う必要がある．よって，1 種類の物質を扱う場合には，定義および定数値の計算は 1 度だけ行えばよい．しかしながら，複数の種類の物質を扱う場合には，各物質についての定義および定数値の計算を反復して行う必要がある．ただし，定数値は物質ごとに別々の変数に代入して記憶することができるが，定義は記憶することができない．

D.1.5　利用上の注意事項

本書における REFPROP の利用は限定的であるが，その範囲内で REFPROP を利用する上で注意すべき主な事項について以下にまとめておく．

- D.1.4 項の内容に関連するが，サブルーチン副プログラム setup によって同時に定義できる物質は 1 種類のみである．2 回目に setup によって他の物質を定義すると，1 回目に定義された物質の情報は失われる．そのため，必要なすべての物質を定義した後に，各物質に対して様々なサブルーチン副プログラムによって必要な計算を行うことはできない．サブルーチン副プログラムによって計算する対象の物質が変わる度に setup によって物質を定義する

必要がある．

- REFPROPでは，物質の状態方程式のモデルにおける状態量として，圧力，温度，およびモル密度が使用されている．一方，本書ではCプログラムも含めて，モル密度の代わりに示量性状態量の1つとして主として比体積を使用している．そのため，サブルーチン副プログラムの呼び出しの前後において，次式に従って比体積とモル密度の値の変換を行う必要がある．

$$\bar{\rho} = \frac{1}{\bar{v}} = \frac{1}{Mv} \tag{D.1}$$

ここで，$\bar{\rho}\,[\mathrm{mol/m^3}]$ はモル密度，$\bar{v}\,[\mathrm{m^3/mol}]$ はモル体積，$v\,[\mathrm{m^3/kg}]$ は比体積，$M\,[\mathrm{kg/mol}]$ はモル質量である．その他，REFPROPではモル内部エネルギー，モルエンタルピー，モルエントロピー，およびモルギブスエネルギーが使用されているが，本書では主としてそれぞれ比内部エネルギー，比エンタルピー，比エントロピー，および比ギブスエネルギーを使用しているので，注意を要する．

- REFPROPでは，圧力，温度，およびモル密度の単位として，それぞれ kPa，K，および mol/L ($= \mathrm{kmol/m^3}$) が使用されている．一方，本書では，圧力，温度，および比体積のSI単位として，それぞれ Pa，K，および $\mathrm{kg/m^3}$ を使用している．また，Cプログラムでは，圧力および比体積の値の大きさを考慮して，圧力，温度，および比体積の単位として，例えばそれぞれ kPa，K，および $\times 10^{-3}\,\mathrm{m^3/kg}$ などを使用している．そのため，サブルーチン副プログラムの呼び出しにおいては，特に比体積とモル密度の値の変換に注意する必要がある．その他，REFPROPではモル内部エネルギー，モルエンタルピー，およびモルギブスエネルギーの単位として kJ/kmol，モルエントロピーの単位として kJ/(kmol·K) が使用されている．一方，本書では比内部エネルギー，比エンタルピー，および比ギブスエネルギーのSI単位として J/kg，比エントロピーのSI単位として J/(kg·K) を使用している．また，Cプログラムではこれらの値の大きさを考慮して，例えばそれぞれ kJ/kg および kJ/(kg·K) などを使用しているので，注意を要する．

- REFPROPでは，物質のモルエンタルピーおよびモルエントロピーの値は，特に指定しない限り，各物質に特有な圧力および温度の基準状態における値を零とするように定められている．燃焼を含めて化学反応を伴わず，物質が変化しないエネルギー変換の場合においては，このような物質によって統一されていない基準状態に基づくモルエンタルピーおよびモルエントロピーの値を適用しても，エネルギー変換の前後の差の値のみに意味があるので，差し支えない．しかしながら，燃焼を含めて化学反応を伴い，物質が変化するエネルギー変換の場合には，それに関連するすべての物質の圧力および温度の基準状態を統一して，REFPROPにおけるモルエンタルピーおよびモルエントロピーの値を零に設定するとともに，モルエンタルピーには標準生成エンタルピーを，またモルエントロピーには標準エントロピーの値を加算する必要がある．さらに，モルギブスエネルギーについても標準生成ギブスエネルギーの値を加算する必要がある．なお，標準生成エンタルピー，標準エントロピー，および標準生成ギブスエネルギーの値はREFPROPには含まれていないので，別途準備する必要がある．

D.1.6　プログラムのコンパイル，リンク，および実行

まず，フォルダREFPROP内のフォルダFORTRANに含まれている拡張子.FORを付した13個のFORTRANプログラムのソースコードを，次のコンパイルコマンドによってコンパイルする．

```
gfortran -c ../REFPROP/FORTRAN/CORE_ANC.FOR ../REFPROP/FORTRAN/CORE_FEQ.FOR
    ../REFPROP/FORTRAN/CORE_PR.FOR ../REFPROP/FORTRAN/FLSH_SUB.FOR
    ../REFPROP/FORTRAN/MIX_HMX.FOR ../REFPROP/FORTRAN/PROP_SUB.FOR
    ../REFPROP/FORTRAN/REFPROP.FOR ../REFPROP/FORTRAN/SAT_SUB.FOR
    ../REFPROP/FORTRAN/SETUP.FOR ../REFPROP/FORTRAN/TRNSP.FOR
    ../REFPROP/FORTRAN/TRNS_TCX.FOR ../REFPROP/FORTRAN/TRNS_VIS.FOR
    ../REFPROP/FORTRAN/UTILITY.FOR
```

ここでは，フォルダREFPROPと同じレベルに作成したフォルダ，例えばEXAMPLE内でコンパイルするものとしている．これによって，フォルダREFPROP内のフォルダFORTRANに拡張子.oを付した13個のオブジェクトファイルが作成される．そこで，フォルダREFPROP内にフォルダRPOBJを作成し，13個のオブジェクトファイルをRPOBJ内に移動させる．ファイルの数を少なくするために，拡張子.FORを付した13個のFORTRANプログラムのソースコードを，拡張子.FORを付した1個のファイル，例えばRPALL.FORに集約すれば，次のコンパイルコマンドによってコンパイルすることができる．

```
gfortran -c ../REFPROP/FORTRAN/RPALL.FOR
```

なお，上記と同様に，フォルダFORTRANに作成されたオブジェクトファイルRPALL.oをRPOBJ内に移動させる．

次に，付録D〜付録Gの数値計算を行うために，フォルダREFPROPと同じレベルにフォルダCFUNCを作成し，D.2.1項に掲載したREFPROPのサブルーチン副プログラムを使用するための2個の汎用共通Cプログラムrpsetup.cおよびrpsetref.c，ならびに2個のヘッダプログラムrpdfntn.hおよびrpdclrtn.hをCFUNCに入れ，CFUNCにおいて次のコンパイルコマンドによってコンパイルする．

```
cc -c rpsetup.c rpsetref.c
```

同様に，付録Eの数値計算を行うために，E.4.1項に掲載した連立非線形代数方程式の数値解法の3個の汎用共通Cプログラムqpwntnrpn.c, qpwlneq.c, およびquadprg.cをフォルダCFUNCに入れ，CFUNCにおいて次のコンパイルコマンドによってコンパイルする．

```
cc -c qpwntnrpn.c qpwlneq.c quadprg.c
```

また，付録Fの数値計算を行うために，F.4.1項に掲載した混合微分代数方程式の数値解法の1個の汎用Cプログラムqpwrngkt.cをCFUNCに入れ，必要に応じて上記のqpwlneq.cおよびquadprg.cがコンパイルされていなければそれらとともに，CFUNCにおいて次のコンパイルコマンドによってコンパイルする．

```
cc -c qpwrngkt.c qpwlneq.c quadprg.c
```

さらに，付録Gの数値計算を行うために，G.2.1項に掲載したビルディングブロックに

よるモデル化および連立非線形代数方程式を解く手続きのための 2 個の汎用共通 C プログラム bldblck.c および sttsltn.c, ならびに 2 個のヘッダプログラム bbdfntn.h および bbdclrtn.h を CFUNC に入れ，必要に応じて上記の qpwntnrpn.c, qpwlneq.c, および quadprg.c がコンパイルされていなければそれらとともに，CFUNC において次のコンパイルコマンドによってコンパイルする．

```
cc -c bldblck.c sttsltn.c qpwntnrpn.c qpwlneq.c quadprg.c
```

これらの手続きをすべて行えば，CFUNC 内に拡張子.o を付した 8 個のオブジェクトファイルが作成される．

以上の手続きは 1 度だけ行えばよい．以降の手続きは，REFPROP を使用して数値計算を行う各個別 C プログラムについて行う必要がある．

各数値計算に必要な D.2.2 項，E.4.2 項，F.4.2 項，および G.2.2 項に掲載した個別 C プログラム，例えば mexample.c および fexample.c をフォルダ EXAMPLE に入れ，EXAMPLE において次のコンパイルおよびリンクコマンドによってコンパイルおよびリンクする．

```
gfortran -o mexample ./mexample.c ./fexample.c ../CFUNC/rpsetup.o
  (../CFUNC/rpsetref.o) {../CFUNC/qpwntnrpn.o ../CFUNC/qpwlneq.o
  ../CFUNC/quadprg.o} [../CFUNC/qpwrngkt.o ../CFUNC/qpwlneq.o
  ../CFUNC/quadprg.o] <../CFUNC/qpwntnrpn.o ../CFUNC/qpwlneq.o
  ../CFUNC/quadprg.o ../CFUNC/bldblck.o ../CFUNC/sttsltn.o>
  ../RPOBJ/CORE_ANC.o ../RPOBJ/FLSH_SUB.o ../RPOBJ/MIX_HMX.o
  ../RPOBJ/PROP_SUB.o ../RPOBJ/CORE_FEQ.o ../RPOBJ/CORE_PR.o
  ../RPOBJ/REFPROP.o ../RPOBJ/SAT_SUB.o ../RPOBJ/SETUP.o
  ../RPOBJ/TRNSP.o ../RPOBJ/TRNS_TCX.o ../RPOBJ/TRNS_VIS.o
  ../RPOBJ/UTILITY.o
```

あるいは，FORTRAN プログラムを集約していれば，次のコンパイルおよびリンクコマンドによってコンパイルおよびリンクする．

```
gfortran -o mexample ./mexample.c ./fexample.c ../CFUNC/rpsetup.o
  (../CFUNC/rpsetref.o) {../CFUNC/qpwntnrpn.o ../CFUNC/qpwlneq.o
  ../CFUNC/quadprg.o} [../CFUNC/qpwrngkt.o ../CFUNC/qpwlneq.o
  ../CFUNC/quadprg.o] <../CFUNC/qpwntnrpn.o ../CFUNC/qpwlneq.o
  ../CFUNC/quadprg.o ../CFUNC/bldblck.o ../CFUNC/sttsltn.o>
  ../RPOBJ/RPALL.o
```

なお，( ) で囲まれた部分のオブジェクトファイルは D.2.2 項の個別 C プログラム D-6〜D-10 では不要である．また，{ }，[ ]，および< >で囲まれた部分のオブジェクトファイルは，それぞれ E.4.2 項，F.4.2 項，および G.2.2 項に掲載した個別 C プログラムで必要となる．このコンパイルおよびリンクによって，フォルダ EXAMPLE 内に実行ファイル mexample が作成される．

最後に，EXAMPLE において次の実行コマンドによって実行ファイルを実行する．

```
./mexample
```

D.2 数値計算プログラム

第 3 章および第 5 章～第 7 章において，REFPROP を使用して物質，機器要素，および機器／システムに関する解析の目的に応じた数値計算を行うには，REFPROP において対象とする物質について事前に必要な設定を行う必要がある．ここでは，数値計算プログラムを，REFPROP において必要な設定を行うための汎用共通プログラムと，汎用共通プログラムを呼び出して個々の数値計算を行うための個別プログラムに大別して掲載している．

D.2.1 汎用共通プログラム

プログラム D-0

このプログラムによって，REFPROP を使用する際に必要となる，対象とする物質の定義を容易に行うことができる．また，そのために必要な変数，配列，および関数を宣言し，配列要素の上限数を定義する．さらに，必要に応じて，モルエンタルピーおよびモルエントロピーの基準状態を設定する．

変数，配列，および関数の宣言，ならびに配列要素の上限数の定義は，それぞれヘッダ rpdfntn.h ならびに rpdclrtn.h を個別プログラムに含めることによって行うことができる．また，物質の定義は，個別プログラムにおいて物質の数，対象とする物質の成分の数，名称，およびモル分率を変数および配列に与え，関数 rpsetup() を呼び出すことによって行うことができる．さらに，モルエンタルピーおよびモルエントロピーの基準状態の設定は，個別プログラムにおいて関数 rpsetref() を呼び出すことによって行うことができる．なお，これらの設定のためには，対象とする物質を変更するごとに関数を呼び出す必要がある．

【プログラムの説明】

rpdfntn.h		REFPROP において共通して使用する配列要素の上限数を設定するためのヘッダプログラム
	LCOMP	配列要素の上限数 (LCOMP = 20)
	LNMFILE	配列要素の上限数 (LNMFILE = 255)
	LNMRS	配列要素の上限数 (LNMRS = 3)
	LFLD	配列要素の上限数 (LFLD $\geq$ nfld)
	LNMFLD	配列要素の上限数 (LNMFLD $\geq$ nmfld[i] (i = 1, 2, $\cdots$, nfld) の文字数の最大値，nmcomp[i][j] (i = 1, 2, $\cdots$, nfld; j = 1, 2, $\cdots$, ncomp[i]) の文字数の最大値 $\leq$ 16)
rpdclrtn.h		REFPROP において共通して使用する変数，配列，および関数を宣言するためのヘッダプログラム
	nfld	物質の数
	nofld	物質の番号
	ncomp	物質の成分の数 (1 次元配列)
	ierr	エラー番号
	rmcomp	物質の成分のモル分率 (2 次元配列)
	nmfld	物質の名称 (1 次元文字列配列)
	nmcomp	物質の成分の名称 (物質特性のファイル名 (拡張子 .FLD を除く)) (2 次元文字列配列)
	hfcomp	物質の成分のファイル名 (フォルダ名を含む) (本書では $\cdots$/FLUIDS/$\cdots$.FLD) (2 次元文字列配列)
	hfmix	混合物質モデルの係数を含むファイル名 (フォルダ名を含む) (本書では $\cdots$/FLUIDS/HMX.BNC) (文字列変数)

	herr	エラーメッセージを表す文字列 (文字列変数)
	hrf	基準状態を表す文字列 (本書では DEF) (文字列変数)
rpsetup.c		REFPROP において物質のモデルを定義するための関数プログラム
rpsetup()		REFPROP において物質のモデルを定義するための関数
	〔引数による入力〕	
	(rpdfntn.h および rpdclrtn.h と共通のため省略)	
rpsetref.c		モルエンタルピーおよびモルエントロピーの基準状態を設定するための関数プログラム
rpsetref()		モルエンタルピーおよびモルエントロピーの基準状態を設定するための関数
	〔引数による入力〕	
	jref	基準状態を設定する気体を指定するための整数値 (jref = 0: 理想気体, jref = 1: 実在気体) (本書では jref = 1)
	ixflag	単一物質あるいは混合物質を指定するための整数値 (ixflag = 1: 単一, ixflag = 2: 混合) (本書では ixflag = 1)
	h0	基準状態におけるモルエンタルピー kJ/kmol
	s0	基準状態におけるモルエントロピー kJ/(kmol·K)
	t0	基準状態における温度 K
	p0	基準状態における圧力 kPa
	(その他は rpdfntn.h および rpdclrtn.h と共通のため省略)	

【プログラム】

```
/* Header program rpdfntn.h for setting sizes of arrays for REFPROP
   by Ryohei Yokoyama  October, 2024 */
// REFPROP 内における共通の配列要素上限数の設定
#define   LCOMP    20
#define   LNMFILE  255
#define   LNMRS    3
// REFPROP 外における共通の配列要素上限数の設定
#define   LFLD     10
#define   LNMFLD   20
```

```
/* Header program rpdclrtn.h for declaring variables and arrays for REFPROP
   by Ryohei Yokoyama  October, 2024 */
// REFPROP における共通の変数，配列，および関数の宣言
   extern void  rpsetup(), rpsetref();
   int   nfld, nofld, ncomp[LFLD+1], ierr;
   double  rmcomp[LFLD+1][LCOMP];
   char  nmfld[LFLD+1][LNMFLD], nmcomp[LFLD+1][LCOMP][LNMFLD],
     hfcomp[LFLD+1][LCOMP][LNMFILE], hfmix[LNMFILE], herr[LNMFILE], hrf[LNMRS];
```

```
/* Function program rpsetup.c for setting substances used in REFPROP
   by Ryohei Yokoyama  October, 2024
   cc -c rpsetup.c */
#include   <stdio.h>
#include   <string.h>
#define    LNMPART  30
void   rpsetup(LCOMP, LNMFLD, LNMFILE, LNMRS, ncomp, nmcomp, hfcomp, hfmix, hrf)
int    LCOMP, LNMFLD, LNMFILE, LNMRS, ncomp;
char   nmcomp[LCOMP][LNMFLD], hfcomp[LCOMP][LNMFILE], hfmix[LNMFILE], hrf[LNMRS];
{
    extern void   setup_();
    int    i, j, ierr;
    char   path[LNMPART], fmix[LNMPART], extn[LNMPART], rf[LNMPART], herr[LNMFILE];
// REFPROP フォルダの設定
```

```
        sprintf(path, "../REFPROP/FLUIDS/");
// 混合モデルファイルの設定
        sprintf(fmix, "HMX.BNC");
        sprintf(hfmix, "%s%s", path, fmix);
        for (i = strlen(hfmix); i < LNMFILE; i++) hfmix[i] = ' ';
// 物質特性ファイルの設定
        sprintf(extn, ".FLD");
        for (j = 0; j < ncomp; j++) {
            sprintf(hfcomp[j], "%s%s%s", path, nmcomp[j], extn);
            for (i = strlen(hfcomp[j]); i < LNMFILE; i++) hfcomp[j][i] = ' ';
        }
// モルエンタルピーおよびモルエントロピーの物質依存の基準状態の設定
        sprintf(rf, "DEF");
        for (i = 0; i < strlen(rf); i++) hrf[i] = rf[i];
        for (i = strlen(rf); i < LNMRS; i++) hrf[i] = ' ';
// 物質の定義
        setup_(&ncomp, hfcomp, hfmix, hrf, &ierr, herr, LNMFILE, LNMFILE, LNMRS, LNMFILE);
        if (ierr != 0) printf("setup 1: %d  %s\n", ierr, herr);
}
```

```
/* Function program rpsetref.c for setting reference states for molar enthalpy and entropy
     in REFPROP
   by Ryohei Yokoyama   October, 2024
   cc -c rpsetref.c */
#include  <stdio.h>
#include  <string.h>
#define   LNMPART  30
void  rpsetref(jref, LCOMP, LNMFILE, LNMRS, hrf, ixflag, rmcomp, h0, s0, t0, p0)
int   jref, LCOMP, LNMFILE, LNMRS, ixflag;
double  rmcomp[LCOMP], h0, s0, t0, p0;
char  hrf[LNMRS];
{
    extern void  setref_();
    int    i, ierr;
    char   rf[LNMPART], herr[LNMFILE];
// 理想気体あるいは実在気体の選択
    if (jref == 0) sprintf(rf, "OT0");
    else sprintf(rf, "OTH");
    for (i = 0; i < strlen(rf); i++) hrf[i] = rf[i];
    for (i = strlen(rf); i < LNMRS; i++) hrf[i] = ' ';
// モルエンタルピーおよびモルエントロピーの基準状態の設定
    setref_(hrf, &ixflag, rmcomp, &h0, &s0, &t0, &p0, &ierr, herr, LNMRS, LNMFILE);
    if (ierr != 0) printf("setref 1: %d  %s\n", ierr, herr);
}
```

D.2.2　個別プログラム

(a) プログラム D-1

　広義の理想気体（理想混合気体を含む）について，圧力，温度，および比体積のうち与条件として設定された任意の 2 つの状態量から，他の 1 つの状態量，ならびに比内部エネルギー，比エンタルピー，比エントロピー，比ギブスエネルギー，および比物理エクセルギーを算出する．

　このプログラムは，例題 3.4（3.3.2 項），例題 3.8（3.3.4 項），例題 3.12（3.5.2 項），例題 3.14（3.5.4 項），例題 3.17（3.6.2 項），例題 3.19（3.6.4 項），例題 5.2（5.3.2 項），例題 5.4（5.3.4 項），例題 5.11（5.4.2 項），例題 5.13（5.4.4 項），例題 5.15（5.5.2 項），例題 5.17（5.5.4 項），例題 6.5（6.2.2 項），例題 6.8（6.3.2 項），例題 6.12（6.5.2 項），および例題 6.14（6.6.2 項）において適用されている．

【プログラムの説明】

`midmxgs.c`		広義の理想気体 (理想混合気体を含む) の状態量を算出するための主プログラム
	(fidmxgs.c と共通のため省略)	
`fidmxgs.c`		広義の理想気体 (理想混合気体を含む) の状態量を算出するための関数プログラム
	`idmxgs()`	広義の理想気体 (理想混合気体を含む) の状態量を算出するための関数

〔引数による入力〕

`jptv`	与条件の状態量を指定するための整数値 (jptv = 1: 圧力および温度, jptv = 2: 圧力および比体積, jptv = 3: 温度および比体積)
`ncmp`	物質の成分の数
`nmcmp`	物質の成分の名称 (物質特性のファイル名 (拡張子 .FLD を除く)) (1 次元文字列配列)
`ycmp`	物質の成分のモル分率 (1 次元配列)
`var1`	与条件として設定する第 1 番目の状態量 (jptv = 1 の場合: 圧力 kPa, jptv = 2 の場合: 圧力 kPa, jptv = 3 の場合: 温度 K)
`var2`	与条件として設定する第 2 番目の状態量 (jptv = 1 の場合: 温度 K, jptv = 2 の場合: 比体積 m^3/kg, jptv = 3 の場合: 比体積 m^3/kg)
`LCMP`	配列要素の上限数 (LCMP $\geq$ ncmp $\leq$ 20)
`LNMCMP`	配列要素の上限数 (LNMCMP $\geq$ nmcmp[i] (i = 1, 2, $\cdots$, ncmp) の文字数の最大値 $\leq$ 16)

〔引数による出力〕

`var3`	算出される状態量 (jptv = 1 の場合: 比体積 m^3/kg, jptv = 2 の場合: 温度 K, jptv = 3 の場合: 圧力 kPa)
`wmma`	物質の平均モル質量 kg/kmol
`wmm`	物質の成分のモル質量 kg/kmol (1 次元配列)
`ctemp`	物質の成分の臨界点における温度 K (1 次元配列)
`cpres`	物質の成分の臨界点における圧力 kPa (1 次元配列)
`crho`	物質の成分の臨界点におけるモル密度 kmol/m^3 (1 次元配列)
`inte`	物質のモル内部エネルギー kJ/kmol
`enth`	物質のモルエンタルピー kJ/kmol
`entr`	物質のモルエントロピー kJ/(kmol·K)
`shtv`	物質の定容モル比熱 kJ/(kmol·K)
`shtp`	物質の定圧モル比熱 kJ/(kmol·K)
`pexv`	物質の体積内のモル物理エクセルギー kJ/kmol
`pexf`	物質の流れに伴うモル物理エクセルギー kJ/kmol

【プログラム】

```
/* Main program midmxgs.c for calculating properties of ideal mixed gas
   by Ryohei Yokoyama   October, 2024
   cc -c ./midmxgs.c ./fidmxgs.c
   gfortran -o ./midmxgs ./midmxgs.o ./fidmxgs.o ../CFUNC/rpsetup.o ../CFUNC/rpsetref.o
   ../RPOBJ/RPALL.o */
#include <stdio.h>
#define  LCMP    10
#define  LNMCMP  20
int  main() {
   void  idmxgs();
   int  i, ncmp, jptv, jcont, jnmsbs, jjpvt;
   double  ycmp[LCMP+1], var1, var2, var3, wmma, wmm[LCMP+1], ctemp[LCMP+1],
     cpres[LCMP+1], crho[LCMP+1], inte, enth, entr, shtv, shtp, pres, temp, vol, pexv,
     pexf;
   char  nmcmp[LCMP+1][LNMCMP];
   jcont = 0;
REPEAT:
// 物質の成分の数，名称，およびモル分率の設定
   if (jcont == 1) {
```

```c
            printf("File names of fluids in mixed gas in Refprop  Same: 0 or New: 1  ");
            scanf("%d", &jnmsbs);
        }
        if (jcont == 0 || (jcont == 1 && jnmsbs == 1)) {
            printf("Number of fluids in mixed gas in Refprop? ");  scanf("%d", &ncmp);
            for (i = 1; i <= ncmp; i++) {
                printf("File name and mole fraction of fluid no. %d in Refprop? ", i);
                scanf("%s %lf", nmcmp[i], &ycmp[i]);
            }
        }
// 与条件の状態量の選択
        if (jcont == 1) {
            if (jptv == 1) printf("p and T: 1  Same : 0 or Change: 1  ");
            else if (jptv == 2) printf("p and v: 2  Same : 0 or Change: 1   ");
            else if (jptv == 3) printf("T and v: 3  Same : 0 or Change: 1  ");
            scanf("%d", &jjpvt);
        }
// 与条件の状態量の設定
        if (jcont == 0 || (jcont == 1 && jjpvt == 1)) {
            printf("p and T: 1, p and v: 2, or T and v: 3 ? ");  scanf("%d", &jptv);
        }
        if (jptv == 1) {
// 圧力および温度
            if (jcont == 1) {
                printf("p and T: %lf kPa and %lf K  Same : 0 or Change: 1  ", var1, var2);
                scanf("%d", &jjpvt);
            }
            if (jcont == 0 || (jcont == 1 && jjpvt == 1)) {
                printf("p kPa and T K ? ");  scanf("%lf %lf", &var1, &var2);
            }
        }
        else if (jptv == 2) {
// 圧力および比体積
            if (jcont == 1) {
                printf("p and v: %lf kPa and %lf m3/kg  Same : 0 or Change: 1  ", var1, var2);
                scanf("%d", &jjpvt);
            }
            if (jcont == 0 || (jcont == 1 && jjpvt == 1)) {
                printf("p kPa and v m3/kg ? ");  scanf("%lf %lf", &var1, &var2);
            }
        }
        else if (jptv == 3) {
// 温度および比体積
            if (jcont == 1) {
                printf("T and v: %lf K and %lf m3/kg  Same : 0 or Change: 1  ", var1, var2);
                scanf("%d", &jjpvt);
            }
            if (jcont == 0 || (jcont == 1 && jjpvt == 1)) {
                printf("T K and v m3/kg ? ");  scanf("%lf %lf", &var1, &var2);
            }
        }
// 理想混合気体の状態量の算出
        idmxgs(jptv, ncmp, nmcmp, ycmp, var1, var2, &var3, &wmma, wmm, ctemp, cpres, crho,
          &inte, &enth, &entr, &shtv, &shtp, &pexv, &pexf, LCMP, LNMCMP);
        if (jptv == 1) {
            pres = var1;   temp = var2;   vol = var3;
        }
        else if (jptv == 2) {
            pres = var1;   vol = var2;   temp = var3;
        }
        else if (jptv == 3) {
            temp = var1;   vol = var2;   pres = var3;;
        }
// 結果の表示
        for (i = 1; i <= ncmp; i++) {
            printf("\nProperties of fluid no. %d in mixed gas: %s\n", i, nmcmp[i]);
            printf("\nM_kg/kmol = %lf\npcr_kPa = %lf\nTcr_K = %lf\nvcr_m3/kg = %lf\n",
              wmm[i], cpres[i], ctemp[i], (1.0 / crho[i]) / wmm[i]);
```

```
        }
        printf("\nProperties of mixed gas:\n");
        printf("\nM_kg/kmol = %lf\n", wmma);
        printf("\np_kPa = %lf\nT_K = %lf\nv_m3/kg = %lf\nu_kJ/kg = %lf\nh_kJ/kg = %lf\n",
            pres, temp, vol, inte / wmma, enth / wmma);
        printf("s_kJ/(kg・K) = %lf\ng_kJ/kg = %lf\ncv_kJ/(kg・K) = %lf\ncp_kJ/(kg・K) = %lf\n",
            entr / wmma, (enth - temp * entr) / wmma, shtv / wmma, shtp / wmma);
        printf("ev_kJ/kg = %lf\nef_kJ/kg = %lf\n", pexv / wmma, pexf / wmma);
// 反復の選択
        printf("\nStop: 0 or Repeat: 1 ? ");  scanf("%d", &jcont);
        if (jcont == 1) goto REPEAT;
}
```

```
/* Function program fidmxgs.c for calculating properties of ideal mixed gas
    by Ryohei Yokoyama   October, 2024 */
#include <stdio.h>
#include "../CFUNC/rpdfntn.h"
#include "../CFUNC/rpdclrtn.h"
void idmxgs(jptv, ncmp, nmcmp, ycmp, var1, var2, var3, wmma, wmm, ctemp, cpres,
    crho, inte, enth, entr, shtv, shtp, pexv, pexf, LCMP, LNMCMP)
int   LCMP, LNMCMP, jptv, ncmp;
double  ycmp[LCMP+1], var1, var2, *var3, *wmma, wmm[LCMP+1], ctemp[LCMP+1], cpres[LCMP+1],
    crho[LCMP+1], *inte, *enth, *entr, *shtv, *shtp, *pexv, *pexf;
char  nmcmp[LCMP+1][LNMCMP];
{
// REFPROP 計算用の宣言
    extern void  rpsetup(), rpsetref(), info_(), therm0_();
    int   i, icomp;
    double  ttemp, btemp, ccf, acf, dip, gc, dl, dv, w, a, g, x[LCOMP], y[LCOMP], pres,
        temp, rho, inte1, enth1, entr1, shtv1, shtp1, pres0, temp0, rho0, inte0, enth0,
        entr0, shtv0, shtp0;
// REFPROP 計算用の物質の設定
    nfld = 1;  nofld = 1;  ncomp[nofld] = ncmp;
    for (i = 1; i <= ncmp; i++) {
        sprintf(nmcomp[nofld][i-1], "%s", nmcmp[i]);  rmcomp[nofld][i-1] = ycmp[i];
    }
// REFPROP の設定
    rpsetup(LCOMP, LNMFLD, LNMFILE, LNMRS, ncomp[nofld], nmcomp[nofld], hfcomp[nofld],
        hfmix, hrf);
    rpsetref(1, LCOMP, LNMFILE, LNMRS, hrf, 1, rmcomp[nofld], 0.0, 0.0, 298.15, 0.1e3);
// 平均モル質量の算出
    *wmma = 0.0;
    for (icomp = 1; icomp <= ncomp[nofld]; icomp++) {
        info_(&icomp, &wmm[icomp], &ttemp, &btemp, &ctemp[icomp], &cpres[icomp],
            &crho[icomp], &ccf, &acf, &dip, &gc);
        (*wmma) = (*wmma) + wmm[icomp] * rmcomp[nofld][icomp - 1];
    }
// 与条件以外の状態量の算出
    if (jptv == 2 || jptv == 3) {
        rho = (1.0 / var2) / *wmma;
    }
    if (jptv == 1) {
        rho = var1 / (gc * var2);
        therm0_(&var2, &rho, rmcomp[nofld], &pres, &inte1, &enth1, &entr1, &shtv1, &shtp1,
            &w, &a, &g);
        *var3 = (1.0 / rho) / *wmma;
    }
    else if (jptv == 2) {
        temp = pres / (gc * rho);
        therm0_(&temp, &rho, rmcomp[nofld], &pres, &inte1, &enth1, &entr1, &shtv1, &shtp1,
            &w, &a, &g);
        *var3 = temp;
    }
    else if (jptv == 3) {
        therm0_(&temp, &rho, rmcomp[nofld], &pres, &inte1, &enth1, &entr1, &shtv1, &shtp1,
            &w, &a, &g);
```

```
        *var3 = pres;
    }
    *inte = inte1;  *enth = enth1;  *entr = entr1;  *shtv = shtv1;  *shtp = shtp1;
// モル物理エクセルギーの算出
    pres0 = 0.1e3;   temp0 = 298.15;   rho0 = pres0 / (gc * temp0);
    therm0_(&temp0, &rho0, rmcomp[nofld], &pres0, &inte0, &enth0, &entr0, &shtv0, &shtp0,
      &w, &a, &g);
    *pexv = (inte1 - inte0) + pres0 * (1.0 / rho - 1.0 / rho0) - temp0 * (entr1 - entr0);
    *pexf = (enth1 - enth0) - temp0 * (entr1 - entr0);
}
```

(b) プログラム D-2

実在気体（実在混合気体および液体を含む）について，圧力，温度，および比体積のうち与条件として設定された任意の2つの状態量から，他の1つの状態量，ならびに比内部エネルギー，比エンタルピー，比エントロピー，比ギブスエネルギー，および比物理エクセルギーを算出する．なお，飽和状態の場合には，任意の1つの状態量および乾き度から算出する．

このプログラムは，例題 3.3（3.3.1 項），例題 3.6（3.3.3 項），例題 3.7（3.3.3 項），例題 3.9（3.3.5 項），例題 3.11（3.5.1 項），例題 3.13（3.5.3 項），例題 3.15（3.5.5 項），例題 3.16（3.6.1 項），例題 3.18（3.6.3 項），例題 3.20（3.6.5 項），例題 5.1（5.3.1 項），例題 5.3（5.3.3 項），例題 5.5（5.3.5 項），例題 5.9（5.4.1 項），例題 5.12（5.4.3 項），例題 5.13（5.4.4 項），例題 5.14（5.5.1 項），例題 5.16（5.5.3 項），および例題 5.18（5.5.5 項）において適用されている．

【プログラムの説明】

mrlmxgs.c		実在気体 (実在混合気体および液体を含む) の状態量を算出するための主プログラム
	(frlmxgs.c と共通のため省略)	
frlmxgs.c		実在気体 (実在混合気体および液体を含む) の状態量を算出するための関数プログラム
rlmxgs()		実在気体 (実在混合気体および液体を含む) の状態量を算出するための関数
〔引数による入力〕		
	jptv	与条件の状態量を指定するための整数値 (jptv=1: 圧力および温度，jptv=2: 圧力および比体積，jptv=3: 温度および比体積，jptv=4: 圧力および乾き度，jptv=5: 温度および乾き度)
	ncmp	物質の成分の数
	nmcmp	物質の成分の名称 (物質特性のファイル名 (拡張子.FLD を除く)) (1 次元文字列配列)
	ycmp	物質の成分のモル分率 (1 次元配列)
	var1	与条件として設定する第 1 番目の状態量 (jptv=1 の場合: 圧力 kPa, jptv=2 の場合: 圧力 kPa, jptv=3 の場合: 温度 K, jptv=4 の場合: 圧力 kPa, jptv=5 の場合: 温度 K)
	var2	与条件として設定する第 2 番目の状態量 (jptv=1 の場合: 温度 K, jptv=2 の場合: 比体積 m^3/kg, jptv=3 の場合: 比体積 m^3/kg, jptv=4 の場合: 乾き度，jptv=5 の場合: 乾き度)
	LCMP	配列要素の上限数 (LCMP ≥ ncmp ≤ 20)
	LNMCMP	配列要素の上限数 (LNMCMP ≥ nmcmp[i] (i=1, 2, ···, ncmp) の文字数の最大値 ≤ 16)
〔引数による出力〕		
	var3	算出される第 1 番目の状態量 (jptv=1 の場合: 比体積 m^3/kg, jptv=2 の場合: 温度 K, jptv=3 の場合: 圧力 kPa, jptv=4 の場合: 温度 K, jptv=5 の場合: 圧力 kPa)
	var4	算出される第 2 番目の状態量 (jptv=1 の場合: 乾き度，jptv=2 の場合: 乾き度，jptv=3 の場合: 乾き度，jptv=4 の場合: 比体積 m^3/kg, jptv=5 の場合: 比体積 m^3/kg)
	wmma	物質の平均モル質量 kg/kmol
	wmm	物質の成分のモル質量 kg/kmol (1 次元配列)

ctemp	物質の成分の臨界点における温度 K (1 次元配列)
cpres	物質の成分の臨界点における圧力 kPa (1 次元配列)
crho	物質の成分の臨界点におけるモル密度 $kmol/m^3$ (1 次元配列)
inte	物質のモル内部エネルギー kJ/kmol
enth	物質のモルエンタルピー kJ/kmol
entr	物質のモルエントロピー kJ/(kmol·K)
shtv	物質の定容モル比熱 kJ/(kmol·K)
shtp	物質の定圧モル比熱 kJ/(kmol·K)
pexv	物質の体積内のモル物理エクセルギー kJ/kmol
pexf	物質の流れに伴うモル物理エクセルギー kJ/kmol

【プログラム】

```
/* Main program mrlmxgs.c for calculating properties of real mixed gas
   by Ryohei Yokoyama  October, 2024
   cc -c ./mrlmxgs.c ./frlmxgs.c
   gfortran -o ./mrlmxgs ./mrlmxgs.o ./frlmxgs.o ../CFUNC/rpsetup.o ../CFUNC/rpsetref.o
   ../RPOBJ/RPALL.o */
#include <stdio.h>
#define  LCMP   10
#define  LNMCMP  20
int  main() {
    void  rlmxgs();
    int   i, ncmp, jptv, jcont, jnmsbs, jjpvt;
    double ycmp[LCMP+1], var1, var2, var3, var4, wmma, wmm[LCMP+1], ctemp[LCMP+1],
       cpres[LCMP+1], crho[LCMP+1], inte, enth, entr, shtv, shtp, pres, temp, vol, qlty,
       pexv, pexf;
    char  nmcmp[LCMP+1][LNMCMP];
    jcont = 0;
REPEAT:
// 物質の成分の数，名称，およびモル分率の設定
    if (jcont == 1) {
        printf("File names of fluids in mixed gas in Refprop  Same: 0 or New: 1  ");
        scanf("%d", &jnmsbs);
    }
    if (jcont == 0 || (jcont == 1 && jnmsbs == 1)) {
        printf("Number of fluids in mixed gas in Refprop?  ");
        scanf("%d", &ncmp);
        for (i = 1; i <= ncmp; i++) {
            printf("File name and mole fraction of fluid no. %d in Refprop?  ", i);
            scanf("%s %lf", nmcmp[i], &ycmp[i]);
        }
    }
// 与条件の状態量の選択
    if (jcont == 1) {
        if (jptv == 1) printf("p and T: 1  Same : 0 or Change: 1  ");
        else if (jptv == 2) printf("p and v: 2  ");
        else if (jptv == 3) printf("T and v: 3  ");
        else if (jptv == 4) printf("p and q: 4  ");
        else if (jptv == 5) printf("T and q: 5  ");
        printf("Same : 0 or Change: 1  ");  scanf("%d", &jjpvt);
    }
// 与条件の状態量の設定
    if (jcont == 0 || (jcont == 1 && jjpvt == 1)) {
        printf("p and T: 1, p and v: 2, T and v: 3, p and q: 4, or T and q: 5 ?  ");
        scanf("%d", &jptv);
    }
    if (jptv == 1) {
// 圧力および温度
        if (jcont == 1) {
            printf("p and T: %lf kPa and %lf K  Same : 0 or Change: 1  ", var1, var2);
            scanf("%d", &jjpvt);
        }
```

```c
            if (jcont == 0 || (jcont == 1 && jjpvt == 1)) {
                printf("p kPa and T K ? ");   scanf("%lf %lf", &var1, &var2);
            }
        }
        else if (jptv == 2) {
        // 圧力および比体積
            if (jcont == 1) {
                printf("p and v: %lf kPa and %lf m3/kg  Same : 0 or Change: 1  ", var1, var2);
                scanf("%d", &jjpvt);
            }
            if (jcont == 0 || (jcont == 1 && jjpvt == 1)) {
                printf("p kPa and v m3/kg ? ");   scanf("%lf %lf", &var1, &var2);
            }
        }
        else if (jptv == 3) {
        // 温度および比体積
            if (jcont == 1) {
                printf("T and v: %lf K and %lf m3/kg  Same : 0 or Change: 1  ", var1, var2);
                scanf("%d", &jjpvt);
            }
            if (jcont == 0 || (jcont == 1 && jjpvt == 1)) {
                printf("T K and v m3/kg ? ");   scanf("%lf %lf", &var1, &var2);
            }
        }
        else if (jptv == 4) {
        // 圧力および乾き度
            if (jcont == 1) {
                printf("p and q: %lf kPa and %lf -  Same : 0 or Change: 1  ", var1, var2);
                scanf("%d", &jjpvt);
            }
            if (jcont == 0 || (jcont == 1 && jjpvt == 1)) {
                printf("p kPa and q - ? ");   scanf("%lf %lf", &var1, &var2);
            }
        }
        else if (jptv == 5) {
        // 温度および乾き度
            if (jcont == 1) {
                printf("T and q: %lf K and %lf -  Same : 0 or Change: 1  ", var1, var2);
                scanf("%d", &jjpvt);
            }
            if (jcont == 0 || (jcont == 1 && jjpvt == 1)) {
                printf("T K and q ? ");   scanf("%lf %lf", &var1, &var2);
            }
        }
    // 実在混合気体の状態量の算出
        rlmxgs(jptv, ncmp, nmcmp, ycmp, var1, var2, &var3, &var4, &wmma, wmm, ctemp, cpres,
          crho, &inte, &enth, &entr, &shtv, &shtp, &pexv, &pexf, LCMP, LNMCMP);
        if (jptv == 1) {
            pres = var1;   temp = var2;   vol = var3;   qlty = var4;
        }
        else if (jptv == 2) {
            pres = var1;   vol = var2;   temp = var3;   qlty = var4;
        }
        else if (jptv == 3) {
            temp = var1;   vol = var2;   pres = var3;   qlty = var4;
        }
        else if (jptv == 4) {
            pres = var1;   qlty = var2;   temp = var3;   vol = var4;
        }
        else if (jptv == 5) {
            temp = var1;   qlty = var2;   pres = var3;   vol = var4;
        }
    // 結果の表示
        for (i = 1; i <= ncmp; i++) {
            printf("\nProperties of fluid no. %d in mixed gas: %s\n", i, nmcmp[i]);
            printf("\nM_kg/kmol = %lf\nPcr_kPa = %lf\nTcr_K = %lf\nvcr_m3/kg = %lf\n",
              wmm[i], cpres[i], ctemp[i], (1.0 / crho[i]) / wmm[i]);
        }
```

```c
        printf("\nProperties of mixed gas:\n");
        printf("\nM_kg/kmol = %lf\n", wmma);
        printf("\np_kPa = %lf\nT_K = %lf\nv_m3/kg = %lf\nq = %lf\nu_kJ/kg = %lf\n", pres,
            temp, vol, qlty, inte / wmma);
        printf("h_kJ/kg = %lf\ns_kJ/(kg・K) = %lf\ng_kJ/kg = %lf\ncv_kJ/(kg・K) = %lf\n",
            enth / wmma, entr / wmma, (enth - temp * entr) / wmma, shtv / wmma);
        printf("cp_kJ/(kg・K) = %lf\nev_kJ/kg = %lf\nef_kJ/kg = %lf\n", shtp / wmma,
            pexv / wmma, pexf / wmma);
// 反復の選択
        printf("\nStop: 0 or Repeat: 1 ?  ");   scanf("%d", &jcont);
        if (jcont == 1) goto REPEAT;
}
```

```c
/* Function program frlmxgs.c for calculating properties of real mixed gas
   by Ryohei Yokoyama   October, 2024 */
#include  <stdio.h>
#include  "../CFUNC/rpdfntn.h"
#include  "../CFUNC/rpdclrtn.h"
void  rlmxgs(jptv, ncmp, nmcmp, ycmp, var1, var2, var3, var4, wmma, wmm, ctemp,
  cpres, crho, inte, enth, entr, shtv, shtp, pexv, pexf, LCMP, LNMCMP)
int   LCMP, LNMCMP, jptv, ncmp;
double  ycmp[LCMP+1], var1, var2, *var3, *var4, *wmma, wmm[LCMP+1], ctemp[LCMP+1],
  cpres[LCMP+1], crho[LCMP+1], *inte, *enth, *entr, *shtv, *shtp, *pexv, *pexf;
char  nmcmp[LCMP+1][LNMCMP];
{
// REFPROP 計算用の宣言
    extern void  rpsetup(), rpsetref(), satp_(), info_(), tpflsh_(), pdflsh_(), tdflsh_(),
        pqflsh_(), tqflsh_(), therm_(), tprho_(), pdfl1_();
    int    i, icomp, kph, kguess, kq;
    double  ttemp, btemp, ccf, acf, dip, gc, dl, dv, w, inte1, enth1, entr1, shtv1, shtp1,
        x[LCOMP], y[LCOMP], pres, temp, rho, qlty, pres0, temp0, rho0, inte0, enth0, entr0,
        shtv0, shtp0, hjt;
// REFPROP 計算用の物質の設定
    nfld = 1;  nofld = 1;  ncomp[nofld] = ncmp;
    for (i = 1; i <= ncmp; i++) {
        sprintf(nmcomp[nofld][i-1], "%s", nmcmp[i]);   rmcomp[nofld][i-1] = ycmp[i];
    }
// REFPROP の設定
    rpsetup(LCOMP, LNMFLD, LNMFILE, LNMRS, ncomp[nofld], nmcomp[nofld], hfcomp[nofld],
        hfmix, hrf);
    rpsetref(1, LCOMP, LNMFILE, LNMRS, hrf, 1, rmcomp[nofld], 0.0, 0.0, 298.15, 0.1e3);
// 平均モル質量の算出
    *wmma = 0.0;
    for (icomp = 1; icomp <= ncomp[nofld]; icomp++) {
        info_(&icomp, &wmm[icomp], &ttemp, &btemp, &ctemp[icomp], &cpres[icomp],
            &crho[icomp], &ccf, &acf, &dip, &gc);
        (*wmma) = (*wmma) + wmm[icomp] * rmcomp[nofld][icomp - 1];
    }
// 与条件以外の状態量の算出
    if (jptv == 2 || jptv == 3) {
        rho = (1.0 / var2) / *wmma;
    }
    if (jptv == 1) {
        tpflsh_(&var2, &var1, rmcomp[nofld], &rho, &dl, &dv, x, y, &qlty, &inte1, &enth1,
            &entr1, &shtv1, &shtp1, &w, &ierr, herr, LNMFILE);
        if (ierr != 0) printf("tpflsh 1: %d  %s\n", ierr, herr);
        *var3 = (1.0 / rho) / *wmma;   *var4 = qlty;
        if (ierr != 0) {
            kph = 2;   kguess = 0;
            tprho_(&var2, &var1, rmcomp[nofld], &kph, &kguess, &rho, &ierr, herr,
                LNMFILE);   if (ierr != 0) printf("tprho 1: %d  %s\n", ierr, herr);
            therm_(&var2, &rho, rmcomp[nofld], &pres, &inte1, &enth1, &entr1, &shtv1,
                &shtp1, &w, &hjt);   *var3 = (1.0 / rho) / *wmma;
        }
    }
    else if (jptv == 2) {
```

```c
            pdflsh_(&var1, &rho, rmcomp[nofld], &temp, &dl, &dv, x, y, &qlty, &inte1, &enth1,
                &entr1, &shtv1, &shtp1, &w, &ierr, herr, LNMFILE);
            if (ierr != 0) printf("pdflsh 1: %d  %s\n", ierr, herr);
            *var3 = temp;  *var4 = qlty;
            if (ierr != 0) {
                pdfl1_(&var1, &rho, rmcomp[nofld], &temp, &ierr, herr, LNMFILE);
                if (ierr != 0) printf("pdfl1 1: %d  %s\n", ierr, herr);
                therm_(&temp, &rho, rmcomp[nofld], &pres, &inte1, &enth1, &entr1, &shtv1,
                    &shtp1, &w, &hjt);   *var3 = temp;
            }
        }
        else if (jptv == 3) {
            tdflsh_(&var1, &rho, rmcomp[nofld], &pres, &dl, &dv, x, y, &qlty, &inte1, &enth1,
                &entr1, &shtv1, &shtp1, &w, &ierr, herr, LNMFILE);
            if (ierr != 0) printf("tdflsh 1: %d  %s\n", ierr, herr);
            *var3 = pres;  *var4 = qlty;
            if (ierr != 0) {
                therm_(&var1, &rho, rmcomp[nofld], &pres, &inte1, &enth1, &entr1, &shtv1,
                    &shtp1, &w, &hjt);   *var3 = pres;
            }
        }
        else if (jptv == 4) {
            kq = 1;
            pqflsh_(&var1, &var2, rmcomp[nofld], &kq, &temp, &rho, &dl, &dv, x, y, &inte1,
                &enth1, &entr1, &shtv1, &shtp1, &w, &ierr, herr, LNMFILE);
            if (ierr != 0) printf("pqflsh 1: %d  %s\n", ierr, herr);
            *var3 = temp;  *var4 = (1.0 / rho) / *wmma;
        }
        else if (jptv == 5) {
            kq = 1;
            tqflsh_(&var1, &var2, rmcomp[nofld], &kq, &pres, &rho, &dl, &dv, x, y, &inte1,
                &enth1, &entr1, &shtv1, &shtp1, &w, &ierr, herr, LNMFILE);
            if (ierr != 0) printf("tqflsh 1: %d  %s\n", ierr, herr);
            *var3 = pres;  *var4 = (1.0 / rho) / *wmma;
        }
        *inte = inte1;  *enth = enth1;  *entr = entr1;  *shtv = shtv1;  *shtp = shtp1;
// モル物理エクセルギーの算出
        pres0 = 0.1e3;   temp0 = 298.15;
        tpflsh_(&temp0, &pres0, rmcomp[nofld], &rho0, &dl, &dv, x, y, &qlty, &inte0, &enth0,
            &entr0, &shtv0, &shtp0, &w, &ierr, herr, LNMFILE);
        if (ierr != 0) printf("tpflsh 2: %d  %s\n", ierr, herr);
        *pexv = (inte1 - inte0) + pres0 * (1.0 / rho - 1.0 / rho0) - temp0 * (entr1 - entr0);
        *pexf = (enth1 - enth0) - temp0 * (entr1 - entr0);
    }
```

(c) プログラム D-3

広義の理想気体について，圧力をパラメータとして，温度と比体積，比内部エネルギー，比エンタルピー，比エントロピー，比ギブスエネルギー，定容比熱，定圧比熱，および比物理エクセルギーの関係を表す線図を作成するための値を算出する．

このプログラムは，3.3.2 項，3.5.2 項，3.6.2 項，5.3.2 項，5.4.2 項，および 5.5.2 項において適用されている．

【プログラムの説明】

midgspt.c	広義の理想気体の状態量間の関係を表す線図用の値を算出するための主プログラム
(fidgspt.c と共通のため省略)	
fidgspt.c	広義の理想気体の状態量間の関係を表す線図用の値を算出するための関数プログラム

idgspt()	広義の理想気体の状態量間の関係を表す線図用の値を算出するための関数
〔引数による入力〕	
nmsbs	物質の名称 (物質特性のファイル名 (拡張子.FLD を除く)) (文字列変数)
npres	パラメータとしての圧力の値の数
pres	パラメータとしての圧力 kPa (1 次元配列)
jtemp	温度の離散化方法を指定するための整数値 (jtemp = 1: 線形, jtemp = 2: 対数)
ntemp	離散化する温度の数
templ	温度の範囲の下限値 K
tempu	温度の範囲の上限値 K
LNMSBS	配列要素の上限数 (LNMSBS ≥ nmsbs の文字数 ≤ 16)
LPRES	配列要素の上限数 (LPRES ≥ npres)
LTEMP	配列要素の上限数 (LTEMP ≥ ntemp)
〔引数による出力〕	
wmm1	モル質量 kg/kmol
cpres1	臨界点における圧力 kPa
ctemp1	臨界点における温度 K
cvol	臨界点における比体積 m^3/kg
pres01	基準状態における圧力 kPa
temp01	基準状態における温度 K
vol0	基準状態における比体積 m^3/kg
inte01	基準状態における比内部エネルギー kJ/kg
enth01	基準状態における比エンタルピー kJ/kg
entr01	基準状態における比エントロピー kJ/(kg·K)
tpoint	各圧力における温度の値の数 (1 次元配列)
temp	各圧力における温度 K (2 次元配列)
vol	各圧力および温度における比体積 m^3/kg (2 次元配列)
inte	各圧力および温度における比内部エネルギー kJ/kg (2 次元配列)
enth	各圧力および温度における比エンタルピー kJ/kg (2 次元配列)
entr	各圧力および温度における比エントロピー kJ/(kg·K) (2 次元配列)
gibe	各圧力および温度における比ギブスエネルギー kJ/kg (2 次元配列)
shtv	各圧力および温度における定容比熱 kJ/(kg·K) (2 次元配列)
shtp	各圧力および温度における定圧比熱 kJ/(kg·K) (2 次元配列)
pexv	各圧力および温度における体積内の比物理エクセルギー kJ/kg (2 次元配列)
pexf	各圧力および温度における流れに伴う比物理エクセルギー kJ/kg (2 次元配列)

【プログラム】

```
/* Main program midgspt.c for calculating properties of ideal gas
   by Ryohei Yokoyama  October, 2024
   cc -c ./midgspt.c ./fidgspt.c
   gfortran -o ./midgspt ./midgspt.o ./fidgspt.o ../CFUNC/rpsetup.o ../CFUNC/rpsetref.o
     ../RPOBJ/RPALL.o */
#include    <stdio.h>
#define  LNMSBS   20
#define  LPRES    20
#define  LTEMP    201
int   main()
{
    extern void  idgspt();
    int    i, j, npres, jtemp, ntemp, tpoint[LPRES+1];
    double   pres[LPRES+1], templ, tempu, wmm, cpres, ctemp, cvol, pres0, temp0, vol0,
       inte0, enth0, entr0, temp[LPRES+1][LTEMP+1], vol[LPRES+1][LTEMP+1],
       inte[LPRES+1][LTEMP+1], enth[LPRES+1][LTEMP+1], entr[LPRES+1][LTEMP+1],
       gibe[LPRES+1][LTEMP+1], shtv[LPRES+1][LTEMP+1], shtp[LPRES+1][LTEMP+1],
       pexv[LPRES+1][LTEMP+1], pexf[LPRES+1][LTEMP+1];
    char    nmsbs[LNMSBS];
// 物質の設定
```

付録D 物質特性の数値計算

```c
        sprintf(nmsbs, "WATER");
// 圧力の設定
    npres = 10;  pres[1] = 0.1e3;  pres[2] = 0.2e3;  pres[3] = 0.5e3;  pres[4] = 1.0e3;
    pres[5] = 2.0e3;  pres[6] = 5.0e3;  pres[7] = 10.0e3;  pres[8] = 20.0e3;
    pres[9] = 50.0e3;  pres[10] = 100.0e3;
// 温度の設定
    jtemp = 1;  ntemp = 101;  templ = 273.0;  tempu = 1000.0;
// 状態量の算出
    idgspt(nmsbs, npres, pres, jtemp, ntemp, templ, tempu, &wmm, &cpres, &ctemp, &cvol,
        &pres0, &temp0, &vol0, &inte0, &enth0, &entr0, tpoint, temp, vol, inte, enth, entr,
        gibe, shtv, shtp, pexv, pexf, LNMSBS, LPRES, LTEMP);
// 結果の表示
    printf("\nProperties of ideal gas: %s\n", nmsbs);
    printf("\nM_kg/kmol pcr_kPa Tcr_K vcr_m3/kg\n%lf %lf %lf %lf\n", wmm, cpres, ctemp,
        cvol);
    printf("\np0_kPa T0_K v0_m3/kg u0_kJ/kg h0_kJ/kg s0_kJ/(kg・K) g0_kJ/kg\n");
    printf("%lf %lf %lf %lf %lf %lf %lf\n", pres0, temp0, vol0, inte0, enth0, entr0,
        enth0 - temp0 * entr0);
    printf("\nNumber of pressure values = %d\n", npres);
    for (i = 1; i <= npres; i++) {
        printf("\n%d %d\n", i, tpoint[i]);
        printf("p_No. T_No. p_kPa T_K v_m3/kg u_kJ/kg h_kJ/kg s_kJ/(kg・K) g_kJ/kg ");
        printf("cv_kJ/(kg・K) cp_kJ/(kg・K) ev_kJ/kg ef_kJ/kg\n");
        for (j = 1; j <= tpoint[i]; j++) {
            printf("%d %d %lf %lf %lf %lf %lf %lf %lf %lf %lf %lf %lf\n", i, j, pres[i],
                temp[i][j], vol[i][j], inte[i][j], enth[i][j], entr[i][j], gibe[i][j],
                shtv[i][j], shtp[i][j], pexv[i][j], pexf[i][j]);
        }
    }
}
```

```c
/* Function program fidgspt.c for calculating properties of ideal gas
   by Ryohei Yokoyama  October, 2024 */
#include   <stdio.h>
#include   <math.h>
#include   "../CFUNC/rpdfntn.h"
#include   "../CFUNC/rpdclrtn.h"
void idgspt(nmsbs, npres, pres, jtemp, ntemp, templ, tempu, wmm1, cpres1, ctemp1, cvol,
  pres01, temp01, vol0, inte01, enth01, entr01, tpoint, temp, vol, inte, enth, entr, gibe,
  shtv, shtp, pexv, pexf, LNMSBS, LPRES, LTEMP)
int    LNMSBS, LPRES, LTEMP, npres, jtemp, ntemp, tpoint[LPRES+1];
double  pres[LPRES+1], templ, tempu, *wmm1, *cpres1, *ctemp1, *cvol, *pres01, *temp01,
    *vol0, *inte01, *enth01, *entr01, temp[LPRES+1][LTEMP+1], vol[LPRES+1][LTEMP+1],
    inte[LPRES+1][LTEMP+1], enth[LPRES+1][LTEMP+1], entr[LPRES+1][LTEMP+1],
    gibe[LPRES+1][LTEMP+1], shtv[LPRES+1][LTEMP+1], shtp[LPRES+1][LTEMP+1],
    pexv[LPRES+1][LTEMP+1], pexf[LPRES+1][LTEMP+1];
char   nmsbs[LNMSBS];
{
// REFPROP 計算用の宣言
    extern void  info_(), therm0_();
    int   i, j, k, icomp, ipoint[LPRES+1];
    double  pres0, temp0, rho0, inte0, enth0, entr0, dtemp, pres1, temp1, rho1, inte1,
        enth1, entr1, shtv1, shtp1, w, a, g, wmm, ttemp, btemp, ctemp, cpres, crho, ccf,
        acf, dip, gc;
// REFPROP 計算用の物質の設定
    nfld = 1;  nofld = 1;  ncomp[nofld] = 1;
    sprintf(nmcomp[nofld][0], "%s", nmsbs);  rmcomp[nofld][0] = 1.0;
// REFPROP の設定
    rpsetup(LCOMP, LNMFLD, LNMFILE, LNMRS, ncomp[nofld], nmcomp[nofld], hfcomp[nofld],
        hfmix, hrf);
    rpsetref(1, LCOMP, LNMFILE, LNMRS, hrf, 1, rmcomp[nofld], 0.0, 0.0, 298.15, 0.1e3);
// 物質の特性値の算出
    icomp = 1;
    info_(&icomp, &wmm, &ttemp, &btemp, &ctemp, &cpres, &crho, &ccf, &acf, &dip, &gc);
    *wmm1 = wmm;  *ctemp1 = ctemp;  *cpres1 = cpres;  *cvol = (1.0 / crho) / wmm;
// 基準状態における状態量の算出
```

```
        pres0 = 0.1e3;  temp0 = 298.15;
        *pres01 = pres0;  *temp01 = temp0;
        rho0 = pres0 / (gc * temp0);  *vol0 = (1.0 / rho0) / wmm;
        therm0_(&temp0, &rho0, rmcomp[nofld], &pres0, &inte0, &enth0, &entr0, &shtv1, &shtp1,
            &w, &a, &g);
        *inte01 = inte0 / wmm;  *enth01 = enth0 / wmm;  *entr01 = entr0 / wmm;
// 温度変化の設定
        if (jtemp == 1) dtemp = (tempu - templ) / (double) (ntemp - 1);
        else if (jtemp == 2) dtemp = (log(tempu) - log(templ)) / (double) (ntemp - 1);
// 圧力の変化
        for (k = 1; k <= npres; k++) {
            pres1 = pres[k];  tpoint[k] = 0;
// 温度の変化
            for (i = 1; i <= ntemp; i++) {
                if (jtemp == 1) temp1 = templ + dtemp * (double) (i - 1);
                else if (jtemp == 2) temp1 = exp(log(templ) + dtemp * (double) (i - 1));
            // 状態量の算出
                rho1 = pres1 / (gc * temp1);
                therm0_(&temp1, &rho1, rmcomp[nofld], &pres1, &inte1, &enth1, &entr1, &shtv1,
                    &shtp1, &w, &a, &g);
                tpoint[k]++;
                temp[k][tpoint[k]] = temp1;  vol[k][tpoint[k]] = (1.0 / rho1) / wmm;
                inte[k][tpoint[k]] = inte1 / wmm;  enth[k][tpoint[k]] = enth1 / wmm;
                entr[k][tpoint[k]] = entr1 / wmm;
                gibe[k][tpoint[k]] = (enth1 - temp1 * entr1) / wmm;
                shtv[k][tpoint[k]] = shtv1 / wmm;  shtp[k][tpoint[k]] = shtp1 / wmm;
                pexv[k][tpoint[k]] = ((inte1 - inte0) + pres0 * (1.0 / rho1 - 1.0 / rho0)
                    - temp0 * (entr1 - entr0)) / wmm;
                pexf[k][tpoint[k]] = ((enth1 - enth0) - temp0 * (entr1 - entr0)) / wmm;
            }
        }
    }
```

(d) プログラム D-4

実在気体について，圧力をパラメータとして，温度と比体積，比内部エネルギー，比エンタルピー，比エントロピー，比ギブスエネルギー，定容比熱，定圧比熱，および比物理エクセルギーの関係を表す線図を作成するための値を算出する．

このプログラムは，3.3.1 項，3.3.3 項，3.5.1 項，3.5.3 項，3.6.1 項，3.6.3 項，5.3.1 項，5.3.3 項，5.4.1 項，5.4.3 項，5.5.1 項，および 5.5.3 項において適用されている．

【プログラムの説明】

mrlgspt.c	実在気体の状態量間の関係を表す線図用の値を算出するための主プログラム
(frlgspt.c と共通のため省略)	
frlgspt.c	実在気体の状態量間の関係を表す線図用の値を算出するための関数プログラム
rlgspt()	実在気体の状態量間の関係を表す線図用の値を算出するための関数
〔引数による入力〕	
nmsbs	物質の名称 (物質特性のファイル名 (拡張子 .FLD を除く)) (文字列変数)
npres	パラメータとしての圧力の値の数
pres	パラメータとしての圧力 kPa (1 次元配列)
jtemp	温度の離散化方法を指定するための整数値 (jtemp = 1: 線形，jtemp = 2: 対数)
ntemp	離散化する温度の値の数
templ	温度の範囲の下限値 K
tempu	温度の範囲の上限値 K
jph	対象とする相 (jph = 1: 液相のみ，jph = 2: 気相のみ，jph = 3: 液相および気相)

LNMSBS	配列要素の上限数 (LNMSBS $\geq$ nmsbs の文字数 $\leq$ 16)	
LPRES	配列要素の上限数 (LPRES $\geq$ npres)	
LTEMP	配列要素の上限数 (LTEMP $\geq$ ntemp)	

〔引数による出力〕

wmm1	モル質量 kg/kmol
cpres1	臨界点における圧力 kPa
ctemp1	臨界点における温度 K
cvol	臨界点における比体積 m^3/kg
pres01	基準状態における圧力 kPa
temp01	基準状態における温度 K
vol0	基準状態における比体積 m^3/kg
inte01	基準状態における比内部エネルギー kJ/kg
enth01	基準状態における比エンタルピー kJ/kg
entr01	基準状態における比エントロピー kJ/(kg·K)
tpoint	各圧力における温度の値の数 (1 次元配列)
temp	各圧力における温度 K (2 次元配列)
vol	各圧力および温度における比体積 m^3/kg (2 次元配列)
inte	各圧力および温度における比内部エネルギー kJ/kg (2 次元配列)
enth	各圧力および温度における比エンタルピー kJ/kg (2 次元配列)
entr	各圧力および温度における比エントロピー kJ/(kg·K) (2 次元配列)
gibe	各圧力および温度における比ギブスエネルギー kJ/kg (2 次元配列)
shtv	各圧力および温度における定容比熱 kJ/(kg·K) (2 次元配列)
shtp	各圧力および温度における定圧比熱 kJ/(kg·K) (2 次元配列)
pexv	各圧力および温度における体積内の比物理エクセルギー kJ/kg (2 次元配列)
pexf	各圧力および温度における流れに伴う比物理エクセルギー kJ/kg (2 次元配列)

strdata()	状態量を配列に保存するための関数
	(直接使用する必要がないため省略)

【プログラム】

```
/* Main program mrlgspt.c for calculating properties of real gas
   by Ryohei Yokoyama   October, 2024
   cc -c ./mrlgspt.c ./frlgspt.c
   gfortran -o ./mrlgspt ./mrlgspt.o ./frlgspt.o ../CFUNC/rpsetup.o ../CFUNC/rpsetref.o
     ../RPOBJ/RPALL.o */
#include  <stdio.h>
#define   LNMSBS  20
#define   LPRES   20
#define   LTEMP   201
int  main()
{
    extern void  rlgspt();
    int  i, j, npres, jtemp, ntemp, jph, tpoint[LPRES+1];
    double  pres[LPRES+1], templ, tempu, wmm, cpres, ctemp, cvol, pres0, temp0, vol0,
       inte0, enth0, entr0, temp[LPRES+1][LTEMP+1], vol[LPRES+1][LTEMP+1],
       inte[LPRES+1][LTEMP+1], enth[LPRES+1][LTEMP+1], entr[LPRES+1][LTEMP+1],
       gibe[LPRES+1][LTEMP+1], shtv[LPRES+1][LTEMP+1], shtp[LPRES+1][LTEMP+1],
       pexv[LPRES+1][LTEMP+1], pexf[LPRES+1][LTEMP+1];
    char  nmsbs[LNMSBS];
// 物質の設定
    sprintf(nmsbs, "WATER");
// 圧力の設定
    npres = 10;  pres[1] = 0.1e3;  pres[2] = 0.2e3;  pres[3] = 0.5e3;  pres[4] = 1.0e3;
    pres[5] = 2.0e3;  pres[6] = 5.0e3;  pres[7] = 10.0e3;  pres[8] = 20.0e3;
    pres[9] = 50.0e3;  pres[10] = 100.0e3;
// 温度の設定
    jtemp = 1;  ntemp = 101;  templ = 273.0;  tempu = 1000.0;
// 相の設定
```

```
        jph = 1;
// 状態量の算出
    rlgspt(nmsbs, npres, pres, jtemp, ntemp, templ, tempu, jph, &wmm, &cpres, &ctemp,
        &cvol, &pres0, &temp0, &vol0, &inte0, &enth0, &entr0, tpoint, temp, vol, inte, enth,
        entr, gibe, shtv, shtp, pexv, pexf, LNMSBS, LPRES, LTEMP);
// 結果の表示
    printf("\nProperties of real gas: %s\n", nmsbs);
    printf("\nM_kg/kmol pcr_kPa Tcr_K vcr_m3/kg\n%lf %lf %lf %lf\n", wmm, cpres, ctemp,
        cvol);
    printf("\np0_kPa T0_K v0_m3/kg u0_kJ/kg h0_kJ/kg s0_kJ/(kg・K) g0_kJ/kg\n");
    printf("%lf %lf %lf %lf %lf %lf\n", pres0, temp0, vol0, inte0, enth0, entr0,
        enth0 - temp0 * entr0);
    printf("\nNumber of pressure values = %d\n", npres);
    for (i = 1; i <= npres; i++) {
        printf("\n%d %d\n", i, tpoint[i]);
        printf("p_No. T_No. p_kPa T_K v_m3/kg u_kJ/kg h_kJ/kg s_kJ/(kg・K) g_kJ/kg ");
        printf("cv_kJ/(kg・K) cp_kJ/(kg・K) ev_kJ/kg ef_kJ/kg\n");
        for (j = 1; j <= tpoint[i]; j++) {
            printf("%d %d %lf %lf %lf %lf %lf %lf %lf %lf %lf %lf %lf\n", i, j, pres[i],
                temp[i][j], vol[i][j], inte[i][j], enth[i][j], entr[i][j], gibe[i][j],
                shtv[i][j], shtp[i][j], pexv[i][j], pexf[i][j]);
        }
    }
}
```

```
/* Function program frlgspt.c for calculating properties of real gas
   by Ryohei Yokoyama   October, 2024 */
#include  <stdio.h>
#include  <math.h>
#include  "../CFUNC/rpdfntn.h"
#include  "../CFUNC/rpdclrtn.h"
void  rlgspt(nmsbs, npres, pres, jtemp, ntemp, templ, tempu, jph, wmm1, cpres1, ctemp1,
  cvol, pres01, temp01, vol0, inte01, enth01, entr01, tpoint, temp, vol, inte, enth, entr,
  gibe, shtv, shtp, pexv, pexf, LNMSBS, LPRES, LTEMP)
int   LNMSBS, LPRES, LTEMP, npres, jtemp, ntemp, jph, tpoint[LPRES+1];
double pres[LPRES+1], templ, tempu, *wmm1, *cpres1, *ctemp1, *cvol, *pres01, *temp01,
    *vol0, *inte01, *enth01, *entr01, temp[LPRES+1][LTEMP+1], vol[LPRES+1][LTEMP+1],
    inte[LPRES+1][LTEMP+1], enth[LPRES+1][LTEMP+1], entr[LPRES+1][LTEMP+1],
    gibe[LPRES+1][LTEMP+1], shtv[LPRES+1][LTEMP+1], shtp[LPRES+1][LTEMP+1],
    pexv[LPRES+1][LTEMP+1], pexf[LPRES+1][LTEMP+1];
char   nmsbs[LNMSBS];
{
// REFPROP 計算用の宣言
    extern void  info_(), tpflsh_(), satp_(), tprho_(), therm_();
    void   strdata();
    int    i, j, k, kph, kguess, icomp;
    double pres0, temp0, rho0, inte0, enth0, entr0, templ1, tempu1, temp1, rho1, dtemp,
        stemp, rhol, rhov, pres1, inte1, enth1, entr1, shtv1, shtp1, cv, cp, w, hjt, wmm,
        ttemp, btemp, ctemp, cpres, crho, ccf, acf, dip, gc, dl, dv, q, xliq[LCOMP],
        xvap[LCOMP], x[LCOMP], y[LCOMP];
// REFPROP 計算用の物質の設定
    nfld = 1;  nofld = 1;  ncomp[nofld] = 1;
    sprintf(nmcomp[nofld][0], "%s", nmsbs);  rmcomp[nofld][0] = 1.0;
// REFPROP の設定
    rpsetup(LCOMP, LNMFLD, LNMFILE, LNMRS, ncomp[nofld], nmcomp[nofld], hfcomp[nofld],
        hfmix, hrf);
    rpsetref(1, LCOMP, LNMFILE, LNMRS, hrf, 1, rmcomp[nofld], 0.0, 0.0, 298.15, 0.1e3);
// 物質の特性値の算出
    icomp = 1;
    info_(&icomp, &wmm, &ttemp, &btemp, &ctemp, &cpres, &crho, &ccf, &acf, &dip, &gc);
    *wmm1 = wmm;  *ctemp1 = ctemp;  *cpres1 = cpres;  *cvol = (1.0 / crho) / wmm;
// 基準状態における状態量の算出
    pres0 = 0.1e3;   temp0 = 298.15;
    *pres01 = pres0;   *temp01 = temp0;
    tpflsh_(&temp0, &pres0, rmcomp[nofld], &rho0, &dl, &dv, x, y, &q, &inte0, &enth0,
        &entr0, &cv, &cp, &w, &ierr, herr, LNMFILE);
```

```c
            if (ierr != 0) printf("tpflsh 1: %d  %s\n", ierr, herr);
            *vol0 = (1.0 / rho0) / wmm;  *inte01 = inte0 / wmm;
            *enth01 = enth0 / wmm;  *entr01 = entr0;
// 圧力の変化
        for (k = 1; k <= npres; k++) {
            pres1 = pres[k];
            templ1 = templ;
            tempu1 = tempu;
            if (pres1 < cpres) {
    // 飽和温度の算出
                kph = 1;
                satp_(&pres1, rmcomp[nofld], &kph, &stemp, &rhol, &rhov, xliq, xvap, &ierr,
                    herr, LNMFILE);
                if (ierr != 0) printf("satp 1 %d: %d  %s\n", k, ierr, herr);
    // 液相のみの温度範囲の設定
                if (jph == 1) {
                    kph = 1;
                    if (tempu > stemp) tempu1 = stemp;
                }
    // 気相のみの温度範囲の設定
                else if (jph == 2) {
                    kph = 2;
                    if (templ < stemp) templ1 = stemp;
                }
    // 状態量の算出を開始する相の設定
                else if (jph == 3) {
                    if (templ < stemp) kph = 1;
                    else kph = 2;
                }
            }
            else {
                kph = 2;
            }
    // 温度変化の設定
            if (jtemp == 1) dtemp = (tempu1 - templ1) / (double) (ntemp - 1);
            else if (jtemp == 2) dtemp = (log(tempu1) - log(templ1)) / (double) (ntemp - 1);
            kguess = 0;
            tpoint[k] = 0;
    // 温度の変化
            for (i = 1; i <= ntemp; i++) {
                if (jtemp == 1) temp1 = templ1 + dtemp * (double) (i - 1);
                else if (jtemp == 2) temp1 = exp(log(templ1) + dtemp * (double) (i - 1));
    // 状態量の算出
                tprho_(&temp1, &pres1, rmcomp[nofld], &kph, &kguess, &rho1, &ierr, herr,
                    LNMFILE);
                if (ierr != 0) printf("tprho 1 %d %d: %d  %s\n", k, i, ierr, herr);
                therm_(&temp1, &rho1, rmcomp[nofld], &pres1, &inte1, &enth1, &entr1, &shtv1,
                    &shtp1, &w, &hjt);
                tpoint[k]++;
                strdata(k, tpoint[k], wmm, temp1, rho1, inte1, enth1, entr1, shtv1, shtp1,
                    pres0, temp0, rho0, inte0, enth0, entr0, LPRES, LTEMP, temp, vol, inte,
                    enth, entr, gibe, shtv, shtp, pexv, pexf);
                if (jph == 3 && i < ntemp && temp1 < stemp && temp1 + dtemp > stemp) {
    // 液相から気相への変化時における状態量の算出
                    temp1 = stemp;
                    tprho_(&temp1, &pres1, rmcomp[nofld], &kph, &kguess, &rho1, &ierr, herr,
                        LNMFILE);
                    if (ierr != 0) printf("tprho 2 %d %d: %d  %s\n", k, i, ierr, herr);
                    therm_(&temp1, &rho1, rmcomp[nofld], &pres1, &inte1, &enth1, &entr1,
                        &shtv1, &shtp1, &w, &hjt);
                    tpoint[k]++;
                    strdata(k, tpoint[k], wmm, temp1, rho1, inte1, enth1, entr1, shtv1, shtp1,
                        pres0, temp0, rho0, inte0, enth0, entr0, LPRES, LTEMP, temp, vol, inte,
                        enth, entr, gibe, shtv, shtp, pexv, pexf);
                    kph = 2;
                    temp1 = stemp;
                    tprho_(&temp1, &pres1, rmcomp[nofld], &kph, &kguess, &rho1, &ierr, herr,
                        LNMFILE);
```

```
                        if (ierr != 0) printf("tprho 3 %d %d: %d  %s\n", k, i, ierr, herr);
                        therm_(&temp1, &rho1, rmcomp[nofld], &pres1, &inte1, &enth1, &entr1,
                            &shtv1, &shtp1, &w, &hjt);
                        tpoint[k]++;
                        strdata(k, tpoint[k], wmm, temp1, rho1, inte1, enth1, entr1, shtv1, shtp1,
                            pres0, temp0, rho0, inte0, enth0, entr0, LPRES, LTEMP, temp, vol, inte,
                            enth, entr, gibe, shtv, shtp, pexv, pexf);
                }
            }
        }
    }
}
void  strdata(kdt, ipt, wmm, temp1, rho1, inte1, enth1, entr1, shtv1, shtp1, pres0, temp0,
    rho0, inte0, enth0, entr0, LPRES, LTEMP, temp, vol, inte, enth, entr, gibe, shtv, shtp,
    pexv, pexf)
int  kdt, ipt, LPRES, LTEMP;
double  wmm, temp1, rho1, inte1, enth1, entr1, shtv1, shtp1, pres0, temp0, rho0, inte0,
    enth0, entr0, temp[LPRES+1][LTEMP+1], vol[LPRES+1][LTEMP+1], inte[LPRES+1][LTEMP+1],
    enth[LPRES+1][LTEMP+1], entr[LPRES+1][LTEMP+1], gibe[LPRES+1][LTEMP+1],
    shtv[LPRES+1][LTEMP+1], shtp[LPRES+1][LTEMP+1], pexv[LPRES+1][LTEMP+1],
    pexf[LPRES+1][LTEMP+1];
{
// 状態量の保存
    temp[kdt][ipt] = temp1;   vol[kdt][ipt] = (1.0 / rho1) / wmm;
    inte[kdt][ipt] = inte1 / wmm;    enth[kdt][ipt] = enth1 / wmm;
    entr[kdt][ipt] = entr1 / wmm;   gibe[kdt][ipt] = (enth1 - temp1 * entr1) / wmm;
    shtv[kdt][ipt] = shtv1 / wmm;   shtp[kdt][ipt] = shtp1 / wmm;
    pexv[kdt][ipt] = ((inte1 - inte0) + pres0 * (1.0 / rho1 - 1.0 / rho0)
        - temp0 * (entr1 - entr0)) / wmm;
    pexf[kdt][ipt] = ((enth1 - enth0) - temp0 * (entr1 - entr0)) / wmm;
}
```

(e) プログラム D-5

実在気体（液体を含む）について，換算温度をパラメータとして，換算圧力と圧縮係数，剰余内部エネルギー係数，剰余エンタルピー係数，剰余エントロピー係数，および剰余ギブスエネルギー係数の関係を表す線図を作成するための値を算出する．

このプログラムは，3.3.3 項，3.5.3 項，3.6.3 項，5.3.3 項，および 5.5.3 項において適用されている．

【プログラムの説明】

`mcmdpfc.c`	実在気体（液体を含む）の圧縮係数および剰余係数の線図用の値を算出するための主プログラム
（`fcmdpfc.c` と共通のため省略）	
`fcmdpfc.c`	実在気体（液体を含む）の圧縮係数および剰余係数の線図用の値を算出するための関数プログラム
`cmdpfc()`	実在気体（液体を含む）の圧縮係数および剰余係数の線図用の値を算出するための関数
〔引数による入力〕	
`nmsbs`	物質の名称（物質特性のファイル名（拡張子 .FLD を除く））（文字列変数）
`nrdtemp`	パラメータとしての換算温度の値の数
`rdtemp`	パラメータとしての換算温度（1 次元配列）
`jrdpres`	換算圧力の離散化方法を指定するための整数値（jrdpres = 1: 線形，jrdpres = 2: 対数）
`nrdpres`	離散化する換算圧力の値の数
`rdpresl`	換算圧力の範囲の下限値
`rdpresu`	換算圧力の範囲の上限値

LNMSBS	配列要素の上限数 (LNMSBS $\geq$ nmsbs の文字数 $\leq$ 16)	
LTEMP	配列要素の上限数 (LTEMP $\geq$ nrdtemp)	
LPRES	配列要素の上限数 (LPRES $\geq$ nrdpres)	

〔引数による出力〕

wmm1	モル質量 kg/kmol
cpres1	臨界点における圧力 kPa
ctemp1	臨界点における温度 K
cvol	臨界点における比体積 m^3/kg
rdpoint	各換算温度における換算圧力の値の数 (1 次元配列)
rdpres	各換算温度における換算圧力 (2 次元配列)
cmpf	各換算温度および換算圧力における圧縮係数 (2 次元配列)
dpfinte	各換算温度および換算圧力における剰余内部エネルギー係数 (2 次元配列)
dpfenth	各換算温度および換算圧力における剰余エンタルピー係数 (2 次元配列)
dpfentr	各換算温度および換算圧力における剰余エントロピー係数 (2 次元配列)
dpfgibe	各換算温度および換算圧力における剰余ギブスエネルギー係数 (2 次元配列)
strdata()	圧縮係数および剰余係数を配列に保存するための関数

(直接使用する必要がないため省略)

【プログラム】

```c
/* Main program mcmdpfc.c for calculating compessibility and departure factors
   by Ryohei Yokoyama  October, 2024
   cc -c ./mcmdpfc.c ./fcmdpfc.c
   gfortran -o ./mcmdpfc ./mcmdpfc.o ./fcmdpfc.o ../CFUNC/rpsetup.o ../CFUNC/rpsetref.o
     ../RPOBJ/RPALL.o */
#include <stdio.h>
#define LNMSBS  20
#define LTEMP   20
#define LPRES   201
int main()
{
    extern void cmdpfc();
    int i, j, nrdtemp, jrdpres, nrdpres, ntemp, npres, nvol, rdpoint[LPRES+3];
    double rdtemp[LTEMP+1], rdpresl, rdpresu, wmm, cpres, ctemp, cvol,
        rdpres[LTEMP+1][LPRES+3], cmpf[LTEMP+1][LPRES+3], dpfinte[LTEMP+1][LPRES+3],
        dpfenth[LTEMP+1][LPRES+3], dpfentr[LTEMP+1][LPRES+3], dpfgibe[LTEMP+1][LPRES+3];
    char nmsbs[LNMSBS];
// 物質の設定
    sprintf(nmsbs, "WATER");
// 換算温度の設定
    nrdtemp = 10; rdtemp[1] = 0.6; rdtemp[2] = 0.7; rdtemp[3] = 0.8; rdtemp[4] = 0.9;
    rdtemp[5] = 1.000001; rdtemp[6] = 1.2; rdtemp[7] = 1.4; rdtemp[8] = 1.6;
    rdtemp[9] = 1.8; rdtemp[10] = 2.0;
// 換算圧力の設定
    jrdpres = 2; nrdpres = 101; rdpresl = 1.0e-3; rdpresu = 10.0;
// 圧縮係数および剰余係数の算出
    cmdpfc(nmsbs, nrdtemp, rdtemp, jrdpres, nrdpres, rdpresl, rdpresu, &wmm, &cpres,
        &ctemp, &cvol, rdpoint, rdpres, cmpf, dpfinte, dpfenth, dpfentr, dpfgibe, LNMSBS,
        LTEMP, LPRES);
// 結果の表示
    printf("\nCompressibility and departure factors of real liquid and gas: %s\n", nmsbs);
    printf("\nM_kg/kmol pcr_kPa Tcr_K vcr_m3/kg\n%lf %lf %lf %lf\n", wmm, cpres, ctemp,
        cvol);
    printf("\nNumber of reduced temperature contors = %d\n", nrdtemp);
    for (i = 1; i <= nrdtemp; i++) {
        printf("\n%d %d\n", i, rdpoint[i]);
        printf("Tr_No. p_No. Tr_- pr_- Z_- Zu_- Zh_- Zs_- Zg_-\n");
        for (j = 1; j <= rdpoint[i]; j++) {
            printf("%d %d %lf %lf %lf %lf %lf %lf %lf\n", i, j, rdtemp[i], rdpres[i][j],
                cmpf[i][j], dpfinte[i][j], dpfenth[i][j], dpfentr[i][j], dpfgibe[i][j]);
```

```c
        }
    }
}
```

```c
/* Function program fcmdpfc.c for calculating compressibility and departure factors
   by Ryohei Yokoyama   October, 2024 */
#include   <stdio.h>
#include   <math.h>
#include   "../CFUNC/rpdfntn.h"
#include   "../CFUNC/rpdclrtn.h"
void   cmdpfc(nmsbs, nrdtemp, rdtemp, jrdpres, nrdpres, rdpresl, rdpresu, wmm1, cpres1,
   ctemp1, cvol, rdpoint, rdpres, cmpf, dpinte, dpfenth, dpfentr, dpfgibe, LNMSBS, LTEMP,
   LPRES)
int    LTEMP, LPRES, LNMSBS, nrdtemp, jrdpres, nrdpres, rdpoint[LTEMP+1];
double   rdtemp[LTEMP+1], rdpresl, rdpresu, *wmm1, *cpres1, *ctemp1, *cvol,
   rdpres[LTEMP+1][LPRES+3], cmpf[LTEMP+1][LPRES+3], dpinte[LTEMP+1][LPRES+3],
   dpfenth[LTEMP+1][LPRES+3], dpfentr[LTEMP+1][LPRES+3], dpfgibe[LTEMP+1][LPRES+3];
char   nmsbs[LNMSBS];
{
// REFPROP 計算用の宣言
    extern void   info_(), satt_(), tprho_(), therm0_(), therm_();
    void    strdata();
    int    i, j, k, jph, kph, kguess, icomp;
    double   pres, temp, rho, drdpres, spres, rhol, rhov, wmm, ttemp, btemp, ctemp, cpres,
        crho, ccf, acf, dip, gc, rdpres1, rdtemp1, rhoid, cmpf1, pres1, inte, enth, entr,
        inteid, enthid, entrid, cv, cp, w, hjt, a, g, xliq[LCOMP], xvap[LCOMP];
// REFPROP 計算用の物質の設定
    nfld = 1;   nofld = 1;   ncomp[nofld] = 1;
    sprintf(nmcomp[nofld][0], "%s", nmsbs);   rmcomp[nofld][0] = 1.0;
// REFPROP の設定
    rpsetup(LCOMP, LNMFLD, LNMFILE, LNMRS, ncomp[nofld], nmcomp[nofld], hfcomp[nofld],
        hfmix, hrf);
    rpsetref(1, LCOMP, LNMFILE, LNMRS, hrf, 1, rmcomp[nofld], 0.0, 0.0, 298.15, 0.1e3);
// 物質の特性値の算出
    icomp = 1;
    info_(&icomp, &wmm, &ttemp, &btemp, &ctemp, &cpres, &crho, &ccf, &acf, &dip, &gc);
    *wmm1 = wmm;   *ctemp1 = ctemp;   *cpres1 = cpres;   *cvol = (1.0 / crho) / wmm;
    jph = 3;
// 換算温度の変化
    for (k = 1; k <= nrdtemp; k++) {
        rdtemp1 = rdtemp[k];
        temp = ctemp * rdtemp1;
        if (rdtemp1 < 1.0) {
        // 飽和圧力の算出
            kph = 1;
            satt_(&temp, rmcomp[nofld], &kph, &spres, &rhol, &rhov, xliq, xvap, &ierr,
                herr, LNMFILE);
            if (ierr != 0) printf("satt 1 %d: %d  %s\n", k, ierr, herr);
        // 気相のみの圧力範囲の設定
            if (jph == 2) {
                kph = 2;
                if (cpres * rdpresu < spres) rdpresu = spres / cpres;
            }
        // 液相のみの圧力範囲の設定
            else if (jph == 1) {
                kph = 1;
                if (cpres * rdpresl > spres) rdpresl = spres / cpres;
            }
        // 圧縮係数および剰余係数の算出を開始する相の設定
            else if (jph == 3) {
                if (cpres * rdpresl < spres) kph = 2;
                else kph = 1;
            }
        }
        else {
            kph = 2;
```

```
            }
        // 換算圧力変化の設定
            if (jrdpres == 1) drdpres = (rdpresu - rdpresl) / (double) (nrdpres - 1);
            else if (jrdpres == 2) drdpres = (log(rdpresu) - log(rdpresl))
                / (double) (nrdpres - 1);
            kguess = 0;
            rdpoint[k] = 0;
        // 換算圧力の変化
            for (i = 1; i <= nrdpres; i++) {
                if (jrdpres == 1) rdpres1 = rdpresl + drdpres * (double) (i - 1);
                else if (jrdpres == 2) rdpres1 = exp(log(rdpresl)
                    + drdpres * (double) (i - 1));
        // 圧縮係数および剰余係数の算出
                pres = cpres * rdpres1;
                rhoid = pres / (gc * temp);
                tprho_(&temp, &pres, rmcomp[nofld], &kph, &kguess, &rho, &ierr, herr,
                    LNMFILE);
                if (ierr != 0) printf("tprho 1 %d %d: %d  %s\n", k, i, ierr, herr);
                therm0_(&temp, &rhoid, rmcomp[nofld], &pres1, &inteid, &enthid, &entrid, &cv,
                    &cp, &w, &a, &g);
                therm_(&temp, &rho, rmcomp[nofld], &pres1, &inte, &enth, &entr, &cv, &cp, &w,
                    &hjt);
                cmpf1 = 1.0 / (rho / rhoid);
                rdpoint[k]++;
                strdata(k, rdpoint[k], gc, ctemp, temp, rdpres1, cmpf1, inte, enth, entr,
                    inteid, enthid, entrid, LTEMP, LPRES, rdpres, cmpf, dpfinte, dpfenth,
                    dpfentr, dpfgibe);
                if (jph == 3 && i < nrdpres && rdpres1 < spres / cpres
                    && ((jrdpres == 1 && rdpres1 + drdpres * (double) i > spres / cpres)
                    || (jrdpres == 2 && exp(log(rdpres1) + drdpres * (double) i)
                    > spres / cpres))) {
        // 気相から液相への変化時における圧縮係数および剰余係数の算出
                    pres = spres;
                    rdpres1 = pres / cpres;
                    rhoid = pres / (gc * temp);
                    tprho_(&temp, &pres, rmcomp[nofld], &kph, &kguess, &rho, &ierr, herr,
                        LNMFILE);
                    if (ierr != 0) printf("tprho 2 %d %d: %d  %s\n", k, i, ierr, herr);
                    therm0_(&temp, &rhoid, rmcomp[nofld], &pres1, &inteid, &enthid, &entrid,
                        &cv, &cp, &w, &a, &g);
                    therm_(&temp, &rho, rmcomp[nofld], &pres1, &inte, &enth, &entr, &cv, &cp,
                        &w, &hjt);
                    cmpf1 = 1.0 / (rho / rhoid);
                    rdpoint[k]++;
                    strdata(k, rdpoint[k], gc, ctemp, temp, rdpres1, cmpf1, inte, enth, entr,
                        inteid, enthid, entrid, LTEMP, LPRES, rdpres, cmpf, dpfinte, dpfenth,
                        dpfentr, dpfgibe);
                    kph = 1;
                    tprho_(&temp, &pres, rmcomp[nofld], &kph, &kguess, &rho, &ierr, herr,
                        LNMFILE);
                    if (ierr != 0) printf("tprho 3 %d %d: %d  %s\n", k, i, ierr, herr);
                    therm0_(&temp, &rhoid, rmcomp[nofld], &pres1, &inteid, &enthid, &entrid,
                        &cv, &cp, &w, &a, &g);
                    therm_(&temp, &rho, rmcomp[nofld], &pres1, &inte, &enth, &entr, &cv, &cp,
                        &w, &hjt);
                    cmpf1 = 1.0 / (rho / rhoid);
                    rdpoint[k]++;
                    strdata(k, rdpoint[k], gc, ctemp, temp, rdpres1, cmpf1, inte, enth, entr,
                        inteid, enthid, entrid, LTEMP, LPRES, rdpres, cmpf, dpfinte, dpfenth,
                        dpfentr, dpfgibe);
                }
            }
        }
}
void strdata(kdt, ipt, gc, ctemp, temp, rdpres1, cmpf1, inte, enth, entr, inteid, enthid,
    entrid, LTEMP, LPRES, rdpres, cmpf, dpfinte, dpfenth, dpfentr, dpfgibe)
int   kdt, ipt, LTEMP, LPRES;
double  gc, ctemp, temp, rdpres1, cmpf1, inte, enth, entr, inteid, enthid, entrid,
```

```
      rdpres[LTEMP+1][LPRES+3], cmpf[LTEMP+1][LPRES+3], dpfinte[LTEMP+1][LPRES+3],
      dpfenth[LTEMP+1][LPRES+3], dpfentr[LTEMP+1][LPRES+3], dpfgibe[LTEMP+1][LPRES+3];
{
//   圧縮係数および剰余係数の保存
     rdpres[kdt][ipt] = rdpres1;
     cmpf[kdt][ipt] = cmpf1;
     dpfinte[kdt][ipt] = (inteid - inte) / (gc * ctemp);
     dpfenth[kdt][ipt] = (enthid - enth) / (gc * ctemp);
     dpfentr[kdt][ipt] = (entrid - entr) / gc;
     dpfgibe[kdt][ipt] = (enthid - enth) / (gc * ctemp) - temp * (entrid - entr)
        / (gc * ctemp);
}
```

(f) プログラム D-6

物質の特性値として，モル質量，気体定数，臨界点における状態量，および発熱量を算出する．このプログラムは，3.6.6 項および A.1 節において適用されている．

【プログラムの説明】

mprsbst.c	物質の特性値を算出するための主プログラム
(fprsbst.c と共通のため省略)	
fprsbst.c	物質の特性値を算出するための関数プログラム
prsbst()	物質の特性値を算出するための関数
〔引数による入力〕	
nmsbs	物質の名称 (物質特性のファイル名 (拡張子 .FLD を除く)) (文字列変数)
pres	発熱量を評価するための圧力 kPa
temp	発熱量を評価するための温度 K
LNMSBS	配列要素の上限数 (LNMSBS $\geq$ nmsbs の文字数 $\leq$ 16)
〔引数による出力〕	
qlty1	乾き度
vol	比体積 m^3/kg
wmm	モル質量 kg/kmol
gcnst	気体定数 kg/(kg·K)
cpres	臨界点における圧力 kPa
ctemp	臨界点における温度 K
cvol	臨界点における比体積 m^3/kg
hhtv	高位発熱量 kJ/kg
lhtv	低位発熱量 kJ/kg

【プログラム】

```
/* Main program mprsbst.c for calculating fundamental characteristics of substance
   by Ryohei Yokoyama  October, 2024
   cc -c ./mprsbst.c ./fprsbst.c
   gfortran -o ./mprsbst ./mprsbst.o ./fprsbst.o ../CFUNC/rpsetup.o ../RPOBJ/RPALL.o */
#include   <stdio.h>
#define   LNMSBS   20
int   main() {
    extern void   prsbst();
    int  i, ncomp, jcont, jchg;
    double  pres, temp, qlty, vol, wmm, gcnst, ctemp, cpres, cvol, hhtv, lhtv;
```

```
        char    nmsbs[LNMSBS];
        jcont = 0;   jchg = 0;
REPEAT:
// 圧力および温度の設定
        if (jcont == 1) {
            printf("Pressure: %lf kPa, Temperature: %lf K   Same : 0 or Change: 1   ", pres,
                temp);   scanf("%d", &jchg);
        }
        if (jcont == 0 || jchg == 1) {
            printf("Pressure kPa and temperature K ?   ");   scanf("%lf %lf", &pres, &temp);
        }
// 物質の設定
        if (jcont == 1) {
            printf("Substance: %s   Same : 0 or Change: 1   ", nmsbs);   scanf("%d", &jchg);
        }
        if (jcont == 0 || jchg == 1) {
            printf("File name of fluid in Refprop?   ");   scanf("%s", nmsbs);
        }
// 物質の特性値の算出
        prsbst(nmsbs, pres, temp, &qlty, &vol, &wmm, &gcnst, &cpres, &ctemp, &cvol, &hhtv,
            &lhtv, LNMSBS);
// 結果の表示
        printf("\nProperties of fluid: %s\n", nmsbs);
        printf("\np_kPa = %lf\nT_K = %lf\nv_m3/kg = %lf\nq = %lf\n", pres, temp, vol, qlty);
        printf("\nM_kg/kmol = %lf\nR_kJ/(kg・K) = %lf\n", wmm, gcnst);
        printf("\npcr_kPa = %lf\nTcr_K = %lf\nvcr_m3/kg = %lf\n", cpres, ctemp, cvol);
        printf("\nhhv_kJ/kg = %lf\nlhv_kJ/kg = %lf\n Δ hv_kJ/kg = %lf\n", hhtv, lhtv,
            hhtv - lhtv);
// 反復の選択
        printf("\nStop: 0 or Repeat: 1 ?   ");   scanf("%d", &jcont);
        if (jcont == 1) goto REPEAT;
}
```

```
/* Function program fprsbst.c for calculating fundamental characteristics of substance
    by Ryohei Yokoyama   October, 2024 */
#include <stdio.h>
#include "../CFUNC/rpdfntn.h"
#include "../CFUNC/rpdclrtn.h"
void prsbst(nmsbs, pres, temp, qlty1, vol, wmm, gcnst, cpres, ctemp, cvol, hhtv, lhtv,
    LNMSBS)
int LNMSBS;
double  pres, temp, *qlty1, *vol, *wmm, *gcnst, *ctemp, *cpres, *cvol, *hhtv, *lhtv;
char    nmsbs[LNMSBS];
{
// REFPROP 計算用の宣言
        extern void  rpsetup(), info_(), tpflsh_(), heat_();
        double  rho, wmm1, ctemp1, cpres1, crho1, ttemp, btemp, ccf, acf, dip, gc, hg, hn, dl,
            dv, qlty, w, inte, enth, entr, shtv, shtp, x[LCOMP], y[LCOMP];
// REFPROP 計算用の物質の設定
        nfld = 1;   nofld = 1;   ncomp[nofld] = 1;
        sprintf(nmcomp[nofld][0], "%s", nmsbs);   rmcomp[nofld][0] = 1.0;
// REFPROP の設定
        rpsetup(LCOMP, LNMFLD, LNMFILE, LNMRS, ncomp[nofld], nmcomp[nofld], hfcomp[nofld],
            hfmix, hrf);
// 物質のモル質量，気体定数，および臨界点における状態量の算出
        info_(&nofld, &wmm1, &ttemp, &btemp, &ctemp1, &cpres1, &crho1, &ccf, &acf, &dip, &gc);
        *wmm = wmm1;   *gcnst = gc / wmm1;
        *ctemp = ctemp1;   *cpres = cpres1;   *cvol = 1.0 / (crho1 * wmm1);
// 物質の比体積の算出
        tpflsh_(&temp, &pres, rmcomp[nofld], &rho, &dl, &dv, x, y, &qlty, &inte, &enth, &entr,
            &shtv, &shtp, &w, &ierr, herr, LNMFILE);
        if (ierr != 0) printf("tpflsh 1: %d  %s\n", ierr, herr);
        *qlty1 = qlty;   *vol = 1.0 / (rho * wmm1);
// 物質の発熱量の算出
        heat_(&temp, &rho, rmcomp[nofld], &hg, &hn, &ierr, herr, LNMFILE);
        if (ierr != 0) printf("heat 1: %d  %s\n", ierr, herr);
```

```
       *hhtv = hg / wmm1;    *lhtv = hn / wmm1;
}
```

(g) プログラム D-7

燃料および空気の量比，ならびに空気の成分のモル分率から，燃焼ガスの成分のモル分率を算出する．

このプログラムは，例題 5.21（5.6.2 項），例題 6.20（6.8 節），および 7.3.3 項において適用されている．

【プログラムの説明】

`mmfcgas.c`	燃焼ガスの成分のモル分率を算出するための主プログラム
(fmfcgas.c と共通のため省略)	
`fmfcgas.c`	燃焼ガスの成分のモル分率を算出するための関数プログラム
`mfcgas()`	燃焼ガスの成分のモル分率を算出するための関数
〔引数による入力〕	
`nsbs`	物質 (燃料，空気，および燃焼ガス) の数 (nsbs = 3)
`ncmp`	物質の成分の数 (1 次元配列)
`nmcmp`	物質の成分の名称 (物質特性のファイル名 (拡張子 .FLD を除く)) (2 次元文字列配列)
`ycmp`	燃料および空気の成分のモル分率 (2 次元配列)
`mole`	燃料の成分の物質量 kmol (2 次元配列)
`sc`	化学反応式における空気の成分の量論係数 (左辺: 負，右辺: 正) (1 次元配列)
`jrt`	与条件の設定方法を指定するための整数値 (jrt = 1: 燃料に対する空気の質量比を設定，jrt = 2: 燃料に対する空気の物質量比を設定，jrt = 3: 空気過剰率を設定)
`rt`	与条件として設定する値 (jrt = 1 の場合: 燃料に対する空気の質量比，jrt = 2 の場合: 燃料に対する空気の物質量比，jrt = 3 の場合: 空気過剰率)
`LSBS`	配列要素の上限数 (LSBS $\geq$ nsbs)
`LCMP`	配列要素の上限数 (LCMP $\geq$ max{ncmp[i] (i = 1, 2, $\cdots$, nsbs)} $\leq$ 20)
`LNMCMP`	配列要素の上限数 (LNMCMP $\geq$ nmcmp[i][j] (i = 1, 2, $\cdots$, nsbs; j = 1, 2, $\cdots$, ncmp[i]) の文字数の最大値 $\leq$ 16)
〔引数による出力〕	
`wmma`	燃料，空気，および燃焼ガスの平均モル質量 kg/kmol (1 次元配列)
`molea`	燃料，空気，および燃焼ガスの物質量 kmol (1 次元配列)
`massa`	燃料，空気，および燃焼ガスの質量 kg (1 次元配列)
`ycmp`	燃焼ガスの成分のモル分率 (2 次元配列)
`mole`	空気および燃焼ガスの成分の物質量 kmol (2 次元配列)

【プログラム】

```
/* Main program mmfcgas.c for calculating mole fractions of components in combustion gas
   by Ryohei Yokoyama  October, 2024
   cc -c ./mmfcgas.c ./fmfcgas.c
   gfortran -o ./mmfcgas ./mmfcgas.o ./fmfcgas.o ../CFUNC/rpsetup.o ../RPOBJ/RPALL.o */
#include    <stdio.h>
#define   LSBS     10
#define   LCMP     10
#define   LNMCMP   20
int   main()
{
```

```c
    extern void  mfcgas();
    int  i, j, jrt, nsbs, ncmp[LSBS+1];
    double  rt, ycmp[LSBS+1][LCMP+1], mole[LSBS+1][LCMP+1], sc[LSBS+1], wmma[LSBS+1],
      molea[LSBS+1], massa[LSBS+1];
    char  nmcmp[LSBS+1][LCMP+1][LNMCMP];
// 物質の数の設定
    nsbs = 3;
// 物質の成分の数，名称，およびモル分率の設定
// 燃料（物質量を含む）
    ncmp[1] = 1;
    sprintf(nmcmp[1][1], "METHANE");  ycmp[1][1] = 1.0;  mole[1][1] = 1.0;
// 空気（量論係数を含む）
    ncmp[2] = 5;
    sprintf(nmcmp[2][1], "NITROGEN");  ycmp[2][1] = 0.7661;  sc[1] = 0.0;
    sprintf(nmcmp[2][2], "OXYGEN");   ycmp[2][2] = 0.2055;  sc[2] = - 2.0;
    sprintf(nmcmp[2][3], "ARGON");    ycmp[2][3] = 0.0090;  sc[3] = 0.0;
    sprintf(nmcmp[2][4], "CO2");      ycmp[2][4] = 0.0004;  sc[4] = 1.0;
    sprintf(nmcmp[2][5], "WATER");    ycmp[2][5] = 0.0190;  sc[5] = 2.0;
// 燃焼ガス
    ncmp[3] = 5;
    for (j = 1; j <= ncmp[3]; j++) sprintf(nmcmp[3][j], "%s", nmcmp[2][j]);
// 燃料と空気の割合の設定
    jrt = 3;   rt = 1.5;
// 燃焼ガスのモル分率の算出
    mfcgas(nsbs, ncmp, nmcmp, ycmp, mole, sc, jrt, rt, wmma, molea, massa, LSBS, LCMP,
      LNMCMP);
// 結果の表示
    printf("M_kg/kmol n_kmol m_kg\n");
    for (i = 1; i <= nsbs; i++) printf("%d %lf %lf %lf\n", i, wmma[i], molea[i],
      massa[i]);
    printf("y_-\n");
    for (j = 1; j <= ncmp[3]; j++) printf("3 %d %lf\n", j, ycmp[3][j]);
}
```

```c
/* Function program fmfcgas.c for calculating mole fractions of components in combustion
      gas
   by Ryohei Yokoyama  October, 2024 */
#include  <stdio.h>
#include  "../CFUNC/rpdfntn.h"
#include  "../CFUNC/rpdclrtn.h"
void  mfcgas(nsbs, ncmp, nmcmp, ycmp, mole, sc, jrt, rt, wmma, molea, massa, LSBS, LCMP,
  LNMCMP)
int  LSBS, LCMP, LNMCMP, nsbs, jrt, ncmp[LSBS+1];
double  rt, ycmp[LSBS+1][LCMP+1], mole[LSBS+1][LCMP+1], sc[LSBS+1], wmma[LSBS+1],
  molea[LSBS+1], massa[LSBS+1];
char  nmcmp[LSBS+1][LCMP+1][LNMCMP];
{
// REFPROP 計算用の宣言
    extern void  info_();
    int  i, j;
    double  ttemp, btemp, ctemp, cpres, crho, ccf, acf, dip, gc, wmm[LSBS+1][LCMP+1];
// REFPROP 計算用の物質の設定
    nfld = nsbs;
    for (nofld = 1; nofld <= nfld; nofld++) {
        ncomp[nofld] = ncmp[nofld];
        for (j = 1; j <= ncomp[nofld]; j++) {
            sprintf(nmcomp[nofld][j-1], "%s", nmcmp[nofld][j]);
            if (nofld <= 2) rmcomp[nofld][j-1] = ycmp[nofld][j];
        }
    }
// 燃料および空気の成分のモル質量および平均モル質量の算出
    for (nofld = 1; nofld <= 2; nofld++) {
    // REFPROP の設定
        rpsetup(LCOMP, LNMFLD, LNMFILE, LNMRS, ncomp[nofld], nmcomp[nofld], hfcomp[nofld],
          hfmix, hrf);
    // モル質量の算出
```

```
            for (j = 1; j <= ncomp[nofld]; j++) {
                info_(&j, &wmm[nofld][j], &ttemp, &btemp, &ctemp, &cpres, &crho, &ccf, &acf,
                    &dip, &gc);
            }
    // 平均モル質量の算出
            wmma[nofld] = 0.0;
            for (j = 1; j <= ncomp[nofld]; j++) wmma[nofld] = wmma[nofld]
                + wmm[nofld][j] * ycmp[nofld][j];
        }
    // 空気の成分の物質量の算出
        if (jrt == 1) {
            for (j = 1; j <= ncmp[2]; j++) mole[2][j] = wmm[1][1] * rt / wmma[2] * ycmp[2][j];
        }
        else if (jrt == 2) {
            for (j = 1; j <= ncmp[2]; j++) mole[2][j] = ycmp[2][j] * rt;
        }
        else if (jrt == 3) {
            for (j = 1; j <= ncmp[2]; j++) mole[2][j] = ycmp[2][j] / ycmp[2][2] * (- sc[2])
                * rt;
        }
    // 燃焼ガスの成分の物質量の算出
        for (j = 1; j <= ncmp[2]; j++) mole[3][j] = mole[2][j] + sc[j];
    // 燃料, 空気, および燃焼ガスの物質量の算出
        for (i = 1; i <= nsbs; i++) {
            molea[i] = 0.0;
            for (j = 1; j <= ncmp[i]; j++) molea[i] = molea[i] + mole[i][j];
        }
    // 燃焼ガスの成分のモル分率および平均モル質量の算出
        wmma[3] = 0.0;
        for (j = 1; j <= ncmp[3]; j++) {
            ycmp[3][j] = mole[3][j] / molea[3];   wmma[3] = wmma[3] + wmm[2][j] * ycmp[3][j];
        }
    // 燃料, 空気, および燃焼ガスの質量の算出
        for (i = 1; i <= nsbs; i++) massa[i] = wmma[i] * molea[i];
    }
```

(h) プログラム D-8

実在気体（液体を含む）について，圧力をパラメータとして温度と比体積の関係を表す T-v 線図を作成するために，与条件として設定した各圧力について温度および比体積を算出する．

このプログラムは，A.1 節において適用されている．

【プログラムの説明】

mtvdgrm.c	実在気体（液体を含む）の T-v 線図用の値を算出するための主プログラム
(ftvdgrm.c と共通のため省略)	
ftvdgrm.c	実在気体（液体を含む）の T-v 線図用の値を算出するための関数プログラム
tvdgrm()	実在気体（液体を含む）の T-v 線図用の値を算出するための関数
〔引数による入力〕	
nmsbs	物質の名称（物質特性のファイル名（拡張子 .FLD を除く））（文字列変数）
npres	等圧線パラメータとしての圧力の値の数
cppres	等圧線パラメータとしての圧力 kPa（1 次元配列）
jtemp	温度の離散化方法を指定するための整数値（jtemp = 1: 線形, jtemp = 2: 対数）
ntemp	離散化する温度の値の数
templ	温度の範囲の下限値 K
tempu	温度の範囲の上限値 K
jvol	比体積の離散化方法を指定するための整数値（jvol = 1: 線形, jvol = 2: 対数）

nvol	離散化する比体積の値の数
voll	比体積の範囲の下限値 m^3/kg
volu	比体積の範囲の上限値 m^3/kg
LNMSBS	配列要素の上限数 (LNMSBS ≥ nmsbs の文字数 ≤ 16)
LPRES	配列要素の上限数 (LPRES ≥ npres)
LTEMP	配列要素の上限数 (LTEMP ≥ ntemp)
LVOL	配列要素の上限数 (LVOL ≥ nvol)

〔引数による出力〕

wmm1	モル質量 kg/kmol
cpres1	臨界点における圧力 kPa
ctemp1	臨界点における温度 K
cvol	臨界点における比体積 m^3/kg
cppoint	各圧力における温度および比体積の値の数 (1 次元配列)
cpvol	各圧力における比体積 m^3/kg (2 次元配列)
cptemp	各圧力における温度 K (2 次元配列)
pcpoint	飽和線上における温度および比体積の値の数
pcvol	飽和線上における比体積 m^3/kg (1 次元配列)
pctemp	飽和線上における温度 K (1 次元配列)

【プログラム】

```c
/* Main program mtvdgrm.c for generating data for T-v diagram
   by Ryohei Yokoyama  October, 2024
   cc -c ./mtvdgrm.c
   cc -c ./ftvdgrm.c
   gfortran -o ./mtvdgrm ./mtvdgrm.o ./ftvdgrm.o ../CFUNC/rpsetup.o ../RPOBJ/RPALL.o */
#include  <stdio.h>
#define   LNMSBS  20
#define   LPRES   20
#define   LTEMP   201
#define   LVOL    201
int  main()
{
    extern void  tvdgrm();
    int   i, j, jtemp, jvol, ntemp, npres, nvol, cppoint[LPRES+1], pcpoint;
    double   cppres[LPRES+1], templ, tempu, voll, volu, wmm, cpres, ctemp, cvol,
        cpvol[LPRES+1][LTEMP+3], cptemp[LPRES+1][LTEMP+3], pcvol[LVOL+1], pctemp[LVOL+1];
    char   nmsbs[LNMSBS];
// 物質の設定
    sprintf(nmsbs, "WATER");
// 圧力の設定
    npres = 11;   cppres[1] = 0.1e3;   cppres[2] = 0.2e3;   cppres[3] = 0.5e3;
    cppres[4] = 1.0e3;   cppres[5] = 2.0e3;   cppres[6] = 5.0e3;   cppres[7] = 10.0e3;
    cppres[8] = 20.0e3;  cppres[9] = 50.0e3;  cppres[10] = 100.0e3;  cppres[11] = 200.0e3;
// 温度の設定
    jtemp = 1;   ntemp = 101;   templ = 273.0;   tempu = 1000.0;
// 比体積の設定
    jvol = 2;    nvol = 101;    voll = 0.001;    volu = 10.0;
// T-v 線図用の値の算出
    tvdgrm(nmsbs, npres, cppres, jtemp, ntemp, templ, tempu, jvol, nvol, voll, volu, &wmm,
        &cpres, &ctemp, &cvol, cppoint, cpvol, cptemp, &pcpoint, pcvol, pctemp, LNMSBS,
        LPRES, LTEMP, LVOL);
// 結果の表示
    printf("\nData for T-v diagram of real liquid and gas: %s\n", nmsbs);
    printf("\nM_kg/kmol pcr_kPa Tcr_K vcr_m3/kg\n%lf  %lf  %lf  %lf\n", wmm, cpres, ctemp,
        cvol);
// 等圧線
    printf("\nNumber of pressure contors = %d\n", npres);
    for (i = 1; i <= npres; i++) {
        printf("\np_No. %d  p_kPa = %lf  %d\n", i, cppres[i], cppoint[i]);
        printf("p_No. T_No. v_m3/kg T_K \n");
        for (j = 1; j <= cppoint[i]; j++) {
```

```
                printf("%d %d %lf %lf\n", i, j, cpvol[i][j], cptemp[i][j]);
            }
        }
// 飽和線
    printf("\nSaturation curve\n\nv_No. v_m3/kg p_kPa\n");
        for (i = 1; i <= pcpoint; i++) printf("%d %lf %lf\n", i, pcvol[i], pctemp[i]);
}
```

```
/* Function program ftvdgrm.c for generating data for T-v diagram
   by Ryohei Yokoyama   October, 2024 */
#include   <stdio.h>
#include   <math.h>
#include   "../CFUNC/rpdfntn.h"
#include   "../CFUNC/rpdclrtn.h"
void tvdgrm(nmsbs, npres, cppres, jtemp, ntemp, templ, tempu, jvol, nvol, voll, volu,
   wmm1, cpres1, ctemp1, cvol, cppoint, cpvol, cptemp, pcpoint, pcvol, pctemp, LNMSBS,
   LPRES, LTEMP, LVOL)
int    LNMSBS, LPRES, LTEMP, LVOL, npres, jtemp, ntemp, jvol, nvol, cppoint[LPRES+3],
   *pcpoint;
double cppres[LPRES+1], templ, tempu, voll, volu, *wmm1, *cpres1, *ctemp1, *cvol,
   cpvol[LPRES+1][LTEMP+3], cptemp[LPRES+1][LTEMP+3], pcvol[LVOL+1], pctemp[LVOL+1];
char   nmsbs[LNMSBS];
{
// REFPROP 計算用の宣言
    extern void  info_(), satp_(), tprho_(), satd_();
    int    i, j, k, kph, kguess, kr, icomp;
    double  pres, temp, rho, vol, dtemp, dvol, stemp, spres, rhol, rhov, wmm, ttemp,
       btemp, ctemp, cpres, crho, ccf, acf, dip, gc, xliq[LCOMP], xvap[LCOMP];
// REFPROP 計算用の物質の設定
    nfld = 1;   nofld = 1;   ncomp[nofld] = 1;
    sprintf(nmcomp[nofld][0], "%s", nmsbs);   rmcomp[nofld][0] = 1.0;
// REFPROP の設定
    rpsetup(LCOMP, LNMFLD, LNMFILE, LNMRS, ncomp[nofld], nmcomp[nofld], hfcomp[nofld],
        hfmix, hrf);
// 物質の特性値の算出
    icomp = 1;
    info_(&icomp, &wmm, &ttemp, &btemp, &ctemp, &cpres, &crho, &ccf, &acf, &dip, &gc);
    *wmm1 = wmm;   *ctemp1 = ctemp;   *cpres1 = cpres;   *cvol = (1.0 / crho) / wmm;
// 等圧線上における温度および比体積の算出
    for (k = 1; k <= npres; k++) {
        pres = cppres[k];
        kph = 1;
    // 飽和線上における圧力による温度の算出
        if (pres < cpres) {
            satp_(&pres, rmcomp[nofld], &kph, &stemp, &rhol, &rhov, xliq, xvap, &ierr,
                herr, LNMFILE);
            if (ierr != 0) printf("satp 1 %d: %d  %s\n", k, ierr, herr);
        }
        if (jtemp == 1) dtemp = (tempu - templ) / (double) (ntemp - 1);
        else if (jtemp == 2) dtemp = (log(tempu) - log(templ)) / (double) (ntemp - 1);
        kguess = 0;
        cppoint[k] = 0;
    // 温度の変化
        for (i = 1; i <= ntemp; i++) {
        // 圧力および温度による比体積の算出
            if (jtemp == 1) temp = templ + dtemp * (double) (i - 1);
            else if (jtemp == 2) temp = exp(log(templ) + dtemp * (double) (i - 1));
            tprho_(&temp, &pres, rmcomp[nofld], &kph, &kguess, &rho, &ierr,
                herr, LNMFILE);
            if (ierr != 0) printf("tprho 1 %d %d: %d  %s\n", k, i, ierr, herr);
            cppoint[k]++;
            cptemp[k][cppoint[k]] = temp;   cpvol[k][cppoint[k]] = (1.0 / rho) / wmm;
            if (pres < cpres && i < ntemp && temp < stemp
                && ((jtemp == 1 && templ + dtemp * (double) i > stemp)
                || (jtemp == 2 && exp(log(templ) + dtemp * (double) i) > stemp))) {
            // 飽和液線上における圧力および温度による比体積の算出
```

```
                    temp = stemp;
                    tprho_(&temp, &pres, rmcomp[nofld], &kph, &kguess, &rho, &ierr,
                        herr, LNMFILE);
                    if (ierr != 0) printf("tprho 2 %d %d: %d  %s\n", k, i, ierr, herr);
                    cppoint[k]++;
                    cptemp[k][cppoint[k]] = temp;   cpvol[k][cppoint[k]] = (1.0 / rho) / wmm;
                // 飽和蒸気線上における圧力および温度による比体積の算出
                    kph = 2;
                    temp = stemp;
                    tprho_(&temp, &pres, rmcomp[nofld], &kph, &kguess, &rho, &ierr,
                        herr, LNMFILE);
                    if (ierr != 0) printf("tprho 3 %d %d: %d  %s\n", k, i, ierr, herr);
                    cppoint[k]++;
                    cptemp[k][cppoint[k]] = temp;   cpvol[k][cppoint[k]] = (1.0 / rho) / wmm;
                }
            }
    // 飽和線上における比体積および温度の算出
        if (jvol == 1) dvol = (volu - voll) / (double) (nvol - 1);
        else if (jvol == 2) dvol = (log(volu) - log(voll)) / (double) (nvol - 1);
        *pcpoint = 0;
    // 比体積の変化
        for (k = 1; k <= nvol; k++) {
            if (jvol == 1) vol = voll + dvol * (double) (k - 1);
            else if (jvol == 2) vol = exp(log(voll) + dvol * (double) (k - 1));
            rho = (1.0 / vol) / wmm;
            kr = 1;
        // 飽和液あるいは飽和蒸気の判別
            if (rho > crho) kph = 1;
            else kph = 2;
        // 飽和線上における比体積による圧力の算出
            satd_(&rho, rmcomp[nofld], &kr, &kph, &stemp, &spres, &rhol, &rhov, xliq,
                xvap, &ierr, herr, LNMFILE);
            if (ierr != 0) printf("satd 1 %d: %d  %s\n", k, ierr, herr);
            else {
                if (stemp < ctemp) {
                    (*pcpoint)++;
                    pcvol[*pcpoint] = vol;  pctemp[*pcpoint] = stemp;
                }
            }
        }
    }
```

(i) プログラム D-9

実在気体（液体を含む）について，温度をパラメータとして圧力と比体積の関係を表す p-v 線図を作成するために，与条件として設定した各温度について圧力および比体積を算出する．

このプログラムは，A.1 節において適用されている．

【プログラムの説明】

mpvdgrm.c	実在気体（液体を含む）の p-v 線図用の値を算出するための主プログラム
（fpvdgrm.c と共通のため省略）	
fpvdgrm.c	実在気体（液体を含む）の p-v 線図用の値を算出するための関数プログラム
pvdgrm()	実在気体（液体を含む）の p-v 線図用の値を算出するための関数
〔引数による入力〕	
nmsbs	物質の名称 (物質特性のファイル名 (拡張子.FLD を除く)) (文字列変数)
ntemp	等温線パラメータとしての温度の値の数

cttemp	等温線パラメータとしての温度 K (1 次元配列)	
jpres	圧力の離散化方法を指定するための整数値 (jpres = 1: 線形, jpres = 2: 対数)	
npres	離散化する圧力の値の数	
presl	圧力の範囲の下限値 kPa	
presu	圧力の範囲の上限値 kPa	
jvol	比体積の離散化方法を指定するための整数値 (jvol = 1: 線形, jvol = 2: 対数)	
nvol	離散化する比体積の値の数	
voll	比体積の範囲の下限値 m^3/kg	
volu	比体積の範囲の上限値 m^3/kg	
LNMSBS	配列要素の上限数 (LNMSBS $\geq$ nmsbs の文字数 $\leq$ 16)	
LTEMP	配列要素の上限数 (LTEMP $\geq$ ntemp)	
LPRES	配列要素の上限数 (LPRES $\geq$ npres)	
LVOL	配列要素の上限数 (LVOL $\geq$ nvol)	

〔引数による出力〕

wmm1	モル質量 kg/kmol
cpres1	臨界点における圧力 kPa
ctemp1	臨界点における温度 K
cvol	臨界点における比体積 m^3/kg
ctpoint	各温度における圧力および比体積の値の数 (1 次元配列)
ctvol	各温度における比体積 m^3/kg (2 次元配列)
ctpres	各温度における圧力 kPa (2 次元配列)
pcpoint	飽和線上における圧力および比体積の値の数
pcvol	飽和線上における比体積 m^3/kg (1 次元配列)
pcpres	飽和線上における圧力 kPa (1 次元配列)

【プログラム】

```c
/* Main program mpvdgrm.c for generating data for p-v diagram
   by Ryohei Yokoyama  October, 2024
   cc -c ./mpvdgrm.c ./fpvdgrm.c
   gfortran -o ./mpvdgrm ./mpvdgrm.o ./fpvdgrm.o ../CFUNC/rpsetup.o ../RPOBJ/RPALL.o */
#include <stdio.h>
#define LNMSBS  20
#define LTEMP   20
#define LPRES   201
#define LVOL    201
int  main()
{
    extern void pvdgrm();
    int   i, j, jpres, jvol, ntemp, npres, nvol, ctpoint[LPRES+3], pcpoint;
    double cttemp[LTEMP+1], presl, presu, voll, volu, wmm, cpres, ctemp, cvol,
        ctvol[LTEMP+1][LPRES+3], ctpres[LTEMP+1][LPRES+3], pcvol[LVOL+1], pcpres[LVOL+1];
    char  nmsbs[LNMSBS];
// 物質の設定
    sprintf(nmsbs, "WATER");
// 温度の設定
    ntemp = 15;  cttemp[1] = 300.0;  cttemp[2] = 350.0;  cttemp[3] = 400.0;
    cttemp[4] = 450.0;  cttemp[5] = 500.0;  cttemp[6] = 550.0;  cttemp[7] = 600.0;
    cttemp[8] = 650.0;  cttemp[9] = 700.0;  cttemp[10] = 750.0;  cttemp[11] = 800.0;
    cttemp[12] = 850.0;  cttemp[13] = 900.0;  cttemp[14] = 950.0;  cttemp[15] = 1000.0;
// 圧力の設定
    jpres = 2;  npres = 101;  presl = 0.1e3;  presu = 200.0e3;
// 比体積の設定
    jvol = 2;  nvol = 101;  voll = 0.001;  volu = 10.0;
// p-v 線図用の値の算出
    pvdgrm(nmsbs, ntemp, cttemp, jpres, npres, presl, presu, jvol, nvol, voll, volu, &wmm,
        &cpres, &ctemp, &cvol, ctpoint, ctvol, ctpres, &pcpoint, pcvol, pcpres, LNMSBS,
        LTEMP, LPRES, LVOL);
// 結果の表示
```

```c
        printf("\nData for p-v diagram of real liquid and gas: %s\n", nmsbs);
        printf("\nM_kg/kmol pcr_kPa Tcr_K vcr_m3/kg\n%lf %lf %lf %lf\n", wmm, cpres, ctemp,
            cvol);
// 等温線
        printf("\nNumber of temperature contors = %d\n", ntemp);
        for (i = 1; i <= ntemp; i++) {
            printf("\nT_No. %d T_K = %lf %d\n", i, cttemp[i], ctpoint[i]);
            printf("T_No. p_No. v_m3/kg p_kPa\n");
            for (j = 1; j <= ctpoint[i]; j++) {
                printf("%d %d %lf %lf\n", i, j, ctvol[i][j], ctpres[i][j]);
            }
        }
// 飽和線
        printf("\nSaturation curve\n\nv_No. v_m3/kg p_kPa\n");
        for (i = 1; i <= pcpoint; i++) printf("%d %lf %lf\n", i, pcvol[i], pcpres[i]);
}
```

```c
/* Function program fpvdgrm.c for generating data for p-v diagram
   by Ryohei Yokoyama  October, 2024 */
#include    <stdio.h>
#include    <math.h>
#include    "../CFUNC/rpdfntn.h"
#include    "../CFUNC/rpdclrtn.h"
void pvdgrm(nmsbs, ntemp, cttemp, jpres, npres, presl, presu, jvol, nvol, voll, volu,
    wmm1, cpres1, ctemp1, cvol, ctpoint, ctvol, ctpres, pcpoint, pcvol, pcpres, LNMSBS,
    LTEMP, LPRES, LVOL)
int    LNMSBS, LTEMP, LPRES, LVOL, ntemp, jpres, npres, jvol, nvol, ctpoint[LPRES+3],
    *pcpoint;
double    cttemp[LTEMP+1], presl, presu, voll, volu, *wmm1, *cpres1, *ctemp1, *cvol,
    ctvol[LTEMP+1][LPRES+3], ctpres[LTEMP+1][LPRES+3], pcvol[LVOL+1], pcpres[LVOL+1];
char    nmsbs[LNMSBS];
{
// REFPROP 計算用の宣言
    extern void    info_(), satt_(), tprho_(), satd_();
    int    i, j, k, kph, kguess, kr, icomp;
    double    pres, temp, rho, vol, dpres, dvol, stemp, spres, rhol, rhov, wmm, ttemp,
        btemp, ctemp, cpres, crho, ccf, acf, dip, gc, xliq[LCOMP], xvap[LCOMP];
// REFPROP 計算用の物質の設定
    nfld = 1;    nofld = 1;    ncomp[nofld] = 1;
    sprintf(nmcomp[nofld][0], "%s", nmsbs);    rmcomp[nofld][0] = 1.0;
// REFPROP の設定
    rpsetup(LCOMP, LNMFLD, LNMFILE, LNMRS, ncomp[nofld], nmcomp[nofld], hfcomp[nofld],
        hfmix, hrf);
// 物質の特性値の算出
    icomp = 1;
    info_(&icomp, &wmm, &ttemp, &btemp, &ctemp, &cpres, &crho, &ccf, &acf, &dip, &gc);
    *wmm1 = wmm;    *ctemp1 = ctemp;    *cpres1 = cpres;    *cvol = (1.0 / crho) / wmm;
// 等温線上における圧力および比体積の算出
    for (k = 1; k <= ntemp; k++) {
        temp = cttemp[k];
        kph = 1;
// 飽和線上における温度による圧力の算出
        if (temp < ctemp) {
            satt_(&temp, rmcomp[nofld], &kph, &spres, &rhol, &rhov, xliq, xvap, &ierr,
                herr, LNMFILE);
            if (ierr != 0) printf("satt 1 %d: %d  %s\n", k, ierr, herr);
        }
        if (jpres == 1) dpres = (presu - presl) / (double) (npres - 1);
        else if (jpres == 2) dpres = (log(presu) - log(presl)) / (double) (npres - 1);
        kguess = 0;
        ctpoint[k] = 0;
// 圧力の変化
        for (i = 1; i <= npres; i++) {
// 温度および圧力による比体積の算出
            if (jpres == 1) pres = presu - dpres * (double) (i - 1);
            else if (jpres == 2) pres = exp(log(presu) - dpres * (double) (i - 1));
```

```c
            tprho_(&temp, &pres, rmcomp[nofld], &kph, &kguess, &rho, &ierr, herr,
              LNMFILE);
            if (ierr != 0) printf("tprho 1 %d %d: %d  %s\n", k, i, ierr, herr);
            ctpoint[k]++;
            ctpres[k][ctpoint[k]] = pres;   ctvol[k][ctpoint[k]] = (1.0 / rho) / wmm;
            if (temp < ctemp && i < npres && pres > spres
              && ((jpres == 1 && presu - dpres * (double) i < spres)
              || (jpres == 2 && exp(log(presu) - dpres * (double) i) < spres))) {
            // 飽和液線上における温度および圧力による比体積の算出
                pres = spres;
                tprho_(&temp, &pres, rmcomp[nofld], &kph, &kguess, &rho, &ierr, herr,
                  LNMFILE);
                if (ierr != 0) printf("tprho 2 %d %d: %d  %s\n", k, i, ierr, herr);
                ctpoint[k]++;
                ctpres[k][ctpoint[k]] = pres;   ctvol[k][ctpoint[k]] = (1.0 / rho) / wmm;
            // 飽和蒸気線上における温度および圧力による比体積の算出
                kph = 2;
                pres = spres;
                tprho_(&temp, &pres, rmcomp[nofld], &kph, &kguess, &rho, &ierr,
                  herr, LNMFILE);
                if (ierr != 0) printf("tprho 3 %d %d: %d  %s\n", k, i, ierr, herr);
                ctpoint[k]++;
                ctpres[k][ctpoint[k]] = pres;   ctvol[k][ctpoint[k]] = (1.0 / rho) / wmm;
            }
        }
    }
// 飽和線上における比体積および圧力の算出
    if (jvol == 1) dvol = (volu - voll) / (double) (nvol - 1);
    else if (jvol == 2) dvol = (log(volu) - log(voll)) / (double) (nvol - 1);
    *pcpoint = 0;
// 比体積の変化
    for (k = 1; k <= nvol; k++) {
        if (jvol == 1) vol = voll + dvol * (double) (k - 1);
        else if (jvol == 2) vol = exp(log(voll) + dvol * (double) (k - 1));
        rho = (1.0 / vol) / wmm;
        kr = 1;
    // 飽和液あるいは飽和蒸気の判別
        if (rho > crho) kph = 1;
        else kph = 2;
    // 飽和線上における比体積による圧力の算出
        satd_(&rho, rmcomp[nofld], &kr, &kph, &stemp, &spres, &rhol, &rhov, xliq, xvap,
          &ierr, herr, LNMFILE);
        if (ierr != 0) printf("satd 1 %d: %d  %s\n", k, ierr, herr);
        else {
            if (spres < cpres) {
                (*pcpoint)++;
                pcvol[*pcpoint] = vol;   pcpres[*pcpoint] = spres;
            }
        }
    }
}
```

(j) プログラム D-10

実在気体（液体を含む）について，比体積をパラメータとして圧力と温度の関係を表す p-T 線図を作成するために，与条件として設定した各比体積について圧力および温度を算出する．

このプログラムは，A.1 節において適用されている．

【プログラムの説明】

mptdgrm.c	実在気体（液体を含む）の p-T 線図用の値を算出するための主プログラム

(fptdgrm.c と共通のため省略)

fptdgrm.c	実在気体 (液体を含む) の p-T 線図用の値を算出するための関数プログラム
ptdgrm()	実在気体 (液体を含む) の p-T 線図用の値を算出するための関数

〔引数による入力〕

nmsbs	物質の名称 (物質特性のファイル名 (拡張子 .FLD を除く)) (文字列変数)
nvol	等比体積線パラメータとしての比体積の値の数
cvvol	等比体積線パラメータとしての比体積 m^3/kg (1 次元配列)
jpres	圧力の離散化方法を指定するための整数値 (jpres = 1: 線形, jpres = 2: 対数)
npres	離散化する圧力の値の数
presl	圧力の範囲の下限値 kPa
presu	圧力の範囲の上限値 kPa
jtemp	温度の離散化方法を指定するための整数値 (jtemp = 1: 線形, jtemp = 2: 対数)
ntemp	離散化する温度の値の数
templ	温度の範囲の下限値 K
tempu	温度の範囲の上限値 K
LNMSBS	配列要素の上限数 (LNMSBS $\geq$ nmsbs の文字数 $\leq$ 16)
LVOL	配列要素の上限数 (LVOL $\geq$ nvol)
LPRES	配列要素の上限数 (LPRES $\geq$ npres)
LTEMP	配列要素の上限数 (LTEMP $\geq$ ntemp)

〔引数による出力〕

wmm1	モル質量 kg/kmol
cpres1	臨界点における圧力 kPa
ctemp1	臨界点における温度 K
cvol	臨界点における比体積 m^3/kg
cvpoint	各比体積における圧力および温度の値の数 (1 次元配列)
cvtemp	各比体積における温度 K (2 次元配列)
cvpres	各比体積における圧力 kPa (2 次元配列)
pcpoint	飽和線上における圧力および温度の値の数
pctemp	飽和線上における温度 K (1 次元配列)
pcpres	飽和線上における圧力 kPa (1 次元配列)

【プログラム】

```c
/* Main program mptdgrm.c for generating data for p-T diagram
   by Ryohei Yokoyama   October, 2024
   cc -c ./mptdgrm.c ./fptdgrm.c
   gfortran -o ./mptdgrm ./mptdgrm.o ./fptdgrm.o ../CFUNC/rpsetup.o ../RPOBJ/RPALL.o */
#include   <stdio.h>
#define    LNMSBS  20
#define    LVOL    20
#define    LPRES   201
#define    LTEMP   201
int    main()
{
    extern void    ptdgrm();
    int    i, j, jpres, jtemp, nvol, npres, ntemp, cvpoint[LPRES+3], pcpoint;
    double cvvol[LVOL+1], presl, presu, templ, tempu, wmm, cpres, ctemp, cvol,
      cvtemp[LVOL+1][LPRES+3], cvpres[LVOL+1][LPRES+3], pctemp[LTEMP+1], pcpres[LTEMP+1];
    char   nmsbs[LNMSBS];
// 物質の設定
    sprintf(nmsbs, "WATER");
// 比体積の設定
    nvol = 16;  cvvol[1] = 1.1e-3;  cvvol[2] = 1.2e-3;  cvvol[3] = 1.3e-3;
    cvvol[4] = 1.4e-3;  cvvol[5] = 1.5e-3;  cvvol[6] = 2.0e-3;  cvvol[7] = 5.0e-3;
    cvvol[8] = 1.0e-2;  cvvol[9] = 2.0e-2;  cvvol[10] = 5.0e-2;  cvvol[11] = 1.0e-1;
    cvvol[12] = 2.0e-1; cvvol[13] = 5.0e-1;  cvvol[14] = 1.0e0;  cvvol[15] = 2.0e0;
    cvvol[16] = 5.0e0;
```

```c
// 圧力の設定
    jpres = 2;  npres = 101;  presl = 0.1e3;  presu = 200.0e3;
// 温度の設定
    jtemp = 1;  ntemp = 101;  templ = 273.15;  tempu = 1000.0;
// p-T 線図用の値の算出
    ptdgrm(nmsbs, nvol, cvvol, jpres, npres, presl, presu, jtemp, ntemp, templ, tempu,
        &wmm, &cpres, &ctemp, &cvol, cvpoint, cvtemp, cvpres, &pcpoint, pctemp, pcpres,
        LNMSBS, LVOL, LPRES, LTEMP);
// 結果の表示
    printf("\nData for p-T diagram of real liquid and gas: %s\n", nmsbs);
    printf("\nM_kg/kmol pcr_kPa Tcr_K vcr_m3/kg\n%lf %lf %lf %lf\n", wmm, cpres, ctemp,
        cvol);
// 等比体積線
    printf("\nNumber of specific volume contors = %d\n", nvol);
    for (i = 1; i <= nvol; i++) {
        printf("\nv_No. %d v_m3/kg = %lf %d\n", i, cvvol[i], cvpoint[i]);
        printf("v_No. p_No. T_K p_kPa \n");
        for (j = 1; j <= cvpoint[i]; j++) {
            printf("%d %d %lf %lf\n", i, j, cvtemp[i][j], cvpres[i][j]);
        }
    }
// 飽和線
    printf("\nSaturation curve\n\nv_No. v_m3/kg p_kPa\n");
    for (i = 1; i <= pcpoint; i++) printf("%d %lf %lf\n", i, pctemp[i], pcpres[i]);
}
```

```c
/* Function program fptdgrm.c for generating data for p-T diagram
   by Ryohei Yokoyama   October, 2024 */
#include <stdio.h>
#include <math.h>
#include "../CFUNC/rpdfntn.h"
#include "../CFUNC/rpdclrtn.h"
void  ptdgrm(nmsbs, nvol, cvvol, jpres, npres, presl, presu, jtemp, ntemp, templ, tempu,
    wmm1, cpres1, ctemp1, cvol, cvpoint, cvtemp, cvpres, pcpoint, pctemp, pcpres, LNMSBS,
    LVOL, LPRES, LTEMP)
int   LNMSBS, LVOL, LPRES, LTEMP, nvol, jpres, npres, jtemp, ntemp, cvpoint[LPRES+3],
    *pcpoint;
double  cvvol[LVOL+1], presl, presu, templ, tempu, *wmm1, *cpres1, *ctemp1, *cvol,
    cvtemp[LVOL+1][LPRES+3], cvpres[LVOL+1][LPRES+3], pctemp[LTEMP+1], pcpres[LTEMP+1];
char   nmsbs[LNMSBS];
{
// REFPROP 計算用の宣言
    extern void  info_(), satd_(), tdflsh_(), pdflsh_(), satt_();
    int   i, j, k, kph, kguess, kr, icomp, jctemp;
    double  pres, temp, rho, vol, dtemp, dpres, dvol, stemp, spres, rhol, rhov, wmm,
        ttemp, btemp, ctemp, cpres, crho, ccf, acf, dip, gc, dl, dv, q, cv, cp, w, inteng,
        enthal, entrop, xliq[LCOMP], xvap[LCOMP], x[LCOMP], y[LCOMP];
// REFPROP 計算用の物質の設定
    nfld = 1;  nofld = 1;  ncomp[nofld] = 1;
    sprintf(nmcomp[nofld][0], "%s", nmsbs);  rmcomp[nofld][0] = 1.0;
// REFPROP の設定
    rpsetup(LCOMP, LNMFLD, LNMFILE, LNMRS, ncomp[nofld], nmcomp[nofld], hfcomp[nofld],
        hfmix, hrf);
// 物質の特性値の算出
    icomp = 1;
    info_(&icomp, &wmm, &ttemp, &btemp, &ctemp, &cpres, &crho, &ccf, &acf, &dip, &gc);
    *wmm1 = wmm;  *ctemp1 = ctemp;  *cpres1 = cpres;  *cvol = (1.0 / crho) / wmm;
// 等比体積線上における圧力および温度の算出
    for (k = 1; k <= nvol; k++) {
        vol = cvvol[k];  rho = (1.0 / vol) / wmm;
        kr = 1;  kph = 1;
        satd_(&rho, rmcomp[nofld], &kr, &kph, &stemp, &spres, &rhol, &rhov, xliq, xvap,
            &ierr, herr, LNMFILE);
        if (ierr != 0) printf("satd 1 %d: %d  %s\n", k, ierr, herr);
        // 液相における圧力による温度の算出
        if (rho > crho) {
```

```c
                if (jpres == 1) dpres = (presu - presl) / (double) (npres - 1);
                else if (jpres == 2) dpres = (log(presu) - log(presl)) / (double) (npres - 1);
                kph = 1;   kguess = 0;
                cvpoint[k] = 0;
            // 圧力の変化
                for (i = 1; i <= npres; i++) {
                // 比体積および圧力による温度の算出
                    if (jpres == 1) pres = presu - dpres * (double) (i - 1);
                    else if (jpres == 2) pres = exp(log(presu) - dpres * (double) (i - 1));
                    pdflsh_(&pres, &rho, rmcomp[nofld], &temp, &dl, &dv, x, y, &q, &inteng,
                        &enthal, &entrop, &cv, &cp, &w, &ierr, herr, LNMFILE);
                    if (ierr != 0) printf("pdflsh 1 %d %d: %d  %s\n", k, i, ierr, herr);
                    cvpoint[k]++;
                    cvpres[k][cvpoint[k]] = pres;    cvtemp[k][cvpoint[k]] = temp;
                    if (i < npres && pres > spres
                        && ((jpres == 1 && presu - dpres * (double) i < spres)
                        || (jpres == 2 && exp(log(presu) - dpres * (double) i) < spres))) {
                        // 飽和液線上における比体積および圧力による温度の算出
                            pres = spres;
                            pdflsh_(&pres, &rho, rmcomp[nofld], &temp, &dl, &dv, x, y, &q,
                                &inteng, &enthal, &entrop, &cv, &cp, &w, &ierr, herr, LNMFILE);
                            if (ierr != 0) printf("pdflsh 2 %d %d: %d  %s\n", k, i, ierr, herr);
                            cvpoint[k]++;
                            cvpres[k][cvpoint[k]] = pres;    cvtemp[k][cvpoint[k]] = temp;
                            break;
                    }
                }
        // 気相における温度による圧力の算出
            else {
                if (jtemp == 1) dtemp = (tempu - templ) / (double) (ntemp - 1);
                else if (jtemp == 2) dtemp = (log(tempu) - log(templ)) / (double) (ntemp - 1);
                kph = 2;   kguess = 0;
                cvpoint[k] = 0;
            // 温度の変化
                for (i = 1; i <= ntemp; i++) {
                // 比体積および温度による圧力の算出
                    if (jtemp == 1) temp = tempu - dtemp * (double) (i - 1);
                    else if (jtemp == 2) temp = exp(log(tempu) - dtemp * (double) (i - 1));
                    tdflsh_(&temp, &rho, rmcomp[nofld], &pres, &dl, &dv, x, y, &q, &inteng,
                        &enthal, &entrop, &cv, &cp, &w, &ierr, herr, LNMFILE);
                    if (ierr != 0) printf("tdflsh 1 %d %d: %d  %s\n", k, i, ierr, herr);
                    cvpoint[k]++;
                    cvpres[k][cvpoint[k]] = pres;    cvtemp[k][cvpoint[k]] = temp;
                    if (i < ntemp && temp > stemp
                        && ((jtemp == 1 && tempu - dtemp * (double) i < stemp)
                        || (jtemp == 2 && exp(log(tempu) - dtemp * (double) i) < stemp))) {
                        // 飽和蒸気線上における比体積および温度による圧力の算出
                            temp = stemp;
                            tdflsh_(&temp, &rho, rmcomp[nofld], &pres, &dl, &dv, x, y, &q,
                                &inteng, &enthal, &entrop, &cv, &cp, &w, &ierr, herr, LNMFILE);
                            if (ierr != 0) printf("tdflsh 2 %d %d: %d  %s\n", k, i, ierr, herr);
                            cvpoint[k]++;
                            cvpres[k][cvpoint[k]] = pres;    cvtemp[k][cvpoint[k]] = temp;
                            break;
                    }
                }
            }
        }
    // 飽和線上における温度および圧力の算出
        if (jtemp == 1) dtemp = (tempu - templ) / (double) (ntemp - 1);
        else if (jtemp == 2) dtemp = (log(tempu) - log(templ)) / (double) (ntemp - 1);
        jctemp = 0;
        *pcpoint = 0;
    // 温度の変化
        for (k = 1; k <= ntemp; k++) {
            if (jtemp == 1) temp = templ + dtemp * (double) (k - 1);
            else if (jtemp == 2) temp = exp(log(templ) + dtemp * (double) (k - 1));
```

```
            if (temp > ctemp) {
                temp = ctemp;
                jctemp = 1;
            }
    // 飽和線上における温度による圧力の算出
            satt_(&temp, rmcomp[nofld], &kph, &spres, &rhol, &rhov, xliq, xvap, &ierr, herr,
              LNMFILE);   if (ierr != 0) printf("satt 1 %d: %d   %s\n", k, ierr, herr);
            (*pcpoint)++;
            pctemp[*pcpoint] = temp;   pcpres[*pcpoint] = spres;
            if (jctemp == 1) {
                break;
            }
        }
    }
```

付録 E
連立非線形代数方程式の数値計算

定常系の解析においては，一般的に複数の変数を含む連立非線形代数方程式を解く必要がある．しかしながら，連立非線形代数方程式を解析的に解くことは一般的に困難である．その代わりに数値計算を利用して数値的に解くことができる．

本付録では，まず，連立非線形代数方程式を数値的に解くためのニュートン–ラフソン法について概説する．次に，解を導出する過程で発生し得る発散や振動を回避するための改良について述べる．さらに，解を導出する過程で，変数の値が不都合な範囲に入るのを回避するために，変数に上・下限制約を考慮して方程式の最小二乗最小ノルム解を導出するための二次計画法による拡張について述べる．

Cプログラムとしては，連立非線形代数方程式を解くための汎用共通プログラム，ならびに第3章，第5章，および第6章における様々な数値計算に使用する個別プログラムを掲載し，説明を加える．

E.1 ニュートン–ラフソン法

n 個の変数 x_j $(j = 1, 2, \cdots, n)$ を未知数として含む次式の連立非線形代数方程式を，ニュートン–ラフソン法によって解くことを考える．

$$f_i(x_1, x_2, \cdots, x_n) = 0 \quad (i = 1, 2, \cdots, m) \tag{E.1}$$

ここで，暫定的に方程式と変数の数が等しく，$m = n$ とする．連立非線形代数方程式では複数の解が存在したり，解が存在しない場合も考えられる．ここでは，前者の場合に，そのうちの1つの解を導出するものとする．また，後者の場合でも，それを判断するものではない．

詳細は省略するが，式 (E.1) の関数 f_i を探索途中における x_j の値 $x_{j(l)}$ $(j = 1, 2, \cdots, n)$ に対応する点 $(x_{1(l)}, x_{2(l)}, \cdots, x_{n(l)})$ においてテイラー級数展開し，x_j の変化量 Δx_j $(j = 1, 2, \cdots, n)$ の一次の項までによって f_i の近似を行う．これによって得られる接平面を表す関数によって f_i を置き換えた式 (E.1) の方程式の解を $(x_{1(l+1)}, x_{2(l+1)}, \cdots, x_{n(l+1)})$ とすると，次式が得られる．

$$f_i(x_{1(l)}, x_{2(l)}, \cdots, x_{n(l)}) + \sum_{j=1}^{n} \frac{\partial f_i}{\partial x_j}(x_{1(l)}, x_{2(l)}, \cdots, x_{n(l)})(x_{j(l+1)} - x_{j(l)}) = 0$$
$$(i = 1, 2, \cdots, m) \tag{E.2}$$

これより，x_j $(j = 1, 2, \cdots, n)$ の値を更新するための漸化式

$$\begin{Bmatrix} x_{1(l+1)} \\ x_{2(l+1)} \\ \vdots \\ x_{n(l+1)} \end{Bmatrix} = \begin{Bmatrix} x_{1(l)} \\ x_{2(l)} \\ \vdots \\ x_{n(l)} \end{Bmatrix} - \begin{bmatrix} \frac{\partial f_1}{\partial x_1} & \frac{\partial f_1}{\partial x_2} & \cdots & \frac{\partial f_1}{\partial x_n} \\ \frac{\partial f_2}{\partial x_1} & \frac{\partial f_2}{\partial x_2} & \cdots & \frac{\partial f_2}{\partial x_n} \\ \vdots & \vdots & \ddots & \vdots \\ \frac{\partial f_m}{\partial x_1} & \frac{\partial f_m}{\partial x_2} & \cdots & \frac{\partial f_m}{\partial x_n} \end{bmatrix}^{-1} \begin{Bmatrix} f_1 \\ f_2 \\ \vdots \\ f_m \end{Bmatrix} \tag{E.3}$$

が得られる．ここで，表記は省略したが，$f_i\,(i=1,2,\cdots,m)$ および $\partial f_i/\partial x_j\,(i=1,2,\cdots,m;\ j=1,2,\cdots,n)$ の値を $x_{j(l)}\,(j=1,2,\cdots,n)$ において評価する．

また，ベクトル

$$\left.\begin{array}{l}\boldsymbol{x}=(x_1\ x_2\ \cdots\ x_n)^{\mathrm{T}}\\ \boldsymbol{f}=(f_1\ f_2\ \cdots\ f_m)^{\mathrm{T}}\end{array}\right\} \tag{E.4}$$

を定義すると，式 (E.1) の解くべき方程式および式 (E.3) の $\boldsymbol{x}$ の値を更新するための漸化式は，それぞれ次式のように表すことができる．

$$\boldsymbol{f}(\boldsymbol{x})=\boldsymbol{0} \tag{E.5}$$

$$\boldsymbol{x}_{(l+1)}=\boldsymbol{x}_{(l)}-\left[\frac{\partial \boldsymbol{f}}{\partial \boldsymbol{x}}(\boldsymbol{x}_{(l)})\right]^{-1}\boldsymbol{f}(\boldsymbol{x}_{(l)}) \tag{E.6}$$

なお，式 (E.6) における数値計算では，ヤコビ行列の逆行列を求める必要はなく，$\Delta\boldsymbol{x}_{(l)}=\boldsymbol{x}_{(l+1)}-\boldsymbol{x}_{(l)}$ を未知数とする次式の連立一次方程式を解けばよい．

$$\left[\frac{\partial \boldsymbol{f}}{\partial \boldsymbol{x}}(\boldsymbol{x}_{(l)})\right]\Delta\boldsymbol{x}_{(l)}=-\boldsymbol{f}(\boldsymbol{x}_{(l)}) \tag{E.7}$$

初期点 $\boldsymbol{x}_{(0)}$ を設定すると，式 (E.7) によって $\boldsymbol{x}_{(1)},\boldsymbol{x}_{(2)},\cdots$ が逐次求められるが，それらの値が収束するまで継続する．

E.2　ニュートン–ラフソン法の改良

ニュートン–ラフソン法においては，方程式の非線形関数における非線形性が強くなると，解の発散および振動が生じ得る．しかしながら，多変数の場合には各方程式がすべての変数の関数となっているため，解の挙動を想像しにくくなる．ここでは，一変数の非線形方程式に対するニュートン–ラフソン法における解の発散および振動を回避するための方策を，多変数であることを考慮して単純に拡張する．

まず，解の発散は，方程式を表す関数の勾配が，方程式を満たす解が存在する領域では大きく，方程式を満たす解が存在しない領域では小さい場合に生じ得ると考えられる．そこで，解の発散を回避するために，

$$\left.\begin{array}{l}f_i(\boldsymbol{x}_{(l+1)})f_i(\boldsymbol{x}_{(l)})<0\\ |f_i(\boldsymbol{x}_{(l+1)})|/|f_i(\boldsymbol{x}_{(l)})|>c_1\end{array}\right\}(i=1,2,\cdots,m) \tag{E.8}$$

となるようなすべての方程式を対象として，$|f_i(\boldsymbol{x}_{(l+1)})|/|f_i(\boldsymbol{x}_{(l)})|$ が最大となる第 i 番目の方程式を同定する．ここで，c_1 は発散が生じ得ると判断するための定数である．また，変数の値を $\boldsymbol{x}_{(l)}$ に戻し，次式のように変数の変化量を減少させる．

$$\boldsymbol{x}'_{(l+1)}=\boldsymbol{x}_{(l)}+\frac{|f_i(\boldsymbol{x}_{(l)})|}{|f_i(\boldsymbol{x}_{(l)})|+|f_i(\boldsymbol{x}_{(l+1)})|}(\boldsymbol{x}_{(l+1)}-\boldsymbol{x}_{(l)}) \tag{E.9}$$

このようにして，再度式 (E.8) の条件が成立しているかどうか確認し，成立していれば，再度式 (E.9) に従って，変数の変化量を減少させる．さらに，必要に応じてこの過程を反復する．これ

によって収束に向かうことが期待される．

次に，解の振動は，方程式を満たす解が存在しない領域に，方程式を表す関数の極大あるいは極小値が存在する場合に生じ得ると考えられる．そこで，解の振動を回避するために，

$$\left.\begin{array}{l} f_i(\boldsymbol{x}_{(l+1)})f_i(\boldsymbol{x}_{(l)}) > 0 \\ |f_i(\boldsymbol{x}_{(l+1)})|/|f_i(\boldsymbol{x}_{(l)})| > c_2 \end{array}\right\} (i=1,2,\cdots,m) \tag{E.10}$$

となるような方程式が存在する場合には，方程式の残差を表す r を変数に加え，次式を満たすように x および r の値を探索する．ここで，c_2 は振動が生じ得ると判断するための定数である．

$$\boldsymbol{F}(\boldsymbol{x},\boldsymbol{r}) = \boldsymbol{f}(\boldsymbol{x}) - \boldsymbol{r} = \boldsymbol{0} \tag{E.11}$$

x および r の値を同時に変化させるために，x および r の変化量に関する最小ノルム解を逐次求めていく．そのために，拡張したニュートン–ラフソン法によって，次式の漸化式を用いて，x および r の値を探索すればよい．

$$\left\{\begin{array}{c}\boldsymbol{x}_{(l+1)}\\\boldsymbol{r}_{(l+1)}\end{array}\right\} = \left\{\begin{array}{c}\boldsymbol{x}_{(l)}\\\boldsymbol{r}_{(l)}\end{array}\right\} - \left[\begin{array}{cc}\dfrac{\partial \boldsymbol{F}}{\partial \boldsymbol{x}}(\boldsymbol{x}_{(l)},\boldsymbol{r}_{(l)}) & \dfrac{\partial \boldsymbol{F}}{\partial \boldsymbol{r}}(\boldsymbol{x}_{(l)},\boldsymbol{r}_{(l)})\end{array}\right]^{+}\boldsymbol{F}(\boldsymbol{x}_{(l)},\boldsymbol{r}_{(l)}) \tag{E.12}$$

ここで，$[\ ]^{+}$ は一般逆行列を示す．式 (E.12) は，式 (E.11) を考慮すると次式となる．

$$\left\{\begin{array}{c}\boldsymbol{x}_{(l+1)}\\\boldsymbol{r}_{(l+1)}\end{array}\right\} = \left\{\begin{array}{c}\boldsymbol{x}_{(l)}\\\boldsymbol{r}_{(l)}\end{array}\right\} - \left[\begin{array}{cc}\dfrac{\partial \boldsymbol{f}}{\partial \boldsymbol{x}}(\boldsymbol{x}_{(l)}) & -\boldsymbol{I}\end{array}\right]^{+}(\boldsymbol{f}(\boldsymbol{x}_{(l)}) - \boldsymbol{r}_{(l)}) \tag{E.13}$$

ここで，I は式 (E.11) の r に関する偏導関数によって生じる単位行列である．なお，変数の数が方程式の数よりも大きいため，式 (E.13) における一般逆行列に右逆行列を適用する．この探索によって最短距離で極大あるいは極小点に近づく可能性が高いが，$f(x)$ 上の点が求められていなくても，$f(x)$ 上の点に近づけば，そこで x と $f(x)$ の値を求めてもよい．このようにして得られた極大あるいは極小点に近い点で通常のニュートン–ラフソン法の探索に戻ると，その点では接線の勾配が十分に小さく，解の振動によって捕捉され得る領域の外に出る可能性が高くなる．

なお，多変数の場合のニュートン–ラフソン法においては，特に初期点の設定は容易ではないため，上述のような捕捉から抜け出すための方策を初期点の修正に適用することも可能であると考えられる．

E.3 二次計画法の利用による拡張

ニュートン–ラフソン法による解探索の途中では，変数の値は元の非線形代数方程式を線形化した方程式によって決定される．そのため，方程式を構成する関数として，例えばべき関数や対数関数が使用されていた場合に，変数の値によって引数の値が負となれば関数を評価できず，探索を継続することができなくなる．また，方程式に物質特性の数値計算プログラムを利用する場合においては，変数の値によって数値計算プログラムの関数の引数の値が不都合な値になった場合には同様に関数を評価できず，探索を継続することができなくなる．したがって，変数に上・

下限制約を加えることによって，上記のような不都合が生じないような変数の値の範囲内で探索する必要がある．しかしながら，変数に上・下限制約を加えると，元の方程式や探索途中の線形化された方程式が満たされなくなる可能性があるため，方程式に残差を考慮する必要がある．本節では，このような場合であっても解を導出できるように，二次計画法によって最小二乗最小ノルム解を導出する方法を導入して，ニュートン–ラフソン法を拡張する．なお，この拡張によって，式 (E.1) の連立非線形代数方程式において方程式と変数の数が異なり，$m \neq n$ の場合にも，ヤコビ行列を拡張することによって最小二乗最小ノルム解を導出することができる．

式 (E.5) を拡張した次式の連立非線形代数方程式を考える．

$$\left. \begin{array}{l} \boldsymbol{F}(\boldsymbol{x}, \boldsymbol{r}) = \boldsymbol{f}(\boldsymbol{x}) - \boldsymbol{r} = \boldsymbol{0} \\ \underline{\boldsymbol{x}} \leq \boldsymbol{x} \leq \bar{\boldsymbol{x}} \\ \underline{\boldsymbol{r}} \leq \boldsymbol{r} \leq \bar{\boldsymbol{r}} \end{array} \right\} \tag{E.14}$$

ここで，$\boldsymbol{r}$ は方程式の残差，$\bar{\boldsymbol{x}}$ および $\underline{\boldsymbol{x}}$ はそれぞれ $\boldsymbol{x}$ の上限値および下限値，$\bar{\boldsymbol{r}}$ および $\underline{\boldsymbol{r}}$ はそれぞれ $\boldsymbol{r}$ の上限値および下限値である．このとき，式 (E.7) を拡張した連立一次方程式は，変数の変化量 $\Delta \boldsymbol{x}_{(l)} = \boldsymbol{x}_{(l+1)} - \boldsymbol{x}_{(l)}$ および残差の変化量 $\Delta \boldsymbol{r}_{(l)} = \boldsymbol{r}_{(l+1)} - \boldsymbol{r}_{(l)}$ を用いて，次式のように表される．

$$\left[\begin{array}{cc} \dfrac{\partial \boldsymbol{F}}{\partial \boldsymbol{x}}(\boldsymbol{x}_{(l)}, \boldsymbol{r}_{(l)}) & \dfrac{\partial \boldsymbol{F}}{\partial \boldsymbol{r}}(\boldsymbol{x}_{(l)}, \boldsymbol{r}_{(l)}) \end{array} \right] \left\{ \begin{array}{c} \Delta \boldsymbol{x}_{(l)} \\ \Delta \boldsymbol{r}_{(l)} \end{array} \right\} = -\boldsymbol{F}(\boldsymbol{x}_{(l)}, \boldsymbol{r}_{(l)}) \tag{E.15}$$

式 (E.15) は，式 (E.14) の第 1 式を考慮すると次式となる．

$$\left[\begin{array}{cc} \dfrac{\partial \boldsymbol{f}}{\partial \boldsymbol{x}}(\boldsymbol{x}_{(l)}) & -\boldsymbol{I} \end{array} \right] \left\{ \begin{array}{c} \Delta \boldsymbol{x}_{(l)} \\ \Delta \boldsymbol{r}_{(l)} \end{array} \right\} = -(\boldsymbol{f}(\boldsymbol{x}_{(l)}) - \boldsymbol{r}_{(l)}) \tag{E.16}$$

ここで，$\boldsymbol{I}$ は式 (E.14) の第 1 式の $\boldsymbol{r}$ に関する偏導関数によって生じる単位行列である．また，式 (E.16) を変形すると，次式のようになる．

$$\left[\dfrac{\partial \boldsymbol{f}}{\partial \boldsymbol{x}}(\boldsymbol{x}_{(l)}) \right] \Delta \boldsymbol{x}_{(l)} - \boldsymbol{r}_{(l+1)} = -\boldsymbol{f}(\boldsymbol{x}_{(l)}) \tag{E.17}$$

したがって，拡張ニュートン–ラフソン法では，変数および残差の上・下限制約を考慮しながら，式 (E.17) を逐次解いていく．まず，最小二乗解を導出するために，次式の二次計画問題を解く．

$$\left. \begin{array}{ll} \text{min.} & \|\boldsymbol{r}_{(l+1)}\|_2^2 \\ \text{sub. to} & \left[\dfrac{\partial \boldsymbol{f}}{\partial \boldsymbol{x}}(\boldsymbol{x}_{(l)}) \right] \Delta \boldsymbol{x}_{(l)} - \boldsymbol{r}_{(l+1)} = -\boldsymbol{f}(\boldsymbol{x}_{(l)}) \\ & \underline{\boldsymbol{x}} - \boldsymbol{x}_{(l)} \leq \Delta \boldsymbol{x}_{(l)} \leq \bar{\boldsymbol{x}} - \boldsymbol{x}_{(l)} \\ & \underline{\boldsymbol{r}} \leq \boldsymbol{r}_{(l+1)} \leq \bar{\boldsymbol{r}} \end{array} \right\} \tag{E.18}$$

次に，式 (E.18) を解くことによって得られる残差の値 $\boldsymbol{r}_{(l+1)}$ を固定し，最小ノルム解を導出するために，次式の二次計画問題を解く．

$$\left. \begin{array}{ll} \text{min.} & \|\Delta \boldsymbol{x}_{(l)}\|_2^2 \\ \text{sub. to} & \left[\dfrac{\partial \boldsymbol{f}}{\partial \boldsymbol{x}}(\boldsymbol{x}_{(l)}) \right] \Delta \boldsymbol{x}_{(l)} = -\boldsymbol{f}(\boldsymbol{x}_{(l)}) + \boldsymbol{r}_{(l+1)} \\ & \underline{\boldsymbol{x}} - \boldsymbol{x}_{(l)} \leq \Delta \boldsymbol{x}_{(l)} \leq \bar{\boldsymbol{x}} - \boldsymbol{x}_{(l)} \end{array} \right\} \tag{E.19}$$

初期点 $x_{(0)}$ を設定すると，式 (E.18) および式 (E.19) によって $x_{(1)}, x_{(2)}, \cdots$ が逐次求められるが，それらの値が収束するまで継続する．

E.4　数値計算プログラム

第 3 章および第 5 章〜第 7 章において，物質，機器要素，および機器／システムに関する解析の目的に応じた数値計算を行うために，しばしば連立非線形代数方程式を解く必要がある．ここでは，数値計算プログラムを，拡張ニュートン–ラフソン法および二次計画法によって連立非線形代数方程式を解くための汎用共通プログラムと，汎用共通プログラムを使用して個々の数値計算を行うための個別プログラムに大別して掲載している．

E.4.1　汎用共通プログラム

プログラム E-0

このプログラムによって，任意の連立非線形代数方程式を拡張ニュートン–ラフソン法および二次計画法によって解くことができる．このプログラムは，参考文献 [9] の第 4 章に掲載したプログラムを本質的に変更することなく利用している．また，E.1 節〜E.3 節において概説した数値計算の方法については，この参考文献により詳しく掲載しているので，必要に応じて参照されたい．

このプログラムは個別プログラムから関数 qpwntnrpn() の呼び出しによって使用する．これによって，連立非線形代数方程式の基本的な条件を設定することができる．一方，このプログラムから関数 rsdl() および anjcbn() が呼び出され，探索途中における変数の値を用いて方程式の残差および必要に応じて拡張ヤコビ行列の値を算出し，戻す必要があるので，個別プログラムにこれらの関数を含めておかなければならない．これによって，関数 qpwntnrpn() の呼び出しでは設定することができない連立非線形代数方程式を，関数 rsdl() および anjcbn() で数値的に与えることができる．なお，REFPROP を用いて方程式の残差を評価する場合には，拡張ヤコビ行列を解析的に導出することはできないので，関数 qpwntnrpn() を呼び出す際に引数を janj = 0 と設定しておく必要がある．また，関数 anjcbn() は本質的に不要であるが，プログラムのコンパイルのために形式上必要である．

【プログラムの説明】

qpwntnrpn.c	拡張ニュートン–ラフソン法および二次計画法によって連立非線形代数方程式を解くための関数プログラム
qpwntnrpn()	拡張ニュートン–ラフソン法および二次計画法によって連立非線形代数方程式を解くための関数
〔引数による入力〕	
mdim	方程式の数 m
ndim	変数の数 n
LDIM	配列要素の上限数 (LDIM $\geq$ max{mdim, ndim}: jint = 0 および jtrp = 0 の場合，LDIM $\geq$ mdim + ndim: jint = 1 あるいは jtrp = 1 の場合)

alpha	変数ベクトル x の値を更新するための漸化式における加速/減速係数 (alpha < 1.0: 減速, alpha = 1.0: 通常, alpha > 1.0: 加速)	
lrep	変数ベクトル x の値を更新する回数の制限値	
epsn	実数値の零/非零を判定するための閾値（連立非線形代数方程式用）	
epsl	実数値の零/非零を判定するための閾値（連立一次方程式用）	
jint	初期点修正計算の適用/非適用を指定するための整数値 (jint = 0: 非適用, jint = 1: 適用)	
lint	初期点修正計算の反復回数の制限値	
eint	初期点修正計算の収束を判定するための閾値	
jtrp	捕捉回避計算の適用/非適用を指定するための整数値 (jtrp = 0: 非適用, jtrp = 1: 適用)	
ftrp	捕捉を判定するための閾値 c_2	
ltrp	捕捉回避計算の反復回数の制限値	
etrp	捕捉回避計算の収束を判定するための閾値	
jrdc	発散回避計算の適用/非適用を指定するための整数値 (jrdc = 0: 非適用, jrdc = 1: 適用)	
frdc	発散を判定するための閾値 c_1	
lrdc	発散回避計算の反復回数の制限値	
janj	拡張ヤコビ行列 $\partial f(x)/\partial x$ の解析的/数値的導出を指定するための整数値 (janj = 0: 数値的, janj = 1: 解析的)	
jprt0	探索途中の詳細な情報の表示を指定するための整数値 (jprt0 = 0: 非適用, jprt0 = 1: 適用)	
x0	変数の初期値ベクトル $x_{(0)}$ (1次元配列)	
xl	変数の下限値ベクトル $\underline{x}$ (1次元配列)	
xu	変数の上限値ベクトル $\bar{x}$ (1次元配列)	
rl	残差の下限値ベクトル $\underline{r}$ (1次元配列)	
ru	残差の上限値ベクトル $\bar{r}$ (1次元配列)	

〔引数による出力〕

x	変数ベクトル x の収束値 (1次元配列)

jcbn()	拡張ヤコビ行列を解析的に求めるための関数

（直接使用する必要がないため省略）

nmjcbn()	拡張ヤコビ行列を差分によって数値的に求めるための関数

（直接使用する必要がないため省略）

printrep()	探索途中における解を表示するための関数

（直接使用する必要がないため省略）

inttrap()	初期点変更および捕捉の場合の処理を行うための関数

（直接使用する必要がないため省略）

reduce()	発散の場合の処理を行うための関数

（直接使用する必要がないため省略）

qpwlneq.c	二次計画法によって連立一次方程式の最小二乗最小ノルム解を導出するための関数プログラム
qpwlneq()	二次計画法によって連立一次方程式の最小二乗最小ノルム解を導出するための関数

〔引数による入力〕

mdim	方程式の数 m
ndim	変数の数 n
LDIM	配列要素の上限数 (LDIM $\geq$ max{mdim, ndim})
a	係数行列 A (2次元配列)
b	定数ベクトル b (1次元配列)
xl	変数の下限値ベクトル $\underline{x}$ (1次元配列)
xu	変数の上限値ベクトル $\bar{x}$ (1次元配列)
rl	残差の下限値ベクトル $\underline{r}$ (1次元配列)
ru	残差の上限値ベクトル $\bar{r}$ (1次元配列)
eps	実数値の零/非零を判定するための閾値

〔引数による出力〕

x	変数ベクトル x (1次元配列)

	r	残差ベクトル r (1 次元配列)
quadprg.c		二次計画法によって最適化計算を行うための関数プログラム
quadprg()		二次計画法によって最適化計算を行うための関数
〔引数による入力〕		
	m	制約条件の数
	n	変数の数
	LCON	配列要素の上限数 (LCON $\geq$ m)
	LVAR	配列要素の上限数 (LVAR $\geq$ n)
	coa	制約条件における係数行列 (2 次元配列)
	cob	制約条件における定数ベクトル (1 次元配列)
	coc	目的関数における 2 次項係数行列 (2 次元配列)
	cod	目的関数における 1 次項係数ベクトル (1 次元配列)
	upbnd	変数の上限値ベクトル (1 次元配列)
	irow	制約条件の等号/不等号を指定するための整数値 (irow = -1: 左辺 (変数項)$\leq$ 右辺 (定数項), irow = 0: 左辺 = 右辺, irow = 1: 左辺 $\geq$ 右辺) (1 次元配列)
〔引数による出力〕		
	ifeas	最適化問題の実行可能性を示す整数値 (ifeas = 0: 実行可能, ifeas = 1: 実行不可能)
	zopt	目的関数
	t	変数ベクトル (1 次元配列)

【プログラム】

```
/* Function program qpwntnrpn.c for solving simultaneous nonlinear algebraic equations by
     extended Newton-Raphson and quadratic programming methods
   by Ryohei Yokoyama   October, 2024
   cc -c qpwntnrpn.c */
#include    <stdio.h>
#include    <math.h>
void   qpwntnrpn(mdim, ndim, LDIM, alpha, lrep, epsn, epsl, jint, lint, eint, jtrp, ftrp,
  ltrp, etrp, jrdc, frdc, lrdc, janj, jprt0, x0, xl, xu, rl, ru, x)
int    mdim, ndim, LDIM, lrep, jint, lint, jtrp, ltrp, jrdc, janj, jprt0;
double alpha, epsn, epsl, eint, ftrp, etrp, frdc, x0[LDIM+1], xl[LDIM+1], xu[LDIM+1],
  rl[LDIM+1], ru[LDIM+1], x[LDIM+1];
{
    extern void  rsdl(), qpwlneq();
    void   jcbn(), inttrap(), reduce(), printrep();
    int    i, j, irep, jrep, nrank, maxi, jintf, jtrpf;
    double maxr, r[LDIM+1], rj[LDIM+1][LDIM+1], xn[LDIM+1], x1[LDIM+1], xo[LDIM+1],
      ro[LDIM+1], y[LDIM+1], xlt[LDIM+1], xut[LDIM+1], rlt[LDIM+1], rut[LDIM+1],
      dx[LDIM+1], dr[LDIM+1];
// 初期点およびパラメータ初期値の設定
    jintf = 0;   jtrpf = 0;
    for (i = 1; i <= mdim; i++) {
        rlt[i] = -ru[i];   rut[i] = -rl[i];
    }
    irep = 0;
    for (i = 1; i <= ndim; i++) {
        if (x0[i] < xl[i] || x0[i] > xu[i]) x0[i] = (xl[i] + xu[i]) / 2.0;
        x[i] = x0[i];
    }
// 方程式残差および拡張ヤコビ行列の計算
    rsdl(mdim, ndim, LDIM, x, r);
    jcbn(janj, mdim, ndim, LDIM, x, xl, xu, rj);
    if (jint == 1) {
// 初期点変更の場合の処理
        printrep(1 * jprt0, irep, jrep, mdim, ndim, LDIM, x, r);
        inttrap(2 * jprt0, irep, lint, eint, janj, epsl, mdim, ndim, LDIM, x, xl, xu, rl,
          ru, rj, r);
        jintf = 1;
```

```
        }
// 計算の反復
REPEAT:
        printrep(1 * jprt0, irep, jrep, mdim, ndim, LDIM, x, r);
        irep++;
// 反復回数超過の場合の処理
        if (irep > lrep) {
            printf("Not converged.\n");   return;
        }
        for (i = 1; i <= ndim; i++) xo[i] = x[i];
        for (i = 1; i <= mdim; i++) ro[i] = r[i];
        for (i = 1; i <= ndim; i++) {
            xlt[i] = x[i] - xu[i];   xut[i] = x[i] - xl[i];
        }
// 二次計画法による解の導出
        qpwlneq(mdim, ndim, LDIM, rj, r, xlt, xut, rlt, rut, dx, dr, epsl);
// 収束の判定
        for (i = 1; i <= ndim; i++) {
            if (fabs(dx[i]) > epsn) goto CONTINUE;
        }
        return;
CONTINUE:
// 解の更新
        for (i = 1; i <= ndim; i++) x[i] = x[i] - alpha * dx[i];
// 方程式残差および拡張ヤコビ行列の計算
        rsdl(mdim, ndim, LDIM, x, r);
        jcbn(janj, mdim, ndim, LDIM, x, xl, xu, rj);
// 捕捉の判定
        if (jtrp == 1) {
            maxr = 0.0;   maxi = 0;
            for (i = 1; i <= mdim; i++) {
                if (r[i] * ro[i] > 0.0 && fabs(r[i]) > ftrp * fabs(ro[i])
                    && fabs(r[i]) / fabs(ro[i]) > maxr) {
                    maxr = fabs(r[i]) / fabs(ro[i]);   maxi = i;
                }
            }
            if (maxi != 0) {
            // 捕捉の場合の処理
                printrep(1 * jprt0, irep, jrep, mdim, ndim, LDIM, x, r);
                inttrap(3 * jprt0, irep, ltrp, etrp, janj, epsl, mdim, ndim, LDIM, x, xl, xu,
                    rl, ru, rj, r);
                jtrpf = 1;
            }
        }
// 発散の判定
        if (jrdc == 1) {
            maxr = 0.0;   maxi = 0;
            for (i = 1; i <= mdim; i++) {
                if (r[i] * ro[i] < 0.0 && fabs(r[i]) > frdc * fabs(ro[i])
                    && fabs(r[i]) / fabs(ro[i]) > maxr) {
                    maxr = fabs(r[i]) / fabs(ro[i]);   maxi = i;
                }
            }
            if (maxi != 0) {
                if (jintf == 1 || jtrpf == 1) {
                    jintf = 0;   jtrpf = 0;   goto REPEAT;
                }
            // 発散の場合の処理
                printrep(1 * jprt0, irep, jrep, mdim, ndim, LDIM, x, r);
                reduce(4 * jprt0, irep, frdc, lrdc, maxi, janj, mdim, ndim, LDIM, xo, x, ro,
                    xl, xu, rj, r);
            }
        }
        goto REPEAT;
}
void  jcbn(janj, mdim, ndim, LDIM, x, xl, xu, rj)
int   janj, mdim, ndim, LDIM;
double  x[LDIM+1], xl[LDIM+1], xu[LDIM+1], rj[LDIM+1][LDIM+1];
```

付録 E 連立非線形代数方程式の数値計算

```c
{
    extern void  anjcbn();
    void  nmjcbn();
// 拡張ヤコビ行列の解析・差分による計算
    if (janj == 1) anjcbn(mdim, ndim, LDIM, x, rj);
    else nmjcbn(mdim, ndim, LDIM, x, xl, xu, rj);
}
void  nmjcbn(mdim, ndim, LDIM, x, xl, xu, rj)
int  mdim, ndim, LDIM;
double  x[LDIM+1], xl[LDIM+1], xu[LDIM+1], rj[LDIM+1][LDIM+1];
{
    extern void  rsdl();
    int  i, j;
    double  xp[LDIM+1], xm[LDIM+1], rp[LDIM+1], rm[LDIM+1], dxp[LDIM+1], dxm[LDIM+1];
// 拡張ヤコビ行列の差分による計算
    for (i = 1; i <= ndim; i++) {
        dxp[i] = 1.0e-4;  dxm[i] = 1.0e-4;
    }
    for (i = 1; i <= ndim; i++) {
        for (j = 1; j <= ndim; j++) {
            if (j == i) {
                xp[j] = x[j] + dxp[j];
                if (xp[j] > xu[j]) xp[j] = x[j];
            }
            else xp[j] = x[j];
        }
        rsdl(mdim, ndim, LDIM, xp, rp);
        for (j = 1; j <= ndim; j++) {
            if (j == i) {
                xm[j] = x[j] - dxm[j];
                if (xm[j] < xl[j]) xm[j] = x[j];
            }
            else xm[j] = x[j];
        }
        rsdl(mdim, ndim, LDIM, xm, rm);
        for (j = 1; j <= mdim; j++) rj[j][i] = (rp[j] - rm[j]) / (xp[i] - xm[i]);
    }
    return;
}
void  printrep(jprt, irep, jrep, mdim, ndim, LDIM, x, ry)
int  jprt, irep, jrep, mdim, ndim, LDIM;
double  x[LDIM+1], ry[LDIM+1];
{
    int  i;
    char  c;
// 探索途中における解の表示
    if (jprt == 1) printf("%d: ", irep);
    else if (jprt == 2) printf("initial %d: ", jrep);
    else if (jprt == 3) printf("trap %d: ", jrep);
    else if (jprt == 4) printf("reduce %d: ", jrep);
    if (jprt > 0) {
        for (i = 1; i <= ndim; i++) printf("x[%d] = %lf ", i, x[i]);
    }
    if (jprt == 1 || jprt == 4) {
        for (i = 1; i <= mdim; i++) printf("r[%d] = %lf ", i, ry[i]);
    }
    else if (jprt == 2 || jprt == 3) {
        for (i = 1; i <= mdim; i++) printf("y[%d] = %lf ", i, ry[i]);
    }
    if (jprt > 0) printf("\n");
}
void  inttrap(jprt, irep, lintr, eintr, janj, eps, mdim, ndim, LDIM, x, xl, xu, rl, ru,
  rj, r)
int  jprt, irep, lintr, janj, mdim, ndim, LDIM;
double  eintr, eps, x[LDIM+1], xl[LDIM+1], xu[LDIM+1], rl[LDIM+1], ru[LDIM+1],
  rj[LDIM+1][LDIM+1], r[LDIM+1];
{
    extern void  rsdl(), anjcbn(), qpwlneq();
```

```c
    void   nmjcbn(), printrep();
    int    i, j, jrep, nrank;
    double y[LDIM+1], xs[LDIM+1], ys[LDIM+1], xlt[LDIM+1], xut[LDIM+1], rlt[LDIM+1],
        rut[LDIM+1], dx[LDIM+1], dr[LDIM+1];
// 初期点変更および捕捉の場合の処理
    for (i = 1; i <= mdim; i++) {
        rlt[i] = -ru[i];   rut[i] = -rl[i];
    }
    jrep = 0;
    for (i = 1; i <= mdim; i++) y[i] = 0.0;
    printrep(jprt, irep, jrep, mdim, ndim, LDIM, x, y);
    while(1) {
        for (i = 1; i <= ndim; i++) xs[i] = x[i];
        for (i = 1; i <= mdim; i++) ys[i] = y[i];
        jrep++;
        jcbn(janj, mdim, ndim, LDIM, x, xl, xu, rj);
        for (i = 1; i <= mdim; i++) {
            for (j = ndim + 1; j <= ndim + mdim; j++) {
                if (j - ndim == i) rj[i][j] = - 1.0;
                else rj[i][j] = 0.0;
            }
            r[i] = r[i] - y[i];
        }
        for (i = 1; i <= ndim; i++) {
            xlt[i] = x[i] - xu[i];   xut[i] = x[i] - xl[i];
        }
        for (i = ndim + 1; i <= ndim + mdim; i++) {
            xlt[i] = -1.0e20;   xut[i] = 1.0e20;
        }
        qpwlneq(mdim, ndim + mdim, LDIM, rj, r, xlt, xut, rlt, rut, dx, dr, eps);
        for (i = 1; i <= ndim; i++) x[i] = x[i] - dx[i];
        for (i = 1; i <= mdim; i++) y[i] = y[i] - dx[ndim + i];
        rsdl(mdim, ndim, LDIM, x, r);
        jcbn(janj, mdim, ndim, LDIM, x, xl, xu, rj);
        printrep(jprt, irep, jrep, mdim, ndim, LDIM, x, y);
        if (jrep == lintr) goto STOP;
        for (i = 1; i <= ndim; i++) {
            if (fabs(x[i] - xs[i]) > eintr) goto CONTINUE;
        }
        for (i = 1; i <= mdim; i++) {
            if (fabs(y[i] - ys[i]) > eintr) goto CONTINUE;
        }
    STOP:
        break;
    CONTINUE:
        ;
    }
}
void   reduce(jprt, irep, frdc, lrdc, maxi, janj, mdim, ndim, LDIM, xo, x, ro, xl, xu, rj,
  r)
int    jprt, irep, lrdc, maxi, janj, mdim, ndim, LDIM;
double frdc, xo[LDIM+1], x[LDIM+1], ro[LDIM+1], xl[LDIM+1], xu[LDIM+1],
  rj[LDIM+1][LDIM+1], r[LDIM+1];
{
    extern void  rsdl();
    void   jcbn(), printrep();
    int    i, jrep;
// 発散の場合の処理
    jrep = 0;
    printrep(jprt, irep, jrep, mdim, ndim, LDIM, x, r);
    while (1) {
        jrep++;
        for (i = 1; i <= ndim; i++) {
            x[i] = xo[i] + (x[i] - xo[i]) * fabs(ro[maxi])
                / (fabs(r[maxi]) + fabs(ro[maxi]));
        }
        rsdl(mdim, ndim, LDIM, x, r);
        printrep(jprt, irep, jrep, mdim, ndim, LDIM, x, r);
```

```
            if (jrep == lrdc) goto STOP;
            for (i = 1; i <= mdim; i++) {
                if (r[i] * ro[i] < 0.0 && fabs(r[i]) > frdc * fabs(ro[i])) goto CONTINUE;
            }
        STOP:
            jcbn(janj, mdim, ndim, LDIM, x, xl, xu, rj);
            break;
        CONTINUE:
            ;
        }
    }
}
```

```
/* Function program qpwlneq.c for deriving least squares and minimum norm solutions of
      simultaneous linear equations by quadratic programming method
   by Ryohei Yokoyama  October, 2024
      cc -c qpwlneq.c */
#include <stdio.h>
void  qpwlneq(mdim, ndim, LDIM, a, b, xl, xu, rl, ru, x, r, eps)
int   mdim, ndim, LDIM;
double  a[LDIM+1][LDIM+1], b[LDIM+1], x[LDIM+1], xl[LDIM+1], xu[LDIM+1], r[LDIM+1],
    rl[LDIM+1], ru[LDIM+1], eps;
{
    extern void  quadprg();
    int    i, j, m, n, irow[7*LDIM+1], ind;
    double  coc[4*LDIM+1][4*LDIM+1], cod[4*LDIM+1], coa[3*LDIM+1][4*LDIM+1],
        cob[3*LDIM+1], upbnd[4*LDIM+1], obj, var[4*LDIM+1];
// 最小二乗解導出のための最適化問題の作成
    m = mdim;   n = 2 * ndim + 2 * mdim;
    for (i = 1; i <= mdim; i++) {
        for (j = 1; j <= ndim; j++) {
            if (xl[j] > -1.0e-10) {
                coa[i][2*j-1] = a[i][j];   coa[i][2*j] = 0.0;
            }
            else if (xu[j] < 1.0e-10) {
                coa[i][2*j-1] = 0.0;   coa[i][2*j] = - a[i][j];
            }
            else {
                coa[i][2*j-1] = a[i][j];   coa[i][2*j] = - a[i][j];
            }
        }
        for (j = 1; j <= mdim; j++) {
            if (i == j) {
                if (rl[j] > -1.0e-10) {
                    coa[i][2*ndim+2*j-1] = - 1.0;   coa[i][2*ndim+2*j] = 0.0;
                }
                else if (ru[j] < 1.0e-10) {
                    coa[i][2*ndim+2*j-1] = 0.0;   coa[i][2*ndim+2*j] = 1.0;
                }
                else {
                    coa[i][2*ndim+2*j-1] = - 1.0;   coa[i][2*ndim+2*j] = 1.0;
                }
            }
            else {
                coa[i][2*ndim+2*j-1] = 0.0;   coa[i][2*ndim+2*j] = 0.0;
            }
        }
        cob[i] = b[i];   irow[2*ndim+2*mdim + i] = 0;
    }
    for (j = 1; j <= ndim; j++) {
        if (xl[j] > -1.0e-10) {
            m = m + 1;
            for (i = 1; i <= n; i++) coa[m][i] = 0.0;
            coa[m][2*j-1] = 1.0;   cob[m] = xl[j];   irow[2*ndim+2*mdim + m] = 1;
        }
        else if (xu[j] < 1.0e-10) {
            m = m + 1;
```

```
            for (i = 1; i <= n; i++) coa[m][i] = 0.0;
            coa[m][2*j] = 1.0;   cob[m] = - xu[j];   irow[2*ndim+2*mdim + m] = 1;
        }
    }
    for (j = 1; j <= mdim; j++) {
        if (rl[j] > -1.0e-10) {
            m = m + 1;
            for (i = 1; i <= n; i++) coa[m][i] = 0.0;
            coa[m][2*ndim+2*j-1] = 1.0;   cob[m] = rl[j];   irow[2*ndim+2*mdim + m] = 1;
        }
        else if (ru[j] < 1.0e-10) {
            m = m + 1;
            for (i = 1; i <= n; i++) coa[m][i] = 0.0;
            coa[m][2*ndim+2*j] = 1.0;   cob[m] = - ru[j];   irow[2*ndim+2*mdim + m] = 1;
        }
    }
    for (i = 1; i <= n; i++) {
        for (j = 1; j <= n; j++) {
            if (i > 2 * ndim && i == j) coc[i][j] = 1.0;
            else coc[i][j] = 0.0;
        }
        cod[i] = 0.0;
    }
    for (j = 1; j <= ndim; j++) {
        if (xl[j] > -1.0e-10) {
            upbnd[2*j-1] = xu[j];   upbnd[2*j] = xu[j];
        }
        else if (xu[j] < 1.0e-10) {
            upbnd[2*j-1] = - xl[j];   upbnd[2*j] = - xl[j];
        }
        else {
            upbnd[2*j-1] = xu[j];   upbnd[2*j] = - xl[j];
        }
    }
    for (i = 1; i <= mdim; i++) {
        if (rl[i] > -1.0e-10) {
            upbnd[2*ndim+2*i-1] = ru[i];   upbnd[2*ndim+2*i] = ru[i];
        }
        else if (ru[i] < 1.0e-10) {
            upbnd[2*ndim+2*i-1] = - rl[i];   upbnd[2*ndim+2*i] = - rl[i];
        }
        else {
            upbnd[2*ndim+2*i-1] = ru[i];   upbnd[2*ndim+2*i] = - rl[i];
        }
    }
// 二次計画法による最小二乗解の導出
    quadprg(m, n, 3*LDIM, 4*LDIM, coa, cob, coc, cod, upbnd, irow, &ind, &obj, var);
    if (ind == 1) printf("First problem is infeasible.\n");
// 残差ベクトル r の算出
    for (i = 1; i <= mdim; i++) {
        if (rl[i] > -1.0e-10) r[i] = var[2*ndim+2*i-1];
        else if (ru[i] < 1.0e-10) r[i] = - var[2*ndim+2*i];
        else r[i] = var[2*ndim+2*i-1] - var[2*ndim+2*i];
    }
// 最小ノルム解導出のための最適化問題の作成
    m = mdim;   n = 2 * ndim;
    for (i = 1; i <= mdim; i++) {
        for (j = 1; j <= ndim; j++) {
            if (xl[j] > -1.0e-10) {
                coa[i][2*j-1] = a[i][j];   coa[i][2*j] = 0.0;
            }
            else if (xu[j] < 1.0e-10) {
                coa[i][2*j-1] = 0.0;   coa[i][2*j] = - a[i][j];
            }
            else {
                coa[i][2*j-1] = a[i][j];   coa[i][2*j] = - a[i][j];
            }
        }
```

```
            cob[i] = b[i] + r[i];   irow[2*ndim + i] = 0;
        }
        for (j = 1; j <= ndim; j++) {
            if (xl[j] > -1.0e-10) {
                m = m + 1;
                for (i = 1; i <= n; i++) coa[m][i] = 0.0;
                coa[m][2*j-1] = 1.0;   cob[m] = xl[j];   irow[2*ndim + m] = 1;
            }
            else if (xu[j] < 1.0e-10) {
                m = m + 1;
                for (i = 1; i <= n; i++) coa[m][i] = 0.0;
                coa[m][2*j] = 1.0;   cob[m] = - xu[j];   irow[2*ndim + m] = 1;
            }
        }
        for (i = 1; i <= n; i++) {
            for (j = 1; j <= n; j++) {
                if (i == j) coc[i][j] = 1.0;
                else coc[i][j] = 0.0;
            }
            cod[i] = 0.0;
        }
        for (j = 1; j <= ndim; j++) {
            if (xl[j] > -1.0e-10) {
                upbnd[2*j-1] = xu[j];   upbnd[2*j] = xu[j];
            }
            else if (xu[j] < 1.0e-10) {
                upbnd[2*j-1] = - xl[j];   upbnd[2*j] = - xl[j];
            }
            else {
                upbnd[2*j-1] = xu[j];   upbnd[2*j] = - xl[j];
            }
        }
// 二次計画法による最小ノルム解の導出
        quadprg(m, n, 3*LDIM, 4*LDIM, coa, cob, coc, cod, upbnd, irow, &ind, &obj, var);
        if (ind == 1) printf("Second problem is infeasible.\n");
// 解ベクトル x の算出
        for (i = 1; i <= ndim; i++) {
            if (xl[i] > -1.0e-10) x[i] = var[2*i-1];
            else if (xu[i] < 1.0e-10) x[i] = - var[2*i];
            else x[i] = var[2*i-1] - var[2*i];
        }
    }
}
```

```
/* Function program quadprg.c for solving quadratic programming problems
   by Ryohei Yokoyama   October, 2024
   cc -c quadprg.c */
#include <stdio.h>
#include <math.h>
void  quadprg(m, n, LCON, LVAR, coa, cob, coc, cod, upbnd, irow, ifeas, zopt, t)
int   m, n, LCON, LVAR, irow[LVAR+LCON+1], *ifeas;
double  coa[LCON+1][LVAR+1], cob[LCON+1], coc[LVAR+1][LVAR+1], cod[LVAR+1], upbnd[LVAR+1],
   *zopt, t[LVAR+1];
{
    int   i, j, k, l, indct1, icntr, np1, npm, npm1, npm0, ipvr, ipvc, isv, isv1, irow1,
       ipvr1, ipvc1, npvt, lpvt, icol[LVAR+LCON+2];
    double  x1, adelt, atab11, atab12, amax, amax2, rtio, alfa, artio, ajo1, ajo2, ajo3,
       atab1[LVAR+LCON+2], atab[LVAR+LCON+1][LVAR+LCON+2];
// 二次計画法による最適化計算
    x1 = 1.0;   adelt = 1.0e-10;   indct1 = 1;   icntr = 0;   npvt = 0;   lpvt = 10000;
    np1 = n + 1;   npm = n + m;   npm1 = npm + 1;   npm0 = npm;
    for (i = 1; i <= n; i++) {
        t[i] = 0.0;   irow[i] = 1;
    }
    for (i = 1; i <= n; i++) {
        for (j = 2; j <= np1; j++) atab[i][j] = - 2.0 * coc[i][j-1];
        for (j = np1 + 1; j <= npm1; j++) atab[i][j] = - coa[j-np1][i];
```

```
            atab[i][1] = - cod[i];
        }
        for (j = np1 + 1; j <= npm1; j++) {
            if (irow[j-1] > 0) {
                for (i = 1; i <= npm; i++) atab[i][j] = - atab[i][j];
            }
        }
        for (i = n + 1; i <= npm; i++) {
            if (irow[i] >= 0) {
                for (j = 2; j <= np1; j++) atab[i][j] = - coa[i-n][j-1];
                atab[i][1] = cob[i-n];
            }
            else {
                for (j = 2; j <= np1; j++) atab[i][j] = coa[i-n][j-1];
                atab[i][1] = - cob[i-n];
            }
            for (j = np1 + 1; j <= npm1; j++) atab[i][j] = 0.0;
        }
        for (i = 1; i <= n; i++) {
            if (upbnd[i] <= 0.0) upbnd[i] = 1.0e10;
        }
        *ifeas = 0;
        for (i = 1; i <= npm; i++) {
            if (irow[i] != 0) irow[i] = - i;
        }
        atab11 = 0.0;
        for (i = 1; i <= n; i++) {
            atab11 = atab11 + cod[i] * t[i];
            for (j = 1; j <= n; j++) atab11 = atab11 + t[i] * coc[i][j] * t[j];
        }
        icol[1] = 0;
        for (j = 2; j <= np1; j++) {
            if (fabs(atab[j-1][j]) < adelt && atab[j-1][1] > 0.0) {
                for (i = 1; i <= npm; i++) {
                    atab[i][1] = atab[i][1] + atab[i][j] * upbnd[j-1];
                    atab[i][j] = - atab[i][j];
                }
                for (i = 1; i <= npm1; i++) atab[j-1][i] = - atab[j-1][i];
                icol[j] = 10000 + j - 1;
            }
            else icol[j] = j - 1;
        }
        for (j = np1 + 1; j <= npm1; j++) {
            if (irow[j-1] != 0) icol[j] = 20000 + j - 1;
            else icol[j] = 30000 + j - 1;
        }
        goto N810;
N430:
        npvt++;
        if (npvt > lpvt) {
            printf("Number of pivot operations is over its limit %d.\n", lpvt);  goto N870;
        }
        amax = 0.0;  amax2 = 0.0;  ipvr = 0;  ipvc = 0;
        for (i = 1; i <= npm; i++) {
            if (irow[i] <= 30000) {
                if (atab[i][1] > amax) {
                    ipvr = i;  amax = atab[i][1];
                }
                if (icol[i+1] <= 30000 || fabs(atab[i][i+1]) >= adelt) {
                    if (icol[i+1] >= 30000 || atab[i][i+1] <= - adelt) {
                        if (atab[i][1] > amax2) {
                            amax2 = atab[i][1];  ipvc = i + 1;
                        }
                    }
                }
            }
        }
        if (ipvr <= 0) goto N870;
```

```c
        if (npm1 == m+1) {
            *ifeas = 1;  return;
        }
        if (ipvc != 0) goto N570;
        amax = -1.0e20;
        for (j = 2; j <= npm1; j++) {
            if (j != ipvr + 1) {
                if (icol[j] > 30000 && fabs(atab[ipvr][j]) > adelt) {
                    ipvc = j;  goto N559;
                }
                if (atab[ipvr][j] < 0.0) {
                    rtio = - atab[j-1][1] / atab[ipvr][j];
                    if (rtio > amax) {
                        amax = rtio;  ipvc = j;
                    }
                    else if (rtio == amax) {
                        if (atab[ipvr][j] < atab[ipvr][ipvc]) ipvc = j;
                    }
                }
            }
        }
        if (ipvc == 0) {
            *ifeas = 1;  return;
        }
N559:
        indct1 = 2;  goto N556;
N570:
        ipvr = ipvc - 1;
N556:
        alfa = atab[ipvr][ipvc];
        for (j = 1; j <= npm1; j++) {
            if (atab[ipvr][j] != 0.0) {
                if (j != ipvc) {
                    artio = atab[ipvr][j] / alfa;
                    for (i = 1; i <= npm0; i++) {
                        if (atab[i][ipvc] != 0.0) {
                            if (i != ipvr) {
                                atab[i][j] = atab[i][j] - artio * atab[i][ipvc];
                                if (fabs(atab[i][j]) <= adelt) atab[i][j] = 0.0;
                            }
                        }
                    }
                }
            }
        }
        for (j = 1; j <= npm1; j++) atab[ipvr][j] = atab[ipvr][j] / alfa;
        isv = irow[ipvr];   irow[ipvr] = icol[ipvc];
        for (i = 1; i <= npm0; i++) atab[i][ipvc] = - atab[i][ipvc] / alfa;
        icol[ipvc] = isv;   atab[ipvr][ipvc] = 1.0 / alfa;
        if (indct1 == 2) goto N680;
        if (indct1 == 3 && isv1 == 0) {
            ipvc = ipvc1;   ipvr = ipvc - 1;
            for (i = 1; i <= npm0; i++) atab[i][ipvc] = atab[i][npm1];
        }
        else {
            if (isv == 0) {
                for (i = 1; i <= npm0; i++) atab[i][ipvc] = atab[i][npm1];
            }
            else goto N680;
        }
        icol[ipvc] = icol[npm1];   npm1--;
        for (j = 1; j <= npm1; j++) atab1[j] = atab[ipvr][j];
        for (j = 1; j <= npm1; j++) atab[ipvr][j] = atab[npm][j];
        for (j = 1; j <= npm1; j++) atab[npm][j] = atab1[j];
        irow1 = irow[ipvr];  irow[ipvr] = irow[npm];  irow[npm] = irow1;  npm--;  goto N700;
N680:
        if (indct1 == 1 || indct1 == 3) goto N700;
        indct1 = 3;   isv1 = isv;   ipvr1 = ipvr;   ipvc1 = ipvc;   ipvr = ipvc - 1;
```

```
        ipvc = ipvr1 + 1;   goto N556;
N700:
    indct1 = 1;   icntr++;
    for (i = 1; i <= npm; i++) {
        if (irow[i] > 0.0) {
            if (irow[i] <= 20000) {
                if (irow[i] > 10000) {
                    j = irow[i] - 10000;   t[j] = upbnd[j] + atab[i][1];
                }
                else {
                    j = irow[i];   t[j] = - atab[i][1];
                }
            }
        }
    }
    for (i = 2; i <= npm1; i++) {
        if (icol[i] > 0.0) {
            if (icol[i] <= 20000) {
                if (icol[i] > 10000) {
                    j = icol[i] - 10000;   t[j] = upbnd[j];
                }
                else {
                    j = icol[i];   t[j] = 0.0;
                }
            }
        }
    }
    atab12 = 0.0;
    for (i = 1; i <= n; i++) {
        atab12 = atab12 + cod[i] * t[i];
        for (j = 1; j <= n; j++) atab12 = atab12 + t[i] * coc[i][j] * t[j];
    }
N810:
    for (k = 1; k <= npm; k++) {
        if (irow[k] == 0) {
            if (atab[k][1] < 0.0) {
                for (l = 1; l <= npm1; l++) atab[k][l] = - atab[k][l];
            }
        }
    }
    goto N430;
N870:
    for (i = 1; i <= npm; i++) {
        if (irow[i] > 0) {
            if (irow[i] <= 20000) {
                j = irow[i];
                if (j > 10000) j = j - 10000;
                if (upbnd[j] + atab[i][1] < 0.0) {
                    if (adelt + upbnd[j] + atab[i][1] < 0.0) {
                        atab[i][1] = - atab[i][1] - upbnd[j];
                        for (k = 2; k <= npm1; k++) atab[i][k] = - atab[i][k];
                        for (k = 1; k <= npm0; k++) atab[k][i+1] = - atab[k][i+1];
                        ipvr = i;
                        if (j == irow[i]) irow[i] = irow[i] + 10000;
                        else irow[i] = j;
                        goto N430;
                    }
                    else atab[i][1] = - upbnd[j];
                }
            }
        }
    }
    for (i = 1; i <= npm; i++) {
        if (irow[i] > 0) {
            if (irow[i] <= 20000) {
                if (irow[i] > 10000) {
                    j = irow[i] - 10000;   t[j] = upbnd[j] + atab[i][1];
                }
```

```
                    else {
                        j = irow[i];   t[j] = - atab[i][1];
                    }
                }
            }
        }
        for (i = 2; i <= npm1; i++) {
            if (icol[i] > 0) {
                if (icol[i] <= 20000) {
                    if (icol[i] > 10000) {
                        j = icol[i] - 10000;   t[j] = upbnd[j];
                    }
                    else {
                        j = icol[i];   t[j] = 0.0;
                    }
                }
            }
        }
        *zopt = 0.0;
        for (i = 1; i <= n; i++) {
            *zopt = *zopt + cod[i] * t[i];
            for (j = 1; j <= n; j++) *zopt = *zopt + t[i] * coc[i][j] * t[j];
        }
    }
```

E.4.2 　個別プログラム

(a) プログラム E-1

実在気体について，van der Waars あるいは Pen-Robinson の状態方程式によって，換算温度をパラメータとして近似的に換算圧力と圧縮係数の関係を表す線図を作成するための値を算出する．

このプログラムは，3.3.3 項において適用されている．

【プログラムの説明】

mapcmfc.c	近似状態方程式による実在気体の圧縮係数の線図用の値を算出するための主プログラム
(fapcmfc.c と共通のため省略)	
fapcmfc.c	近似状態方程式による実在気体の圧縮係数の線図用の値を算出するための関数プログラム
apcmfc()	近似状態方程式による実在気体の圧縮係数の線図用の値を算出するための関数
〔引数による入力〕	
nmsbs	物質名 (物質特性のファイル名 (拡張子 .FLD を除く)) (文字列変数)
jeos	近似状態方程式を指定するための整数値 (jeos = 1: van der Waars の状態方程式，jeos = 2: Pen-Robinson の状態方程式)
nrdtemp	換算温度の値の数
rdtemp	換算温度 (1 次元配列)
jrdpres	換算圧力を離散化する方法を指定するための整数値 (jpres = 1: 線形，jpres = 2: 対数)
nrdpres	換算圧力の離散化の数
rdpresl	換算圧力の下限値
rdpresu	換算圧力の上限値
LNMSBS	配列要素の上限数 (LNMSBS ≥ nmsbs の文字数 ≤ 16)
LTEMP	配列要素の上限数 (LTEMP ≥ nrdtemp)
LPRES	配列要素の上限数 (LPRES ≥ nrdpres)
〔引数による出力〕	
wmm1	モル質量 kg/kmol

	cpres1	臨界点における圧力 kPa
	ctemp1	臨界点における温度 K
	cvol	臨界点における比体積 m^3/kg
	rdpoint	各換算温度における換算圧力の値の数 (1 次元配列)
	rdpres	各換算温度における換算圧力 (2 次元配列)
	cmpf	各換算温度および換算圧力における圧縮係数 (2 次元配列)
rsdl()		連立非線形代数方程式の残差を評価するための関数
〔引数による入力〕		
	mdim	方程式の数 m
	ndim	変数の数 n
	MDIM	配列要素の上限数 (MDIM = LDIM)
	x	探索途中における変数ベクトル x の値 (1 次元配列)
〔引数による出力〕		
	r	探索途中における x に対応する関数ベクトル $f(x)$ の値 (1 次元配列)
anjcbn()		連立非線形代数方程式の拡張ヤコビ行列を解析的に求めるための関数
〔引数による入力〕		
	mdim	方程式の数 m
	ndim	変数の数 n
	MDIM	配列要素の上限数 (MDIM = LDIM)
	x	探索途中における変数ベクトル x の値 (1 次元配列)
〔引数による出力〕		
	rj	探索途中における x に対応する拡張ヤコビ行列 $\partial f(x)/\partial x$ の値 (janj = 1 の場合のみ有効) (2 次元配列)

【プログラム】

```
/* Main program mapcmfc.c for calculating approximate compessibility factor
   by Ryohei Yokoyama  October, 2024
   cc -c ./mapcmfc.c ./fapcmfc.c
   gfortran -o ./mapcmfc ./mapcmfc.o ./fapcmfc.o ../CFUNC/rpsetup.o ../CFUNC/qpwntnrpn.o
      ../CFUNC/qpwlneq.o ../CFUNC/quadprg.o ../RPOBJ/RPALL.o */
#include <stdio.h>
#define LNMSBS  20
#define LTEMP   20
#define LPRES   201
int main()
{
    extern void  apcmfc();
    int  i, j, jeos, nrdtemp, jrdpres, nrdpres, rdpoint[LPRES+3];
    double  rdtemp[LTEMP+1], rdpresl, rdpresu, wmm, cpres, ctemp, cvol,
      rdpres[LTEMP+1][LPRES+3], cmpf[LTEMP+1][LPRES+3];
    char  nmsbs[LNMSBS];
// 物質の設定
    sprintf(nmsbs, "WATER");
// van der Waars あるいは Peng-Robinson の近似状態方程式の選択
    jeos = 1;
// 換算温度の設定
    nrdtemp = 6;   rdtemp[1] = 1.000001;   rdtemp[2] = 1.2;   rdtemp[3] = 1.4;
    rdtemp[4] = 1.6;   rdtemp[5] = 1.8;   rdtemp[6] = 2.0;
// 換算圧力の設定
    jrdpres = 2;   nrdpres = 101;   rdpresl = 1.0e-3;   rdpresu = 10.0;
// 近似状態方程式による圧縮係数の算出
    apcmfc(nmsbs, jeos, nrdtemp, rdtemp, jrdpres, nrdpres, rdpresl, rdpresu, &wmm, &cpres,
      &ctemp, &cvol, rdpoint, rdpres, cmpf, LNMSBS, LTEMP, LPRES);
// 結果の表示
    printf("\nApproximate compressibility factor of real gas: %s\n", nmsbs);
    printf("\nM_kg/kmol pcr_kPa Tcr_K vcr_m3/kg\n%lf %lf %lf %lf\n", wmm, cpres, ctemp,
```

```
            cvol);
        printf("\nNumber of reduced temperature contors = %d\n", nrdtemp);
        for (i = 1; i <= nrdtemp; i++) {
            printf("\n%d %d\n", i, rdpoint[i]);  printf("Tr_No. p_No. Tr_- pr_- Z_-\n");
            for (j = 1; j <= rdpoint[i]; j++) {
                printf("%d %d %lf %lf %lf\n", i, j, rdtemp[i], rdpres[i][j], cmpf[i][j]);
            }
        }
}
```

```
/* Function program fapcmfc.c for calculating approximate compressibility factor
    by Ryohei Yokoyama  October, 2024 */
#include   <stdio.h>
#include   <math.h>
#include   "../CFUNC/rpdfntn.h"
#include   "../CFUNC/rpdclrtn.h"
#define   LDIM  10
int    gl_jeos;
double  gl_gc, gl_cpres, gl_ctemp, gl_ctemp1, gl_spres, gl_pres, gl_temp;
void apcmfc(nmsbs, jeos, nrdtemp, rdtemp, jrdpres, nrdpres, rdpresl, rdpresu, wmm1,
   cpres1, ctemp1, cvol, rdpoint, rdpres, cmpf, LNMSBS, LTEMP, LPRES)
int   LNMSBS, LTEMP, LPRES, jeos, nrdtemp, jrdpres, nrdpres, rdpoint[LTEMP+1];
double  rdtemp[LTEMP+1], rdpresl, rdpresu, *wmm1, *cpres1, *ctemp1, *cvol,
   rdpres[LTEMP+1][LPRES+3], cmpf[LTEMP+1][LPRES+3];
char   nmsbs[LNMSBS];
{
// REFPROP 計算用の宣言
    extern void  info_(), satt_();
    int   i, j, k, icomp, kph;
    double  lnvol, rho, wmm, ttemp, btemp, crho, ccf, acf, dip, drdpres, rdpres1, rdtemp1,
       rhoid, cmpf1, rhol, rhov, xliq[LCOMP], xvap[LCOMP];
// 非線形代数方程式計算用の宣言
    extern void  qpwntnrpn();
    int   mdim, ndim, lrep, jint, lint, jtrp, ltrp, jrdc, lrdc, janj, jprt0;
    double  alpha, epsn, epsl, eint, ftrp, etrp, frdc, x0[LDIM+1], xl[LDIM+1], xu[LDIM+1],
       rl[LDIM+1], ru[LDIM+1], x[LDIM+1];
// 非線形代数方程式計算用のパラメータ値の設定
    alpha = 1.0;   lrep = 100;   epsn = 1.0e-8;   epsl = 1.0e-10;   jint = 0;   lint = 5;
    eint = 1.0e-3;   jtrp = 0;   ftrp = 0.5;   ltrp = 5;   etrp = 1.0e-3;   jrdc = 0;
    frdc = 0.5;   lrdc = 5;   janj = 0;   jprt0 = 1;
// REFPROP 計算用の物質の設定
    nfld = 1;   nofld = 1;   ncomp[nofld] = 1;
    sprintf(nmcomp[nofld][0], "%s", nmsbs);   rmcomp[nofld][0] = 1.0;
// REFPROP の設定
    rpsetup(LCOMP, LNMFLD, LNMFILE, LNMRS, ncomp[nofld], nmcomp[nofld], hfcomp[nofld],
       hfmix, hrf);
// 物質の特性値の評価
    icomp = 1;
    info_(&icomp, &wmm, &ttemp, &btemp, &gl_ctemp, &gl_cpres, &crho, &ccf, &acf, &dip,
       &gl_gc);
// グローバル変数および出力用引数の設定
    gl_jeos = jeos;
    *ctemp1 = gl_ctemp;   *cpres1 = gl_cpres;   *wmm1 = wmm;   *cvol = (1.0 / crho) / wmm;
// 変数および方程式の数の設定
    mdim = 1;   ndim = 1;
// 変数の上・下限値および探索初期値の設定
    xl[1] = -10.0;   xu[1] = 10.0;   x0[1] = 3.0;
// 方程式の残差の上・下限値の設定
    rl[1] = -1.0e10;   ru[1] = 1.0e10;
// 換算温度の変化
    for (k = 1; k <= nrdtemp; k++) {
    // 温度の設定
        rdtemp1 = rdtemp[k];   gl_temp = gl_ctemp * rdtemp1;
    // 飽和蒸気圧の算出
        if (gl_jeos == 2) {
            gl_ctemp1 = 0.7 * gl_ctemp;
```

```
                kph = 1;
                satt_(&gl_ctemp1, rmcomp[nofld], &kph, &gl_spres, &rhol, &rhov, xliq, xvap,
                    &ierr, herr);  if (ierr != 0) printf("satt 1 %d: %d  %s\n", k, ierr, herr);
            }
    // 換算圧力変化の設定
            if (jrdpres == 1) drdpres = (rdpresu - rdpresl) / (double) (nrdpres - 1);
            else if (jrdpres == 2) drdpres = (log(rdpresu) - log(rdpresl))
                / (double) (nrdpres - 1);
            rdpoint[k] = 0;
    // 換算圧力の変化
            for (i = 1; i <= nrdpres; i++) {
            // 圧力の設定
                if (jrdpres == 1) rdpres1 = rdpresl + drdpres * (double) (i - 1);
                else if (jrdpres == 2) rdpres1 = exp(log(rdpresl)
                    + drdpres * (double) (i - 1));
                gl_pres = gl_cpres * rdpres1;
            // 拡張ニュートン-ラフソン法および二次計画法による解の導出
                qpwntnrpn(mdim, ndim, LDIM, alpha, lrep, epsn, epsl, jint, lint, eint, jtrp,
                    ftrp, ltrp, etrp, jrdc, frdc, lrdc, janj, jprt0, x0, xl, xu, rl, ru, x);
            // 圧縮係数の算出
                rhoid = gl_pres / (gl_gc * gl_temp);   rho = 1.0 / exp(x[1]);
                cmpf1 = 1.0 / (rho / rhoid);
                rdpoint[k]++;   rdpres[k][rdpoint[k]] = rdpres1;   cmpf[k][rdpoint[k]] = cmpf1;
            }
        }
    }
}
void  rsdl(mdim, ndim, MDIM, x, r)
int   mdim, ndim, MDIM;
double   x[MDIM+1], r[MDIM+1];
{
    double   vol, a, b, om, m, al;
// 方程式の関数（残差）の計算
// 変数の値の設定
    vol = exp(x[1]);
// van der Waars の状態方程式の設定
    if (gl_jeos == 1) {
    // パラメータ値の設定
        a = 27.0 * gl_gc * gl_gc * gl_ctemp * gl_ctemp / (64.0 * gl_cpres);
        b = gl_gc * gl_ctemp / (8.0 * gl_cpres);
    // 方程式の値の設定
        r[1] = (gl_pres + a / vol / vol) * (vol - b) - gl_gc * gl_temp;
    }
// Pen-Robinson の状態方程式の設定
    else if (gl_jeos == 2) {
    // パラメータ値の設定
        a = 0.45724 * gl_gc * gl_gc * gl_ctemp * gl_ctemp / gl_cpres;
        b = 0.07780 * gl_gc * gl_ctemp / gl_cpres;
        om = - log10(gl_spres / gl_cpres) - 1.0;
        m = 0.37464 + 1.54226 * om - 0.26992 * om * om;
        al = pow(1.0 + m * (1.0 - sqrt(gl_temp / gl_ctemp)), 2.0);
    // 方程式の値の設定
        r[1] = (gl_pres + a * al / (vol * (vol + b) + b * (vol - b))) * (vol - b)
            - gl_gc * gl_temp;
    }
}
void  anjcbn(mdim, ndim, MDIM, x, rj)
int   mdim, ndim, MDIM;
double   x[MDIM+1], rj[MDIM+1][MDIM+1];
{
// 方程式の拡張ヤコビ行列の解析による計算
}
```

(b) プログラム E-2

実在混合気体について，Dalton あるいは Amagat の法則に基づく近似モデルによって，圧力

および温度からモル体積，モル内部エネルギー，モルエンタルピー，モルエントロピー，およびモルギブスエネルギーを算出する．

このプログラムは，例題 3.9 (3.3.5 項)，例題 3.15 (3.5.5 項)，例題 3.20 (3.6.5 項)，例題 5.5 (5.3.5 項)，および例題 5.18 (5.5.5 項) において適用されている．

【プログラムの説明】

mapmxgs.c	近似モデルによる実在混合気体の状態量を算出するための主プログラム
（fapmxgs.c と共通のため省略）	
fapmxgs.c	近似モデルによる実在混合気体の状態量を算出するための関数プログラム
apmxgs()	近似モデルによる実在混合気体の状態量を算出するための関数
〔引数による入力〕	
ncmp	物質の成分の数
nmcmp	物質の成分の名称 (物質特性のファイル名 (拡張子 .FLD を除く)) (1 次元文字列配列)
ycmp	物質の成分のモル分率 (1 次元配列)
jlaw	適用する法則を指定するための整数値 (jlaw = 1: Dalton の法則, jlaw = 2: Amagat の法則)
pres	圧力 kPa
temp	温度 K
LCMP	配列要素の上限数 (LCMP $\geq$ ncmp)
LNMCMP	配列要素の上限数 (LNMCMP $\geq$ nmcmp[i] (i = 1, 2, $\cdots$, ncmp) の文字数の最大値 $\leq$ 16)
〔引数による出力〕	
wmm	物質の成分のモル質量 kg/kmol (1 次元配列)
cpres	物質の成分の臨界圧力 kPa (1 次元配列)
ctemp	物質の成分の臨界温度 K (1 次元配列)
cvol	物質の成分の臨界比体積 m^3/kg (1 次元配列)
wmma	物質の平均モル質量 kg/kmol
vol	物質のモル体積 m^3/kmol
inte	物質のモル内部エネルギー kJ/kmol
enth	物質のモルエンタルピー kJ/kmol
entr	物質のモルエントロピー kJ/(kmol·K)
gibe	物質のモルギブスエネルギー kJ/kmol
rsdl()	連立非線形代数方程式の残差を評価するための関数
（プログラム E-1 と同様のため省略）	
anjcbn()	連立非線形代数方程式の拡張ヤコビ行列を解析的に求めるための関数
（プログラム E-1 と同様のため省略）	

【プログラム】

```
/* Main program mapmxgs.c for calculating properties of mixed gas by approximate models
   by Ryohei Yokoyama  October, 2024
   cc -c ./mapmxgs.c ./fapmxgs.c
   gfortran -o ./mapmxgs ./mapmxgs.o ./fapmxgs.o ../CFUNC/rpsetup.o ../CFUNC/rpsetref.o
      ../CFUNC/qpwntnrpn.o ../CFUNC/qpwlneq.o ../CFUNC/quadprg.o ../RPOBJ/RPALL.o */
#include    <stdio.h>
#define   LCMP    10
#define   LNMCMP    20
int   main()
{
    extern void   apmxgs();
```

```c
        int   i, ncmp, jlaw;
        double  ycmp[LCMP+1], pres, temp, wmm[LCMP+1], cpres[LCMP+1], ctemp[LCMP+1],
          cvol[LCMP+1], wmma, vol, inte, enth, entr, gibe;
        char   nmcmp[LCMP+1][LNMCMP];
// 物質の成分の数，名称，およびモル分率の設定
        ncmp = 2;
        sprintf(nmcmp[1], "NITROGEN");   ycmp[1] = 0.25;
        sprintf(nmcmp[2], "CO2");   ycmp[2] = 0.75;
// Dalton の法則あるいは Amagat の法則の選択
        jlaw = 1;
// 計算条件の設定
        pres = 10.0e3;   temp = 350.0;
// 近似実在混合気体の状態量の評価
        apmxgs(ncmp, nmcmp, ycmp, jlaw, pres, temp, wmm, cpres, ctemp, cvol, &wmma, &vol,
          &inte, &enth, &entr, &gibe, LCMP, LNMCMP);
// 結果の表示
// Dalton の法則／Amagat の法則
        if (jlaw == 1) {
            printf("\nProperties of real mixed gas with %d components by Dalton's law:\n\n",
              ncmp);
        }
        else if (jlaw == 2) {
            printf("\nProperties of real mixed gas with %d components by Amagat's law:\n\n",
              ncmp);
        }
// 各成分
        for (i = 1; i <= ncmp; i++) {
            printf("%d %s M%d_kg/kmol = %lf pcr%d_kPa = ", i, nmcmp[i], i, wmm[i], i);
            printf("%lf Tcr%d_K = %lf vcr%d_m3/kg = ", cpres[i], i, ctemp[i], i);
            printf("%lf y%d = %lf\n", cvol[i], i, ycmp[i]);
        }
// 混合気体
        printf("\nM_kg/kmol = %lf\n\np_kPa = %lf\nT_K = %lf\n", wmma, pres, temp);
        printf("vol_m3/kmol = %lf\nu_kJ/kmol = %lf\nh_kJ/kmol = %lf\n", vol, inte, enth);
        printf("s_kJ/(kmol・K) = %lf\ng_kJ/kmol = %lf\n", entr, gibe);
}
```

```c
/* Function program fapmxgs.c for calculating properties of mixed gas by approximate
   models
   by Ryohei Yokoyama   October, 2024 */
#include  <stdio.h>
#include  "../CFUNC/rpdfntn.h"
#include  "../CFUNC/rpdclrtn.h"
#define  LDIM  10
int  gl_nfld, gl_jlaw;
double  gl_pres, gl_temp, gl_ycmp[LFLD+1];
void  apmxgs(ncmp, nmcmp, ycmp, jlaw, pres, temp, wmm, cpres, ctemp, cvol, wmma, vol,
  inte, enth, entr, gibe, LCMP, LNMCMP)
int  ncmp, jlaw, LCMP, LNMCMP;
double  ycmp[LCMP+1], pres, temp, wmm[LCMP+1], cpres[LCMP+1], ctemp[LCMP+1], cvol[LCMP+1],
  *wmma, *vol, *inte, *enth, *entr, *gibe;
char  nmcmp[LCMP+1][LNMCMP];
{
// REFPROP 計算用の宣言
        extern void  info_(), tprho_(), therm_();
        int   i, icomp, kph, kguess;
        double  rho, prescm[LFLD+1], rhocm[LFLD+1], ttemp, btemp, crho, ccf, acf, dip, gc, cv,
          cp, w, hjt, wmmmx, intecm[LFLD+1], enthcm[LFLD+1], entrcm[LFLD+1];
// 連立非線形代数方程式計算用の宣言
        extern void  qpwntnrpn();
        int   mdim, ndim, lrep, jint, lint, jtrp, ltrp, jrdc, lrdc, janj, jprt0;
        double  alpha, epsn, epsl, eint, ftrp, etrp, frdc, x0[LDIM+1], xl[LDIM+1], xu[LDIM+1],
          rl[LDIM+1], ru[LDIM+1], x[LDIM+1];
// 連立非線形代数方程式計算用のパラメータ値の設定
        alpha = 1.0;   lrep = 100;   epsn = 1.0e-8;   epsl = 1.0e-10;   jint = 0;   lint = 5;
        eint = 1.0e-3;   jtrp = 0;   ftrp = 0.5;   ltrp = 5;   etrp = 1.0e-3;   jrdc = 0;
```

```
            frdc = 0.5;   lrdc = 5;   janj = 0;   jprt0 = 1;
// REFPROP 計算用の物質の設定
            nfld = ncmp;
            for (i = 1; i <= nfld; i++) {
                ncomp[i] = 1;
                sprintf(nmcomp[i][0], "%s", nmcmp[i]);   rmcomp[i][0] = 1.0;
            }
// 物質の平均モル質量の評価
            *wmma = 0.0;
            for (i = 1; i <= nfld; i++) {
            // REFPROP の設定
                rpsetup(LCOMP, LNMFLD, LNMFILE, LNMRS, ncomp[i], nmcomp[i], hfcomp[i], hfmix,
                    hrf);
            // 各成分のモル質量および比体積の評価
                icomp = 1;
                info_(&icomp, &wmm[i], &ttemp, &btemp, &ctemp[i], &cpres[i], &crho, &ccf, &acf,
                    &dip, &gc);
                cvol[i] = (1.0 / crho) / wmm[i];   (*wmma) = (*wmma) + ycmp[i] * wmm[i];
            }
// グローバル変数の設定
            gl_jlaw = jlaw,  gl_nfld = nfld;  gl_pres = pres;   gl_temp = temp;
            for (i = 1; i <= nfld; i++) gl_ycmp[i] = ycmp[i];
// 変数の数および探索初期値の設定
// Dalton の法則
            if (jlaw == 1) {
                mdim = nfld + 1;   ndim = nfld + 1;
                rhocm[1] = 5.0;   rhocm[2] = 5.0;   rho = 10.0;
                for (i = 1; i <= nfld; i++) x0[i] = rhocm[i];
                x0[nfld+1] = rho;
            }
// Amagat の法則
            else if (jlaw == 2) {
                mdim = 1;   ndim = 1;
                rho = 10.0;   x0[1] = rho;
            }
// 変数の上・下限値の設定
            for (i = 1; i <= ndim; i++) {
                xl[i] = 1.0e-5;   xu[i] = 1.0e10;
            }
// 方程式の残差の上・下限値の設定
            for (i = 1; i <= mdim; i++) {
                rl[i] = -1.0e10;   ru[i] = 1.0e10;
            }
// 拡張ニュートン-ラフソン法および二次計画法による解の導出
            qpwntnrpn(mdim, ndim, LDIM, alpha, lrep, epsn, epsl, jint, lint, eint, jtrp, ftrp,
                ltrp, etrp, jrdc, frdc, lrdc, janj, jprt0, x0, xl, xu, rl, ru, x);
// 各成分のモル密度および混合気体の比体積の算出
            for (i = 1; i <= nfld; i++) rhocm[i] = x[i];
// Dalton の法則／ Amagat の法則
            if (jlaw == 1) rho = x[nfld+1];
            else if (jlaw == 2) rho = x[1];
            *vol = 1.0 / rho;
// 混合気体のモル内部エネルギー，モルエンタルピー，モルエントロピー，およびモルギブスエネルギーの算出
            kph = 2;   kguess = 0;
            *inte = 0.0;   *enth = 0.0;   *entr = 0.0;   *gibe = 0.0;
            for (i = 1; i <= nfld; i++) {
            // REFPROP の設定
                rpsetup(LCOMP, LNMFLD, LNMFILE, LNMRS, ncomp[i], nmcomp[i], hfcomp[i], hfmix,
                    hrf);
                rpsetref(1, LCOMP, LNMFILE, LNMRS, hrf, 1, rmcomp[i], 0.0, 0.0, 298.15, 0.1e3);
            // Amagat の法則
                if (jlaw == 2) {
                    tprho_(&temp, &pres, rmcomp[i], &kph, &kguess, &rhocm[i], &ierr, herr);
                    if (ierr != 0) printf("tprho 1 %d: %d  %s\n", i, ierr, herr);
                }
            // 各成分
                therm_(&temp, &rhocm[i], rmcomp[i], &prescm[i], &intecm[i], &enthcm[i],
                    &entrcm[i], &cv, &cp, &w, &hjt);
```

```
        // 混合気体
            (*inte) = (*inte) + ycmp[i] * intecm[i];   (*enth) = (*enth) + ycmp[i] * enthcm[i];
            (*entr) = (*entr) + ycmp[i] * entrcm[i];
            (*gibe) = (*gibe) + ycmp[i] * (enthcm[i] - temp * entrcm[i]);
        }
}
void   rsdl(mdim, ndim, MDIM, x, r)
int    mdim, ndim, MDIM;
double   x[MDIM+1], r[MDIM+1];
{
    extern void   press_(), tprho_();
    int    i, kph, kguess;
    double   rhocm[LFLD+1], prescm[LFLD+1], rho;
// 方程式の関数（残差）の計算
// 変数の値の設定
// Dalton の法則
    if (gl_jlaw == 1) {
        for (i = 1; i <= gl_nfld; i++) rhocm[i] = x[i];
        rho = x[gl_nfld+1];
    }
// Amagat の法則
    else if (gl_jlaw == 2) rho = x[1];
// 各成分の圧力あるいはモル密度の算出
    for (i = 1; i <= gl_nfld; i++) {
    // REFPROP の設定
        rpsetup(LCOMP, LNMFLD, LNMFILE, LNMRS, ncomp[i], nmcomp[i], hfcomp[i], hfmix,
           hrf);
    // Dalton の法則
        if (gl_jlaw == 1) {
            press_(&gl_temp, &rhocm[i], rmcomp[i], &prescm[i]);
        }
    // Amagat の法則
        else if (gl_jlaw == 2) {
            kph = 2;   kguess = 0;
            tprho_(&gl_temp, &gl_pres, rmcomp[i], &kph, &kguess, &rhocm[i], &ierr, herr);
            if (ierr != 0) printf("tprho 2 %d: %d  %s\n", i, ierr, herr);
        }
    }
// 方程式の値の設定
// Dalton の法則
    if (gl_jlaw == 1) {
        r[gl_nfld+1] = - gl_pres / 1.0e3;
        for (i = 1; i <= gl_nfld; i++) {
            r[i] = gl_ycmp[i] / rhocm[i] - 1.0 / rho;
            r[gl_nfld+1] = r[gl_nfld+1] + prescm[i] / 1.0e3;
        }
    }
// Amagat の法則
    else if (gl_jlaw == 2) {
        r[1] = - 1.0 / rho;
        for (i = 1; i <= nfld; i++) r[1] = r[1] + gl_ycmp[i] / rhocm[i];
    }
}
void   anjcbn(mdim, ndim, MDIM, x, rj)
int    mdim, ndim, MDIM;
double   x[MDIM+1], rj[MDIM+1][MDIM+1];
{
// 方程式のヤコビ行列の解析による計算
}
```

(c) プログラム E-3

圧縮機あるいはタービンについて，物質を広義の理想気体（理想混合気体を含む）あるいは実在気体（実在混合気体を含む）としてエネルギー解析を行い，入口における状態量から出口にお

ける状態量および仕事量を算出する．

このプログラムは，6.2.1 項，例題 6.7（6.2.2 項），6.5.1 項，および例題 6.13（6.5.2 項）において適用されている．

【プログラムの説明】

mcmptrb.c		圧縮機あるいはタービンの出口における状態量および仕事量を算出するための主プログラム
	(fcmptrb.c と共通のため省略)	
fcmptrb.c		圧縮機あるいはタービンの出口における状態量および仕事量を算出するための関数プログラム
	cmptrb()	圧縮機あるいはタービンの出口における状態量および仕事量を算出するための関数
	〔引数による入力〕	
	ncmp	物質の成分の数
	nmcmp	物質の成分の名称 (物質特性のファイル名 (拡張子 .FLD を除く)) (1 次元文字列配列)
	ycmp	各物質の成分のモル分率 (1 次元配列)
	jct	解析する機器要素を指定するための整数値 (jct = 1: 圧縮機，jct = 2: タービン)
	jir	適用する気体の選択 (jir = 1: 広義の理想混合気体，jir = 2: 実在混合気体)
	mass	質量流量 kg/s
	presi	入口圧力 kPa
	tempi	入口温度 K
	preso	出口圧力 kPa
	eff	等エントロピー効率
	LCMP	配列要素の上限数 (LCMP ≥ ncmp ≤ 20)
	LNMCMP	配列要素の上限数 (LNMCMP ≥ nmcmp[i] (i = 1, 2, ···, ncmp) の文字数の最大値 ≤ 16)
	〔引数による出力〕	
	tempo	実際的な変化における出口温度 K
	tempoi	理想的な変化 (等エントロピー変化) における出口温度 K
	work	実際的な変化における仕事量 kW
	worki	理想的な変化 (等エントロピー変化) における仕事量 kW
	rsdl()	連立非線形代数方程式の残差を評価するための関数
	(プログラム E-1 と同様のため省略)	
	anjcbn()	連立非線形代数方程式の拡張ヤコビ行列を解析的に求めるための関数
	(プログラム E-1 と同様のため省略)	

【プログラム】

```
/* Main program mcmptrb.c for calculating properties at outlet of compressor or turbine
   by Ryohei Yokoyama   October, 2024
   cc -c ./mcmptrb.c ./fcmptrb.c
   gfortran -o ./mcmptrb ./mcmptrb.o ./fcmptrb.o ../CFUNC/rpsetup.o ../CFUNC/rpsetref.o
      ../CFUNC/qpwntnrpn.o ../CFUNC/qpwlneq.o ../CFUNC/quadprg.o ../RPOBJ/RPALL.o */
#include    <stdio.h>
#define    LCMP     10
#define    LNMCMP   20
int   main()
{
   extern void    cmptrb();
   int   i, ncmp, jct, jir;
   double   mass, presi, tempi, preso, prt, eff, tempo, tempoi, work, worki, ycmp[LCMP+1];
   char   nmcmp[LCMP+1][LNMCMP];
// 圧縮機あるいはタービン，およびおよび広義の理想混合気体あるいは実在混合気体の選択
   jct = 1;   jir = 2;
```

```c
// 物質の成分の数，名称，およびモル分率の設定
    if (jct == 1) {
        ncmp = 2;
        sprintf(nmcmp[1], "NITROGEN");   ycmp[1] = 0.79;
        sprintf(nmcmp[2], "OXYGEN");     ycmp[2] = 0.21;
    }
    else if (jct == 2) {
        ncmp = 4;
        sprintf(nmcmp[1], "NITROGEN");   ycmp[1] = 0.7655;
        sprintf(nmcmp[2], "OXYGEN");     ycmp[2] = 0.1415;
        sprintf(nmcmp[3], "CO2");        ycmp[3] = 0.0310;
        sprintf(nmcmp[4], "WATER");      ycmp[4] = 0.0620;
    }
// 解析条件の設定
    mass = 1.0;   eff = 0.85;
    if (jct == 1) {
        presi = 0.1e3;   tempi = 298.15;   prt = 10.0;   preso = presi * prt;
    }
    else if (jct == 2) {
        presi = 1.0e3;   tempi = 1300.0;   preso = 0.1e3;
    }
// 圧縮機あるいはタービンの解析
    cmptrb(ncmp, nmcmp, ycmp, jct, jir, mass, presi, tempi, preso, eff, &tempo, &tempoi,
        &work, &worki, LCMP, LNMCMP);
// 結果の表示
    printf("Temperature at outlet = %lf K\n", tempo);
    printf("Work to compressor or from turbine = %lf\n", work);
    printf("Temperature at outlet by isentropic change = %lf K\n", tempoi);
    printf("Work to compressor or from turbine by isentropic change = %lf\n", worki);
}
```

```c
/* Function program fcmptrb.c for calculating properties at outlet of compressor or
    turbine
    by Ryohei Yokoyama   October, 2024 */
#include <stdio.h>
#define LDIM 10
#include "../CFUNC/rpdfntn.h"
#include "../CFUNC/rpdclrtn.h"
int gl_jct, gl_jir;
double gl_mass, gl_preso, gl_eff, gl_gc, gl_wmma, gl_enthi, gl_entri;
void cmptrb(ncmp, nmcmp, ycmp, jct, jir, mass, presi, tempi, preso, eff, tempo, tempoi,
    work, worki, LCMP, LNMCMP)
int ncmp, jct, jir, LCMP, LNMCMP;
double ycmp[LCMP+1], mass, presi, tempi, preso, eff, *tempo, *tempoi, *work, *worki;
char nmcmp[LCMP+1][LNMCMP];
{
// REFPROP 計算用の宣言
    extern void info_(), therm0_(), tprho_(), therm_();
    int i, icomp, kph, kguess;
    double wmm, ttemp, btemp, ctemp, cpres, crho, ccf, acf, dip, gc, wmma, rhoi, rhooi,
        presi1, intei, enthi, entri, cv, cp, w, a, g, hjt;
// 連立非線形代数方程式計算用の宣言
    extern void qpwntnrpn();
    int mdim, ndim, lrep, jint, lint, jtrp, ltrp, jrdc, lrdc, janj, jprt0;
    double alpha, epsn, epsl, eint, ftrp, etrp, frdc, x0[LDIM+1], xl[LDIM+1], xu[LDIM+1],
        rl[LDIM+1], ru[LDIM+1], x[LDIM+1];
// 連立非線形代数方程式計算用のパラメータ値の設定
    alpha = 1.0;   lrep = 100;   epsn = 1.0e-8;   epsl = 1.0e-10;   jint = 0;   lint = 5;
    eint = 1.0e-3;   jtrp = 0;   ftrp = 0.5;   ltrp = 5;   etrp = 1.0e-3;   jrdc = 0;
    frdc = 0.5;   lrdc = 5;   janj = 0;   jprt0 = 1;
// REFPROP 計算用の物質の設定
    nfld = 1;   nofld = 1;
    ncomp[nofld] = ncmp;
    for (i = 1; i <= ncmp; i++) {
        sprintf(nmcomp[nofld][i-1], "%s", nmcmp[i]);   rmcomp[nofld][i-1] = ycmp[i];
    }
```

```c
// REFPROP の設定
    rpsetup(LCOMP, LNMFLD, LNMFILE, LNMRS, ncomp[nofld], nmcomp[nofld], hfcomp[nofld],
      hfmix, hrf);
    rpsetref(1, LCOMP, LNMFILE, LNMRS, hrf, 1, rmcomp[nofld], 0.0, 0.0, 298.15, 0.1e3);
// 物質の平均モル質量の評価
    wmma = 0.0;
    for (icomp = 1; icomp <= ncomp[nofld]; icomp++) {
        info_(&icomp, &wmm, &ttemp, &btemp, &ctemp, &cpres, &crho, &ccf, &acf, &dip, &gc);
        wmma = wmma + wmm * rmcomp[nofld][icomp - 1];
    }
// 入口における状態量の評価
// 広義の理想混合気体
    if (jir == 1) {
        rhoi = presi / (gc * tempi);
        therm0_(&tempi, &rhoi, rmcomp[nofld], &presi1, &intei, &enthi, &entri, &cv, &cp,
          &w, &a, &g);
    }
// 実在混合気体
    else if (jir == 2) {
        kph = 2;  kguess = 0;
        tprho_(&tempi, &presi, rmcomp[nofld], &kph, &kguess, &rhoi, &ierr, herr, LNMFILE);
        if (ierr != 0) printf("tprho 1: %d  %s\n", ierr, herr);
        therm_(&tempi, &rhoi, rmcomp[nofld], &presi1, &intei, &enthi, &entri, &cv, &cp,
          &w, &hjt);
    }
// グローバル変数の設定
    gl_jct = jct;  gl_jir = jir;  gl_mass = mass;  gl_wmma = wmma;  gl_eff = eff;
    gl_preso = preso;  gl_gc = gc;  gl_enthi = enthi;  gl_entri = entri;
// 変数および方程式の数の設定
    mdim = 4;  ndim = 4;
// 変数の探索初期値の設定
    *tempo = 500.0;  *tempoi = 500.0;  *work = 200.0;  *worki = 200.0;
    x0[1] = *tempo;  x0[2] = *tempoi;  x0[3] = *work;  x0[4] = *worki;
// 変数の上・下限値の設定
    for (i = 1; i <= ndim; i++) {
        xl[i] = 1.0e-5;  xu[i] = 1.0e10;
    }
// 方程式の残差の上・下限値の設定
    for (i = 1; i <= mdim; i++) {
        rl[i] = -1.0e10;  ru[i] = 1.0e10;
    }
// 拡張ニュートン-ラフソン法および二次計画法による解の導出
    qpwntnrpn(mdim, ndim, LDIM, alpha, lrep, epsn, epsl, jint, lint, eint, jtrp, ftrp,
      ltrp, etrp, jrdc, frdc, lrdc, janj, jprt0, x0, xl, xu, rl, ru, x);
    *tempo = x[1];  *tempoi = x[2];  *work = x[3];  *worki = x[4];
}
void rsdl(mdim, ndim, MDIM, x, r)
int    mdim, ndim, MDIM;
double  x[MDIM+1], r[MDIM+1];
{
    extern void  therm0_(), tprho_(), therm_();
    int    kph, kguess;
    double  tempo, tempoi, work, worki, rhoo, rhooi, preso1, inteo, inteoi, entho, enthoi,
      entro, entroi, cv, cp, w, a, g, hjt;
// 方程式の関数（残差）の計算
// 変数の値の設定
    tempo = x[1];  tempoi = x[2];  work = x[3];  worki = x[4];
// 出口における状態量の評価
// 広義の理想混合気体
    if (gl_jir == 1) {
        rhoo = gl_preso / (gl_gc * tempo);  rhooi = gl_preso / (gl_gc * tempoi);
        therm0_(&tempo, &rhoo, rmcomp[nofld], &preso1, &inteo, &entho, &entro, &cv, &cp,
          &w, &a, &g);
        therm0_(&tempoi, &rhooi, rmcomp[nofld], &preso1, &inteoi, &enthoi, &entroi, &cv,
          &cp, &w, &a, &g);
    }
// 実在混合気体
    else if (gl_jir == 2) {
```

```
            kph = 2;   kguess = 0;
            tprho_(&tempo, &gl_preso, rmcomp[nofld], &kph, &kguess, &rhoo, &ierr, herr,
              LNMFILE);   if (ierr != 0) printf("tprho 2: %d  %s\n", ierr, herr);
            therm_(&tempo, &rhoo, rmcomp[nofld], &preso1, &inteo, &entho, &entro, &cv, &cp,
              &w, &hjt);
            tprho_(&tempoi, &gl_preso, rmcomp[nofld], &kph, &kguess, &rhooi, &ierr, herr,
              LNMFILE);   if (ierr != 0) printf("tprho 3: %d  %s\n", ierr, herr);
            therm_(&tempoi, &rhooi, rmcomp[nofld], &preso1, &inteoi, &enthoi, &entroi, &cv,
              &cp, &w, &hjt);
        }
// 方程式の値の設定
// 圧縮機
        if (gl_jct == 1) {
            r[1] = work - worki / gl_eff;
            r[2] = gl_mass * entho / gl_wmma - work - gl_mass * gl_enthi / gl_wmma;
            r[3] = gl_mass * enthoi / gl_wmma - worki - gl_mass * gl_enthi / gl_wmma;
        }
// タービン
        else if (gl_jct == 2) {
            r[1] = work - worki * gl_eff;
            r[2] = gl_mass * entho / gl_wmma + work - gl_mass * gl_enthi / gl_wmma;
            r[3] = gl_mass * enthoi / gl_wmma + worki - gl_mass * gl_enthi / gl_wmma;
        }
        r[4] = gl_mass * entroi / gl_wmma - gl_mass * gl_entri / gl_wmma;
}
void   anjcbn(mdim, ndim, MDIM, x, rj)
int    mdim, ndim, MDIM;
double  x[MDIM+1], rj[MDIM+1][MDIM+1];
{
// 方程式のヤコビ行列の解析による計算
}
```

(d) プログラム E-4

燃焼器について，物質を広義の理想気体（理想混合気体を含む）あるいは実在気体（実在混合気体を含む）としてエネルギー解析を行い，入口における状態量から出口における状態量を算出する．

このプログラムは，6.8 節および例題 6.19（6.8 節）において適用されている．

【プログラムの説明】

mcmbstr.c	燃焼器の出口における状態量を算出するための主プログラム
（fcmbstr.c と共通のため省略）	
fcmbstr.c	燃焼器の出口における状態量を算出するための関数プログラム
cmbstr()	燃焼器の出口における状態量を算出するための関数
〔引数による入力〕	
nsbs	物質の数 (nsbs = 3)
ncmp	物質の成分の数 (1 次元配列)
nmcmp	物質の成分の名称 (物質特性のファイル名 (拡張子 .FLD を除く)) (2 次元文字列配列)
mol	物質の物質量流量 kmol/s (1 次元配列)
ycmp	物質の成分のモル分率 (2 次元配列)
enthf	物質の成分の標準生成エンタルピー kJ/kmol (2 次元配列)
jir	適用する気体を指定するための整数値 (jir = 1: 広義の理想混合気体，jir = 2: 実在混合気体)
presi	入口圧力 kPa
tempi	入口温度 K
preso	出口圧力 kPa

LSBS	配列要素の上限数 (LSBS $\geq$ nsbs)
LCMP	配列要素の上限数 (LCMP $\geq$ max{ncmp[i] (i = 1, 2, $\cdots$, nsbs)} $\leq$ 20)
LNMCMP	配列要素の上限数 (LNMCMP $\geq$ nmcmp[i][j] (i = 1, 2, $\cdots$, nsbs; j = 1, 2, $\cdots$, ncmp[i]) の文字数の最大値 $\leq$ 16)

〔引数による出力〕
tempo	出口温度 K

rsdl()	連立非線形代数方程式の残差を評価するための関数

（プログラム E-1 と同様のため省略）

anjcbn()	連立非線形代数方程式の拡張ヤコビ行列を解析的に求めるための関数

（プログラム E-1 と同様のため省略）

【プログラム】

```
/* Main program mcmbstr.c for calculating properties at outlet of combustor
   by Ryohei Yokoyama   October, 2024
   cc -c ./mcmbstr.c ./fcmbstr.c
   gfortran -o ./mcmbstr ./mcmbstr.o ./fcmbstr.o ../CFUNC/rpsetup.o ../CFUNC/rpsetref.o
     ../CFUNC/qpwntnrpn.o ../CFUNC/qpwlneq.o ../CFUNC/quadprg.o ../RPOBJ/RPALL.o */
#include  <stdio.h>
#define   LSBS   10
#define   LCMP   10
#define   LNMCMP 20
int  main()
{
    extern void  cmbstr();
    int   i, nsbs, ncmp[LSBS+1], jir;
    double a, b, aer, ycmps, mol[LSBS+1], ycmp[LSBS+1][LCMP+1], enthf[LSBS+1][LCMP+1],
      presi, tempi, preso, tempo;
    char  nmcmp[LSBS+1][LCMP+1][LNMCMP];
// 燃料の種類および空気過剰率の設定
    a = 1.0;   b = 4.0;   aer = 1.5;
// 物質の成分の名称，モル分率，および標準生成エンタルピーの設定
    nsbs = 3;
// 燃料
    ncmp[1] = 1;
    sprintf(nmcmp[1][1], "METHANE");   ycmp[1][1] = 1.0;   enthf[1][1] = -74873.0;
// 空気
    ncmp[2] = 5;
    sprintf(nmcmp[2][1], "NITROGEN");  ycmp[2][1] = 0.7661; enthf[2][1] = 0.0;
    sprintf(nmcmp[2][2], "OXYGEN");    ycmp[2][2] = 0.2055; enthf[2][2] = 0.0;
    sprintf(nmcmp[2][3], "ARGON");     ycmp[2][3] = 0.0090; enthf[2][3] = 0.0;
    sprintf(nmcmp[2][4], "CO2");       ycmp[2][4] = 0.0004; enthf[2][4] = -393522.0;
    sprintf(nmcmp[2][5], "WATER");     ycmp[2][5] = 0.0190; enthf[2][5] = -241826.0;
// 燃焼ガス
    ncmp[3] = 5;
// 量論係数
    sprintf(nmcmp[3][1], "NITROGEN");  ycmp[3][1] = aer * (a + b / 4.0) * ycmp[2][1]
      / ycmp[2][2];   enthf[3][1] = 0.0;
    sprintf(nmcmp[3][2], "OXYGEN");    ycmp[3][2] = (aer - 1.0) * (a + b / 4.0);
    enthf[3][2] = 0.0;
    sprintf(nmcmp[3][3], "ARGON");     ycmp[3][3] = aer * (a + b / 4.0) * ycmp[2][3]
      / ycmp[2][2];   enthf[3][3] = 0.0;
    sprintf(nmcmp[3][4], "CO2");       ycmp[3][4] = ((1.0 + aer * ycmp[2][4] / ycmp[2][2]) * a
      + aer * ycmp[2][4] / ycmp[2][2] * b / 4.0);   enthf[3][4] = -393522.0;
    sprintf(nmcmp[3][5], "WATER");     ycmp[3][5] = (aer * ycmp[2][5] / ycmp[2][2] * a
      + (2.0 + aer * ycmp[2][5] / ycmp[2][2]) * b / 4.0);   enthf[3][5] = -241826.0;
// モル分率
    ycmps = 0.0;
    for (i = 1; i <= ncmp[3]; i++) ycmps = ycmps + ycmp[3][i];
    for (i = 1; i <= ncmp[3]; i++) ycmp[3][i] = ycmp[3][i] / ycmps;
```

```c
// 物質量流量の設定
    mol[1] = 1.0;   mol[2] = aer * 2.0 / ycmp[2][2];   mol[3] = ycmps;
// 広義の理想混合気体あるいは実在混合気体の選択
    jir = 2;
// 解析条件の設定
    presi = 0.1e3;   tempi = 298.15;   preso = presi;
// 燃焼器の解析
    cmbstr(nsbs, ncmp, nmcmp, mol, ycmp, enthf, jir, presi, tempi, preso, &tempo,
      LSBS, LCMP, LNMCMP);
// 結果の表示
    printf("Temperature at outlet = %lf K\n", tempo);
}
```

```c
/* Function program fcmbstr.c for calculating properties at outlet of combustor
   by Ryohei Yokoyama   October, 2024 */
#include  <stdio.h>
#define  LDIM  10
#include  "../CFUNC/rpdfntn.h"
#include  "../CFUNC/rpdclrtn.h"
int  gl_jir;
double  gl_preso, gl_gc, gl_pres0, gl_temp0, gl_mol[LFLD+1], gl_enth[LFLD+1],
  gl_enthf[LFLD+1][LCOMP+1];
void  cmbstr(nsbs, ncmp, nmcmp, mol, ycmp, enthf, jir, presi, tempi, preso, tempo, LSBS,
  LCMP, LNMCMP)
int  LSBS, LCMP, LNMCMP, nsbs, ncmp[LSBS+1], jir;
double  mol[LSBS+1], ycmp[LSBS+1][LCOMP+1], enthf[LSBS+1][LCOMP+1], presi, tempi, preso,
  *tempo;
char  nmcmp[LSBS+1][LCOMP+1][LNMCMP];
{
// REFPROP 計算用の宣言
    extern void  therm0_(), tprho_(), therm_();
    int  i, j, kph, kguess;
    double  gc, pres0, temp0, rho0, rhoi, inte, enth[LSBS+1], enth0[LSBS+1], entr, cv, cp,
      w, a, g, hjt;
// 非線形代数方程式計算用の宣言
    extern void  qpwntnrpn();
    int  mdim, ndim, lrep, jint, lint, jtrp, ltrp, jrdc, lrdc, janj, jprt0;
    double  alpha, epsn, epsl, eint, ftrp, etrp, frdc, x0[LDIM+1], xl[LDIM+1], xu[LDIM+1],
      rl[LDIM+1], ru[LDIM+1], x[LDIM+1];
// 非線形代数方程式計算用のパラメータ値の設定
    alpha = 1.0;   lrep = 100;   epsn = 1.0e-8;   epsl = 1.0e-10;   jint = 0;   lint = 5;
    eint = 1.0e-3;   jtrp = 0;   ftrp = 0.5;   ltrp = 5;   etrp = 1.0e-3;   jrdc = 0;
    frdc = 0.5;   lrdc = 5;   janj = 0;   jprt0 = 1;
// REFPROP 計算用の物質の設定
    nfld = nsbs;
    for (nofld = 1; nofld <= nfld; nofld++) {
        ncomp[nofld] = ncmp[nofld];
        for (j = 1; j <= ncomp[nofld]; j++) {
            sprintf(nmcomp[nofld][j-1], "%s", nmcmp[nofld][j]);
            rmcomp[nofld][j-1] = ycmp[nofld][j];
        }
    }
// 一般気体定数および基準状態の設定
    gc = 8.31451;   pres0 = 0.1e3;   temp0 = 298.15;
// 入口の燃料および空気
    for (nofld = 1; nofld <= 2; nofld++) {
    // REFPROP の設定
        rpsetup(LCOMP, LNMFLD, LNMFILE, LNMRS, ncomp[nofld], nmcomp[nofld], hfcomp[nofld],
          hfmix, hrf);
        rpsetref(1, LCOMP, LNMFILE, LNMRS, hrf, 1, rmcomp[nofld], 0.0, 0.0, 298.15,
          0.1e3);
    // 状態量の評価
    // 広義の理想混合気体
        if (jir == 1) {
            rhoi = presi / (gc * tempi);
            therm0_(&tempi, &rhoi, rmcomp[nofld], &presi, &inte, &enth[nofld], &entr, &cv,
```

```
                        &cp, &w, &a, &g);
                    rho0 = pres0 / (gc * temp0);
                    therm0_(&temp0, &rho0, rmcomp[nofld], &pres0, &inte, &enth0[nofld], &entr,
                        &cv, &cp, &w, &a, &g);
                }
// 実在混合気体
                else if (jir == 2) {
                    kph = 2;   kguess = 0;
                    tprho_(&tempi, &presi, rmcomp[nofld], &kph, &kguess, &rhoi, &ierr, herr,
                        LNMFILE);  if (ierr != 0) printf("tprho 1 %d: %d  %s\n", nofld, ierr, herr);
                    therm_(&tempi, &rhoi, rmcomp[nofld], &presi, &inte, &enth[nofld], &entr, &cv,
                        &cp, &w, &hjt);
                    tprho_(&temp0, &pres0, rmcomp[nofld], &kph, &kguess, &rho0, &ierr, herr,
                        LNMFILE);  if (ierr != 0) printf("tprho 2 %d: %d  %s\n", nofld, ierr, herr);
                    therm_(&temp0, &rho0, rmcomp[nofld], &pres0, &inte, &enth0[nofld], &entr, &cv,
                        &cp, &w, &hjt);
                }
// 標準生成エンタルピーによるモルエンタルピーの修正
                gl_enth[nofld] = enth[nofld] - enth0[nofld];
                for (j = 1; j <= ncomp[nofld]; j++) {
                    gl_enth[nofld] = gl_enth[nofld] + rmcomp[nofld][j-1] * enthf[nofld][j];
                }
            }
// グローバル変数の設定
    gl_jir = jir, gl_preso = preso;  gl_gc = gc;  gl_pres0 = pres0,  gl_temp0 = temp0;
    for (nofld = 1; nofld <= nfld; nofld++) {
        gl_mol[nofld] = mol[nofld];
        for (j = 1; j <= ncomp[nofld]; j++) gl_enthf[nofld][j] = enthf[nofld][j];
    }
// 変数および方程式の数の設定
    mdim = 1;   ndim = 1;
// 変数の探索初期値の設定
    *tempo = tempi;   x0[1] = *tempo;
// 変数の上・下限値および探索初期値の設定
    for (i = 1; i <= ndim; i++) {
        xl[i] = 1.0e-5;   xu[i] = 1.0e10;
    }
// 方程式の残差の上・下限値の設定
    for (i = 1; i <= mdim; i++) {
        rl[i] = -1.0e10;  ru[i] = 1.0e10;
    }
// 拡張ニュートン-ラフソン法および二次計画法による解の導出
    qpwntnrpn(mdim, ndim, LDIM, alpha, lrep, epsn, epsl, jint, lint, eint, jtrp, ftrp,
        ltrp, etrp, jrdc, frdc, lrdc, janj, jprt0, x0, xl, xu, rl, ru, x);
    *tempo = x[1];
}
void   rsdl(mdim, ndim, MDIM, x, r)
int    mdim, ndim, MDIM;
double x[MDIM+1], r[MDIM+1];
{
    extern void  therm0_(), tprho_(), therm_();
    int    j, kph, kguess;
    double tempo, rho0, rhoo, inte, enth, enth0, entr, entr0, cv, cp, w, a, g, hjt;
// 方程式の関数（残差）の計算
// 変数の値の設定
    tempo = x[1];
// 出口の燃焼ガス
    nofld = 3;
// REFPROP の設定
    rpsetup(LCOMP, LNMFLD, LNMFILE, LNMRS, ncomp[nofld], nmcomp[nofld], hfcomp[nofld],
        hfmix, hrf);
    rpsetref(1, LCOMP, LNMFILE, LNMRS, hrf, 1, rmcomp[nofld], 0.0, 0.0, 298.15, 0.1e3);
// 状態量の評価
// 広義の理想混合気体
    if (gl_jir == 1) {
        rhoo = gl_preso / (gl_gc * tempo);
        therm0_(&tempo, &rhoo, rmcomp[nofld], &gl_preso, &inte, &enth, &entr, &cv, &cp,
            &w, &a, &g);
```

```
            rho0 = gl_pres0 / (gl_gc * gl_temp0);
            therm0_(&gl_temp0, &rho0, rmcomp[nofld], &gl_pres0, &inte, &enth0, &entr0, &cv,
                &cp, &w, &a, &g);
        }
// 実在混合気体
        else if (gl_jir == 2) {
            kph = 2;  kguess = 0;
            tprho_(&tempo, &gl_preso, rmcomp[nofld], &kph, &kguess, &rhoo, &ierr, herr,
                LNMFILE);  if (ierr != 0) printf("tprho 3: %d  %s\n", ierr, herr);
            therm_(&tempo, &rhoo, rmcomp[nofld], &gl_preso, &inte, &enth, &entr, &cv, &cp, &w,
                &hjt);
            tprho_(&gl_temp0, &gl_pres0, rmcomp[nofld], &kph, &kguess, &rho0, &ierr, herr,
                LNMFILE);  if (ierr != 0) printf("tprho 4: %d  %s\n", ierr, herr);
            therm_(&gl_temp0, &rho0, rmcomp[nofld], &gl_pres0, &inte, &enth0, &entr0, &cv,
                &cp, &w, &hjt);
        }
        gl_enth[nofld] = enth - enth0;
// 標準生成エンタルピーによるモルエンタルピーの修正
        for (j = 1; j <= ncomp[nofld]; j++) {
            gl_enth[nofld] = gl_enth[nofld] + rmcomp[nofld][j-1] * gl_enthf[nofld][j];
        }
// 方程式の値の設定
    r[1] = gl_mol[1] * gl_enth[1] + gl_mol[2] * gl_enth[2] - gl_mol[3] * gl_enth[3];
}
void  anjcbn(mdim, ndim, MDIM, x, rj)
int   mdim, ndim, MDIM;
double  x[MDIM+1], rj[MDIM+1][MDIM+1];
{
// 方程式のヤコビ行列の解析による計算
}
```

(e) プログラム E-5

熱交換器について，物質を実在気体（実在混合気体を含む）あるいは液体としてエネルギー解析を行い，入口における状態量から内部および出口における状態量を算出する．

このプログラムは，6.9.1 項および例題 6.21（6.9.1 項）において適用されている．

【プログラムの説明】

mhtexch.c	熱交換器の内部および出口における状態量を算出するための主プログラム
（fhtexch.c と共通のため省略）	
fhtexch.c	熱交換器の内部および出口における状態量を算出するための関数プログラム
htexch()	熱交換器の内部および出口における状態量を算出するための関数
〔引数による入力〕	
nsbs	物質の数（nsbs = 2）
ncmp	物質の成分の数（1 次元配列）
nmcmp	物質の成分の名称（物質特性のファイル名（拡張子 .FLD を除く））（2 次元文字列配列）
ycmp	物質の成分のモル分率（2 次元配列）
jex	熱交換器の形式を指定するための整数値（jex = 1: 並行流形，jex = 2: 対向流形）
kphh	高温側流体の相を指定するための整数値（kphh = 1: 液体，kphh = 2: 気体）
kphc	低温側流体の相を指定するための整数値（kphc = 1: 液体，kphc = 2: 気体）
ndiv	離散化のための検査体積の数
massh	高温側流体の質量流量 kg/s
massc	低温側流体の質量流量 kg/s
preshi	高温側流体の入口圧力 kPa
presci	低温側流体の入口圧力 kPa

	temphi	高温側流体の入口温度 K
	tempci	低温側流体の入口温度 K
	presho	高温側流体の出口圧力 kPa
	presco	低温側流体の出口圧力 kPa
	ka	熱通過率と伝熱面積の積 kW/K
	LSBS	配列要素の上限数 (LSBS $\geq$ nsbs)
	LCMP	配列要素の上限数 (LCMP $\geq$ max{ncmp[i] (i = 1, 2, $\cdots$, nsbs)} $\leq$ 20)
	LNMCMP	配列要素の上限数 (LNMCMP $\geq$ nmcmp[i][j] (i = 1, 2, $\cdots$, nsbs; j = 1, 2, $\cdots$, ncmp[i]) の文字数の最大値 $\leq$ 16)
	LDIV	配列要素の上限数 (LDIV $\geq$ ndiv)
〔引数による出力〕		
	temph	高温側流体の出入口および各検査体積の温度 K (1 次元配列)
	tempc	低温側流体の出入口および各検査体積の温度 K (1 次元配列)
rsdl()		連立非線形代数方程式の残差を評価するための関数
(プログラム E-1 と同様のため省略)		
anjcbn()		連立非線形代数方程式の拡張ヤコビ行列を解析的に求めるための関数
(プログラム E-1 と同様のため省略)		

【プログラム】

```
/* Main program mhtexch.c for calculating properties inside heat exchanger
   by Ryohei Yokoyama  October, 2024
   cc -c ./mhtexch.c ./fhtexch.c
   gfortran -o ./mhtexch ./mhtexch.o ./fhtexch.o ../CFUNC/rpsetup.o ../CFUNC/rpsetref.o
     ../CFUNC/qpwntnrpn.o ../CFUNC/qpwlneq.o ../CFUNC/quadprg.o ../RPOBJ/RPALL.o */
#include  <stdio.h>
#define   LSBS    10
#define   LCMP    10
#define   LNMCMP  20
#define   LDIV    40
int   main()
{
    extern void  htexch();
    int   i, nsbs, ncmp[LSBS+1], jex, kphh, kphc, ndiv;
    double  ycmp[LSBS+1][LCMP+1], massh, massc, preshi, presci, temphi, tempci, presho,
      presco, ka, temph[LDIV+2], tempc[LDIV+2];
    char  nmcmp[LSBS+1][LCMP+1][LNMCMP];
// 物質の成分の数，名称，およびモル分率の設定
    nsbs = 2;
    ncmp[1] = 1;   sprintf(nmcmp[1][1], "CO2");    ycmp[1][1] = 1.0;
    ncmp[2] = 1;   sprintf(nmcmp[2][1], "WATER");  ycmp[2][1] = 1.0;
// 並行流あるいは対向流の選択および検査体積の数の設定
    jex = 2;   ndiv = 20;
// 解析条件の設定
    kphh = 2;   kphc = 1;
    massh = 0.018;  preshi = 10.0e3;  temphi = 373.15;  presho = preshi;
    massc = 0.02;   presci = 0.1e3;   tempci = 290.15;  presco = presci;   ka = 0.5;
// 熱交換器の解析
    htexch(nsbs, ncmp, nmcmp, ycmp, jex, kphh, kphc, ndiv, massh, massc, preshi, presci,
      temphi, tempci, presho, presco, ka, temph, tempc, LSBS, LCMP, LNMCMP, LDIV);
// 結果の表示
    printf("No Higher_temp._K Lower_temp._K\n");
    for (i = 1; i <= ndiv + 1; i++) printf("%d %lf %lf\n", i, temph[i], tempc[i]);
}
```

```
/* Function program fhtexch.c for calculating properties inside heat exchanger
   by Ryohei Yokoyama   October, 2024 */
#include   <stdio.h>
#define   LDIM   100
#include   "../CFUNC/rpdfntn.h"
#include   "../CFUNC/rpdclrtn.h"
int   gl_jex, gl_kphh, gl_kphc, gl_ndiv;
double   gl_massh, gl_massc, gl_preshi, gl_presci, gl_temphi, gl_tempci, gl_presho,
   gl_presco, gl_ka, gl_wmmah, gl_wmmac;
void htexch(nsbs, ncmp, nmcmp, ycmp, jex, kphh, kphc, ndiv, massh, massc, preshi, presci,
      temphi, tempci, presho, presco, ka, temph, tempc, LSBS, LCMP, LNMCMP, LDIV)
int   LSBS, LCMP, LNMCMP, LDIV, nsbs, ncmp[LSBS+1], jex, kphh, kphc, ndiv;
double   ycmp[LSBS+1][LCMP+1], massh, massc, preshi, presci, temphi, tempci, presho,
   presco, ka, temph[LDIV+2], tempc[LDIV+2];
char   nmcmp[LSBS+1][LCMP+1][LNMCMP];
{
// REFPROP 計算用の宣言
      extern void  info_();
      int   i, j, icomp;
      double   wmm, ttemp, btemp, ctemp, cpres, crho, ccf, acf, dip, gc, wmma;
// 連立非線形代数方程式計算用の宣言
      extern void  qpwntnrpn();
      int   mdim, ndim, lrep, jint, lint, jtrp, ltrp, jrdc, lrdc, janj, jprt0;
      double   alpha, epsn, epsl, eint, ftrp, etrp, frdc, x0[LDIM+1], xl[LDIM+1], xu[LDIM+1],
         rl[LDIM+1], ru[LDIM+1], x[LDIM+1];
// 連立非線形代数方程式計算用パラメータ値の設定
      alpha = 1.0;   lrep = 100;   epsn = 1.0e-8;   epsl = 1.0e-10;   jint = 0;   lint = 5;
      eint = 1.0e-3;   jtrp = 0;   ftrp = 0.5;   ltrp = 5;   etrp = 1.0e-3;   jrdc = 0;
      frdc = 0.5;   lrdc = 5;   janj = 0;   jprt0 = 1;
// REFPROP 計算用の物質の設定
      nfld = nsbs;
      for (nofld = 1; nofld <= nfld; nofld++) {
         ncomp[nofld] = ncmp[nofld];
         for (j = 1; j <= ncomp[nofld]; j++) {
            sprintf(nmcomp[nofld][j-1], "%s", nmcmp[nofld][j]);
            rmcomp[nofld][j-1] = ycmp[nofld][j];
         }
      }
// 高温側流体および低温側流体
      for (nofld = 1; nofld <= nfld; nofld++) {
      // REFPROP の設定
         rpsetup(LCOMP, LNMFLD, LNMFILE, LNMRS, ncomp[nofld], nmcomp[nofld], hfcomp[nofld],
            hfmix, hrf);
         rpsetref(1, LCOMP, LNMFILE, LNMRS, hrf, 1, rmcomp[nofld], 0.0, 0.0, 298.15,
            0.1e3);
      // 平均モル質量の評価
         wmma = 0.0;
         for (icomp = 1; icomp <= ncomp[nofld]; icomp++) {
            info_(&icomp, &wmm, &ttemp, &btemp, &ctemp, &cpres, &crho, &ccf, &acf, &dip,
               &gc);
            wmma = wmma + wmm * rmcomp[nofld][icomp - 1];
         }
      // 高温側／低温側
         if (nofld == 1) gl_wmmah = wmma;
         else if (nofld == 2) gl_wmmac = wmma;
      }
// グローバル変数の設定
      gl_jex = jex;   gl_kphh = kphh;   gl_kphc = kphc;   gl_ndiv = ndiv;
      gl_massh = massh;   gl_massc = massc;   gl_preshi = preshi;   gl_presci = presci;
      gl_temphi = temphi;   gl_tempci = tempci;   gl_presho = presho;   gl_presco = presco;
      gl_ka = ka;
// 方程式および変数の数の設定
      mdim = 2 * (ndiv + 1);   ndim = 2 * (ndiv + 1);
// 変数の探索初期値の設定
      for (i = 1; i <= ndiv + 1; i++) {
         x0[2*i-1] = temphi;   x0[2*i] = tempci;
      }
```

```c
// 変数の上・下限値の設定
    for (i = 1; i <= ndim; i++) {
        xl[i] = tempci;   xu[i] = temphi;
    }
// 方程式の残差の上・下限値の設定
    for (i = 1; i <= mdim; i++) {
        rl[i] = -1.0e10;   ru[i] = 1.0e10;
    }
// 拡張ニュートン-ラフソン法および二次計画法による解の導出
    qpwntnrpn(mdim, ndim, LDIM, alpha, lrep, epsn, epsl, jint, lint, eint, jtrp, ftrp,
      ltrp, etrp, jrdc, frdc, lrdc, janj, jprt0, x0, xl, xu, rl, ru, x);
    for (i = 1; i <= ndiv + 1; i++) {
        temph[i] = x[2*i-1];   tempc[i] = x[2*i];
    }
}
void  rsdl(mdim, ndim, MDIM, x, r)
int   mdim, ndim, MDIM;
double  x[MDIM+1], r[MDIM+1];
{
    extern void  tprho_(), therm_();
    int  i, kph, kguess;
    double  pres, temp, rho, inte, enth, entr, cv, cp, w, a, g, hjt, dtemp, temph[MDIM/2],
      tempc[MDIM/2], enthh[MDIM/2], enthc[MDIM/2];
// 方程式の関数（残差）の計算
// 変数の値の設定
    for (i = 1; i <= gl_ndiv + 1; i++) {
        temph[i] = x[2*i-1];   tempc[i] = x[2*i];
    }
// 高温側流体および低温側流体
    for (nofld = 1; nofld <= nfld; nofld++) {
    // REFPROPの設定
        rpsetup(LCOMP, LNMFLD, LNMFILE, LNMRS, ncomp[nofld], nmcomp[nofld], hfcomp[nofld],
          hfmix, hrf);
        rpsetref(1, LCOMP, LNMFILE, LNMRS, hrf, 1, rmcomp[nofld], 0.0, 0.0, 298.15,
          0.1e3);
    // 各検査体積
        for (i = 1; i <= gl_ndiv + 1; i++) {
        // 高温側流体
            if (nofld == 1) {
                pres = gl_preshi + (gl_presho - gl_preshi) / (double) gl_ndiv
                  * (double) (i - 1);
                temp = temph[i];   kph = gl_kphh;
            }
        // 低温側流体
            else if (nofld == 2) {
            // 並行流／対向流
                if (gl_jex == 1) pres = gl_presci + (gl_presco - gl_presci)
                  / (double) gl_ndiv * (double) (i - 1);
                else if (gl_jex == 2) pres = gl_presco + (gl_presci - gl_presco)
                  / (double) gl_ndiv * (double) (i - 1);
                temp = tempc[i];   kph = gl_kphc;
            }
        // 状態量の評価
            kguess = 0;
            tprho_(&temp, &pres, rmcomp[nofld], &kph, &kguess, &rho, &ierr, herr,
              LNMFILE);
            if (ierr != 0) printf("tprho 1 %d %d: %d   %s\n", nofld, i, ierr, herr);
            therm_(&temp, &rho, rmcomp[nofld], &pres, &inte, &enth, &entr, &cv, &cp, &w,
              &hjt);
        // 高温側／低温側
            if (nofld == 1) enthh[i] = enth;
            else if (nofld == 2) enthc[i] = enth;
        }
    }
// 方程式の値の設定
    r[1] = temph[1] - gl_temphi;
// 並行流／対向流
    if (gl_jex == 1) r[2] = tempc[1] - gl_tempci;
```

```
        else if (gl_jex == 2) r[2] = tempc[gl_ndiv+1] - gl_tempci;
// 各検査体積
    for (i = 1; i <= gl_ndiv; i++) {
        dtemp = (temph[i] + temph[i+1]) / 2.0 - (tempc[i] + tempc[i+1]) / 2.0;
        r[2*i+1] = gl_massh * (enthh[i] - enthh[i+1]) / gl_wmmah - gl_ka
            / (double) gl_ndiv * dtemp;
    // 並行流／対向流
        if (gl_jex == 1) r[2*i+2] = gl_massc * (enthc[i] - enthc[i+1]) / gl_wmmac
            + gl_ka / (double) gl_ndiv * dtemp;
        else if (gl_jex == 2) r[2*i+2] = gl_massc * (enthc[i] - enthc[i+1]) / gl_wmmac
            - gl_ka / (double) gl_ndiv * dtemp;
    }
}
void   anjcbn(mdim, ndim, MDIM, x, rj)
int    mdim, ndim, MDIM;
double   x[MDIM+1], rj[MDIM+1][MDIM+1];
{
// 方程式のヤコビ行列の解析による計算
}
```

付録 F

混合微分代数方程式の数値計算

非定常系の解析においては，質量保存則およびエネルギー保存則に未知関数の時間に関する導関数を含むため，連立常微分方程式の初期値問題を解かなければならない．しかしながら，未知関数の導関数はすべての方程式に含まれているわけではなく，状態方程式およびその他の状態量間の関係式などには含まれていない．このような場合には，常微分方程式と非線形代数方程式が混在した混合微分代数方程式を解かなければならない．

　本付録では，まず，連立常微分方程式を数値的に解くためのルンゲ–クッタ法について概説する．次に，混合微分代数方程式を数値的に解くためのルンゲ–クッタ法とニュートン–ラフソン法を階層的に組み合わせた方法について説明する．さらに，下位レベルのニュートン–ラフソン法によって解を導出する過程で，変数の値が不都合な範囲に入るのを回避するために，変数に上・下限制約を考慮して方程式の最小二乗最小ノルム解を導出するための二次計画法による拡張について述べる．

　Cプログラムとしては，混合微分代数方程式を解くための汎用共通プログラム，ならびに第6章における数値計算に使用する個別プログラムを掲載し，説明を加える．

F.1　連立常微分方程式のためのルンゲ–クッタ法

　まず，複数の未知関数を含む連立常微分方程式の初期値問題を，ルンゲ–クッタ法によって解くことを考える．

　独立変数として t をもつ n 個の関数 $x_i(t)$ $(i = 1, 2, \cdots, n)$ を未知関数として含む次式の連立常微分方程式を対象とする．

$$\left.\begin{array}{l} x_i{'}(t) = f_i(x_1(t), x_2(t), \cdots, x_n(t), t) \\ x_i(t_0) = X_i \end{array}\right\} (i = 1, 2, \cdots, n) \quad \text{(F.1)}$$

ここで，t_0 は t の初期値，X_i は $x_i(t)$ の初期値である．ここでは，数式を簡潔に表現するために，ベクトル

$$\left.\begin{array}{l} \boldsymbol{x}(t) = (x_1(t)\ x_2(t)\ \cdots\ x_n(t))^{\mathrm{T}} \\ \boldsymbol{f} = (f_1\ f_2\ \cdots\ f_n)^{\mathrm{T}} \\ \boldsymbol{X} = (X_1\ X_2\ \cdots\ X_n)^{\mathrm{T}} \end{array}\right\} \quad \text{(F.2)}$$

を導入し，これを用いて式 (F.1) を次式のように表現する．

$$\left.\begin{array}{l} \boldsymbol{x}'(t) = \boldsymbol{f}(\boldsymbol{x}(t), t) \\ \boldsymbol{x}(t_0) = \boldsymbol{X} \end{array}\right\} \quad \text{(F.3)}$$

　詳細は省略するが，ルンゲ–クッタ法では，未知関数 $\boldsymbol{x}(t)$ のテイラー級数展開において，t の変化量 Δt の高次の項までを考慮することによって，

$$\left.\begin{aligned}
\boldsymbol{k}_1 &= \boldsymbol{f}(\boldsymbol{x}(t), t) \\
\boldsymbol{k}_2 &= \boldsymbol{f}(\boldsymbol{x}(t) + a_{11}\boldsymbol{k}_1 \Delta t, t + b_1 \Delta t) \\
\boldsymbol{k}_3 &= \boldsymbol{f}(\boldsymbol{x}(t) + (a_{21}\boldsymbol{k}_1 + a_{22}\boldsymbol{k}_2)\Delta t, t + b_2 \Delta t) \\
\boldsymbol{k}_4 &= \boldsymbol{f}(\boldsymbol{x}(t) + (a_{31}\boldsymbol{k}_1 + a_{32}\boldsymbol{k}_2 + a_{33}\boldsymbol{k}_3)\Delta t, t + b_3 \Delta t) \\
&\quad \vdots
\end{aligned}\right\} \quad (\text{F.4})$$

のように $\boldsymbol{k}_1$, $\boldsymbol{k}_2$, $\cdots$ を定義し，t から $t+\Delta t$ における $\boldsymbol{x}(t)$ の値の変化を次式のように近似する．

$$\boldsymbol{x}(t+\Delta t) = \boldsymbol{x}(t) + (\alpha_1 \boldsymbol{k}_1 + \alpha_2 \boldsymbol{k}_2 + \alpha_3 \boldsymbol{k}_3 + \alpha_4 \boldsymbol{k}_4 + \cdots)\Delta t \quad (\text{F.5})$$

ここで，α，a，および b は未知定数である．Δt の次数および未知定数の値を唯一に決定することはできないが，一例として，Δt の 4 次の項までを採用したルンゲ–クッタ法の 1 つとして，ルンゲ–クッタの公式を適用する場合には，式 (F.4) および式 (F.5) は次式のようになる．

$$\left.\begin{aligned}
\boldsymbol{k}_1 &= \boldsymbol{f}(\boldsymbol{x}(t), t) \\
\boldsymbol{k}_2 &= \boldsymbol{f}(\boldsymbol{x}(t) + \boldsymbol{k}_1 \Delta t/2, t + \Delta t/2) \\
\boldsymbol{k}_3 &= \boldsymbol{f}(\boldsymbol{x}(t) + \boldsymbol{k}_2 \Delta t/2, t + \Delta t/2) \\
\boldsymbol{k}_4 &= \boldsymbol{f}(\boldsymbol{x}(t) + \boldsymbol{k}_3 \Delta t, t + \Delta t) \\
\boldsymbol{x}(t + \Delta t) &= \boldsymbol{x}(t) + (\boldsymbol{k}_1 + 2\boldsymbol{k}_2 + 2\boldsymbol{k}_3 + \boldsymbol{k}_4)\Delta t/6
\end{aligned}\right\} \quad (\text{F.6})$$

$\boldsymbol{x}(t)$ の値が既知であれば，式 (F.6) に従って，まず，$\boldsymbol{k}_1$，$\boldsymbol{k}_2$，$\boldsymbol{k}_3$，および $\boldsymbol{k}_4$ の値を順次求め，それらの値から $\boldsymbol{x}(t + \Delta t)$ の値を求めることができる．また，t の必要な範囲において，t を Δt ずつ増加させながら式 (F.6) の適用を繰り返せばよい．

F.2 混合微分代数方程式への適用のための拡張

次に，導関数を考慮する未知関数 $\boldsymbol{x}(t)$ だけではなく，導関数を考慮しない未知関数 $\boldsymbol{y}(t)$ も含む混合微分代数方程式について考える．

独立変数として t をもち，導関数を考慮する n_1 個の関数 $x_j(t)\,(j = 1, 2, \cdots, n_1)$ および導関数を考慮しない n_2 個の関数 $y_j(t)\,(j = 1, 2, \cdots, n_2)$ を未知関数として含む次式の混合微分代数方程式を対象とする．

$$\left.\begin{aligned}
&f_i(x_1(t), x_2(t), \cdots, x_{n_1}(t), x_1{}'(t), x_2{}'(t), \cdots, x_{n_1}{}'(t), y_1(t), y_2(t), \cdots, y_{n_2}(t), t) = 0 \\
&\quad (i = 1, 2, \cdots, m) \\
&x_j(t_0) = X_j \quad (j = 1, 2, \cdots, n_1)
\end{aligned}\right\} \quad (\text{F.7})$$

ここで，暫定的に方程式と未知関数の数が等しく，$m = n = n_1 + n_2$ とする．また，t_0 は t の初期値，X_j は $x_j(t)$ の初期値であり，$x_j(t)$ についてのみ初期条件を考慮する．これを，ベクトル

$$\left.\begin{aligned}
\boldsymbol{x}(t) &= (x_1(t)\ x_2(t)\ \cdots\ x_{n_1}(t))^{\mathrm{T}} \\
\boldsymbol{y}(t) &= (x_1(t)\ x_2(t)\ \cdots\ x_{n_2}(t))^{\mathrm{T}} \\
\boldsymbol{f} &= (f_1\ f_2\ \cdots\ f_m)^{\mathrm{T}} \\
\boldsymbol{X} &= (X_1\ X_2\ \cdots\ X_{n_1})^{\mathrm{T}}
\end{aligned}\right\} \quad (\text{F.8})$$

を用いて表現すると，次式となる．

$$\left.\begin{array}{l} \boldsymbol{f}(\boldsymbol{x}(t), \boldsymbol{x}'(t), \boldsymbol{y}(t), t) = \boldsymbol{0} \\ \boldsymbol{x}(t_0) = \boldsymbol{X} \end{array}\right\} \tag{F.9}$$

この混合微分代数方程式にルンゲ–クッタ法を適用するために，式 (F.4) を次式のように修正する．

$$\left.\begin{array}{l} \boldsymbol{f}(\boldsymbol{x}(t), \boldsymbol{k}_1, \boldsymbol{y}_1, t) = \boldsymbol{0} \\ \boldsymbol{f}(\boldsymbol{x}(t) + a_{11}\boldsymbol{k}_1 \Delta t, \boldsymbol{k}_2, \boldsymbol{y}_2, t + b_1 \Delta t) = \boldsymbol{0} \\ \boldsymbol{f}(\boldsymbol{x}(t) + (a_{21}\boldsymbol{k}_1 + a_{22}\boldsymbol{k}_2)\Delta t, \boldsymbol{k}_3, \boldsymbol{y}_3, t + b_2 \Delta t) = \boldsymbol{0} \\ \boldsymbol{f}(\boldsymbol{x}(t) + (a_{31}\boldsymbol{k}_1 + a_{32}\boldsymbol{k}_2 + a_{33}\boldsymbol{k}_3)\Delta t, \boldsymbol{k}_4, \boldsymbol{y}_4, t + b_3 \Delta t) = \boldsymbol{0} \\ \vdots \end{array}\right\} \tag{F.10}$$

F.1 節のルンゲ–クッタ法による数値解法においては，式 (F.4) によって $\boldsymbol{k}_1$, $\boldsymbol{k}_2$, $\cdots$ の値を算出することができた．しかしながら，式 (F.9) の第 1 式の方程式は $\boldsymbol{y}(t)$ を含んでおり，方程式の数は $\boldsymbol{x}(t)$ および $\boldsymbol{y}(t)$ の両者の未知関数の数に等しいため，上記のように算出することができない．しかしながら，$\boldsymbol{x}(t)$ および t が与えられれば，式 (F.9) の第 1 式は $\boldsymbol{x}'(t)$ および $\boldsymbol{y}(t)$ についての連立非線形代数方程式として考えられ，この方程式は E.1 節で述べたニュートン–ラフソン法によって解くことができる．同様に式 (F.10) によって $\boldsymbol{k}_1$, $\boldsymbol{k}_2$, $\cdots$ の値およびそれぞれ対応する $\boldsymbol{y}_1$, $\boldsymbol{y}_2$, $\cdots$ の値を逐次求めるために，ニュートン–ラフソン法を適用すればよい．

以上より，式 (F.9) の混合微分代数方程式にルンゲ–クッタ法を適用するとともに，一例として，Δt の 4 次の項までを採用したルンゲ–クッタ法の 1 つとして，ルンゲ–クッタの公式を適用する場合には，式 (F.6) を修正し，$\boldsymbol{k}_1$, $\boldsymbol{k}_2$, $\boldsymbol{k}_3$, および $\boldsymbol{k}_4$ の値，ならびにそれぞれ対応する $\boldsymbol{y}_1$, $\boldsymbol{y}_2$, $\boldsymbol{y}_3$, および $\boldsymbol{y}_4$ の値を求めるために次式のようにすればよい．

$$\left.\begin{array}{l} \boldsymbol{f}(\boldsymbol{x}(t), \boldsymbol{k}_1, \boldsymbol{y}_1, t) = \boldsymbol{0} \\ \boldsymbol{f}(\boldsymbol{x}(t) + \boldsymbol{k}_1 \Delta t/2, \boldsymbol{k}_2, \boldsymbol{y}_2, t + \Delta t/2) = \boldsymbol{0} \\ \boldsymbol{f}(\boldsymbol{x}(t) + \boldsymbol{k}_2 \Delta t/2, \boldsymbol{k}_3, \boldsymbol{y}_3, t + \Delta t/2) = \boldsymbol{0} \\ \boldsymbol{f}(\boldsymbol{x}(t) + \boldsymbol{k}_3 \Delta t, \boldsymbol{k}_4, \boldsymbol{y}_4, t + \Delta t) = \boldsymbol{0} \\ \boldsymbol{x}(t + \Delta t) = \boldsymbol{x}(t) + (\boldsymbol{k}_1 + 2\boldsymbol{k}_2 + 2\boldsymbol{k}_3 + \boldsymbol{k}_4)\Delta t/6 \end{array}\right\} \tag{F.11}$$

なお，$\boldsymbol{x}(t)$ の値に対応する $\boldsymbol{y}(t)$ は，次式によって求める必要がある．

$$\boldsymbol{y}(t) = \boldsymbol{y}_1 \tag{F.12}$$

具体的に $\boldsymbol{k}_1$, $\boldsymbol{k}_2$, $\boldsymbol{k}_3$, および $\boldsymbol{k}_4$ の値，ならびにそれぞれ対応する $\boldsymbol{y}_1$, $\boldsymbol{y}_2$, $\boldsymbol{y}_3$, および $\boldsymbol{y}_4$ の値を求めるためのニュートン–ラフソン法による漸化式は，式 (F.11) の第 1～4 式に対応して，それぞれ次式のように表される．

$$\left.\begin{aligned}
\left\{\begin{array}{c}\boldsymbol{k}_{1(l+1)}\\ \boldsymbol{y}_{1(l+1)}\end{array}\right\} &= \left\{\begin{array}{c}\boldsymbol{k}_{1(l)}\\ \boldsymbol{y}_{1(l)}\end{array}\right\} - \left[\frac{\partial \boldsymbol{f}}{\partial \boldsymbol{k}_1}(\boldsymbol{x}(t), \boldsymbol{k}_{1(l)}, \boldsymbol{y}_{1(l)}, t)\quad \frac{\partial \boldsymbol{f}}{\partial \boldsymbol{y}_1}(\boldsymbol{x}(t), \boldsymbol{k}_{1(l)}, \boldsymbol{y}_{1(l)}, t)\right]^{-1}\\
&\quad \times \boldsymbol{f}(\boldsymbol{x}(t), \boldsymbol{k}_{1(l)}, \boldsymbol{y}_{1(l)}, t)\\
\left\{\begin{array}{c}\boldsymbol{k}_{2(l+1)}\\ \boldsymbol{y}_{2(l+1)}\end{array}\right\} &= \left\{\begin{array}{c}\boldsymbol{k}_{2(l)}\\ \boldsymbol{y}_{2(l)}\end{array}\right\} - \left[\frac{\partial \boldsymbol{f}}{\partial \boldsymbol{k}_2}(\boldsymbol{x}(t)+\boldsymbol{k}_1\Delta t/2, \boldsymbol{k}_{2(l)}, \boldsymbol{y}_{2(l)}, t+\Delta t/2)\right.\\
&\qquad\qquad \left.\frac{\partial \boldsymbol{f}}{\partial \boldsymbol{y}_2}(\boldsymbol{x}(t)+\boldsymbol{k}_1\Delta t/2, \boldsymbol{k}_{2(l)}, \boldsymbol{y}_{2(l)}, t+\Delta t/2)\right]^{-1}\\
&\quad \times \boldsymbol{f}(\boldsymbol{x}(t)+\boldsymbol{k}_1\Delta t/2, \boldsymbol{k}_{2(l)}, \boldsymbol{y}_{2(l)}, t+\Delta t/2)\\
\left\{\begin{array}{c}\boldsymbol{k}_{3(l+1)}\\ \boldsymbol{y}_{3(l+1)}\end{array}\right\} &= \left\{\begin{array}{c}\boldsymbol{k}_{3(l)}\\ \boldsymbol{y}_{3(l)}\end{array}\right\} - \left[\frac{\partial \boldsymbol{f}}{\partial \boldsymbol{k}_3}(\boldsymbol{x}(t)+\boldsymbol{k}_2\Delta t/2, \boldsymbol{k}_{3(l)}, \boldsymbol{y}_{3(l)}, t+\Delta t/2)\right.\\
&\qquad\qquad \left.\frac{\partial \boldsymbol{f}}{\partial \boldsymbol{y}_3}(\boldsymbol{x}(t)+\boldsymbol{k}_2\Delta t/2, \boldsymbol{k}_{3(l)}, \boldsymbol{y}_{3(l)}, t+\Delta t/2)\right]^{-1}\\
&\quad \times \boldsymbol{f}(\boldsymbol{x}(t)+\boldsymbol{k}_2\Delta t/2, \boldsymbol{k}_{3(l)}, \boldsymbol{y}_{3(l)}, t+\Delta t/2)\\
\left\{\begin{array}{c}\boldsymbol{k}_{4(l+1)}\\ \boldsymbol{y}_{4(l+1)}\end{array}\right\} &= \left\{\begin{array}{c}\boldsymbol{k}_{4(l)}\\ \boldsymbol{y}_{4(l)}\end{array}\right\} - \left[\frac{\partial \boldsymbol{f}}{\partial \boldsymbol{k}_4}(\boldsymbol{x}(t)+\boldsymbol{k}_3\Delta t, \boldsymbol{k}_{4(l)}, \boldsymbol{y}_{4(l)}, t+\Delta t)\right.\\
&\qquad\qquad \left.\frac{\partial \boldsymbol{f}}{\partial \boldsymbol{y}_4}(\boldsymbol{x}(t)+\boldsymbol{k}_3\Delta t, \boldsymbol{k}_{4(l)}, \boldsymbol{y}_{4(l)}, t+\Delta t)\right]^{-1}\\
&\quad \times \boldsymbol{f}(\boldsymbol{x}(t)+\boldsymbol{k}_3\Delta t, \boldsymbol{k}_{4(l)}, \boldsymbol{y}_{4(l)}, t+\Delta t)
\end{aligned}\right\}$$
(F.13)

$x(t)$ の値が既知であれば,式 (F.13) に従って,まず k_1,k_2,k_3,および k_4 の値,ならびにそれぞれ対応する y_1,y_2,y_3,および y_4 の値を順次求め,式 (F.11) の第 5 式に従って,それらの値から $x(t+\Delta t)$ の値を求めることができる.また,t の必要な範囲において,t を Δt ずつ増加させながら式 (F.13) および式 (F.11) の第 5 式の適用を繰り返せばよい.

F.3　二次計画法の利用による拡張

　ルンゲ–クッタ法とニュートン–ラフソン法を階層的に組み合わせる混合微分代数方程式の数値解法においては,下位レベルのニュートン–ラフソン法による解探索の途中では,未知関数の値は非線形代数方程式を線形化した方程式によって決定される.そのため,方程式を構成する関数として,例えばべき関数や対数関数が使用されていた場合に,未知関数の値によって引数の値が負となれば関数を評価できず,探索を継続することができなくなる.また,方程式に物質特性の数値計算プログラムを利用する場合においては,未知関数の値によって数値計算プログラムの関数の引数が不都合な値になった場合には同様に関数を評価できず,探索を継続することができなくなる.そこで,E.3 節と同様に,未知関数に上・下限制約を加えられるように,二次計画法によって最小二乗最小ノルム解を導出する方法を導入して,ニュートン–ラフソン法を拡張する.なお,この拡張によって,式 (F.7) の混合微分代数方程式において方程式と未知関数の数が異なり,$m \neq n$ の場合にも,最小二乗最小ノルム解を導出することができる.

　ニュートン–ラフソン法のための式 (F.13) を修正して,二次計画法を適用する.すなわち,式

(F.13) において k_1, k_2, k_3, および k_4, ならびに y_1, y_2, y_3, および y_4 の変化量を

$$\left\{\begin{array}{c} \Delta k_{s(l)} \\ \Delta y_{s(l)} \end{array}\right\} = \left\{\begin{array}{c} k_{s(l+1)} \\ y_{s(l+1)} \end{array}\right\} - \left\{\begin{array}{c} k_{s(l)} \\ y_{s(l)} \end{array}\right\} \quad (s=1,2,3,4) \tag{F.14}$$

と定義すると，式 (F.13) に対応する連立一次方程式は次式のように表される．

$$\left.\begin{array}{l} \left[\dfrac{\partial \boldsymbol{f}}{\partial \boldsymbol{k}_1}(\boldsymbol{x}(t),\boldsymbol{k}_{1(l)},\boldsymbol{y}_{1(l)},t) \quad \dfrac{\partial \boldsymbol{f}}{\partial \boldsymbol{y}_1}(\boldsymbol{x}(t),\boldsymbol{k}_{1(l)},\boldsymbol{y}_{1(l)},t)\right]\left\{\begin{array}{c}\Delta \boldsymbol{k}_{1(l)}\\ \Delta \boldsymbol{y}_{1(l)}\end{array}\right\}\\ =-\boldsymbol{f}(\boldsymbol{x}(t),\boldsymbol{k}_{1(l)},\boldsymbol{y}_{1(l)},t)\\ \left[\dfrac{\partial \boldsymbol{f}}{\partial \boldsymbol{k}_2}(\boldsymbol{x}(t)+\boldsymbol{k}_1\Delta t/2,\boldsymbol{k}_{2(l)},\boldsymbol{y}_{2(l)},t+\Delta t/2)\right.\\ \left.\dfrac{\partial \boldsymbol{f}}{\partial \boldsymbol{y}_2}(\boldsymbol{x}(t)+\boldsymbol{k}_1\Delta t/2,\boldsymbol{k}_{2(l)},\boldsymbol{y}_{2(l)},t+\Delta t/2)\right]\left\{\begin{array}{c}\Delta \boldsymbol{k}_{2(l)}\\ \Delta \boldsymbol{y}_{2(l)}\end{array}\right\}\\ =-\boldsymbol{f}(\boldsymbol{x}(t)+\boldsymbol{k}_1\Delta t/2,\boldsymbol{k}_{2(l)},\boldsymbol{y}_{2(l)},t+\Delta t/2)\\ \left[\dfrac{\partial \boldsymbol{f}}{\partial \boldsymbol{k}_3}(\boldsymbol{x}(t)+\boldsymbol{k}_2\Delta t/2,\boldsymbol{k}_{3(l)},\boldsymbol{y}_{3(l)},t+\Delta t/2)\right.\\ \left.\dfrac{\partial \boldsymbol{f}}{\partial \boldsymbol{y}_3}(\boldsymbol{x}(t)+\boldsymbol{k}_2\Delta t/2,\boldsymbol{k}_{3(l)},\boldsymbol{y}_{3(l)},t+\Delta t/2)\right]\left\{\begin{array}{c}\Delta \boldsymbol{k}_{3(l)}\\ \Delta \boldsymbol{y}_{3(l)}\end{array}\right\}\\ =-\boldsymbol{f}(\boldsymbol{x}(t)+\boldsymbol{k}_2\Delta t/2,\boldsymbol{k}_{3(l)},\boldsymbol{y}_{3(l)},t+\Delta t/2)\\ \left[\dfrac{\partial \boldsymbol{f}}{\partial \boldsymbol{k}_4}(\boldsymbol{x}(t)+\boldsymbol{k}_3\Delta t,\boldsymbol{k}_{4(l)},\boldsymbol{y}_{4(l)},t+\Delta t)\right.\\ \left.\dfrac{\partial \boldsymbol{f}}{\partial \boldsymbol{y}_4}(\boldsymbol{x}(t)+\boldsymbol{k}_3\Delta t,\boldsymbol{k}_{4(l)},\boldsymbol{y}_{4(l)},t+\Delta t)\right]\left\{\begin{array}{c}\Delta \boldsymbol{k}_{4(l)}\\ \Delta \boldsymbol{y}_{4(l)}\end{array}\right\}\\ =-\boldsymbol{f}(\boldsymbol{x}(t)+\boldsymbol{k}_3\Delta t,\boldsymbol{k}_{4(l)},\boldsymbol{y}_{4(l)},t+\Delta t) \end{array}\right\} \tag{F.15}$$

E.3 節で述べたように，これらの連立一次方程式に残差を考慮し，y_1, y_2, y_3, および y_4, ならびに残差の上・下限制約を加えて，二次計画法を適用すると，最小二乗最小ノルム解を導出することができる．

F.4 数値計算プログラム

第 6 章において，機器要素に関する解析の目的に応じた数値計算を行うために，混合微分代数方程式を解かなければならない場合がある．ここでは，数値計算プログラムを，ルンゲ–クッタ法，拡張ニュートン–ラフソン法，および二次計画法によって混合微分代数方程式を解くための汎用共通プログラムと，汎用共通プログラムを使用して数値計算を行うための個別プログラムに大別して掲載している．

F.4.1 汎用共通プログラム

プログラム F-0

このプログラムによって，任意の混合微分代数方程式をルンゲ–クッタ法，拡張ニュートン–ラ

フソン法,および二次計画法によって解くことができる.このプログラムは,参考文献 [9] の第 5 章に掲載したプログラムにおいて,数値計算の方法の一部を構成する特異値分解を二次計画法に変更したものである.また,F.1 節～F.3 節において概説した数値計算の方法については,この参考文献により詳しく掲載しているので,必要に応じて参照されたい.

このプログラムは個別プログラムから関数 qpwrngkt() の呼び出しによって使用する.これによって,混合微分代数方程式の基本的な条件を設定することができる.一方,このプログラムから関数 equations() が呼び出され,探索途中における未知関数およびその導関数の値を用いて方程式の残差および必要に応じて拡張ヤコビ行列の値を算出し,戻す必要があるので,個別プログラムにこの関数を含めておかなければならない.これによって,関数 qpwrngkt() の呼び出しでは設定することができない混合微分代数方程式を,関数 equations() で数値的に与えることができる.なお,REFPROP を用いて方程式の残差を評価する場合には,拡張ヤコビ行列を解析的に導出することはできないので,関数 qpwrngkt() を呼び出す際に引数を janj = 0 と設定しておく必要がある.また,関数 equations() では拡張ヤコビ行列の値を算出する必要はない.

【プログラムの説明】

qpwrngkt.c	ルンゲ–クッタ法,拡張ニュートン–ラフソン法,および二次計画法によって混合微分代数方程式の初期値問題を解くための関数プログラム
qpwrngkt()	ルンゲ–クッタ法,拡張ニュートン–ラフソン法,および二次計画法によって混合微分代数方程式の初期値問題を解くための関数
〔引数による入力〕	
mdim	方程式の数 m
ndim	関数の数 n
LDIM	配列要素の上限数 (LDIM $\geq \max\{$mdim, ndim$\}$)
flag	方程式における 1 階導関数の有無を指定するための整数値 (flag = 0: 導関数あり,flag = 1: 導関数なし) (1 次元配列)
itime	初期時間 t_0
atime	追加時間
ftime	終端時間
dtime	時間の離散化幅 Δt
nrep	離散化幅 Δt ごとの時間発展の反復回数
prep	結果出力の周期回数
mrep	拡張ニュートン–ラフソン法による収束計算の反復回数の制限値
janj	拡張ヤコビ行列 $[\partial \boldsymbol{f}(\boldsymbol{x}(t), \boldsymbol{x}'(t), \boldsymbol{y}(t), t)/\partial \boldsymbol{x}'(t)\ \partial \boldsymbol{f}(\boldsymbol{x}(t), \boldsymbol{x}'(t), \boldsymbol{y}(t), t)/\partial \boldsymbol{y}(t)]$ の解析的/数値的導出を指定するための整数値 (janj = 0: 数値的,janj = 1: 解析的)
x0	関数ベクトル $\boldsymbol{x}(t)$ の初期値ベクトル $\boldsymbol{X}$ (flag = 0 の要素),初期時間 t_0 における収束計算のための関数ベクトル $\boldsymbol{y}(t)$ の初期値ベクトル (flag = 1 の要素) (1 次元配列)
xl	関数ベクトル $\boldsymbol{y}(t)$ の下限値ベクトル $\underline{\boldsymbol{y}}$ (flag = 1 の要素のみ) (1 次元配列)
xu	関数ベクトル $\boldsymbol{y}(t)$ の上限値ベクトル $\overline{\boldsymbol{y}}$ (flag = 1 の要素のみ) (1 次元配列)
rl	方程式残差の下限値ベクトル $\underline{\boldsymbol{r}}$ (1 次元配列)
ru	方程式残差の上限値ベクトル $\overline{\boldsymbol{r}}$ (1 次元配列)
LTIME	配列要素の上限数 (LTIME $\geq$ ntime)
〔引数による出力〕	
ntime	出力するデータの数
tp	出力する時間 t の値 (1 次元配列)
xp	出力する関数ベクトル $\boldsymbol{x}(t)$ および $\boldsymbol{y}(t)$ の値 (2 次元配列)

matrices()	ヤコビ行列を差分によって数値的に求めるための関数
(直接使用する必要がないため省略)	
qpwlneq.c	二次計画法によって連立一次方程式の最小二乗最小ノルム解を導出するための関数プログラム
(E.4.1 項のプログラム E-0 と共通のため省略)	
quadprg.c	二次計画法によって最適化計算を行うための関数プログラム
(E.4.1 項のプログラム E-0 と共通のため省略)	

【プログラム】

```c
/* Function program qpwrngkt.c for solving initial value problems of differential
    algebraic equations by Runge-Kutta, extended Newton-Raphson, and quadratic
    programming methods
  by Ryohei Yokoyama  October, 2024
  cc -c qpwrngkt.c */
#include  <stdio.h>
#include  <math.h>
void  qpwrngkt(mdim, ndim, LDIM, flag, itime, atime, ftime, dtime, nrep, prep, mrep, janj,
    x0, xl, xu, rl, ru, LTIME, ntime, tp, xp)
int   mdim, ndim, LDIM, nrep, prep, mrep, janj, flag[LDIM+1], LTIME, *ntime;
double  itime, atime, ftime, dtime, x0[LDIM+1], xl[LDIM+1], xu[LDIM+1], rl[LDIM+1],
  ru[LDIM+1], tp[LTIME+1], xp[LDIM+1][LTIME+1];
{
    extern void   qpwlneq();
    void   matrices();
    int   i, j, irep, imrep, nrank;
    double  xtime, ytime, x[LDIM+1], dx[LDIM+1], r[LDIM+1], rj[LDIM+1][LDIM+1],
      xlt[LDIM+1], xut[LDIM+1], rlt[LDIM+1], rut[LDIM+1], xs[LDIM+1], rs[LDIM+1],
      xsv[LDIM+1], dxsv[LDIM+1], xrp[LDIM+1], dxrp[LDIM+1], f1[LDIM+1], f2[LDIM+1],
      f3[LDIM+1], f4[LDIM+1], eps, epsg, epsr, alpha;
// パラメータ値および初期条件の設定
    eps = 1.0e-10;   epsg = 1.0e-10;   epsr = 1.0e-10;   alpha = 1.0;
    for (i = 1; i <= mdim; i++) {
        rlt[i] = -ru[i];   rut[i] = -rl[i];
    }
    for (j = 1; j <= ndim; j++) {
        if (flag[j] == 0) {
            xl[j] = -1.0e10;   xu[j] = 1.0e10;   xsv[j] = x0[j];   dxsv[j] = 0.0;
        }
        else if (flag[j] == 1) {
            if (x0[j] < xl[j] || x0[j] > xu[j]) x0[j] = (xl[j] + xu[j]) / 2.0;
            xsv[j] = x0[j];
        }
    }
    irep = 0;   *ntime = 0;   xtime = itime;
// 時間経過による反復計算
REPEAT:
// 関数値変化第 1 項の計算
    ytime = xtime + eps;
    for (j = 1; j <= ndim; j++) {
        if (flag[j] == 0) dxrp[j] = dxsv[j];
        else if (flag[j] == 1) xrp[j] = xsv[j];
    }
    imrep = 0;
REPEAT1:
    imrep++;
    if (imrep > mrep) {
        printf("Not converged.\n");   return;
    }
    for (j = 1; j <= ndim; j++) {
        if (flag[j] == 0) {
            x[j] = xsv[j];   dx[j] = dxrp[j];
```

```
            }
            else if (flag[j] == 1) x[j] = xrp[j];
        }
        for (i = 1; i <= ndim; i++) {
            xlt[i] = x[i] - xu[i];   xut[i] = x[i] - xl[i];
        }
// 方程式の残差および拡張ヤコビ行列の計算
        matrices(mdim, ndim, LDIM, janj, flag, xtime, ytime, xl, xu, x, dx, r, rj);
// 二次計画法による解の導出
        qpwlneq(mdim, ndim, LDIM, rj, r, xlt, xut, rlt, rut, xs, rs, epsg);
// 収束の判定および解の更新
        for (i = 1; i <= ndim; i++) {
            if (fabs(xs[i]) > epsr) {
                for (j = 1; j <= ndim; j++) {
                    if (flag[j] == 0) dxrp[j] = dxrp[j] - alpha * xs[j];
                    else if (flag[j] == 1) xrp[j] = xrp[j] - alpha * xs[j];
                }
                goto REPEAT1;
            }
        }
        for (j = 1; j <= ndim; j++) {
            if (flag[j] == 0) f1[j] = dxrp[j];
            else if (flag[j] == 1) f1[j] = xrp[j];
        }
        for (j = 1; j <= ndim; j++) {
            if (flag[j] == 1) xsv[j] = f1[j];
        }
// 関数値履歴出力の判断
        if (irep / prep * prep == irep) {
            *ntime = *ntime + 1;   tp[*ntime] = xtime;
            for (i = 1; i <= ndim; i++) xp[i][*ntime] = xsv[i];
        }
// 計算終了の判断
        if (xtime >= ftime - eps || xtime >= itime + atime - eps || irep >= nrep) return;
// 関数値変化第2項の計算
        ytime = xtime + dtime / 2.0;
        for (j = 1; j <= ndim; j++) {
            if (flag[j] == 0) dxrp[j] = f1[j];
            else if (flag[j] == 1) xrp[j] = f1[j];
        }
        imrep = 0;
REPEAT2:
        imrep++;
        if (imrep > mrep) {
            printf("Not converged.\n");   return;
        }
        for (j = 1; j <= ndim; j++) {
            if (flag[j] == 0) {
                x[j] = xsv[j] + f1[j] * dtime / 2.0;   dx[j] = dxrp[j];
            }
            else if (flag[j] == 1) x[j] = xrp[j];
        }
        for (i = 1; i <= ndim; i++) {
            xlt[i] = x[i] - xu[i];   xut[i] = x[i] - xl[i];
        }
// 方程式の残差および拡張ヤコビ行列の計算
        matrices(mdim, ndim, LDIM, janj, flag, xtime, ytime, xl, xu, x, dx, r, rj);
// 二次計画法による解の導出
        qpwlneq(mdim, ndim, LDIM, rj, r, xlt, xut, rlt, rut, xs, rs, epsg);
// 収束の判定および解の更新
        for (i = 1; i <= ndim; i++) {
            if (fabs(xs[i]) > epsr) {
                for (j = 1; j <= ndim; j++) {
                    if (flag[j] == 0) dxrp[j] = dxrp[j] - alpha * xs[j];
                    else if (flag[j] == 1) xrp[j] = xrp[j] - alpha * xs[j];
                }
                goto REPEAT2;
            }
```

```
    }
    for (j = 1; j <= ndim; j++) {
        if (flag[j] == 0) f2[j] = dxrp[j];
        else if (flag[j] == 1) f2[j] = xrp[j];
    }
// 関数値変化第 3 項の計算
    ytime = xtime + dtime / 2.0;
    for (j = 1; j <= ndim; j++) {
        if (flag[j] == 0) dxrp[j] = f2[j];
        else if (flag[j] == 1) xrp[j] = f2[j];
    }
    imrep = 0;
REPEAT3:
    imrep++;
    if (imrep > mrep) {
        printf("Not converged.\n");   return;
    }
    for (j = 1; j <= ndim; j++) {
        if (flag[j] == 0) {
            x[j] = xsv[j] + f2[j] * dtime / 2.0;   dx[j] = dxrp[j];
        }
        else if (flag[j] == 1) x[j] = xrp[j];
    }
    for (i = 1; i <= ndim; i++) {
        xlt[i] = x[i] - xu[i];   xut[i] = x[i] - xl[i];
    }
// 方程式の残差および拡張ヤコビ行列の計算
    matrices(mdim, ndim, LDIM, janj, flag, xtime, ytime, xl, xu, x, dx, r, rj);
// 二次計画法による解の導出
    qpwlneq(mdim, ndim, LDIM, rj, r, xlt, xut, rlt, rut, xs, rs, epsg);
// 収束の判定および解の更新
    for (i = 1; i <= ndim; i++) {
        if (fabs(xs[i]) > epsr) {
            for (j = 1; j <= ndim; j++) {
                if (flag[j] == 0) dxrp[j] = dxrp[j] - alpha * xs[j];
                else if (flag[j] == 1) xrp[j] = xrp[j] - alpha * xs[j];
            }
            goto REPEAT3;
        }
    }
    for (j = 1; j <= ndim; j++) {
        if (flag[j] == 0) f3[j] = dxrp[j];
        else if (flag[j] == 1) f3[j] = xrp[j];
    }
// 関数値変化第 4 項の計算
    ytime = xtime + dtime - eps;
    for (j = 1; j <= ndim; j++) {
        if (flag[j] == 0) dxrp[j] = f3[j];
        else if (flag[j] == 1) xrp[j] = f3[j];
    }
    imrep = 0;
REPEAT4:
    imrep++;
    if (imrep > mrep) {
        printf("Not converged.\n");   return;
    }
    for (j = 1; j <= ndim; j++) {
        if (flag[j] == 0) {
            x[j] = xsv[j] + f3[j] * dtime;   dx[j] = dxrp[j];
        }
        else if (flag[j] == 1) x[j] = xrp[j];
    }
    for (i = 1; i <= ndim; i++) {
        xlt[i] = x[i] - xu[i];   xut[i] = x[i] - xl[i];
    }
// 方程式の残差および拡張ヤコビ行列の計算
    matrices(mdim, ndim, LDIM, janj, flag, xtime, ytime, xl, xu, x, dx, r, rj);
// 二次計画法による解の導出
```

```
        qpwlneq(mdim, ndim, LDIM, rj, r, xlt, xut, rlt, rut, xs, rs, epsg);
// 収束の判定および解の更新
    for (i = 1; i <= ndim; i++) {
        if (fabs(xs[i]) > epsr) {
            for (j = 1; j <= ndim; j++) {
                if (flag[j] == 0) dxrp[j] = dxrp[j] - alpha * xs[j];
                else if (flag[j] == 1) xrp[j] = xrp[j] - alpha * xs[j];
            }
            goto REPEAT4;
        }
    }
    for (j = 1; j <= ndim; j++) {
        if (flag[j] == 0) f4[j] = dxrp[j];
        else if (flag[j] == 1) f4[j] = xrp[j];
    }
// 関数値および時間の更新
    for (j = 1; j <= ndim; j++) {
        if (flag[j] == 0) {
            dxsv[j] = (f1[j] + 2.0*f2[j] + 2.0*f3[j] + f4[j]) / 6.0;
            xsv[j] = xsv[j] + (f1[j] + 2.0*f2[j] + 2.0*f3[j] + f4[j]) * dtime / 6.0;
        }
        else if (flag[j] == 1) xsv[j] = (f1[j] + 2.0*f2[j] + 2.0*f3[j] + f4[j]) / 6.0;
    }
    irep = irep + 1;   xtime = xtime + dtime;   goto REPEAT;
}
void   matrices(mdim, ndim, LDIM, janj, flag, xtime, ytime, xl, xu, x, dx, r, rj)
int    mdim, ndim, LDIM, janj, flag[LDIM+1];
double xtime, ytime, xl[LDIM+1], xu[LDIM+1], x[LDIM+1], dx[LDIM+1], r[LDIM+1],
   rj[LDIM+1][LDIM+1];
{
    extern void   equations();
    int    j, k;
    double dxp[LDIM+1], dxm[LDIM+1], rp[LDIM+1], rm[LDIM+1], xp[LDIM+1], xm[LDIM+1],
        dxp1[LDIM+1], dxm1[LDIM+1];
// 方程式の残差および解析による拡張ヤコビ行列の計算
    equations(mdim, ndim, LDIM, xtime, ytime, x, dx, r, rj);
    if (janj == 0) {
// 方程式の差分による拡張ヤコビ行列の計算
        for (j = 1; j <= ndim; j++) {
            dxp[j] = 1.0e-3;   dxm[j] = 1.0e-3;
        }
        for (j = 1; j <= ndim; j++) {
            for (k = 1; k <= ndim; k++) {
                if (k == j) {
                    if (flag[k] == 0) {
                        xp[k] = x[k];   dxp1[k] = dx[k] + dxp[k];
                    }
                    else if (flag[k] == 1) {
                        xp[k] = x[k] + dxp[k];
                        if (xp[k] > xu[k]) xp[k] = x[k];
                    }
                }
                else {
                    if (flag[k] == 0) {
                        xp[k] = x[k];   dxp1[k] = dx[k];
                    }
                    else if (flag[k] == 1) xp[k] = x[k];
                }
            }
            equations(mdim, ndim, LDIM, xtime, ytime, xp, dxp1, rp, rj);
            for (k = 1; k <= ndim; k++) {
                if (k == j) {
                    if (flag[k] == 0) {
                        xm[k] = x[k];   dxm1[k] = dx[k] - dxm[k];
                    }
                    else if (flag[k] == 1) {
                        xm[k] = x[k] - dxm[k];
                        if (xm[k] < xl[k]) xm[k] = x[k];
```

```
                    }
                }
                else {
                    if (flag[k] == 0) {
                        xm[k] = x[k];   dxm1[k] = dx[k];
                    }
                    else if (flag[k] == 1) xm[k] = x[k];
                }
            }
            equations(mdim, ndim, LDIM, xtime, ytime, xm, dxm1, rm, rj);
            for (k = 1; k <= mdim; k++) {
                if (flag[j] == 0) rj[k][j] = (rp[k] - rm[k]) / (dxp1[j] - dxm1[j]);
                else if (flag[j] == 1) rj[k][j] = (rp[k] - rm[k]) / (xp[j] - xm[j]);
            }
        }
    }
}
```

F.4.2　個別プログラム

プログラム F-1

　往復機関の圧縮／膨張過程について，物質を広義の理想気体（理想混合気体を含む）あるいは実在気体（実在混合気体を含む）としてエネルギー解析を行い，初期状態から終端状態までの状態量を算出する．

　このプログラムは，6.3.1 項，例題 6.10（6.3.2 項），6.6.1 項，および例題 6.15（6.6.2 項）において適用されている．

【プログラムの説明】

mcmpexp.c	往復機関の圧縮／膨張過程の初期状態から終端状態までの状態量を算出するための主プログラム
（fcmpexp.c と共通のため省略）	
fcmpexp.c	往復機関の圧縮／膨張過程の初期状態から終端状態までの状態量を算出するための関数プログラム
cmpexp()	往復機関の圧縮／膨張過程の初期状態から終端状態までの状態量を算出するための関数
〔引数による入力〕	
ncmp	物質の成分の数
nmcmp	物質の成分の名称 (物質特性のファイル名 (拡張子 .FLD を除く)) (1 次元文字列配列)
ycmp	物質の成分のモル分率 (1 次元配列)
jce	解析する過程の選択 (jce = 1: 圧縮過程，jce = 2: 膨張過程)
jir	適用する気体の選択 (jir = 1: 広義の理想混合気体，jir = 2: 実在混合気体)
mass	質量 kg
pres1	初期状態における圧力 kPa
temp1	初期状態における温度 K
vrt	圧縮率
eff	効率
LCMP	配列要素の上限数 (LCMP $\geq$ ncmp $\leq$ 20)
LNMCMP	配列要素の上限数 (LNMCMP $\geq$ nmcmp[i] ($i=1,2,\cdots,$ncmp) の文字数の最大値 $\leq$ 16)
LTIME	配列要素の上限数 (LTIME $\geq$ ntime)
〔引数による出力〕	
ntime1	初期状態から終端状態までの出力データの数
vol	初期状態から終端状態までの比体積 m^3/kg (1 次元配列)

	pres	初期状態から終端状態までの圧力 kPa (1次元配列)
	temp	初期状態から終端状態までの温度 K (1次元配列)
	inte	初期状態から終端状態までの比内部エネルギー kJ/kg (1次元配列)
	entr	初期状態から終端状態までの比エントロピー kJ/(kg·K) (1次元配列)
equations()		方程式の残差および拡張ヤコビ行列を解析によって求めるための関数
〔引数による入力〕		
	mdim	方程式の数 m
	ndim	関数の数 n
	MDIM	配列要素の上限数 (MDIM = LDIM)
	xtime	離散化幅 Δt ごとの時間 t の値
	ytime	ルンゲ–クッタの公式による離散化幅 $\Delta t/2$ ごとの時間 t の値
	x	$\Delta t/2$ ごとの t に対応する関数ベクトル $x(t)$ および $y(t)$ の値 (1次元配列)
	dx	$\Delta t/2$ ごとの t に対応する1階導関数ベクトル $x'(t)$ の値 (flag = 0 の要素のみ) (1次元配列)
〔引数による出力〕		
	r	$\Delta t/2$ ごとの t に対応する方程式ベクトル $f(x(t), x'(t), y(t), t)$ の値 (1次元配列)
	rj	$\Delta t/2$ ごとの t に対応する拡張ヤコビ行列 $[\partial f(x(t), x'(t), y(t), t)/\partial x'(t)\ \partial f(x(t), x'(t), y(t), t)/\partial y(t)]$ の値 (janj = 1 の場合のみ有効) (2次元配列)

【プログラム】

```c
/* Main program mcmpexp.c for calculating properties in compression or expansion process
    of reciprocating engine
   by Ryohei Yokoyama   October, 2024
   cc -c ./mcmpexp.c ./fcmpexp.c
   gfortran -o ./mcmpexp ./mcmpexp.o ./fcmpexp.o ../CFUNC/rpsetup.o ../CFUNC/rpsetref.o
    ../CFUNC/qpwrngkt.o ../CFUNC/qpwlneq.o ../CFUNC/quadprg.o ../RPOBJ/RPALL.o */
#include  <stdio.h>
#define   LCMP    10
#define   LNMCMP  20
#define   LTIME   1000
int   main() {
    extern  void   cmpexp();
    int    i, ncmp, jce, jir, ntime;
    double  mass, pres1, temp1, vrt, eff, vol1, pres2, temp2, vol2, ycmp[LCMP+1],
       vol[LTIME], pres[LTIME], temp[LTIME], inte[LTIME], entr[LTIME];
    char   nmcmp[LCMP+1][LNMCMP];
// 圧縮過程あるいは膨張過程，および広義の理想混合気体あるいは実在混合気体の選択
    jce = 1;   jir = 2;
// 物質の成分の数，名称，およびモル分率の設定
    if (jce == 1) {
        ncmp = 3;
        sprintf(nmcmp[1], "METHANE");   ycmp[1] = 0.2632;
        sprintf(nmcmp[2], "NITROGEN");  ycmp[2] = 0.5821;
        sprintf(nmcmp[3], "OXYGEN");    ycmp[3] = 0.1547;
    }
    else if (jce == 2) {
        ncmp = 4;
        sprintf(nmcmp[1], "NITROGEN");  ycmp[1] = 0.7349;
        sprintf(nmcmp[2], "OXYGEN");    ycmp[2] = 0.0558;
        sprintf(nmcmp[3], "CO2");       ycmp[3] = 0.0698;
        sprintf(nmcmp[4], "WATER");     ycmp[4] = 0.1395;
    }
// 解析条件の設定
    mass = 1.0;   eff = 0.9;
    if (jce == 1) {
        pres1 = 0.1e3;   temp1 = 298.15;   vrt = 10.0;
    }
    else if (jce == 2) {
        pres1 = 3.0e3;   temp1 = 1500.0;   vrt = 10.0;
    }
```

```c
// 圧縮過程あるいは膨張過程の解析
    cmpexp(ncmp, nmcmp, ycmp, jce, jir, mass, pres1, temp1, vrt, eff, &ntime, vol, pres,
      temp, inte, entr, LCMP, LNMCMP, LTIME);
// 結果の表示
    printf("No v_kg/m3 p_kPa T_K u_kJ/kg s_kJ/(kg・K)\n");
    for (i = 1; i <= ntime; i++) {
        printf("%d %lf %lf %lf %lf %lf\n", i, vol[i], pres[i], temp[i], inte[i], entr[i]);
    }
}
```

```c
/* Function program fcmpexp.c for calculating properties in compression or expansion
     process of reciprocating engine
   by Ryohei Yokoyama   October, 2024 */
#include  <stdio.h>
#include  "../CFUNC/rpdfntn.h"
#include  "../CFUNC/rpdclrtn.h"
#define  LDIM  20
int  gl_jce, gl_jir;
double  gl_eff, gl_wmma, gl_vol1, gl_dvol;
void  cmpexp(ncmp, nmcmp, ycmp, jce, jir, mass, pres1, temp1, vrt, eff, ntime1, vol, pres,
  temp, inte, entr, LCMP, LNMCMP, LTIME)
int  ncmp, jce, jir, *ntime1, LCMP, LNMCMP, LTIME;
double  ycmp[LCMP+1], mass, pres1, temp1, vrt, eff, vol[LTIME], pres[LTIME], temp[LTIME],
  inte[LTIME], entr[LTIME];
char  nmcmp[LCMP+1][LNMCMP];
{
// REFPROP 計算用の宣言
    extern void  info_(), tprho_(), therm_(), therm0_();
    int  i, j, icomp, kph, kguess;
    double  wmm, ttemp, btemp, ctemp, cpres, crho, ccf, acf, dip, gc, wmma, rho1, vol1,
      vol2, inte1, enth1, entr1, cv, cp, w, a, g, hjt, dvol;
// 混合微分代数方程式計算用の宣言
    extern void  qpwrngkt();
    int  mdim, ndim, nrep, prep, mrep, janj, flag[LDIM+1], ntime;
    double  itime, atime, ftime, dtime, x0[LDIM+1], dx0[LDIM+1], xl[LDIM+1], xu[LDIM+1],
      rl[LDIM+1], ru[LDIM+1], t[LTIME+1], x[LDIM+1][LTIME+1];
// 混合微分代数方程式計算用のパラメータ値の設定
    itime = 0.0;   dtime = 0.02;   atime = 1.0;   ftime = 1.0;
    nrep = 50;   prep = 1;   mrep = 10;   janj = 0;
// REFPROP 計算用の物質の設定
    nfld = 1;   nofld = 1;   ncomp[nofld] = ncmp;
    for (i = 1; i <= ncmp; i++) {
        sprintf(nmcomp[nofld][i-1], "%s", nmcmp[i]);   rmcomp[nofld][i-1] = ycmp[i];
    }
// REFPROP の設定
    rpsetup(LCOMP, LNMFLD, LNMFILE, LNMRS, ncomp[nofld], nmcomp[nofld], hfcomp[nofld],
      hfmix, hrf);
    rpsetref(1, LCOMP, LNMFILE, LNMRS, hrf, 1, rmcomp[nofld], 0.0, 0.0, 298.15, 0.1e3);
// 物質の平均モル質量の評価
    wmma = 0.0;
    for (icomp = 1; icomp <= ncomp[nofld]; icomp++) {
        info_(&icomp, &wmm, &ttemp, &btemp, &ctemp, &cpres, &crho, &ccf, &acf, &dip, &gc);
        wmma = wmma + wmm * rmcomp[nofld][icomp - 1];
    }
// 初期時間における状態量の評価
// 広義の理想混合気体
    if (jir == 1) {
        rho1 = pres1 / (gc * temp1);
        therm0_(&temp1, &rho1, rmcomp[nofld], &pres1, &inte1, &enth1, &entr1, &cv, &cp,
          &w, &a, &g);
    }
// 実在混合気体
    else if (jir == 2) {
        kph = 2;   kguess = 0;
        tprho_(&temp1, &pres1, rmcomp[nofld], &kph, &kguess, &rho1, &ierr, herr, LNMFILE);
        if (ierr != 0) printf("tprho 1: %d  %s\n", ierr, herr);
```

```
            therm_(&temp1, &rho1, rmcomp[nofld], &pres1, &inte1, &enth1, &entr1, &cv, &cp, &w,
               &hjt);
        }
        vol1 = (1.0 / rho1) / wmma;
// 終端時間における体積
// 圧縮過程
        if (jce == 1) vol2 = vol1 / vrt;
// 膨張過程
        else if (jce == 2) vol2 = vol1 * vrt;
// グローバル変数の設定
        gl_jce = jce;   gl_jir = jir;   gl_wmma = wmma;   gl_eff = eff;
        gl_vol1 = vol1;   gl_dvol = (vol2 - vol1) / (dtime * (double) nrep);
// 関数および方程式の数の設定
        mdim = 5;   ndim = 5;
// 方程式における導関数の有無の設定
        for (i = 1; i <= ndim; i++) {
            if (i == 1) flag[i] = 0;
            else flag[i] = 1;
        }
// 関数の上・下限値の設定
        for (i = 1; i <= ndim; i++) {
            xl[i] = -1.0e10;   xu[i] = 1.0e10;
        }
// 方程式の残差の上・下限値の設定
        for (i = 1; i <= mdim; i++) {
            rl[i] = -1.0e10;   ru[i] = 1.0e10;
        }
// 関数の初期時間あるいは探索の初期値の設定
        x0[1] = inte1 / wmma;   x0[2] = pres1;   x0[3] = temp1;   x0[4] = vol1;
        x0[5] = entr1 / wmma;
// ルンゲ-クッタ法，拡張ニュートン-ラフソン法，および二次計画法による解の導出
        qpwrngkt(mdim, ndim, LDIM, flag, itime, atime, ftime, dtime, nrep, prep, mrep, janj,
           x0, xl, xu, rl, ru, LTIME, &ntime, t, x);
        *ntime1 = ntime;
        for (i = 1; i <= ntime; i++) {
            vol[i] = x[4][i];   pres[i] = x[2][i];   temp[i] = x[3][i];
            inte[i] = x[1][i];   entr[i] = x[5][i];
        }
}
void   equations(mdim, ndim, MDIM, xtime, ytime, x, dx, r, rj)
int    mdim, ndim, MDIM;
double xtime, ytime, x[MDIM+1], dx[MDIM+1], r[MDIM+1], rj[MDIM+1][MDIM+1];
{
        extern void   therm0_(), therm_();
        double   inte, dinte, pres, vol, entr, pres2, temp2, rho2, inte2, enth2, entr2, cv, cp,
           w, a, g, hjt;
// 方程式の関数（残差）および解析による拡張ヤコビ行列の計算
// 変数の値の設定
        inte = x[1];   dinte = dx[1];   pres = x[2];   temp2 = x[3];   vol = x[4];   entr = x[5];
        rho2 = (1.0 / (gl_vol1 + gl_dvol * ytime)) / gl_wmma;
// 探索途中における状態量の値の評価
// 広義の理想混合気体
        if (gl_jir == 1) {
            therm0_(&temp2, &rho2, rmcomp[nofld], &pres2, &inte2, &enth2, &entr2, &cv, &cp,
               &w, &a, &g);
        }
// 実在混合気体
        else if (gl_jir == 2) {
            therm_(&temp2, &rho2, rmcomp[nofld], &pres2, &inte2, &enth2, &entr2, &cv, &cp, &w,
               &hjt);
        }
// 方程式の値の設定
// 圧縮過程
        if (gl_jce == 1) r[1] = dinte + pres * gl_dvol / gl_eff;
// 膨張過程
        else if (gl_jce == 2) r[1] = dinte + pres * gl_dvol * gl_eff;
        r[2] = inte - inte2 / gl_wmma;
        r[3] = entr - entr2 / gl_wmma;
```

```
    r[4] = pres - pres2;
    r[5] = vol - (1.0 / rho2) / gl_wmma;
}
```

付録 G
システム解析の数値計算

機器／システムは複数の様々な機器要素から構成され，それらがネットワーク状に接続されている．そのため，第7章で述べたように，定常系および非定常系のエネルギー解析においては，各機器要素に関する方程式，ならびに接続条件および境界条件から成る，それぞれ連立非線形代数方程式および混合微分代数方程式を解く必要がある．当然，その前に機器／システムのモデルを作成する必要があるが，モデルを体系的に作成していなければ，例えば1つの機器要素のモデルを変更しても，機器／システム全体のモデルを変更しなければならないことも起こり得る．したがって，モデルの作成を体系的に行い，モデルの一部分の変更が機器／システム全体のモデルの変更に可能な限り影響を及ぼさないようにする必要がある．

本付録では，上記の課題を考慮し，ビルディングブロックによってシステムのモデル化を体系的に行う方法について述べる．

Cプログラムとしては，定常系のエネルギー解析を目的としてビルディングブロックによってシステムのモデル化を行うための汎用共通プログラム，ならびに7.3節におけるガスタービンの解析の数値計算に使用する個別プログラムを掲載し，説明を加える．

G.1　ビルディングブロックによるモデル化

図G.1は，本書でビルディングブロックによって扱うことができるモデルの構成を示したものである．機器／システム全体のモデルは，機器要素モデル，物質モデル，機器要素を関係付ける接続条件，および機器／システムとしての境界において設定すべき境界条件から構成される．以下ではこれらについて述べる．なお，ここではエネルギー変換のための機器／システムを対象としているが，他の分野におけるシステムにも適用することができるであろう．

(a) 機器要素モデル

機器／システムを，それを構成する機器要素に分解する．各機器要素についてその特性を表現するパラメータおよびそれに使用される物質を定義する．また，各機器要素について必要に応じて単数あるいは複数の入口，出口，および内部の検査体積などの代表点を定義するとともに，各

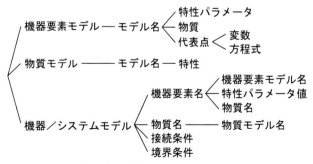

図 G.1　ビルディングブロックのためのモデルの構成

代表点について質量流量および各種状態量などの変数を定義する．さらに，各機器要素についてパラメータ，物質の特性，および変数を用いて各代表点あるいは複数の代表点間において満足すべき質量保存則およびエネルギー保存則などの方程式を記述する．この機器要素モデルには一般名称を付すものとする．

同種の機器要素であり，定義したパラメータのみの値を変更するだけで機器要素の特性を表現できる場合には，同じ一般名称であっても異なる個別名称を付すことによって識別することができる．また，同種の機器要素であっても，異なるパラメータでその機器要素特有の特性を表現する必要がある場合には，異なる機器要素モデルを作成し，異なる一般名称を付す必要がある．さらに，機器／システムに1つのモデルで表される機器要素が複数含まれている場合には，パラメータの値が同じか否かにかかわらず，異なる個別名称を付すことによって複数の機器要素を識別することができる．

(b) 物質モデル

機器／システムに使用される物質は，各機器要素のみに使用される場合だけではなく，複数の機器要素に共通して使用される場合も多い．また，機器要素に依存して単一あるいは複数の物質を扱う必要がある．よって，物質は機器要素とは独立に定義し，機器要素の特性を表現する方程式の記述に必要な物質を選択し，物質の特性を反映させることが体系的には望ましいと考えられる．また，同種の物質であっても，エネルギー解析の必要に応じて簡易的にあるいは詳細に物質特性のモデル化が行えるように，複数の物質モデルを定義できるようにすることも必要かもしれない．

(c) 接続および境界条件

機器要素を関係付ける接続条件は，機器／システムに依存するので，独立したモデルとして定義することはできない．機器／システムのモデル化においてそれを構成する個別名称の機器要素が選択された段階で，それらの接続関係が明らかになるので，接続条件を表現することができる．このとき，機器要素の個別名称，代表点，および変数などの理解しやすい情報のみで表現することができる．

機器／システムとしての境界において設定すべき境界条件も，機器／システムに依存するので，独立したモデルとして定義することはできない．機器／システムのモデル化においてそれを構成する個別名称の機器要素が選択された段階で，機器／システムとしての境界が明らかになるので，境界条件を表現することができる．同様にして，機器要素の個別名称，代表点，変数，および変数の値などの理解しやすい情報のみで表現することができる．

(d) 機器／システムモデル

機器／システムを構成する複数の機器要素に個別名称を与え，各機器要素について機器要素モデルを選択する．また，各機器要素についてその特性を表現するパラメータの値を設定するとともに，使用される物質のモデルを選択する．さらに，機器／システムの接続条件および境界条件を設定する．これによって，機器／システムのモデルを容易に作成することができ，機器要素モ

デルおよび物質モデルの変更が機器／システムのモデルの変更に及ぼす影響を可能な限り小さくすることができる．

上述のようなモデル化に加え，機器／システムが複雑なものになると，階層的なモデル化の機能が必要になるかもしれない．すなわち，機器／システムを構成する一部の少数の機器要素のみで中間的な機器／システムのモデルを作成し，その後に複数の中間的な機器／システムモデルから最終的に目的とする機器／システムのモデルを作成できるような機能である．なお，G.2.1 項に掲載しているビルディングブロックの汎用共通プログラムでは，本書に掲載できるように基本的な機能に絞り，可能な範囲で短縮化するようにしたため，階層的なモデル化を行うことはできない．

G.2　数値計算プログラム

第 7 章において機器／システムに関する解析のための数値計算を行うには，ビルディングブロックにより効率良くモデル化を行うことが有効である．ここでは，数値計算プログラムを，ビルディングブロックによるモデル化を可能にする枠組みを提供するための汎用共通プログラムと，機器要素および物質を独立にモデル化し，機器／システムをそれらから構成し，接続条件および境界条件を加えることによってモデル化を行い，汎用共通プログラムを使用して数値計算を行うための個別プログラムに大別して掲載している．

G.2.1　汎用共通プログラム

プログラム G-0

このプログラムによって，機器要素から構成される任意の機器／システムに対して，ビルディングブロックによるモデル化が可能となり，個別プログラムの作成を効率良く行うことができる．このプログラムは，著者らのエネルギーシステムの数値シミュレーションに関する研究を行うために開発したプログラムにおいて，基本的な機能を維持しつつ，可能な範囲で短縮化できるように変更したものである [10, 11]．

このプログラムは，個別プログラムから関数 solve_static_problem() を呼び出すことによって実行される．これによって，関数プログラム sttsltn.c に記載されているステートメントに従って，ビルディングブロックによるモデル化のための関数プログラム bldblck.c に記載された関数，個別プログラムに記載された関数，および連立非線形代数方程式を解くための関数が逐次自動的に実行される．個別プログラムでは，必要な情報をグローバル変数に与えることによって，このプログラムに情報を伝え，機器要素および機器／システムのモデル化を行うことができる．

個別プログラムには，5 つの関数 define_variables(), set_variable_conditions(), define_equations(), define_cons_and_bnds(), および set_boundary_conditions() を含めておき，それぞれ機器要素の変数の設定，機器要素の変数に関する値の設定，機器要素の方程式の設定，接続・境界条件に関する変数の設定，および境界条件に関する変数の

値の設定を行い，モデル化に必要な情報を与える必要がある．これらのうち 2 つの関数 define_variables() および define_equations() では，それぞれ一般的に機器要素の変数および方程式を定義する関数を呼び出し，その引数に機器要素の個別名称を与えるとともに，その関数の最後にそれぞれ関数 save_variables() および save_equations() を呼び出すことによって，個別の機器要素の変数および方程式を設定できるようにしている．

接続条件および境界条件については，それらを方程式として追加して，連立非線形代数方程式を解くこともできる．しかしながら，ここでは数値計算の効率化のために，接続条件に関する第 1 番目の変数を第 2 番目の変数に置換するとともに，境界条件に関する変数をその値で置換して変数を消去する．これによって，接続条件および境界条件を方程式として追加する必要がなく，変数の数を減じて連立非線形代数方程式を解くことができる．

このプログラムでは，物質に関する情報を与える枠組みを作成していない．関数プログラム sttsltn.c 中の関数 rsdl() において，すべての機器要素について方程式の残差の値を算出する際に，define_equations() が呼び出されるので，その中で必要な REFPROP の関数を呼び出し，物質の状態量を評価すればよい．なお，物質については，機器要素とは独立に定義し，物質の名称を関数の引数にすることによって，対象とするすべての物質に共通する関数を適用することができる．

【プログラムの説明】

bbdfntn.h		ビルディングブロックによるモデル化において共通して使用する配列要素の上限数を設定するためのヘッダプログラム
	LELM	配列要素の上限数 (LELM $\geq$ num_elm)
	LPNT	配列要素の上限数 (LPNT $\geq$ max{num_pnt_al[i] (i = 1, 2, $\cdots$, num_elm)})
	LSTT	配列要素の上限数 (LSTT $\geq$ max{num_stt_al[i][j] (i = 1, 2, $\cdots$, num_elm; j = 1, 2, $\cdots$, num_pnt_al[i])})
	LVAR	配列要素の上限数 (LVAR $\geq$ max{num_var_sv[i] (i = 1, 2, $\cdots$, num_elm)})
	LEQU	配列要素の上限数 (LEQU $\geq$ max{num_equ_sv[i] (i = 1, 2, $\cdots$, num_elm)})
	LVARAL	配列要素の上限数 (LVARAL $\geq$ num_var_al)
	LEQUAL	配列要素の上限数 (LEQUAL $\geq$ num_equ_al)
	LCON	配列要素の上限数 (LCON $\geq$ num_con)
	LBND	配列要素の上限数 (LBND $\geq$ num_bnd)
	LNMELM	配列要素の上限数 (LNMELM $\geq$ name_elm_al[i] (i = 1, 2, $\cdots$, num_elm) の文字数の最大値
	LNMPNT	配列要素の上限数 (LNMPNT $\geq$ name_pnt_al[i][j] (i = 1, 2, $\cdots$, num_elm; j = 1, 2, $\cdots$, num_pnt_al[i]) の文字数の最大値
	LNMSTT	配列要素の上限数 (LNMSTT $\geq$ name_stt_al[i][j][k] (i = 1, 2, $\cdots$, num_elm; j = 1, 2, $\cdots$, num_pnt_al[i]; k = 1, 2, $\cdots$, num_stt_al[i][j]) の文字数の最大値
	LNMUNT	配列要素の上限数 (LNMUNT $\geq$ name_unt_al[i][j][k] (i = 1, 2, $\cdots$, num_elm; j = 1, 2, $\cdots$, num_pnt_al[i]; k = 1, 2, $\cdots$, num_stt_al[i][j]) の文字数の最大値
bbdclrtn.h		ビルディングブロックによるモデル化において共通して使用する変数，配列，および関数を宣言するためのヘッダプログラム
(bldblck.c と共通のため省略)		
bldblck.c		ビルディングブロックによるモデル化を行うための関数プログラム
	initialize_vars_and_eqns()	全体の要素，変数，および方程式の数，ならびに変数および方程式の保存位置を初期化するための関数

| save_variables() | 要素の変数を全体の変数に保存するための関数 |

〔引数による入力〕
- name_elm　　要素の名称 (文字列変数)

〔グローバル変数による入力〕
- num_pnt　　要素の代表点の数
- num_var　　要素の変数の数
- num_equ　　要素の方程式の数
- name_pnt　　要素の代表点の名称 (1次元文字列配列)
- num_stt　　要素および代表点の変数の数 (1次元配列)
- name_stt　　要素および代表点の変数の名称 (2次元文字列配列)
- name_unt　　要素および代表点の変数の単位 (2次元文字列配列)

〔グローバル変数による出力〕
- num_elm　　全体の要素の数
- name_elm_al　　全体の要素の名称 (1次元文字列配列)
- num_pnt_al　　全体の要素の代表点の数 (1次元配列)
- num_var_sv　　全体の要素の変数の数 (1次元配列)
- num_equ_sv　　全体の要素の方程式の数 (1次元配列)
- name_pnt_al　　全体の要素の代表点の名称 (2次元文字列配列)
- num_stt_al　　全体の要素および代表点の変数の数 (2次元配列)
- name_stt_al　　全体の要素および代表点の変数の名称 (3次元文字列配列)
- name_unt_al　　全体の要素および代表点の変数の単位 (3次元文字列配列)
- pos_var_al　　全体の要素の変数の保存位置 (1次元配列)
- pos_equ_al　　全体の要素の方程式の保存位置 (1次元配列)
- num_var_al　　全体の変数の数
- num_equ_al　　全体の方程式の数

| reduce_variables() | 接続条件および境界条件によって変数の置換および消去を行うための関数 |

〔グローバル変数による入力〕
- num_con　　接続条件の数
- num_bnd　　境界条件の数
- id_con　　接続条件に関する変数の全体における順番 (2次元変数)
- id_bnd　　境界条件に関する変数の全体における順番 (1次元変数)
- val_bnd　　境界条件に関する変数の値 (1次元変数)

〔グローバル変数による出力〕
- num_var_rd　　置換および消去後の全体の変数の数
- val_var_al　　境界条件に関する変数の値 (1次元変数)
- id_rdc　　置換および消去後の全体の変数の順番 (1次元変数)
- jind　　置換／消去した変数を識別するための整数値 (jind = 0: 置換／消去済み，jind = 1: 未置換／消去) (1次元変数)

| save_equations() | 要素の方程式を全体の方程式に保存するための関数 |

〔引数による入力〕
- name_elm　　要素の名称 (文字列変数)

〔グローバル変数による入力〕
- val_equ　　探索途中における変数の値に対する要素の方程式の値 (1次元配列)

〔グローバル変数による出力〕
- val_equ_al　　探索途中における変数の値に対する全体の方程式の値 (1次元配列)

| print_results() | 計算結果を表示するための関数 |

〔引数による入力〕
- ndim　　全体の変数の数
- MDIM　　配列要素の上限数 (MDIM = LDIM)
- x　　探索後における置換および消去後の全体の変数の値 (正規化係数値を考慮) (1次元配列)

〔グローバル変数による出力〕

	val_var_al	探索後における置換および消去後の全体の変数の値 (1次元配列)
id_global()		全体における変数の順番を同定するための関数

〔引数による入力〕
    element   要素の名称 (文字列変数)
    point   代表点の名称 (文字列変数)
    state   変数の名称 (文字列変数)

〔関数による出力〕
    id_global 全体における変数の順番

id_local()   要素における変数の順番を同定するための関数

〔引数による入力〕
    element   要素の名称 (文字列変数)
    point   代表点の名称 (文字列変数)
    state   変数の名称 (文字列変数)

〔関数による出力〕
    id_local   要素における変数の順番

id_element()   全体における要素の順番を同定するための関数

〔引数による入力〕
    element   要素の名称 (文字列変数)

〔関数による出力〕
    id_element 全体における要素の順番

id_point()   要素における代表点の順番を同定するための関数

〔引数による入力〕
    element   要素の名称 (文字列変数)
    point   代表点の名称 (文字列変数)

〔関数による出力〕
    id_point   要素における代表点の順番

id_state()   要素および代表点における変数の順番を同定するための関数

〔引数による入力〕
    element   要素の名称 (文字列変数)
    point   代表点の名称 (文字列変数)
    state   変数の名称 (文字列変数)

〔関数による出力〕
    id_state   要素および代表点における変数の順番

sttsltn.c   ビルディングブロックによって定常系モデルを作成し，その連立非線形代数方程式を解くための関数プログラム

  solve_static_problem()   ビルディングブロックによって定常系モデルを作成し，その連立非線形代数方程式を解く一連の手続きを行うための関数

〔グローバル変数による入力〕
    val_llmt_al 全体の変数の下限値 (1次元配列)
    val_ulmt_al 全体の変数の上限値 (1次元配列)
    val_int_al   全体の変数の探索初期値 (1次元配列)
    val_odr_al 全体の変数の正規化係数値 (1次元配列)

〔グローバル変数による出力〕
    val_odr_rd 置換および消去後の全体の変数の正規化係数値 (1次元配列)

rsdl()   連立非線形代数方程式の残差を評価するための関数

〔グローバル変数による入力〕
    val_equ_al 探索途中における全体の方程式の値 (1次元配列)

〔グローバル変数による出力〕
val_var_al　　探索途中における全体の変数の値 (1 次元配列)

(その他は E.4.2 項 プログラム E-1 内の関数プログラム fapcmfc.c 中の関数 rsdl() と同様のため省略)

anjcbn()　　　連立非線形代数方程式の拡張ヤコビ行列を解析的に求めるための関数

(E.4.2 項 プログラム E-1 内の関数プログラム fapcmfc.c 中の関数 anjcbn() と同様のため省略)

【プログラム】

```
/* Header program bbdfntn.h for setting array sizes for building block approach
   by Ryohei Yokoyama   October, 2024 */
// ビルディングブロックによるモデル化のための配列要素上限数の設定
#define   LELM     10
#define   LPNT     10
#define   LSTT     10
#define   LVAR     100
#define   LEQU     100
#define   LVARAL   1000
#define   LEQUAL   1000
#define   LCON     100
#define   LBND     20
#define   LNMELM   20
#define   LNMPNT   10
#define   LNMSTT   10
#define   LNMUNT   10
```

```
/* Header program bbdclrtn.h for declaring variables, arrays, and functions for bulding
      block approach
   by Ryohei Yokoyama   October, 2024 */
// ビルディングブロックによるモデル化のための変数，配列，および関数の宣言
extern void    initialize_vars_and_eqns(), reduce_variables(), save_variables(),
   save_equations(), print_results();
extern int     id_global(), num_elm, num_equ_al, num_var_al, num_var_rd, num_pnt, num_var,
   num_equ, num_con, num_bnd, num_stt[LPNT+1], id_con[LCON+1][3], id_bnd[LBND+1],
   id_rdc[LVARAL+1];
extern double  val_equ[LEQU+1], val_bnd[LBND+1], val_var_al[LVARAL+1],
   val_equ_al[LEQUAL+1], val_llmt_al[LVARAL+1], val_ulmt_al[LVARAL+1],
   val_int_al[LVARAL+1], val_odr_al[LVARAL+1], val_odr_rd[LVARAL+1];
extern char    name_pnt[LPNT+1][LNMPNT], name_stt[LPNT+1][LSTT+1][LNMSTT],
   name_unt[LPNT+1][LSTT+1][LNMUNT], name_elm_al[LELM+1][LNMELM];
```

```
/* Function program bldblck.c for modeling systems by building block approach
   by Ryohei Yokoyama   October, 2024
   cc -c bldblck.c */
#include  <stdio.h>
#include  <string.h>
#include  "../CFUNC/bbdfntn.h"
int    id_global(), num_elm, num_con, num_bnd, num_pnt, num_var, num_equ, num_var_al,
   num_var_rd, num_equ_al, num_stt[LPNT+1], pos_var_al[LELM+1], pos_equ_al[LELM+1],
   num_pnt_al[LELM+1], num_var_sv[LELM+1], num_stt_al[LELM+1][LPNT+1], id_con[LCON+1][3],
   id_bnd[LBND+1], num_equ_sv[LELM+1], id_rdc[LVARAL+1], jind[LVARAL+1];
double val_equ[LEQU+1], val_var_al[LVARAL+1], val_equ_al[LEQUAL+1], val_bnd[LBND+1],
   val_llmt_al[LVARAL+1], val_ulmt_al[LVARAL+1], val_int_al[LVARAL+1],
   val_odr_al[LVARAL+1], val_odr_rd[LVARAL+1];
char   name_pnt[LPNT+1][LNMPNT], name_stt[LPNT+1][LSTT+1][LNMSTT],
   name_unt[LPNT+1][LSTT+1][LNMUNT], name_elm_al[LELM+1][LNMELM],
   name_pnt_al[LELM+1][LPNT+1][LNMPNT], name_stt_al[LELM+1][LPNT+1][LSTT+1][LNMSTT],
   name_unt_al[LELM+1][LPNT+1][LSTT+1][LNMUNT];
void   initialize_vars_and_eqns()
{
```

```c
// 全体の要素，変数，および方程式の数，ならびに変数および方程式の保存位置の初期化
    num_elm = 0;  num_var_al = 0;  num_equ_al = 0;  pos_var_al[0] = 0;  pos_equ_al[0] = 0;
}
void  save_variables(name_elm)
char  name_elm[];
{
int  j, k, l;
// 全体の変数への要素の変数の保存
    for (j = 1; j <= num_elm; j++) {
        if (strcmp(name_elm_al[j], name_elm) == 0) return;
    }
    num_elm++;
    sprintf(name_elm_al[num_elm], "%s", name_elm);  num_pnt_al[num_elm] = num_pnt;
    num_var_sv[num_elm] = num_var;  num_equ_sv[num_elm] = num_equ;
    l = 0;
    for (j = 1; j <= num_pnt; j++) {
        sprintf(name_pnt_al[num_elm][j], "%s", name_pnt[j]);
        num_stt_al[num_elm][j] = num_stt[j];
        for (k = 1; k <= num_stt[j]; k++) {
            l++;
            sprintf(name_stt_al[num_elm][j][k], "%s", name_stt[j][k]);
            sprintf(name_unt_al[num_elm][j][k], "%s", name_unt[j][k]);
        }
    }
    pos_var_al[num_elm] = num_var_al;  pos_equ_al[num_elm] = num_equ_al;
    num_var_al = num_var_al + num_var_sv[num_elm];
    num_equ_al = num_equ_al + num_equ_sv[num_elm];
}
void  reduce_variables()
{
    int  i, j, id_rdc_sv;
// 変数の置換／消去の有無の初期化
    for (i = 1; i <= num_var_al; i++) {
        id_rdc[i] = i;   jind[i] = 1;
    }
// 接続条件の確認
    for (i = 1; i <= num_con; i++) {
        for (j = 1; j <= num_con; j++) {
            if (id_con[i][1] == id_con[j][2]) {
                printf("Variable in connection condition No. %d cannot be replaced.\n",
                    i); break;
            }
            else if (i != j && id_con[i][1] == id_con[j][1]) {
                printf("Variable in connection condition No. %d is replaced doubly.\n",
                    i);  break;
            }
        }
        for (j = 1; j <= num_bnd; j++) {
            if (id_con[i][1] == id_bnd[j]) {
                printf("Variable in connection condition No. %d cannot be replaced.\n",
                    i); break;
            }
        }
    }
// 境界条件の確認
    for (i = 1; i <= num_bnd; i++) {
        for (j = 1; j <= num_con; j++) {
            if (id_bnd[i] == id_con[j][2]) {
                printf("Variable in boundary condition No. %d cannot be removed.\n", i);
                break;
            }
            else if (i != j && id_bnd[i] == id_con[j][1]) {
                printf("Variable in boundary condition No. %d is removed doubly.\n", i);
                break;
            }
        }
        for (j = 1; j <= num_bnd; j++) {
            if (i != j && id_bnd[i] == id_bnd[j]) {
```

```
                    printf("Variable in boundary condition No. %d is removed doubly.\n", i);
                    break;
                }
            }
        }
// 接続条件における変数の置換
        for (i = 1; i <= num_con; i++) {
            id_rdc_sv = id_rdc[id_con[i][1]];  id_rdc[id_con[i][1]] = id_rdc[id_con[i][2]];
            jind[id_con[i][1]] = 0;
            for (j = 1; j <= num_var_al; j++) {
                if (id_rdc[j] > id_rdc_sv) id_rdc[j]--;
            }
        }
        num_var_rd = num_var_al - num_con;
// 境界条件における変数の消去
        for (i = 1; i <= num_bnd; i++) {
            id_rdc_sv = id_rdc[id_bnd[i]];  id_rdc[id_bnd[i]] = num_var_rd + i;
            jind[id_bnd[i]] = 0;
            for (j = 1; j <= num_var_al; j++) {
                if (id_rdc[j] > id_rdc_sv) id_rdc[j]--;
            }
            num_var_rd--;
        }
        for (i = 1; i <= num_bnd; i++) val_var_al[num_var_rd + i] = val_bnd[i];
}
void   save_equations(name_elm)
char   name_elm[];
{
    int   j, k, l;
// 全体の方程式への要素の方程式の保存
    for (j = 1; j <= num_elm; j++) {
        if (strcmp(name_elm_al[j], name_elm) == 0) goto BREAK1;
    }
    printf("Element '%s' is not defined.\n", name_elm);   return;
BREAK1:
    l = pos_equ_al[j];
    for (k = 1; k <= num_equ_sv[j]; k++) {
        val_equ_al[l+k] = val_equ[k];
    }
}
void   print_results(ndim, MDIM, x)
int   ndim, MDIM;
double   x[MDIM];
{
    int   i, j, k, l;
// 計算結果の表示
    for (i = 1; i <= num_var_rd; i++) val_var_al[i] = x[i] * val_odr_rd[i];
    l = 0;
    for (i = 1; i <= num_elm; i++) {
        for (j = 1; j <= num_pnt_al[i]; j++) {
            for (k = 1; k <= num_stt_al[i][j]; k++) {
                l++;
                if (jind[l] == 1) printf("*");
                else printf(" ");
                printf("%s %s %s : %f [%s]\n", name_elm_al[i], name_pnt_al[i][j],
                    name_stt_al[i][j][k], val_var_al[id_rdc[l]], name_unt_al[i][j][k]);
            }
        }
    }
}
int   id_global(element, point, state)
char   element[LNMELM], point[LNMPNT], state[LNMSTT];
{
    int   i, j, k, j1, id;
// 全体における変数の順番の同定
    for (i = 1; i <= num_elm; i++) {
        if (strcmp(element, name_elm_al[i]) == 0) goto BREAK1;
    }
```

```
        printf("Element '%s' is not defined.\n", element);
        id = 0;   return(id);
BREAK1:
        for (j = 1; j <= num_pnt_al[i]; j++) {
            if (strcmp(point, name_pnt_al[i][j]) == 0) goto BREAK2;
        }
        printf("Point '%s' in element '%s' is not defined.\n", point, element);
        id = 0;   return(id);
BREAK2:
        for (k = 1; k <= num_stt_al[i][j]; k++) {
            if (strcmp(state, name_stt_al[i][j][k]) == 0) goto BREAK3;
        }
        printf("State '%s' at point '%s' in element '%s' is not defined.\n", state, point,
          element);
        id = 0;   return(id);
BREAK3:
        id = pos_var_al[i];
        for (j1 = 1; j1 < j; j1++) id = id + num_stt_al[i][j1];
        id = id + k;   return(id);
}
int   id_local(element, point, state)
char    element[LNMELM], point[LNMPNT], state[LNMSTT];
{
        int  i, j, k, j1, id;
// 要素における変数の順番の同定
        for (i = 1; i <= num_elm; i++) {
            if (strcmp(element, name_elm_al[i]) == 0) goto BREAK1;
        }
        printf("Element '%s' is not defined.\n", element);
        id = 0;   return(id);
BREAK1:
        for (j = 1; j <= num_pnt_al[i]; j++) {
            if (strcmp(point, name_pnt_al[i][j]) == 0) goto BREAK2;
        }
        printf("Point '%s' in element '%s' is not defined.\n", point, element);
        id = 0;   return(id);
BREAK2:
        for (k = 1; k <= num_stt_al[i][j]; k++) {
            if (strcmp(state, name_stt_al[i][j][k]) == 0) goto BREAK3;
        }
        printf("State '%s' at point '%s' in element '%s' is not defined.\n", state, point,
          element);
        id = 0;   return(id);
BREAK3:
        id = 0;
        for (j1 = 1; j1 < j; j1++) id = id + num_stt_al[i][j1];
        id = id + k;   return(id);
}
int   id_element(element)
char    element[LNMELM];
{
        int  i;
// 全体における要素の順番の同定
        for (i = 1; i <= num_elm; i++) {
            if (strcmp(element, name_elm_al[i]) == 0) goto BREAK;
        }
        printf("Element '%s' is not defined.\n", element);
        i = 0;
BREAK:
        return(i);
}
int   id_point(element, point)
int     element;
char    point[LNMPNT];
{
        int  i;
// 要素における代表点の順番の同定
        for (i = 1; i <= num_pnt_al[element]; i++) {
```

```c
            if (strcmp(point, name_pnt_al[element][i]) == 0) goto BREAK;
    }
    printf("Point '%s' in element '%d' is not defined.\n", point, element);
    i = 0;
BREAK:
    return(i);
}
int   id_state(element, point, state)
int   element, point;
char  state[LNMSTT];
{
    int   i;
// 要素および代表点における状態の順番の同定
    for (i = 1; i <= num_stt_al[element][point]; i++) {
        if (strcmp(state, name_stt_al[element][point][i]) == 0) goto BREAK;
    }
    printf("State '%s' at point '%d' in element '%d' is not defined.\n", state, point,
      element);
    i = 0;
BREAK:
    return(i);
}
```

```c
/* Function program sttsltn.c for solving static problems formulated as simultaneous
      nonlinear algebraic equations
   by Ryohei Yokoyama   October, 2024
   cc -c sttsltn.c */
#define  LDIM   50
#include   "../CFUNC/bbdfntn.h"
#include   "../CFUNC/bbdclrtn.h"
void   solve_static_problem()
{
    extern void   pre_calculation(), post_calculation(), define_variables(),
      set_variable_conditions(), define_cons_and_bnds(), set_boundary_conditions();
    int   i;
// 連立非線形代数方程式計算用の宣言
    extern void   qpwntnrpn();
    int    mdim, ndim, lrep, jint, lint, jtrp, ltrp, jrdc, lrdc, janj, jprt0, jcon[LDIM+1];
    double  alpha, epsn, epsl, eint, ftrp, etrp, frdc, x0[LDIM+1], xl[LDIM+1], xu[LDIM+1],
      rl[LDIM+1], ru[LDIM+1], x[LDIM+1];
// 連立非線形代数方程式計算用のパラメータ値の設定
    alpha = 1.0;   lrep = 100;   epsn = 1.0e-8;   epsl = 1.0e-10;   jint = 0;   lint = 5;
    eint = 1.0e-3;   jtrp = 0;   ftrp = 0.5;   ltrp = 5;   etrp = 1.0e-3;   jrdc = 0;
    frdc = 0.5;   lrdc = 5;   janj = 0;   jprt0 = 1;
// 変数および方程式の数の初期化
    initialize_vars_and_eqns();
// 数値計算に関する前処理
    pre_calculation();
// 機器要素の変数の設定
    define_variables();
    set_variable_conditions();
// 接続条件および境界条件に関する変数および値の設定
    define_cons_and_bnds();
    set_boundary_conditions();
// 接続条件および境界条件に関する変数の置換および消去
    reduce_variables();
// 変数および方程式の数の設定
    mdim = num_equ_al;   ndim = num_var_rd;
// 変数の上・下限値，探索初期値，および正規化係数値の設定
    for (i = 1; i <= num_var_rd; i++) {
        xl[i] = -1.0e10;   xu[i] = 1.0e10;   jcon[i] = 0;
    }
    for (i = 1; i <= num_var_al; i++) {
        jcon[id_rdc[i]]++;
        if (val_lllmt_al[i] > xl[id_rdc[i]])
          xl[id_rdc[i]] = val_lllmt_al[i] / val_odr_al[i];
```

```
            if (val_ulmt_al[i] < xu[id_rdc[i]])
              xu[id_rdc[i]] = val_ulmt_al[i] / val_odr_al[i];
            if (jcon[id_rdc[i]] == 1) {
                x0[id_rdc[i]] = val_int_al[i] / val_odr_al[i];
                val_odr_rd[id_rdc[i]] = val_odr_al[i];
            }
            else if (jcon[id_rdc[i]] == 2) {
                x0[id_rdc[i]] = (x0[id_rdc[i]] + val_int_al[i] / val_odr_al[i]) / 2.0;
                val_odr_rd[id_rdc[i]] = (val_odr_rd[id_rdc[i]] + val_odr_al[i]) / 2.0;
            }
        }
// 方程式の残差の上・下限値の設定
        for (i = 1; i <= mdim; i++) {
            rl[i] = -1.0e10;  ru[i] = 1.0e10;
        }
// 拡張ニュートン-ラフソン法および二次計画法による解の導出
        qpwntnrpn(mdim, ndim, LDIM, alpha, lrep, epsn, epsl, jint, lint, eint, jtrp, ftrp,
          ltrp, etrp, jrdc, frdc, lrdc, janj, jprt0, x0, xl, xu, rl, ru, x);
// 結果の表示
        print_results(ndim, LDIM, x);
// 数値計算に関する後処理
        post_calculation();
}
void  rsdl(mdim, ndim, MDIM, x, r)
int   mdim, ndim, MDIM;
double  x[MDIM+1], r[MDIM+1];
{
        extern void  interm_calculation(), define_equations();
        int  i;
// 方程式の関数(残差)の計算
// 変数の値の設定
        for (i = 1; i <= num_var_rd; i++) val_var_al[i] = x[i] * val_odr_rd[i];
// 数値計算に関する途中処理
        interm_calculation();
// 機器要素の方程式の設定
        define_equations();
// 方程式の値の設定
        for (i = 1; i <= num_equ_al; i++) r[i] = val_equ_al[i];
}
void  anjcbn(mdim, ndim, MDIM, x, rj)
int   mdim, ndim, MDIM;
double  x[MDIM+1], rj[MDIM+1][MDIM+1];
{
// 方程式の拡張ヤコビ行列の解析による計算
}
```

G.2.2 個別プログラム

プログラム G-1

　機器要素としての圧縮機，燃焼器およびタービンから構成されるガスタービンについて，すべての物質を実在気体あるいは実在混合気体としてエネルギー解析を行い，各物質の流れにおける状態量を算出する．同時に，タービンから得られる仕事量および圧縮機に必要となる仕事量も算出する．また，その結果に基づいて，各物質の流れにおける物理エクセルギーも算出する．

　このプログラムは，7.3.3 項および 7.3.5 項において適用されている．

【プログラムの説明】

mgstrbn.c		ガスタービンのエネルギー解析を行うための主プログラム
	(fgstrbn.c と共通のため省略)	
fgstrbn.c		エネルギー解析の数値計算に関する処理を行うための関数プログラム
	gstrbn()	与条件に基づきエネルギー解析の数値計算に関する前処理を行うための関数
	〔引数による入力〕	
	nsbs	物質の数
	nmsbs	物質の名称 (1 次元文字列配列)
	ncmp	物質の成分の数 (1 次元配列)
	nmcmp	物質の成分の名称 (物質特性のファイル名 (拡張子 .FLD を除く)) (2 次元文字列配列)
	ycmp	物質の成分のモル分率 (2 次元配列)
	enthf	物質の成分の標準生成エンタルピー kJ/kmol (2 次元配列)
	massf	燃料の質量流量 kg/s
	massa	空気の質量流量 kg/s
	massc	燃焼ガスの質量流量 kg/s
	presif	燃焼器入口における燃料の圧力 kPa
	tempif	燃焼器入口における燃料の温度 K
	presia	圧縮機入口における空気の圧力 kPa
	tempia	圧縮機入口における空気の温度 K
	presoc	タービン出口における燃焼ガスの圧力 kPa
	prt	圧縮機における圧力比
	effc	圧縮機における等エントロピー効率
	plsrt	燃焼器における圧力損失率
	hlsrt	燃焼器における熱損失率
	efft	タービンにおける等エントロピー効率
	LSBS	配列要素の上限数 (LSBS ≥ nsbs)
	LCMP	配列要素の上限数 (LCMP ≥ max{ncmp[i] (i = 1, 2, ···, nsbs)} ≤ 20)
	LNMSBS	配列要素の上限数 (LNMSBS ≥ nmsbs[i] (i = 1, 2, ···, nsbs) の文字数の最大値
	LNMCMP	配列要素の上限数 (LNMCMP ≥ nmcmp[i][j] (i = 1, 2, ···, nsbs; j = 1, 2, ···, ncmp[i]) の文字数の最大値 ≤ 16)
	pre_calculation()	数値計算に関する前処理を行うための関数
	(使用せず)	
	interm_calculation()	数値計算に関する途中処理を行うための関数
	(使用せず)	
	post_calculation()	数値計算に関する後処理を行うための関数
	(入出力なし)	
	id_fluid()	物質の順番を同定するための関数
	〔引数による入力〕	
	name_sbst	物質の名称 (文字列変数)
	〔関数による出力〕	
	id_fluid	物質の順番
	evaluation_phexergy()	すべての物質の流れにおける物理エクセルギーを評価するための関数
	〔グローバル変数による入力〕	
	val_var_al	探索後における全体の変数の値 (1 次元配列)
	phexergy()	各物質の流れにおける物理エクセルギーを評価するための関数
	〔引数による入力〕	
	name_sbst	物質の名称 (文字列変数)
	mass	物質の質量流量 kg/s

	wmm	物質のモル質量 kg/kmol
	press	物質の圧力 kPa
	temp	物質の温度 K
	pres0	基準圧力 kPa
	pres0	基準温度 K

〔引数による出力〕
    phex   物質の物理エクセルギー流量 kW

fgtsyst.c   機器要素から成るシステム，ならびに接続条件および境界条件を設定するための関数プログラム

  define_variables()   すべての機器要素の変数を設定するための関数

    (入出力なし)

  set_variable_conditions()   全体の変数の上・下限値，探索初期値，および正規化係数値を設定するための関数

    〔グローバル変数による出力〕
    (G.2.1 項 プログラム G-0 内の関数プログラム sttsltn.c 中の関数 solve_static_problem() における〔グローバル変数による入力〕と共通のため省略)

  define_equations()   すべての機器要素の方程式を設定するための関数

    (入出力なし)

  define_cons_and_bnds()   接続条件および境界条件の数，ならびにそれらに関する変数を設定するための関数

    〔グローバル変数による出力〕
    (G.2.1 項 プログラム G-0 内の関数プログラム bldblck.c 中の関数 reduce_variables() における〔グローバル変数による入力〕と共通のため省略)

  set_boundary_conditions()   境界条件に関する変数の値を設定するための関数

    〔グローバル変数による出力〕
    (G.2.1 項 プログラム G-0 内の関数プログラム bldblck.c 中の関数 reduce_variables() における〔グローバル変数による入力〕と共通のため省略)

fgtelem.c   機器要素の変数および方程式を設定するための関数プログラム

  variable_compressor_model()   圧縮機の変数を設定するための関数

    〔引数による入力〕
      name_elm   圧縮機の名称 (文字列変数)

    〔グローバル変数による出力〕
    (G.2.1 項 プログラム G-0 内の関数プログラム bldblck.c 中の関数 save_variables() における〔グローバル変数による入力〕と共通のため省略)

  equation_compressor_model()   圧縮機の方程式を設定するための関数

    〔引数による入力〕
      name_elm   圧縮機の名称 (文字列変数)
      name_sbst   圧縮機で使用する物質 (空気) の名称 (文字列変数)
      prt   圧縮機における圧力比
      effc   圧縮機における等エントロピー効率

    〔グローバル変数による入力〕
      val_var_al   探索途中における全体の変数の値 (1 次元配列)

    〔グローバル変数による出力〕
    (G.2.1 項 プログラム G-0 内の関数プログラム bldblck.c 中の関数 save_equations() における〔グローバル変数による入力〕と共通のため省略)

  variable_combustor_model()   燃焼器の変数を設定するための関数

    〔引数による入力〕

	name_elm	燃焼器の名称 (文字列変数)

〔グローバル変数による出力〕
(G.2.1 項 プログラム G-0 内の関数プログラム bldblck.c 中の関数 save_variables() における〔グローバル変数による入力〕と共通のため省略)

equation_combustor_model()		燃焼器の方程式を設定するための関数

〔引数による入力〕
    name_elm   燃焼器の名称 (文字列変数)
    name_sbstf   燃焼器で使用する物質 (燃料) の名称 (文字列変数)
    name_sbsta   燃焼器で使用する物質 (空気) の名称 (文字列変数)
    name_sbstc   燃焼器で使用する物質 (燃焼ガス) の名称 (文字列変数)
    plsrt   燃焼器における圧力損失率
    hlsrt   燃焼器における熱損失率

〔グローバル変数による入力〕
    val_var_al   探索途中における全体の変数の値 (1 次元配列)

〔グローバル変数による出力〕
(G.2.1 項 プログラム G-0 内の関数プログラム bldblck.c 中の関数 save_equations() における〔グローバル変数による入力〕と共通のため省略)

variable_turbine_model()		タービンの変数を設定するための関数

〔引数による入力〕
    name_elm   タービンの名称 (文字列変数)

〔グローバル変数による出力〕
(G.2.1 項 プログラム G-0 内の関数プログラム bldblck.c 中の関数 save_variables() における〔グローバル変数による入力〕と共通のため省略)

equation_turbine_model()		タービンの方程式を設定するための関数

〔引数による入力〕
    name_elm   タービンの名称 (文字列変数)
    name_sbst   タービンで使用する物質 (燃焼ガス) の名称 (文字列変数)
    efft   タービンにおける等エントロピー効率

〔グローバル変数による入力〕
    val_var_al   探索途中における全体の変数の値 (1 次元配列)

〔グローバル変数による出力〕
(G.2.1 項 プログラム G-0 内の関数プログラム bldblck.c 中の関数 save_equations() における〔グローバル変数による入力〕と共通のため省略)

fgtsbst.c	REFPROP により物質の特性を評価する関数プログラム

refprop_setting()	REFPROP を設定するための関数

〔引数による入力〕
    name_sbst   物質の名称 (文字列変数)

refprop_information()	物質のモル質量を評価するための関数

〔引数による入力〕
    i   物質の順番

〔引数による出力〕
    wmm1   物質のモル質量 kg/kmol

refprop_property()	物質のモルエンタルピーおよびモルエントロピーを評価するための関数

〔引数による入力〕
    jphe   相平衡計算の適用を指定するための整数値 (jphe = 0: 非適用, jphe = 1: 適用)
    name_sbst   物質の名称 (文字列変数)
    pres   物質の圧力 kPa
    temp   物質の温度 K

〔引数による出力〕
　enth1　　　物質のモルエンタルピー kJ/kmol
　entr1　　　物質のモルエントロピー kJ/(kmol·K)

refprop_htvalue()　　　物質の低位発熱量を評価するための関数

〔引数による入力〕
　name_sbst　　物質の名称（文字列変数）
　pres　　　　物質の圧力 kPa
　temp　　　　物質の温度 K

〔引数による出力〕
　lhtvl　　　物質の低位発熱量 kJ/kmol

【プログラム】

```c
/* Main program mgstrbn.c for analyzing energy and exergy flows in gas turbine
   by Ryohei Yokoyama  October, 2024
   cc -c ./mgstrbn.c ./fgstrbn.c
   gfortran -o ./mgstrbn ./mgstrbn.o ./fgstrbn.o ../CFUNC/rpsetup.o ../CFUNC/rpsetref.o
     ../CFUNC/qpwntnrpn.o ../CFUNC/qpwlneq.o ../CFUNC/quadprg.o ../CFUNC/bldblck.o
     ../CFUNC/sttsltn.o ../RPOBJ/RPALL.o */
#include  <stdio.h>
#define   LSBS    10
#define   LCMP    10
#define   LNMSBS  20
#define   LNMCMP  20
int   main()
{
    extern void  gstrbn();
    int    i, nsbs, ncmp[LSBS+1];
    double massf, massa, massc, presif, tempif, presia, tempia, presoc, prt, effc, plsrt,
      hlsrt, efft, ycmp[LSBS+1][LCMP+1], enthf[LSBS+1][LCMP+1];
    char   nmsbs[LSBS+1][LNMSBS], nmcmp[LSBS+1][LCMP+1][LNMCMP];
// 物質の数の設定
    nsbs = 3;
// 物質の名称，ならびにその成分の数，名称，モル分率，標準生成エンタルピーの設定
// 燃料
    sprintf(nmsbs[1], "methane1");  ncmp[1] = 1;
    sprintf(nmcmp[1][1], "METHANE");  ycmp[1][1] = 1.0;  enthf[1][1] = -74873.0;
// 空気
    sprintf(nmsbs[2], "air1");  ncmp[2] = 5;
    sprintf(nmcmp[2][1], "NITROGEN");  ycmp[2][1] = 0.7661;  enthf[2][1] = 0.0;
    sprintf(nmcmp[2][2], "OXYGEN");    ycmp[2][2] = 0.2055;  enthf[2][2] = 0.0;
    sprintf(nmcmp[2][3], "ARGON");     ycmp[2][3] = 0.0090;  enthf[2][3] = 0.0;
    sprintf(nmcmp[2][4], "CO2");       ycmp[2][4] = 0.0004;  enthf[2][4] = -393522;
    sprintf(nmcmp[2][5], "WATER");     ycmp[2][5] = 0.0190;  enthf[2][5] = -241826;
// 燃焼ガス
    sprintf(nmsbs[3], "cmbgas1");  ncmp[3] = 5;
    sprintf(nmcmp[3][1], "NITROGEN");  ycmp[3][1] = 0.7424;  enthf[3][1] = 0.0;
    sprintf(nmcmp[3][2], "OXYGEN");    ycmp[3][2] = 0.1374;  enthf[3][2] = 0.0;
    sprintf(nmcmp[3][3], "ARGON");     ycmp[3][3] = 0.0087;  enthf[3][3] = 0.0;
    sprintf(nmcmp[3][4], "CO2");       ycmp[3][4] = 0.0313;  enthf[3][4] = -393522;
    sprintf(nmcmp[3][5], "WATER");     ycmp[3][5] = 0.0802;  enthf[3][5] = -241826;
// 解析条件の設定
    massf = 0.16;  massa = 9.0;  massc = massf + massa;
    presif = 1.0e3;  tempif = 298.15;  presia = 0.1e3;  tempia = 298.15;  presoc = 0.1e3;
    prt = 10.0;  effc = 0.85;  plsrt = 0.05;  hlsrt = 0.05;  efft = 0.85;
// ガスタービンの解析
    gstrbn(nsbs, nmsbs, ncmp, nmcmp, ycmp, enthf, massf, massa, massc, presif, tempif,
      presia, tempia, presoc, prt, effc, plsrt, hlsrt, efft, LSBS, LCMP, LNMSBS, LNMCMP);
}
```

```c
/* Function program fgstrbn.c for analyzing energy and exergy flows in gas turbine
   by Ryohei Yokoyama  October, 2024 */
#include <stdio.h>
#include <string.h>
#include "../CFUNC/rpdfntn.h"
#include "../CFUNC/bbdfntn.h"
#include "../CFUNC/rpdclrtn.h"
#include "../CFUNC/bbdclrtn.h"
double  gl_prt, gl_effc, gl_plsrt, gl_hlsrt, gl_efft, gl_massf, gl_massa, gl_massc,
   gl_presif, gl_tempif, gl_presia, gl_tempia, gl_presoc, gl_wmmf, gl_wmma, gl_wmmc,
   gl_ycmp[4][6], gl_enthf[4][6];
void  gstrbn(nsbs, nmsbs, ncmp, nmcmp, ycmp, enthf, massf, massa, massc, presif, tempif,
   presia, tempia, presoc, prt, effc, plsrt, hlsrt, efft, LSBS, LCMP, LNMSBS, LNMCMP)
int  nsbs, LSBS, LCMP, LNMSBS, LNMCMP, ncmp[LSBS+1];
double  ycmp[LSBS+1][LCMP+1], enthf[LSBS+1][LCMP+1], massf, massa, massc, presif, tempif,
   presia, tempia, presoc, prt, effc, plsrt, hlsrt, efft;
char  nmsbs[LSBS+1][LNMSBS], nmcmp[LSBS+1][LCMP+1][LNMCMP];
{
    extern void solve_static_problem();
// REFPROP 計算用の宣言
    void  refprop_setting(), refprop_information();
    int  i, nof, noa, noc, id_fluid();
    double  wmm, pres, temp, pres0, temp0, phex1, phex2, phex3, phex4, phex5;
// REFPROP 計算用の物質の設定
    nfld = nsbs;
    for (nofld = 1; nofld <= nfld; nofld++) {
        sprintf(nmfld[nofld], "%s", nmsbs[nofld]);  ncomp[nofld] = ncmp[nofld];
        for (i = 1; i <= ncomp[nofld]; i++) {
            sprintf(nmcomp[nofld][i-1], "%s", nmcmp[nofld][i]);
            rmcomp[nofld][i-1] = ycmp[nofld][i];
        }
    }
// グローバル変数の設定
    gl_prt = prt;  gl_effc = effc;  gl_plsrt = plsrt;  gl_hlsrt = hlsrt;  gl_efft = efft;
    gl_massf = massf;  gl_massa = massa;  gl_massc = massc;  gl_presif = presif;
    gl_tempif = tempif;  gl_presia = presia;  gl_tempia = tempia;  gl_presoc = presoc;
    for (nofld = 1; nofld <= nfld; nofld++) {
        for (i = 1; i <= ncomp[nofld]; i++) {
            gl_ycmp[nofld][i] = ycmp[nofld][i];  gl_enthf[nofld][i] = enthf[nofld][i];
        }
    }
// 物質の平均モル質量の評価
// 燃料
    refprop_setting("methane1");  nof = id_fluid("methane1");  gl_wmmf = 0.0;
    for (i = 1; i <= ncomp[nof]; i++) {
        refprop_information(i, &wmm);  gl_wmmf = gl_wmmf + gl_ycmp[nof][i] * wmm;
    }
// 空気
    refprop_setting("air1");  noa = id_fluid("air1");  gl_wmma = 0.0;
    for (i = 1; i <= ncomp[noa]; i++) {
        refprop_information(i, &wmm);  gl_wmma = gl_wmma + gl_ycmp[noa][i] * wmm;
    }
// 燃焼ガス
    refprop_setting("cmbgas1");  noc = id_fluid("cmbgas1");  gl_wmmc = 0.0;
    for (i = 1; i <= ncomp[noc]; i++) {
        refprop_information(i, &wmm);  gl_wmmc = gl_wmmc + gl_ycmp[noc][i] * wmm;
    }
// 連立非線形代数方程式による定常系の問題の解析
    solve_static_problem();
}
void  pre_calculation()
{
// 数値計算に関する前処理
}
void  interm_calculation()
{
// 数値計算に関する途中処理
```

```c
}
void   post_calculation()
{
    void   evaluation_phexergy();
// 数値計算に関する後処理
// 物理エクセルギーの評価
    evaluation_phexergy();
}
int   id_fluid(name_sbst)
char   name_sbst[];
{
    int   i;
// 物質の順番の同定
    for (i = 1; i <= nfld; i++) {
        if (strcmp(name_sbst, nmfld[i]) == 0) goto BREAK1;
    }
    printf("Substance '%s' is not defined.\n", name_sbst);   i = 0;
BREAK1:
    return(i);
}
void   evaluation_phexergy()
{
    void   phexergy();
    double   pres, temp, pres0, temp0, phex1, phex2, phex3, phex4, phex5;
// 基準圧力および基準温度の設定
    pres0 = 0.1e3;   temp0 = 298.15;
// 物質の流れにおける物理エクセルギーの評価
// 圧縮機入口における空気
    pres = val_var_al[id_rdc[id_global("compressor1", "in", "pres")]];
    temp = val_var_al[id_rdc[id_global("compressor1", "in", "temp")]];
    phexergy("air1", gl_massa, gl_wmma, pres, temp, pres0, temp0, &phex1);
// 圧縮機出口および燃焼器入口における空気
    pres = val_var_al[id_rdc[id_global("compressor1", "out", "pres")]];
    temp = val_var_al[id_rdc[id_global("compressor1", "out", "temp")]];
    phexergy("air1", gl_massa, gl_wmma, pres, temp, pres0, temp0, &phex2);
// 燃焼器入口におけるメタン
    pres = val_var_al[id_rdc[id_global("combustor1", "inf", "pres")]];
    temp = val_var_al[id_rdc[id_global("combustor1", "inf", "temp")]];
    phexergy("methane1", gl_massf, gl_wmmf, pres, temp, pres0, temp0, &phex3);
// 燃焼器出口およびタービン入口における燃焼ガス
    pres = val_var_al[id_rdc[id_global("combustor1", "outc", "pres")]];
    temp = val_var_al[id_rdc[id_global("combustor1", "outc", "temp")]];
    phexergy("cmbgas1", gl_massc, gl_wmmc, pres, temp, pres0, temp0, &phex4);
// タービン出口における燃焼ガス
    pres = val_var_al[id_rdc[id_global("turbine1", "out", "pres")]];
    temp = val_var_al[id_rdc[id_global("turbine1", "out", "temp")]];
    phexergy("cmbgas1", gl_massc, gl_wmmc, pres, temp, pres0, temp0, &phex5);
    printf("1: %lf\n2: %lf\n3: %lf\n4: %lf\n5: %lf\n", phex1, phex2, phex3, phex4, phex5);
}
void   phexergy(name_sbst, mass, wmm, pres, temp, pres0, temp0, phex)
double   mass, wmm, pres, temp, pres0, temp0, *phex;
char   name_sbst[];
{
    void   refprop_setting(), refprop_property();
    double   enth, entr, enth0, entr0;
// 物質の設定
    refprop_setting(name_sbst);
// モルエンタルピーおよびモルエントロピーの評価
// 指定された圧力および温度
    refprop_property(0, name_sbst, pres, temp, &enth, &entr);
// 基準圧力および基準温度
    refprop_property(1, name_sbst, pres0, temp0, &enth0, &entr0);
// 物理エクセルギーの評価
    *phex = mass / wmm * ((enth - enth0) - temp0 * (entr - entr0));
}
#include   "./fgtsyst.c"
#include   "./fgtelem.c"
```

```
#include  "./fgtsbst.c"
```

```
/* Function program fgtsyst.c for defining system of gas turbine
   by Ryohei Yokoyama  October, 2024 */
void  define_variables()
{
    void  variable_compressor_model(), variable_combustor_model(),
        variable_turbine_model();
// 機器要素の変数の設定
    variable_compressor_model("compressor1");
    variable_combustor_model("combustor1");
    variable_turbine_model("turbine1");
}
void  set_variable_conditions()
{
    int  i;
// 変数の上・下限値，探索初期値，および正規化係数値の設定
    for (i = 1; i <= num_var_al; i++) {
        val_llmt_al[i] = 1.0e-5;   val_ulmt_al[i] = 1.0e10;
        val_int_al[i] = 300.0;   val_odr_al[i] = 1.0e2;
    }
}
void  define_equations()
{
    void  equation_compressor_model(), equation_combustor_model(),
        equation_turbine_model();
// 機器要素の方程式の設定
    equation_compressor_model("compressor1", "air1", gl_prt, gl_effc);
    equation_combustor_model("combustor1", "methane1", "air1", "cmbgas1", gl_plsrt,
        gl_hlsrt);
    equation_turbine_model("turbine1", "cmbgas1", gl_efft);
}
void  define_cons_and_bnds()
{
// 接続条件の数の設定
    num_con = 5;
// 接続条件に関する変数の設定
    id_con[1][1] = id_global("compressor1", "out", "pres");
    id_con[1][2] = id_global("combustor1", "ina", "pres");
    id_con[2][1] = id_global("compressor1", "out", "temp");
    id_con[2][2] = id_global("combustor1", "ina", "temp");
    id_con[3][1] = id_global("combustor1", "outc", "pres");
    id_con[3][2] = id_global("turbine1", "in", "pres");
    id_con[4][1] = id_global("combustor1", "outc", "temp");
    id_con[4][2] = id_global("turbine1", "in", "temp");
    id_con[5][1] = id_global("turbine1", "work", "power2");
    id_con[5][2] = id_global("compressor1", "work", "power");
// 境界条件の数の設定
    num_bnd = 5;
// 境界条件に関する変数の設定
    id_bnd[1] = id_global("compressor1", "in", "pres");
    id_bnd[2] = id_global("compressor1", "in", "temp");
    id_bnd[3] = id_global("combustor1", "inf", "pres");
    id_bnd[4] = id_global("combustor1", "inf", "temp");
    id_bnd[5] = id_global("turbine1", "out", "pres");
}
void  set_boundary_conditions()
{
// 境界条件に関する変数の値の設定
    val_bnd[1] = gl_presia;   val_bnd[2] = gl_tempia;   val_bnd[3] = gl_presif;
    val_bnd[4] = gl_tempif;   val_bnd[5] = gl_presoc;
}
```

```c
/* Function program fgtelem.c for defining elements composing system of gas turbine
   by Ryohei Yokoyama  October, 2024 */
void  variable_compressor_model(name_elm)
char  name_elm[];
{
    int  i, j;
// 圧縮機の変数の設定
// 代表点，変数，および方程式の数の設定
    num_pnt = 3;  num_var = 7;  num_equ = 5;
// 代表点および変数の設定
    sprintf(name_pnt[1], "in");  num_stt[1] = 2;
    sprintf(name_stt[1][1], "pres");    sprintf(name_unt[1][1], "kPa");
    sprintf(name_stt[1][2], "temp");    sprintf(name_unt[1][2], "K");
    sprintf(name_pnt[2], "out");  num_stt[2] = 3;
    sprintf(name_stt[2][1], "pres");    sprintf(name_unt[2][1], "kPa");
    sprintf(name_stt[2][2], "temp");    sprintf(name_unt[2][2], "K");
    sprintf(name_stt[2][3], "tempis");  sprintf(name_unt[2][3], "K");
    sprintf(name_pnt[3], "work");  num_stt[3] = 2;
    sprintf(name_stt[3][1], "power");   sprintf(name_unt[3][1], "kW");
    sprintf(name_stt[3][2], "poweris"); sprintf(name_unt[3][2], "kW");
// 変数の情報の保存
    save_variables(name_elm);
}
void  equation_compressor_model(name_elm, name_sbst, prt, effc)
double  prt, effc;
char  name_elm[], name_sbst[];
{
    void  refprop_setting(), refprop_property();
    double  presi, tempi, preso, tempo, tempois, enthi, entri, entho, entro, enthois,
      entrois, work, workis;
// 圧縮機の方程式の設定
// 状態量の取り出し
    presi = val_var_al[id_rdc[id_global(name_elm, "in", "pres")]];
    tempi = val_var_al[id_rdc[id_global(name_elm, "in", "temp")]];
    preso = val_var_al[id_rdc[id_global(name_elm, "out", "pres")]];
    tempo = val_var_al[id_rdc[id_global(name_elm, "out", "temp")]];
    tempois = val_var_al[id_rdc[id_global(name_elm, "out", "tempis")]];
    work = val_var_al[id_rdc[id_global(name_elm, "work", "power")]];
    workis = val_var_al[id_rdc[id_global(name_elm, "work", "poweris")]];
// REFPROP による状態量の計算
    refprop_setting(name_sbst);
    refprop_property(0, name_sbst, presi, tempi, &enthi, &entri);
    refprop_property(0, name_sbst, preso, tempo, &entho, &entro);
    refprop_property(0, name_sbst, preso, tempois, &enthois, &entrois);
// 方程式の設定
    val_equ[1] = preso - presi * prt;
    val_equ[2] = work - workis / effc;
    val_equ[3] = gl_massa * entho / gl_wmma - work - gl_massa * enthi / gl_wmma;
    val_equ[4] = gl_massa * enthois / gl_wmma - workis - gl_massa * enthi / gl_wmma;
    val_equ[5] = gl_massa * entrois / gl_wmma - gl_massa * entri / gl_wmma;
// 方程式の情報の保存
    save_equations(name_elm);
}
void  variable_combustor_model(name_elm)
char  name_elm[];
{
    int  i, j;
// 燃焼器の変数の設定
// 代表点，変数，および方程式の数の設定
    num_pnt = 3;  num_var = 6;  num_equ = 2;
// 代表点および変数の設定
    sprintf(name_pnt[1], "inf");  num_stt[1] = 2;
    sprintf(name_stt[1][1], "pres");    sprintf(name_unt[1][1], "kPa");
    sprintf(name_stt[1][2], "temp");    sprintf(name_unt[1][2], "K");
    sprintf(name_pnt[2], "ina");  num_stt[2] = 2;
    sprintf(name_stt[2][1], "pres");    sprintf(name_unt[2][1], "kPa");
    sprintf(name_stt[2][2], "temp");    sprintf(name_unt[2][2], "K");
```

```c
        sprintf(name_pnt[3], "outc");   num_stt[3] = 2;
        sprintf(name_stt[3][1], "pres");   sprintf(name_unt[3][1], "kPa");
        sprintf(name_stt[3][2], "temp");   sprintf(name_unt[3][2], "K");
// 変数の情報の保存
        save_variables(name_elm);
}
void  equation_combustor_model(name_elm, name_sbstf, name_sbsta, name_sbstc, plsrt,
    hlsrt)
double  plsrt, hlsrt;
char  name_elm[], name_sbstf[], name_sbsta[], name_sbstc[];
{
        void  refprop_setting(), refprop_property(), refprop_htvalue();
        int   i, nof, noa, noc, id_fluid();
        double  presif, tempif, presia, tempia, presoc, tempoc, enthif, entrif, enthia,
            entria, enthoc, entroc, pres0, temp0, enth0, entr0, lhtvl;
// 燃焼器の方程式の設定
// 状態量の取り出し
        presif = val_var_al[id_rdc[id_global(name_elm, "inf", "pres")]];
        tempif = val_var_al[id_rdc[id_global(name_elm, "inf", "temp")]];
        presia = val_var_al[id_rdc[id_global(name_elm, "ina", "pres")]];
        tempia = val_var_al[id_rdc[id_global(name_elm, "ina", "temp")]];
        presoc = val_var_al[id_rdc[id_global(name_elm, "outc", "pres")]];
        tempoc = val_var_al[id_rdc[id_global(name_elm, "outc", "temp")]];
        pres0 = 0.1e3;   temp0 = 298.15;
// REFPROP による状態量の計算
// 燃料
        refprop_setting(name_sbstf);
        refprop_property(0, name_sbstf, presif, tempif, &enthif, &entrif);
        refprop_property(0, name_sbstf, pres0, temp0, &enth0, &entr0);
        enthif = enthif - enth0;   nof = id_fluid(name_sbstf);
        for (i = 1; i <= ncomp[nof]; i++) enthif = enthif + gl_ycmp[nof][i]
            * gl_enthf[nof][i];
        refprop_htvalue(name_sbstf, pres0, temp0, &lhtvl);
// 空気
        refprop_setting(name_sbsta);
        refprop_property(0, name_sbsta, presia, tempia, &enthia, &entria);
        refprop_property(0, name_sbsta, pres0, temp0, &enth0, &entr0);
        enthia = enthia - enth0;   noa = id_fluid(name_sbsta);
        for (i = 1; i <= ncomp[noa]; i++) enthia = enthia + gl_ycmp[noa][i]
            * gl_enthf[noa][i];
// 燃焼ガス
        refprop_setting(name_sbstc);
        refprop_property(0, name_sbstc, presoc, tempoc, &enthoc, &entroc);
        refprop_property(0, name_sbstc, pres0, temp0, &enth0, &entr0);
        enthoc = enthoc - enth0;   noc = id_fluid(name_sbstc);
        for (i = 1; i <= ncomp[noc]; i++) enthoc = enthoc + gl_ycmp[noc][i]
            * gl_enthf[noc][i];
// 方程式の設定
        val_equ[1] = presoc - presia * (1.0 - plsrt);
        val_equ[2] = gl_massc * enthoc / gl_wmmc - gl_massf * enthif / gl_wmmf
            - gl_massa * enthia / gl_wmma + gl_massf * lhtvl / gl_wmmf * hlsrt;
// 方程式の情報の保存
        save_equations(name_elm);
}
void  variable_turbine_model(name_elm)
char  name_elm[];
{
        int  i, j;
// タービンの変数の設定
// 代表点,変数,および方程式の数の設定
        num_pnt = 3;   num_var = 8;   num_equ = 4;
// 代表点および変数の設定
        sprintf(name_pnt[1], "in");   num_stt[1] = 2;
        sprintf(name_stt[1][1], "pres");   sprintf(name_unt[1][1], "kPa");
        sprintf(name_stt[1][2], "temp");   sprintf(name_unt[1][2], "K");
        sprintf(name_pnt[2], "out");   num_stt[2] = 3;
        sprintf(name_stt[2][1], "pres");   sprintf(name_unt[2][1], "kPa");
```

```
        sprintf(name_stt[2][2], "temp");    sprintf(name_unt[2][2], "K");
        sprintf(name_stt[2][3], "tempis");  sprintf(name_unt[2][3], "K");
        sprintf(name_pnt[3], "work");    num_stt[3] = 3;
        sprintf(name_stt[3][1], "power1");  sprintf(name_unt[3][1], "kW");
        sprintf(name_stt[3][2], "power2");  sprintf(name_unt[3][2], "kW");
        sprintf(name_stt[3][3], "poweris"); sprintf(name_unt[3][3], "kW");
// 変数の情報の保存
        save_variables(name_elm);
}
void    equation_turbine_model(name_elm, name_sbst, efft)
double  efft;
char    name_elm[], name_sbst[];
{
        void    refprop_setting(), refprop_property();
        double  presi, tempi, preso, tempo, tempois, enthi, entri, entho, entro, enthois,
            entrois, work1, work2, workis;
// 燃焼器の方程式の設定
// 状態量の取り出し
        presi = val_var_al[id_rdc[id_global(name_elm, "in",  "pres")]];
        tempi = val_var_al[id_rdc[id_global(name_elm, "in",  "temp")]];
        preso = val_var_al[id_rdc[id_global(name_elm, "out", "pres")]];
        tempo = val_var_al[id_rdc[id_global(name_elm, "out", "temp")]];
        tempois = val_var_al[id_rdc[id_global(name_elm, "out", "tempis")]];
        work1 = val_var_al[id_rdc[id_global(name_elm, "work", "power1")]];
        work2 = val_var_al[id_rdc[id_global(name_elm, "work", "power2")]];
        workis = val_var_al[id_rdc[id_global(name_elm, "work", "poweris")]];
// REFPROP による状態量の計算
        refprop_setting(name_sbst);
        refprop_property(0, name_sbst, presi, tempi, &enthi, &entri);
        refprop_property(0, name_sbst, preso, tempo, &entho, &entro);
        refprop_property(0, name_sbst, preso, tempois, &enthois, &entrois);
// 方程式の設定
        val_equ[1] = (work1 + work2) - workis * efft;
        val_equ[2] = gl_massc * entho / gl_wmmc + (work1 + work2)
            - gl_massc * enthi / gl_wmmc;
        val_equ[3] = gl_massc * enthois / gl_wmmc + workis - gl_massc * enthi / gl_wmmc;
        val_equ[4] = gl_massc * entrois / gl_wmmc - gl_massc * entri / gl_wmmc;
// 方程式の情報の保存
        save_equations(name_elm);
}
```

```
/* Function program fgtsbst.c for setting substances and evaluating their properties
   by Ryohei Yokoyama   October, 2024 */
void    refprop_setting(name_sbst)
char    name_sbst[];
{
        int     i;
// 物質の設定
        for (i = 1; i <= nfld; i++) {
            if (strcmp(name_sbst, nmfld[i]) == 0) goto BREAK1;
        }
        printf("Substance '%s' is not defined.\n", name_sbst);   return;
BREAK1:
        nofld = i;
        rpsetup(LCOMP, LNMFLD, LNMFILE, LNMRS, ncomp[nofld], nmcomp[nofld], hfcomp[nofld],
            hfmix, hrf);
        rpsetref(1, LCOMP, LNMFILE, LNMRS, hrf, 1, rmcomp[nofld], 0.0, 0.0, 298.15, 0.1e3);
}
void    refprop_information(i, wmm1)
int     i;
double  *wmm1;
{
        extern void    info_();
        double  wmm, ttemp, btemp, ctemp, cpres, crho, ccf, acf, dip, gc;
// 物質の特性値の評価
        info_(&i, &wmm, &ttemp, &btemp, &ctemp, &cpres, &crho, &ccf, &acf, &dip, &gc);
```

```
        *wmm1 = wmm;
}
void   refprop_property(jphe, name_sbst, pres, temp, enth1, entr1)
int    jphe;
double  pres, temp, *enth1, *entr1;
char   name_sbst[];
{
    extern void   tpflsh_(), tprho_(), therm_();
    int    i, kph, kguess;
    double  rho, inte, enth, entr, cv, cp, w, hjt, dl, dv, qlty, x[LCOMP], y[LCOMP];
// 物質の状態量の評価
    for (i = 1; i <= nfld; i++) {
        if (strcmp(name_sbst, nmfld[i]) == 0) goto BREAK1;
    }
    printf("Substance '%s' is not defined.\n", name_sbst);   return;
BREAK1:
    nofld = i;
    if (jphe == 1 && strcmp(name_sbst, "cmbgas1") == 0) {
        tpflsh_(&temp, &pres, rmcomp[nofld], &rho, &dl, &dv, x, y, &qlty, &inte, &enth,
            &entr, &cv, &cp, &w, &ierr, herr, LNMFILE);
        if (ierr != 0) printf("tpflsh 1 %s: %d  %s\n", name_sbst, ierr, herr);
    }
    else {
        kph = 2;   kguess = 0;
        tprho_(&temp, &pres, rmcomp[nofld], &kph, &kguess, &rho, &ierr, herr, LNMFILE);
        if (ierr != 0) printf("tprho 1 %s: %d  %s\n", name_sbst, ierr, herr);
        therm_(&temp, &rho, rmcomp[nofld], &pres, &inte, &enth, &entr, &cv, &cp, &w,
            &hjt);
    }
    *enth1 = enth;   *entr1 = entr;
}
void   refprop_htvalue(name_sbst, pres, temp, lhtvl)
double  pres, temp, *lhtvl;
char   name_sbst[];
{
    extern void   tprho_(), heat_();
    int    i, kph, kguess;
    double  rho, hg, hn;
// 物質の発熱量の評価
    for (i = 1; i <= nfld; i++) {
        if (strcmp(name_sbst, nmfld[i]) == 0) goto BREAK1;
    }
    printf("Substance '%s' is not defined.\n", name_sbst);   return;
BREAK1:
    nofld = i;
    kph = 2;   kguess = 0;
    tprho_(&temp, &pres, rmcomp[nofld], &kph, &kguess, &rho, &ierr, herr, LNMFILE);
    if (ierr != 0) printf("tprho 2 %s: %d  %s\n", name_sbst, ierr, herr);
    heat_(&temp, &rho, rmcomp[nofld], &hg, &hn, &ierr, herr, LNMFILE);
    if (ierr != 0) printf("heat 1 %s: %d  %s\n", name_sbst, ierr, herr);
    *lhtvl = hn;
}
```

付録 H

その他

H.1 主要記号

(a) 共通の記号

c_p	定圧比熱	[J/(kg·K)]
c_v	定容比熱	[J/(kg·K)]
g	比ギブスエネルギー	[J/kg]
$\bar{g}$	モルギブスエネルギー	[J/mol]
h	比エンタルピー	[J/kg]
$\bar{h}$	モルエンタルピー	[J/mol]
M	モル質量	[kg/mol]
N	物質の成分の数	[-]
p	圧力	[Pa]
R	気体定数	[J/(kg·K)]
$\bar{R}$	一般気体定数	[J/(mol·K)]
s	比エントロピー	[J/(kg·K)]
$\bar{s}$	モルエントロピー	[J/(mol·K)]
T	温度	[K]
u	比内部エネルギー	[J/kg]
$\bar{u}$	モル内部エネルギー	[J/mol]
v	比体積	[m³/kg]
$\bar{v}$	モル体積	[m³/mol]
w	単位質量当りの仕事	[J/kg]
Z	圧縮係数	[-]
Z_g	剰余ギブスエネルギー係数	[-]
Z_h	剰余エンタルピー係数	[-]
Z_s	剰余エントロピー係数	[-]
Z_u	剰余内部エネルギー係数	[-]
$\Delta(\ )$	差,変化量	
$(\ )^*$	理想気体,理想的変化	

下付添字

c	一定値
cr	臨界点
f	相平衡(飽和)状態の液相の値
fg	相平衡(飽和)状態の値
i	物質の成分の指標
r	換算圧力,換算温度
ref	比エンタルピーおよび比エントロピーの評価のための基準状態

(b) 第1章〜第7章の記号

A	面積	[m²]
a	状態方程式の係数	[Pa·m⁶/mol²]
b	状態方程式の係数	[m³/mol]
$\dot{C}$	熱容量の流量	[W/K]
$\bar{c}_p$	定圧モル比熱	[J/(mol·K)]
d	直径	[m]
E	エクセルギー	[J]
$\dot{E}$	エクセルギー流量	[W]
e	比エクセルギー	[J/kg]
$\bar{e}$	モルエクセルギー	[J/mol]
f	物質の発生量	[kg/s]
G	ギブスエネルギー	[J]
$\dot{G}$	ギブスエネルギー流量	[W]
g	重力加速度	[m/s²]
$\bar{g}_f^\circ$	標準生成ギブスエネルギー	[J/mol]
H	エンタルピー	[J]
$\dot{H}$	エンタルピー流量	[W]
$\bar{h}_f^\circ$	標準生成エンタルピー	[J/mol]
I	慣性モーメント	[kg·m²]
K	熱通過率	[W/(m²·K)]
k	比熱比	[-]
L	離散化した検査体積の数	[-]
m	質量	[kg]
$\dot{m}$	質量流量	[kg/s]
n	物質量	[mol]
$\dot{n}$	物質量流量	[mol/s]
P	濡れ縁長さ	[m]
$\dot{Q}$	熱流量	[W]
$\dot{q}$	単位長さ当りの熱流量	[W/m]
r	半径 [m],風速比,圧力比	[-]
S	エントロピー	[J/K]
$\dot{S}$	エントロピー流量	[W/K]
$\bar{s}^\circ$	標準エントロピー	[J/(mol·K)]
t	時間	[s]
U	内部エネルギー	[J]
$\dot{U}$	内部エネルギー流量	[W]
V	体積	[m³]
$\dot{V}$	体積流量	[m³/s]
$\mathcal{V}$	速度	[m/s]
W	仕事	[J]
$\dot{W}$	仕事率	[W]
$\bar{w}$	単位物質量当りの仕事	[J/mol]

H.1 主要記号

x	流れ方向の座標	[m]
y	モル分率	[-]
z	高度	[m]
ε	エクセルギー効率	[-]
η	効率	[-]
λ	空気過剰率,管摩擦係数	[-]
ν	量論係数	[-]
Ξ	圧力エネルギー	[J]
$\dot{\Xi}$	圧力エネルギー流量	[W]
ξ	比圧力エネルギー	[J/kg]
ρ	密度	[kg/m^3]
Φ	ポテンシャルエネルギー	[J]
$\dot{\Phi}$	ポテンシャルエネルギー流量	[W]
φ	比ポテンシャルエネルギー	[J/kg]
Ψ	運動エネルギー	[J]
$\dot{\Psi}$	運動エネルギー流量	[W]
ψ	比運動エネルギー	[J/kg]
ω	角速度	[rad/s]

下付添字

a	平均
F	広義の燃料
H	高温流体
i	物質の成分の指標
L	低温流体
lm	対数平均
P	広義の製品
0	エクセルギーの評価のための基準状態
1	変化前の状態,初期状態
2	変化後の状態,終端状態

上付添字

a	空気
CH	化学エクセルギー
c	燃焼ガス
cv	検査体積
des	エクセルギー破壊
e	大気の状態
f	燃料
flow	流れ仕事
gen	エントロピー発生
in	入口,入力
KN	運動エクセルギー
loss	エクセルギー損失
out	出口,出力
P	生成物質
PH	物理エクセルギー
PT	ポテンシャルエクセルギー
R	反応物質
wt	風車の回転断面

(c) 付録 A〜付録 D の記号

a	比ヘルムホルツエネルギー	[J/kg]
$\bar{a}$	モルヘルムホルツエネルギー	[J/mol]
C	物質の成分の数	[-]
F	物質の状態を表す独立変数の数	[-]
L	蒸発潜熱	[J/kg]
P	物質の相の数	[-]
q	単位質量当りの熱量	[J/kg]
x	乾き度	[-]
Z_a	剰余ヘルムホルツエネルギー係数	[-]
$\bar{\rho}$	モル密度	[mol/m^3]

下付添字

g	相平衡(飽和)状態の気相の値
i	物質の成分の指標

(d) 付録 E および付録 F の記号

c_1	解の発散を判定するための定数
c_2	解の振動を判定するための定数
$\boldsymbol{F}$	$\boldsymbol{f}$ および $\boldsymbol{r}$ の関数のベクトル
f	方程式
$\boldsymbol{f}$	f から成るベクトル
$\boldsymbol{I}$	単位行列
$\boldsymbol{k}$	$x'(t)$ の値のベクトル
m	f の数
n	x の数,$x(t)$ および $y(t)$ の数
n_1	$x(t)$ の数
n_2	$y(t)$ の数
$\boldsymbol{r}$	方程式の残差から成るベクトル
t	時間
t_0	t の初期値
Δt	サンプリング時間間隔
X	$x(t)$ の初期値
$\boldsymbol{X}$	X から成るベクトル
x	変数
$\boldsymbol{x}$	x から成るベクトル
$x(t)$	t に関する導関数ありの関数

$x(t)$ $x(t)$ から成るベクトル
$y(t)$ t に関する導関数なしの関数
$y(t)$ $y(t)$ から成るベクトル
$\overline{(\ )}$ 上限値
$\underline{(\ )}$ 下限値

下付添字
i 方程式の指標
j 変数の指標，関数の指標
(l) x の値の更新回数，k および y の値の更新回数

H.2 プログラム構成

付録 D	物質特性の数値計算			
D-0	rpdfntn.h	rpdclrtn.h	rpsetup.c	rpsetref.c
D-1	midmxgs.c	fidmxgs.c	D-1〜D-5 には，D-0 の rpdfntn.h, rpdclrtn.h, rpsetup.c, および rpsetref.c が必要	
D-2	mrlmxgs.c	frlmxgs.c		
D-3	midgspt.c	fidgspt.c		
D-4	mrlgspt.c	frlgspt.c		
D-5	mcmdpfc.c	fcmdpfc.c		
D-6	mprsbst.c	fprsbst.c	D-6〜D-10 には，D-0 の rpdfntn.h, rpdclrtn.h, および rpsetup.c が必要	
D-7	mmfcgas.c	fmfcgas.c		
D-8	mtvdgrm.c	ftvdgrm.c		
D-9	mpvdgrm.c	fpvdgrm.c		
D-10	mptdgrm.c	fptdgrm.c		

付録 E	連立非線形代数方程式の数値計算		
E-0	qpwntnrpn.c	qpwlneq.c	quadprg.c
E-1	mapcmfc.c	fapcmfc.c	E-1 には，D-0 の rpdfntn.h, rpdclrtn.h, および rpsetup.c，ならびに E-0 の qpwntnrpn.c, qpwlneq.c, および quadprg.c が必要
E-2	mapmxgs.c	fapmxgs.c	E-2〜E-5 には，D-0 の rpdfntn.h, rpdclrtn.h, rpsetup.c, および rpsetref.c，ならびに E-0 の qpwntnrpn.c, qpwlneq.c, および quadprg.c が必要
E-3	mcmptrb.c	fcmptrb.c	
E-4	mcmbstr.c	fcmbstr.c	
E-5	mhtexch.c	fhtexch.c	

付録 F	混合微分代数方程式の数値計算		
F-0	qpwrngkt.c		
F-1	mcmpexp.c	fcmpexp.c	F-1 には，D-0 の rpdfntn.h, rpdclrtn.h, rpsetup.c, および rpsetref.c，E-0 の qpwlneq.c および quadprg.c，ならびに F-0 の qpwrngkt.c が必要

付録 G	システム解析の数値計算			
G-0	bbdfntn.h	bbdclrtn.h	bldblck.c	sttsltn.c
G-1	mgstrbn.c fgtsyst.c fgtsbst.c	fgstrbn.c fgtelem.c	G-1 には，D-0 の rpdfntn.h, rpdclrtn.h, rpsetup.c, および rpsetref.c，E-0 の qpwntnrpn.c, qpwlneq.c, および quadprg.c，ならびに G-0 の bbdfntn.h, bbdclrtn.h, bldblck.c, および sttsltn.c が必要	

あとがき

　本書ではエネルギーシステム解析の基礎として，物質，機器要素，および機器／システムを対象に，エネルギーの量的な評価に加えて，エクセルギーによるエネルギーの質的な評価について述べてきた．このような一連の解析について述べることを重視したため，以下に述べる内容については本書の対象から除外することにした．あとがきとして，簡単に触れておきたい．

　物質のエネルギーに関わる特性の評価のための予備的な知識として，物質の相変化について付録Aに示した．しかしながら，第3章および第5章〜第7章では，物質を液体あるいは気体に限定しており，水を多く含む燃焼ガスのエクセルギーを評価する場合を除いて，液体と気体が混在する状態を扱っていない．一方，熱力学のテキストでは，蒸気サイクルやヒートポンプのサイクルにおいて，気体と液体が混在する状態も扱われている．この場合には，飽和状態およびそれに近い状態を扱う必要があり，気体は理想気体からの隔たりが比較的大きい．よって，単純な課題であっても，解析的に扱うことはできず，状態量を表す表や線図によって評価が行われている．しかしながら，A.4節で述べたように，液体と気体の割合を示す乾き度によって状態量を評価することができるので，それを機器要素や機器／システムのエネルギー変換に適用すればよい．複雑な課題であっても，数値計算によって解決することができるであろう．

　機器要素の評価においては，ある限定された条件下において，入口の状態量から出口の状態量を求めるという解析について述べてきた．その際に，仕事が関わる機器要素においては，各種の効率を用いてエネルギー変換に必要な仕事量やエネルギー変換で得られる仕事量を評価してきた．しかしながら，必要な仕事量が他の機器要素で得られない場合や，得られた仕事量が他の機器要素で利用できなかったり，最終的に必要でなかったらどうであろうか．このような場合には機器要素の運転状態を変更して，仕事量を調整する必要がある．そのためには，入力の状態を変更したり，運転に自由度があればそれを調節することになる．このように，定格負荷と呼ばれる機器要素を最大の出力で運転する状態だけではなく，部分負荷と呼ばれる出力を低下させた状態での特性も把握する必要がある．しかしながら，一般的には，負荷を変化させると，効率も変化するので，その特性を把握することは容易ではないであろう．

　機器要素の特性は，エネルギー変換の性質によっては，負荷だけではなく，環境条件によっても影響を受ける．例えば，標準温度を基準として考えると，大気の温度は季節によって1割あるいはそれ以上変化し得る．よって，大気を物質あるいはエネルギーとして利用している機器要素の特性も季節によって変化し得る．したがって，環境条件が機器要素の特性に及ぼす影響を把握するとともに，機器要素および機器／システムの評価は季節を通しての負荷および環境条件の変化に対して行うことが重要である．

　機器要素でのエネルギー変換において，必要なエネルギーや得られるエネルギーは，上述のように一般的に時間経過に伴って変化する．このような場合には，それに合わせて機器の負荷を時間的に変更する必要がある．しかしながら，エネルギー変換の性質によっては，負荷の変更に時間を要するため，このような場合の動的な特性も把握する必要があるであろう．また，同種の複数の機器要素に配分してエネルギーを利用したり，同種の複数の機器要素で分担してエネルギーを供給する場合には，複数の機器要素の間で負荷を分担する場合に加えて，一部の機器要素を停止させ，残りの機器要素のみで負荷を担う場合も起こり得る．よって，機器を一旦停止させた後

に再び起動させる場合には，機器の起動時の動的な特性も把握する必要があるであろう．

エネルギー変換を行うシステムには，エネルギー変換を行う機器要素だけではなく，エネルギーを蓄えたり，取り出したりできる蓄エネルギーあるいはエネルギー貯蔵機器が導入される場合がある．その目的には様々なものがある．例えば，太陽光や風力などの再生可能エネルギーを利用するシステムでは，エネルギーの発生量を自由に制御することができないため，エネルギー供給が不必要なときに発生したエネルギーを蓄え，発生量以上にエネルギー供給が必要なときに蓄えていたエネルギーを取り出すことができ，エネルギーの需給調整を行うことができる．しかしながら，蓄エネルギー機器では，一般的に蓄えられたエネルギーの量および質は変化し得るため，それを取り出して利用する機器要素の特性にも影響を与え得る．よって，そのような影響も考慮しながら，システムとしての特性を総合的に把握する必要があるであろう．

機器要素の上述のような様々な特性をモデル化することができれば，最終的に必要とされるエネルギー需要量や環境条件の変化に対して，システム全体を解析し，システムとしての性能を評価することができるであろう．また，発展した課題として，時間的に変化するエネルギー需要量を満たすように，システムを構成する機器要素の運転／停止や定格／部分負荷などの運転条件を決定するという最適運用にも繋がるであろう．さらに，システムを構成する候補となるあらゆる機器要素の特性をモデル化することができれば，機器要素を決定するという最適設計にも展開することができるであろう [12, 13]．しかしながら，機器要素の様々な特性を精度高くモデル化することは必ずしも容易ではない．そのような場合には，運用や設計の目的に照らして，重要な特性のみを限定的にモデル化すれば，最適運用や最適設計も可能になるであろう．

一方，Thermoeconomics や Exergoeconomics と特別な用語で表現されているが，エクセルギーに基づくシステムの経費の解析および最適化への展開も可能であろう．すなわち，システムに対して，エネルギー解析およびその結果に基づくエクセルギー解析に加えて，各機器の設備費および運用維持費を考慮して経費バランス式を定式化し，それを満たすように各エネルギーの流れに対応するエクセルギーの経費を評価し，経費の形成過程を分析することができるであろう．また，その結果に基づいて，システムの運用や設計を最適化することも可能であろう [14]．

参考文献

[1] Nelson, L. C. and Obert, E. F., Generalized pvT Properties of Gases, *Journal of Fluids Engineering, Transactions of the ASME*, Vol. 76, No. 7, pp. 1057–1066, 1954.

[2] Çengel, Y. A. and Boles, M. A.（著），浅見敏彦（訳），『図説 応用熱力学』，オーム社，1999.

[3] Chase, Jr., M. W., *NIST-JANAF Thermochemical Tables, 4th Edition*, American Institute of Physics and American Chemical Society, 1998.

[4] Atkins, P. W. and de Paula, J.（著），中野元裕，上田貴洋，奥村光隆，北河康隆（訳），『アトキンス物理化学（上）第 10 版』，東京化学同人，2017.

[5] Lemmon, E. W., Bell, I. H., Huber, M. L., and McLinden, M. O., *NIST Reference Fluid Thermodynamic and Transport Properties—REFPROP Documentation Release 10.0*, National Institute of Standards and Technology, 2018.

[6] 多賀圭次郎，熱力学関係式の簡単な導出法 —熱力学の四角形を用いて—，『化学と教育』，Vol. 47, No. 3, pp. 196–199, 1999.

[7] Huber, M. L., Lemmon, E. W., Bell, I. H., and McLinden, M. O., The NIST REFPROP Database for Highly Accurate Properties of Industrially Important Fluids, *Industrial and Engineering Chemistry Research*, Vol. 61, pp. 15449–15472, 2022.

[8] Lemmon, E. W., McLinden, M. O., and Huber, M. L., *NIST Reference Fluid Thermodynamic and Transport Properties—REFPROP Version 7.0 Users' Guide*, National Institute of Standards and Technology, 2002.

[9] 横山良平，『C による理工系解析の数値計算 —基礎からの展開—』，近代科学社 Digital，2023.

[10] 横山良平，CO_2 ヒートポンプ給湯システムの性能分析のためのシミュレーション技術，『冷凍』，Vol. 84, No. 981, pp. 623–629, 2009.

[11] Yokoyama, R., Performance Analysis and Optimization of a CO_2 Heat Pump Water Heating System, *Transcritical CO_2 Heat Pump: Fundamentals and Applications* (Zhang, X. and Yamaguchi, H. (Eds.)), Chapter 9, pp. 249–282, Wiley, 2021.

[12] 伊東弘一，横山良平，『コージェネレーションの最適計画 —インテリジェント・フレキシブル・コージェネレーションを目指して—』，産業図書，1990.

[13] Yokoyama, R. and Shinano Y., MILP Approaches to Optimal Design and Operation of Distributed Energy Systems, *Optimization in the Real World —Toward Solving Real-World Optimization Problems—* (Fujisawa, K., Shinano, Y., and Waki, H. (Eds.)), pp. 157–176, Springer, 2015.

[14] Bejan, A., Tsatsaronis G., and Moran, M. J., *Thermal Design and Optimization*, John Wiley and Sons, 1995.

索引

あ

圧縮過程	148
圧縮機	140, 203
圧縮係数	43, 228
圧縮比	151, 166
圧力	26
圧力エネルギー	52
圧力エネルギー流量	52
圧力損失	176, 184, 193
圧力比	144, 161
Amagat の法則	49, 50
一般気体定数	42
運動エクセルギー	78, 85
運動エクセルギー流量	79, 85
運動エネルギー	39
運動エネルギー流量	39
運動量保存／変化則	30
Exergoeconomics	362
エクセルギー	76, 79
エクセルギー解析	199
エクセルギー効率	132
エクセルギー損失	132
エクセルギー破壊	80, 127
エクセルギーバランス	77, 80
エクセルギー流量	80
SI 単位	27
エネルギー解析	198
エネルギーシステム	14
エネルギーシステム工学	15
エネルギー貯蔵	362
エネルギー保存則	32
エンタルピー	60
エンタルピー流量	60
エントロピー	85
エントロピー発生	75
エントロピーバランス	75
エントロピー流量	85
オープンサイクル	203
往復機関	147
温度	26
温度効率	186

か

解析	21
階層性	16
化学エクセルギー	78, 120
化学エクセルギー流量	79
化学平衡	119
化学ポテンシャル	212
可逆変化	74
確定系	23
ガスタービン	202
乾き度	213
環境条件	361
換算圧力	43, 209, 228
換算温度	43, 209, 228
換算比体積	209
管摩擦係数	193
機器／システムモデル	335
機器要素モデル	334
擬似純物質	50
基準圧力	78
基準温度	78
基準状態	53, 61, 69, 85, 94, 118
気体定数	41, 209, 225
ギブスエネルギー	107
ギブスエネルギー流量	107
Gibbs-Dalton の法則	58, 67, 91, 115
ギブスの関係式	216
ギブスの相律	210
吸熱	70
境界条件	199, 335
空気過剰率	176
クローズドサイクル	203
Kay の規則	50
検査体積	25
高位発熱量	71
広義の製品	132
広義の燃料	132
効率	149, 164
混合微分代数方程式	319

さ

Thermoeconomics	362
最小二乗最小ノルム解	283, 321
最適運用	362
最適化	22
最適設計	362
サブシステム	16
示強性状態量	26
死状態	120
システム	14
システム工学	15
実在気体	43
実在気体の状態方程式	43, 228
実在混合気体	50
質量	25
質量保存則	30
質量流量	26
時不変系	23
時変系	23
湿り度	213
集中系	23
集中定数系	23
出力係数	171
状態図	208
状態量	26
剰余エンタルピー	229
剰余エンタルピー係数	64, 230
剰余エントロピー	230
剰余エントロピー係数	89, 231
剰余ギブスエネルギー係数	112, 231
剰余内部エネルギー係数	56, 231
剰余ヘルムホツエネルギー係数	232
初期値問題	318
示量性状態量	26
スーパーサブシステム	16
水車	155
水車効率	156
制限付き死状態	95
生成物質	70
接続条件	199, 335
接頭語	27
線形系	23

潜熱	71, 213
総合	21
相図	208
相平衡条件	212
相平衡状態	213
相変化	361

た

タービン	158, 203
対応状態原理	43, 209, 228
対向流形	179
対数平均温度差	184
体積内の比物理エクセルギー	96
体積内の物理エクセルギー	78, 96
体積内の物理エクセルギー変化率	96
Dalton の法則	48, 50
蓄エネルギー	362
超臨界流体	209
T-v 線図	209
定圧比熱	61, 63, 223, 226
定圧モル比熱	145
低位発熱量	71
定格負荷	361
定常系	23
定容比熱	53, 55, 223, 226
伝熱面積	184
等エントロピー効率	141, 159
動的特性	361

な

内部エネルギー	53
内部エネルギー流量	53
流れ仕事	32
流れに伴う比物理エクセルギー	96
流れに伴う物理エクセルギー	96
流れに伴う物理エクセルギー流量	79, 96
二次計画法	283, 321
ニュートン–ラフソン法	280
濡れ縁長さ	181
熱交換器	179
熱通過率	181
熱力学の基本式	216
熱力学の四角形	218
熱力学の第 1 法則	32
熱力学の第 3 法則	94
熱力学の第 2 法則	74
燃焼エンタルピー	71
燃焼器	175, 203

は

配管	191
発熱	70
発熱量	71
反応エンタルピー	70
反応ギブスエネルギー	118
反応におけるエントロピー変化	94
反応物質	70
p-T 線図	209
Beattie-Bridgeman の状態方程式	44
p-v 線図	209
比圧力エネルギー	52
比運動エクセルギー	85
比運動エネルギー	40
比エンタルピー	60, 216
比エントロピー	85
比ギブスエネルギー	107, 216
非線形系	23
比体積	40
非定常系	23
比内部エネルギー	53, 216
比熱比	101, 144, 151, 160, 166
比ヘルムホルツエネルギー	216
比ポテンシャルエクセルギー	84
比ポテンシャルエネルギー	38
標準エントロピー	94
標準状態	53
標準生成エンタルピー	69
標準生成ギブスエネルギー	118
ビルディングブロック	334
ピンチ点	186
van der Waals の状態方程式	44, 51
風車	169
風車効率	170
不可逆変化	74
不確定系	23
物質モデル	335
物質量	25
物質量流量	26
物理エクセルギー	78, 96
物理エクセルギー流量	79
部分負荷	361
ブレイトンサイクル	203
分圧	48
分体積	49
分布系	23
分布定数系	23
平衡定数	119
並行流形	179
ベッツの条件	171
Benedict-Webb-Rubin の状態方程式	44
弁	191
Peng-Robinson の状態方程式	44
膨張過程	163
飽和液線	209
飽和蒸気圧	212
飽和蒸気圧線	209
飽和蒸気線	209
飽和状態	209
ポテンシャルエクセルギー	78, 84
ポテンシャルエクセルギー流量	79, 84
ポテンシャルエネルギー	38
ポテンシャルエネルギー流量	38
ポンプ	136
ポンプ効率	138

ま

マックスウェルの関係式	217
モデリング	22
モデル	22
モデル化	22
モルエンタルピー	60
モルエントロピー	85
モルギブスエネルギー	107
モル質量	26, 209
モル体積	42
モル内部エネルギー	53
モル分率	48, 143, 152
モル密度	239

や

有効エネルギー 76

ら

離散系 23
理想気体 41
理想気体の状態方程式 41, 225
理想混合気体 48
理論断熱火炎温度 177
理論断熱燃焼温度 177
臨界圧力 43, 209, 228
臨界温度 43, 209, 228
臨界点 209
ルンゲ–クッタ法 318
REFPROP 234
連続系 23
連立常微分方程式 318
連立非線形代数方程式 280

著者紹介

横山 良平（よこやま りょうへい）

1982年	大阪大学大学院工学研究科博士前期課程機械工学専攻 修了
	大阪大学工学部産業機械工学科 助手
1988年	工学博士
1990年	大阪府立大学工学部機械工学科 講師
1992年	同 助教授
1994～1995年	ミシガン大学，カーネギーメロン大学 客員研究員
2005年	米国機械学会 フェロー
2006年	大阪府立大学大学院工学研究科機械系専攻 教授
2015年	日本機械学会 フェロー
2017～2019年	大阪府立大学 工学域長
2023年	大阪公立大学 名誉教授

専門
機械工学，エネルギーシステム工学，特にエネルギーシステムの分析および最適化

主要著書
『コージェネレーションの最適計画 ―インテリジェント・フレキシブル・コージェネレーションを目指して―』，伊東弘一・横山良平（著），産業図書，1990．
『Cによる理工系解析の数値計算 ―基礎からの展開―』，横山良平（著），近代科学社Digital，2023．

◎**本書スタッフ**
編集長：石井 沙知
編集：山根 加那子
編集補助：高山 哲司
組版協力：阿瀬 はる美
表紙デザイン：tplot.inc 中沢 岳志
技術開発・システム支援：インプレスNextPublishing

●本書に記載されている会社名・製品名等は，一般に各社の登録商標または商標です。本文中の©、®、TM等の表示は省略しています。

●**本書の内容についてのお問い合わせ先**
近代科学社Digital　メール窓口
kdd-info@kindaikagaku.co.jp
件名に『本書名』問い合わせ係」と明記してお送りください。
電話やFAX、郵便でのご質問にはお答えできません。返信までには、しばらくお時間をいただく場合があります。なお、本書の範囲を超えるご質問にはお答えしかねますので、あらかじめご了承ください。

●落丁・乱丁本はお手数ですが、㈱近代科学社までお送りください。送料弊社負担にてお取り替えさせていただきます。但し、古書店で購入されたものについてはお取り替えできません。

エネルギー解析の基礎
―物質からシステムまで―

2025年1月31日　初版発行Ver.1.0

著　者　　横山 良平
発行人　　大塚 浩昭
発　行　　近代科学社Digital
販　売　　株式会社 近代科学社
　　　　　〒101-0051
　　　　　東京都千代田区神田神保町1丁目105番地
　　　　　https://www.kindaikagaku.co.jp

●本書は著作権法上の保護を受けています。本書の一部あるいは全部について株式会社近代科学社から文書による許諾を得ずに、いかなる方法においても無断で複写、複製することは禁じられています。

©2025 Ryohei Yokoyama. All rights reserved.
印刷・製本　京葉流通倉庫株式会社
Printed in Japan

ISBN978-4-7649-0734-8

近代科学社 Digital は、株式会社近代科学社が推進する21世紀型の理工系出版レーベルです。デジタルパワーを積極活用することで、オンデマンド型のスピーディでサステナブルな出版モデルを提案します。

近代科学社 Digital は株式会社インプレスR&Dが開発したデジタルファースト出版プラットフォーム "NextPublishing" との協業で実現しています。

あなたの研究成果、近代科学社で出版しませんか？

▶ 自分の研究を多くの人に知ってもらいたい！
▶ 講義資料を教科書にして使いたい！
▶ 原稿はあるけど相談できる出版社がない！

そんな要望をお抱えの方々のために
近代科学社Digital が出版のお手伝いをします！

近代科学社Digitalとは？

ご応募いただいた企画について著者と出版社が協業し、プリントオンデマンド印刷と電子書籍のフォーマットを最大限活用することで出版を実現させていく、次世代の専門書出版スタイルです。

近代科学社Digitalの役割

- **執筆支援** 編集者による原稿内容のチェック、様々なアドバイス
- **制作製造** POD書籍の印刷・製本、電子書籍データの制作
- **流通販売** ISBN付番、書店への流通、電子書籍ストアへの配信
- **宣伝販促** 近代科学社ウェブサイトに掲載、読者からの問い合わせ一次窓口

近代科学社Digitalの既刊書籍 （下記以外の書籍情報はURLより御覧ください）

詳解 マテリアルズインフォマティクス
著者：船津公人／井上貴央／西川大貴
印刷版・電子版価格(税抜)：3200円
発行：2021/8/13

超伝導技術の最前線[応用編]
著者：公益社団法人 応用物理学会 超伝導分科会
印刷版・電子版価格(税抜)：4500円
発行：2021/2/17

AIプロデューサー
著者：山口 高平
印刷版・電子版価格(税抜)：2000円
発行：2022/7/15

詳細・お申込は近代科学社Digitalウェブサイトへ！
URL: https://www.kindaikagaku.co.jp/kdd/

近代科学社Digital 教科書発掘プロジェクトのお知らせ

教科書出版もニューノーマルへ！
オンライン、遠隔授業にも対応！
好評につき、通年ご応募いただけるようになりました！

近代科学社Digital 教科書発掘プロジェクトとは？

- オンライン、遠隔授業に活用できる
- 以前に出版した書籍の復刊が可能
- 内容改訂も柔軟に対応
- 電子教科書に対応

　何度も授業で使っている講義資料としての原稿を、教科書にして出版いたします。書籍の出版経験がない、また地方在住で相談できる出版社がない先生方に、デジタルパワーを活用して広く出版の門戸を開き、世の中の教科書の選択肢を増やします。

教科書発掘プロジェクトで出版された書籍

情報を集める技術・伝える技術
著者：飯尾 淳
B5判・192ページ
2,300円（小売希望価格）

代数トポロジーの基礎
—基本群とホモロジー群—
著者：和久井 道久
B5判・296ページ
3,500円（小売希望価格）

学校図書館の役割と使命
—学校経営・学習指導にどう関わるか—
著者：西巻 悦子
A5判・112ページ
1,700円（小売希望価格）

募集要項

募集ジャンル
　大学・高専・専門学校等の学生に向けた理工系・情報系の原稿

応募資格
1. ご自身の授業で使用されている原稿であること。
2. ご自身の授業で教科書として使用する予定があること（使用部数は問いません）。
3. 原稿送付・校正等、出版までに必要な作業をオンライン上で行っていただけること。
4. 近代科学社Digitalの執筆要項・フォーマットに準拠した完成原稿をご用意いただけること（Microsoft WordまたはLaTeXで執筆された原稿に限ります）。
5. ご自身のウェブサイトやSNS等から近代科学社Digitalのウェブサイトにリンクを貼っていただけること。

※本プロジェクトでは、通常ご負担いただく出版分担金が無料です。

詳細・お申込は近代科学社Digitalウェブサイトへ！
URL: https://www.kindaikagaku.co.jp/feature/detail/index.php?id=1